2011黄河河情咨询报告

黄河水利科学研究院

黄 河 水 利 出 版 社

· 郑州 ·

图书在版编目(CIP)数据

2011黄河河情咨询报告/黄河水利科学研究院编著. 郑州:黄河水利出版社,2017.3

ISBN 978-7-5509-1710-1

Ⅰ.①2… Ⅱ.①黄… Ⅲ.①黄河-含沙水流-泥沙运动-影响-河道演变-研究报告-2011 Ⅳ.①TV152

中国版本图书馆CIP数据核字(2017)第056546号

组稿编辑:王路平 电话:0371-66022212 E-mail:hhslwlp@126.com

出 版 社:黄河水利出版社

网址:www.yrcp.com

地址:河南省郑州市顺河路黄委会综合楼14层 邮政编码:450003

发行单位:黄河水利出版社

发行部电话:0371-66026940、66020550、66028024、66022620(传真)

E-mail:hhslcbs@126.com

承印单位:河南承创印务有限公司

开本:787 mm×1 092 mm 1/16

印张:29.5

字数:680千字 印数:1—1 000

版次:2017年3月第1版 印次:2017年3月第1次印刷

定价:90.00元

《2011 黄河河情咨询报告》编委会

主 任 委 员：时明立

副主任委员：高　航

委　　　员：刘红宾　姜乃迁　江恩惠　姚文艺

　　　　　　张俊华　李　勇　史学建

《2011 黄河河情咨询报告》编写组

主　　编：时明立

副 主 编：姚文艺　李　勇

编写人员：李小平　蒋思奇　张晓华　孙赞盈　尚红霞

　　　　　林秀芝　张　敏　窦身堂　张防修　侯素珍

　　　　　马怀宝　余　欣　李晓宇　李　焯　金双彦

　　　　　常温花　李　婷　王卫红　田世民　胡　恬

　　　　　彭　红　郑艳爽　李　萍　张　萍　楚卫斌

　　　　　王　平　王普庆　夏润亮　韩巧兰　张俊华

　　　　　陈书奎　王　婷　李　涛　李昆鹏　陈孝田

　　　　　王　岩　樊文玲　李晓宇　梁　霄　常远远

　　　　　马志瑾　邵　岩　王志勇　仝春莲　郑晓梅

　　　　　李兰涛　张海峰　杨国伟

技术顾问：潘贤娣　赵业安　刘月兰　王德昌　张胜利

2011 咨询专题设置及负责人

性质	序号	课题名称	负责人
跟踪研究	1	2011 年黄河河情变化特点	尚红霞
	2	2011 年渭河下游洪水特性及河道冲淤演变分析	林秀芝　常温花
	3	2011 年伊洛河下游秋汛洪水调查分析	余　欣
专项研究	4	2012 年汛前调水调沙关键技术研究	李小平　李　勇
	5	2012 年中高含沙量小洪水小浪底水库调控运用方式探讨	蒋思奇　李小平　马怀宝
	6	2011 年三门峡库区冲淤特点及近期潼关高程变化成因	侯素珍　李　婷
	7	2011 年黄河下游冲淤演变及关键问题研究	孙赞盈　张　敏
	8	渭河典型支流洪水期产流产沙特性研究	李晓宇　李　焯　金双彦

前　言

2011 年度黄河河情咨询和跟踪研究主要开展了以下五个方面的工作：

(1)2010～2011 年河情跟踪研究。系统分析了 2010～2011 运用年黄河流域水沙特性、洪水特征及干流重要水库的调蓄情况，分析了三门峡水库库区(包括小北干流)、小浪底水库库区、黄河下游、渭河下游等重点河段的河床演变特点及排洪能力变化。通过对黄河中游多沙粗沙区(河龙区间)汛期降雨—径流、径流—泥沙关系的分析，阐明了近年来径流—泥沙相关关系的趋势性变化。

同时，在黄委防办的领导下，对 2011 年 9 月发生的渭河秋汛洪水(连续发生了 3 次 3 000 m^3/s以上的洪峰过程)、伊洛河秋汛洪水进行了较为详细的现场查勘，编写了调研报告，并通过对渭河洪水演进特点、冲淤特性及其对潼关高程影响的跟踪分析，提出了对渭河洪水的初步认识和调控建议。

(2)持续冲刷条件下春灌期下泄流量对艾山—利津窄河段冲淤特性的影响。针对小浪底水库 2011 年汛期蓄水较多、2012 年春灌期下泄流量可能相应较大的情况，系统分析了持续冲刷背景条件下，下游艾山—利津窄河段春灌期冲淤特性的变化特点，提出了 2012 年春灌期小浪底水库下泄流量的建议。

(3)2012 年汛前调水调沙清水下泄水量指标及异重流排沙对接水位指标研究。2011 年 5 月、6 月全国性干旱，在非常不利的背景下，黄委领导及相关技术人员科学预测、精心调度，在确保抗旱安全的前提下，成功进行了 2011 年汛前调水调沙，取得了良好的效果：小浪底排沙比达到 120%，下游河道平滩流量增大 50～100 m^3/s。但随着下游河道持续冲刷、床沙粗化，同时也表现出了下游河道总体冲刷效率偏低的现象。为此，系统分析了历次汛前调水调沙下游河道冲淤情况，尤其是大家最为关心的调水调沙对艾山—利津河段冲淤演变的作用，研究了下游河道冲刷效率对小浪底水库下泄清水水量、水流过程的敏感性，提出了近期汛前调水调沙的定位及关键技术指标的建议。

(4)小浪底水库多排沙、多排细沙的背景条件分析。通过对下游河道排洪输沙能力(平滩流量)、不同河段低含沙水流冲刷效率、河道断面形态和平面形态变化特点及发展趋势、小浪底水库三角洲淤积形态及淤积物组成等四个方面的分析，初步阐明了小浪底水库多排沙、多排细沙(逐步转入拦沙运用后期)的背景条件。

(5)2012 年汛期黄河中游中高含沙量小洪水小浪底水库调控运用方式探讨。小浪底水库拦沙运用 12 年来，以拦沙运用为主，库区主要表现为三角洲淤积、异重流排沙、下游河道持续冲刷、排洪能力(平滩流量)得到显著恢复，初步具备了转入拦沙运用后期，水库多排沙、多排细沙的条件。为充分利用下游河道输沙能力多排沙、多排细沙、减少细颗粒泥沙在库区的淤积(拦减细沙对下游河道的减淤效率较低),结合小浪底水库运用以来持续枯水少沙、洪水频次和量级均显著偏少的特点,对2012年汛期黄河中游中高含沙量小洪水的小浪底水库调控运用方式进行了探索,分析了中高含沙量小洪水汛期调水调沙的可能性及调控原则。结合小浪底库区和黄河下游河道冲淤水动力学数学模型、经验模型对典型方案的计算分析,提出了汛期中高含沙量小洪水调水调沙方式及相应的关键技术指标,提出了结合三门峡水库敞泄排沙、开展中高含沙量小洪水汛期调水调沙试验的建议。

在长期积累的基础上,项目组成员努力工作,2011年度咨询工作取得了一定进展,初步阐明了小浪底水库多排沙、多排细沙、逐步转入拦沙运用后期的背景条件,并就渭河秋汛洪水的调控、春灌期小浪底水库控制下泄流量、汛前调水调沙水量,以及中高含沙量小洪水汛期调水调沙试验等方面提出了一些认识和建议,为小浪底水库春灌期下泄流量、汛前调水调沙和汛期调控中高含沙量小洪水等有关决策提供了科学的参考依据。

2011年共完成年度咨询总报告1份,跟踪研究报告3份,专项研究报告5份。本报告主要由时明立、姚文艺、李勇、李小平、蒋思奇、张晓华、孙赞盈、尚红霞、林秀芝、张敏、窦身堂、张防修、侯素珍、马怀宝、余欣等人完成,姚文艺负责报告修改和统稿。其他人员不再一一列出,敬请谅解,并对他们表示感谢!工作过程中得到了潘贤娣、赵业安、刘月兰、王德昌、张胜利等专家的指导和帮助,黄河水利委员会有关部门领导、专家也给予了指导,在此表示由衷谢意!

报告中参考了不少他人的研究成果,除已列出的参考文献外,还有一些文献未一一列出,敬请相关作者给予谅解,在此表示歉意和衷心感谢!

黄河水利科学研究院
黄河河情咨询项目组
2015年10月

目　录

前　言

第一部分　综合咨询研究报告

第二部分　专题研究报告

第一部分　综合咨询研究报告

第一章　2011 年黄河河情变化特点

一、黄河流域降雨及水沙特点

(一)汛期中下游降雨偏多

根据报汛资料统计,2011 年(运用年,指 2010 年 11 月至 2011 年 10 月,下同)黄河流域汛期(7～10 月,下同)降雨量为 310 mm,较多年(1956～2000 年)平均 285 mm 偏多 9%。偏多主要发生在秋汛期(9～10 月,下同),降雨量为 145 mm,偏多 54%;而主汛期(7～8 月,下同)降雨量仅为 165 mm,偏少 14%。

汛期降雨空间分布不均,黄河流域各区间降雨量与历年同期相比,兰州以上偏少 8%,兰州—托克托(简称兰托)区间偏少 28%,其他区域均偏多,其中,山西—陕西(简称山陕)区间、黄河下游、大汶河流域偏多约 10%,泾渭河、北洛河偏多 30% 左右,龙门—三门峡(简称龙三)干流、伊洛河、沁河偏多 40%～50%,三门峡—小浪底(简称三小)区间、小浪底—花园口(简称小花)干流偏多 60% 以上(见图 1-1)。汛期降雨量最大发生在伊洛河的张坪,降雨量为 476 mm(见表 1-1)。

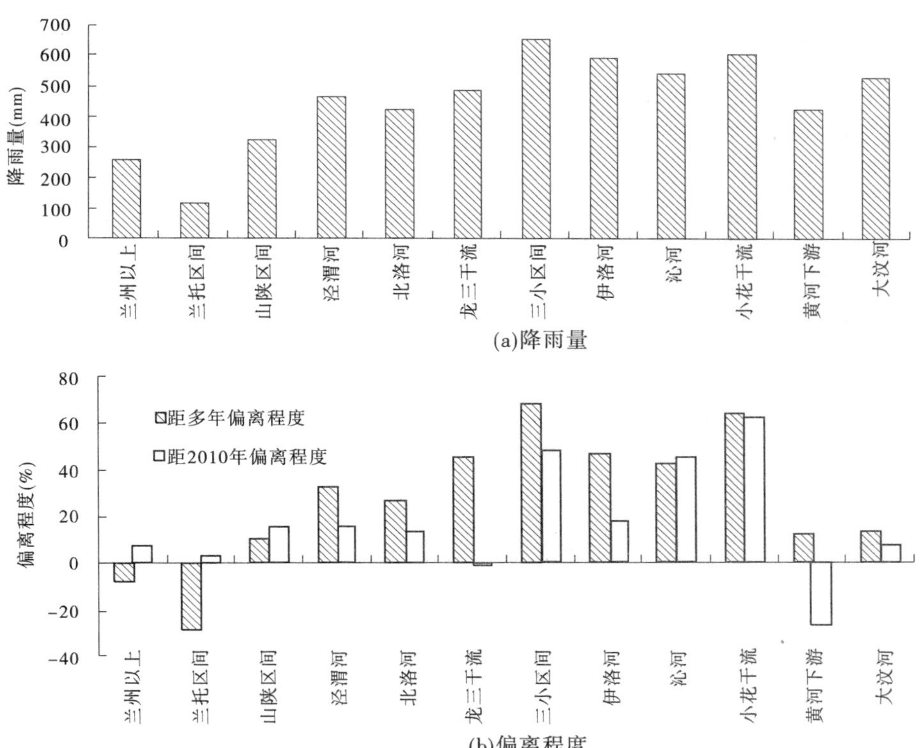

图 1-1　2011 年汛期黄河流域各区间降雨量及偏离程度

表 1-1　2011 年流域各区间降雨情况

区间	6 月		7 月		8 月		9 月		10 月		7 ~ 10 月			
	雨量（mm）	距平（%）	雨量（mm）	距平（%）	雨量（mm）	距平（%）	雨量（mm）	距平（%）	雨量（mm）	距平（%）	雨量（mm）	距平（%）	最大雨量（mm）	
													量值	地点
兰州以上	77	9.1	78	-14.8	68	-22.5	88	28.5	25	-26.3	259	-8.0	192	门堂
兰托区间	12	-55.7	24	-57.7	50	-22.6	30	-4.8	15	11.9	119	-28.4	127	头道拐
山陕区间	26	-49.7	122	20.7	95	-6.8	62	5.8	41	49.1	320	10.7	281	杨家坡
泾渭河	42	-35.1	117	7.5	82	-19.4	218	143.8	46	-8.0	464	32.6	466	黑峪口
北洛河	26	-55.8	112	0.6	100	-8.5	160	106.5	53	38.7	425	26.4	261	哭泉
龙三干流	50	-18.4	91	-18.1	74	-29.8	276	256.6	46	11.4	486	45.0	334	罗敷堡
三小区间	17	-73.2	169	14.1	111	0.1	317	305.9	54	9.3	651	68.4	441	曹村
伊洛河	26	-64.5	111	-24.0	113	-3.3	326	286.3	41	-25.6	591	46.9	476	张坪
沁河	14	-80.0	184	24.0	117	-3.1	198	184.9	41	2.0	540	42.5	284	五龙口
小花干流	13	-78.6	120	-16.0	138	31.1	294	301.1	50	9.4	602	64.0	323	孟津
黄河下游	37	-43.3	69	-55.0	128	1.9	187	199.2	38	6.1	422	11.9	267	花园口
大汶河	37	-56.6	150	-29.4	179	18.5	182	185.3	13	-62.1	524	13.5	249	莱芜

注：历年均值指 1956 ~ 2000 年。“ - ”为偏少。

山陕区间是主要来沙区，汛期降雨量 320 mm，较多年平均偏多 10.7%；其中秋汛期降雨量 103 mm，较多年平均偏多 20%，主汛期降雨量 217 mm，较多年平均偏多 7%。

流域秋汛期降雨量偏多程度大，各区间偏多在 1% ~190%，特别是龙门以下干支流，偏多 100% 以上。秋汛期降雨主要在 9 月份，龙门以下干支流月降雨量超过 200 mm，三小区间和伊洛河超过 300 mm（见表 1-1）。

（二）水沙特点

1. 黄河干流水量普遍偏少，只有渭河和伊洛河汛期水量偏丰

根据报汛资料，2011 年主要干流控制站唐乃亥、头道拐、龙门、潼关、花园口和利津站年水量分别为 203.42 亿 m^3、154.85 亿 m^3、166.60 亿 m^3、245.26 亿 m^3、250.17 亿 m^3 和 141.84 亿 m^3（见表 1-2），与多年平均相比，除唐乃亥基本持平外，其他各站偏少程度从上至下逐渐增加，从兰州的 17% 增加到利津的 55%（见图 1-2），汛期水量沿程变化特点同全年的，除利津外，其他各站偏少程度高于全年的（见图 1-2）。

表 1-2 2011 年黄河流域主要控制站水沙量统计

项目	运用年		汛期		汛期/年（%）		最大流量（m^3/s）
	水量（亿 m^3）	沙量（亿 t）	水量（亿 m^3）	沙量（亿 t）	水量	沙量	
唐乃亥	203.42	0.079	120.02	0.050	59	63	2 410
兰州	259.79	0.100	115.28	0.082	44	82	1 840
头道拐	154.85	0.376	59.40	0.181	38	48	1 660
吴堡	160.22	0.260	60.89	0.190	38	73	2 530
龙门	166.60	0.482	65.30	0.350	39	73	2 390
四站	248.78	0.959	128.51	0.807	52	84	
潼关	245.26	1.233	125.47	0.970	51	79	5 800
三门峡	234.65	1.754	125.33	1.748	53	100	5 960
小浪底	230.32	0.329	81.11	0.329	35	100	4 230
进入下游	262.03	0.346	104.78	0.346	40	100	
花园口	250.17	0.570	107.07	0.387	43	68	4 050
高村	226.10	0.830	101.39	0.473	45	57	3 640
艾山	203.16	0.914	104.90	0.563	52	62	3 750
利津	141.84	0.810	100.17	0.596	71	74	3 230
华县	71.07	0.440	55.26	0.420	78	95	5 050
河津	4.70	0.003	3.75	0.003	80	100	124
洑头	6.42	0.034	4.20	0.034	65	100	
黑石关	27.61	0.016	19.98	0.016	72	100	2 560
武陟	4.10	0.002	3.69	0.002	90	100	392

注：四站为龙门 + 华县 + 河津 + 洑头。

干流水文站汛期水量占全年比例除利津外，均不足60%，其中头道拐、吴堡和龙门分别只有38%、38%、39%。

主要支流控制站华县（渭河）、河津（汾河）、洑头（北洛河）、黑石关（伊洛河）、武陟（沁河）来水量分别为71.07亿m^3、4.70亿m^3、6.42亿m^3、27.61亿m^3、4.1亿m^3，与多年平均相比，除河津和武陟分别偏少56%、50%外，其余偏多（见图1-2），汛期华县和黑石关与多年平均相比偏多30%。

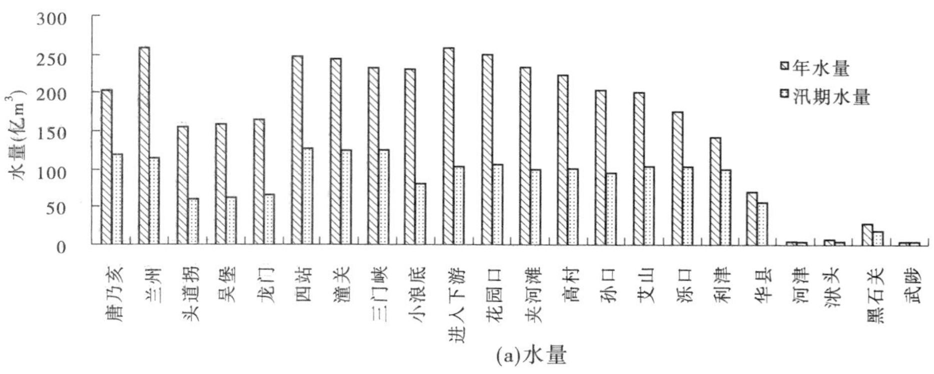

(a)水量

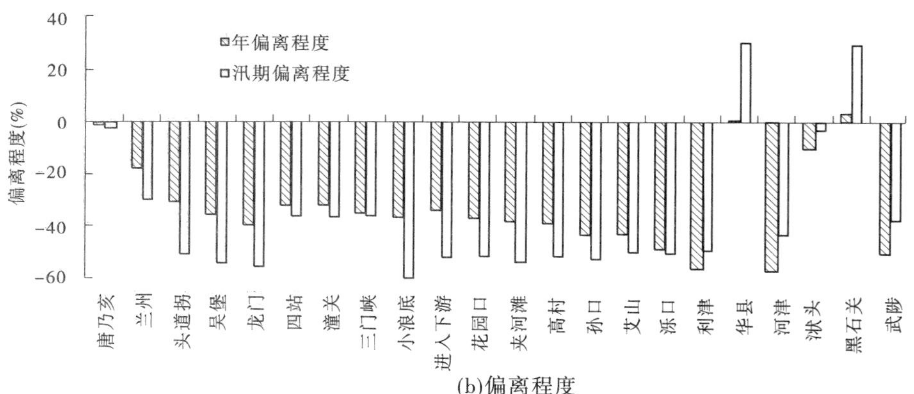

(b)偏离程度

图1-2　2011年主要干支流水文站实测水量及偏离程度

2. 沙量显著偏少

干流沙量主要控制水文站龙门、潼关、花园口和利津年沙量分别为0.482亿t、1.233亿t、0.570亿t和0.810亿t（见表1-2），较多年平均值分别偏少90%～95%（见图1-3），龙门、潼关年沙量分别为有资料以来历史倒数第一、第二。

主要支流控制水文站华县和洑头年沙量分别为0.440亿t和0.034亿t，较多年平均值偏少88%和96%，华县沙量为有资料以来历史倒数第一。

3. 河龙区间汛期降雨偏多，水沙量偏少

河龙区间主要支流来水来沙量较长系列显著减少，2011年来水量为31.89亿m^3，与多年平均相比偏少38%，区间年来沙量为0.43亿t，偏少95%。其中区间汛期降雨量320 mm，水沙量分别为15.65亿m^3和0.325亿t，在降雨量偏多10%的条件下，支流来水量偏少 55%，来沙量偏少达 95%。

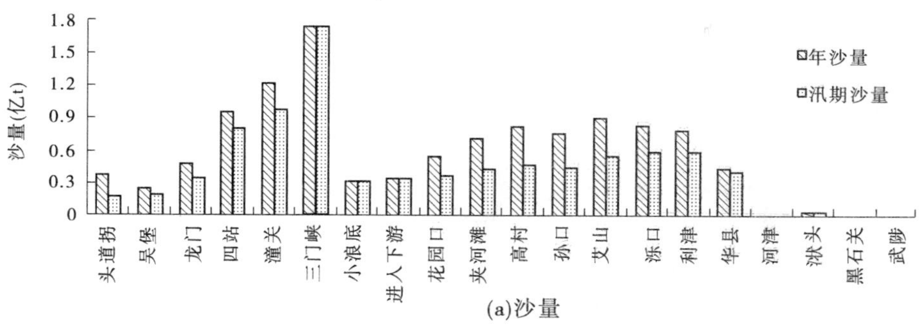

(a)沙量

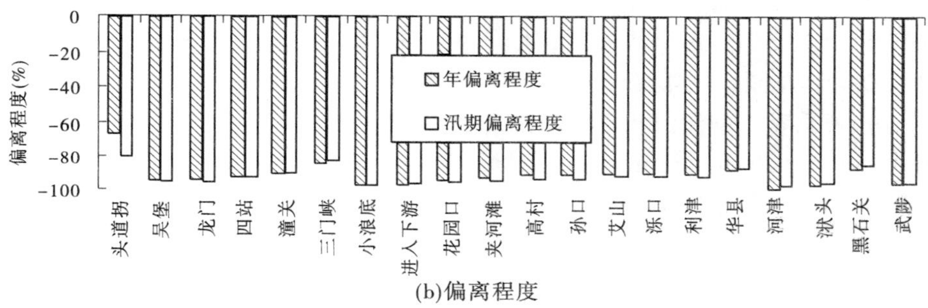

(b)偏离程度

图 1-3　2011 年主要干支流水文站实测沙量及偏离程度

1969 年以前，降雨、径流、泥沙有着较好的相关关系，水量随着降雨量、沙量随着水量的增减而增减。2000 年以后，降雨径流关系改变，在不同降雨量条件下，径流量维持在一定水平变化不大（见图 1-4）。2000 年以前各时期区间水沙关系基本相同，但 2000 年以后水沙关系明显分带，相同水量条件下沙量显著减少（见图 1-5）。

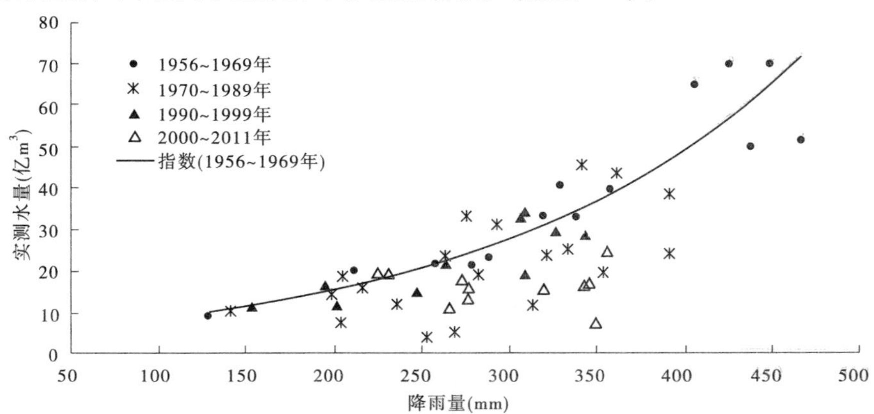

图 1-4　汛期河龙区间降雨量与水量关系

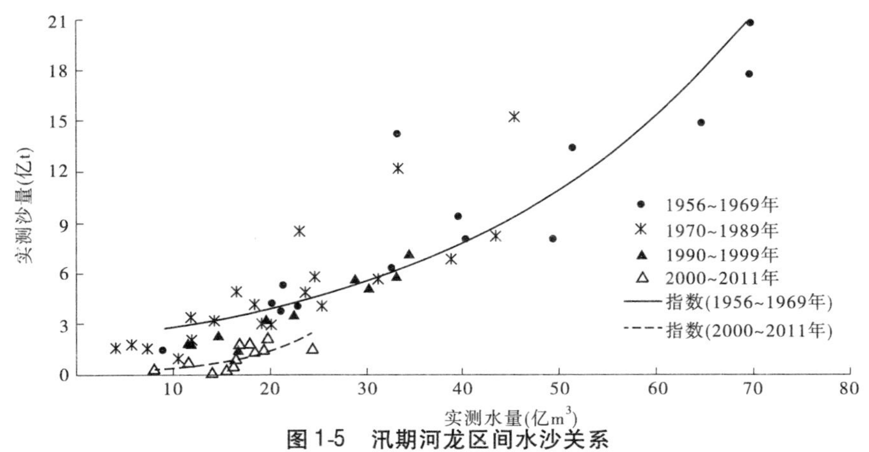

图 1-5 汛期河龙区间水沙关系

(三)秋汛期支流洪水偏多

2011 年干流大部分水文站全年最大流量分别出现在秋汛期和汛前调水调沙期，头道拐、龙门、潼关和花园口全年最大流量分别为 1 660 m^3/s、2 390 m^3/s、5 800 m^3/s 和 4 050 m^3/s(见图 1-6)，秋汛期渭河和伊洛河出现近 30 年来最大洪水，华县和黑石关洪峰流量分别为 5 050 m^3/s 和 2 560 m^3/s；主汛期上游唐乃亥水文站出现洪水，洪峰流量 2 410 m^3/s。进入下游的两场洪水分别是汛前调水调沙洪水和以伊洛河洪水来源为主的秋汛期洪水。

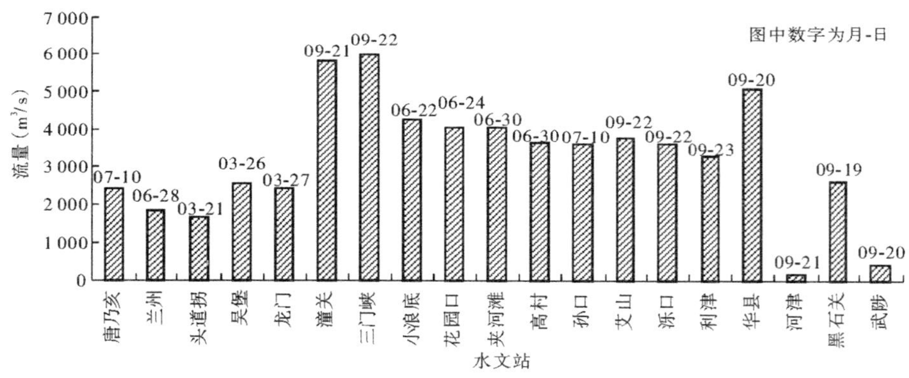

图 1-6 2011 年干支流各水文站最大流量

1. 上游洪水

7 月上旬，黄河上游受持续降雨影响，军功水文站 7 月 10 日 18.4 时洪峰流量 2 160 m^3/s；唐乃亥水文站 7 月 10 日 15.5 时洪峰流量 2 410 m^3/s，为建站以来历年同期第 12 位，洪水被龙羊峡水库拦蓄，出库站贵德流量不足 800 m^3/s。

2. 泾渭河洪水

2011 年渭河 9 月 6 ~ 11 日、12 ~ 17 日和 18 ~ 26 日连续出现 3 次大的降雨过程，分别形成 3 次较大洪水过程(见图 1-7)，致使渭河中下游地区出现秋汛洪水。此次洪水有以下特点：

(1)强降雨过程多，时空高度集中，局部降雨强度大。

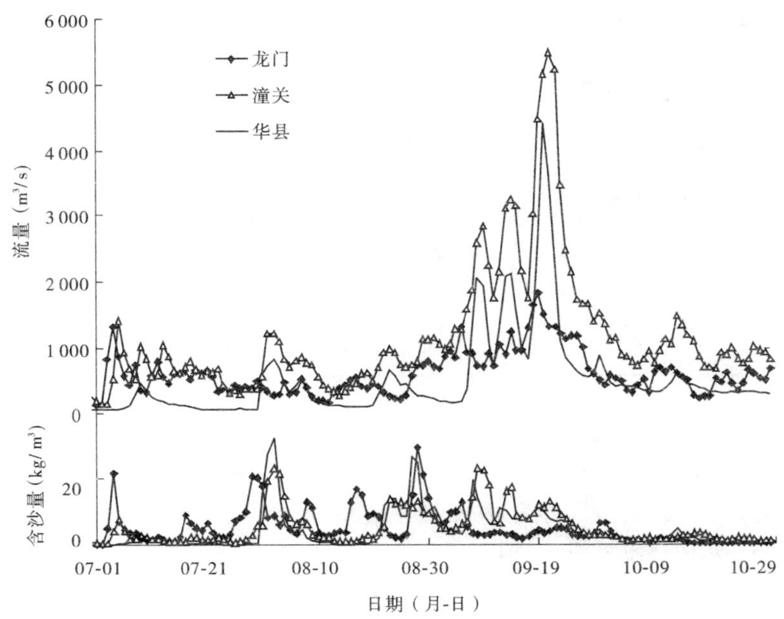

图 1-7　2011 年汛期龙门、华县、潼关站汛期日平均流量、含沙量过程

9 月 6～26 日发生三次强降雨过程，暴雨中心均在山陕区间南部、泾渭河，其中渭河黑峪口站 16～18 日累计雨量 200.3 mm，涝峪口站 183.5 mm。

（2）峰高量大，持续时间长。

渭河咸阳站 9 月 19 日 2 时洪峰流量 3 970 m³/s，临潼水文站 9 月 19 日 8 时洪峰流量 5 400 m³/s，华县站 20 日 19 时 6 分洪峰流量 5 050 m³/s（见表 1-3），均为 1981 年以来最大洪水。华县水文站三次洪水总历时达 21 d（见表 1-4），占汛期历时的 17%，而总水量占汛期水量的 53%，总沙量占汛期沙量的 65%。

（3）渭河中下游洪水位高，漫滩严重，数条南山支流倒灌。

临潼水文站 9 月 19 日 10 时最高水位 359.02 m，为建站以来最高水位；渭河华县水文站 20 日 19 时 6 分最高水位 342.70 m，居历史第 2 位（2003 年为 342.76 m）。由于洪水峰高量大洪水位高，出现 2005 年以来的最大漫滩，下游罗敖河、遇仙河等数条南山支流倒灌。

表 1-3　2011 年 9 月洪水渭河下游各水文站洪峰特征值表

站名	9 月 6～11 日		9 月 12～17 日		9 月 18～26 日	
	洪峰流量（m³/s）	发生时间（月-日 T 时:分）	洪峰流量（m³/s）	发生时间（月-日 T 时:分）	洪峰流量（m³/s）	发生时间（月-日 T 时:分）
咸阳	2 140	09-07T06:49	2 190	09-12T16:18	3 970	09-19 T02:00
张家山（泾河）	342	09-07T08:00	386	09-12T16:30	691	09-19T12:18
临潼	2 660	09-07T15:00	2 660	09-12T23:24	5 400	09-19T08:00
华县	2 130	09-08T22:00	2 190	09-14T01:30	5 050	09-20T19:06

表 1-4　2011 年渭河华县水文站洪水水沙特征

项目	9 月 6～11 日	9 月 12～17 日	9 月 18～26 日	合计
历时(d)	6	6	9	21
水量(亿 m^3)	6.45	7.72	15.18	29.35
沙量(亿 t)	0.075	0.068	0.129	0.272
最大含沙量(kg/m^3)	23.4	12.9	12.8	23.4
平均含沙量(kg/m^3)	11.62	8.75	8.48	9.27

(4)洪水坦化变形小，在临潼—华县河段传播时间较长、削峰率小。

渭河秋汛期洪水变形小(见图 1-8)，第三次洪水在临潼—华县河段传播时间 35.0 h，比正常洪水传播时间长，接近于近年大漫滩洪水的平均传播时间；削峰率仅 6.48%(见表 1-5)，与 2005 年 10 月漫滩洪水接近。

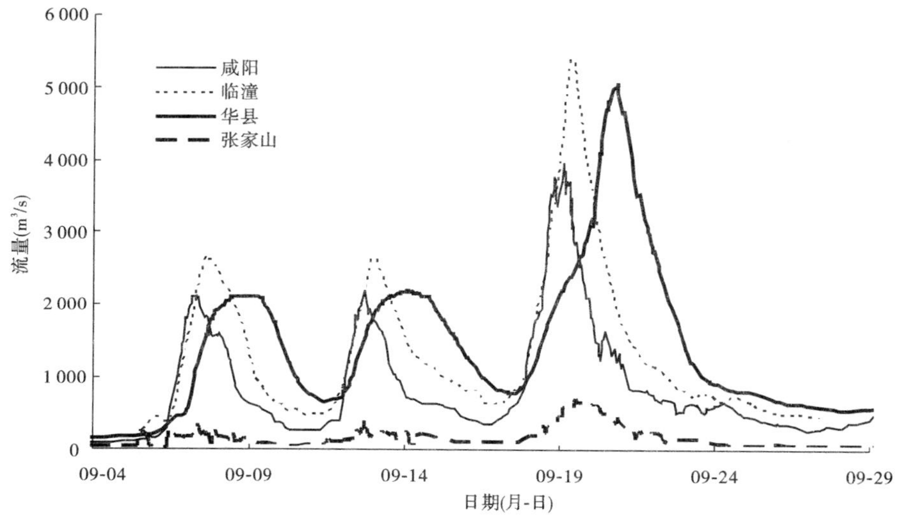

图 1-8　2011 年渭河下游洪水过程

表 1-5　临潼—华县河段典型洪水削峰率与传播时间表

年份	场次	临潼洪峰流量		华县洪峰流量		传播时间(h)	削峰率(%)
		出现时间(年-月-日 T 时:分)	流量(m^3/s)	出现时间(年-月-日 T 时:分)	流量(m^3/s)		
2011	1	2011-09-07T15:00	2 660	2011-09-08T22:00	2 130	31.0	19.92
	2	2011-09-12T23:24	2 660	2011-09-14T01:30	2 190	26.1	17.67
	3	2011-09-19T08:00	5 400	2011-09-20T19:06	5 050	35.0	6.48

续表 1-5

年份	场次	临潼洪峰流量		华县洪峰流量		传播时间(h)	削峰率(%)
		出现时间(年-月-日 T 时:分)	流量(m^3/s)	出现时间(年-月-日 T 时:分)	流量(m^3/s)		
2003	1	2003-08-31T09:30	5 090	2003-09-01T09:48	3 540	24.3	30.45
	2	2003-09-07T10:18	3 610	2003-09-08T11:06	2 160	24.8	40.17
	3	2003-09-20T15:00	4 270	2003-09-21T16:00	3 030	25.0	29.04
	4	2003-10-03T06:00	2 630	2003-10-05T06:00	2 680	48.0	-1.90
	5	2003-10-12T06:00	1 850	2003-10-13T05:00	2 010	13.0	-8.65
2005	1	2005-07-03T23:00	2 550	2005-07-04T14:12	2 060	15.2	19.22
	2	2005-08-19T22:12	1 740	2005-08-20T06:24	1 360	8.2	21.84
	3	2005-10-02T13:48	5 270	2005-10-04T09:30	4 880	43.7	7.40

(5)含沙量小。

2011 年秋汛洪水,泾河来水较少,主要来源于渭河中游林家村以下干流以及南山支流,含沙量低,洪水期华县最大含沙量仅 23.4 kg/m^3。

3. *伊洛河洪水*

9 月 12 日至 10 月 1 日伊洛河连续发生了 2 次洪水过程(见图 1-9、图 1-10),其中洛河白马寺水文站和伊洛河黑石关水文站出现了 1982 年以来最大洪水,其洪水有以下特点:

(1)峰高量大,持续时间长。

伊洛河白马寺水文站 9 月 19 日 8 时洪峰流量2 270 m^3/s,黑石关水文站 19 日 8 时洪峰流量2 560 m^3/s,均为 1982 年以来最大洪水,两次洪水过程在黑石关站总历时达 20 d。

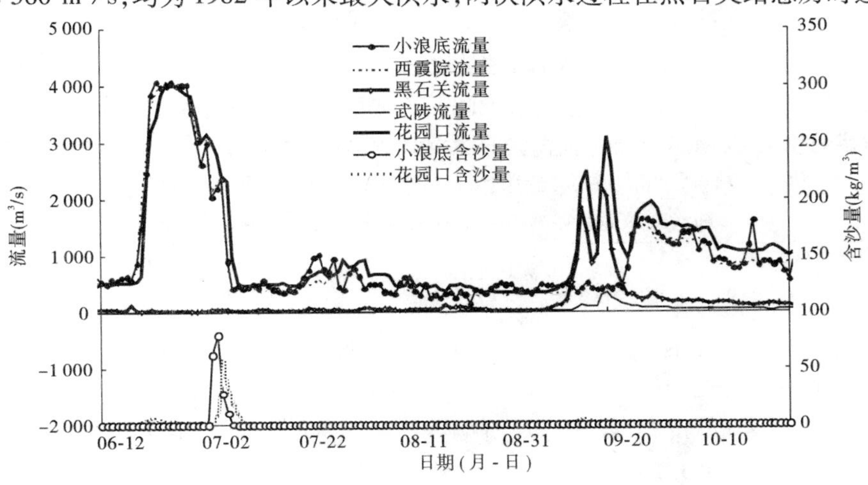

图 1-9 2011 年典型水文站日均流量、含沙量过程线

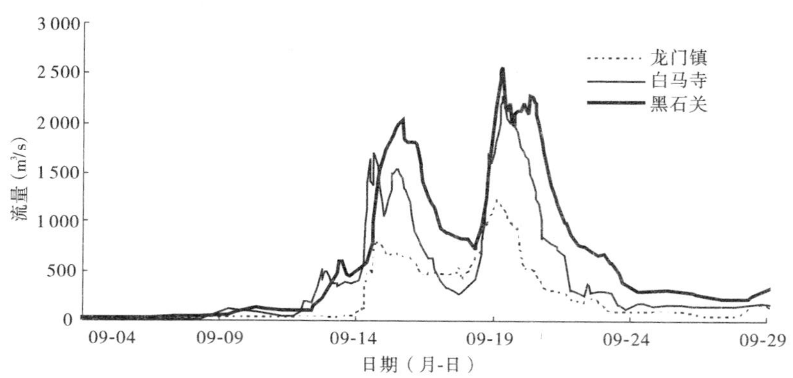

图 1-10　伊洛河洪水过程（2011 年）

（2）洛河故县水库—白马寺区间加水较多。

在伊洛河第一次洪水期间，洛河故县水库 9 月 13 日 20 时之前按 200 m^3/s 下泄，13 日 22 时至 14 日 8 时按 400 m^3/s 下泄。长水水文站最大流量 951 m^3/s，白马寺水文站 14 日 14 时 27 分洪峰流量 1 710 m^3/s。初步计算长水水文站洪量 1.76 亿 m^3，白马寺水文站洪量 3.60 亿 m^3，长水—白马寺区间增加洪量约 1.84 亿 m^3。

第二次洪水期间，洛河故县水库 18 日 24 时之后按 1 000 m^3/s 下泄。长水水文站 18 日 18 时最大流量 1 490 m^3/s，白马寺水文站 19 日 8 时洪峰流量 2 270 m^3/s，初步计算，长水水文站洪量 2.90 亿 m^3，白马寺水文站洪量 4.54 亿 m^3，长水—白马寺区间增加洪量约 1.64 亿 m^3。

（3）伊洛河下游洪水坦化明显，削峰率大。

第二次洪水期间，受降雨和水库调节影响，洛河白马寺水文站 19 日 8 时洪峰流量 2 270 m^3/s，伊河龙门镇水文站 19 日 3 时洪峰流量 1 230 m^3/s，两者汇合后，19 日 8 时洪水传播至伊洛河黑石关水文站洪峰流量也只有 2 560 m^3/s，洪水在传播过程中坦化明显，削减率达 25% 以上。

近年来，伊河、洛河洛阳段、偃师段，以及伊洛河巩义段进行了河道整治，多处修建橡胶坝，加之河段内持续多年的挖沙取土和高秆秋作物影响，致使河道形态变化较大，洪水演进过程中变形严重，削减率大。

（4）含沙量小。

相对以往同流量洪水而言，洪水含沙量也较小，洛河卢氏水文站和伊洛河黑石关水文站最大含沙量分别仅为 19.8 kg/m^3 和 5.70 kg/m^3。

二、主要水库调蓄对水沙的影响

至 2011 年 11 月 1 日，黄河流域八座主要水库蓄水总量 327.98 亿 m^3（见表 1-6），其中龙羊峡水库蓄水量 202.00 亿 m^3，占总蓄水量的 61.6%；刘家峡水库和小浪底水库蓄水量分别为 28.70 亿 m^3 和 73.40 亿 m^3，分别占总蓄水量的 8.7% 和 22.4%。与 2010 年同期相比，蓄水总量增加 32.87 亿 m^3，主要是小浪底水库增加 29.30 亿 m^3。

表 1-6　2011 年主要水库蓄水量

水库	2011 年 11 月 1 日		非汛期蓄水变量（亿 m^3）	汛期蓄水变量（亿 m^3）	主汛期蓄水变量（亿 m^3）	年蓄水变量（亿 m^3）
	水位（m）	蓄水量（亿 m^3）				
龙羊峡	2 587.60	202.00	-47.00	50.00	29.00	3.00
刘家峡	1 725.56	28.70	-5.10	4.50	3.50	-0.60
万家寨	965.21	1.66	0.01	-1.01	-0.07	-1.00
三门峡	318.00	4.46	0.51	0.35	-3.59	0.86
小浪底	263.47	73.40	-31.70	61.00	3.60	29.30
东平湖老湖	42.91	5.25	-0.86	1.76	0.82	0.90
陆浑	318.50	6.26	-1.94	2.35	0.84	0.41
故县	533.57	6.25	-1.97	1.97	-0.28	0
合计	—	327.98	-88.05	120.92	33.82	32.87

注：-为水库补水。

全年非汛期八大水库共补水 88.05 亿 m^3，其中龙羊峡、刘家峡和小浪底水库分别补水 47.00 亿 m^3、5.10 亿 m^3 和 31.70 亿 m^3；汛期共增加蓄水 120.92 亿 m^3，其中龙羊峡水库为 50.00 亿 m^3，小浪底水库为 61.00 亿 m^3，特别是龙羊峡水库主汛期蓄水达到 29.00 亿 m^3，占该水库汛期总水量的 58%，汛期蓄水由过去的秋汛期为主变为主汛期占主导。小浪底水库秋汛期蓄水达到 57.40 亿 m^3，占该水库汛期蓄水总量的 94%。

（一）龙羊峡水库对洪峰的滞蓄作用

龙羊峡水库入库两场洪水均被拦蓄，其中入库最大流量 2 182 m^3/s（7 月 12 日），经过水库调节出库不足 800 m^3/s，全年出库流量基本上在 1 000 m^3/s 以下（见图 1-11）。

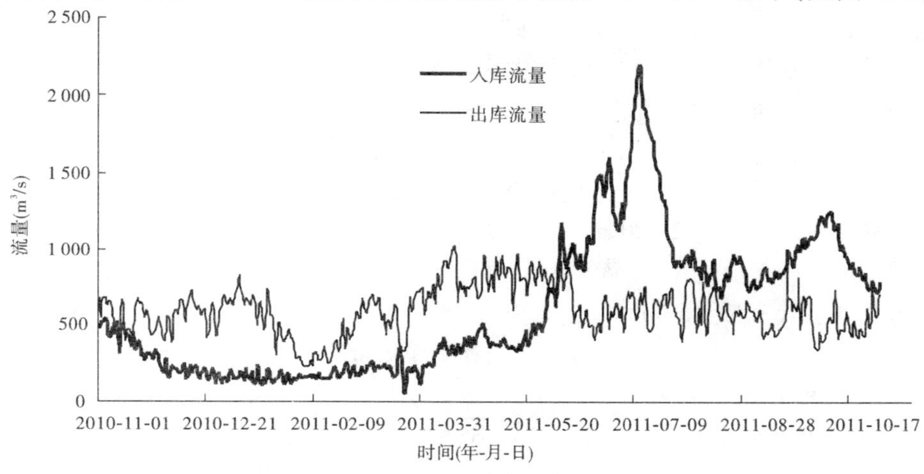

图 1-11　龙羊峡水库流量调节过程

（二）万家寨水库利用桃汛洪水降低潼关高程试验和调水调沙补水

2011 年继续开展利用桃汛洪水过程冲刷降低潼关高程试验。宁蒙河段开河期间，在确保凌汛期安全情况下，在头道拐凌洪过程中，利用万家寨水库和龙口水库进行补水运用。补水期间万家寨水库最高库蓄水位 972.49 m，为试验补水 2.10 亿 m^3，最大出库流量 2 170 m^3/s，达到了试验调控指标 2 000 m^3/s 要求。同时水库有一定的排沙，最大出库含沙量 20.5 kg/m^3（见图 1-12）。

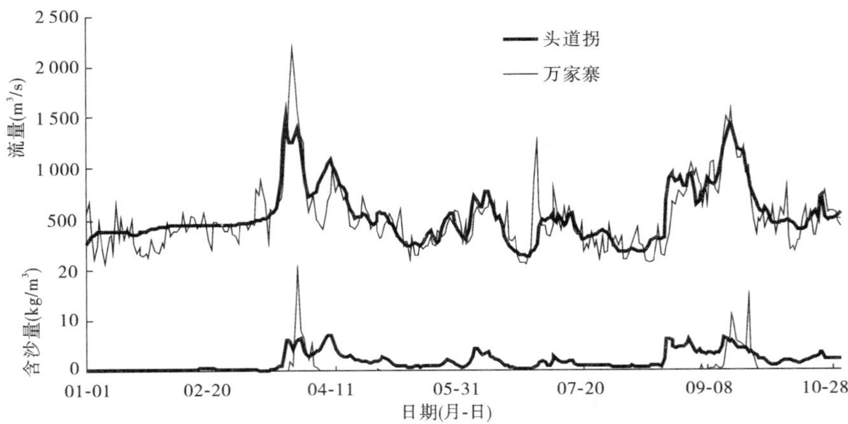

图 1-12　万家寨水库进出库水沙过程

调水调沙期万家寨水库补水运用，最大出库流量 1 270 m^3/s，在桃汛期和 9 月份的洪水期水库进行排沙运用。全年出库沙量为 0.161 4 亿 t，排沙比 0.467。

（三）三门峡水库对水沙过程的调节作用

2011 年三门峡水库非汛期仍按 318 m 控制，平均蓄水位 317.43 m，最高日均水位 318.0 m；3 月下旬配合桃汛洪水冲刷降低潼关高程试验，水位降至 313 m 以下，最低降至 312.5 m。汛期仍采用平水期控制水位不超过 305 m、流量大于 1 500 m^3/s 敞泄排沙的运用方式，汛期平均水位 305.93 m，其中调水调沙后到 10 月 10 日平均水位 303.79 m。

桃汛洪水期水库基本按 313 m 控制运用，入库最大日均流量为 2 070 m^3/s，含沙量在 3～7 kg/m^3，相应出库最大流量为 1 890 m^3/s，水库有少量排沙，排沙量仅 0.006 亿 t，出库最大日均含沙量仅 1.53 kg/m^3。调水调沙期间，利用 318 m 以下蓄水塑造洪峰，从 7 月 3 日至 7 月 7 日，入库最大日均流量为 1 420 m^3/s，最大含沙量为 7.75 kg/m^3，沙量为 0.016 亿 t；出库最大日均流量为 2 820 m^3/s，含沙量为 123 kg/m^3，沙量为 0.273 亿 t；排沙比为 17.6。洪水期水库敞泄运用，出库含沙量显著增加，最大为 101 kg/m^3（见图 1-13），其中入库最大日均洪峰流量为5 500m^3/s，相应含沙量 13.2 kg/m^3；出库最大流量 5 650 m^3/s，流量在 4 000～5 000 m^3/s 时相应含沙量约在 20 kg/m^3。

（四）小浪底水库对水沙的调节作用

2011 年小浪底水库入库总水量为 234.65 亿 m^3，其中汛期入库水量为 125.33 亿 m^3，占全年入库水量的 53%；全年入库沙量为 1.754 亿 t，其中汛期入库沙量为 1.748 亿 t；全年出库水量为 230.32 亿 m^3，其中汛期出库水量为 81.11 亿 m^3，占全年出库水量的 35%，春灌期 3～6 月水量为 100.86 亿 m^3，占全年出库水量的 44%；全年出库沙量仅为 0.329

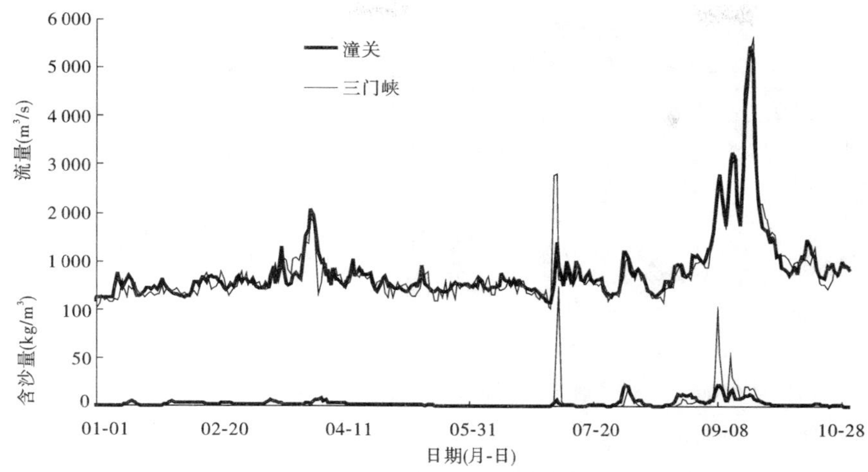

图 1-13　三门峡水库进出库流量、含沙量过程

亿 t,全部为调水调沙期排沙(见图 1-14)。

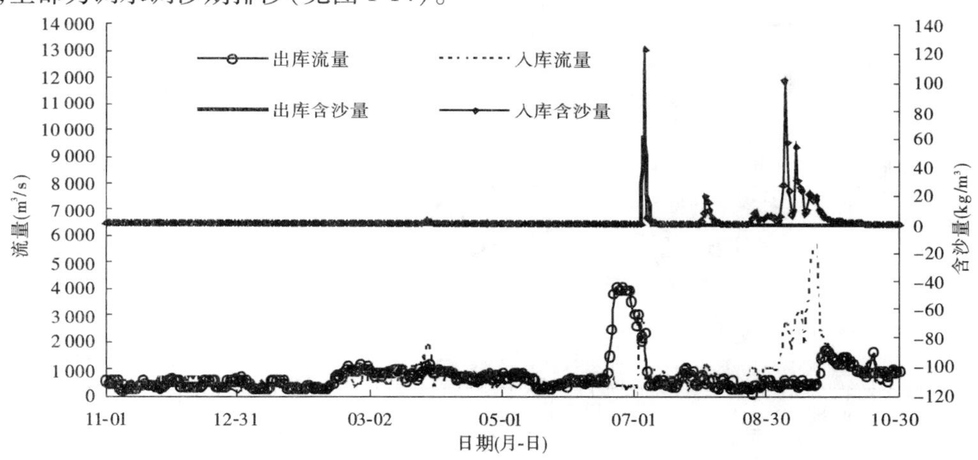

图 1-14　2011 年小浪底水库进出库日均流量、日均含沙量过程对比

三门峡站有 4 次洪峰流量大于 2 500 m^3/s 的洪水过程(见表 1-7),其中 7 月份为黄河汛前调水调沙洪水,后 3 场为秋汛洪水。最大日均流量为 5 650 m^3/s,最大日均含沙量为 270 kg/m^3。5 场洪水入库总沙量 1.609 亿 t,占全年入库总沙量的 92%。

表 1-7　2011 年三门峡水文站洪水期水沙特征值统计表

时段(月-日)	水量(亿 m^3)	沙量(亿 t)	流量(m^3/s)		含沙量(kg/m^3)	
			最大日均	时段平均	最大日均	时段平均
03-20 ~ 03-31	12.49	0.006	1 890	1 205	1.53	0.5
07-03 ~ 07-07	5.98	0.273	2 820	1 383	123	45.7
09-04 ~ 09-11	12.61	0.478	2 750	1 825	270	37.9
09-12 ~ 09-17	13.72	0.361	3 200	2 647	148	26.3
09-18 ~ 09-27	31.21	0.491	5 650	3 612	111	15.7
合计	76.01	1.609	—	—	—	—

6月19日至7月7日进行汛前调水调沙。6月19日9时至7月4日5时，历时14.83 d，为小浪底水库清水下泄阶段（调水期），最大流量4 310 m^3/s（6月22日19时6分）；第二阶段为小浪底水库排沙出库阶段（调沙期），7月4日5时开始，7月8日8时结束，历时4.13 d，输沙量0.329亿t，7月6日10时36分至20时持续最大流量3 000 m^3/s，7月4日22时最大含沙量311 kg/m^3。

在整个调水调沙期间，小浪底入库水量10.35亿m^3，出库水量48.75亿m^3；入库沙量0.273亿t，出库沙量0.329亿t，排沙比1.2。

（五）主要水库蓄水对干流水量的影响

龙羊峡、刘家峡水库控制了黄河主要少沙来源区的水量，对整个流域水沙影响比较大；小浪底水库是黄河下游的重要控制枢纽，对下游水沙影响比较大。将这三大水库2011年蓄泄水量还原后可以看出（见表1-8），龙刘两库非汛期共补水52.10亿m^3，汛期蓄水54.50亿m^3，头道拐汛期实测水量仅59.40亿m^3，占年水量比例仅38%，如果没有龙刘两库调节，汛期水量为113.90亿m^3，汛期占全年比例可以增加到72%。

表1-8　2011年水库运用对干流水量的调节　（单位：亿m^3）

项目	非汛期	汛期	年	汛期占年(%)
龙羊峡蓄泄水量	-47.00	50.00	3.00	
刘家峡蓄泄水量	-5.10	4.50	-0.60	
龙羊峡、刘家峡两库合计	-52.10	54.50	2.40	
头道拐实测水量	95.45	59.40	154.85	38
还原两库后头道拐水量	43.35	113.90	157.25	72
小浪底蓄泄水量	-31.70	61.00	29.30	
花园口实测水量	143.10	107.07	250.17	43
利津实测水量	41.67	100.17	141.84	71
还原龙羊峡、刘家峡、小浪底水库后花园口水量	59.30	222.57	281.87	79
还原龙羊峡、刘家峡、小浪底水库后利津水量	-42.13	215.67	173.54	124

花园口和利津汛期实测水量分别为107.07亿m^3和100.17亿m^3，分别占年水量的43%和71%，如果没有龙羊峡、刘家峡和小浪底水库调节，花园口和利津汛期水量分别为222.57亿m^3和215.67亿m^3，占全年比例分别为79%和124%。

利津非汛期实测水量为41.67亿m^3，如果没有龙羊峡、刘家峡和小浪底水库调节，非汛期水量为-42.13亿m^3，即利津断流。

综上所述，水库调节使水量年内分配发生变化，各水文站汛期占年比例，由实测不足40%，还原后增加到60%以上。

2011年秋汛期间，为了错开伊洛河秋汛洪水、使花园口流量不超过4 000 m^3/s，错开大汶河洪峰、使艾山河段流量不超过4 000 m^3/s，小浪底水库大量拦蓄秋汛期洪水，初步推算如果没有小浪底水库调节，花园口将出现较大洪水过程，日最大流量将由现在的3 100 m^3/s增加到7 366 m^3/s（见图1-15）。

简单还原小浪底水库运用以来龙羊峡、刘家峡和小浪底水库蓄泄水量后的花园口水

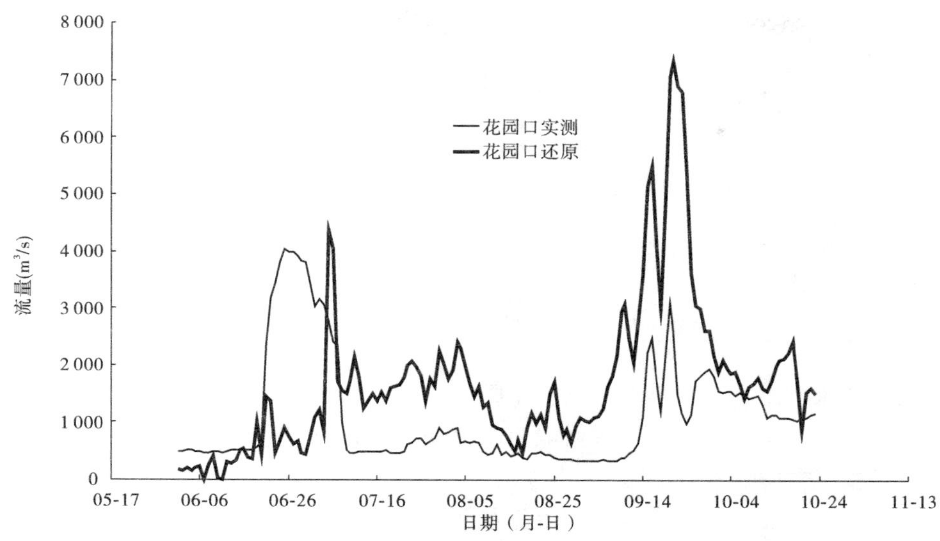

图 1-15　2011 年花园口还原小浪底水库调蓄后汛期流量过程

量(见表 1-9),可以看出 2003 年、2005 年、2011 年花园口还原后汛期水量,均超过 200 亿 m^3,但由于三个水库大量蓄水,实测水量不足 140 亿 m^3,说明即使流域汛期有比较大的来水量,由于水库调蓄,花园口也不会出现较大的水量。

表 1-9　龙羊峡、刘家峡和小浪底水库运用对花园口水量的调节　(单位:亿 m^3)

项目	非汛期		汛期		全年	
	实测水量	还原	实测水量	还原	实测水量	还原
2000 年	100.04	57.41	49.26	101.66	149.30	159.07
2001 年	134.88	57.28	44.91	90.61	179.80	147.90
2002 年	108.13	82.83	91.27	50.67	199.40	133.50
2003 年	76.43	55.53	139.46	299.96	215.89	355.49
2004 年	203.30	105.60	87.37	145.17	290.67	250.77
2005 年	145.85	91.95	94.68	261.68	240.53	353.63
2006 年	208.49	94.06	83.79	128.32	292.28	222.38
2007 年	138.79	73.79	124.65	198.75	263.44	272.54
2008 年	168.37	76.27	70.18	128.28	238.55	204.55
2009 年	155.87	88.27	74.70	184.70	230.57	272.97
2010 年	157.51	90.61	125.82	181.72	283.33	272.33
2011 年	143.10	59.30	107.07	222.57	250.17	281.87

三、三门峡水库冲淤及潼关高程变化

(一)水库排沙情况

入库潼关水文站年水量为 245.26 亿 m^3,其中汛期占 51%;年沙量为 1.233 亿 t,其中汛期占 79%;全年出库水量为 234.65 亿 m^3,其中汛期占 53%;出库沙量为 1.754 亿 t,基本为汛期排沙(见表 1-10)。

表 1-10　2011 年三门峡汛期排沙统计

日期（月-日）	史家滩水位（m）	潼关		三门峡		冲淤量（亿 t）	排沙比
		水量（亿 m^3）	沙量（亿 t）	水量（亿 m^3）	沙量（亿 t）		
07-05～07-06	297.73	2.03	0.013	3	0.271	-0.258	20.85
09-08～09-10	297.87	6.64	0.143	6.42	0.409	-0.266	2.86
09-13～09-17	298.62	11.66	0.145	11.66	0.341	-0.196	2.35
09-18～09-29	304.22	32.83	0.313	34.2	0.503	-0.190	1.61
敞泄期	297.95	20.33	0.301	21.08	1.021	-0.720	3.39
汛期	305.93	125.47	0.97	125.33	1.748	-0.778	1.80

汛期潼关水文站有 3 次洪峰流量大于 2 500 m^3/s 的洪水过程，最大洪峰流量为 5 800 m^3/s。全年共实施 3 次敞泄，第一次敞泄为小浪底水库调水调沙期，其余两次为入库流量大的洪水过程，累计敞泄时间 8 d（水位低于 300 m）。

全年排沙集中在敞泄期。敞泄期入库水量 20.33 亿 m^3，排沙总量 1.020 亿 t，占汛期排沙总量的 58%。敞泄期平均排沙比为 3.39，其中调水调沙期排沙比最大，为 20.85，其余两场洪水排沙比为 2.86 和 2.35。洪峰最大的洪水期（9 月 18～29 日），坝前水位在 300～305 m，出库沙量为 0.503 亿 t，排沙比为 1.61。

（二）三门峡水库冲淤变化

2011 年潼关以下库区非汛期淤积 0.443 亿 m^3，汛期冲刷 0.605 亿 m^3，年内冲刷 0.162 亿 m^3。冲淤沿程分布见图 1-16。非汛期淤积末端在黄淤 36 断面，淤积强度最大的河段在黄淤 19～29 断面，黄淤 8 断面以下的坝前河段有少量淤积。汛期的冲刷与非汛期的淤积基本对应，非汛期淤积量大的河段也是汛期冲刷量大的河段。全年来看，除坝前个别断面淤积较大外，其他各断面基本表现为冲刷，沿程变化幅度不大。

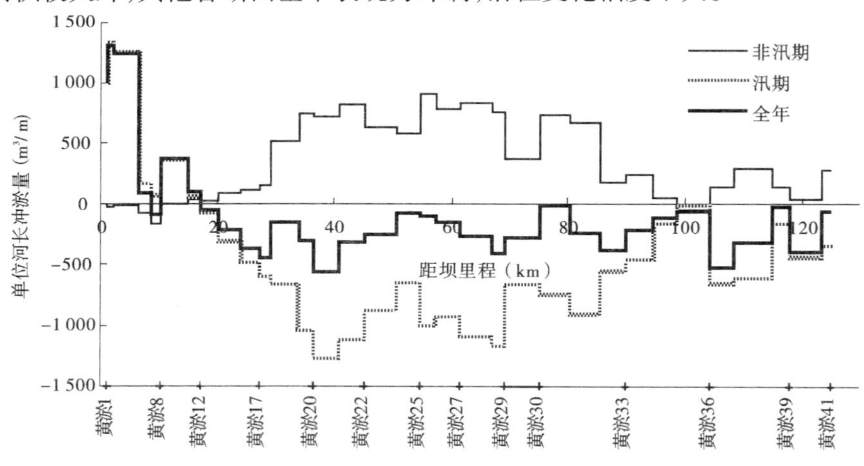

图 1-16　2011 年潼关以下库区冲淤量沿程分布

2011 年小北干流河段非汛期冲刷 0.264 亿 m^3，汛期冲刷 0.077 亿 m^3，全年共冲刷 0.341 亿 m^3。冲淤沿程分布见图 1-17。其中非汛期除黄淤 41～42 断面及黄淤 51～54 断面有明显淤积外，其余河段均发生不同程度的冲刷，黄淤 60 断面以上冲刷量大；汛期各断面有冲有淤，沿程冲淤交替发展，上段冲淤调整强度小，下段冲淤调整强度略大；全年来看,沿程也表现为冲淤交替,其中汇淤6~黄淤47和黄淤60~62河段冲刷强度大。

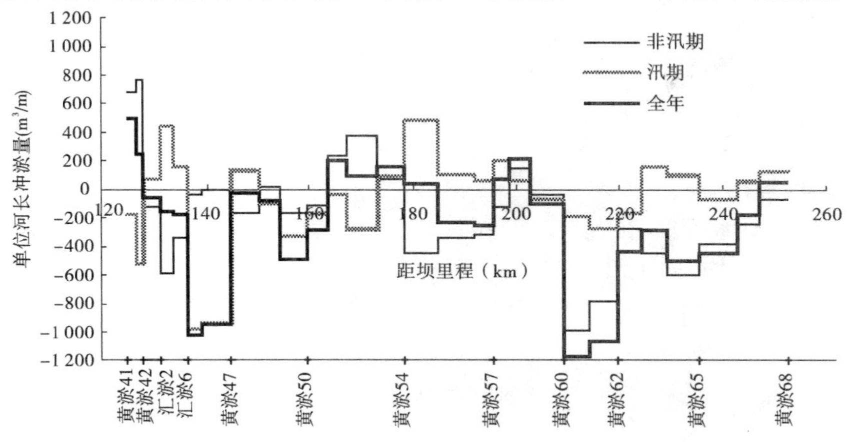

图1-17　2011年小北干流河段冲淤量沿程分布

(三)潼关高程变化

2010年汛后潼关高程为327.77 m,非汛期总体淤积抬升,至2011年汛前为328.18 m。经过汛期的调整,汛后为327.63 m,与2005年以来汛后值接近。运用年内潼关高程下降0.14 m,年内潼关高程变化过程见图1-18。

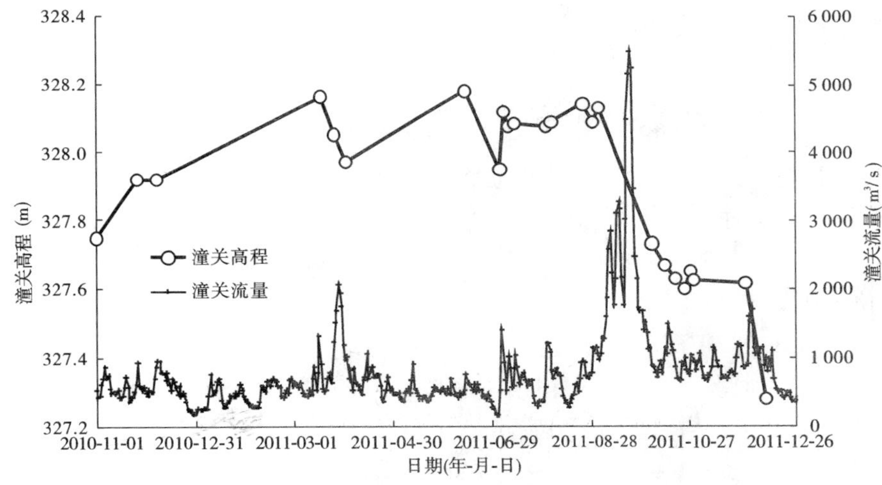

图1-18　2011年潼关高程变化过程

非汛期水库运用水位在318 m以下,潼关河段冲淤主要受来水来沙和前期河床条件影响,基本处于自然演变状态。潼关高程从2010年汛后到桃汛前上升0.39 m,在桃汛洪水作用下下降0.11 m,为327.05 m;桃汛后潼关高程抬升,到汛前为328.18 m。非汛期潼关高程累计上升0.41 m。

汛期三门峡水库运用水位基本控制在305 m以下,潼关高程随水沙条件变化而升降交替。汛初至9月2日洪水之前,潼关流量较小,平均为695 m^3/s,最大仅1 210 m^3/s,潼关高程变化很小,在328.08~328.14 m之间;9月渭河洪水较大、含沙量低,潼关水文站3次洪峰流量逐渐增大,最大达5 800 m^3/s,潼关高程发生较大幅度下降,洪水期下降0.4

m;洪水过后潼关高程继续下降,最低为327.60 m。汛期潼关高程共下降0.55 m,汛末潼关高程为327.63 m。

因而,2011 年渭河秋汛洪水对潼关高程冲刷下降起主要作用。

四、小浪底水库冲淤变化

(一)水库运用

2011 年非汛期水库经历了防凌期、春灌期、汛前调水调沙期,其中2010 年11 月1 日至2011 年6 月18 日平均库水位249.70 m,平均蓄水量44.74 亿 m^3,最高日均库水位251.71 m,对应蓄水量49.6 亿 m^3;3 月下旬配合春灌期泄水,水位最低降至247.56 m(见图1-19)。

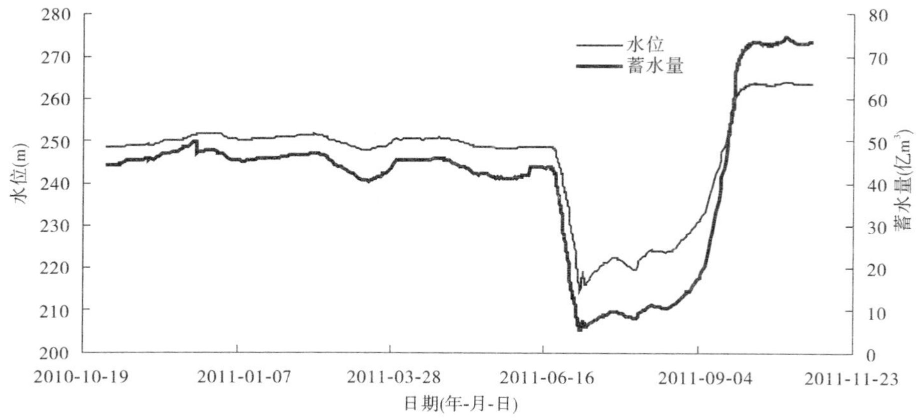

图1-19　2011 年小浪底水库库水位及蓄水量过程线

6 月19 日至7 月7 日为汛前调水调沙期。6 月19 日库水位248.38 m,蓄水量43.5 亿 m^3(6 月19 日9 时),至7 月4 日人工塑造异重流开始时,库水位已降至215.29 m,蓄水量降至5.75 亿 m^3(7 月4 日6 时),至7 月7 日8 时调水调沙结束,小浪底水库关闭排沙洞,水位为216.34 m,蓄水量为6.25 亿 m^3。

7 月8 日至9 月30 日水库持续蓄水,其中8 月20 日之前水库蓄水缓慢,最大库水位224.32 m,最大蓄水量11.26 亿 m^3;8 月20 日之后水位迅速抬升,至9 月30 日,库水位升高至263.25 m,蓄水量增大至72.95 亿 m^3。

10 月1 日后库水位维持在263.34 m 左右,平均蓄水量73.15 亿 m^3。10 月19 日达到年度最高库水位263.88 m。

(二)库区冲淤变化

1.淤积量及分布

根据沙量平衡法计算,库区全年淤积量为1.425 亿 t,其中汛期(4~10 月)淤积1.419 亿 t。根据库区断面测验资料统计,2011 年全库区汛期淤积泥沙1.679 亿 m^3(见表1-11),其中干流淤积量为1.056 亿 m^3,支流淤积量为0.623 亿 m^3。自2011 年4 月小浪底库区开始采用新系列库容,本次计算冲淤量2010 年10 月至2011 年4 月为旧系列计算结果,2011 年4 月至2011 年10 月为新系列计算结果。由于新旧系列库容差异,非汛期断面冲淤量与实际不符,同时非汛期入库沙量0.006 亿 t,出库沙量为0,非汛期淤积量较小,因此全年采用汛期冲淤量,冲淤沿程分布见图 1-20。汛期淤积末端在 HH53 断面,HH26 ~ HH53 断面少量淤积,断面平均淤积量为 0.023 亿 m^3,淤积强度最大的河段在 HH10 ~ HH15 断面,共淤积泥沙 0.767 亿 m^3,其中支流畛水淤积量 0.462 亿 m^3。全年来看,HH40 ~ HH56 断面与汛期冲淤量基本一致,除 HH11 ~ HH13 断面淤积较大(淤积量 0.236 亿 m^3)外,其余基本表现为冲刷,其中 HH11 以下断面冲刷量为 0.46 亿 m^3,HH13 ~ HH33断面冲刷泥沙 0.265 亿 m^3。

表 1-11　2011 年各时段库区淤积量

时段		2010 年 10 月至 2011 年 4 月	2011 年 4 月至 2011 年 10 月
淤积量(亿 m^3)	干流	-1.019	1.056
	支流	-0.772	0.623
	合计	-1.791	1.679

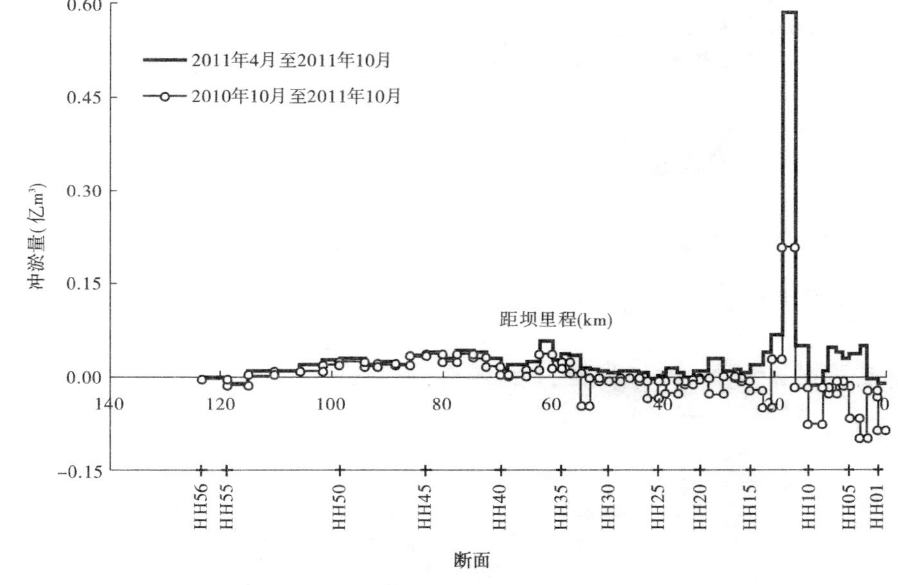

图 1-20　2011 年小浪底库区冲淤量沿程分布

至 2011 年 10 月,小浪底库区累计淤积量达到 26.176 亿 m^3,其中干流淤积 21.585 亿 m^3,支流淤积 4.591 亿 m^3,不同高程下累计淤积量见图 1-21。

2. 淤积形态

2011 年 10 月与 2010 年 10 月相比,小浪底库区三角洲淤积形态调整不大,三角洲顶点高程 215.16 m,距坝里程 18.35 km(见图 1-22)。但是 HH35 ~ HH51 库段有少量淤积,深泓点平均抬高 3 m,三角洲洲面比降增加到 3.53‱,尾部段比降降低至 12.52‱(见表 1-12)。

表 1-12　干流纵剖面三角洲淤积形态要素统计表(深泓点)

日期(年-月)	顶点		坝前淤积段	前坡段		洲面段		尾部段	
	距坝里程(km)	高程(m)	距坝里程(km)	距坝里程(km)	比降(‱)	距坝里程(km)	比降(‱)	距坝里程(km)	比降(‱)
2010-10	18.75	215.61	0 ~ 8.96	8.96 ~ 18.75	19.01	18.75 ~ 101.61	2.52	101.61 ~ 123.41	15.38
2011-10	18.35	215.16	0 ~ 8.96	8.96 ~ 18.35	19.34	18.35 ~ 95.86	3.53	95.86 ~ 129.73	12.52

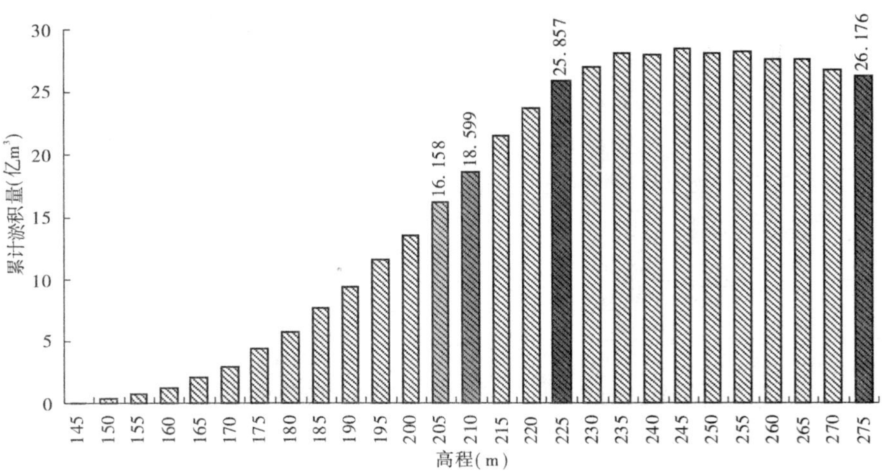

图 1-21　1999 年 9 月至 2011 年 10 月小浪底库区不同高程下的累计淤积量分布

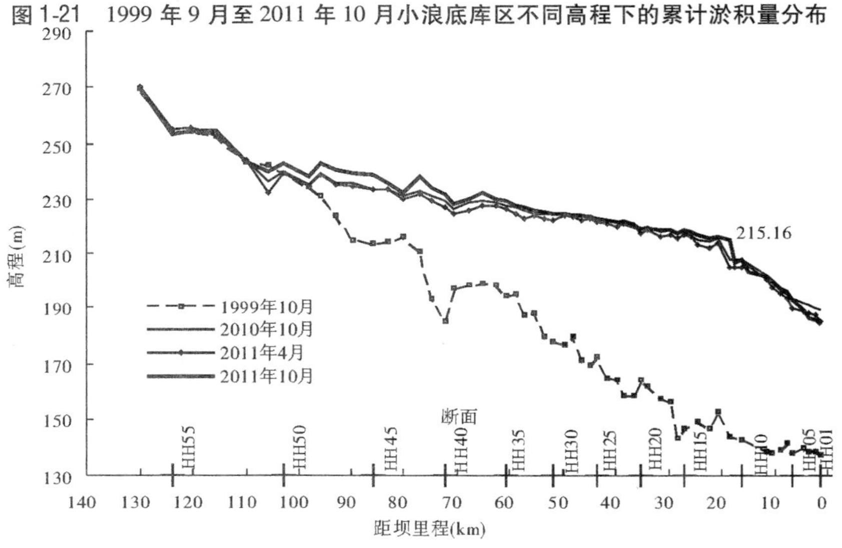

图 1-22　干流纵剖面套绘(深泓点)

2011 年支流淤积量较往年减少,淤积面高程升降幅度与支流河口处干流升降幅度一致。畛水沟口仍有明显的拦门沙坎,干流异重流倒灌沿口门向支流库区沿程递减淤积,口门内形成 2‱的倒比降,HH02 ~ HH06 断面平均淤积厚度 3 m,汛期淤积量 0.462 亿 m^3,拦门沙坎高程较上年略有增加,达到 214.5 m,高度减小为 4.8 m;大峪河由于距坝近,异重流传播距离长,而本年度异重流输沙量不大,汛期淤积量很少;石井河等淤积相对更少,受库水位影响,支流内部水体析出,部分支流沟口出现一条与干流主槽贯通的沟槽,沟口深泓点下降(见图 1-23)。

(三)库容变化

2011 年 10 月,水库 275 m 高程以下总库容 101.285 亿 m^3(见图 1-24),其中干流库容 53.195 亿 m^3,支流库容 48.090 亿 m^3,分别占总库容的 52% 和 48%。汛限水位 225 m 高程以下总库容 10.803 亿 m^3,其中干流库容 6.018 亿 m^3,支流库容 4.785 亿 m^3。

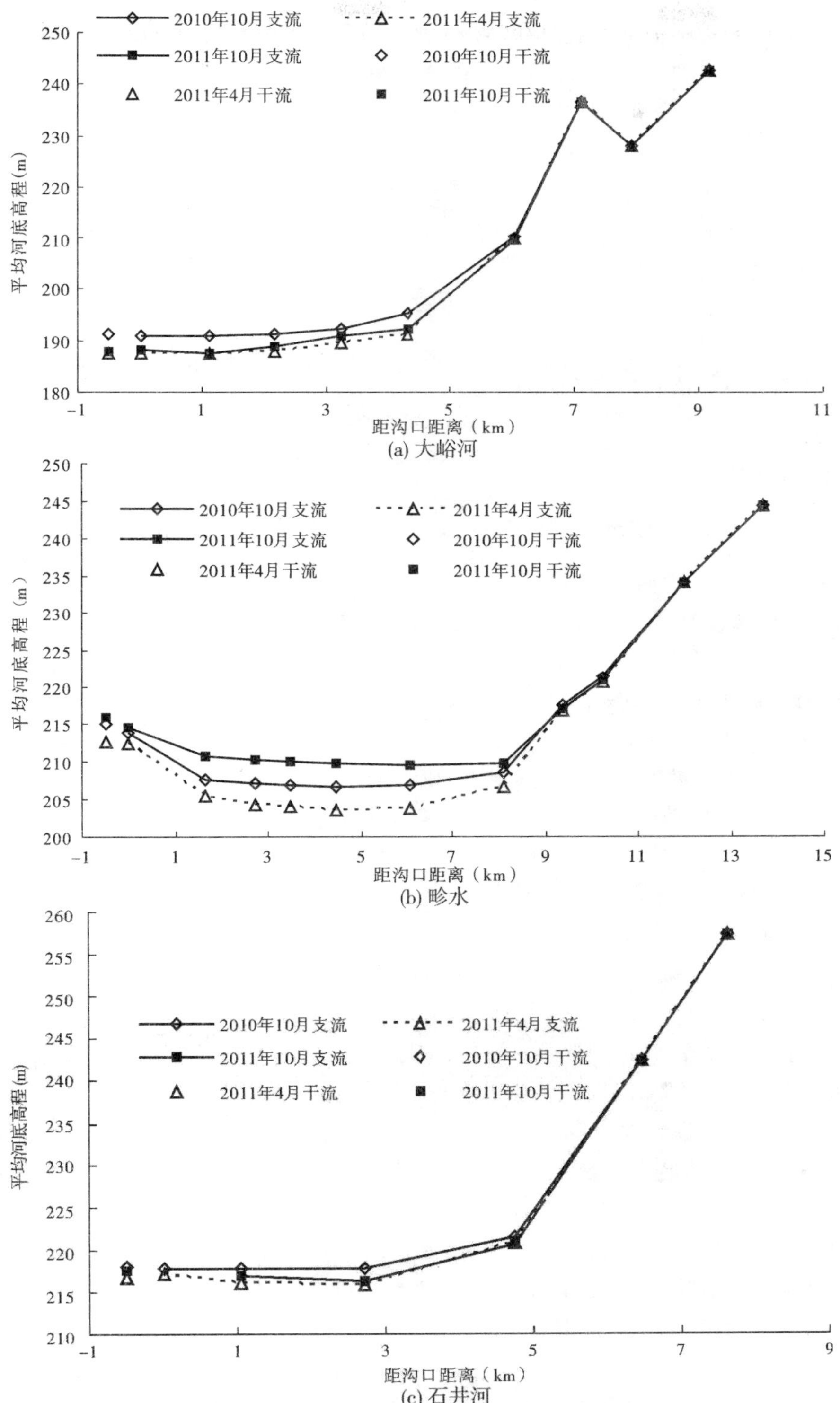

图 1-23 典型支流纵剖面图

由于库区三角洲淤积体不断向坝前推移，坝前的调节库容已显著减少。210 m 高程以下的原始总库容为 21.770 亿 m^3，截至 2011 年汛后，210 m 高程下总库容仅为 3.171 亿 m^3，其中干流 2.062 亿 m^3，支流 1.109 亿 m^3。

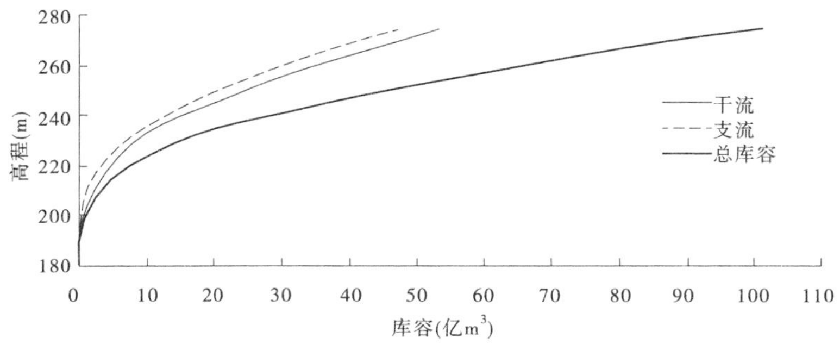

图 1-24　小浪底水库 2011 年 10 月库容曲线

五、黄河下游河道冲淤演变

2011 年进入下游河道（小浪底、黑石关和武陟三处水文站之和）的总水量为 262.03 亿 m^3，沙量为 0.346 亿 t（见表 1-2），与小浪底水库运用以来多年平均相比，水量偏多 10.7%，沙量偏少 44%。利津水沙量分别为 141.84 亿 m^3 和 0.810 亿 t，分别较小浪底水库运用以来年均偏少 2.3% 和 39%。

（一）黄河下游洪水

2011 年进入下游的洪峰流量大于 2 000 m^3/s 的洪水共有两场：①2011 年汛前小浪底水库调水调沙洪水；②主要以伊洛河洪水来源为主形成的秋汛期洪水（9 月 14 日至 9 月 24 日）。此外，受大汶河来水影响，9 月东平湖有一场向黄河加水的流量过程。

1. 汛前调水调沙洪水

1）水沙特征

根据小浪底水库运用及出库水沙过程的特点，2011 年汛前调水调沙洪水可分为清水阶段和浑水阶段。

（1）清水阶段：在调水调沙第一阶段（6 月 19 日 9 时至 7 月 4 日 18 时），小浪底水库持续下泄清水，6 月 22 日 19 时 6 分小浪底水文站出现最大流量 4 230 m^3/s，6 月 24 日 20 时花园口水文站出现最大流量 4 050 m^3/s，6 月 22 日 20 时花园口水文站最大含沙量 7.95 kg/m^3。利津水文站最大流量 3 200 m^3/s，出现在 7 月 3 日 3 时，最大含沙量 6.9 kg/m^3，出现在 6 月 27 日 8 时（见表 1-13）。

（2）浑水阶段：在调水调沙第二阶段（2011 年 7 月 4 日 18 时至 7 月 7 日 8 时），人工塑造异重流排沙出库，历时 2 d 14 h，小浪底水文站 7 月 4 日 21 时 18 分最大流量 2 680 m^3/s，7 月 4 日 22 时最大含沙量 300 kg/m^3。

受小浪底水库排泄高含沙洪水和下游河道边界条件的共同影响，花园口水文站出现了洪峰增值现象，7 月 5 日 20 时洪峰流量 3 900 m^3/s（7 月 6 日 1 时 54 分最大含沙量 75.4 kg/m^3），较小浪底（2 680 m^3/s）、黑石关（60.2 m^3/s）、武陟（沁河干枯）三站相应合成流量2 740.2 m³/s增大42%。由于本次增值后的洪峰流量较小,沿程不断坦化,演进至夹河滩站时,洪峰流量已降至2 960 m³/s(见表1-14)。

表1-13　2011年汛前调水调沙第一阶段洪水特征值

站　名	最大流量(m³/s)	相应时间(月-日T时:分)	相应水位(m)	最大含沙量(kg/m³)	相应时间(月-日T时:分)
小浪底	4 230	06-22T19:06	137.05		
黑石关	29.2	06-23T20:00	105.83		
武陟	0.1	06-23T20:00	100.54		
花园口	4 050	06-24T20:00	91.48	7.95	06-22T20:00
夹河滩	4 020	06-30T14:00	75.47	8.77	06-21T20:00
高村	3 640	06-30T08:00	61.91	8.97	06-23T20:00
孙口	3 580	07-01T11:00	47.95	10.6	06-24T20:00
艾山	3 490	07-02T04:00	40.96	12.9	06-23T20:00
泺口	3 380	07-02T13:30	30.22	12.2	06-27T08:00
利津	3 200	07-03T03:00	12.99	6.9	06-27T08:00

表1-14　2011年汛前调水调沙第二阶段洪水特征值

站名	最大流量(m³/s)	相应时间(月-日T时:分)	相应水位(m)	最大含沙量(kg/m³)	相应时间(月-日T时:分)
小浪底	2 680	07-04T21:18	135.85	300	07-04T22:00
西霞院	2 750	07-05T02:00	120.62	263	07-05T00:30
黑石关	60.2	07-05T17:24	106.20		
武陟	河干				
花园口	3 900	07-05T20:00	92.18	75.4	07-06T01:54
夹河滩	2 960	07-06T09:36	75.09	61.4	07-07T00:00
高村	2 760	07-06T20:00	61.34	56.7	07-07T17:00
孙口	2 620	07-07T02:00	47.24	52.9	07-08T12:36
艾山	2 650	07-07T12:00	40.24	49.7	07-09T00:00
泺口	2 640	07-07T16:00	29.42	50.5	07-09T20:00
利津	2 580	07-07T00:00	13.18	40.8	07-11T16:00

2)河道冲淤变化

考虑到清水和浑水对下游河道的冲淤影响不同,在计算冲淤量时,将调水调沙洪水分为清水期和浑水期两部分,分别计算其在下游河道的冲淤量。其中小浪底清水期时间自6月18日起,到7月3日止,历时16 d;小浪底水文站浑水期的结束时间为7月15日,因此小浪底浑水期自7月4日起,到7月15日止,历时12 d。小浪底水库调水调沙期从6月18日到7月15日,历时28 d(见图1-25)。

第一阶段小浪底水文站的水量为42.8亿m³,进入下游的水量为43.2亿m³,进入下游的平均流量为3 123 m³/s,利津水文站的水量为33.5亿m³,沙量为0.338亿t;第二阶

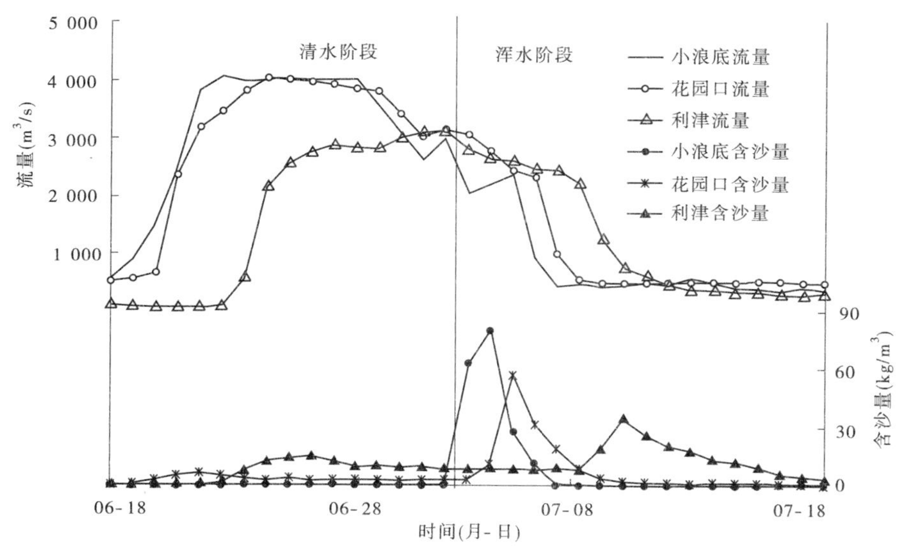

图 1-25　2011 年汛前调水调沙洪水小浪底日均流量、含沙量过程线

段小浪底水文站的水量为 9.7 亿 m^3，沙量为 0.329 亿 t；进入下游的水量为 10.2 亿 m^3，沙量为 0.329 亿 t，利津水文站的水量为 6.5 亿 m^3，沙量为 0.097 亿 t，平均含沙量为 15.0 kg/m^3。调水调沙期间进入下游的水沙量分别为 53.4 亿 m^3 和 0.329 亿 t，入海水沙量分别为 40 亿 m^3 和 0.435 亿 t。

清水期黄河下游各河段均为冲刷，冲刷最多的为小浪底—花园口河段，冲刷量为 0.144 亿 t，最少的为艾山—泺口河段，冲刷量为 0.016 亿 t，利津以上冲刷 0.398 亿 t；浑水期下游有多个河段发生淤积，部分河段发生冲刷，小浪底—花园口河段淤积最多，为 0.096 亿 t，其次为花园口—夹河滩河段，淤积 0.033 亿 t，泺口—利津河段淤积 0.025 亿 t，夹河滩—孙口发生微冲，浑水期利津以上河段共淤积 0.132 亿 t。从整个调水调沙期看，各河段均表现为冲刷，利津以上河段共冲刷 0.266 亿 t（见图 1-26）。

汛前调水调沙的两个阶段，西霞院水库分别冲刷 0.027 亿 t 和 0.007 亿 t，共冲刷 0.034 亿 t。

2. 第二场洪水

1）水沙特征

9 月 15～19 日，伊洛河发生洪水，黑石关水文站先后出现洪峰流量分别为 1 940 m^3/s 和2 560 m^3/s 的首尾相连的两场洪水，受伊洛河洪水及小浪底水库泄水影响，花园口水文站也出现相应的洪水过程，洪峰流量分别为 2 697 m^3/s 和 3 220 m^3/s。考虑到洪峰流量及洪水量级不大，且在演进的过程中含沙量过程演变为一个单峰，故将其作为一场洪水对待。

本场洪水花园口水文站的最大洪峰流量为 3 220 m^3/s，演进到孙口为 3 280 m^3/s，演进到利津为 3 230 m^3/s，洪水在演进的过程中，洪峰流量没有减小；最大含沙量由花园口的 5.25 kg/m^3，到利津增大为 15.2 kg/m^3（见表 1-15）。

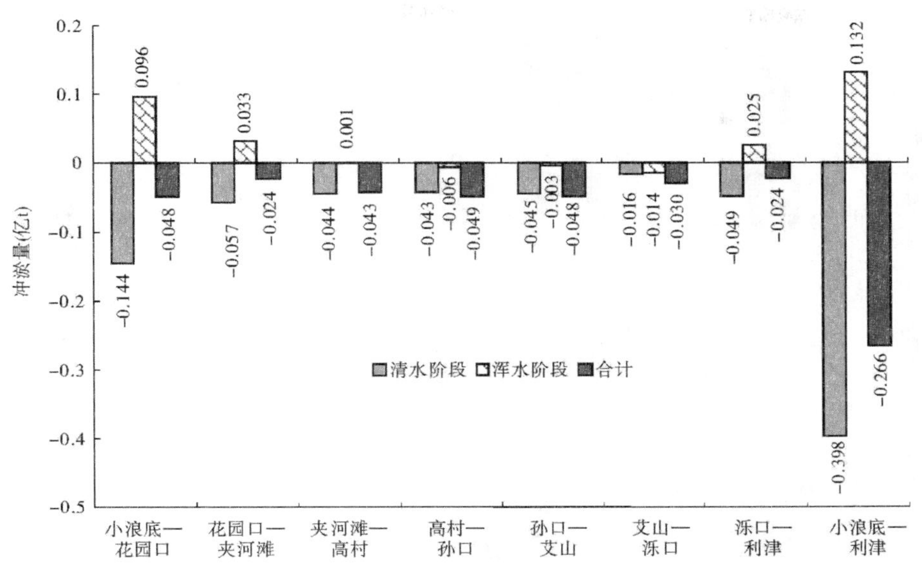

图 1-26　2011 年汛前黄河调水调沙期下游河道冲淤量

表 1-15　2011 年第二场洪水特征值

站名	最大流量 (m^3/s)	相应时间 (月-日 T 时:分)	相应水位 (m)	最大含沙量 (kg/m^3)	相应时间 (月-日 T 时:分)
小浪底	541	09-20T08:00			
黑石关	2 560	09-19T07:30	112.36	3.23	09-19T11:36
武陟	393	09-20T07:30	104.95	2.19	09-19T08:00
花园口	3 220	09-20T18:00	92.07	5.25	09-15T08:00
夹河滩	3 180	09-20T20:00	75.13	7.3	09-16T08:00
高村	3 320	09-21T19:00	61.70	10.3	09-16T08:00
孙口	3 280	09-22T07:00	47.58	10.3	09-18T08:00
艾山	3 750	09-22T12:12	41.00	10.8	09-17T08:00
泺口	3 580	09-22T19:12	30.23	10.8	09-23T08:00
利津	3 230	09-23T10:30	12.97	15.2	09-19T08:00

2)河道冲淤变化

本场洪水小浪底站自 9 月 12 日至 22 日,历时 11 d,小浪底、黑石关和武陟的水量分别为 4.1 亿 m^3、11.1 亿 m^3 和 1.4 亿 m^3,三站合计 16.6 亿 m^3,小浪底水库未排沙,入海水量 19.1 亿 m^3、沙量 0.194 亿 t。除了高村—孙口河段是冲淤平衡的外,其他河段均是冲刷的,利津以上河段共冲刷 0.193 亿 t(见图 1-27)。

3. 东平湖入黄流量过程

2011 年 7 ~ 12 月,东平湖水库向黄河干流共加水 13.38 亿 m^3,其中 9 月加水最多,为

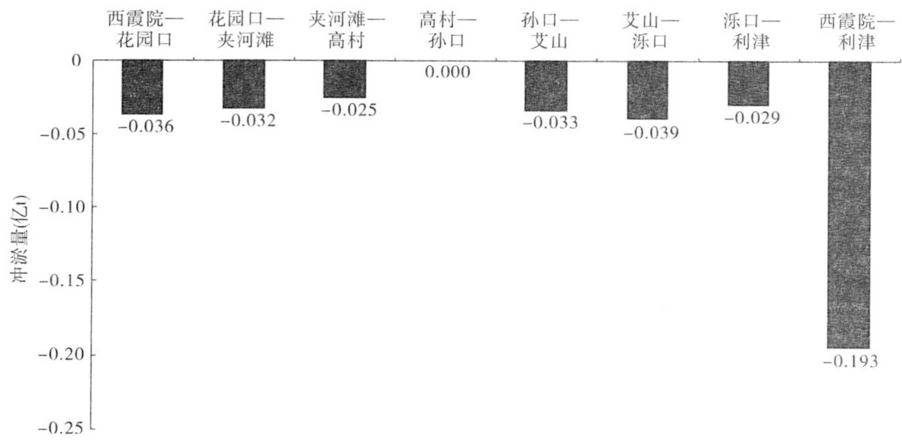

图 1-27 第二场洪水在下游各河段的冲淤量

4.4 亿 m^3(见图 1-28),最大日均流量 533 m^3/s(9 月 19 日)。

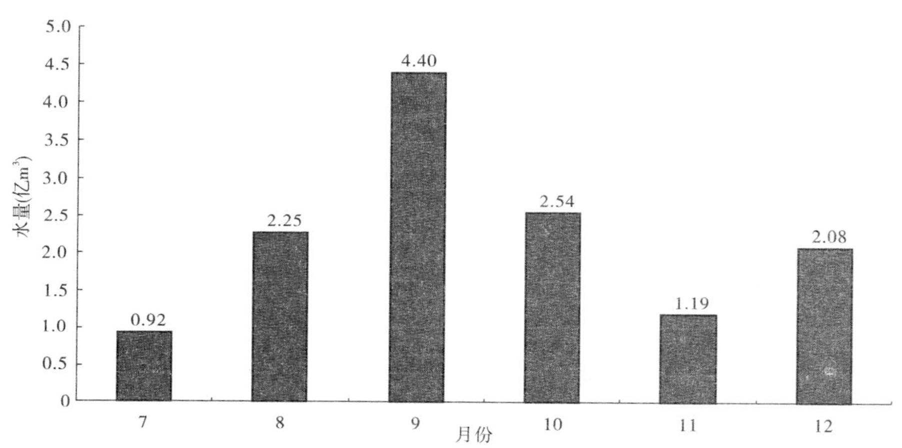

图 1-28 2011 年各月东平湖入黄水量

东平湖水库入黄的较大流量过程在时间上刚好和黄河干流 9 月的较大流量相一致,这有利于艾山以下河道的冲刷(见图 1-29)。

(二)下游河道冲淤及排洪能力变化

1. 河道冲淤变化

根据黄河下游河道 2010 年 10 月、2011 年 4 月和 2011 年 10 月三次统测大断面资料,分析计算了 2011 年非汛期和汛期各河段的冲淤量,结果见表 1-16。可以看出,全年利津以上河段共冲刷 1.344 亿 m^3,其中非汛期和汛期分别冲刷 0.538 亿 m^3 和 0.806 亿 m^3;从非汛期冲淤的沿程分布看,非汛期冲淤量的绝对值不大,汛期整个下游河道都是冲刷的,但冲刷量沿程减小。整个运用年冲刷分布上大下小,76% 的冲刷量集中在高村以上河段。

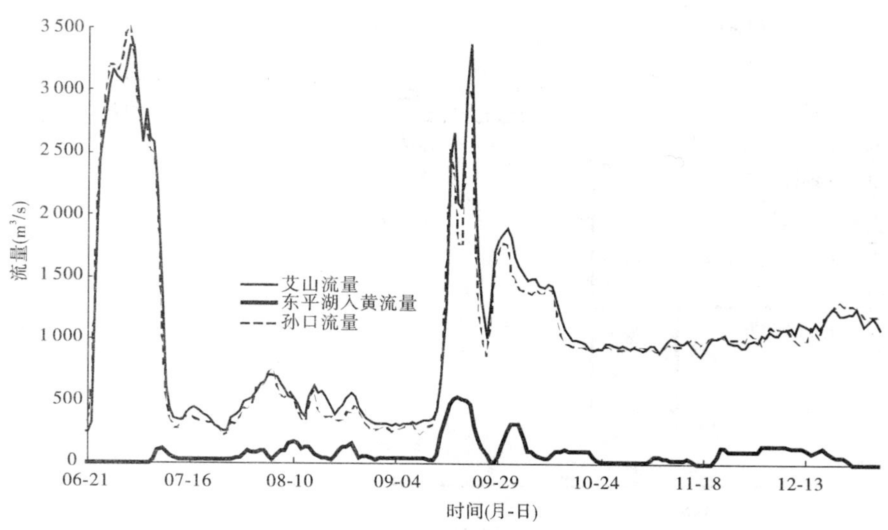

图 1-29　2011 年东平湖入黄日均流量过程线

表 1-16　2011 运用年断面法冲淤量计算成果　（单位：亿 m^3）

河段	2010 年 10 月至 2011 年 4 月	2011 年 4 月至 2011 年 10 月	全年冲淤量	
			合计	占利津以上（%）
花园口以上	-0.041	-0.294	-0.335	24.9
花园口—夹河滩	-0.322	-0.111	-0.433	32.2
夹河滩—高村	-0.129	-0.131	-0.260	19.4
高村—孙口	-0.071	-0.055	-0.126	9.4
孙口—艾山	-0.013	-0.055	-0.068	5.0
艾山—泺口	0.027	-0.091	-0.064	4.8
泺口—利津	0.011	-0.069	-0.058	4.3
高村以上	-0.492	-0.536	-1.028	76.5
高村—艾山	-0.084	-0.110	-0.194	14.4
艾山—利津	0.038	-0.160	-0.122	9.1
利津以上	-0.538	-0.806	-1.344	100
占全年（%）	40	60	100	

从小浪底水库 1999 年 10 月投入运用以来到 2011 年 10 月，黄河下游利津以上河段累计冲刷 14.973 亿 m^3，其中主槽为 15.454 亿 m^3。冲刷沿程分布为上大下小，极不均匀（见图 1-30）。

2. 同流量水位变化

将 2011 年汛前调水调沙和 2010 年汛前调水调沙洪水涨水期 3 000 m^3/s 同流量水位

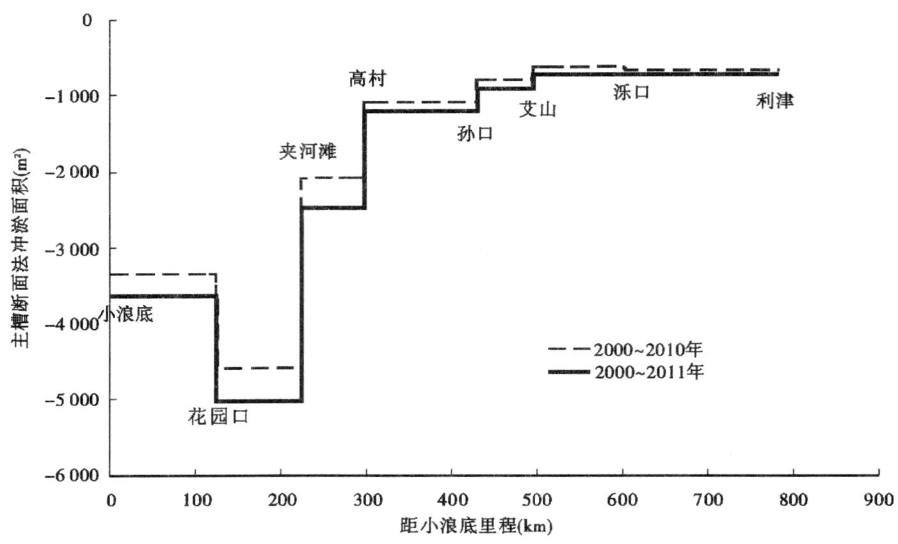

图 1-30　2000 ~ 2011 年黄河下游各河段平均冲淤面积

相比，花园口、孙口和艾山降幅最明显，分别降低了 0.18 m、0.26 m 和 0.21 m，夹河滩降低了 0.07 m，高村、泺口和利津的变化不大。

比较 2011 年 9 月和 2011 年汛前调水调沙洪水的水位变化，花园口抬升了 0.17 m，夹河滩、高村和孙口的降幅较明显，分别为 0.20 m、0.13 m 和 0.26 m，艾山和利津略有降低，泺口的变化不明显。

把 2011 年 9 月洪水和 2010 年汛前调水调沙洪水相比，各站的同流量水位均是下降的，中间河段下降较多，例如，夹河滩、高村、孙口和艾山分别降低了 0.27 m、0.14 m、0.52 m 和 0.26 m，花园口、泺口和利津的水位变化不明显（见表 1-17）。

表 1-17　3 000 m^3/s 同流量水位及其变化　（单位：m）

水文站		花园口	夹河滩	高村	孙口	艾山	泺口	利津
2010 年调水调沙	(1)	92.10	75.24	61.64	47.73	40.70	29.86	12.75
2011 年调水调沙	(2)	91.92	75.17	61.63	47.47	40.49	29.85	12.76
2011 年 9 月	(3)	92.09	74.97	61.50	47.21	40.44	29.85	12.71
水位变化	(4) = (2) - (1)	-0.18	-0.07	-0.01	-0.26	-0.21	-0.01	0.01
	(5) = (3) - (2)	0.17	-0.20	-0.13	-0.26	-0.05	0.00	-0.05
	(6) = (3) - (1)	-0.01	-0.27	-0.14	-0.52	-0.26	-0.01	-0.04

把各水文站 2011 年 9 月洪水 2 000 m^3/s 流量的水位和 1999 年的同流量水位相比，各站的同流量水位均显著降低，降幅最大的是花园口、夹河滩和高村三站，降幅在 2 m 上下，其次是孙口和泺口，降幅在 1.5 m 左右，降幅最少的艾山和利津，降幅也超过了 1.1 m（见图 1-31）。

3. 平滩流量变化

2012 年汛前，黄河下游水文站断面的平滩流量和上年同期相比，孙口增加了 100

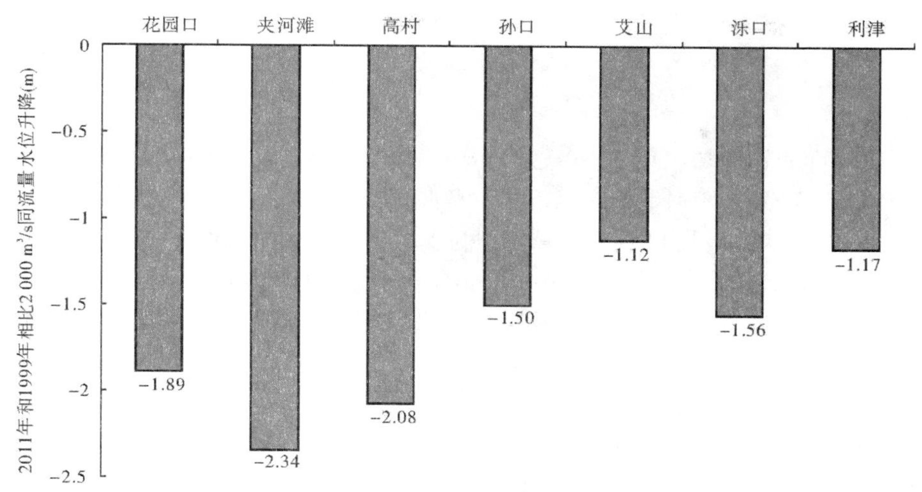

图 1-31　小浪底水库运用以来各水文站 2 000 m^3/s 水位变化

m^3/s,其他站不变。因此,2012 年汛前花园口等 7 个水文站断面的平滩流量分别为 6 900 m^3/s、6 500 m^3/s、5 400 m^3/s、4 200 m^3/s、4 100 m^3/s、4 300 m^3/s 和 4 500 m^3/s(见表 1-18)。从纵向看,平滩流量上大下小,其中,孙口和艾山站的平滩流量较小。和 2002 年黄河首次调水调沙时相比,黄河下游河道最小平滩流量已由高村的 1 850 m^3/s 增加到艾山的 4 100 m^3/s,最小平滩流量增加了 2 200 m^3/s 以上。从沿程变化看,平滩流量的增加呈"上大下小"的特点,高村及其以上河段的平滩流量增加了 3 000 m^3/s 左右,而艾山及其以下河段仅增加了 1 500 m^3/s 左右。

表 1-18　黄河下游水文站断面的平滩流量及其变化　　(单位:m^3/s)

水文站	花园口	夹河滩	高村	孙口	艾山	泺口	利津
2002 年	4 100	2 900	1 850	2 100	2 800	2 700	2 900
2011 年	6 800	6 200	5 400	4 100	4 100	4 300	4 400
2012 年	6 900	6 500	5 400	4 200	4 100	4 300	4 500
2012 年较 2011 年增加	100	300	0	100	0	0	100
2012 年较 2002 年增加	2 800	3 600	3 550	2 100	1 300	1 600	1 600

彭楼—陶城铺河段仍是全下游主槽平滩流量最小的河段,最小值预估为 4 100 m^3/s,平滩流量最小的河段有 4 处,分别为武盛庄—十三庄断面附近、于庄断面附近、徐沙洼—大寺张断面附近,以及路那里断面附近的河段。

4. 河势及工程险情

截至 2012 年汛前,黄河下游畸形河湾多发、工程出险严重。河南河段出现畸形河湾 2 处,山东河段出现 3 处。河南河段畸形河湾分别发生在枣树沟—东安河段、九堡—大张庄河段。山东河段 3 处是鄄城县芦井河段、济阳县史家坞—大柳店河段、垦利县十八户河段。需要重点防守和已出现险情的河道工程共 26 个,其中河南河段有铁谢险工等 8 个,山东河段有东明县老君堂河段等 8 个。山东河段工程出险主要是河势上提所造成的。

六、主要认识及建议

（一）认识

（1）2011 年黄河流域汛期（7～10 月）中下游降雨偏多，主要是秋汛期降雨偏多，各区间偏多在 1%～190%，特别是龙门以下干支流偏多 100% 以上。秋汛期中下游局部区域出现较大洪水，潼关和花园口最大洪峰分别为 5 800 m^3/s 和 4 050 m^3/s。渭河和伊洛河出现近 30 年来最大洪水，华县和黑石关洪峰流量分别为 5 050 m^3/s 和 2 560 m^3/s，渭河临潼水文站出现建站以来最高水位，华县水文站出现历史第二高水位，渭河下游漫滩严重，多条南山支流出现洪水倒灌。

2011 年仍然为枯水少沙年，汛期水量除渭河和伊洛河偏多 30% 外，其余均有不同程度的偏少；干支流年沙量偏少，幅度多在 80% 以上，龙门和潼关年沙量分别为 0.482 亿 t 和 1.233 亿 t，分别为历史倒数第一、第二。

河口镇—龙门区间汛期降雨量 320 mm，来水量 15.65 亿 m^3，来沙量 0.325 亿 t，与多年平均相比，降雨量偏多 10.8%，来水量偏少 55%，来沙量偏少 95%。

（2）骨干水库对洪水径流的调节作用明显。2011 年汛期干支流 8 座水库蓄水量高达 121 亿 m^3，其中龙羊峡、小浪底两水库汛期蓄水量分别高达 50 亿 m^3 和 61 亿 m^3。汛期蓄水大幅度削减了洪峰，从而使得洪水发生频次和洪峰流量量级、洪量、历时等显著减少。骨干水库汛期蓄水调节到非汛期下泄，对确保干流河道不断流，起到了重大的积极作用。

初步推算，如果没有小浪底水库调节，花园口 2011 年秋汛期最大日均流量将由实测的 3 100 m^3/s 增加到 7 366 m^3/s。利津非汛期实测水量 41.67 亿 m^3，如果没有龙羊峡、刘家峡和小浪底水库调节，非汛期水量为 −42.13 亿 m^3，即利津断流。

（3）2011 年三门峡水库共实施了 3 次敞泄排沙，敞泄期排沙总量 1.021 亿 t，平均排沙比 3.39，水位低于 300 m 累计 8 d。三门峡水库潼关以下库段全年冲刷泥沙 0.162 亿 m^3、小北干流河段冲刷 0.341 亿 m^3、潼关高程下降 0.14 m，其中汛期水沙条件较好，潼关高程下降 0.55 m。

（4）2011 年小浪底水库仍以拦沙运用为主，汛期淤积量为 1.679 亿 m^3，其中干流占 63%。与 2010 年 10 月相比，三角洲淤积形态调整不大。支流淤积较往年减少，淤积面高程升降幅度与河口处干流升降幅度一致。畛水沟口形成明显的拦门沙坎，高度为 4.8 m，口门内形成 2‰的倒比降，HH2～HH6 断面平均淤积厚度 3 m。全年排沙主要集中在调水调沙期，出库沙量 0.329 亿 t，排沙比 1.2。

（5）2011 年黄河下游河道冲刷 1.344 亿 m^3（断面法），其中非汛期、汛期（包括调水调沙期）分别冲刷 0.538 亿 m^3 和 0.806 亿 m^3。各河段均是冲刷的，但冲刷量分布不均匀，冲刷量 76% 集中在高村以上河道；汛前调水调沙洪水和 9 月洪水期共冲刷 0.459 亿 t，两场洪水的冲刷量占运用年沙量平衡法计算的冲刷量 0.742 亿 t 的 62%；9 月洪水与上年汛前调水调沙洪水的同流量水位相比，花园口、泺口、利津变化不大，夹河滩—艾山的降幅明显，其中孙口下降 0.52 m。黄河下游主槽最小平滩流量由调水调沙前的 4 000 m^3/s 增大到调水调沙后的 4 100 m^3/s。目前孙口最小平滩流量为 4 200 m^3/s、艾山最小平滩流量为 4 100 m^3/s。

（二）建议

（1）分析黄河中游多沙粗沙区（河龙区间）汛期降雨径流、径流泥沙关系的变化表明，近年来河龙区间不仅降雨径流关系发生了显著改变，相同降雨条件下的径流量明显减少，而且径流泥沙关系也发生了显著的趋势性变化，相同径流条件下的输沙量明显降低，建议对其原因进一步分析研究。

（2）“96·8”洪水过后至今 16 a 的时间段内，除 1998 年及小浪底水库汛前调水调沙外，花园口没有出现过 4 000 m^3/s 以上的编号洪峰。除 2011 年外，2003 年、2005 年也均发生过较大的秋汛洪水，但由于骨干水库的调蓄，8 座水库汛期分别增加蓄水量 173.48 亿 m^3、176.65 亿 m^3。可见，在现有水库格局和运用方式下，很难寄希望于干流出现较大的洪水，塑造下游河槽、冲刷小浪底水库前期淤积物中的细沙。因此，建议更加注重干支流中小洪水在塑造下游中水河槽、冲刷小浪底库区前期细沙淤积物的作用。

第二章　小浪底水库加大排沙的背景条件分析

一、问题的提出

从1999年汛后下闸蓄水到2011年汛后,小浪底水库已经运用了12 a,其间自2002年起进行了13次调水调沙,经过调水调沙及2003年“华西秋雨”等洪水的持续冲刷,黄河下游河道各河段的平滩流量均有显著增加,最小平滩流量由最初的不足2 000 m^3/s,增大到目前的4 100 m^3/s,河道排洪能力显著增大,下游河道主槽基本具备接受小浪底水库加大排沙、拦粗排细的初步条件。

同时,截至2011年汛后,小浪底水库已累计淤积26.18亿m^3,库区淤积三角洲顶点已移动至坝前18.35 km,三角洲顶点以下还有约5亿m^3库容,水库最低运用水位210 m以下有3.17亿m^3库容,形成的异重流很容易排沙出库,具备提高排沙比的边界条件。

由此可见,在小浪底水库长期拦沙运用条件下,下游河道经历了长期的冲刷,边界状况已经发生很大变化,需要搞清小浪底水库加大排沙的背景条件。

二、小浪底水库加大排沙的基本条件

(一)黄河下游排洪输沙底限平滩流量

无论从排洪角度,还是从输沙角度考虑,黄河下游主槽平滩流量的大小是描述河槽排洪输沙基本功能的主要指标,其目标值主要取决于未来下游可能的水沙条件和滩区生产生活的要求、防御大洪水要求以及高效输沙和塑槽要求等。

1. 输沙效率与洪水流量的关系

关于最优输沙效率的洪水量级问题,岳德军等在20世纪90年代中期,曾统计分析过1974年以后发生的168场洪水的输沙效率,认为洪水流量在3 500 m^3/s左右、含沙量75 kg/m^3左右的非漫滩洪水为最适宜的高效输沙洪水,其输沙用水量为16.6亿m^3,淤积比为13.5%。

1986~1999年,进入下游的水沙条件发生了很大改变,来沙系数S/Q明显增加,绝大部分在0.015 $kg\cdot s/m^6$以上,有时甚至超过0.1 $kg\cdot s/m^6$。为了进一步认识下游河道的输沙能力变化,根据1986~1999年的非漫滩场次洪水资料,分析洪水平均流量与排沙比的关系可见(见图2-1),随小黑武洪水平均流量的增加,排沙比呈增加之势,但流量大于3 000 m^3/s后,排沙比增加幅度变缓;而对于艾山以下河段,当艾山洪水平均流量超过2 000 m^3/s以后,排沙比变化已不大(见图2-2)。

一般来说,水流的挟沙力与流速的3次方成正比,与水深的1次方成反比。根据1986~1997年艾山站实测资料,在流量大于4 000~5 000 m^3/s后,水流挟沙能力因子(V^3/h)显著减小。

2. 水流的冲刷效率与来水流量关系

若进行冲刷塑槽,就要寻找水流冲刷效率较高的流量级。为此分析了黄河下游清水

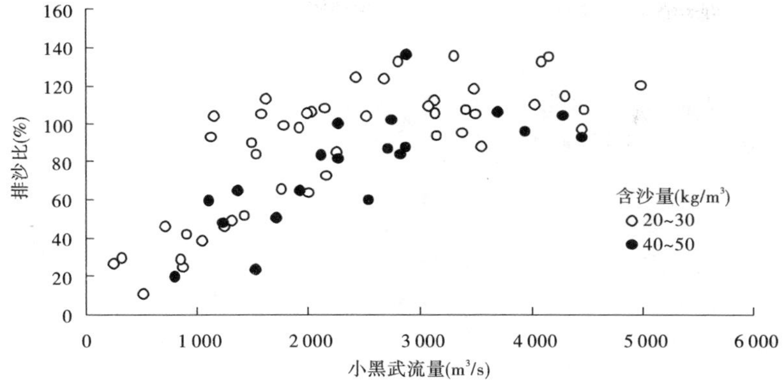

图 2-1　黄河下游场次洪水排沙比与小黑武洪水平均流量变化关系

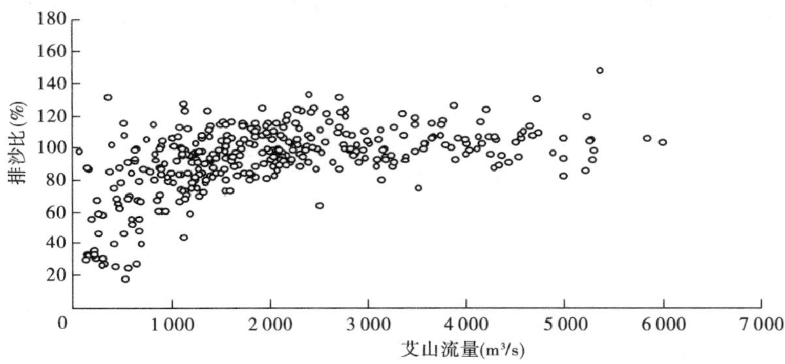

图 2-2　艾山以下河段排沙比与艾山洪水平均流量的关系

冲刷时期进入下游流量与水流的冲刷效率(单位水量冲刷量)的关系(见图 2-3),发现水流的冲刷效率随洪水期平均流量的增加明显增加,但流量约在 4 000 m^3/s 以下时,水流的冲刷效率增加幅度较大,流量超过 3 500 ~ 4 000 m^3/s 后冲刷效率增加幅度显著减小。由此表明,4 000 m^3/s 是水流冲刷效率较大的一个流量级。

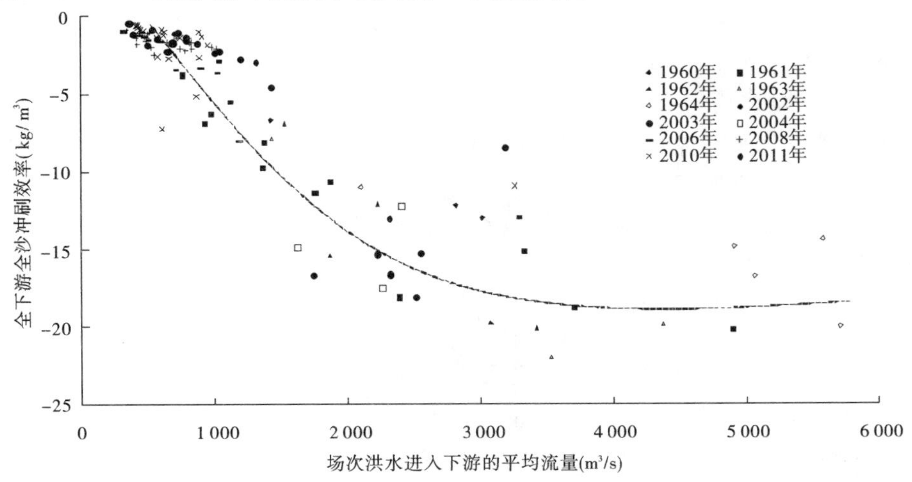

图 2-3　水库拦沙运用期下游冲刷效率与平均流量关系

3. 防洪需要的主槽平滩流量

从理论上说,平滩流量越大,同样来水条件下漫滩的可能性就越小,即越有利于防洪,但过大的平滩流量难以实现。因此,需要研究对防洪影响较小、输沙能力较强的平滩流量。

由黄河下游典型洪水过程中主槽流量从3 000 m³/s涨到8 000 m³/s时,水位涨幅与平滩流量的关系可知(见图2-4),平滩流量小于5 000 m³/s时,随平滩流量减小,洪水水位涨幅增高。但当流量约大于5 000 m³/s后随流量增加,其水位涨幅增加趋缓,基本接近于一个常数值。二维数学模型计算也表明,平滩后流量增加1 000 m³/s的水位涨幅随着平滩流量的增大而减小,当平滩流量达到4 500 m³/s左右后变幅明显减小,说明对洪水位上涨的影响降低。

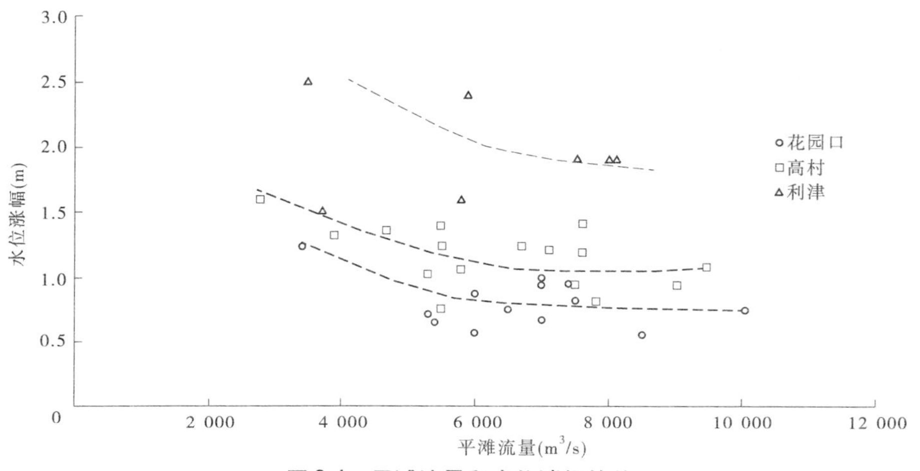

图2-4 平滩流量和水位涨幅的关系

4. 滩区生产生活对平滩流量的要求

从滩区生产生活的需要考虑,希望主槽的过流能力既能够满足经常发生洪水的要求,又要使漫滩频率较低。而根据对黄河下游未来洪水的预测,发生4 000 m³/s以上量级洪水的频率将减少。同时,1998年黄河防总曾对黄河下游的编号洪峰进行了修订(黄防办〔1998〕22号文《关于印发黄河洪峰编号的暂行规定》),综合考虑当时的主槽排洪能力(警戒水位、平滩流量)以及其他因素,确定花园口流量大于4 000 m³/s的洪水作为下游编号洪水。若未来平滩流量维持在4 000 m³/s左右,在滩区生产要求平滩流量尽量大,且又考虑滩区沉沙滞洪要求的情况下,也会更易被人们所接受。

(二)黄河下游河道已经达到排洪输沙的底限平滩流量

对黄河下游水文站断面平滩流量的分析表明,2012年汛前孙口和艾山断面是黄河下游河道平滩流量最小的,分别为4 200 m³/s和4 100 m³/s(见表2-1)。

表2-1 黄河下游水文站2012年汛前平滩流量

项目	花园口	夹河滩	高村	孙口	艾山	泺口	利津
平滩水位(m)	93.85	77.05	63.20	48.65	41.65	31.40	14.24
相应流量(m³/s)	6 900	6 500	5 400	4 200	4 100	4 300	4 500

彭楼—陶城铺河段仍是全下游平滩流量最小的河段,最小值预估为4 100 m³/s。平

滩流量最小的河段有4处，分别为武盛庄—十三庄断面附近、于庄断面附近、徐沙洼—大寺张附近，以及路那里附近的河段，如图2-5所示。

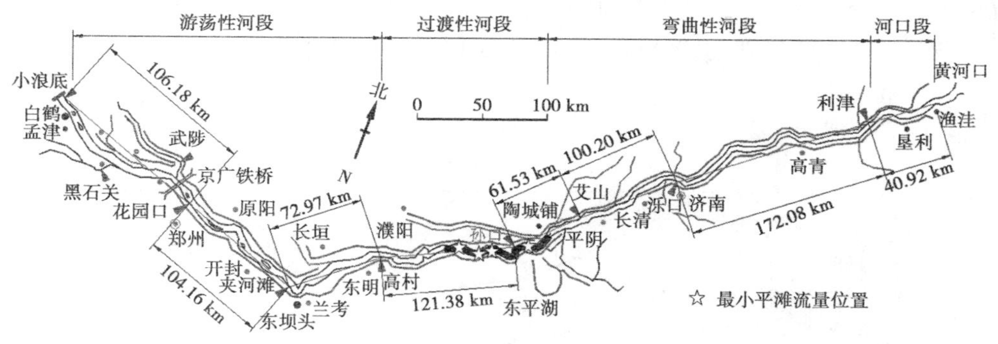

图2-5　2012年汛前“瓶颈河段”的大体位置

三、冲刷效率变化

(一)河床粗化过程

由图2-6可以看到，2005年汛后和1999年汛后相比，整个下游河道床沙发生了非常明显的粗化现象，花园口以上河段床沙的中值粒径增加了2.5倍，是粗化最为明显的河段，但是下游2006年到2010年粗化发展不明显。床沙粗化不利于河槽冲刷。

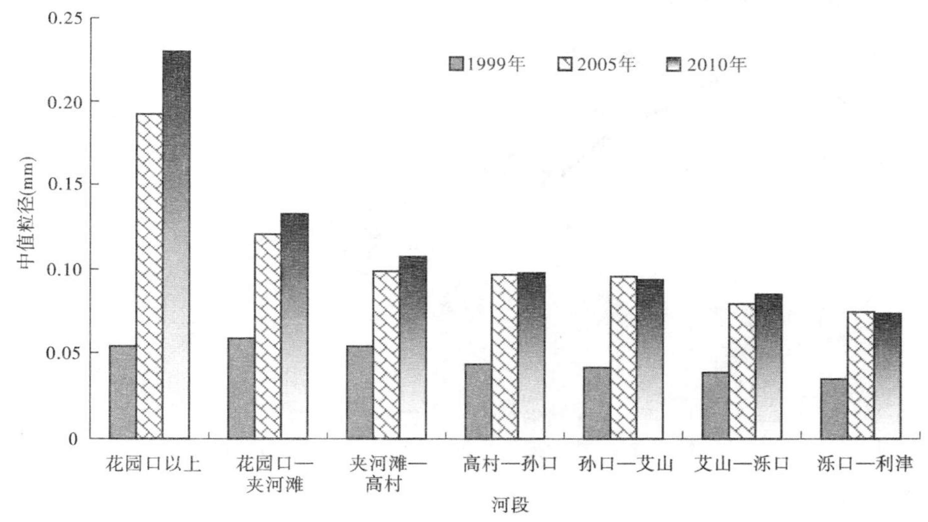

图2-6　各河段汛后床沙表层中值粒径变化

(二)年冲刷效率变化

冲刷效率还可以用河段累计冲刷面积和累计来水量关系的斜率表示，其物理意义是单位水量的冲刷面积。

小浪底水库运用以来，花园口以上、花园口—夹河滩、夹河滩—高村、高村—孙口河段累计冲刷面积和累计来水量的关系表现出共同的特点，即随着冲刷的发展，冲刷效率有逐渐减弱的趋势(见图2-7、图2-8)。而孙口—艾山、艾山—泺口及泺口—利津三个河段(见图2-8和图2-9),表现出的共同特点——2005年之后冲刷效率明显小于2002年5月至2005年10月的,2005年之前三个河段100亿m^3水量的冲刷面积分别为52 m^2、74 m^2和69 m^2,2005年之后分别仅为29 m^2、19 m^2和19 m^2,单位水量的冲刷面积分别减小了45%、74%和73%。

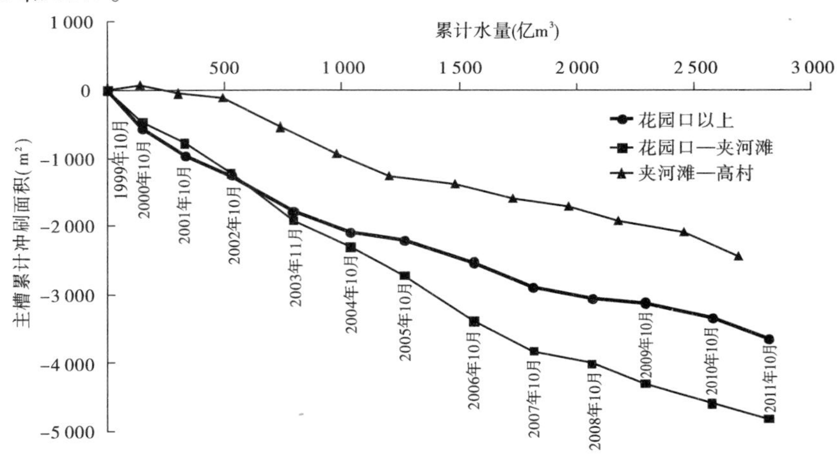

图2-7 高村以上河段累计冲刷面积和来水量的关系

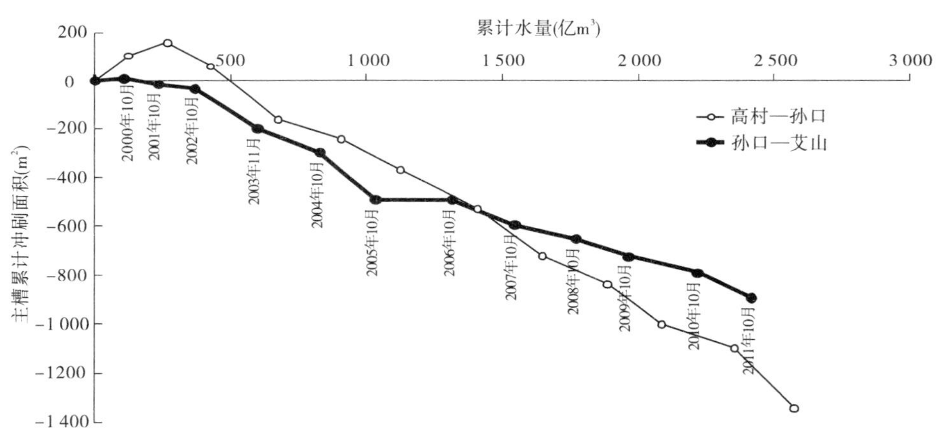

图2-8 高村—艾山河段累计冲刷面积和来水量的关系

(三)洪水冲刷效率变化

由黄河下游洪水期冲刷效率和洪水平均流量的关系可见(见图2-10~图2-12),随着冲刷的发展,艾山以上河段同流量冲刷效率有降低的趋势。例如花园口以上河段在流量2 000 m^3/s时冲刷效率已经大幅度降低为2 kg/m^3、高村—艾山河段已经降低为1 kg/m^3;艾山以下河段冲刷效率降低不如艾山以上河段明显,2 000 m^3/s以上的冲刷效率目前仍然维持在2 kg/m^3上下(见图2-13)❶

❶ 说明:为了在同一个尺度上进行冲刷效率的比较,图2-13为不包含水库排沙期的资料,即为清水期的资料。

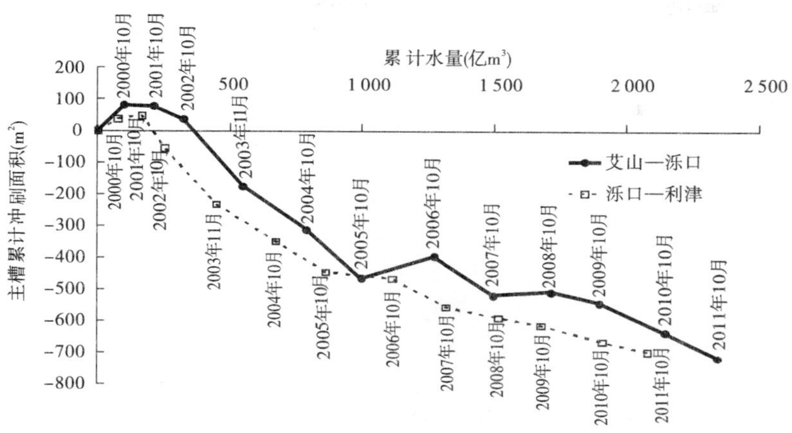

图 2-9 艾山—利津河段累计冲刷面积和来水量的关系

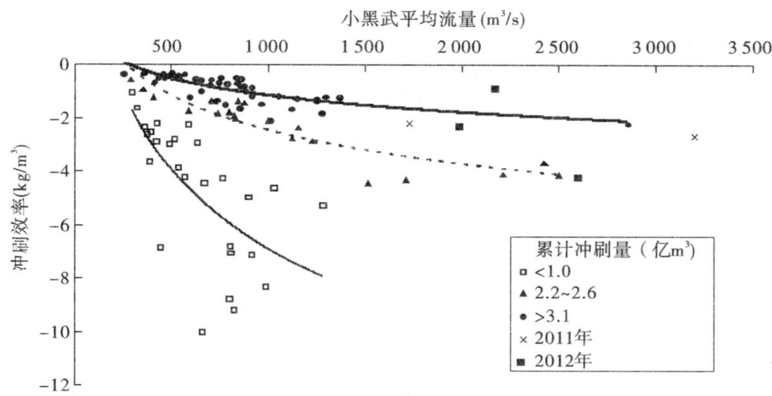

图 2-10 花园口以上河段冲刷效率和平均流量的关系

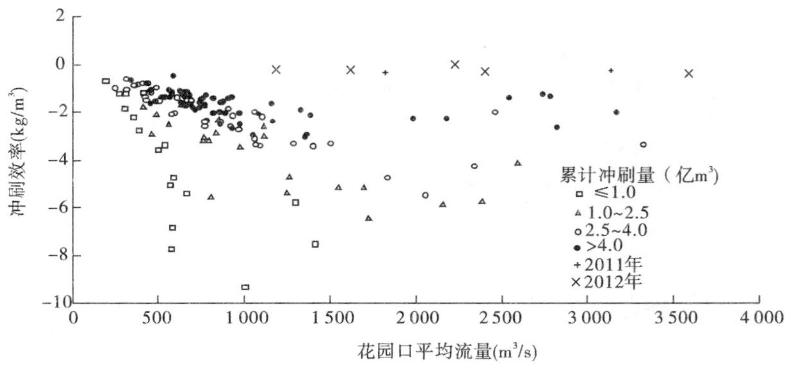

图 2-11 花园口—高村河段冲刷效率和平均流量的关系

（四）调水调沙洪水冲刷效率变化

图 2-14 为整个调水调沙洪水期及调水调沙清水期下游河道冲刷效率变化过程，调水调沙期的冲刷效率有逐次减低的趋势，其中以 2005 年为转折点，即 2005 年之前冲刷效率

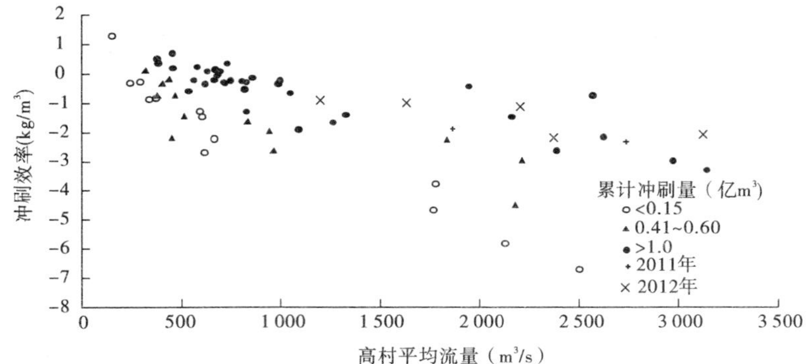

图 2-12　高村—艾山河段冲刷效率和平均流量的关系

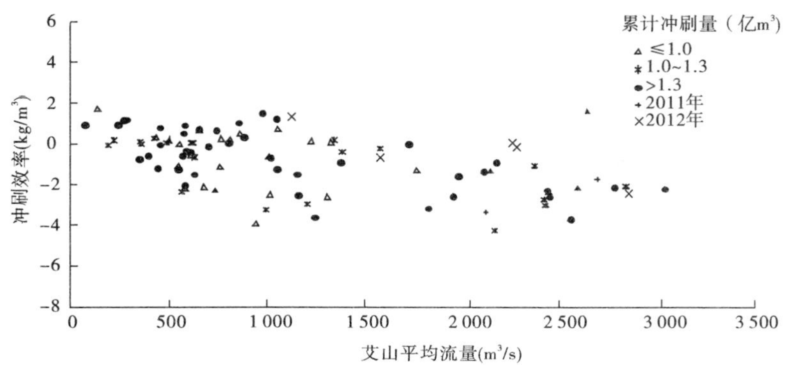

图 2-13　艾山—利津河段冲刷效率和平均流量的关系

降低明显,2005 年之后减低幅度较小。目前黄河下游河道的冲刷效率维持在 10 kg/m³ 上下。图 2-15 为黄河下游花园口以上、花园口—高村、高村—艾山和艾山—利津四个河段汛前调水调沙洪水的冲刷效率变化过程,艾山以上河段的冲刷效率基本上是不断降低的(花园口以上河段受水库排沙影响,2008 年、2010 年和 2011 年还发生少量淤积),艾山—利津河段的冲刷效率降低的稍少,目前在 2 kg/m³ 上下。

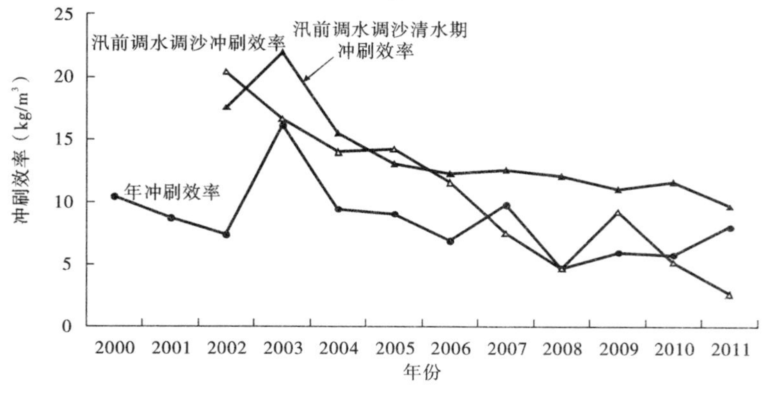

图 2-14　汛前调水调沙期下游河道冲刷效率变化过程

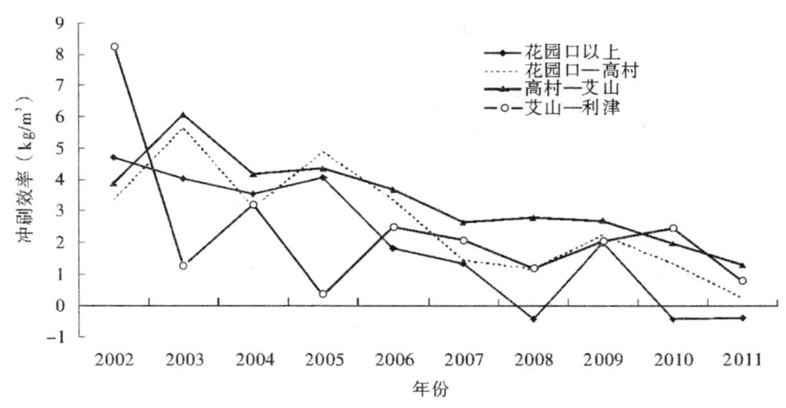

图 2-15　汛前调水调沙期黄河下游各河段冲刷效率变化过程

四、河槽横断面形态变化

(一)河槽宽度变化

1999 年汛后各河段的河槽宽度较小，花园口以上、花园口—夹河滩、夹河滩—高村分别只有 922 m、650 m 和 627 m，随着清水持续冲刷塌滩展宽，到 2005 年汛后，上述三个河段的槽宽分别展宽到 1 080 m、959 m 和 761 m，分别展宽了 158 m、309 m 和 134 m，相对展宽分别为 17%、47% 和 21%(见表 2-2)。高村—艾山河段由于河宽本来就较窄，加上新修生产堤的影响，河宽变化不大。但是从 2005 年汛后到 2011 年汛后，上述三个河段的槽宽分别增加了 23%、35% 和 11%，增幅较 1999 ~ 2005 年小。

表 2-2　小浪底水库运用以来黄河下游高村以上河段平均河槽宽度变化过程

河段	1999 年汛后(m)	2005 年汛后(m)	2005 年较 1999 年增加值(m)	增加百分数(%)	2011 年汛后(m)	2011 年较 2005 年增加值(m)	增加百分数(%)
	(1)	(2)	(2) - (1)	(4)	(5)	(5) - (2)	(6)
花园口以上	922	1 080	158	17	1 326	246	23
花园口—夹河滩	650	959	309	47	1 292	333	35
夹河滩—高村	627	761	134	21	849	88	11

(二)河槽平均深度变化

2005 年汛后，花园口以上、花园口—夹河滩和夹河滩—高村的河槽平均深度分别为 3.17 m、2.75 m 和 3.39 m，较 1999 年汛后分别增加了 1.55 m、0.92 m 和 1.38 m，相对增加幅度分别为 96%、50% 和 69%，河槽平均深度增加十分明显。从 2005 年汛后到 2011 年汛后，上述三个河段的河槽平均深度分别增加了 0.94 m、0.55 m 和 0.55 m，相对增加幅度分别为 30%、20% 和 16%，增加幅度显著小于 1999 ~ 2005 年(见表 2-3)。

表 2-3　高村以上各河段河槽平均深度变化

河段	1999 年汛后(m)	2005 年汛后(m)	增加值(m)	增加百分数(%)	2011 年汛后(m)	2011 年较 2005 年增加值(m)	增加百分数(%)
	(1)	(2)	(2)-(1)	(4)	(5)	(5)-(2)	(6)
花园口以上	1.62	3.17	1.55	96	4.11	0.94	30
花园口—夹河滩	1.83	2.75	0.92	50	3.30	0.55	20
夹河滩—高村	2.01	3.39	1.38	69	3.94	0.55	16

(三)河槽河相系数变化

由于 2005 年前后河槽宽度和水深变化幅度不同,引起断面河相系数($\sqrt{B}/H$)的变化特点不同。虽然 2005 年前后都是水深的增加甚于河槽的展宽,河相系数均是减小的,说明河槽向窄深方向变化,但是从两个时期的河相系数变化看,从 1999 年到 2005 年,花园口以上、花园口—夹河滩、夹河滩—高村河相系数减小 2.7~8.4,而从 2005 年到 2011 年,河相系数减小 0.4~1.5,后一时期河相系数的减小幅度远小于前一时期,说明河槽向窄深方向发展的速度趋缓。

(四)夹河滩以上河段横断面变化特点

河槽深泓点高程变化反映了河槽在纵向上的发展趋势。在 2005 年以前,夹河滩以上河段深泓点随着冲刷发展降低明显,河槽在冲深和展宽两个方向同时发展;2005 年以后,随着边滩塌滩,河槽向展宽为主的方向发展,深泓点降低不明显(见图 2-16)。

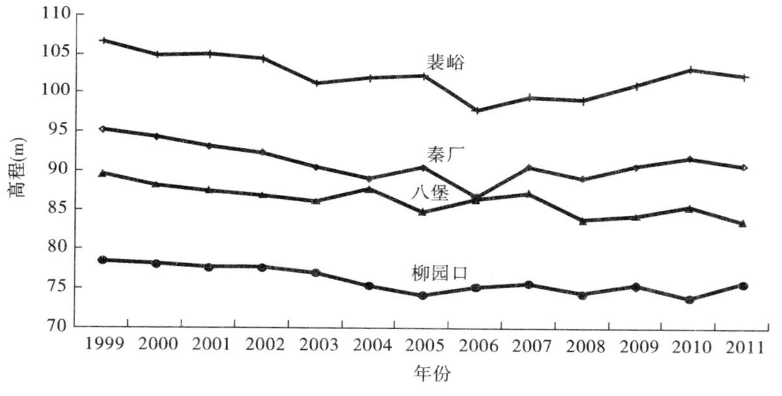

图 2-16　深泓点高程变化过程

表 2-4 为计算的花园口—夹河滩河段展宽和冲深引起的冲刷量,可见 1999 年汛后到 2005 年汛后,展宽引起的冲刷量和冲深引起的冲刷量的比值为 2.5:1,而 2005 年汛后到 2011 年汛后该比值为 3.6:1,表明随着冲刷的发展,冲刷量以展宽的形式为主。

表 2-4　花园口—夹河滩河段展宽和冲深引起的冲刷量

时段	展宽体积 （亿 m^3）	冲深体积 （亿 m^3）	展宽∶冲深
1999 ~ 2005 年	-3.68	-1.49	2.5∶1
2005 ~ 2011 年	-1.98	-0.56	3.6∶1

五、平面形态变化特点

（一）河势普遍下挫，心滩增多

由于低含沙水流的持续冲刷、河脖处滩尖冲蚀等原因，部分工程河势下挫、下败，甚至有脱溜的趋势，特别是夹河滩以上河段河势下挫严重。

孤柏嘴—花园口河段 2005 年河势还基本归顺，与规划治导线接近，但 2010 年河势趋直，造成多处工程脱河、驾部工程下挫严重（见图 2-17）。桃花峪—马渡河段各工程都出现下挫，特别是一直靠溜稳定的桃花峪、老田庵、花园口、双井和马渡工程，都普遍出现河势下挫；老田庵、保合寨、马庄等工程脱河（见图 2-18）。河宽展宽明显、心滩增多，使得河势较为散乱（见图 2-19）。

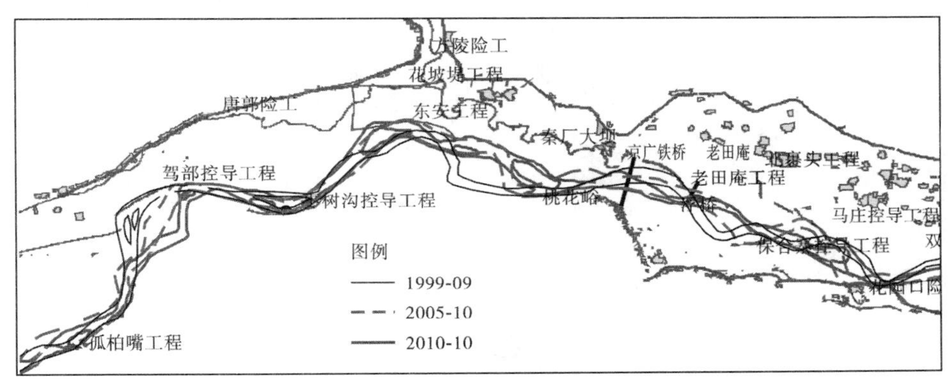

图 2-17　孤柏嘴—花园口河段河势变化

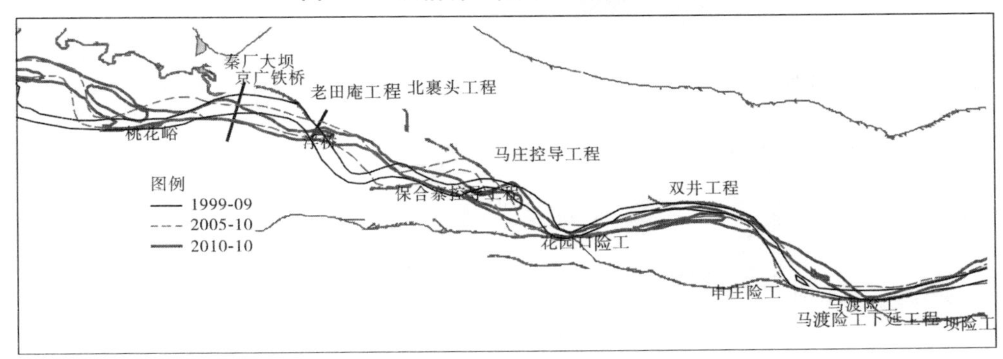

图 2-18　桃花峪—马渡河段河势变化

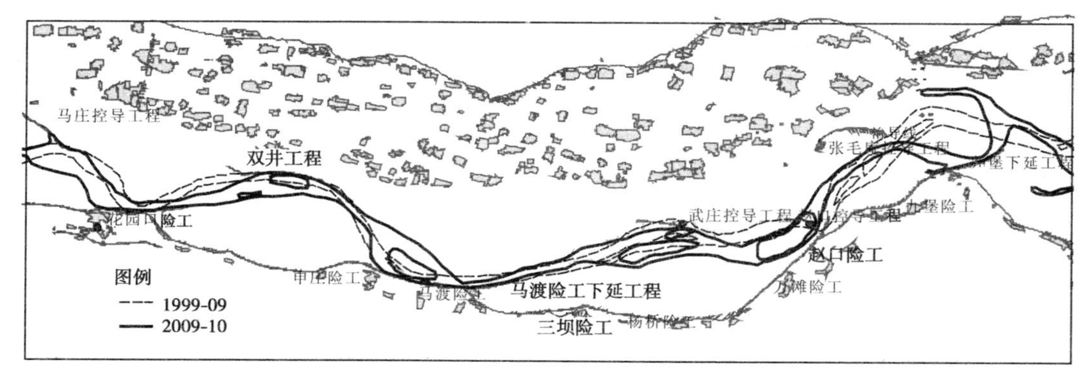

图 2-19　典型年河势套绘

(二)畸形河湾雏形初现

驾部工程靠河位置逐渐下挫,目前近乎脱河(见图 2-20),并出现畸形河湾的雏形,若继续目前的水沙条件,有可能发展为畸形河势。2010 年九堡—韦滩工程河段河势虽然趋向治导线方向,但因九堡工程送溜不力,导致三官庙工程不靠河,九堡—三官庙之间河湾若继续发展,有可能形成畸形河湾(见图 2-21)。

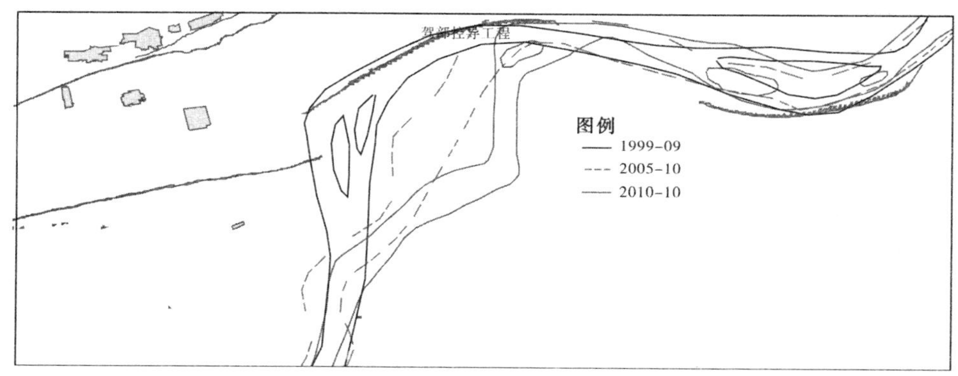

图 2-20　驾部工程附近河段河势变化

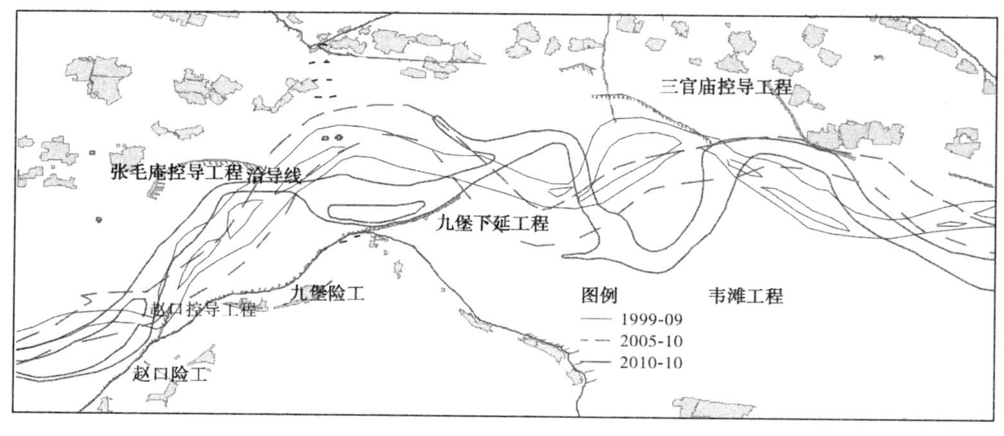

图 2-21　九堡—韦滩工程河段河势变化

六、小浪底水库排沙条件分析

2011 年汛后小浪底水库淤积三角洲顶点位于距坝 18.35 km 的 HH11 断面，三角洲顶点高程 215.16 m，坝前淤积面高程约为 185 m（见图 2-22）。根据 2011 年汛后库容曲线，库区三角洲顶点以下还有约 5 亿 m^3 库容，210 m 水位以下还有 3.17 亿 m^3 库容。从淤积形态分析，2012 年小浪底水库坝前的排沙方式仍为异重流排沙，由于三角洲顶点距坝较近，形成的异重流很容易排沙出库，具备提高排沙比尤其是多排细泥沙的边界条件。

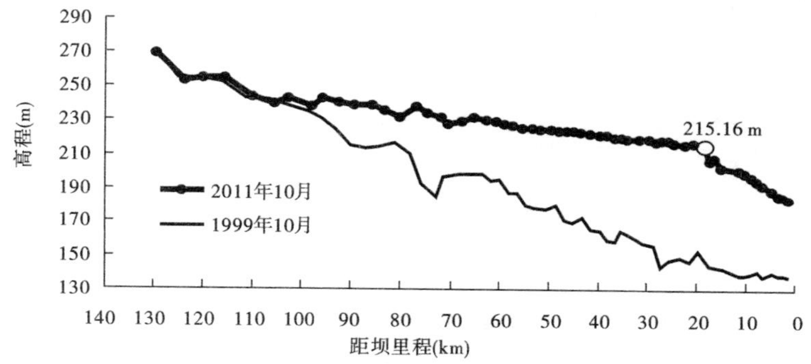

图 2-22　小浪底水库淤积纵剖面

七、认识与建议

（一）主要认识

（1）多方面分析论证表明，平滩流量 4 000 m^3/s 是黄河下游高效排洪输沙的底限指标。目前，黄河下游河道最小平滩流量为 4 000～4 100 m^3/s，表明小浪底水库拦沙初期，已经达到黄河下游高效排洪输沙的底限平滩流量目标，具备了小浪底水库多排沙、多排细沙、逐步转入拦沙运用后期的条件。

（2）长期清水持续冲刷、床沙粗化、冲刷效率显著降低，其中 1999～2005 年床沙粗化明显，冲刷效率的降低也更加显著：下游河道冲刷效率在 2003 年约为 50 亿 m^3 水量冲刷 1 亿 t 泥沙，到 2005 年前后降低为约 80 亿 m^3 水量冲刷 1 亿 t 泥沙，到 2011 年汛前调水调沙期约为 100 亿 m^3 水量冲刷 1 亿 t 泥沙。立足于充分利用下游河道输沙能力、减少小浪底库区细颗粒泥沙淤积，水库运用基本具备了由拦沙运用初期（以拦沙为主、冲刷下游河道、注重恢复下游河道排洪输沙能力——平滩流量）向拦沙运用后期（以排沙为主、充分发挥下游河道输沙能力、注重维持下游河道排洪输沙能力）过渡的条件。

（3）清水冲刷使河槽冲深和塌滩展宽同时发生，2005 年以后河槽冲深下切减弱，而塌滩展宽明显增强。河槽展宽使其对水流的约束力减弱，从而使冲刷强度减弱。同时，长期持续清水冲刷、滩岸坍塌，河槽对水流流势的约束作用减弱，也使得黄河下游游荡性河道部分河段的河势趋于顺直，河势下挫甚至下败，部分控导工程主溜趋于脱河。因此，从有利于减缓或抑制河槽塌滩展宽、归顺河势、充分发挥整治工程的作用等方面看，建议小浪底水库适当排沙、维持下游河道的微冲微淤。

（4）目前，小浪底水库淤积三角洲距大坝只有 18.35 km，具备了显著增大出库含沙量、增大排沙比(尤其细沙排沙比)、拦粗排细的条件,充分利用下游河道输沙潜力排沙入海。

(二)建议

考虑到目前已经实现黄河下游河道排洪输沙的底限流量目标,河槽冲刷强度显著降低,并且小浪底水库具备增大排沙比的条件,建议在确保供水安全的前提下,小浪底水库能够尽量降低运用水位,多排沙、多排细沙,发挥下游河道输沙潜力,减少库区细颗粒泥沙的淤积。

第三章　春灌期下泄流量对下游窄河段冲淤特性的影响

一、问题的提出

2011 年 9 月小浪底水库错峰（伊洛河洪峰）调度实现了渭河秋汛洪水的资源化。截至 2012 年 3 月 8 日，小浪底水库 210 m 以上蓄水 71 亿 m^3，这为黄河水资源的高效利用、春灌期用水提供了充分保证。类似这种小浪底水库蓄水较多、需要加大下泄流量的情况在以后还可能出现。

对黄河艾山—利津窄河段来说，由于具有洪水冲刷、平水和小水淤积的特点，春灌期河道是淤积的，而淤积物又主要是艾山以上河段的冲刷物。因此，春灌期若进入下游的流量较大，将增加艾山—利津河段的淤积量。

基于以上原因，需要研究春灌期艾山—利津河段的冲淤规律、春灌期增大下泄流量所造成的艾山以下河道的淤积量，以便进一步分析艾山以下河道春灌期的淤积物是否能够在后来的较大流量期间被冲刷掉，从而实现艾山以下河道年内冲淤平衡。

二、研究时段的选取

小浪底水库运用以来，黄河下游河床明显粗化，前文分析表明，1999 ~ 2005 年为显著粗化阶段，2006 年以后为弱粗化阶段。

2005 年 10 月之后的冲刷效率明显小于 2005 年 10 月之前的。例如，2005 年 10 月之前，艾山—泺口及泺口—利津 100 亿 m^3 水量的冲刷面积分别为 74 m^2 和 69 m^2，2005 年 10 月至 2011 年 10 月均为 19 m^2，单位水量的冲刷面积减小 74% 和 73%（见表 3-1）。

需要说明的是，流量大小不同，冲刷效率也不同，比较冲刷效率变化时，应尽可能建立在同一流量尺度之上。小浪底水库自 2002 年起（首场调水调沙），才有较大流量，故表 3-1 的第一个时段起点选择 2001 年 10 月，而不是 1999 年 10 月。

表 3-1　两个时期的断面法冲刷效率变化

河段	时段（年-月）	水量（亿 m^3）	冲刷面积变化（m^2）	单位水量（100 亿 m^3）冲刷面积（m^2）
艾山—泺口	2001-10 ~ 2005-10	694	514	74
	2005-10 ~ 2011-10	1 217	234	19
泺口—利津	2001-10 ~ 2005-10	786	544	69
	2005-10 ~ 2011-10	1 344	253	19

由此可见，随着冲刷的发展，艾山—利津河段的冲刷效率是降低的，且以 2005 年汛后为转折点。因此，在分析近期艾山—利津河段的冲淤规律时，以 2005 年汛后以来的资料为重点。

三、小流量期(含春灌期)艾山—利津河段冲淤规律

(一)前期河床边界条件对冲淤的影响

前期河床边界条件对小流量冲淤有明显影响。图3-1为艾山—利津河段冲淤效率与进入下游流量之间的关系,其中每个系列的点据是根据多场洪水实测冲淤效率的算术平均得到的。可以看到,相同的流量、相同的引水比(y),前期边界条件不同,河道的冲淤效率不同。①艾山—利津河段的引水比小于0.2时,若流量小于1 000 m^3/s,艾山—利津河段发生淤积,流量大于1 000 m^3/s,河道发生冲刷;2000~2005年,小流量的淤积效率在0.5~2 kg/m^3,明显大于2006~2011年的0.321 kg/m^3;当流量大于1 100 m^3/s后,相同的流量,2000~2005年的冲刷效率明显大于2006~2011年的。②在引水比为0.2~0.4时,仅有最大流量仅900 m^3/s的实测资料,2000~2005年的淤积效率为1~2.2 kg/m^3,显著大于2006~2011年的0.4 kg/m^3上下。③在引水比大于0.4后,仅有最大流量1 100 m^3/s的实测资料,相同的流量2000~2005年的淤积效率比2006~2011年的大1 kg/m^3以上。

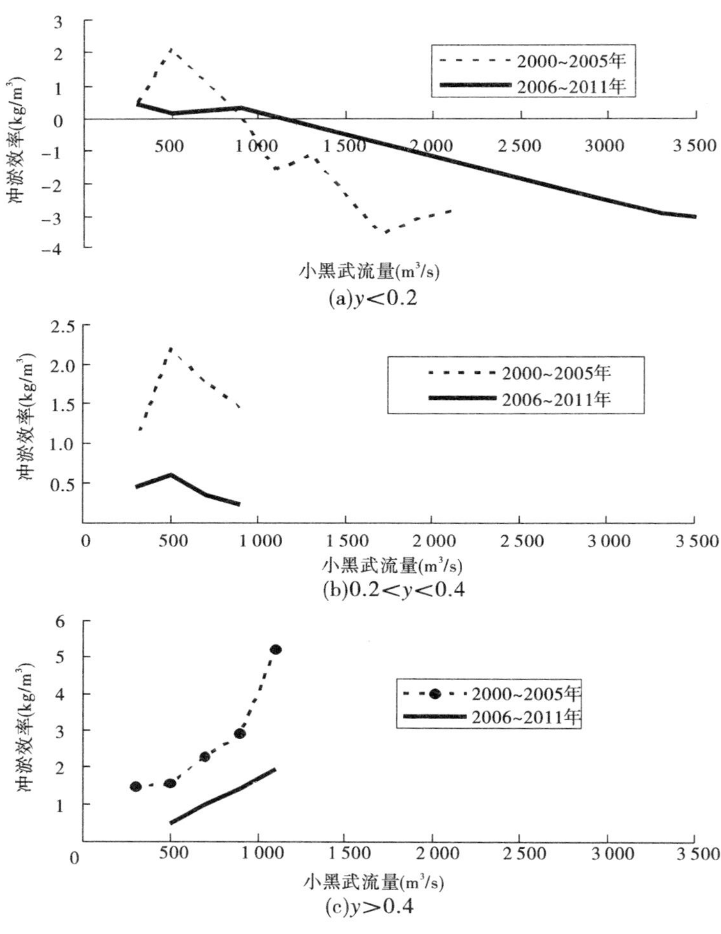

图3-1 艾山—利津河段冲淤效率与小黑武流量的关系

造成 2006 ~ 2011 年小水期淤积效率减小、冲刷效率也减小的原因，和 2005 年前后河道边界条件发生变化有关。小水期艾山—利津河段的淤积效率和进入该河道的水流的含沙量密切相关，进入河道的含沙量越高，河道的淤积效率越大。2000 ~ 2005 年，艾山以上河道床沙组成较细，这使更多的泥沙在小水期被带入艾山以下河道，造成河道淤积；同样是 2000 ~ 2005 年，艾山—利津的床沙较细，大流量时容易被冲刷，从而出现 2006 年之前小水期艾山—利津河段淤积效率比 2006 年之后的大，洪水期艾山以下河道的冲刷效率比 2006 年之前的小。

（二）不同引水比对河道冲淤的影响

为进一步分析不同引水比对河道冲淤的影响，基于相同的边界条件，即 2006 年以后的资料，按引水比细分，当引水比小于 0.15 时，进入下游的流量在 1 200 m^3/s 左右由淤转冲，见图 3-2（a）；当引水比为 0.15 ~ 0.2 时，在实测资料范围内，河道发生淤积，且淤积效率随流量的增大而增大，流量从 500 m^3/s 增加到 1 500 m^3/s，河道的淤积效率从 0.3 kg/m^3 增加到 1.4 kg/m^3；在引水比大于 0.4 后，引水会显著增加河道淤积，流量从 500 m^3/s 增加到 1 500 m^3/s，河道的淤积效率从 1.6 g/m^3 增加到 4 kg/m^3。这说明，当水库下泄流量为 1 500 m^3/s 时，即使引水比为 0.2，艾山—利津河段也会发生淤积，若引水比进一步增加，河道的淤积效率还会显著增加，见图 3-2（b）。

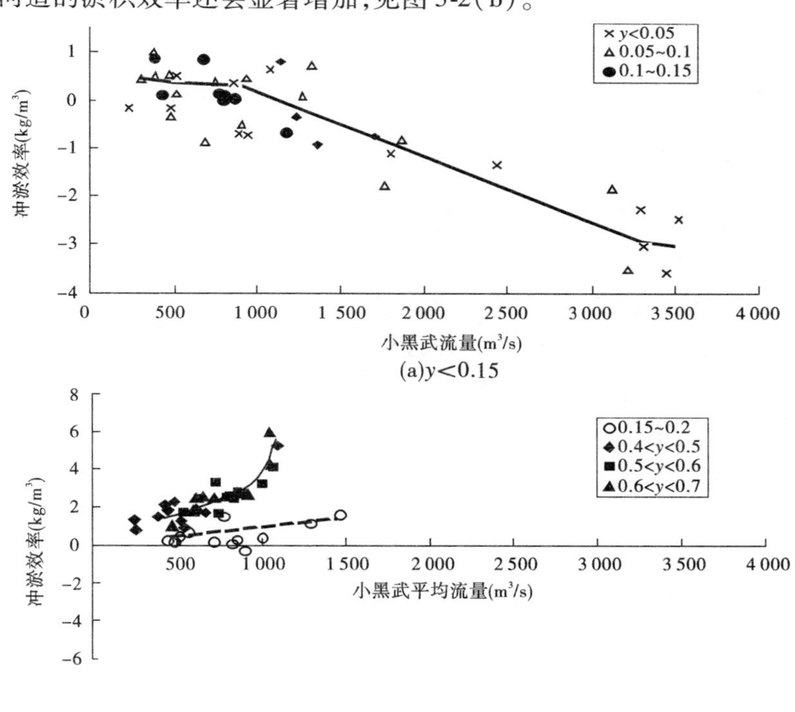

图 3-2　引水比对冲淤效率的影响（2006 ~ 2010 年）

（三）含沙量对艾山—利津河段冲淤有直接影响

进入艾山—利津河段的含沙量对艾山—利津河段的冲淤效率有明显影响。由图 3-3

给出的引水比大于 0.4 时，2006 ~ 2010 年艾山—利津河段冲淤效率(η)与含沙量($S_{艾山}$)的关系可见，二者关系很好，可用线性关系式表达

$$\eta = 0.6166S_{艾山} - 0.4381 \tag{3-1}$$

在艾山—利津河段引水比大于 0.4 后，艾山以上水流携带的泥沙，大体上有 40% ~ 50% 淤积在艾山—利津河段。

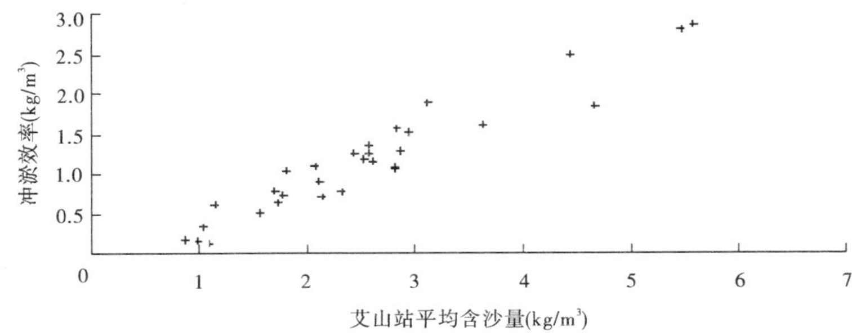

图 3-3　艾山—利津河段冲淤效率与含沙量关系(2006 ~ 2010 年，引水比 >0.4)

(四)进入下游的流量对艾山—利津河段冲淤的影响

艾山—利津河段春灌期绝大多数情况下的引水比在 0.4 以上，即引水量占到艾山水量的 40% 以上，故在分析流量对艾山—利津河段冲淤效率的影响时，只针对艾山—利津河段引水比在 0.4 以上的情况。

在该河段引水比大于 0.4 的情况中，河段淤积效率随进入下游流量的增大而增大，当流量小于 800 m^3/s 时，淤积效率增幅较小，当流量超过 800 ~ 900 m^3/s 以后，淤积效率的增幅明显增大。小浪底水库拦沙运用以来，下游河段发生持续冲刷、河床粗化，到 2005 年粗化基本完成。因此，将小浪底水库拦沙运用以来分成两个时段：

(1)在 2005 年下游河床显著粗化之前，由于前期淤积量多、床沙细，随进入下游流量的增大，沙量随之增多，山东河道的淤积也较大。当进入下游流量分别为 600 m^3/s、800 m^3/s、1 000 m^3/s 时，艾山—利津河段的淤积效率分别为 1.4 kg/m^3、2.1 kg/m^3 和 3.2 kg/m^3，800 ~ 1 000 m^3/s 流量所对应的淤积效率的增幅(1.1 kg/m^3)明显大于 600 ~ 800 m^3/s 的增幅(0.7 kg/m^3)。同时受前期冲淤量和引水比例等复杂因素的影响，艾山—利津河段冲淤效率与进入下游流量的相关关系较为散乱(见图 3-4)。

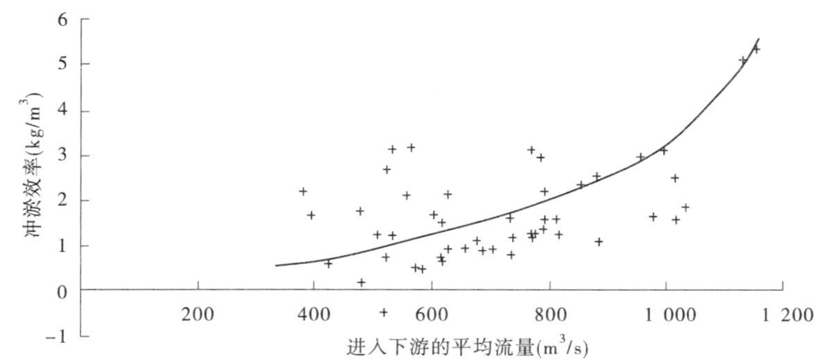

图 3-4　艾山—利津河段冲淤效率与流量关系(2000 ~ 2005 年，引水比 >0.4)

(2)2006 年床沙粗化基本完成后，"上冲下淤"的强度明显减弱，艾山—利津河段冲淤效率与进入下游流量的相关度明显提高(见图 3-5)。当进入下游流量分别为 600 m^3/s、800 m^3/s、1 000 m^3/s 时，艾山—利津河段的淤积效率分别为 0.7 kg/m^3、1.1 kg/m^3 和 1.8 kg/m^3，为 2005 年前同流量级淤积效率的 50% ~56%(见表 3-2)。

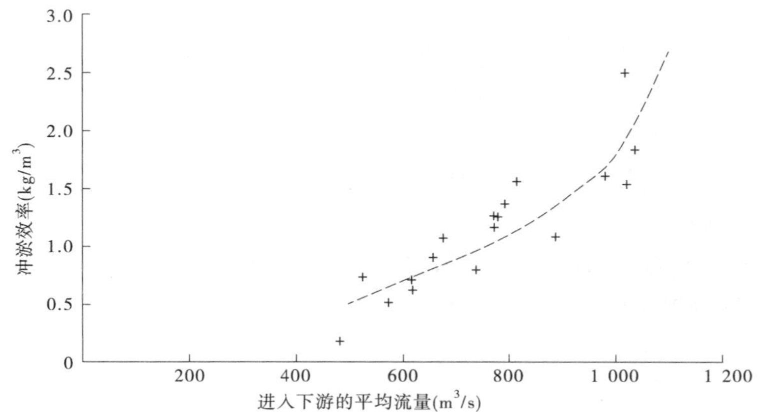

图 3-5 艾山—利津河段冲淤效率与流量关系(2006 ~2010 年，引水比 >0.4)

表 3-2 进入下游各流量级相应艾山—利津河段的冲淤效率(引水比 >0.4)

进入下游流量(m^3/s)		500	600	700	800	900	1 000	1 100
冲淤效率(kg/m^3)	2005 年前	1.1	1.4	1.7	2.1	2.6	3.2	4.3
	2006 年后	0.5	0.7	0.9	1.1	1.4	1.8	2.7

可见，在流量大于 900 m^3/s 后，河道淤积效率增大较快，因此应避免下泄 900 ~1 200 m^3/s 的流量。

四、主要认识及建议

(一)主要认识

(1)在小浪底水库下泄清水时期，发生艾山以上河段冲刷、艾山以下窄河段淤积的"上冲下淤"现象。尤其在春灌期，小浪底水库下泄流量较大时，艾山以下窄河段的淤积较为严重。

(2)春灌期"上冲下淤"效率随着进入下游流量的增大而增大，现状(持续冲刷)条件下仍然遵循一般规律，即花园口 800 m^3/s 以下流量级，艾山以下窄河段淤积效率随流量增大而增加的幅度较小；流量大于 800 m^3/s，淤积效率的增幅明显增大。

(3)春灌期艾山以下窄河段的淤积效率与河道前期冲淤情况有密切的关系。前期大量淤积，春灌期"上冲下淤"的效率也较大；前期淤积较少，特别是持续冲刷条件下，春灌期"上冲下淤"的效率显著减弱。相同流量 800 m^3/s、1 100 m^3/s 时，2005 年以前相应淤积效率分别为 2.1 kg/m^3 和 4.3 kg/m^3，2006 年后分别降低为 1.1 kg/m^3 和 2.7 kg/m^3，降幅分别为 2005 年前的 48% 和 37%。

(4)艾山以下窄河段的淤积效率与引水比具有密切的关系，引水比大，则小水期艾山—利津河段的淤积效率大。进入下游的流量同为 1 000 m^3/s，当引水比小于 0.2 时，河道淤积效率仅为约 0.3 kg/m^3；而在引水比大于 0.4 时，河道淤积效率约 1.5 kg/m^3，为前者的约 5 倍。

（二）建议

(1)为减少春灌期艾山—利津河段的淤积，在满足灌溉要求的前提下，春灌期下泄的流量越小越好，尽量避免下泄 800 ~1 200 m^3/s 的流量过程。

(2)持续冲刷条件下，春灌期“上冲”和“下淤”的效率均显著减弱。2006 年后春灌期“上冲下淤”的效率显著减弱，在灌溉任务急迫的情况下，可适度放宽春灌期对小浪底水库下泄流量的限制。

(3)限于实测资料，在引水比较大时，1 200 ~1 500 m^3/s 的实测资料较少，因此有必要跟踪研究春灌期该流量级下山东河道的冲淤规律。

第四章　2012 年汛前调水调沙关键技术研究

小浪底水库自投入运用以来一直处于拦沙运用初期，通过水库拦沙和调水调沙运用，黄河下游河道发生了持续冲刷，特别是汛前调水调沙集中下泄较大流量、较长历时的清水过程，下游河道沿程发生明显冲刷，扩大了河槽过流面积，加大了各河段的平滩流量，改善了下游“二级悬河”程度。目前，下游河道最小平滩流量已经由 2002 年汛初不足 2 000 m^3/s 增加到 4 000 m^3/s，初步实现了全下游主槽平滩流量恢复至 4 000 m^3/s 的低限目标。

2011 年汛后小浪底水库三角洲顶点下移至距坝 18.35 km 的 HH12 断面，顶点高程为 215.16 m，起调水位 210 m 以下还有近 3 亿 m^3 库容没有淤满。同时，小浪底水库淤积量已达到 26.175 亿 m^3，超过《小浪底水利枢纽拦沙初期运用调度规程》中拦沙初期与拦沙后期的界定值（库区淤积量达到 21 亿～22 亿 m^3）。由此可见，小浪底水库虽未正式进入拦沙运用后期，但拦沙初期已基本结束，水库即将转入拦沙后期。届时，进入下游的泥沙量将不断增多，下游河道将发生不同程度的淤积，给维持下游河道一定规模的主槽带来了困难。由于汛前调水调沙泄放流量大、历时长且含沙量低，将有效冲刷前期河道淤积的泥沙，且此时下游河道的冲刷效率将明显大于持续冲刷状态的冲刷效率。因此，在水库即将转入拦沙运用后期之时，维持下游主槽不萎缩将是汛前调水调沙的主要任务，继续开展汛前调水调沙依然十分必要。

一、历次汛前调水调沙作用分析

（一）小浪底水库拦沙运用以来进入下游的水沙量

自小浪底水库 2000 年投入运用至 2011 年（12 个运用年），进入下游（小浪底、黑石关和武陟三站之和，简称小黑武，下同）的水沙量分别为 2 837.96 亿 m^3 和 7.503 亿 t，通过利津站输出河道的水沙量为 1 739.69 亿 m^3 和 15.936 亿 t，历年各站水沙量统计见表 4-1。据不完全统计，大汶河共加水 90.30 亿 m^3，实际进入下游河道的总水量约为 2 928.26 亿 m^3。

进入下游（小黑武）水量的 46.4% 在非汛期（11 月至翌年 5 月），53.6% 在汛期（6～10 月），大汶河入黄水量的 88.6% 集中在汛期。从利津水文站输出河道的水量约占进入下游河道总水量的 60%，其中非汛期水量 512.37 亿 m^3，汛期水量 1 227.32 亿 m^3，分别占同期进入下游总水量的 29.5% 和 70.5%。

（二）小浪底水库运用以来下游河道冲淤量计算

1. 下游输沙率法冲淤量

采用输沙率法计算，小浪底水库拦沙运用 12 a（1999 年 11 月 1 日至 2011 年 10 月 31 日）下游河道共冲刷泥沙 13.361 亿 t（见表 4-2）。从沿程分布来看，花园口—高村河段的冲淤量最大，共冲刷 5.574 亿 t，占全下游冲刷量的 41.7%；其次为花园口以上河段，共冲刷 4.689 亿 t，占全下游的 35.1%；再次为高村—艾山河段，共冲刷 3.199 亿 t，占全下游的

23.9%;艾山—利津河段淤积0.1亿t。

表4-1 小浪底水库运用以来下游各水文站水沙量

项目	时段	小黑武	花园口	高村	艾山	利津
总水量（亿m^3）	2000~2011年	2 837.96	2 830.20	2 582.97	2 351.17	1 739.69
	2000~2005年	1 268.05	1 272.52	1 131.76	1 007.15	705.79
	2006~2011年	1 569.91	1 557.68	1 451.21	1 344.02	1 033.90
年均水量（亿m^3）	2000~2011年	236.50	235.85	215.25	195.93	144.97
	2000~2005年	211.34	212.09	188.63	167.86	117.63
	2006~2011年	261.65	259.61	241.87	224.00	172.32
总沙量（亿t）	2000~2011年	7.503	12.110	16.617	18.268	15.936
	2000~2005年	4.153	7.748	9.934	10.766	9.050
	2006~2011年	3.350	4.362	6.683	7.502	6.886
年均沙量（亿t）	2000~2011年	0.625	1.009	1.385	1.522	1.328
	2000~2005年	0.692	1.291	1.656	1.794	1.508
	2006~2011年	0.558	0.727	1.114	1.250	1.148

表4-2 小浪底水库拦沙运用以来下游分河段输沙率法冲淤量 （单位:亿t）

时段			小浪底—花园口	花园口—高村	高村—艾山	艾山—利津	全下游
非汛期	2000~2011年	合计	-2.532	-2.575	-0.306	1.155	-4.259
		年均	-0.211	-0.215	-0.026	0.096	-0.355
	2000~2005年	合计	-1.846	-1.450	-0.222	0.656	-2.862
		年均	-0.308	-0.242	-0.037	0.109	-0.477
	2006~2011年	合计	-0.686	-1.126	-0.084	0.499	-1.397
		年均	-0.114	-0.188	-0.014	0.083	-0.233
汛期	2000~2011年	合计	-2.157	-2.998	-2.892	-1.055	-9.102
		年均	-0.180	-0.250	-0.241	-0.088	-0.758
	2000~2005年	合计	-1.800	-1.499	-1.699	-0.461	-5.458
		年均	-0.300	-0.250	-0.283	-0.077	-0.910
	2006~2011年	合计	-0.357	-1.499	-1.193	-0.594	-3.644
		年均	-0.060	-0.250	-0.199	-0.099	-0.607

续表 4-2

时段			小浪底—花园口	花园口—高村	高村—艾山	艾山—利津	全下游
全年	2000～2011 年	合计	-4.689	-5.574	-3.199	0.100	-13.361
		年均	-0.391	-0.464	-0.267	0.008	-1.113
	2000～2005 年	合计	-3.645	-2.948	-1.922	0.195	-8.320
		年均	-0.608	-0.491	-0.320	0.033	-1.387
	2006～2011 年	合计	-1.044	-2.625	-1.277	-0.095	-5.041
		年均	-0.174	-0.438	-0.213	-0.016	-0.840

由于下游河道河床粗化在 2005 年汛后基本稳定,以此为时间节点,将小浪底水库运用以来的 12 a 分为两个阶段:第一阶段 2000～2005 年,为粗化稳定之前的 6 a;第二阶段 2006～2011 年,为粗化稳定后的 6 a。从时段分布来看,全下游冲刷量的 62% 发生在前 6 a,后 6 a 的冲刷量仅占 38%。花园口以上河段的冲刷量更加集中在 2005 年以前,6 a 共冲刷泥沙 3.645 亿 t,占小浪底水库拦沙运用 12 a 总冲刷量的 78%,2006 年以来的冲刷量仅占 22%;花园口—高村河段冲刷量在两个时段的分布基本相当,分别占 53% 和 47%;高村—艾山河段主要在第一阶段,占总量的 60%。

艾山—利津河段第一阶段的淤积量为 0.195 亿 t,第二阶段的冲刷量为 0.095 亿 t。以实际情况来看,艾山—利津河段的淤积主要集中在 2000～2002 年的 3 a 间,河段全年的淤积量分别为 0.298 亿 t、0.255 亿 t 和 0.196 亿 t,3 a 共淤积泥沙 0.749 亿 t。2003～2011 年,除了 2006 年和 2008 年发生微淤外,其他年份均发生冲刷,2003～2011 年艾山—利津河段共冲刷泥沙 0.648 亿 t,其中 2003 年的冲刷量较多,占 2003～2011 年总冲刷量的 53.2%。

2. 下游断面法冲淤量

利用实测大断面资料,计算出历年非汛期、汛期和全年的冲淤量,结果见表 4-3。

表 4-3　小浪底水库拦沙运用以来下游分河段断面法冲淤量　（单位:亿 t）

时段			小浪底—花园口	花园口—高村	高村—艾山	艾山—利津	全下游
非汛期	2000～2011 年	合计	-2.573	-4.299	-0.313	1.110	-6.075
		年均	-0.214	-0.358	-0.026	0.092	-0.506
	2000～2005 年	合计	-1.708	-2.440	-0.076	0.738	-3.486
		年均	-0.285	-0.407	-0.013	0.123	-0.581
	2006～2011 年	合计	-0.865	-1.859	-0.238	0.372	-2.589
		年均	-0.144	-0.310	-0.040	0.062	-0.432

续表 4-3

时段			小浪底—花园口	花园口—高村	高村—艾山	艾山—利津	全下游
汛期	2000～2011 年	合计	-3.754	-4.942	-2.697	-3.948	-15.341
		年均	-0.313	-0.412	-0.225	-0.329	-1.278
	2000～2005 年	合计	-2.118	-2.679	-1.053	-2.559	-8.409
		年均	-0.353	-0.446	-0.176	-0.426	-1.401
	2006～2011 年	合计	-1.635	-2.263	-1.644	-1.390	-6.932
		年均	-0.273	-0.377	-0.274	-0.232	-1.155
全年	2000～2011 年	合计	-6.326	-9.241	-3.011	-2.839	-21.416
		年均	-0.527	-0.770	-0.251	-0.237	-1.785
	2000～2005 年	合计	-3.826	-5.119	-1.129	-1.821	-11.895
		年均	-0.638	-0.853	-0.188	-0.303	-1.982
	2006～2011 年	合计	-2.500	-4.122	-1.882	-1.018	-9.522
		年均	-0.417	-0.687	-0.314	-0.170	-1.587

可以看出，断面法计算的冲淤量显著大于输沙率法结果，差别最大的是花园口—高村河段，二者相差 3.667 亿 t；其次为艾山—利津河段，二者相差 2.939 亿 t，且二者的冲淤性质也不同，输沙率法计算结果为淤积 0.1 亿 t，断面法计算结果为冲刷 2.839 亿 t。断面法冲淤量和输沙率法冲淤量对比见图 4-1。

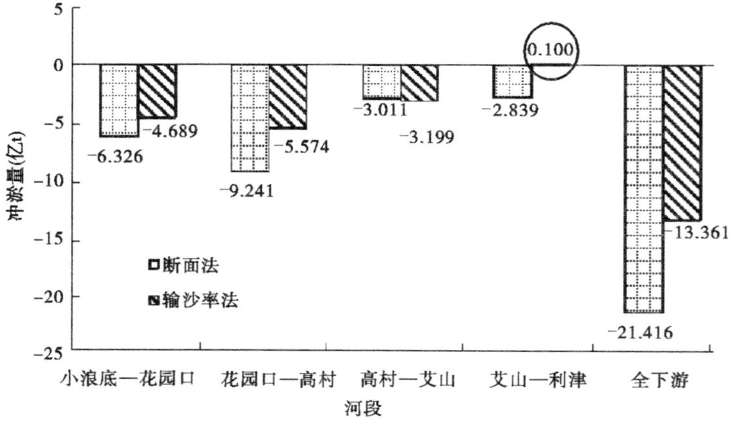

图 4-1　2000～2011 年黄河下游输沙率法、断面法计算的冲淤量

一般认为在水库拦沙期，水库下游河道发生持续冲刷的条件下，断面法计算的河道冲刷量偏大。艾山—利津河段输沙率法计算结果呈淤积状态，与艾山—利津河段的同流量水位明显降低不符。可见，小浪底水库运用以来艾山—利津河段的冲淤量，无论是用断面法计算的结果还是用输沙率法计算的结果，均与实际水位表现有较大的差异。

（三）历次调水调沙作用

小浪底水库拦沙运用以来，共实施了 13 次调水调沙，累计进入下游总水量 519.92 亿 m^3，总沙量 4.099 亿 t，入海总沙量 7.454 亿 t，下游河道共冲刷 4.129 亿 t。黄河调水调沙实现了下游河道全线冲刷，尤其山东河段的冲刷效果十分明显，这一点从输沙率法计算结果更能得到印证。仅就汛前调水调沙冲刷量占全年的比例来看（见表 4-4），2000～2011 年汛前调水调沙花园口以上和花园口—高村两河段冲刷量占全年的比例分别为 15.9% 和 16.6%，而高村—艾山河段占到 36.4%，艾山—利津河段更是占到 100% 以上。随着下游河道冲刷历时的增长，下游各河段汛前调水调沙冲刷量占全年总冲刷量的比例均有明显的提高，2006～2011 年与 2000～2005 年相比，下游利津以上河道汛前调水调沙冲刷量占同期总冲刷量的比例由 19.2% 上升至 39.9%。

表 4-4　历次调水调沙进入下游的水沙量及河道冲淤量统计

编号	开始日期（年-月-日）	历时（d）	进入下游		下游引水引沙		河道冲淤量（亿 t）				
			水量（亿 m^3）	沙量（亿 t）	引水量（亿 m^3）	引沙量（亿 t）	小浪底—花园口	花园口—高村	高村—艾山	艾山—利津	全下游
1	2002-07-03	15	29.97	0.366	6.5	0.100	-0.017	0.004	-0.162	-0.066	-0.241
2	2003-09-06	13	25.99	0.756	2.8	0.115	-0.104	-0.139	-0.183	-0.119	-0.545
3	2004-06-19	21	44.58	0.043	2.5	0.025	-0.173	-0.138	-0.182	-0.150	-0.643
4	2005-06-08	26	53.77	0.020	10.2	0.108	-0.255	-0.221	-0.163	-0.076	-0.715
5	2006-06-10	19	55.40	0.069	6.9	0.055	-0.150	-0.179	-0.169	-0.113	-0.611
6	2007-06-19	15	40.67	0.234	4.1	0.039	-0.049	-0.080	-0.119	-0.075	-0.323
7	2007-07-29	11	25.39	0.453	0.9	0.014	0.106	-0.031	-0.119	0.041	-0.003
8	2008-06-19	19	43.33	0.462	3.6	0.043	0.025	-0.063	-0.113	-0.043	-0.194
9	2009-06-17	18	46.36	0.036	7.6	0.046	-0.100	-0.117	-0.090	-0.109	-0.416
10	2010-06-18	23	57.72	0.553	9.5	0.108	0.022	-0.073	-0.101	-0.108	-0.260
11	2010-07-24	13	22.50	0.267	1.1	0.014	0.050	-0.044	-0.038	-0.027	-0.059
12	2010-08-11	12	22.48	0.510	0.0	0.000	0.195	-0.038	-0.044	-0.023	0.090
13	2011-06-19	25	51.74	0.330	12.0	0.106	-0.046	-0.060	-0.067	-0.036	-0.209
合计		230	519.92	4.099	67.8	0.773	-0.496	-1.179	-1.550	-0.904	-4.129

需要强调指出的是，汛前调水调沙对高村以下河段的冲刷非常重要，2006 年以来，汛前调水调沙高村—艾山河段冲刷量占全年的比例已高达 51.6%；艾山—利津河段的冲刷主要发生在汛前调水调沙和汛期调水调沙等大流量过程（见图 4-2），其中调水调沙期冲刷量占该河段总冲刷量的 86%。因此，汛前调水调沙对保持艾山—利津河段冲淤平衡，进而维持本河段河槽不萎缩具有决定性作用。

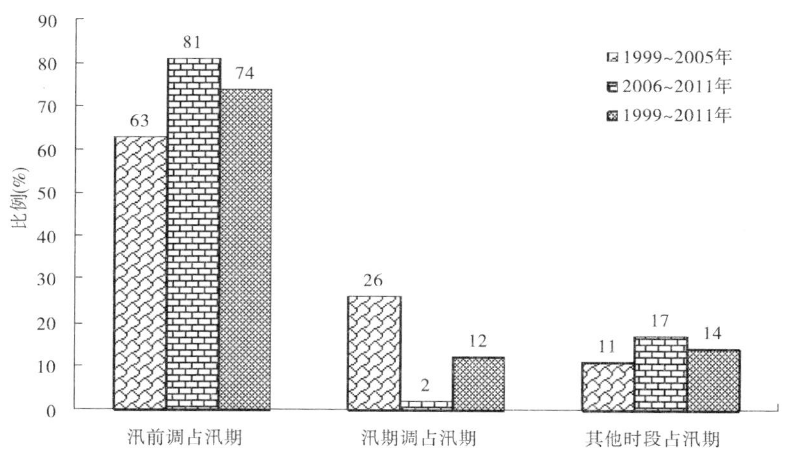

图 4-2 艾山—利津河段调水调沙期冲刷量占的比例

二、汛前调水调沙冲刷规律

(一)影响清水冲刷效率的因素

影响清水水流冲刷效率的因素主要有水量、流量、床沙粒径等。

1. 水量

水量越多冲刷量越大。由逐日累计水量和累计冲刷量的关系可见,各次调水调沙清水阶段的累计冲刷量随累计水量的增加而呈线性增大,即水量越大冲刷量越大,见图 4-3。

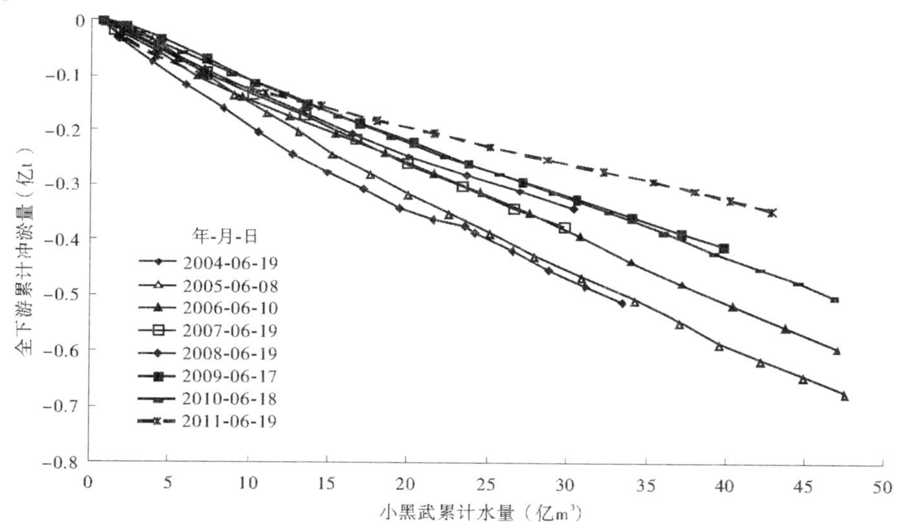

图 4-3 汛前调水调沙清水阶段下游冲刷量与进入下游水量的关系

随着冲刷的发展(年份的推移),相同水量条件下河道冲刷量逐渐减小。例如,水量分别为 20 亿 m^3 和 30 亿 m^3,2004 年相应的冲刷量分别为 0.35 亿 t 和 0.47 亿 t,2005 年相应的冲刷量分别为 0.325 亿 t 和 0.455 亿 t,2007 年相应冲刷量分别为 0.265 亿 t 和 0.375 亿 t,2010 年相应冲刷量分别为 0.220 亿 t 和 0.320 亿 t。

2. 平均流量

平均流量越大冲刷效率(单位水量冲刷量,单位 kg/m^3)越高,当平均流量大于 3 500 ~ 4 000 m^3/s后,冲刷效率不再显著增大。初步分析表明,三门峡水库拦沙期(1960 ~ 1964 年)和小浪底水库拦沙期下游河道显著粗化前(2005 年以前)的场次洪水,冲刷效率与平均流量的关系基本一致,即当流量小于 3 500 ~ 4 000 m^3/s 时,冲刷效率随流量增大而线性增大;当流量大于 4 000 m^3/s 后,冲刷效率随流量增大而增加不明显,基本稳定在 20 kg/m^3 左右(见图 4-4)。

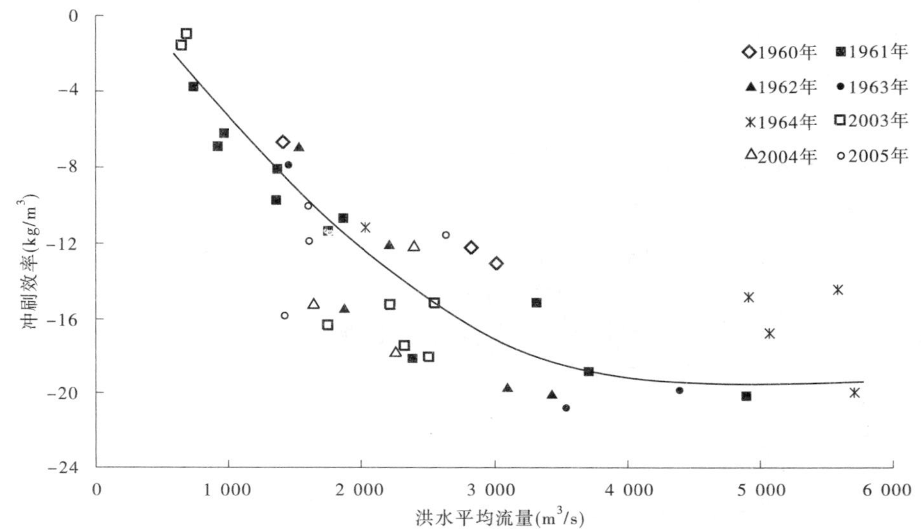

图 4-4 水库拦沙期下游河道冲刷效率与洪水平均流量的关系

当洪水平均流量大于 4 000 m^3/s 后,冲刷效率不再显著增加,主要是由于细颗粒泥沙的补给不足引起的。图 4-5 为水库拦沙期分组泥沙冲刷效率与平均流量的关系,分组泥沙的冲刷效率以细颗粒泥沙为最大,特粗颗粒泥沙的冲刷效率几乎为 0。细颗粒泥沙和中颗粒泥沙的冲刷效率的变化趋势相同(为下凹曲线),均是在洪水流量较小时随着流量的增大而迅速增大。细颗粒泥沙的冲刷效率在流量为 3 000 m^3/s 时达到最大,约为 12 kg/m^3,之后随着流量的增大而减小;中颗粒泥沙的冲刷效率在流量为 2 200 m^3/s 上下时达到最大,约为 5 kg/m^3,之后随着流量的增大基本保持不变。较粗颗粒泥沙冲刷效率的变化趋势和特粗颗粒泥沙冲刷效率的变化趋势也相同,在流量较小时基本保持不变,接近于 0,当流量达到一定量级后才开始缓慢增大,如粒径在 0.05 ~ 0.1 mm 的泥沙,只有当流量大于 4 000 m^3/s 时才缓慢增加。分析认为,全沙冲刷效率在流量大于 4 000 m^3/s 以后不再显著增加。

3. 床沙粗化程度

前述分析已说明,黄河下游河道在 2005 年左右床沙粗化基本稳定,因此本次研究侧重于 2006 ~ 2011 年。

2006 年以来,汛前调水调沙的后期,通过万家寨、三门峡和小浪底水库的多库联调,成功实施人工塑造异重流。小浪底水库在较短时间内排泄较多泥沙,下游河道部分河段

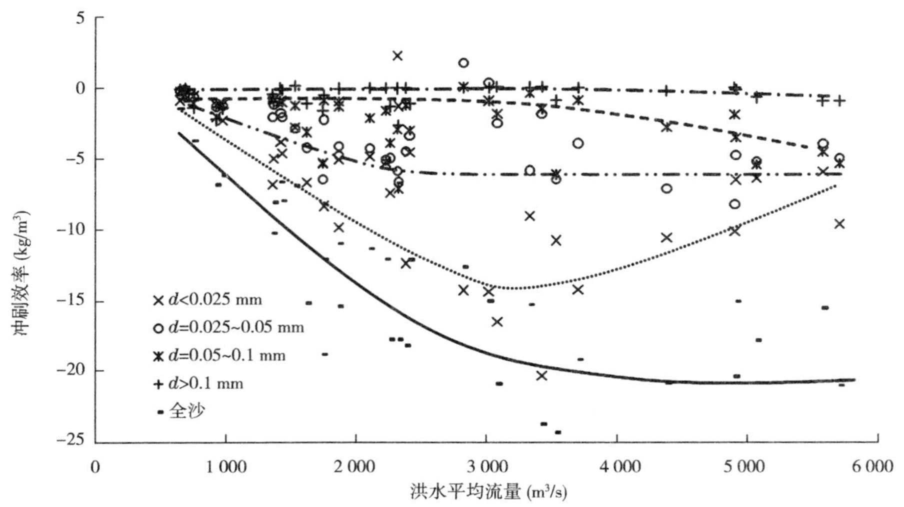

图 4-5　水库拦沙期下游河道分组泥沙冲刷效率与洪水平均流量关系

发生淤积，使得整个调水调沙阶段的冲刷效率低于清水阶段的冲刷效率（见图 4-6）。因此，在分析冲刷效率与流量关系的时候，将 2006 年以来调水调沙洪水用调水调沙清水阶段代替，冲刷效率与流量关系显著变好（见图 4-7）。

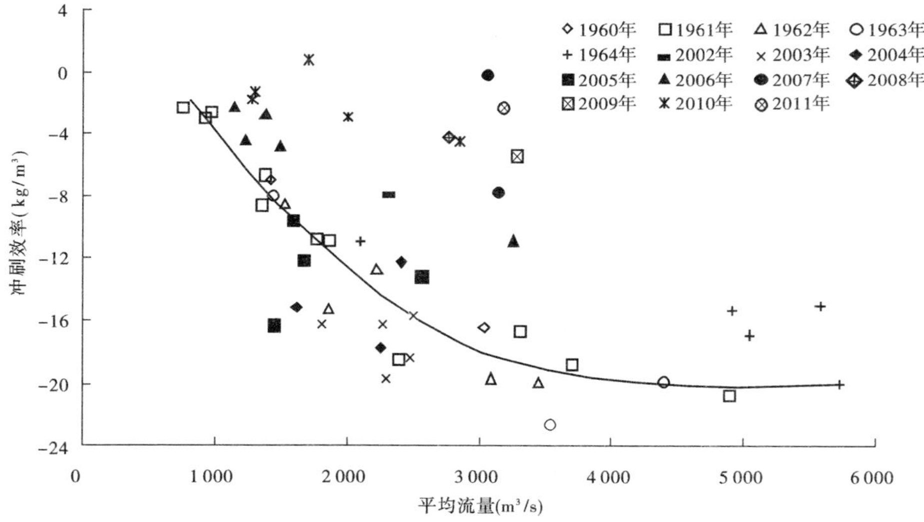

图 4-6　小浪底水库运用以来冲刷效率与平均流量关系（调水调沙含浑水阶段）

在 2005 年以前下游河道粗化未达到稳定，洪水（或清水小水时段）的冲刷效率与平均流量的关系和三门峡水库拦沙期基本一致，主要是因为三门峡水库拦沙运用时间短，下游河道的粗化未达到稳定。因此，将小浪底水库拦沙期的 2000～2005 年和三门峡水库拦沙期 1961～1964 年视为粗化稳定前的阶段，小浪底水库拦沙期 2006 年以后为粗化稳定后的阶段，后一个阶段同流量下的冲刷效率显著减小，两个阶段 3 500 m³/s 流量下的冲刷效率分别为 17～20 kg/m³ 和 10～13 kg/m³。

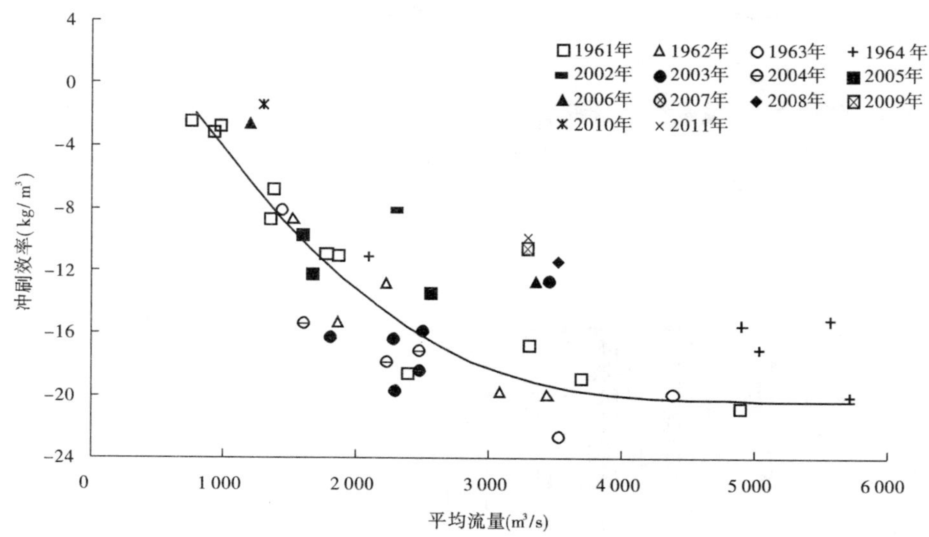

图 4-7　小浪底水库运用以来冲刷效率与平均流量关系(调水调沙不含浑水阶段)

(二)汛前调水调沙清水阶段冲刷效率变化特点

1. 全下游冲刷效率逐年降低

图 4-8 表明,汛前调水调沙期全过程的冲刷效率随年份的推移具有不断减小的趋势,但变化有一些跳跃性。这主要是由于调水调沙后期实施人工塑造异重流,短时段内排泄大量泥沙进入下游,下游河道在短时段内发生淤积,从而影响整个调水调沙期的冲刷效率。为此,进一步计算调水调沙清水阶段冲刷效率,发现清水阶段全下游的冲刷效率随年份推移的变化较为稳定,具有逐年不断降低的趋势,如 2004 年、2007 年和 2011 年的汛前调水调沙清水阶段冲刷效率分别为 15.2 kg/m³、12.6 kg/m³ 和 9.5 kg/m³。

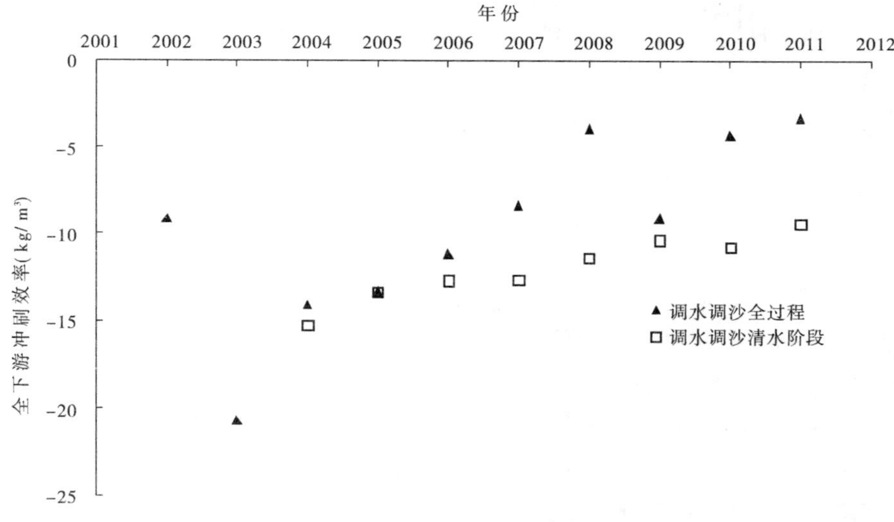

图 4-8　调水调沙期全下游冲刷效率的逐年变化

2. 冲刷重心下移

从分河段冲淤量来看(见图 4-9),2006 年以前冲刷主要集中在高村以上河段,艾山—利津河段的冲刷最小;2007 年以来冲刷量则主要集中在高村—利津河段(见图 4-10),艾山—利津河段的冲刷量明显增大,如 2007 年和 2009 年该河段的冲刷量在各河段中接近最大,2010 年该河段的冲刷量最大。

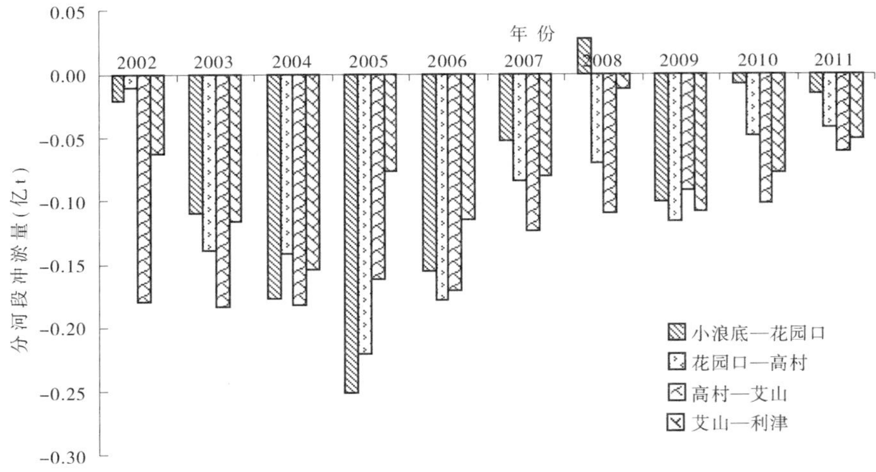

图 4-9 调水调沙期下游冲淤量分布(含浑水阶段)

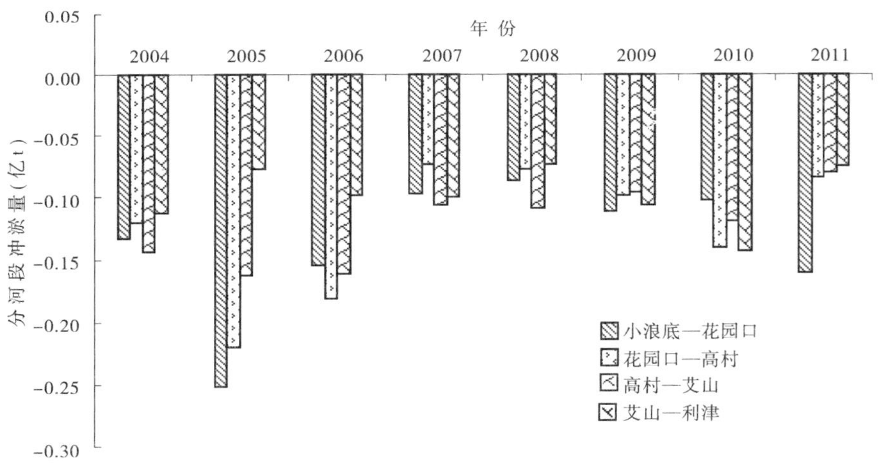

图 4-10 调水调沙期清水阶段下游冲淤量分布(不含浑水阶段)

表 4-5 为历次汛前调水调沙清水阶段下游各河段冲刷量占全下游冲刷量的比例。除去 2011 年(2010 年 8 月汛期调水调沙该河段淤积了近 0.2 亿 t 泥沙,导致 2011 年汛前调水调沙该河段冲刷量较大)外,花园口以上河段的冲刷量所占比例不断减小,艾山—利津河段冲刷量所占比例不断增加。

表 4-5　汛前调水调沙清水阶段各河道冲刷量所占比例　(%)

年份	小浪底—花园口	花园口—高村	高村—艾山	艾山—利津
2004	27.0	21.6	27.8	23.6
2005	35.4	31.1	22.9	10.8
2006	25.9	30.4	27.1	16.5
2007	25.9	19.4	28.2	26.5
2008	25.1	22.4	31.3	21.2
2009	27.0	24.0	23.3	25.7
2010	20.4	27.8	23.5	28.3
2011	40.0	20.8	19.7	19.5

3. 全下游冲刷量与水量呈正比

图 4-3 不仅表明调水调沙清水阶段的冲刷量与水量大小呈正比关系，还反映了随着冲刷的发展（年份的推移），相同水量条件下的冲刷量减少。各河段冲刷量随水量的关系表明，花园口以上河段由于来水为小浪底水库下泄的清水，河段冲刷量与水量关系最好，随着累计水量的增加而线性增加。2006 年以来，随着年份的推移，累计冲刷量与累计水量关系线的斜率不断减小，即同水量条件下的冲刷量不断减小，表明随着冲刷的发展，花园口以上河段冲刷越来越弱。

4. 流量越大冲刷效率越高

利用小浪底水库运用以来，发生在 6～11 月的小浪底水库下泄的清水小流量过程（沿程基本不引水）和汛前调水调沙清水过程，分析进入下游水流为清水条件下的冲刷效率与平均流量关系，见图 4-11～图 4-16。

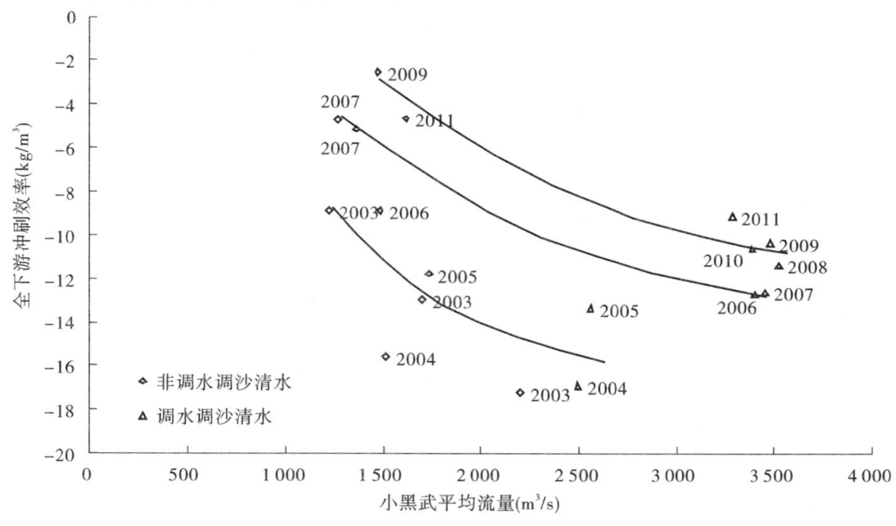

图 4-11　清水下泄阶段全下游冲刷效率与小黑武平均流量关系

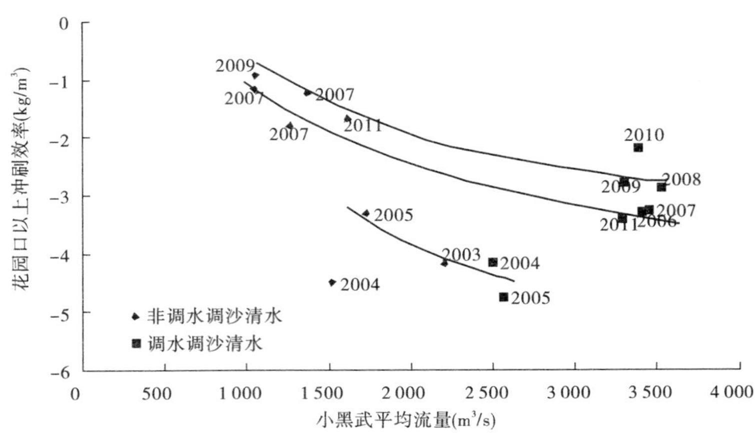

图 4-12　清水下泄阶段花园口以上河段冲刷效率与小黑武平均流量关系

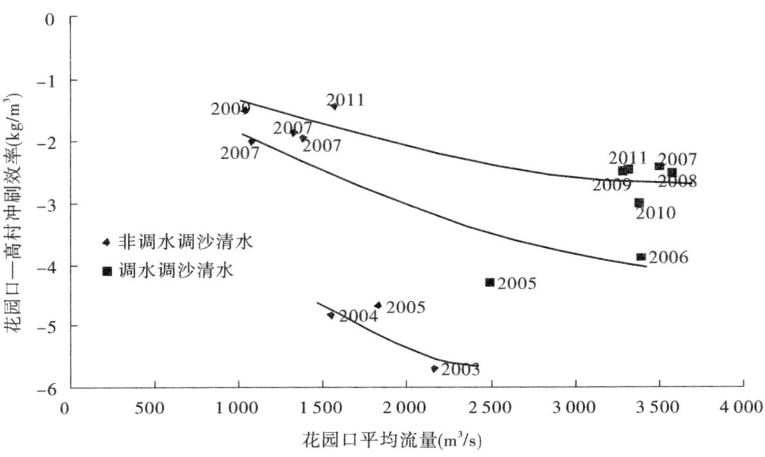

图 4-13　清水下泄阶段花园口—高村河段冲刷效率与花园口平均流量关系

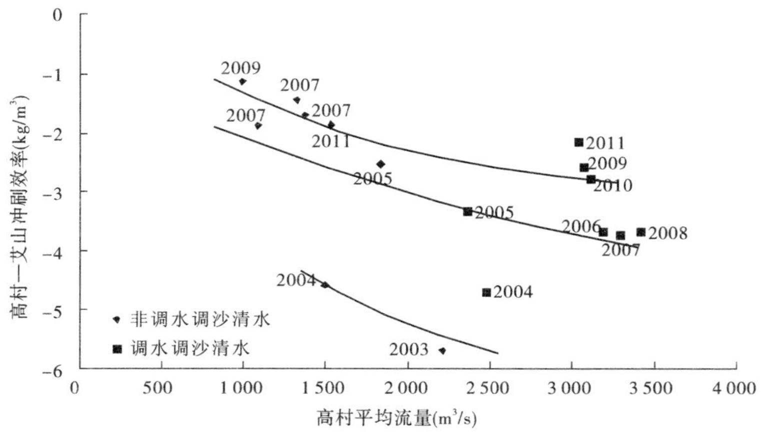

图 4-14　清水下泄阶段高村—艾山河段冲刷效率与高村平均流量关系

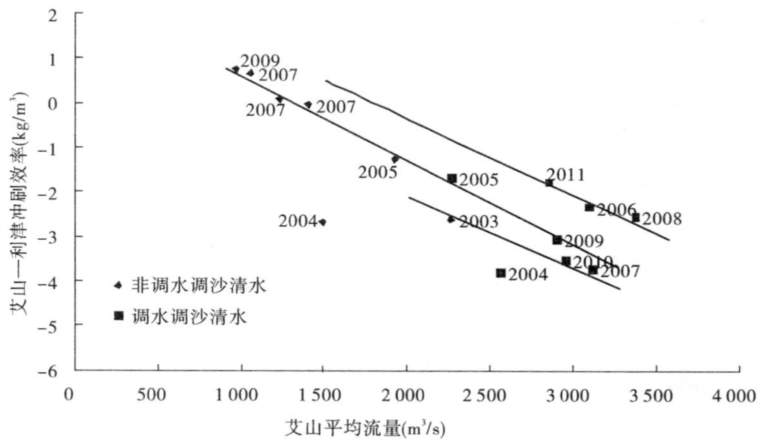

图 4-15　清水下泄阶段艾山—利津河段冲刷效率与艾山平均流量关系

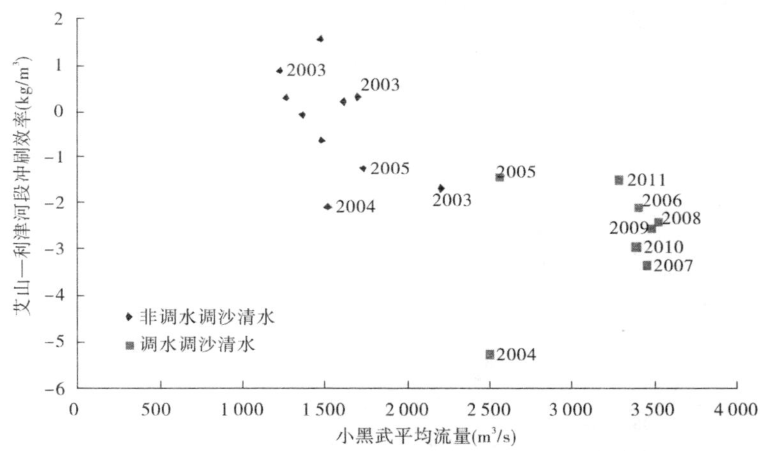

图 4-16　清水下泄阶段艾山—利津河段冲刷效率与小黑武平均流量关系

分析发现，随着年份的推移，床沙粗化，相同流量条件下的冲刷效率减小，全下游及各分河段均存在这样的规律。如平均流量 2 000 m³/s 的水流在全下游的冲刷效率在 2003～2004年约为 17 kg/m³，2005～2006 年约为 13.5 kg/m³，2007 年以来约为 7.5 kg/m³。2006 年以来汛前调水调沙清水阶段的平均流量基本相当，均在 3 500 m³/s 左右，2005～2007 年全下游冲刷效率约为 12.5 kg/m³，2008 年以来约为 10.5 kg/m³。

各河段中，花园口以上和花园口—高村河段的冲刷效率相对较大，艾山—利津河段的冲刷效率最小。如平均流量 2 000 m³/s 时，小浪底—花园口、花园口—高村、高村—艾山、艾山—利津四个河段的冲刷效率 2003～2004 年分别约为 4.0 kg/m³、5.2 kg/m³、5.0 kg/m³、2.9 kg/m³，2005～2007 年分别约为 2.4 kg/m³、2.9 kg/m³、2.5 kg/m³、1.1 kg/m³，2008 年以来分别约为 2.0 kg/m³、2.0 kg/m³、1.9 kg/m³、1.0 kg/m³。可见，各河段的冲刷效率均有所降低。从时间上来看，下降主要在 2005～2007 年；从空间上来看，降幅较大的主要在高村以上河段。

2006 年以来汛前调水调沙清水阶段，进入下游的平均流量相差不大，在 3 300～3 500

m^3/s 之间,全下游的冲刷效率明显逐步减小(见图 4-11)。从分河段来看,艾山以上各河段均存在冲刷效率不断减小的趋势,而艾山—利津河段减小趋势不明显。

2008 年以来汛前调水调沙清水阶段,花园口以上河段冲刷效率约为 2.8 kg/m^3,花园口—高村、高村—艾山和艾山—利津河段分别约为 2.5 kg/m^3、2.7 kg/m^3、3.0 kg/m^3。

2011 年汛前调水调沙清水阶段,花园口以上河段的冲刷效率较 2009 年和 2010 年明显增大,而艾山—利津河段明显减小。初步分析认为,由于 2010 年汛期花园口以上淤积泥沙较多,因而 2011 年汛期调水调沙期间,该河段冲刷效率相对较高。不过,2011 年沿程引水流量达到 600 m^3/s 以上,流量沿程减小较多,使得艾山—利津河段冲刷效率明显减小。

5. 冲刷效率随冲刷历时延长而减小

为了分析单次汛前调水调沙清水下泄历时对冲刷效率的影响,点绘了近几年汛前调水调沙全下游日冲刷效率随历时的变化(见图 4-17)。全下游的冲刷效率随着历时的增加,有不断减小的趋势。清水冲刷历时以 8 ~ 10 d 较好,冲刷效率相对较大。

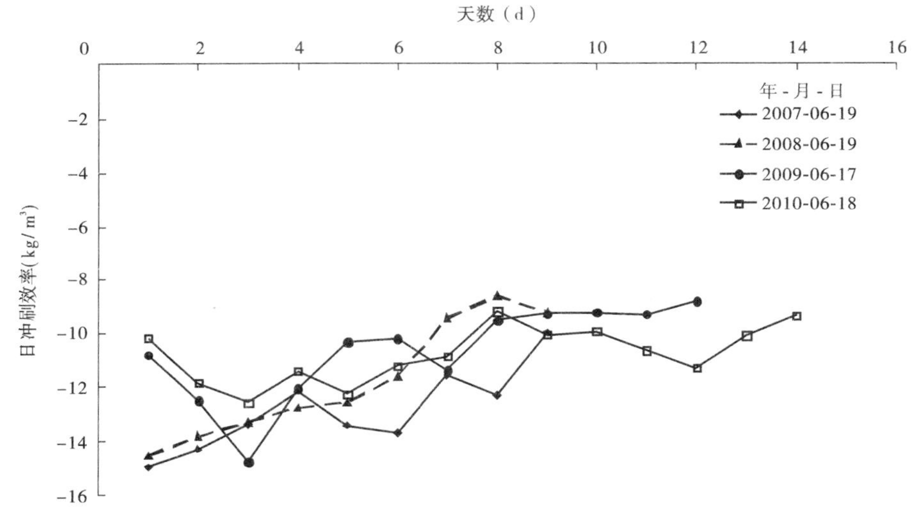

图 4-17　汛前调水调沙清水阶段全下游日冲刷效率随历时的变化

分析表明,在汛前调水调沙下泄清水阶段,在不发生漫滩条件下,平均流量越大越好,具体到 2012 年,清水阶段的平均流量应达到 4 000 m^3/s 左右,历时为 8 ~ 10 d。

(三)汛前调水调沙排沙阶段下游冲淤特性

2006 年以来,汛前调水调沙后期实施人工塑造异重流,较短时间内排泄大量泥沙,泥沙来源主要为小浪底库区冲刷的泥沙和三门峡库区冲刷的泥沙。由于排沙主要集中在 24 h 左右,进入下游的含沙量很高,造成下游河道短时间内迅速淤积。

图 4-18 为 2005 年以来历次调水调沙期累计沙量及累计冲淤量随累计水量的变化。可以看出,在各次汛前调水调沙排沙阶段,下游河段迅速淤积。其中 2007 年、2008 年和 2010 年 3 场汛前调水调沙洪水中,排沙主要集中在 3 d、1 d 和 2 d 时间内,则全下游的淤积也集中在这几天内。

进一步分析冲淤效率与平均含沙量的关系表明,尽管各河段的表现略有不同,但冲淤

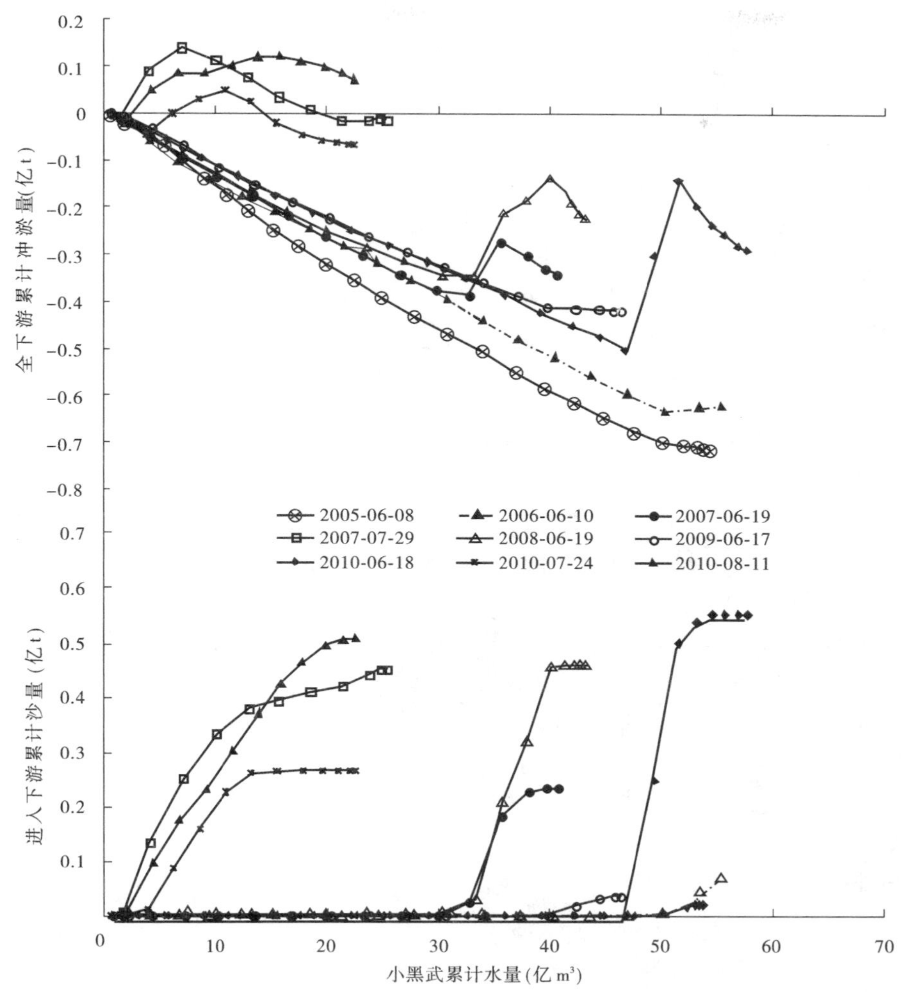

图 4-18　调水调沙期累计沙量及累计冲淤量随累计水量的变化

效率均随着平均含沙量的增加而增大。

全下游的冲淤效率与平均含沙量呈线性增加的关系(见图 4-19)。就已经开展的汛前调水调沙而言,当平均含沙量小于 17 kg/m^3 时,下游河道发生冲刷,大于 17 kg/m^3 时发生淤积。

三、2012 年汛前调水调沙清水阶段水量和流量指标

(一)汛前调水调沙目标

从近年来的实践来看,艾山—利津河段的冲刷主要发生在汛前调水调沙和汛期调水调沙等大流量过程,小水期河段发生淤积。因此,要维持艾山—利津河段年内冲淤平衡,必须利用较大流量级的洪水过程将前期小水期淤积的泥沙冲刷带走。

塑造较大流量且具有一定历时的洪水过程冲刷艾山—利津河段以维持该河段年内冲淤平衡,可作为汛前调水调沙的主要目标。

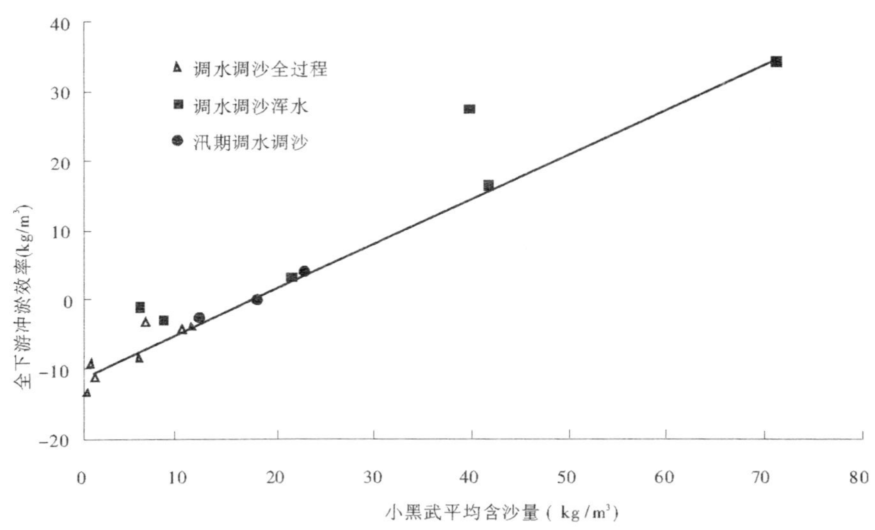

图 4-19　全下游冲淤效率与小黑武平均含沙量的关系

(二)汛前调水调沙原则

汛前调水调沙包括清水下泄阶段和异重流排沙浑水阶段。清水阶段的作用是将当年非汛期艾山—利津河段淤积的泥沙冲刷带走。浑水阶段下游河道一般发生淤积,这部分泥沙在当年汛前除调水调沙期外可以被冲刷带走,不需要在汛前调水调沙清水阶段考虑。

(三)汛前调水调沙清水阶段水量指标

1. 艾山—利津河段非汛期平均淤积量

黄河下游河段属于冲积性河道,当水流处于次饱和状态时,河床一般要发生冲刷,当水流处于超饱和状态时,河床一般要发生淤积。由于非汛期进入黄河下游的水流含沙量较低(1974 年以来),水流基本处于次饱和状态,因此黄河下游非汛期整体呈冲刷状态(见表 4-6),但不同时段、不同河段表现也不完全一样。

表 4-6　黄河下游分时段非汛期年平均冲淤量(断面法)　　(单位:亿 t)

河　段	1974 ~ 1980 年	1981 ~ 1985 年	1986 ~ 1999 年	2000 ~ 2005 年	2006 ~ 2011 年
小黑武—花园口	-0. 964	-0. 848	-0. 756	-0. 285	-0. 144
花园口—高村	-0. 576	-0. 238	-0. 234	-0. 406	-0. 310
高村—艾山	0. 249	-0. 036	0. 027	-0. 013	-0. 040
艾山—利津	0. 571	0. 232	0. 327	0. 123	0. 062
小黑武—利津	-0. 720	-0. 890	-0. 636	-0. 581	-0. 432

注:2000 年以后进入下游水量的统计时段为上年 11 月至翌年 5 月。

因非汛期水库下泄清水,高村以上河段冲刷,由于流量较小,冲刷主要发生在夹河滩以上,高村—艾山微冲微淤,艾山以下淤积。1986 ~ 1999 年黄河下游利津以上河道平均冲刷 0. 636 亿 t;小浪底水库运用后,水库基本下泄清水,2000 ~ 2005 年和 2006 ~ 2011 年两个时段非汛期全下游平均冲刷量分别为 0. 581 亿 t 和 0. 432 亿 t,随着冲刷的持续发展，后一个时段全下游冲刷量有一定的减小。

表4-7为采用输沙率法计算的不同时期黄河下游河道非汛期沿程冲淤量。与断面法计算的冲淤量（见表4-6）相比，两种方法计算的黄河下游冲淤量虽然定量上有所差异，除1986～1999年时段高村—艾山河段断面法计算的是微淤，而输沙率法计算的是微冲外，其他绝大多数河段的冲淤变化定性上是一致的。表4-7也反映出，非汛期黄河下游河道整体表现为冲刷，其冲刷一般发展到高村，高村—艾山河段时冲时淤，艾山以下河段表现为淤积。同时还可以看出，非汛期高村以上河段冲刷越多，艾山以下河段淤积越多；高村以上河段冲刷少，艾山以下河段淤积也少。

表4-7　黄河下游非汛期沿程各河段不同时期平均冲淤量（输沙率法）（单位：亿 t）

河段	1961～1964年	1974～1980年	1981～1985年	1986～1999年	2000～2005年	2006～2011年
小黑武—花园口	-0.606	-0.818	-0.889	-0.772	-0.308	-0.114
花园口—高村	-0.588	-0.534	-0.281	-0.183	-0.242	-0.188
高村—艾山	-0.277	0.067	-0.044	-0.085	-0.037	-0.014
艾山—利津	0.216	0.273	0.245	0.330	0.109	0.083
小黑武—利津	-1.255	-1.012	-0.969	-0.710	-0.478	-0.233

2005年下游河道的粗化基本完成，粗化前后上冲下淤的量级有所减小，因此将2006～2011年艾山—利津河段的非汛期年均淤积量作为汛前调水调沙清水阶段需要冲刷带走的泥沙量。2006～2011年艾山—利津河段的非汛期年均淤积量断面法为0.062亿t，最大淤积量0.149亿t；输沙率法年均淤积0.083亿t，最大淤积量0.150亿t。计算时取输沙率法的年均淤积量作为汛前调水调沙清水阶段需要冲刷带走的泥沙量。

2. 艾山—利津河段冲淤量修正

断面法与输沙率法计算的2000～2011年艾山—利津非汛期淤积量基本一致，分别为1.110亿t和1.155亿t；差别主要在汛期，从而导致输沙率法全年计算结果为淤积。而从1999～2011年艾山—利津河段的同流量水位表现来看，河段平均下降了1.21 m（见图4-20），说明艾山—利津河段确实发生冲刷。

鉴于断面法和输沙率法计算非汛期的结果比较一致，可以认为非汛期的冲刷量计算准确，其数值取两方法的平均值。全年的冲刷量，用水位降幅来计算，再用全年的冲刷量减去非汛期的淤积量得到汛期的冲刷量。艾山—利津河段长269.64 km，平均河宽420 m，水位降幅1.21 m，计算出全年冲刷量为1.902亿t。同理，可以计算出2000～2005年和2006～2011年的全年冲刷量，计算结果见表4-8。

将修正后的汛期冲刷量与输沙率法冲刷量进行比较，得到两者的倍比关系（见表4-9），利用这一关系，对汛前调水调沙、汛期调水调沙等输沙率法结果进行修正。

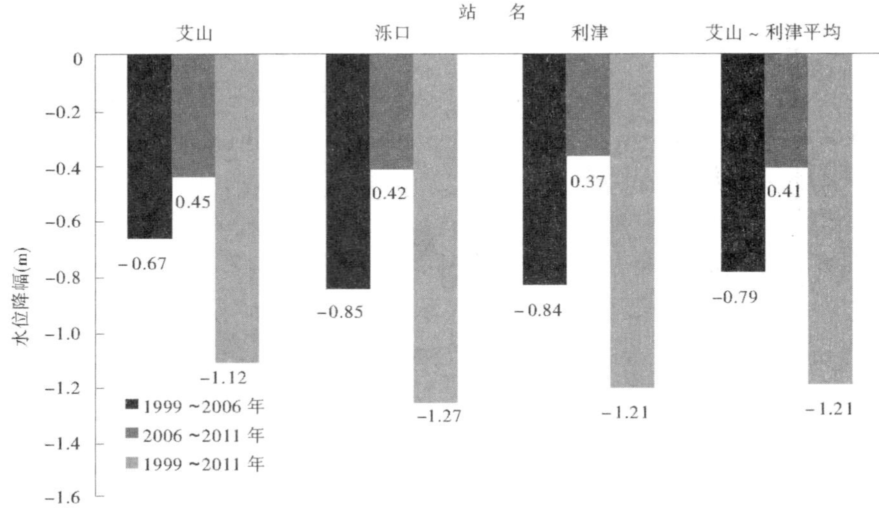

图 4-20　艾山—利津河段同流量(2 000 m^3/s)水位变化

表 4-8　水位法计算艾山—利津全年冲刷量及汛期冲淤量　　(单位:亿 t)

时段	非汛期			全年	汛期
	断面法①	输沙率法②	修正③=(①+②)/2	水位法④	⑤=④-③
2000～2005 年	0.123	0.109	0.116	-1.247	-1.363
2006～2011 年	0.062	0.083	0.072	-0.655	-0.072
2000～2011 年	0.185	0.192	0.189	-1.902	-2.091

表 4-9　艾山—利津汛期冲刷量修正系数

时段	2000～2005 年	2006～2011 年	2000～2011 年
修正前冲刷量(亿 t)	-0.461	-0.594	-1.055
修正后冲刷量(亿 t)	-1.363	-0.727	-2.091
倍比	2.957	1.224	1.982

修正后 2006～2011 年汛前调水调沙的冲刷量占到该河段全年冲刷量的 136%,说明汛前调水调沙冲刷对艾山—利津河段主槽的冲刷扩大具有非常重要的作用。

3. 汛前调水调沙清水阶段艾山—利津冲刷效率

近 6 年汛前调水调沙清水阶段艾山—利津冲刷效率见表 4-10,可以看出,随着年份的推移,艾山—利津的冲刷效率没有明显的减小趋势。近 6 年汛前调水调沙清水阶段艾山—利津的平均冲刷效率为 2.43 kg/m^3(艾山—利津冲淤量除以小黑武水量),以此作为 2012 年同期河道冲刷效率的预估值,由此推算需要的小黑武水量约为 34.6 亿 m^3。若用艾山站作为控制站,艾山—利津的平均冲刷效率为 2.71 kg/m^3(艾山—利津冲淤量除以艾山水量),则艾山水文站需要水量 30.7 亿 m^3,考虑近几年汛前调水调沙艾山以上平均引水量为 5.5 亿 m^3,推算小黑武需要水量为 36.2 亿 m^3。将两种方法得到的小黑武需水量平均取整后为35亿 m³,作为2012年汛前调水调沙清水阶段需要进入下游的水量。

表4-10 近年来黄河汛前调水调沙清水期艾山以下河段冲刷效率变化

年份	天数(d)	小黑武		艾山—利津	
		水量(亿 m³)	平均流量(m³/s)	冲刷量(亿 t)	冲刷效率(kg/m³)
2006	16	47.00	3 400	0.098 5	2.10
2007	10	29.81	3 450	0.099 4	3.33
2008	10	30.43	3 522	0.073 2	2.41
2009	13	39.06	3 477	0.099 0	2.53
2010	16	46.80	3 385	0.137 0	2.93
2011	15	42.57	3 285	0.065 0	1.53
平均	13.3	39.28	3 410	0.095 4	2.43
非汛期淤积量(亿 t)		0.083	所需小黑武水量(亿 m³)		34.6
年份	天数(d)	艾山		艾山—利津	
		水量(亿 m³)	平均流量(m³/s)	冲刷量(亿 t)	冲刷效率(kg/m³)
2006	16	42.79	3 096	0.098 5	2.30
2007	10	26.94	3 118	0.099 4	3.69
2008	10	29.13	3 372	0.073 2	2.51
2009	13	34.85	3 102	0.099 0	2.84
2010	16	40.76	2 949	0.137 0	3.36
2011	15	36.92	2 849	0.065 0	1.76
平均	13.3	35.23	3 058	0.095 2	2.71
非汛期淤积量(亿 t)		0.083	所需艾山水量(亿 m³)		30.7

根据黄河下游河道低含沙水流的挟沙规律,要提高下游河道的冲刷效率,维持全下游主槽的过流能力,下泄流量过程应在确保滩区安全的条件下尽量取大值。艾山—利津河段在洪水期的冲刷效率与进入下游的平均流量之间的关系说明,增大洪水期平均流量能够提高本河段的冲刷效率。基于黄河下游河道最小平滩流量已经达到4 100 m³/s的实际情况,汛前调水调沙调控流量应该选择4 000 m³/s左右为宜。根据汛前调水调沙期日冲刷效率随历时的变化,清水冲刷阶段历时8~10 d的冲刷较大,以10 d作为清水下泄历时,进入下游的平均流量以4 000 m³/s计,则计算出进入下游水量为34.56亿 m³,与上述分析结果一致。与2009~2011年汛前调水调沙相比,清水阶段优化水量4亿~10亿 m³(见表4-11)。

表4-11 2006年以来历次清水阶段水量

年份	2006	2007	2008	2009	2010	2011
清水水量(亿 m³)	46.7	29.5	30.3	39.1	45.6	41.5
优化水量(亿 m³)	11.7	—	—	4.1	10.6	6.5

由于汛前调水调沙期间下游放开引水,2011年汛前调水调沙期清水阶段利津以上河段平均引水流量达到649 m³/s,艾山平均引水流量达到419 m³/s,使得沿程流量不断减

小，到达艾山水文站的瞬时最大流量仅 3 490 m^3/s（见图 4-21），清水阶段平均流量仅 2 849 m^3/s（见图 4-22）。流量沿程不断衰减，使得艾山—利津的冲刷效率显著降低。

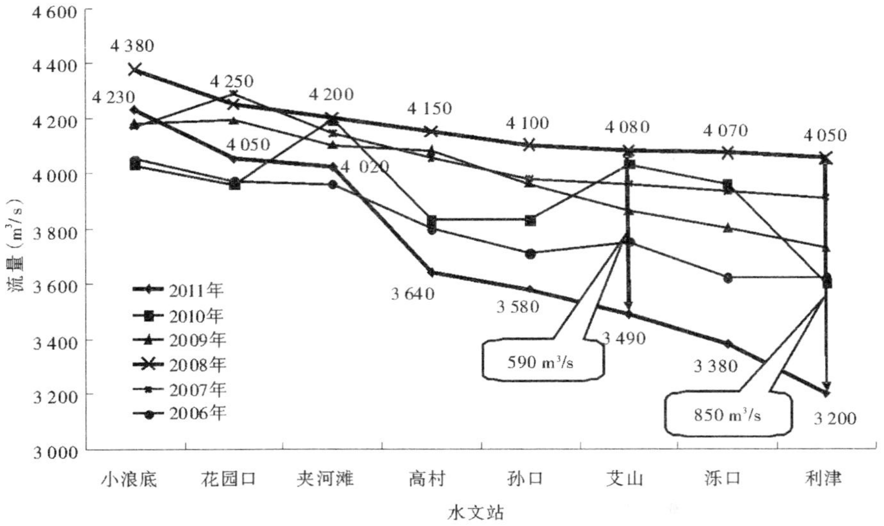

图 4-21　汛前调水调沙清水阶段洪峰流量

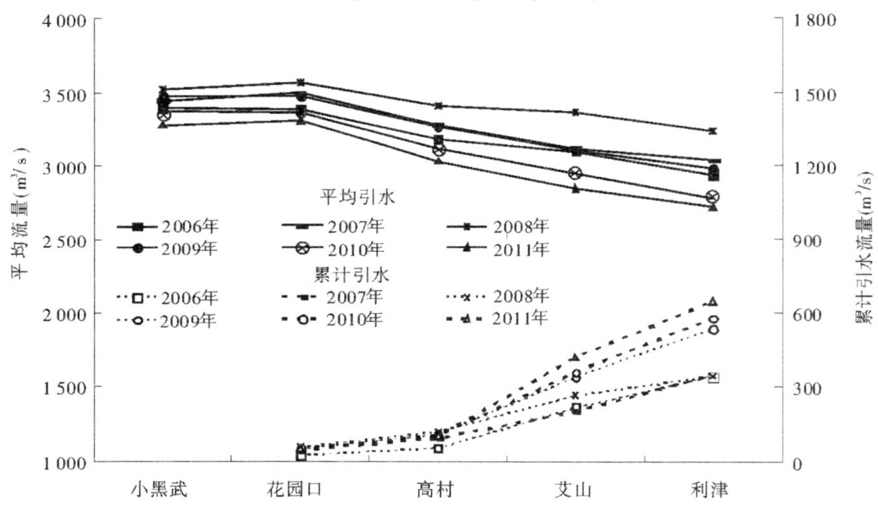

图 4-22　汛前调水调沙清水阶段平均流量变化

因此，建议 2012 年汛前调水调沙期间，若不限制引水，则适当加大小浪底出库流量，以保证到达艾山站的洪峰流量在 4 000 ~ 4 100 m^3/s，平均流量达到 3 100 m^3/s 以上，从而提高艾山—利津的冲刷效率和水资源的利用率。

4. 汛期非调水调沙期冲刷量与汛期调水调沙浑水阶段淤积量

2006 ~ 2011 年历次汛前调水调沙浑水阶段艾山—利津共淤积泥沙 0.137 亿 t，该河段汛期除调水调沙期外共冲刷 0.184 亿 t。说明汛前调水调沙浑水阶段艾山—利津淤积的泥沙可以在汛期的其他时段冲刷带走，不需要在汛前调水调沙清水阶段考虑该淤积量。

（四）汛前调水调沙异重流塑造对接水位指标

小浪底水库汛前调水调沙期包括清水下泄和浑水排沙两个阶段，浑水阶段水库排沙量及三门峡塑造的大流量过程受小浪底水库水位（称为对接水位）影响较大。2010 年重点研究了小浪底水库异重流塑造、排沙阶段，水库排沙比与对接水位之间的关系，得出"对接水位低于三角洲顶点高程、三角洲顶点附近洲面发生溯源冲刷，可显著增大排沙比"的认识。2011 年汛后，小浪底水库三角洲顶点高程为 215.61 m，为此选取 220 m、215 m 和 210 m 三个水位作为对接水位，进一步研究了不同对接水位对水库排沙和下游冲淤的影响。

本次研究库区和下游冲淤量均采用数学模型（简称数模）和经验公式两种方法计算。

1. 计算方案

利用数模计算 2012 年汛前调水调沙水库排沙及下游冲淤的情况，具体方案设置为：

（1）地形：2011 年汛后地形；

（2）起调水位：250 m；

（3）对接水位：220 m、215 m 和 210 m；

（4）入库水沙过程：进库用 2011 年汛前调水调沙流量、含沙量和级配过程；

（5）出库水沙过程：以相应小浪底水库坝前水位及下泄流量作为出口控制条件，出库过程分为两个阶段，清水阶段和浑水阶段，清水阶段控制花园口流量 4 100 m^3/s。

2. 计算结果

1）水库出库水沙及库区冲淤量

表 4-12 为不同对接水位条件下水库出库水沙量及水库冲淤量。计算表明，随着对接水位降低，水库排沙比从 20% 增加到 136%，出库沙量不断增加，库区由淤积转为冲刷。随着对接水位的变化，出库水沙量及出库细颗粒泥沙含量变化见图 4-23。

表 4-12　2012 年汛前调水调沙不同对接水位下水库冲淤量（数模计算）

对接水位（m）	天数（d）	入库水量（亿 m^3）	入库沙量（亿 t）	小黑武水量（亿 m^3）	出库水量（亿 m^3）	出库沙量（亿 t）	排沙比（%）	出库细泥沙含量（%）	库区冲淤量（亿 t）
210	17	9.14	0.338	0.46	51.10	0.459	136	83.4	-0.121
215	16	8.80	0.338	0.44	49.09	0.390	115	82.8	-0.052
220	15	8.46	0.338	0.41	47.15	0.068	20	61.3	0.270

图 4-24 和图 4-25 分别为数模和经验公式计算的水库排沙量和冲淤量结果。可以看出，尽管两者计算结果有一定差异，但均表明，当对接水位较高，在 220 m 时库区发生淤积，215 m 时水库微冲，210 m 时水库发生明显冲刷。

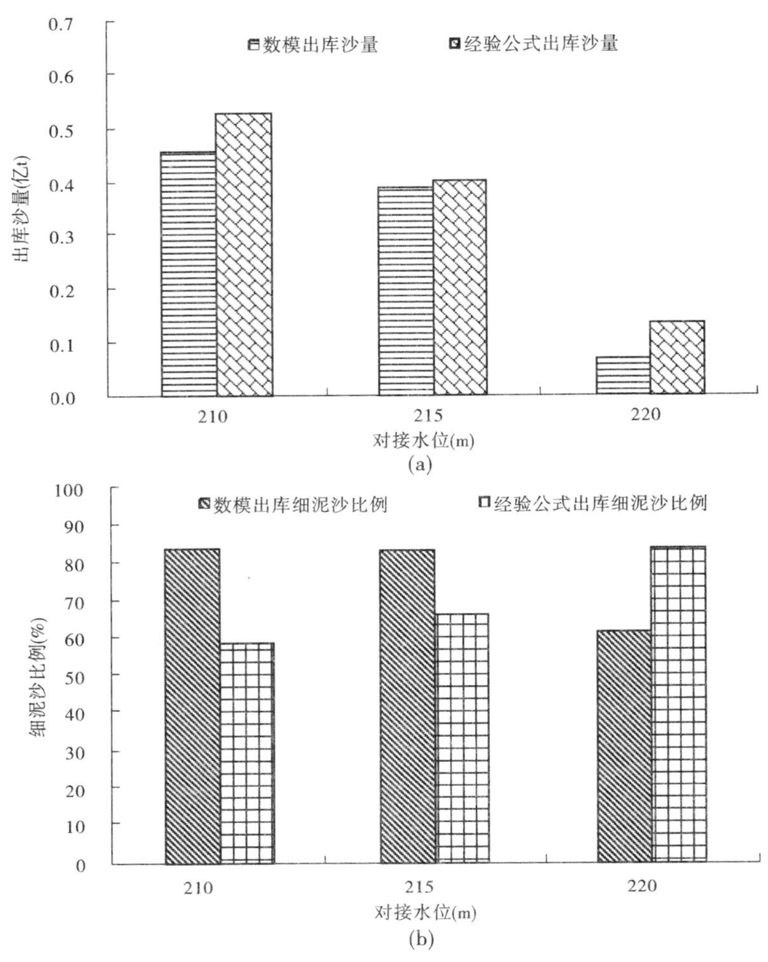

图 4-23 不同方案进入下游的沙量及细泥沙比例

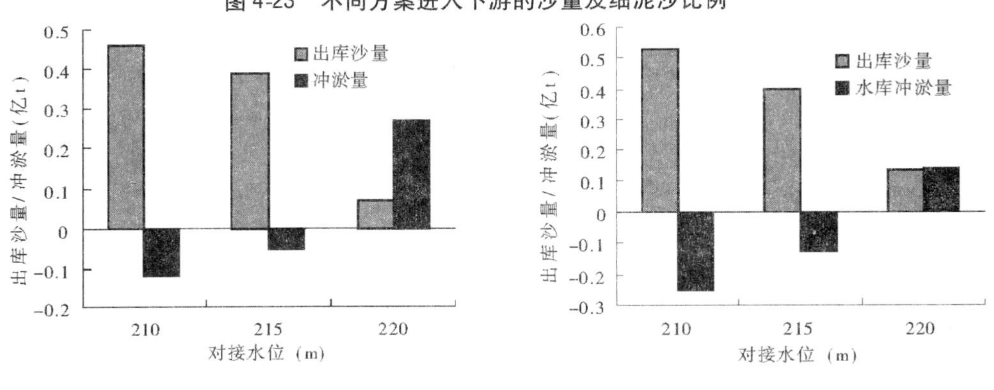

图 4-24 数模计算结果

图 4-25 经验公式计算结果

2)下游计算结果

将两种方法计算的出库水沙过程作为进入下游的水沙条件(分别称数模水沙、经验水沙)，利用下游分组沙冲淤经验公式计算两种出库水沙条件下，下游河道的冲淤情况(见表4-13)。数模计算结果及分组沙冲淤量见表4-14。图4-26为下游冲淤量随对接水位的变化。

表4-13　2012年汛前调水调沙不同对接水位下下游冲淤结果(经验公式计算)

对接水位(m)	清水		浑水(数模水沙)			浑水(经验水沙)			全过程冲淤量(亿t)	
	水量(亿 m^3)	冲淤量(亿t)	水量(亿 m^3)	沙量(亿t)	冲淤量(亿t)	水量(亿 m^3)	沙量(亿t)	冲淤量(亿t)	数模水沙	经验水沙
210	44.18	-0.429	7.38	0.456	0.094	6.69	0.527	0.222	-0.335	-0.206
215	42.14	-0.409	7.38	0.387	0.063	6.69	0.402	0.136	-0.346	-0.273
220	38.97	-0.378	8.59	0.067	-0.116	6.69	0.135	-0.007	-0.494	-0.385

表4-14　2012年汛前调水调沙不同对接水位下下游分组沙冲淤量

方案	对接水位(m)	出库沙量(亿t)	细泥沙含量(%)	下游冲淤量(亿t)			
				细泥沙	中泥沙	粗泥沙	全沙
经验公式结果(数模出库水沙)	210	0.456	83.4	-0.033	-0.135	-0.166	-0.334
	215	0.387	82.8	-0.052	-0.134	-0.160	-0.346
	220	0.067	61.3	-0.172	-0.158	-0.164	-0.494
数模结果(数模出库水沙)	210	0.456	83.4	0.002	-0.100	-0.071	-0.169
	215	0.387	82.8	0.000	-0.098	-0.071	-0.169
	220	0.067	61.3	-0.009	-0.112	-0.084	-0.205
经验公式结果(经验公式出库水沙)	210	0.527	58.0	-0.042	-0.089	-0.075	-0.206
	215	0.402	66.2	-0.053	-0.109	-0.111	-0.273
	220	0.135	83.5	-0.108	-0.123	-0.155	-0.386

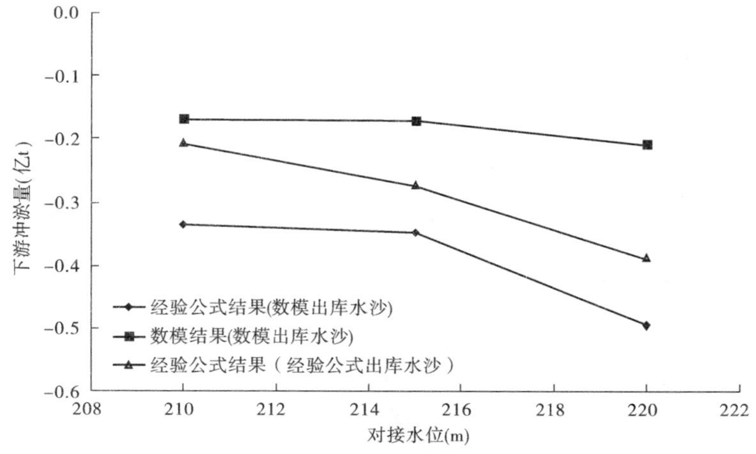

图4-26　不同对接水位下下游冲淤量

整个汛前调水调沙期下游发生冲刷,其中浑水阶段发生淤积,随着对接水位的降低,下游冲刷量减小。从浑水阶段下游冲淤情况来看(见图4-27),当对接水位在220 m时下游发生冲刷,215 m时微淤,210 m时下游发生显著淤积。

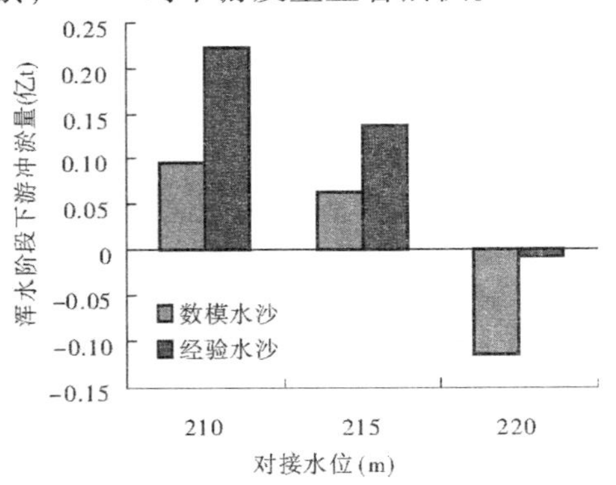

图4-27 经验公式计算浑水阶段冲淤量

表4-15为经验公式和数模计算的215 m、220 m方案与210 m方案相比较库区下游减淤比。可以看出,215 m方案的减淤比均比220 m方案的高。另一方面,汛前调水调沙浑水阶段,下游以输沙为主,因此下游应以微淤为主,水库以多排沙为主。因此,综合水库和下游的冲淤特性,为了实现水库和下游河道的共同减淤,建议2012年汛前调水调沙塑造异重流阶段水库的对接水位为215 m。

表4-15 经验公式和数模计算215 m、220 m方案与210 m减淤效果对比

方案	对接水位(m)	出库沙量(亿t)	水库多淤量(亿t)	下游冲淤量(亿t)	下游多冲刷量(亿t)	减淤比
经验公式	210	0.527		-0.206		
	215	0.402	0.125	-0.273	0.067	0.536
	220	0.135	0.392	-0.386	0.113	0.288
数模计算	210	0.456		-0.169		
	215	0.387	0.069	-0.169		
	220	0.067	0.389	-0.205	0.036	0.093

(五)考虑多余水量泄放方式的汛前调水调沙方案

清水(低含沙)水流条件下,艾山—利津冲刷(淤积)效率与进入下游的流量、引水比具有密切的关系:流量较小时,艾山—利津发生淤积,在引水流量较大(艾山—利津引水比大于0.4)的条件下,随着流量的增大,艾山—利津淤积效率显著增大。而在引水流量较小(艾山—利津引水比小于0.15)的条件下,随着流量的增大、艾山—利津淤积效率减弱,流量1 500 m^3/s左右时,由淤积转为冲刷,并随流量的继续增大,冲刷效率增大(见图4-28)。因此,持续冲刷条件下,在2012年汛前调水调沙之前泄放多余水量时,小浪底下泄流量设置 1 500 m^3/s 和 1 800 m^3/s 两个方案。

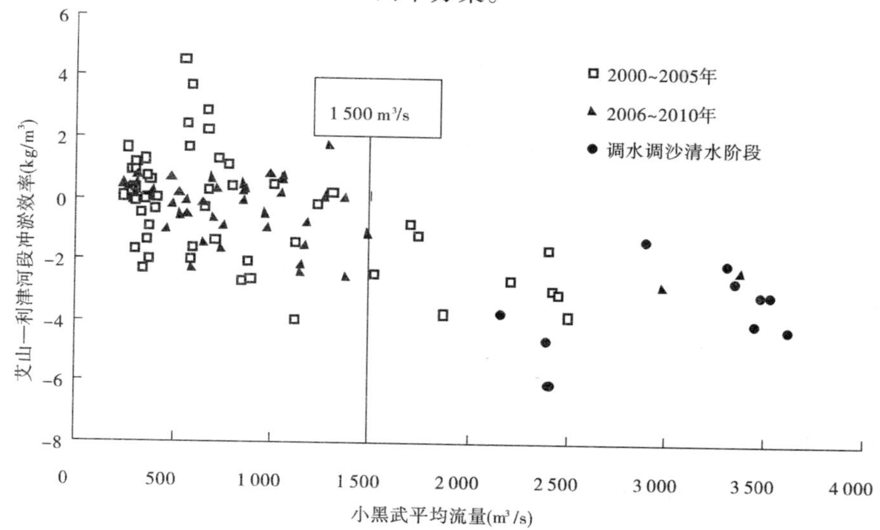

图 4-28 引水比小于 0.15 条件下艾山—利津河段冲淤效率与平均流量关系

1. 计算方案

2012 年汛前水库蓄水量较大,这些水量除在汛前调水调沙期以接近下游平滩的流量来泄放外,其他水量在汛前调水调沙之前也要泄放。

2012 年 4 月 19 日 8 时,小浪底水库水位 264.50 m,蓄水量 75.04 亿 m^3,到 2012 年 6 月 10 日,入库流量按三门峡 2000 年以来同期平均流量 468 m^3/s,出库流量按 1 000 m^3/s,则水库日补水量 0.46 亿 m^3,则到 6 月 10 日水库蓄水量减为 50.68 亿 m^3,相应水位 253.05 m。此时,215 m 以上水量为 45.75 亿 m^3,留 35 亿 m^3 汛前调水调沙用,则还有 10.75 亿 m^3 需在汛前调水调沙前放完。

地形:2011 年汛后。

计算时段:6 月 1 日至汛前调水调沙结束。

水沙过程分为两个:

(1)调水调沙之前的泄水过程。出库流量分别按 1 500 m^3/s 和 1 800 m^3/s 两个流量,入库按多年 6 月 1 ~20 日平均流量 450 m^3/s,黑石关和武陟分别按平均流量 41 m^3/s 和 2.2 m^3/s。开始泄放时的水位为 253.05 m,该阶段需要泄放的水量为 10.75 亿 m^3,按 1 500 m^3/s 和 1 800 m^3/s 流量级泄放,分别需要 8.3 d 和 6.9 d。

(2)汛前调水调沙。当水库水位到达 247.22 m(215 m 以上水量为 35 亿 m^3)时,开始实施汛前调水调沙。

首先为清水阶段,按凑泄花园口流量 4 100 m^3/s 控制,直到水库水位到达 215 m。假设入库流量按多年 6 月 20 日至 7 月 5 日的平均流量 649 m^3/s 控制,黑石关平均流量 41.3 m^3/s,武陟平均流量 4.9 m^3/s,则小浪底水库平均下泄流量为 4 052.8 m^3/s,水库日补水量 2.94 亿 m^3,清水下泄天数为 11.9 d。

之后为汛前调水调沙第二阶段(排沙阶段),进出库流量按 2011 年汛前调水调沙排沙阶段的实际过程。

2. 计算结果

1）水库计算结果

表4-16 和表4-17 分别为1 500 方案和1 800 方案数模计算的水库进出库水沙和库区冲淤量统计，出库过程见图4-29。

表4-16　1 500 方案水库进出库水沙及水库冲淤量

运用阶段	天数（d）	入库水量（亿 m^3）	入库沙量（亿 t）	出库水量（亿 m^3）	出库沙量（亿 t）	平均流量（m^3/s）	平均含沙量（kg/m^3）	细泥沙比例（%）	水库冲淤量（亿 t）
1 000 m^3/s 流量	10	3.89	0	8.64	0	1 000	0		0
1 500 m^3/s 流量	12	5.01	0	15.55	0	1 500	0		0
清水阶段	11	6.17	0	38.52	0.003	4 053	0.1	81.2	-0.003
浑水阶段	8	8.27	0.251	11.20	0.444	1 621	39.7	86.6	-0.193
合计	41	23.34	0.251	73.91	0.447	2 087	6.0	86.6	-0.196

表4-17　1 800 方案水库进出库水沙及水库冲淤量

运用阶段	天数（d）	入库水量（亿 m^3）	入库沙量（亿 t）	出库水量（亿 m^3）	出库沙量（亿 t）	平均流量（m^3/s）	平均含沙量（kg/m^3）	细泥沙比例（%）	水库冲淤量（亿 t）
1 000 m^3/s 流量	10	3.89	0	8.64	0	1 000	0		0
1 800 m^3/s 流量	9	3.50	0	14.00	0	1 800	0		0
清水阶段	11	6.00	0	38.52	0.003	4 053	0.1	81.6	-0.003
浑水阶段	8	8.27	0.251	11.20	0.447	1 621	39.9	86.6	-0.196
合计	38	21.66	0.251	72.36	0.450	2 204	6.2	86.5	-0.199

可以看出，调水调沙之前泄放较大流量过程，1 800 方案比1 500 方案少泄放3 d，其他各阶段的天数相等，两个方案水库冲刷量分别为0.196 亿 t 和0.199 亿 t。

2）下游计算结果

表4-18 和表4-19 分别为利用数学模型计算的两个方案下游河段冲淤量。在计算时，为了使后期浑水能够演进到利津，在小浪底水库出库过程中分别增加了1 d 和2 d 的600 m^3/s 流量过程，从而使得沙峰完全演进至利津断面。

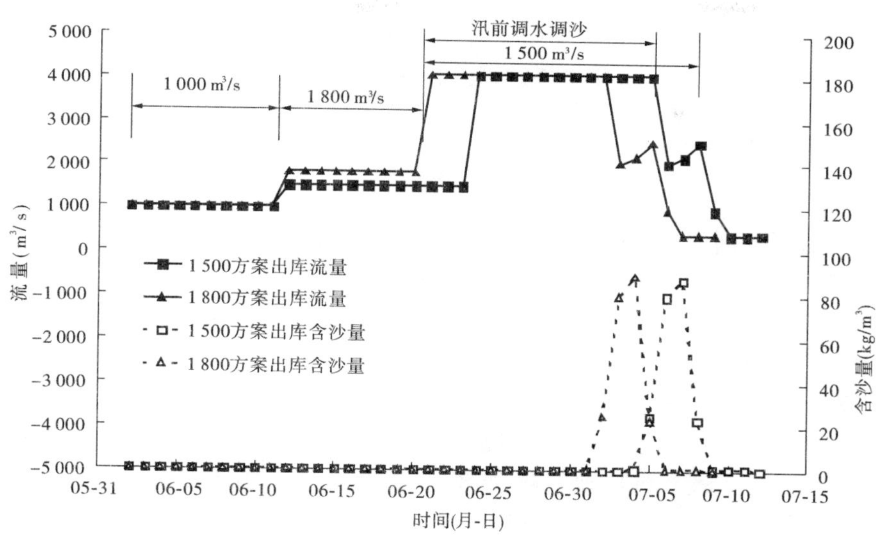

图 4-29　小浪底汛前调水调沙泄放水沙过程

表 4-18　1 500 方案下游冲淤量计算结果

运用阶段	历时(d)	水量(亿 m^3)	沙量(亿 t)	平均流量(m^3/s)	平均含沙量(kg/m^3)	冲淤量(亿 t)				
						小浪底—花园口	花园口—高村	高村—艾山	艾山—利津	全下游
1 000 m^3/s 流量	10	8.64	0	1 000	0	-0.019	-0.022	-0.013	0.001	-0.053
1 500 m^3/s 流量	12	15.55	0	1 500	0	-0.035	-0.038	-0.029	-0.006	-0.108
清水	11	38.52	0.002	4 053	0.1	-0.116	-0.046	-0.059	-0.033	-0.253
浑水	9	11.72	0.444	1 507	37.9	-0.017	-0.035	-0.015	-0.014	-0.081
合计	42	74.43	0.446	2 051	6.0	-0.187	-0.140	-0.116	-0.052	-0.494

表 4-19　1 800 方案下游冲淤量计算结果

运用阶段	历时(d)	水量(亿 m^3)	沙量(亿 t)	平均流量(m^3/s)	平均含沙量(kg/m^3)	冲淤量(亿 t)				
						小浪底—花园口	花园口—高村	高村—艾山	艾山—利津	全下游
1 000 m^3/s 流量	10	8.64	0	1 000	0	-0.020	-0.024	-0.015	-0.001	-0.060
1 800 m^3/s 流量	9	14.00	0	1 800	0	-0.030	-0.040	-0.031	-0.015	-0.116
清水	11	38.52	0.002	4 053	0.1	-0.116	-0.047	-0.060	-0.034	-0.257
浑水	10	12.24	0.447	1 417	36.5	-0.017	-0.051	-0.031	-0.019	-0.118
合计	40	73.40	0.449	2 124	6.1	-0.182	-0.161	-0.137	-0.070	-0.550

比较两个方案下游冲淤结果，全下游的冲刷量分别为 0.494 亿 t 和 0.550 亿 t，1 800

方案比 1 500 方案多冲刷了 0.056 亿 t。由此可见,1 500 和 1 800 两个方案的差别较小,相对而言,1 800 方案对下游的冲刷略为有利。

四、主要认识和建议

(一)主要认识

(1)小浪底水库拦沙运用 12 a,下游河道共冲刷泥沙 13.361 亿 t(输沙率法计算结果)。其中汛期冲刷泥沙 9.102 亿 t,占总冲刷量的 68.1%。汛前调水调沙期共冲刷泥沙 4.129 亿 t,占总冲刷量的 30.9%。2006~2011 年汛前调水调沙期共冲刷泥沙 2.013 亿 t,占该时段总冲刷量的 40%。

(2)要维持艾山—利津河段年内冲淤平衡,必须通过较大流量级的洪水过程将前期小水期淤积的泥沙冲刷带走。因此,塑造较大流量且具有一定历时的洪水过程,冲刷艾山—利津以维持该河段年内冲淤平衡,是汛前调水调沙必须关注的主要目标之一。

(3)2012 年汛前调水调沙清水下泄水量的确定原则是,将当年非汛期艾山—利津淤积的泥沙冲刷带走。2012 年汛前调水调沙清水阶段进入下游的水量为 35 亿 m^3,泄放流量为 4 000 m^3/s。

(二)建议

(1)2012 年汛前调水调沙期间,若不限制引水,则应适当加大小浪底出库流量,以保证到达艾山水文站的洪峰流量在 4 000 m^3/s 左右,平均流量达到 3 100 m^3/s 以上,以提高艾山—利津的冲刷效率,发挥水资源的利用效率。

(2)2012 年汛前调水调沙后期塑造异重流时的对接水位为 215 m。

(3)2012 年汛前调水调沙之前泄放多余蓄水时,流量尽量大一些。在艾山—利津引水比在 0.15 条件下,下泄 1 800 m^3/s 和 1 500 m^3/s 两个流量,艾山—利津均可以发生冲刷。比较 1 500 m^3/s 和 1 800 m^3/s 两个方案,后者下游冲刷量略高于前者,故建议 2012 年下泄多余蓄水量时按 1 800 m^3/s 泄放。

第五章　2012 年中高含沙量小洪水小浪底水库调控运用方式探讨

小浪底水库自 2002 年开始共进行了 13 次调水调沙，其中 2007 年 7 月 29 日至 8 月 8 日、2010 年 7 月 24 日至 8 月 3 日、2010 年 8 月 11 日至 8 月 21 日为汛期调水调沙。

小浪底水库自 1999 年 10 月开始蓄水运用至 2011 年 10 月，入库沙量为 39.576 亿 t，出库沙量为 7.321 亿 t，淤积 32.255 亿 t。按照水利部 2004 年批复的《小浪底水利枢纽拦沙初期运用调度规程》，当小浪底水库淤积量达 21 亿～22 亿 m^3（坝前淤积面为 205 m 高程相应的斜体库容）时转入拦沙后期。目前，从水库淤积量上分析已进入拦沙后期第一阶段，但从水库淤积形态分析，坝前淤积面仅为 185 m 高程左右。结合现状地形，探讨 2012 年小浪底水库汛期调水调沙的关键技术指标显得尤为重要。

一、汛期调水调沙目标及调控的基本原则

（1）充分发挥小浪底水库的拦粗排细作用。一方面，多拦粒径大于 0.05 mm 的粗颗粒泥沙，有效减少下游河道的淤积；另一方面，多排中、细颗粒泥沙，减少水库的淤积，利用下游河道的输沙能力将中、细颗粒泥沙输送入海。

（2）塑造有利于艾山—利津不淤积或发生冲刷的流量级。小流量清水下泄过程中，黄河下游河段具有上冲下淤的特点。为了消除小流量阶段艾山—利津河段的淤积，需要在调水调沙期间塑造出有利于艾山—利津冲刷的流量，达到实现该河段年内不发生淤积甚至冲刷、维持河段过流能力不减小的目的。

二、小浪底水库实施调水调沙的启动条件研究

（一）小浪底水库拦沙后期最新研究成果

黄河勘测规划设计有限公司在小浪底水库拦沙后期防洪减淤运用方式研究中，提出了拦沙后期减淤运用推荐方案。小浪底水库拦沙后期的防洪运用主要分为三个阶段，第一阶段为拦沙初期结束至水库淤积量达到 42 亿 m^3 之前的时期，254 m 高程以下防洪库容基本在 20 亿 m^3 以上；第二阶段为水库淤积量为 42 亿～60 亿 m^3 的时期，这一阶段水库的防洪库容减少较多，但防洪运用水位仍不超过 254 m；第三阶段为淤积量大于 60 亿 m^3 的时期，这一阶段 254 m 以下的防洪库容很小，中常洪水的控制运用可能使用 254 m 以上防洪库容。

目前水库运用进入拦沙后期第一阶段，运用黄河勘测规划设计有限公司拦沙后期减淤运用推荐方案，第一阶段 7 月 11 日至 9 月 10 日的主要调度指标为：

（1）当入库流量小于 2 600 m^3/s 时，调节见图 5-1。

①当水库可调节水量大于等于 13 亿 m^3 时，水库蓄满造峰，凑泄花园口流量大于等于 3 700 m^3/s。即当入库流量加黑石关、武陟流量大于等于 3 700 m^3/s 时，出库流量按入库流量下泄；当入库流量加黑石关、武陟流量小于 3 700 m^3/s 时，水库凑泄花园口流量为

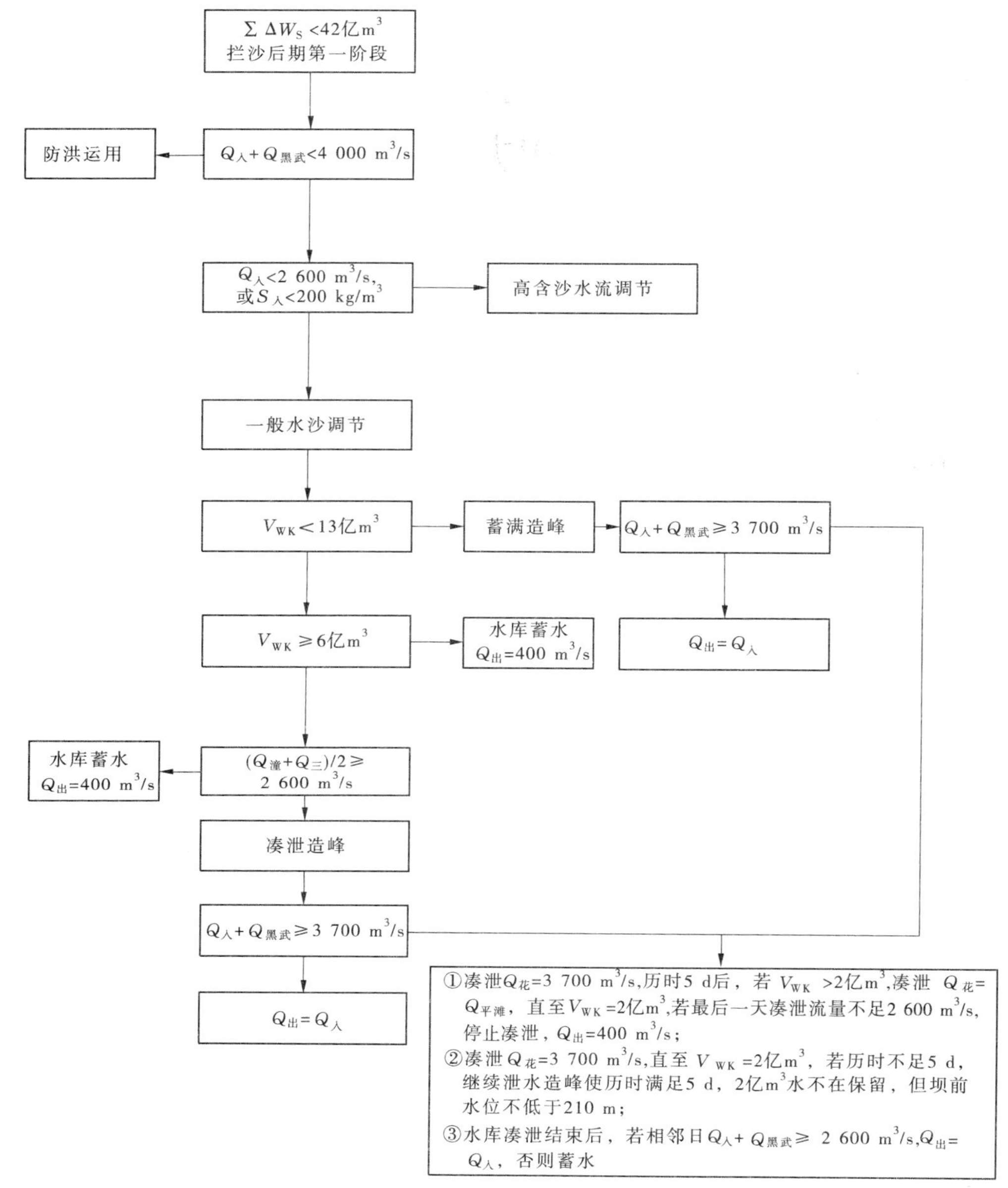

图5-1 7月11日至9月10日调节指令执行流程图

3 700 m^3/s,若凑泄5 d后,水库可调水量仍大于2亿m^3,水库凑泄花园口断面流量为下游主槽平滩流量,直至水库可调水量等于2亿m^3,若最后一天凑泄流量不足2 600 m^3/s,则凑泄造峰调节结束,当日改为蓄水,出库流量等于400 m^3/s;若水库可调水量预留2亿m^{3}后,水库造峰流量不足5 d,则不再预留,水库继续造峰,满足5 d要求,但水库水位不得低于210 m;当水库造峰结束后,相邻日期入库流量加黑石关、武陟流量大于等于2 600 m^3/s,则出库流量按入库流量下泄,直到入库流量加黑石关、武陟流量小于2 600 m^3/s时,水库开始蓄水,出库流量等于400 m^3/s。

②当潼关、三门峡平均流量大于等于2 600 m^3/s且水库可调节水量大于等于6亿m^3时，水库相机凑泄造峰，凑泄花园口流量大于等于3 700 m^3/s。即当入库流量加黑石关、武陟流量大于等于3 700 m^3/s时，出库流量按入库流量下泄；当入库流量加黑石关、武陟流量小于3 700 m^3/s时，水库凑泄花园口流量为3 700 m^3/s，若凑泄5 d后，水库可调水量仍大于2亿m^3，水库凑泄花园口断面流量为下游主槽平滩流量，直至水库可调水量等于2亿m^3，若最后一天凑泄流量不足2 600 m^3/s，则凑泄造峰调节结束，当日蓄水，出库流量等于400 m^3/s；若水库可调水量预留2亿m^3后，水库造峰流量不足5 d，则不再预留，水库继续造峰，满足5 d要求，但水库水位不得低于210 m；当水库造峰结束后，相邻日期入库流量加黑石关、武陟流量大于等于2 600 m^3/s，则出库流量按入库流量下泄，直到入库流量加黑石关、武陟流量小于2 600 m^3/s时，水库开始蓄水，出库流量等于400 m^3/s。

③水库可调节水量小于6亿m^3时，小浪底出库流量仅满足机组调峰发电需要，出库流量为400 m^3/s。

④潼关、三门峡平均流量小于2 600 m^3/s，小浪底水库可调节水量大于等于6亿m^3且小于13亿m^3时，出库流量仅满足机组调峰发电需要，出库流量为400 m^3/s。

(2)当入库流量大于等于2 600 m^3/s，且入库含沙量大于等于200 kg/m^3时，进入高含沙水流调度，高含沙水流调节流程见图5-2。

①当水库蓄水量大于等于3亿m^3时，提前2 d凑泄花园口流量等于下游主槽平滩流量，直至水库蓄水等于3亿m^3后，出库流量等于入库流量。

②当水库蓄水量小于3亿m^3时，提前2 d水库蓄水至3亿m^3后(即第二天满足出库400 m^3/s的前提下可蓄满至3亿m^3，则第一天水库不蓄水，出库等于入库，第二天蓄至3亿m^3后出库等于入库；第二天满足出库400 m^3/s的前提下无法蓄满至3亿m^3，则需要第一天进行补蓄，且必须保证出库流量不小于400 m^3/s；若连续两天蓄水均无法蓄满3亿m^3，则第一天、第二天出库流量均为400 m^3/s)，出库流量等于入库流量。

③当入库流量小于2 600 m^3/s时，高含沙水流调节结束。

(3)预报花园口洪峰流量大于4 000 m^3/s时，转入防洪运用。

(二)历次汛期调水调沙分析

在汛期来洪水的情况下，通过对小浪底水库进行适当调度，便可开展汛期调水调沙运用。2004年至今共进行过3次汛期调水调沙，其中2007年一次和2010年两次。2007年出库沙量0.426亿t，排沙比为51.08%；2010年两次汛期调水调沙出库沙量分别为0.258亿t和0.508亿t，排沙比分别为28.63%和46.52%(见表5-1)。

图5-3为2007年汛期调水调沙库水位与蓄水量变化过程，2007年7月29日至8月8日，小浪底水库水位呈现先升后降，随后再稍有抬升的过程，由初始起调水位224.85 m抬高到7月31日227.74 m，对应蓄水量由14.62亿m^3上升至时段最大蓄水量17.02亿m^3。随后水位逐渐降落，8月5日水位低至纵剖面三角洲顶点(221.04 m)以下，8月7日库水位一度下降到218.83 m，最大水位落差8.91 m，水库由壅水排沙逐渐过渡为冲刷三角洲洲面段的低壅水输沙，为水库排沙创造了极其有利的条件，取得了较好的排沙效果。

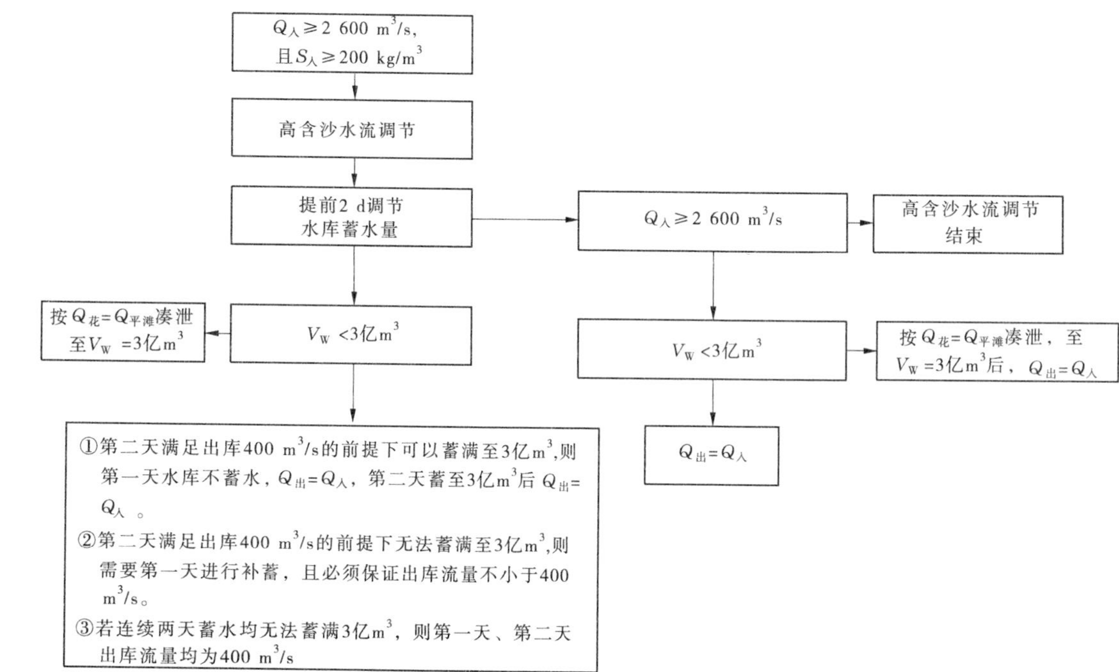

图5-2　高含沙水流调节指令执行框图

表 5-1　汛期调水调沙情况表

时间(年-月-日)		2007-07-29 ~ 2007-08-08	2010-07-24 ~ 2010-08-03	2010-08-11 ~ 2010-08-21
天数(d)		11	11	11
三门峡站	水量(亿 m^3)	13.008	13.275	15.456
	沙量(亿 t)	0.834	0.901	1.092
	平均流量(m^3/s)	1 368	1 397	1 626
	平均含沙量(kg/m^3)	64.12	67.87	70.67
小浪底站	水量(亿 m^3)	19.739	14.376	19.821
	沙量(亿 t)	0.426	0.258	0.508
	平均流量(m^3/s)	2 077	1 513	2 086
	平均含沙量(kg/m^3)	21.56	17.92	25.61
排沙比(%)		51.08	28.63	46.52

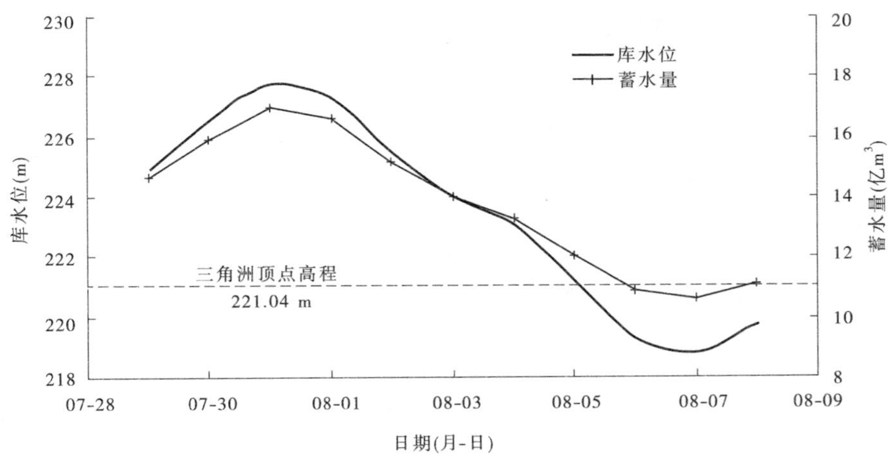

图 5-3　2007 年汛期调水调沙库水位与蓄水量变化过程

2010 年发生的两次汛期调水调沙有近似的边界条件，库水位变化过程是导致排沙比分别为 28.63%、46.52% 的关键因素之一。

图 5-4、图 5-5 分别为 2010 年两次汛期调水调沙库水位与蓄水量变化过程，结合历次库水位与蓄水量统计(见表 5-2)，可以看出 2010 年 7 月 24 日至 8 月 3 日的调水调沙，水位变化过程为先升后降，起调水位 217.34 m，对应起调蓄水量 8.84 亿 m^3，随后水位一度抬升至 222.81 m(7 月 29 日)，调水调沙结束水位降至 218.11 m(8 月 3 日)。本次汛期调水调沙历时 11 d，其中库水位 7 d 持续高于三角洲顶点高程 219.61 m，更多时间处于壅

水排沙状态，而最大水位差为 4.70 m，大大低于另外两次汛期调水调沙，一定程度上制约了排沙效率。

表 5-2　历次汛期调水调沙库水位与蓄水量统计表

年份	日期	三角洲顶点高程(m)	水位(m)				蓄水量(亿 m^3)			排沙比(%)
			起调值	最高值 H_1	最低值 H_2	H_1-H_2	起调值	最大值	最小值	
2007	7 月 29 日至 8 月 8 日	221.04	224.85	227.74	218.83	8.91	14.62	17.02	10.62	51.08
2010	7 月 24 日至 8 月 3 日	219.61	217.34	222.81	217.34	5.47	8.84	12.06	8.84	28.63
2010	8 月 11 日至 8 月 21 日	219.61	221.79	222.07	211.16	10.91	11.39	11.57	6.00	46.52

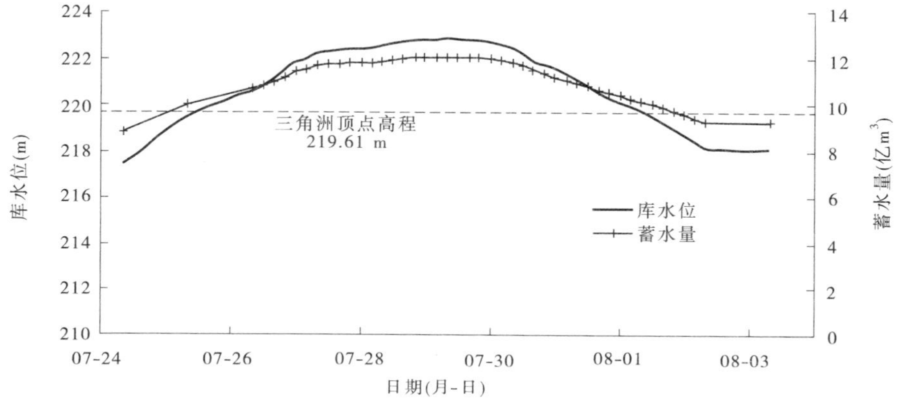

图 5-4　2010 年 7 月汛期调水调沙库水位与蓄水量变化过程

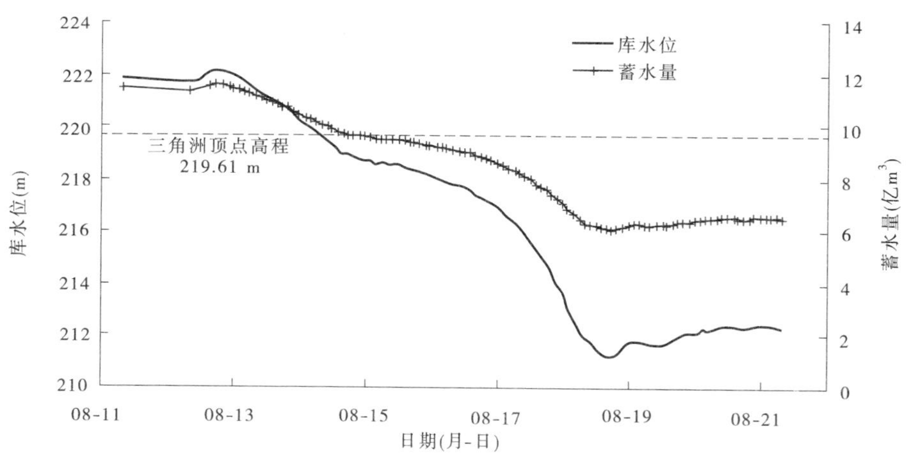

图 5-5　2010 年 8 月汛期调水调沙库水位与蓄水量变化过程

2010 年 8 月 11 日至 8 月 21 日水位变化趋势与 2007 年汛期调水调沙基本一致，起调蓄水量 11.39 亿 m^3，对应水位 221.79 m，其间水位一度降至 211.16 m(8 月 19 日)，达到年度内最低运用水位，调水调沙结束水位为 212.22 m(8 月 21 日)。与第二次汛期调水调沙不同，本时段同样历时 11 d，最大水位差达到 10.91 m，其中有 7 d 库水位低于三角洲顶点高程，水库更多时候发生溯源冲刷，有利于水库排沙。

从库水位变化过程可以看出，较大的水位差、较长的库水位低于三角洲顶点持续时间以及较小的蓄水体有利于水库取得较好的排沙效果。

统计三次汛期调水调沙排沙情况可以看出（见表 5-3），历次入库（三门峡断面）细颗粒泥沙分别占各时段入库总沙量的 53.38%、45.62% 和 53.21%，而三次水库排沙比分别为 51.45%、28.63%、46.52%，对应出库细颗粒泥沙含量均达到 80% 以上。

表 5-3　汛期调水调沙排沙统计表

年份	时段（月-日）	项目	沙量（亿 t）				细泥沙占该时段总沙量的百分比（%）
			全沙	细泥沙	中泥沙	粗泥沙	
				$d \leqslant 0.025$ mm	$0.025 < d \leqslant 0.05$ mm	$d > 0.05$ mm	
2007	07-29 ~ 08-07	三门峡	0.828	0.442	0.160	0.226	53.38
		小浪底	0.426	0.356	0.044	0.026	83.57
		排沙比（%）	51.45	80.54	27.50	11.50	—
2010	07-24 ~ 08-03	三门峡	0.901	0.411	0.183	0.307	45.62
		小浪底	0.258	0.212	0.029	0.017	82.17
		排沙比（%）	28.63	51.58	15.85	5.54	—
2010	08-11 ~ 08-21	三门峡	1.092	0.581	0.217	0.294	53.21
		小浪底	0.508	0.429	0.057	0.022	84.45
		排沙比（%）	46.52	73.84	26.27	7.48	—

根据 2004 ~ 2011 年汛前异重流排沙资料，点绘了小浪底水库分组沙排沙比与全沙排沙比的关系（见图 5-6，图中利用汛前小浪底水库进出库资料点绘，未考虑三角洲洲面冲淤变化，只是反映进出库的泥沙级配），2010 年以前随着排沙比的增加，分组沙的排沙比也在增大，细颗粒泥沙增加幅度最大；随着出库排沙比的增大，细泥沙排沙比增幅降低。

根据三场汛期调水调沙资料，细泥沙排沙比随着全沙排沙比的增大而增大，对应相同全沙排沙比，汛期细泥沙排沙比略小于汛前调水调沙，而这三次汛期调水调沙细泥沙排沙比均大于 50%，其中两次在 80% 左右。相同全沙排沙比情况下，粗泥沙排沙比汛期与汛前基本一致，中泥沙排沙比略高于汛前。

（三）调水调沙期来水来沙频率统计

点绘 2000 ~ 2011 年调水调沙期（7 月 11 日至 9 月 30 日，每年 82 d）三门峡水文站的流量、含沙量关系图（见图 5-7），可以看出：

三门峡水文站 1 500 ~ 2 600 m^3/s 流量级调水调沙期总天数为 118 d，占历年总天数 984 d 的 12%，入库沙量 12.438 亿 t，占入库总沙量的 47.92%。其中，含沙量小于 200 kg/m^3 天数 111 d，仅有 7 d 含沙量大于 200 kg/m^3，年均 0.58 d，这 7 d 分别为 2003 年 4 d、2004 年 2 d、2010 年 1 d，共向小浪底库区输送泥沙 3.637 亿 t，占整个调水调沙期入库总沙量的 14%。

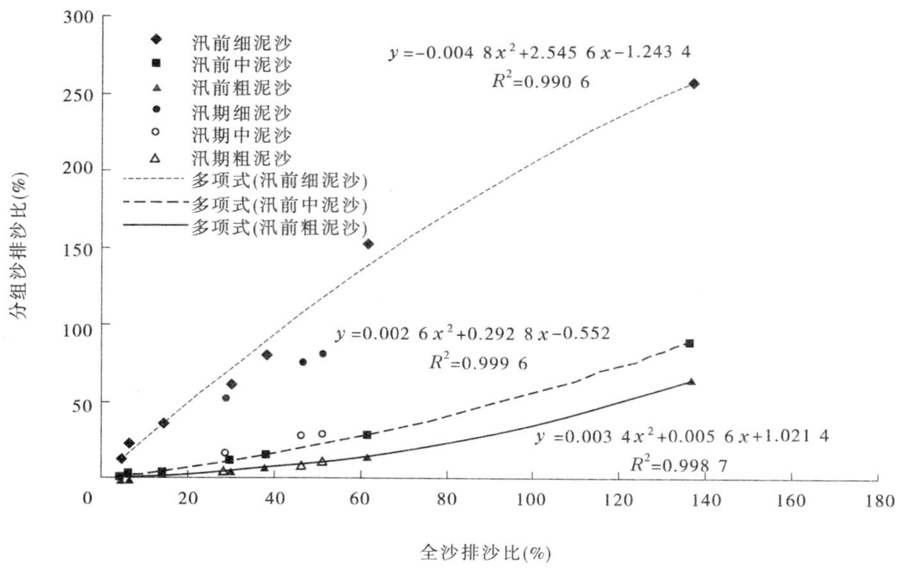

图 5-6 全沙、分组沙排沙比相关图

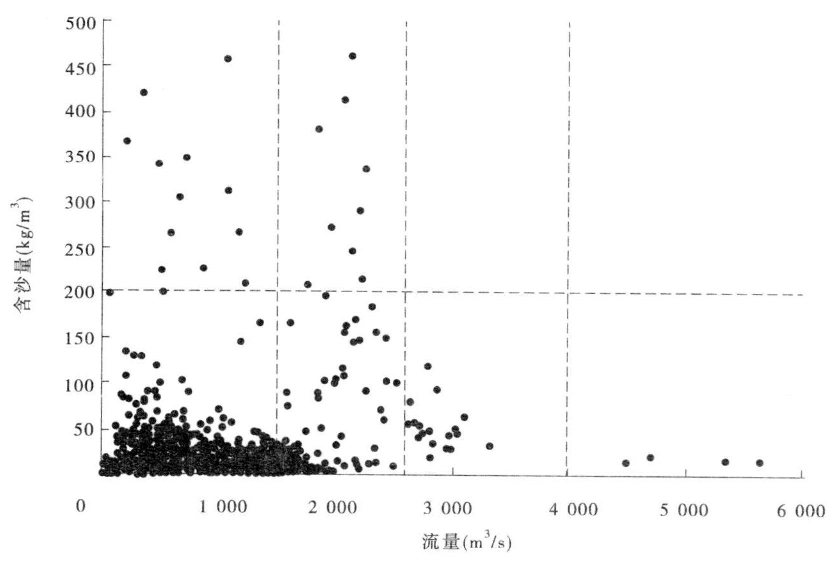

图 5-7 2000～2011 年(7 月 11 日至 9 月 30 日)三门峡水文站流量、含沙量分布

2000～2011 年调水调沙期(7 月 11 日至 9 月 30 日)入库日均流量均大于 2 600 m^3/s 时,含沙量均小于 200 kg/m^3。

2000～2011 年三门峡水文站 2 600～4 000 m^3/s 流量级只在 2003 年、2010 年和 2011 年发生,该流量级天数共 26 d,且含沙量均小于 200 kg/m^3,占历年调水调沙期总天数 984 d 的 2.64%。其中 2003 年发生频率最多,天数为 13 d,2010 年和 2011 年分别为 5 d、8 d。

2000～2011 年 7 月 11 日至 8 月 20 日期间,潼关站 1 500～2 600 m^3/s 流量级共 21 d,平均每年不到 2 d,其中含沙量均小于 200 kg/m^3,大于 100 kg/m^3 仅 2001 年 8 月 20

日、2010 年 7 月 26 日、2010 年 8 月 12 日 3 d，进入三门峡库内沙量分别为 0.181 亿 t、0.270 亿 t、0.245 亿 t（见图 5-8）。

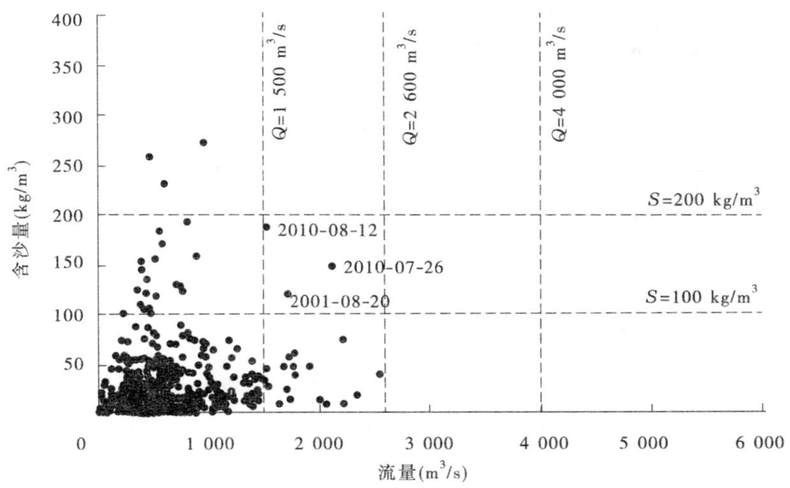

图 5-8　2000 ~ 2011 年（7 月 11 日至 8 月 20 日）潼关站流量、含沙量分布

2000 ~ 2011 年 7 月 11 日至 8 月 20 日期间，潼关站流量均小于 2 600 m^3/s，含沙量均小于 200 kg/m^3。

（四）现状水库淤积形态及输沙方式

2011 年汛后淤积三角洲顶点位于距坝 18.35 km 的 HH11 断面（采用水文局调整后的断面间距资料），三角洲顶点高程 215.16 m，坝前淤积面高程约为 185 m。从淤积形态分析，2012 年小浪底水库坝前的排沙方式仍为异重流排沙，由于三角洲顶点距坝仅有 18.35 km，形成的异重流很容易排沙出库（见图 5-9）。

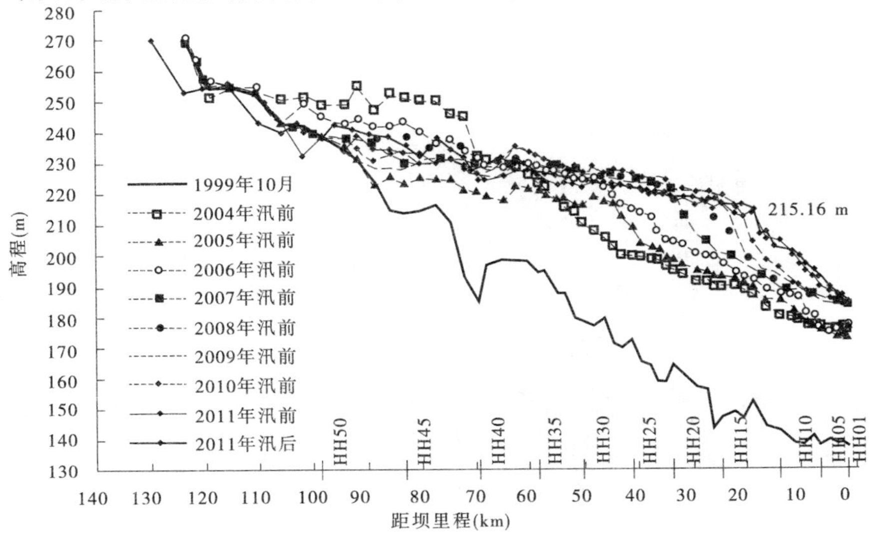

图 5-9　小浪底水库历年淤积纵剖面

表 5-4 为各特征水位及对应库容。三角洲顶点以下库容还约有 5 亿 m^3,水库最低运用水位 210 m 以下还有 3.17 亿 m^3。

表 5-4　各特征水位及对应库容

水位(m)	230.8	225.0	223.8	220.0	215.0	210.0
库容(亿 m^3)	16.17	10.80	9.17	7.32	4.92	3.17

(五)实施调水调沙的启动条件

目前小浪底水库汛前调水调沙自 6 月下旬开始到 7 月上旬结束,8 月下旬水库开始蓄水,因此根据小浪底水库多年来实际运用情况,确定汛期调水调沙的时间应在 7 月 11 日至 8 月 20 日之间。

小浪底水库拦沙后期防洪减淤运用方式研究推荐方案为:第一阶段 7 月 11 日至 9 月 10 日,主要调度指标:当入库流量大于等于 2 600 m^3/s,且入库含沙量大于等于 200 kg/m^3 时,进入高含沙水流调度;入库流量小于 2 600 m^3/s 或者含沙量小于 200 kg/m^3 时,主要以蓄水为主;当水库可调节水量大于等于 6 亿 m^3,且潼关、三门峡平均流量大于等于 2 600 m^3/s 时,水库相机凑泄造峰。当水库可调节水量大于等于 13 亿 m^3 时,水库蓄满造峰。

2011 年小浪底水库汛后库容曲线蓄满造峰库容 16.17 亿 m^3 对应的水位为 230.8 m,而 2012 年汛限水位为 225 m,不能实现水库蓄满造峰。从小浪底水库运用以来(2000 ~ 2011 年)7 月 11 日到 8 月 20 日潼关站水沙统计来看(见图 5-8),流量均小于 2 600 m^3/s、含沙量均小于 200 kg/m^3,按小浪底拦沙后期第一阶段推荐方案的调度指令,2012 年启动高含沙调节和一般水沙调节中凑泄造峰的概率很小。

7 月 11 日至 8 月 20 日,若三门峡水库进入 6 月至调水调沙期起始,首次发生流量大于 1 500 m^3/s 洪水敞泄,排出的泥沙大多淤积到小浪底水库,不利于小浪底水库减淤;若三门峡水库再次按大于 1 500 m^3/s 敞泄,如果潼关来流含沙量小于 100 kg/m^3,则三门峡出库沙量较小,不需要调水调沙,如果潼关含沙量大于 100 kg/m^3,则仍会排出一定量泥沙淤积到小浪底水库,此时也需要调水调沙。

综上所述,结合三门峡水库 1 500 m^3/s 流量以上敞泄及潼关来水来沙条件,对推荐方案进一步优化。2012 年 7 月 11 日至 8 月 20 日,若三门峡水库 6 月以来至调水调沙期起始没有发生敞泄排沙,则当预报潼关流量大于等于 1 500 m^3/s 持续 2 d 时,启动汛期调水调沙;若三门峡水库发生过敞泄排沙,则当预报潼关流量大于等于 1 500 m^3/s 持续 2 d、含沙量大于 100 kg/m^3 时,启动汛期调水调沙。8 月 20 日以后根据具体情况,考虑防洪、减淤、供水等综合因素制订具体的调度方案。

三、2012 年汛期小浪底水库调水调沙方案设计

(一)典型(小)洪水过程选取

1. 选取原则

根据对黄河水沙特点,特别是 2000 年以来调水调沙调度期水沙过程的认识,结合汛期调水调沙启动条件对水沙条件的要求,确定的典型洪水过程选取的原则为:

(1)从资料完整、精度较高的实测洪水过程线中选择。

(2)以2000~2011年调水调沙调度期(7月11日至9月30日)发生的洪水过程为主要选取对象,兼顾2000年之前发生的大流量高含沙量洪水。

(3)应根据洪水历时及其峰、量关系等方面所反映的水沙组合情况,适当考虑长历时高含沙大流量洪水。

(4)界定于三门峡水文站流量大于1 500 m^3/s且小于4 000 m^3/s的水沙过程,同时考虑该流量级在洪水过程中的持续时间。

(5)考虑潼关水文站大于1 500 m^3/s且小于4 000 m^3/s的水沙过程,且潼关站入库流量大于1 500 m^3/s持续2 d以上。

(6)兼顾小浪底水库入库级配情况,侧重于选取粗泥沙百分比较大、中值粒径较大的洪水过程。

(7)兼顾伊洛沁河来水。

2.典型洪水选取

在场次洪水中,水量和沙量的关系是相当复杂的。将入库流量分为大中小三个等级,按近年来入库水沙情况,定义:①三门峡水文站最大日均流量大于等于2 600 m^3/s,且潼关水文站流量大于1 500 m^3/s持续2 d以上为大流量;②三门峡水文站最大日均流量大于等于1 500 m^3/s小于2 600 m^3/s,且潼关站日均流量大于1 500 m^3/s持续2 d以上为中等流量;③三门峡水文站最大日均流量小于1 500 m^3/s,或者潼关水文站日均流量大于1 500 m^3/s少于2 d为小流量。同时,将入库沙量也分为高中低三个等级,其中三门峡水文站日均含沙量大于等于200 kg/m^3为高含沙,大于等于100 kg/m^3小于200 kg/m^3为中等含沙,小于100 kg/m^3为低含沙。

2000~2011年调水调沙调度期(7月11日至9月30日)共发生31场洪水,考虑2000年以前发生的典型洪水"92·8""94·8""98·7"一共34场洪水。

根据典型洪水选取原则,综合考虑入库流量、含沙量、泥沙级配组成、洪水历时等因素,分别选取"98·7""04·8""10·7"为高含沙大流量长历时洪水、高含沙中等流量洪水、中等流量含沙量配合伊洛沁河来水等三种类型的典型洪水。

(二)典型方案设计

1.水沙条件

根据小浪底水库拦沙后期(第一阶段)运行调度规程,前汛期时间为每年7月1日到8月31日,调水调沙期时间为每年7月11日到9月30日,经综合考虑,典型洪水选取过程中选定每年7月11日到8月31日为前汛期。在选取典型洪水的基础上,分别选取1998年、2004年、2010年作为典型前汛期水沙过程的代表年份,表5-5为典型前汛期及场次洪水特征值统计。

1)1998年前汛期水沙过程

图5-10为1998年前汛期水沙过程,三门峡水文站水量为51.23亿m^3,沙量为4.515亿t,潼关流量大于1 500 m^3/s达到14 d,其中2 d流量大于2 600 m^3/s。

表 5-5　典型前汛期及场次洪水特征值

年份			1998			2004		2010			
项目			场次洪水		前汛期	场次洪水	前汛期	场次洪水			前汛期
时段(月-日)			07-12 ~ 07-19	08-22 ~ 08-29	07-11 ~ 08-31	08-21 ~ 08-26	07-11 ~ 08-31	07-24 ~ 08-03	08-11 ~ 08-21	08-22 ~ 08-31	07-11 ~ 08-31
历时(d)			8	8	52	6	52	11	11	10	52
三门峡水文站	水量(亿 m^3)		14.48	11.93	51.23	6.34	25.49	13.28	15.46	18.20	56.28
	沙量(亿 t)		2.534	0.898	4.515	1.661	2.159	0.901	1.092	0.501	2.506
	流量(m^3/s)	最大日均	4 040	2 340	4 040	2 070	2 070	2 380	2 280	3 100	3 100
		时段平均	2 095.0	1 726.3	1 140.2	1 222.2	558.5	1 396.8	1 626.3	2 107.0	1 252.6
	含沙量(kg/m^3)	最大日均	250.00	170.00	250.00	414.00	414.00	183.00	208.00	64.50	208.00
		时段平均	174.98	75.27	88.13	262.14	84.70	67.87	70.67	27.53	44.53
	天数(d)	$Q>1\ 500\ m^3/s$	5	7	13	3	3	4	8	8	20
		$Q>2\ 600\ m^3/s$	2	0	2	0	0	0	0	4	4
潼关水文站	水量(亿 m^3)		15.73	12.73	54.84	7.49	29.49	13.90	16.10	16.99	56.92
	沙量(亿 t)		1.680	1.009	3.538	1.114	1.903	0.469	0.754	0.247	1.498
	流量(m^3/s)	最大日均	4 620	2 310	4 620	1 960	1 960	2 550	2 230	2 750	2 750
		时段平均	2 276.3	1 841.3	1 220.7	1 444.7	656.4	1 462.6	1 694.6	1 965.9	1 266.9
	含沙量(kg/m^3)	最大日均	185.00	108.00	185.00	331.12	331.12	149.05	187.42	23.18	187.42
		时段平均	86.80	79.26	64.51	148.73	64.53	33.74	46.83	14.54	26.32
	天数(d)	$Q>1\ 500\ m^3/s$	6	6	14	3	3	4	8	7	19
		$Q>2\ 600\ m^3/s$	2	0	2	0	0	0	0	3	3
是否调水调沙			否	否	—	否	—	是	是	否	—

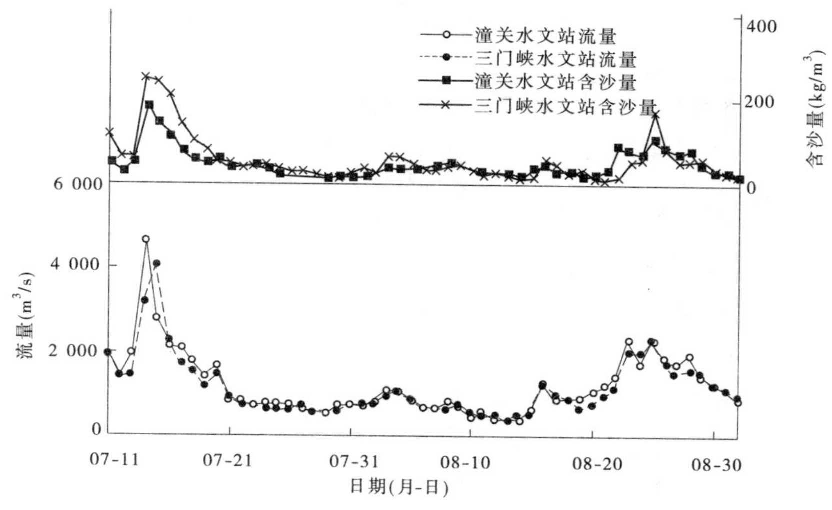

图 5-10　1998 年前汛期水沙过程

共发生两场洪水,其中 1998 年 7 月 12 日至 19 日为典型的高含沙大流量洪水,该洪水过程时段平均流量为 2 095 m^3/s,最大日均流量为 4 040 m^3/s,平均含沙量为 174.98 kg/m^3,最大日均含沙量为 250 kg/m^3,总水量为 14.48 亿 m^3,总沙量为 2.534 亿 t;潼关水文站日均流量大于 1 500 m^3/s 有 6 d,大于 2 600 m^3/s 有 2 d;中值粒径 0.030 mm,细泥沙含量 43.10%,粗泥沙含量 27.97%。

2)2004 年前汛期水沙过程

2004 年前汛期水沙过程在相当长时期处于小流量低含沙量状态,三门峡水文站水量为 25.49 亿 m^3,沙量为 2.159 亿 t,仅发生一次高含沙中等流量洪水过程。前汛期水沙过程见图 5-11。

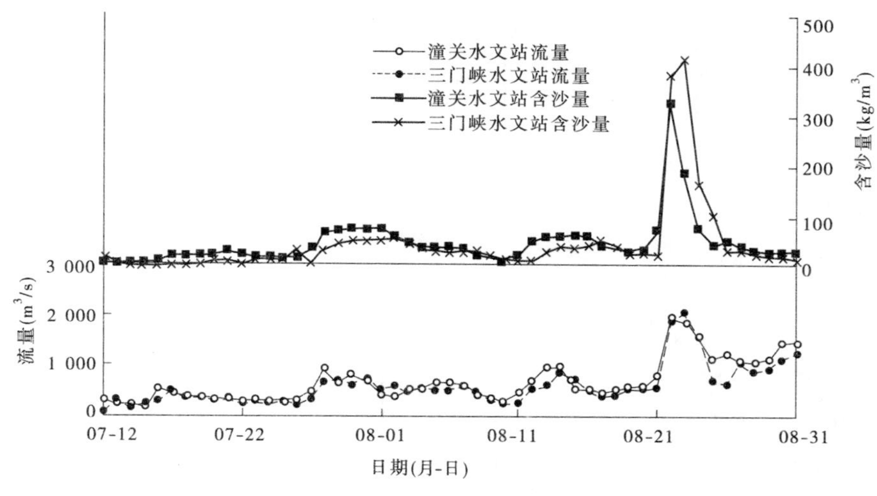

图 5-11　2004 年前汛期水沙过程

前汛期 52 d,仅有 3 d 潼关流量大于 1 500 m^3/s,其余 49 d 潼关水文站平均入库流量

553.63 m³/s,平均含沙量不到 50 kg/m³。

洪水期间潼关、三门峡水文站流量同步,含沙量潼关水文站最高达 331.12 kg/m³,而三门峡水文站达到 414 kg/m³,入库沙源为潼关以上来沙和三门峡水库冲刷。

高含沙中等流量典型洪水选择 2004 年 8 月 21 日至 26 日洪水,以三门峡水沙作为小浪底水库入库水沙(见图 5-11),该洪水过程时段平均流量为 1 222.2 m³/s,最大日均流量为 2 070 m³/s,平均含沙量为 262.14 kg/m³,最大日均含沙量为 414 kg/m³,总水量为 6.34 亿 m³,总沙量为 1.661 亿 t;潼关水文站日均流量大于 1 500 m³/s 有 3 d;中值粒径 0.023 mm,细泥沙含量 31.39%,粗泥沙含量 36.14%。

3)2010 年前汛期水沙过程

2010 年前汛期水沙过程三门峡水文站水量 56.28 亿 m³,沙量 2.506 亿 t,潼关流量大于1 500 m³/s 达到 19 d,其中 3 d 流量大于 2 600 m³/s。共发生三场洪水,对前两场洪水进行了汛期调水调沙,这两场洪水潼关水文站最大含沙量高达 187.42 kg/m³,三门峡水文站含沙量最大为 208 kg/m³,两水文站的流量过程基本同步;8 月 22 日到 8 月 31 日洪水过程没有进行调水调沙,三门峡最大日均流量大于 2 500 m³/s,而潼关日均含沙量最大仅为 23.18 kg/m³,三门峡也仅为 64.50 kg/m³。水沙过程见图 5-12。

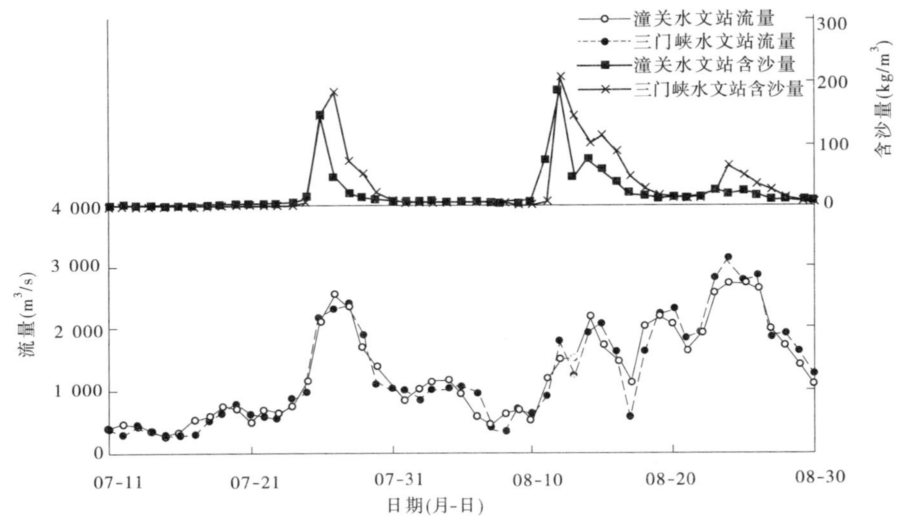

图 5-12　2010 年前汛期水沙过程

2. 地形条件

选用 2011 年汛后地形作为本次计算的边界条件。

3. 水库调度方案

根据历次汛前调水调沙实测资料分析,结合 2012 年水库边界条件,当水库运用水位高于 215 m 时,三角洲洲面段发生壅水明流输沙,入库泥沙在洲面段产生淤积,对水库排沙不利;当水库运用水位接近或低于三角洲顶点 215 m 时,形成的异重流在三角洲顶点附近潜入,三角洲洲面段发生溯源冲刷,水库排沙比增大。

由于入库水沙过程及级配的差异,不同洪水排沙效果在各控制水位将有不同表现,因此设定控制水位 220 m、215 m、210 m 进行方案计算，拟在与优化方案排沙效果等多方面对比的基础上，综合分析针对不同洪水类型适宜的控制水位。

按汛限水位 225 m 起调，采用四种水库调度方案，分别为黄河勘测规划设计有限公司提出的拦沙后期第一阶段(7 月 11 日到 9 月 10 日)减淤运用推荐方案(简称基础方案)，控制水位 220 m、215 m、210 m 方案(统称为优化方案)。

其中基础方案具体调度指令见图 5-1。

优化方案内容如下：

(1)2012 年 7 月 11 日至 8 月 20 日，若三门峡水库 6 月以来没有发生敞泄排沙，当预报潼关流量大于等于 1 500 m^3/s 持续 2 d，或者三门峡水库发生过敞泄排沙，预报潼关流量大于等于 1 500 m^3/s 持续 2 d、含沙量大于 100 kg/m^3 时，小浪底水库提前 2 d 预泄，凑泄花园口流量等于下游主槽平滩流量。若 2 d 内已经预泄到控制水位，则从水位到达控制水位开始，按出库流量等于入库流量；若预泄 2 d 后未到控制水位，仍凑泄花园口流量等于下游主槽平滩流量，直至达到控制水位后，按出库流量等于入库流量下泄。保持控制水位下泄持续时间最长 4 d，4 d 内当潼关流量小于 1 000 m^3/s 时，水库开始蓄水，按流量 400 m^3/s 下泄；若第 5 d 潼关流量仍大于等于 1 000 m^3/s，水库也开始蓄水，按流量 400 m^3/s 下泄。

其中，控制水位分别按 220 m、215 m、210 m 计算。调节指令执行图见图 5-13。

(2)当预报潼关流量小于 1 500 m^3/s 或者大于 1 500 m^3/s 仅 1 d 时，或者 2012 年 7 月 11 日至 8 月 20 日，若三门峡水库发生过敞泄排沙，当预报潼关流量大于等于1 500 m^3/s持续 2 d、含沙量小于等于 100 kg/m^3 时，调度指令如下：

①水库可调节水量小于 13 亿 m^3 时，小浪底出库流量仅满足机组调峰发电需要，出库流量为 400 m^3/s。

②当水库可调节水量大于等于 13 亿 m^3 时，水库蓄满造峰，凑泄花园口流量大于等于 3 700 m^3/s。即当入库流量加黑石关、武陟流量大于等于 3 700 m^3/s 时，出库流量按入库流量下泄；当入库流量加黑石关、武陟流量小于 3 700 m^3/s 时，水库凑泄花园口流量为 3 700 m^3/s，若凑泄 5 d 后，水库可调水量仍大于 2 亿 m^3，水库凑泄花园口断面流量为下游主槽平滩流量，直至水库可调水量等于 2 亿 m^3，若最后一天凑泄流量不足 1 500 m^3/s，则凑泄造峰调节结束，当日改为蓄水，出库流量等于 400 m^3/s；若水库可调水量预留 2 亿 m^3 后，水库造峰流量不足 5 d，则不再预留，水库继续造峰，满足 5 d 要求，但水库水位不得低于 210 m；当水库造峰结束后，相邻日期入库流量加黑石关、武陟流量大于等于1 500 m^3/s，则出库流量按入库流量下泄，直到入库流量加黑石关、武陟流量小于 1 500 m^3/s 时，水库开始蓄水，出库流量等于 400 m^3/s。

4. 方案组合

计算方案组合见表 5-6。

表 5-6　计算方案组合

水沙系列	基础方案	优化方案		
		220 m 方案	215 m 方案	210 m 方案
“1998 年”型	√	√	√	√
“2004 年”型	√	√	√	√
“2010 年”型	√	√	√	√

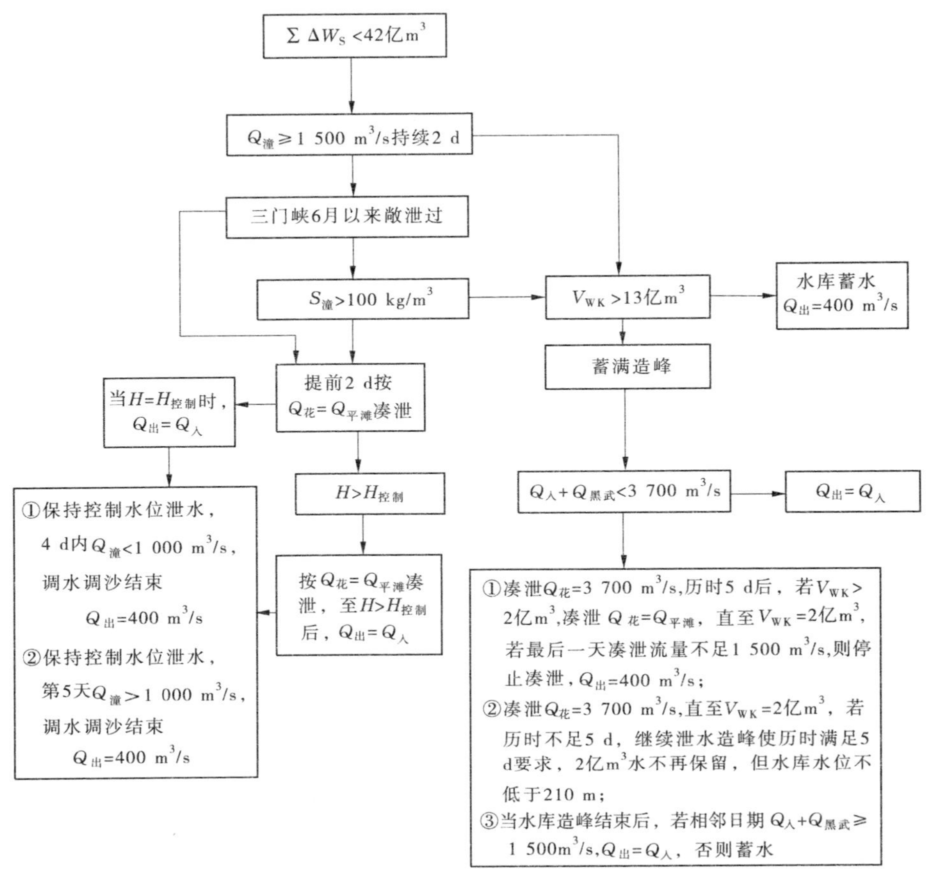

图 5-13 优化方案调节指令执行框图

(三)典型方案计算结果

分别计算不同调度方式下前汛期及各场洪水入库水沙条件下的水库下泄水沙过程、出库颗粒级配、出库水量、出库沙量、排沙比以及全沙、分组沙排沙比与水位的关系。

1. 前汛期小浪底水库计算结果

1)出库水沙过程

从图 5-14 可知,“1998 年”型基础方案造峰 3 次,其中第一次为高含沙调节,洪峰沙峰基本同步,出库含沙量最大为 120 kg/m^3,后面两次为蓄满造峰,但出库含沙量最大仅有 50 kg/m^3,且洪峰沙峰不同步;优化方案时段内造峰 2 次,第一次随控制水位降低持续时间增长,特别是 215 m、210 m 方案出现 2 次沙峰,且水沙同步,最大含沙量均高于基础方案。

“2004 年”型基础方案和优化方案均只造峰 1 次(见图 5-15),基础方案洪峰滞后沙峰,出现小水带大沙的情况,洪峰期间最大含沙量仅为 80 kg/m^3;优化方案水沙同步,洪峰期间最大含沙量达 150 kg/m^3。

“2010 年”型基础方案造峰 2 次(见图 5-16),洪峰滞后沙峰,最大含沙量 30 kg/m^3 左

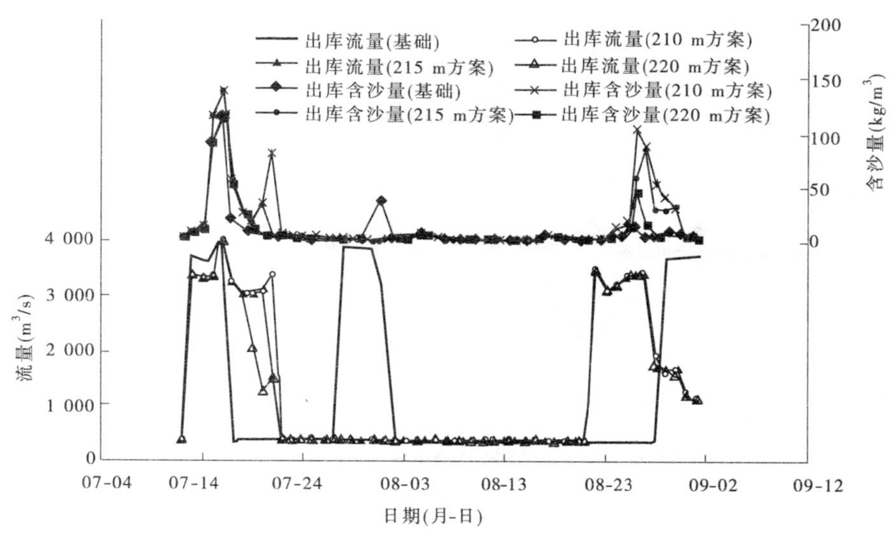

图 5-14 "1998 年"型前汛期各方案出库水沙过程

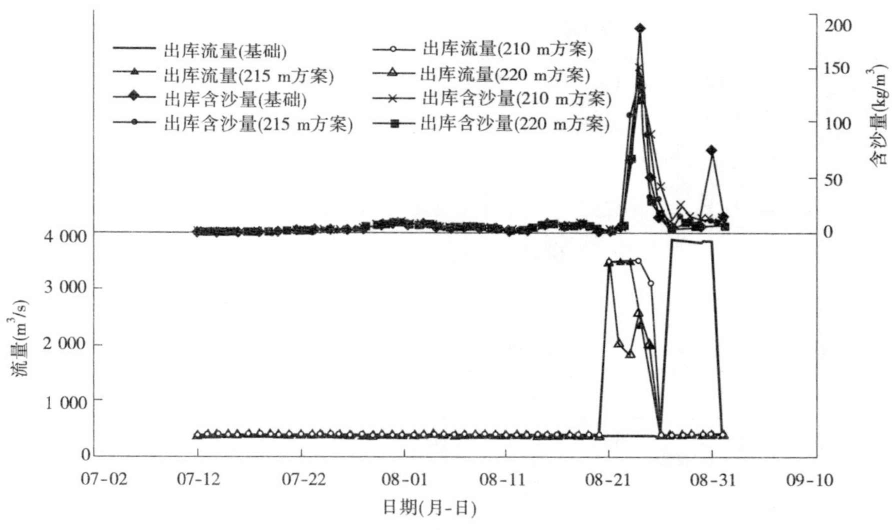

图 5-15 "2004 年"型前汛期各方案出库水沙过程

右;优化方案造峰 3 次,出库含沙量均大于基础方案,最大含沙量达 100 kg/m^3,洪峰沙峰基本同步。

2)全沙、分组沙排沙量

由表 5-7 可知,"1998 年"型前汛期基础方案排沙 1.062 亿 t,220 m 方案、215 m 方案及 210 m 方案同基础方案相比,排沙量分别增加 0.141 亿 t、0.809 亿 t、1.408 亿 t;细泥沙分别增加 3.85%、73.47%和 147.93%。基础方案出库水量 52.05 亿 m^3,220 m 方案、215 m 方案及 210 m 方案同基础方案相比,下泄水量分别增加 6.82%、11.83%和 15.72%,增长率明显低于全沙、细泥沙沙量的增长率。

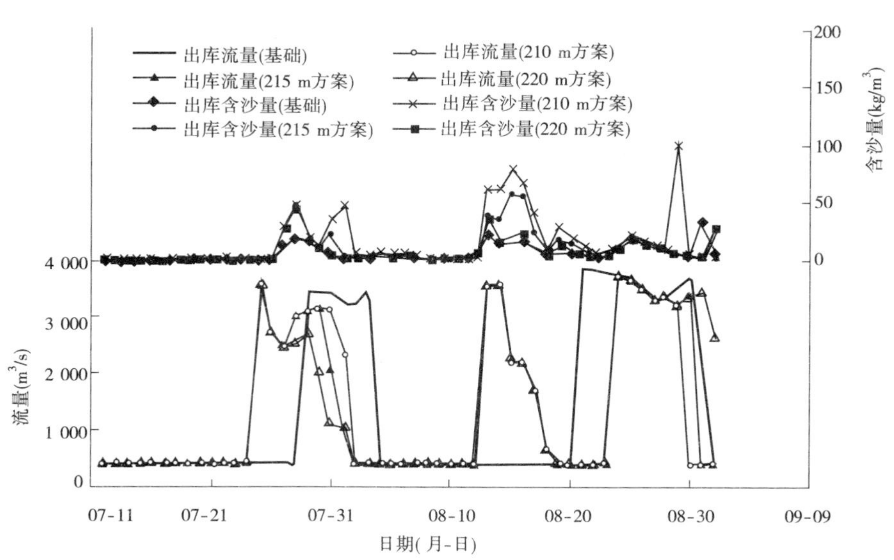

图 5-16 "2010 年"型前汛期各方案出库水沙过程

表 5-7 不同方案出库水沙量统计表

前汛期类型	水位(m)	出库水量(亿 m³)	出库沙量(亿 t)	出库分组沙量(亿 t)			与基础方案对比值			
				细	中	粗	水量(亿 m³)	全沙(亿 t)	细沙(亿 t)	粗沙(亿 t)
"1998年"型	基础	52.05	1.062	0.701	0.231	0.130	—	—	—	—
	220	55.60	1.203	0.728	0.307	0.168	3.55	0.141	0.027	0.038
	215	58.21	1.871	1.216	0.397	0.258	6.16	0.809	0.515	0.128
	210	60.23	2.470	1.738	0.434	0.298	8.18	1.408	1.037	0.168
"2004年"型	基础	32.90	0.444	0.430	0.013	0.001	—	—	—	—
	220	26.58	0.468	0.404	0.038	0.026	-6.32	0.024	-0.026	0.025
	215	29.07	0.742	0.539	0.105	0.098	-3.83	0.298	0.109	0.097
	210	31.03	1.098	0.852	0.124	0.122	-1.87	0.654	0.422	0.121
"2010年"型	基础	62.66	0.434	0.342	0.060	0.032	—	—	—	—
	220	63.70	0.742	0.505	0.136	0.101	1.04	0.308	0.163	0.069
	215	61.73	1.023	0.723	0.167	0.133	-0.93	0.589	0.381	0.101
	210	61.16	1.705	1.347	0.201	-0.15	-1.50	1.271	1.005	0.125

"2004 年"型前汛期基础方案排沙 0.444 亿 t,220 m 方案、215 m 方案及 210 m 方案同基础方案相比,排沙量分别增加 0.024 亿 t、0.298 亿 t、0.654 亿 t;215 m 方案及 210 m 方案细泥沙分别增加 25.35% 和 98.14%,220 m 方案较基础方案出库细泥沙量略微增加 5.94%。基础方案出库水量 32.90 亿 m³,220 m 方案、215 m 方案及 210 m 方案下泄水量

均小于基础方案,分别减少 19.18%、11.64% 和 5.68%(见图 5-17)。

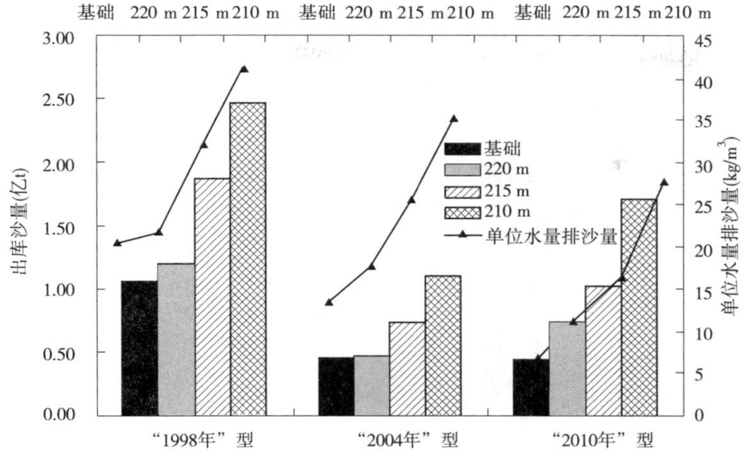

图 5-17 不同方案出库沙量及特征值

"2010 年"型前汛期基础方案排沙 0.434 亿 t,220 m 方案、215 m 方案及 210 m 方案同基础方案相比,排沙量分别增加 0.308 亿 t、0.589 亿 t、1.271 亿 t;细泥沙分别增加 47.66%、111.40% 和 294.15%。基础方案出库水量 62.66 亿 m^3,215 m 方案、210 m 方案分别减少 1.49%、2.4%,220 m 方案较基础方案出库水量略微增加 1.66%。

小浪底水库的排沙量随着控制水位的降低逐渐增加,且均高于基础方案。控制水位 220 m 较基础方案多排沙量,最少的是"2004 年"型水沙系列,为 0.024 亿 t,最多的为"2010 年"型,多排 0.308 亿 t;215 m 多排沙量最少的为 0.298 亿 t,是"2004 年"型,最多的为 0.809 亿 t,是"1998 年"型;210 m 多排沙量最少的为"2004 年"型,多排 0.654 亿 t,最多的为 1.408 亿 t,是"1998 年"型;不同控制水位多排泥沙中细泥沙占 80% 左右,粗泥沙占 10% 左右(见图 5-18)。

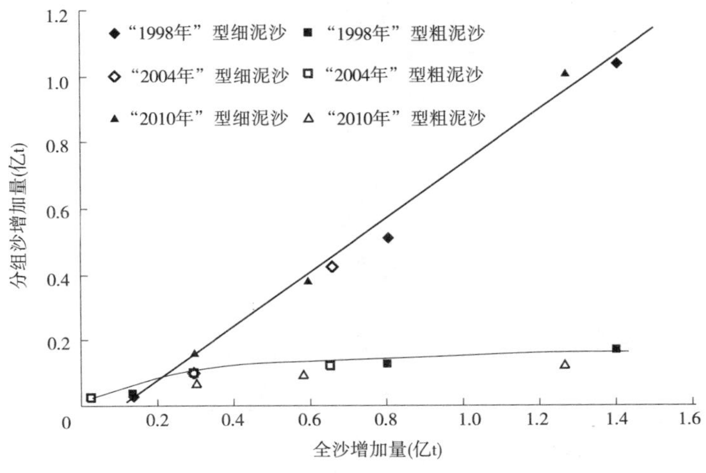

图 5-18 优化方案较基础方案分组沙增加量与全沙增加量的关系

3）排沙效果（排沙比）

图 5-19 是不同方案全沙排沙比和水位的关系，可以看出全沙排沙比随控制水位的抬升而减小，不过排沙比均高于基础方案。同一水位下，流量最大、含沙量最小的“2010 年”型前汛期排沙比最大，流量较大、含沙量较大的“1998 年”型前汛期排沙比次之，流量最小、含沙量最大的“2004 年”型前汛期排沙比最小。全沙排沙比控制水位 210 m 均大于 50%，215 m 最小值为 35%。控制水位 220 m 方案各典型年前汛期全沙排沙比在 20% ~ 30% 范围内，基础方案全沙排沙比范围为 17% ~25%（见表 5-8）。

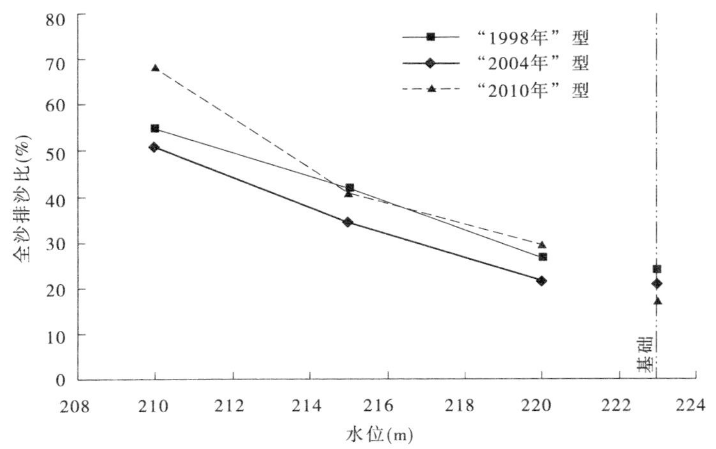

图 5-19 全沙排沙比与水位关系曲线

表 5-8 不同方案排沙效果统计表

前汛期类型	入库沙量（亿 t）	入库分组泥沙百分数（%）			水位（m）	出库沙量（亿 t）	排沙比（%）	出库分组泥沙百分数（%）			分组泥沙排沙比（%）		
		细	中	粗				细	中	粗	细	中	粗
“1998 年”型	4. 515	48. 50	25. 84	25. 66	基础	1. 062	23. 52	66. 01	21. 71	12. 28	32. 16	19. 86	11. 31
					220	1. 203	26. 64	60. 48	25. 59	13. 93	33. 40	26. 51	14. 55
					215	1. 871	41. 44	65. 02	21. 20	13. 78	55. 83	34. 17	22. 36
					210	2. 470	54. 71	70. 37	17. 57	12. 06	79. 78	37. 38	25. 84
“2004 年”型	2. 159	44. 82	26. 52	28. 66	基础	0. 444	20. 57	96. 83	2. 83	0. 34	44. 44	2. 20	0. 24
					220	0. 468	21. 68	86. 50	8. 01	5. 49	41. 80	6. 54	4. 15
					215	0. 742	34. 37	72. 70	14. 05	13. 25	55. 75	18. 21	15. 89
					210	1. 098	50. 86	77. 59	11. 32	11. 09	88. 02	21. 73	19. 67
“2010 年”型	2. 506	50. 11	20. 83	29. 06	基础	0. 434	17. 32	78. 83	13. 88	7. 29	27. 21	11. 52	4. 34
					220	0. 742	29. 61	67. 97	18. 42	13. 61	40. 17	26. 19	13. 86
					215	1. 023	40. 82	70. 64	16. 31	13. 05	57. 53	31. 95	18. 32
					210	1. 705	68. 04	79. 02	11. 78	9. 20	107. 29	38. 47	21. 55

基础方案的细泥沙排沙比为 27% ~45%；220 m 方案的细泥沙排沙比与基础方案较接近（见图 5-20），范围在 33% ~42%；215 m 方案的细泥沙排沙比在 55% ~60%，较基础方案略有增加；210 m 方案细泥沙排沙比增加幅度较大，最小为“1998 年”型的 80%，最大

为“2010 年”型的 107%。

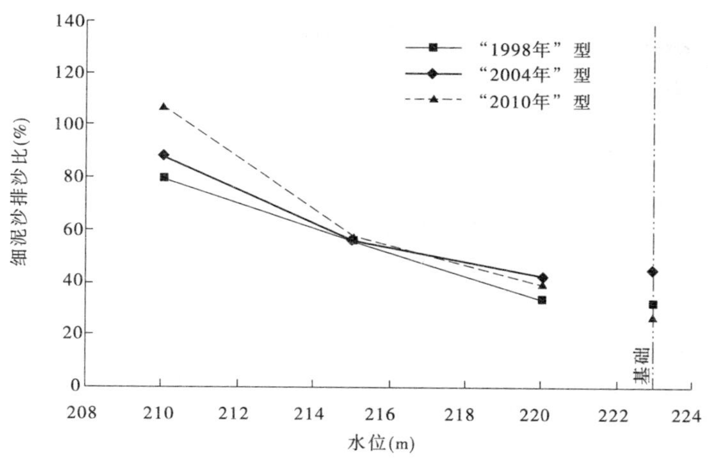

图 5-20　细泥沙排沙比与水位关系曲线

计算结果表明，三种典型前汛期基础方案出库细泥沙含量为 65% ~97%，出库粗泥沙含量在 13% 以下。控制水位 220 m、215 m、210 m 时出库细泥沙含量范围分别为 60% ~87%、65% ~73%、70% ~80%，出库粗泥沙含量范围分别为 5% ~14%、13% ~14%、9% ~12%。

2. 前汛期下游河道计算结果

1）全下游冲淤情况

表 5-9 为各方案全下游冲淤情况，可以看出，优化方案的输沙量均大于基础方案，全下游排沙比在 83% ~105%，且水位越低输沙量越大，各方案输沙量在 0.436 亿 ~2.142 亿 t。“1998 年”型基础方案输沙 0.936 亿 t，220 m 方案、215 m 方案及 210 m 方案同基础方案相比，排沙量分别增加 0.121 亿 t、0.667 亿 t 和 1.206 亿 t，增加百分比分别为 13%、71% 和 129%。“2004 年”型基础方案输沙 0.436 亿 t，220 m 方案、215 m 方案及 210 m 方案同基础方案相比，排沙量分别增加 0.004 亿 t、0.182 亿 t 和 0.504 亿 t，增加百分比分别为 1%、42% 和 116%。“2010 年”型基础方案输沙 0.555 亿 t，220 m 方案、215 m 方案及 210 m 方案同基础方案相比，排沙量分别增加 0.217 亿 t、0.410 亿 t 和 1.008 亿 t，增加百分比分别为 39%、74% 和 182%。

从另一个方面考虑，优化方案的淤积量也大于基础方案，且调控水位越低淤积量越大。“1998 年”型基础方案淤积 0.126 亿 t，220 m 方案、215 m 方案及 210 m 方案同基础方案相比，淤积量增加 0.02 亿 t、0.142 亿 t 和 0.202 亿 t。“2004 年”型基础方案淤积 0.008 亿 t，220 m 方案、215 m 方案及 210 m 方案同基础方案相比，淤积量增加 0.030 亿 t、0.116 亿 t 和 0.150 亿 t。“2010 年”型基础方案微冲 0.121 亿 t，220 m 方案、215 m 方案及 210 m 方案同基础方案相比，淤积量增加 0.091 亿 t、0.179 亿 t 和 0.263 亿 t。

表 5-9　前汛期各方案下游冲淤计算结果

方案		全下游			分组泥沙冲淤量(亿 t)			分组泥沙百分比(%)		
		输沙量(亿 t)	排沙比(%)	冲淤量(亿 t)	细泥沙	中泥沙	粗泥沙	细泥沙	中泥沙	粗泥沙
“1998年”型	基础	0.936	88	0.126	0.008	-0.023	0.141	6	-18	112
	220 m	1.057	88	0.146	0.009	-0.019	0.156	4	-11	107
	215 m	1.603	86	0.268	0.015	0.025	0.228	6	9	85
	210 m	2.142	86	0.328	0.022	0.042	0.264	7	13	80
“2004年”型	基础	0.436	98	0.008	0.001	-0.031	0.038	13	-388	475
	220 m	0.440	92	0.038	-0.003	-0.024	0.065	-8	-63	171
	215 m	0.618	83	0.124	0.000	-0.018	0.142	0	-15	115
	210 m	0.940	86	0.158	0.003	-0.016	0.171	2	-10	108
“2010年”型	基础	0.555	128	-0.121	-0.007	-0.097	-0.017	6	80	14
	220 m	0.772	105	-0.030	-0.006	-0.093	0.069	20	310	-230
	215 m	0.965	93	0.058	-0.002	-0.095	0.155	-3	-164	267
	210 m	1.563	90	0.142	0.012	-0.060	0.190	8	-42	134

分组沙冲淤量中，细泥沙淤积量约占 7% 以下，基本不淤积，粗泥沙淤积量大部分占到 80% 以上，即大部分粗泥沙都淤积在河道里。如图 5-21 ~ 图 5-23 所示，优化方案多输出的泥沙中，细泥沙基本不淤积，有 10% ~16% 的粗泥沙淤积在河道，即若降低调控水位，水库多输出 1 亿 t 的泥沙，则下游淤积 0.10 亿 ~0.16 亿 t 粗泥沙。

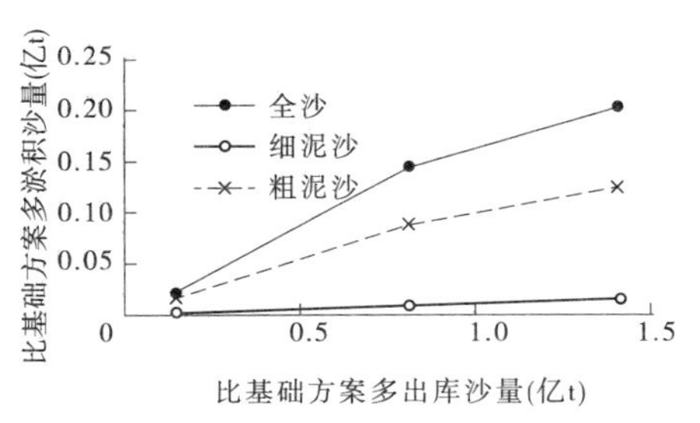

图 5-21　前汛期“1998 年”型优化方案

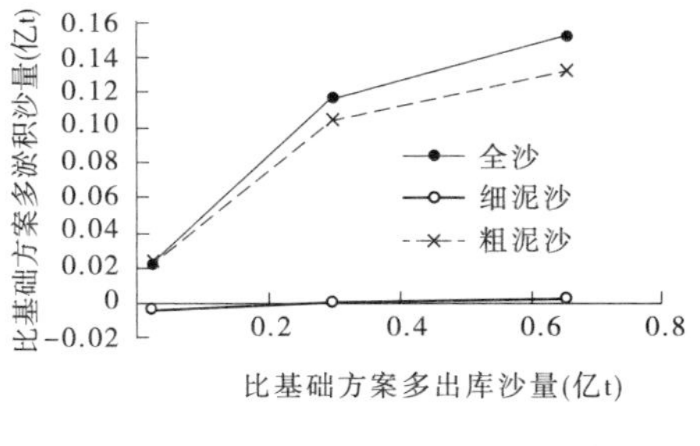

图 5-22　前汛期“2004 年”型优化方案

2）分河段冲淤情况

各方案冲淤的沿程的分布如表 5-10 所示，全下游的淤积主要集中在花园口以上，个

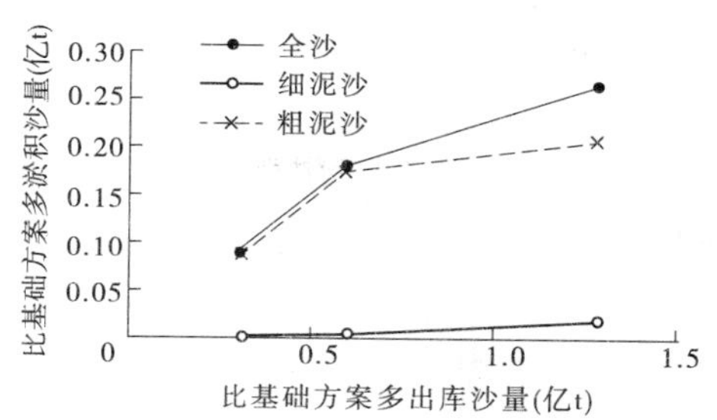

图 5-23　前汛期“2010 年”型优化方案

别方案达到了 100% 以上，艾山—利津河段微淤或微冲。孙口以上河段淤积量沿程减少，直至略有冲刷；而孙口—利津河段，逐渐由略冲转为微淤。

表 5-10　前汛期各方案下游分河段冲淤量

方案		冲淤量(亿 t)							花园口以上占下游比例(%)
		全下游	小浪底—花园口	花园口—夹河滩	夹河滩—高村	高村—孙口	孙口—艾山	艾山—利津	
“1998年”型	基础	0.126	0.082	0.046	0.015	0.001	-0.028	0.011	65
	220 m	0.146	0.095	0.053	0.018	0.001	-0.029	0.008	65
	215 m	0.268	0.153	0.069	0.025	0.018	-0.020	0.023	57
	210 m	0.328	0.177	0.075	0.032	0.031	-0.018	0.031	54
“2004年”型	基础	0.008	0.010	0.004	0.002	0.000	-0.022	0.014	125
	220 m	0.038	0.021	0.009	0.005	0.004	-0.019	0.018	55
	215 m	0.124	0.086	0.021	0.009	0.007	-0.018	0.020	70
	210 m	0.158	0.104	0.027	0.011	0.009	-0.018	0.024	66
“2010年”型	基础	-0.121	0.007	-0.009	-0.010	-0.033	-0.041	-0.035	-6
	220 m	0.030	0.100	-0.026	-0.005	-0.030	-0.041	-0.028	-333
	215 m	0.058	0.142	0.011	-0.003	-0.025	-0.039	-0.028	245
	210 m	0.142	0.181	0.025	0.002	-0.014	-0.035	-0.017	128

(四)方案综合评价

(1)从小浪底水库出库水沙过程看，基础方案出现洪峰滞后沙峰的现象，优化方案洪峰沙峰基本同步，避免了小水带大沙的情况，形成了对下游较为有利的水沙组合。

(2)从小浪底水库排沙量来看，全沙排沙量和细泥沙排沙量随着控制水位的降低逐渐增加，其排沙比均高于基础方案；较基础方案多排沙 5% ~293%，多排细泥沙 4% ~294%，多排泥沙中细泥沙占 80% 左右，粗泥沙占 10% 左右。

(3)小浪底水库排沙比优化方案均高于基础方案，随水位的降低而增大；控制水位 220 m、215 m、210 m 全沙排沙比分别为 20% ~30%、30% ~42%、50% ~68%，其中细泥沙排沙比分别为 33% ~42%、55% ~60%、80% ~107%。

(4)从下游河道的冲淤分析来看，各方案的输沙量均大于基础方案，且均随着调控水位的降低而增大，多输沙 13% ~210%，全下游排沙比在 83% ~105%。

(5)下游河道淤积量随着调控水位的降低而增大，细泥沙淤积量占总淤积量的 7% 以下，粗泥沙的淤积量占到 80% 以上；优化方案多输出的泥沙中，细泥沙基本不淤积，有 12% ~16% 的粗泥沙淤积在河道。

(6)从下游河道淤积分布来看，虽有粗泥沙淤积，但粗泥沙淤积量主要集中在花园口以上河段，艾山—利津河段微淤或微冲。

综合水库和下游河道各方案效果，优化方案达到了汛期调水调沙小浪底水库多排沙、多排细泥沙的目标，且能保证艾山—利津河段的微淤或微冲，较好地满足了 2012 年汛期调水调沙的基本原则。

四、2012 年汛期小浪底水库适宜调控指标

选取“98·7”“04·8”“10·7”三场典型洪水，分别代表较大流量高含沙量洪水(以潼关站水沙来界定，下同)、一般流量较高含沙量洪水和一般流量中低含沙量洪水。针对三场典型洪水的水沙过程，分析小浪底水库在现状地形条件下、不同蓄水体积下(不同水位)的水库排沙效果、下游河道的冲淤响应，提出针对汛期不同类型洪水的调水调沙综合调控指标。

(一)经验公式计算

在 2011 年汛后地形条件下，根据不同的水沙过程、水库调度方式，组合成 6 种方案，利用经验公式估算，结果见表 5-11。排沙效果最不利的为“04·8”型洪水、控制水位 220 m 的组合，排沙比仅为 18.57%；排沙效果最好的是“98·7”型洪水、控制水位 210 m 的组合，排沙比达 71.59%(见图 5-24)。

表 5-11　不同方案组合及计算结果(经验公式)

洪水类型	入库沙量(亿 t)	入库泥沙所占比例(%)			水位(m)	出库沙量(亿 t)	排沙比(%)	出库泥沙所占比例(%)			分组沙排沙比(%)		
		细	中	粗				细	中	粗	细	中	粗
“98·7”型	2.534	43.5	28.7	27.8	220	0.682	26.93	86.42	9.83	3.75	53.50	9.22	3.64
					215	1.289	50.88	82.58	11.90	5.52	96.60	21.08	10.11
					210	1.814	71.59	79.15	13.53	7.31	130.27	33.74	18.85
“04·8”型	1.661	31.4	32.5	36.1	220	0.308	18.57	85.41	10.12	4.47	50.51	5.78	2.30
					215	0.718	43.25	80.88	12.76	6.36	111.41	16.98	7.62
					210	0.957	57.63	78.01	14.07	7.92	143.17	24.96	12.63

从出库细泥沙沙量来看，“98·7”型洪水控制水位 220 m、215 m、210 m 分别排细泥沙 0.590 亿 t、1.065 亿 t、1.436 亿 t，215 m、210 m 较 220 m 分别多排细泥沙 80.5%、

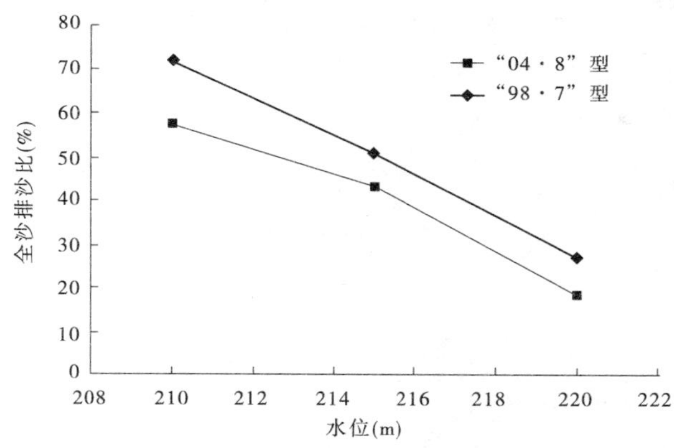

图 5-24　水位与全沙排沙比关系曲线

143.5%;"04·8"型洪水控制水位 220 m、215 m、210 m 分别排细泥沙 0.263 亿 t、0.581 亿 t、0.747 亿 t,215 m、210 m 较 220 m 分别多排细泥沙 120.9%、184.0%。

出库细泥沙所占比例随控制水位降低而减少,不过减幅仅为 8% 左右,两种典型洪水同样控制水位出库分组泥沙所占比例相差不大,控制水位 220 m、215 m、210 m 出库细泥沙含量分别为 85%、80%、78%,出库粗泥沙含量分别为 4%、6%、8%。

低水位排沙效果优于高水位。控制水位 220 m 时全沙排沙比为 18% ~26%,细泥沙排沙比(见图 5-25)在 50% 左右;215 m 时全沙排沙比为 43% ~50%,细泥沙排沙比达到 100%;当控制水位降到 210 m 时全沙排沙比为 57% ~72%,细泥沙排沙比均高于 130%。

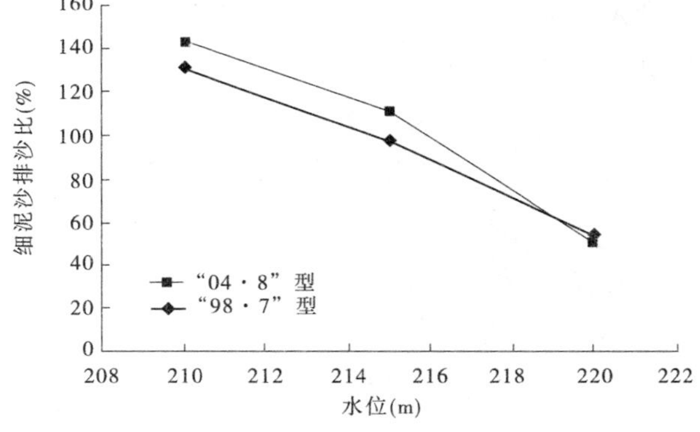

图 5-25　水位与细泥沙排沙比关系曲线

(二)数学模型计算

表 5-12 为不同坝前水位出库水沙量统计。从表中看出,小浪底水库的排沙量随着控制水位的降低逐渐增加。不同类型典型洪水过程控制水位 215 m、210 m 较 220 m 分别多排沙 0.028 亿 ~0.567 亿 t、0.183 亿 ~0.925 亿 t,多排细泥沙 8.7% ~355.2%、31.2% ~612.7%。

表 5-12　不同方案组合及计算结果（数学模型）

洪水类型	水位（m）	入库沙量（亿 t）	出库沙量（亿 t）	排沙比（%）	出库分组沙量（亿 t）			分组沙排沙比（%）		
					细	中	粗	细	中	粗
“98·7”型	220	2.534	1.075	42.43	0.639	0.277	0.159	57.94	38.07	22.65
	215		1.103	43.55	0.694	0.268	0.141	62.98	36.88	20.02
	210		1.258	49.66	0.838	0.277	0.143	76.04	38.07	20.36
“04·8”型	220	1.661	0.543	32.69	0.437	0.068	0.038	83.91	12.60	6.26
	215		0.899	54.14	0.701	0.106	0.092	134.47	19.65	15.35
	210		1.008	60.67	0.771	0.101	0.136	147.91	18.65	22.65
“10·7”型	220	0.901	0.174	19.30	0.115	0.032	0.027	27.82	17.69	8.83
	215		0.741	82.28	0.521	0.109	0.111	126.65	59.81	36.10
	210		1.099	121.94	0.816	0.149	0.134	198.27	81.48	43.57

从出库分组沙含量来看，控制水位 220 m、215 m、210 m 出库细泥沙含量分别为 60% ~80%、62% ~78%、66% ~77%，出库粗泥沙含量范围分别为 7% ~16%、10% ~15%、11% ~15%。低水位排沙比大于高水位，控制水位 220 m 时全沙排沙比为 19% ~43%，细泥沙排沙比在 27% ~84% 范围内；215 m 时全沙排沙比为 43% ~82%，细泥沙排沙比为 62% ~135%；当控制水位降到 210 m 时全沙排沙比为 49% ~122%，细泥沙排沙比在 76% ~200% 范围内。

利用已有的 2004 ~2011 年汛前、汛期异重流排沙小浪底水库分组沙排沙比与全沙排沙比的关系图（见图 5-26），将本次典型洪水经验公式、数学模型计算的全沙排沙比、分组沙排沙比点绘发现，方案计算结果基本与实测资料一致，细泥沙排沙比随全沙排沙比增大而增大，增幅减小；汛期细泥沙排沙比略小于汛前调水调沙，相同全沙排沙比情况下，粗泥沙排沙比汛期与汛前基本一致、略高于汛前。

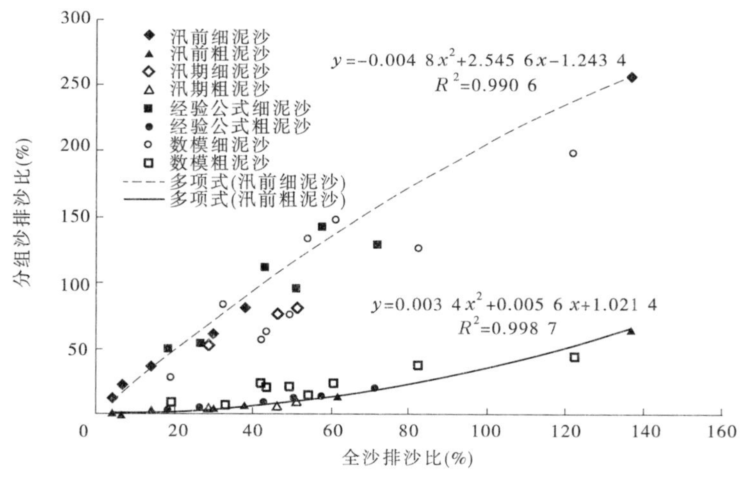

图 5-26　全沙、分组沙排沙比相关图

表5-13为典型洪水下游的冲淤情况，从表中可以看出，优化方案的输沙量均大于基础方案，且水位越低输沙量越大，全下游排沙比在66%～116%。同时，优化方案的淤积量也大于基础方案，且调控水位越低淤积量越大，各方案的淤积量在0.373亿t以下。

表5-13　典型洪水下游河道冲淤量

方案		输沙量(亿t)	排沙比(%)	冲淤量(亿t)				分组沙百分比(%)		
				全沙	细	中	粗	细	中	粗
"98·7"型	基础	0.457	66	0.235	-0.005	0.139	0.102	-2	59	43
	220 m	0.773	71	0.321	0.013	0.057	0.250	4	18	78
	215 m	0.812	71	0.331	0.012	0.150	0.169	4	45	51
	210 m	1.164	76	0.373	0.256	0.109	0.008	69	29	2
"04·8"型	基础	0.211	139	-0.059	0.077	-0.040	-0.096	-131	68	163
	220 m	0.441	81	0.105	0.041	0.040	0.025	38	38	24
	215 m	0.679	76	0.219	0.028	0.078	0.114	13	35	52
	210 m	0.785	78	0.225	0.043	0.075	0.107	19	33	48
"10·7"型	基础	0.167	328	-0.116	-0.086	-0.007	-0.024	74	6	20
	220 m	0.201	116	-0.028	-0.021	0.009	-0.016	76	-33	57
	215 m	0.613	83	0.128	0.065	0.055	0.007	51	43	6
	210 m	0.919	84	0.179	0.090	0.077	0.012	50	43	7

优化方案多输出的泥沙中，有16%～22%的泥沙淤积在河道，即若降低调控水位，多输出1亿t的泥沙，则下游多淤积0.16亿～0.22亿t泥沙(见图5-27)。

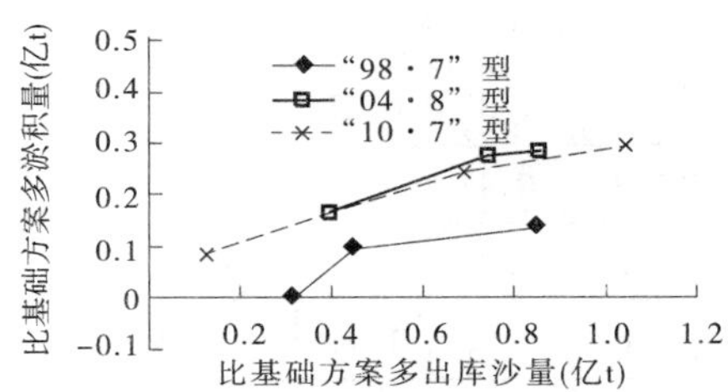

图5-27　优化方案出库沙量与淤积量关系

另外，各方案冲淤量沿程分布如表5-14所示，全下游的淤积40%～57%集中在花园口以上，艾山—利津河段微淤或微冲。孙口以上河段淤积量沿程减少，直至略有冲刷；而孙口—利津河段，逐渐由略冲转为微淤。

表 5-14　典型洪水下游分河段冲淤量

方案		河段冲淤量(亿 t)							花园口以上占下游比例(%)
		全下游	小浪底—花园口	花园口—夹河滩	夹河滩—高村	高村—孙口	孙口—艾山	艾山—利津	
"98·7"型	基础	0.235	0.106	0.053	0.024	0.019	-0.002	0.035	45
	220 m	0.321	0.182	0.074	0.027	0.023	-0.007	0.021	57
	215 m	0.331	0.165	0.074	0.036	0.023	-0.003	0.036	50
	210 m	0.373	0.185	0.085	0.044	0.050	-0.032	0.040	50
"04·8"型	基础	-0.059	-0.019	-0.010	-0.006	-0.007	-0.016	0.000	32
	220 m	0.105	0.042	0.020	0.009	0.010	-0.004	0.028	40
	215 m	0.219	0.093	0.042	0.019	0.019	0.002	0.044	42
	210 m	0.225	0.090	0.045	0.020	0.022	0.001	0.047	40
"10·7"型	基础	-0.116	-0.030	-0.021	-0.014	-0.019	-0.015	-0.017	26
	220 m	-0.028	0.005	-0.003	-0.006	-0.008	-0.012	-0.004	-18
	215 m	0.128	0.071	0.032	0.014	0.007	-0.007	0.011	55
	210 m	0.179	0.086	0.044	0.020	0.011	-0.005	0.023	48

优化方案中"98·7""04·8"和"10·7"洪水与原型洪水的来水、来沙和冲淤情况对比如表 5-15 和图 5-28 ~ 图 5-30 所示。

表 5-15　各典型洪水调控方案水沙与原型对比

方案	来水(亿 m^3)			来沙(亿 t)			冲淤(亿 t)			来沙系数(kg·s/m^6)		
	98·7	04·8	10·7	98·7	04·8	10·7	98·7	04·8	10·7	98·7	04·8	10·7
原型	28.33	15.13	22.50	3.70	1.37	0.27	2.386	0.008	-0.068	0.064	0.047	0.006
220 m	21.19	10.70	15.11	1.20	0.47	0.74	0.321	0.105	-0.028	0.021	0.019	0.028
215 m	22.79	12.50	18.17	1.87	0.74	1.02	0.331	0.219	0.128	0.036	0.030	0.022
210 m	27.22	15.29	20.12	2.47	1.10	1.71	0.373	0.225	0.179	0.034	0.036	0.026

"98·7"洪水的原型、优化方案的来水分别为 28.33 亿 m^3、21.19 亿 m^3、22.79 亿 m^3 和 27.22 亿 m^3，其中优化方案 220 m、215 m 和 210 m 比原型分别少 25.1%、19.5% 和 3.8%；"04·8"洪水的原型、优化方案的来水分别为 15.13 亿 m^3、10.70 亿 m^3、12.50 亿 m^3 和 15.29 亿 m^3，其中优化方案 220 m、215 m 和 210 m 比原型分别少 29.3%、17.4% 和增加 1.1%；"10·7"洪水的原型、优化方案的来水分别为 22.50 亿 m^3、15.11 亿 m^3、

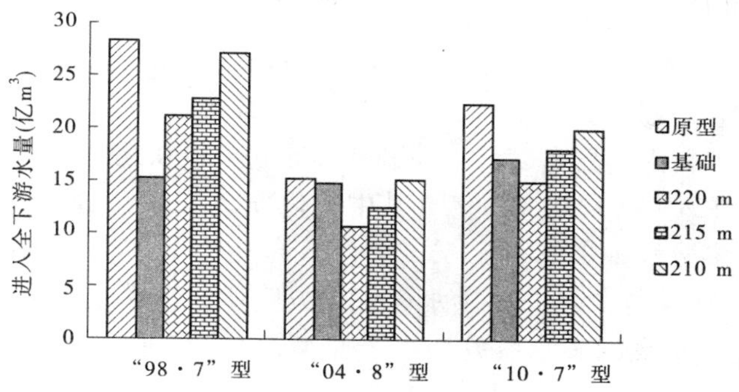

图 5-28　各优化方案与原型来水量对比

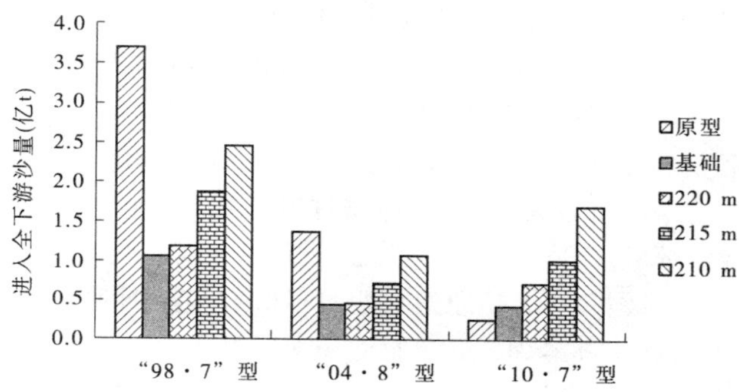

图 5-29　各优化方案与原型来沙量对比

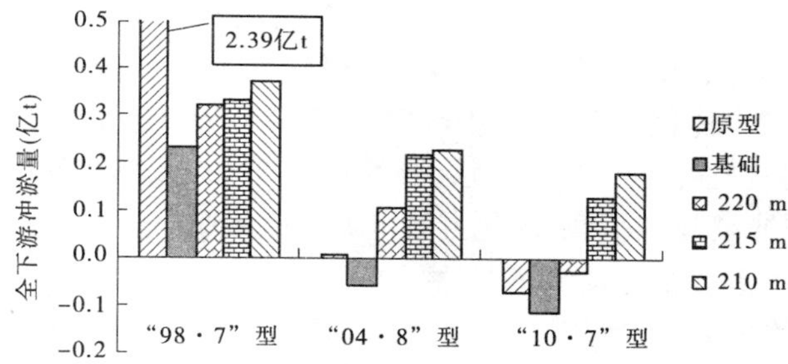

图 5-30　各优化方案与原型冲淤量对比

18.17 亿 m^3 和 20.12 亿 m^3，其中优化方案 220 m、215 m 和 210 m 比原型分别少 32.8%、19.2% 和 10.6%。

"98·7"洪水的原型、优化方案的来沙分别为 3.70 亿 t、1.20 亿 t、1.87 亿 t 和 2.47 亿 t，其中优化方案 220 m、215 m 和 210 m 比原型分别少 67.6%、49.5% 和 33.2%；"04·8"洪水的原型、优化方案的来沙分别为 1.37 亿 t、0.47 亿 t、0.74 亿 t 和 1.10 亿 t，其中优化方案 220 m、215 m 和 210 m 比原型分别少 65.7%、46.0% 和 19.7%；"10·7"洪水的原型、优化方案的来沙分别为 0.27 亿 t、0.74 亿 t、1.02 亿 t 和 1.71 亿 t，其中优化方案 220 m、215 m 和 210 m 比原型分别多 174.1%、277.7% 和 533.3%。

"98·7"洪水的原型、优化方案的冲淤量分别为 2.386 亿 t、0.321 亿 t、0.331 亿 t 和

0.373 亿 t,其中优化方案 220 m、215 m 和 210 m 比原型分别少 86.6%、86.1% 和 84.4%;“04·8”洪水的原型、优化方案的冲淤量分别为 0.008 亿 t、0.105 亿 t、0.219 亿 t 和 0.225 亿 t,其中优化方案 220 m、215 m 和 210 m 分别是原型的 13.1 倍、27.4 倍和 28.1 倍;“10·7”洪水的原型和优化方案 220 m 冲刷 0.068 亿 t 和 0.028 亿 t,优化方案 215 m 和 210 m 分别淤积 0.128 亿 t 和 0.179 亿 t,其中优化方案 220 m、215 m 和 210 m 比原型分别少冲刷 58.8%、多淤积 288.2% 和 363.2%。

从以上分析可以看出,“98·7”洪水各优化方案比原型来水偏少 4% ~25%,来沙偏少 33% ~68%,优化方案的来沙系数均小于原型,因此其冲淤量也较原型偏少 84% ~87%。优化方案 220 m 比原型来沙偏少 2.5 亿 t,淤积量偏少 2.07 亿 t,少淤量占少来沙量的 82.8%;优化方案 215 m 比原型来沙偏少 1.83 亿 t,下游少淤了 2.06 亿 t,少淤量占少来沙量的 112.6%;优化方案 210 m 比原型来沙偏少 1.23 亿 t,下游少淤了 2.01 亿 t,少淤量占少来沙量的 163.4%。因此,“98·7”洪水优化方案与原型相比,少淤量基本大于或等于来沙量(各方案水库多拦沙量),对下游河道来说是有利的。

“10·7”洪水各优化方案比原型来水偏少 11% ~33%,来沙是原型的 1.8 倍、3.8 倍和 6.3 倍,优化方案的来沙系数大于原型,原型冲刷了 0.068 亿 t,而优化方案随着调控水位的降低,由冲刷转为淤积,220 m、215 m 和 210 m 方案分别冲刷了 0.028 亿 t,淤积了 0.128 亿 t 和 0.179 亿 t。优化方案 220 m 比原型来沙增多 0.47 亿 t,冲刷量减少 0.04 亿 t,多淤积量约占多来沙量的 9%;优化方案 215 m 比原型来沙增多 0.75 亿 t,淤积量增多 0.2 亿 t,多淤积量占多来沙量的 26.7%;优化方案 210 m 比原型来沙增多 1.44 亿 t,淤积量增多 0.25 亿 t,多淤积量占多来沙量的 17.2%;多排沙量中,仅有 9% ~26% 的泥沙淤积,且淤积量多集中在花园口以上河段,艾山—利津淤积量较少,仅为 0.011 亿 ~0.023 亿 t。同时,220 m、215 m 和 210 m 优化方案比原型多输送 0.77 亿 t、1.89 亿 t 和 1.53 亿 t 泥沙至河口。因此,“10·7”洪水优化方案跟原型比,对下游河道来说也是有利的。

“04·8”洪水各优化方案比原型来水偏少 1% ~29%,来沙偏少 20% ~66%,来沙系数比原型小,但原型冲淤基本平衡,优化方案却淤积 0.105 亿 ~0.225 亿 t,分析其原因认为,“04·8”洪水原型调控前小浪底库区存在浑水水库,经估算极细泥沙量达 0.44 亿 t,异重流与浑水水库的极细泥沙同时排出水库,造成出库泥沙中小于 0.01 mm 的极细泥沙含量较大(见表 5-16)。因此,原型洪水与一般洪水相比有较高的输沙能力,河道的冲淤调整更好,且冲淤量分布不同。

表 5-16　各典型洪水调控方案出库泥沙组成与原型对比

方案	“98·7”洪水出库分组沙百分比(%)			“04·8”洪水出库分组沙百分比(%)				“10·7”洪水出库分组沙百分比(%)		
	细	中	粗	极细(d<0.01 mm)	细	中	粗	细	中	粗
原型	49	26	25	65	82	10	8	54	5	41
220 m	52	24	24	60	78	11	12	65	19	16
215 m	57	21	22	57	75	10	15	70	15	15
210 m	65	18	17	58	77	10	13	74	14	12

优化方案与原型洪水分河段的冲淤量见表 5-17。优化方案“98 · 7”洪水和“10 · 7”洪水冲淤量的沿程分布基本与原型相同，即 40% ~56% 都淤积在花园口以上，艾山—利津河段微淤或是微冲。

表 5-17　典型洪水及原型下游分河段冲淤量

方案		河段冲淤量(亿 t)					花园口以上比例(%)
		小浪底—花园口	花园口—高村	高村—艾山	艾山—利津	全下游	
“98 · 7”型	原型	1.267	1.066	-0.140	0.192	2.386	53
	220 m	0.139	0.133	0.021	0.028	0.321	33
	215 m	0.165	0.110	0.019	0.036	0.331	50
	210 m	0.185	0.129	0.018	0.040	0.373	50
“04 · 8”型	原型	-0.151	0.109	-0.123	0.173	0.008	-1 888
	220 m	0.042	0.029	0.006	0.028	0.105	40
	215 m	0.093	0.061	0.022	0.044	0.219	42
	210 m	0.090	0.065	0.023	0.047	0.225	40
“10 · 7”型	原型	0.040	-0.044	-0.036	-0.027	-0.068	-59
	220 m	0.005	-0.009	-0.020	-0.004	-0.028	-17
	215 m	0.071	0.046	-0.001	0.011	0.128	56
	210 m	0.086	0.064	0.006	0.023	0.179	48

综合分析认为，各优化方案艾山—利津微淤，相应于平滩流量减少 20 m^3/s，对于河道防洪运用影响不大。

(三)2012 年小浪底水库汛期调水调沙控制水位

1. 小浪底水库排沙效率控制指标

图 5-31 ~ 图 5-33 为三种典型洪水不同控制水位下小浪底出库排沙比模型计算值，可以看出，随着坝前水位的降低，排沙比在逐渐增大。其中，“98 · 7”洪水属于高含沙大流量典型洪水，大流量(流量大于 2 600 m^3/s)持续 2 d，入库细泥沙含量 43.5%，从排沙效果来看，全沙和细泥沙排沙比变化趋势一致，当控制水位介于 216 ~220 m 之间时，全沙排沙比、细泥沙排沙比变幅不大；当控制水位降至 216 m 以下时，全沙、细泥沙排沙比显著增加；当控制水位降至 210 m 时，全沙排沙比增至 60%，细泥沙排沙比增至 85% 左右；而在控制水位 210 ~220 m 范围内，粗泥沙、中泥沙排沙比增幅不大。

“04 · 8”型洪水属于流量中等(三门峡时段平均流量 1 222 m^3/s)含沙量较高(三门峡时段平均含沙量 262 kg/m^3)的洪水类型，相对入库细颗粒泥沙含量较小。在低壅水排沙阶段(控制水位 215 ~220 m)，全沙和分组沙排沙比均随水位降低而增加，粗泥沙、中泥沙增幅较小，意味着在本阶段随水位降低有更多的入库细泥沙排沙出库；当控制水位在 215 m 以下时，溯源冲刷效果微弱。

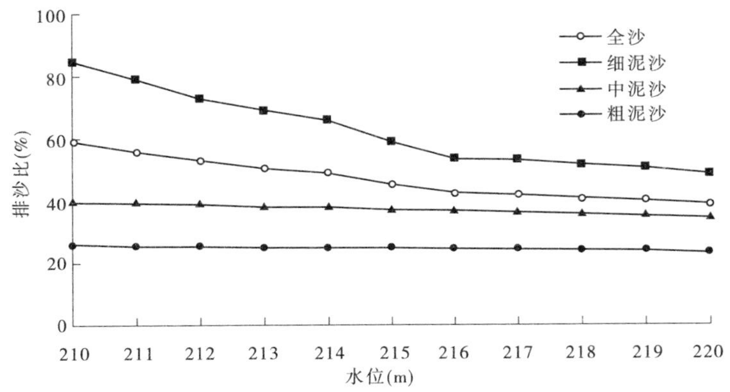

图 5-31 "98·7"型典型洪水不同控制水位下全沙、分组沙排沙比

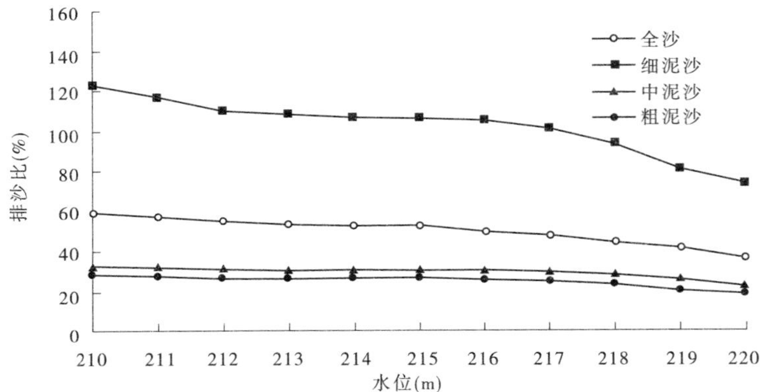

图 5-32 "04·8"型典型洪水不同控制水位下全沙、分组沙排沙比

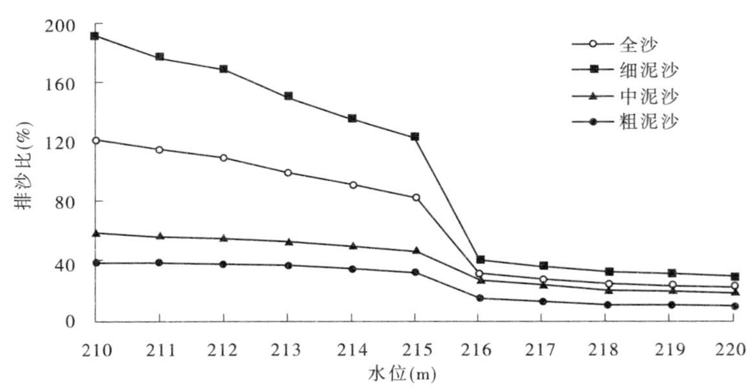

图 5-33 "10·7"型典型洪水不同控制水位下全沙、分组沙排沙比

"10·7"型典型洪水是近年来发生频率较高的洪水类型,其特征是入库流量中等(时段平均流量 1 397 m^3/s)、含沙量中等(时段平均含沙量 68 kg/m^3),细颗粒含量 45% 左右。从排沙效果看,在控制水位 215 m 出现明显拐点,由于洪水本身沙量不大,当控制水位 216 m 以上时,全沙和分组沙排沙比均在 10% ~40%,增幅均在 10% 之内;当控制水位降至 215 m 时，溯源冲刷和沿程冲刷效果明显；当控制水位介于 210 ~ 215 m 范围时，排沙比增幅较 216 m 以上显著。“98 · 7”型和“10 · 7”型洪水溯源冲刷效果明显，控制水位降至 215 m 以后，全沙沙量和细泥沙沙量增幅较大，由此在保证下游防洪及用水安全的前提下，可尽量降低控制水位，做到多排沙多排细泥沙。

为尽量满足小浪底水库细泥沙不淤积，使得细泥沙排沙比达到 100%，综合以上三种典型洪水排沙效果分析，建议控制水位选为 215 m。

2. 下游河道泥沙冲淤控制指标

进入黄河下游的泥沙按其粒径大小一般分为三组：细颗粒泥沙（$d \leqslant 0.025$ mm，简称细泥沙）、中颗粒泥沙（$0.025 \text{ mm} < d \leqslant 0.05$ mm，简称中泥沙）、粗颗粒泥沙（$d > 0.05$ mm，简称粗泥沙）。按照泥沙输移特点，又可以把粗泥沙分为较粗颗粒泥沙（$0.05 \text{ mm} < d < 0.1$ mm，简称较粗泥沙）和特粗颗粒泥沙（$d \geqslant 0.1$ mm，简称特粗泥沙），即分为四组。由于特粗泥沙在黄河下游河道中淤积比很高，且在河床中大量存在，因此采用第二种泥沙分组方法。

前述分析表明，黄河下游洪水的冲淤效率与洪水的平均含沙量关系最密切，同时受洪水平均流量和来沙组成影响也较大。含沙量不同，洪水在下游河道中的冲淤规律不同，对于一般含沙量洪水，洪水期水流以输沙为主，冲淤效率的大小主要取决于水沙条件；而对于水库拦沙期以下泄清水为主的低含沙量洪水，下游河道发生持续冲刷，洪水期的冲淤效率不仅与洪水流量有关，还与河床边界的补给能力密切相关。以输沙为主的洪水的冲淤效率与水沙关系如下

$$dS_x = 0.55S_x - 3.5\frac{Q}{1\,000}\frac{S_x}{100} - 1.4\frac{Q}{1\,000} - 4.5 \quad (R = 0.94) \tag{5-1}$$

$$dS_z = 0.87S_z - 8.5\frac{Q}{1\,000}\frac{S_z}{100} - 1.2\frac{Q}{1000} - 2.2 \quad (R = 0.97) \tag{5-2}$$

$$dS_c = 0.996S_c - 9.07\frac{Q}{1\,000}\frac{S_c}{100} - 0.9\frac{Q}{1\,000} - 1.37 \quad (R = 0.98) \tag{5-3}$$

$$dS_{tc} = 0.89S_{tc} - 0.17 \quad (R = 1.0) \tag{5-4}$$

式中 dS_x、dS_z、dS_c 和 dS_{tc}——细、中、粗和特粗颗粒泥沙的冲淤效率，kg/m^3；

Q——平均流量，m^3/s；

S_x、S_z、S_c 和 S_{tc}——细、中、粗和特粗颗粒泥沙的含沙量，kg/m^3。

各公式用实测资料验证，均有较好的代表性。

分析洪水过程中分组沙的冲淤效率与各粒径组泥沙的含沙量关系发现，细、中、粗和特粗四组泥沙在下游河道中的单位水量冲淤量与各自来沙含沙量关系均密切，且泥沙粒径越粗，其相关性越好。利用实测资料回归分析，建立分组泥沙冲淤效率与含沙量和平均流量的关系式，其回归结果表明，细泥沙的计算精度较低，而随着粒径组变粗，公式的计算精度变高。以上分析说明，一方面，平均含沙量的大小决定了冲淤效率的发展方向，平均流量对其有一定影响；另一方面，细泥沙的冲淤效率除了受水沙条件的影响外，受边界条件的影响也较大，特别是泥沙补给程度的影响。

根据洪水期分组泥沙冲淤计算公式，可以计算出不同流量条件下维持粗泥沙和特粗

泥沙不淤积的含沙量条件，具体见表5-18。

表5-18　洪水期维持粗泥沙在下游河道不淤积的条件

流量(m^3/s)		1 000	1 500	2 000	2 500	3 000	3 500	4 000
含沙量(kg/m^3)	0.05～0.1 mm	2.5	3.2	3.9	4.7	5.6	6.7	7.8
	≥0.1 mm	0.2	0.2	0.3	0.3	0.4	0.4	0.4

经验公式计算结果表明，“98·7”型洪水下游粗泥沙不淤积的控制下限水位为215 m，“04·8”型洪水控制下限水位为218 m左右；数学模型计算结果表明，三种类型洪水控制水位均在218 m左右可以保证下游粗泥沙不淤积。

五、认识及建议

（一）认识

（1）通过对已开展的三次汛期调水调沙观测资料分析认识到，较大的水位差、库水位低于三角洲顶点的长历时有利于水库取得较好的排沙效果。

（2）2000～2011年每年的7月11日到8月20日潼关日均流量均小于2 600 m^3/s、含沙量均小于200 kg/m^3，按小浪底水库拦沙后期第一阶段推荐方案的调度指令，2012年启动高含沙洪水调节和一般水沙调节中凑泄造峰的概率均很小。

（3）优化方案洪峰、沙峰同步，避免了小水带大沙的情况，形成了对下游较为有利的水沙组合。优化方案小浪底水库全沙排沙量和细泥沙排沙量随着控制水位的降低逐渐增加，且均高于基础方案；多排泥沙中细泥沙占80%左右、粗泥沙占10%左右。

（4）细泥沙排沙比随全沙排沙比增大而增大，但增幅减小；汛期细泥沙排沙比略小于汛前调水调沙，相同全沙排沙比情况下，粗泥沙排沙比汛期略高于汛前。

（5）优化后各方案的下游输沙量和淤积量均大于基础方案，且均随着调控水位的降低而增大。优化方案多输出的泥沙中，有12%～22%的泥沙淤积在河道中，且全下游淤积量主要集中在花园口以上河段，艾山—利津微淤或微冲。

（6）2012年小浪底水库坝前的排沙方式仍为异重流排沙，且当控制水位降至三角洲顶点以下215 m时，水库发生溯源冲刷及沿程冲刷。高含沙大流量和中等流量含沙量洪水，溯源冲刷阶段排沙效果好。

（二）建议

（1）如果在2012年7月11日至8月20日三门峡水库6月以后没有发生敞泄排沙，则当预报潼关流量大于等于1 500 m^3/s持续2 d时，建议启动汛期调水调沙；若三门峡水库发生过敞泄排沙，则当预报潼关流量大于等于1 500 m^3/s持续2 d、含沙量大于100 kg/m^3时，启动2012年汛期调水调沙。

（2）建议保持控制水位下泄持续时间最长为4 d，4 d以后或者4 d内当潼关流量小于1 000 m^3/s时，水库开始蓄水，转入“蓄满造峰”运用，按流量400 m^3/s下泄。

（3）建议2012年调水调沙小浪底水库按控制水位215 m迎峰。预估当小浪底水库控制水位215 m时，小浪底水库全沙排沙比43%～82%，细泥沙排沙比98%～135%，出库细泥沙含量62% ~83%，基本满足小浪底水库细泥沙不淤积；下游河道淤积量0.128亿~0.331亿t，输沙量0.613亿~0.812亿t，其中淤积粗泥沙0.007亿~0.169亿t，花园口以上淤积量占总淤积量的42% ~56%，艾山—利津河段淤积量仅为0.011亿~0.044亿t，相应于艾山—利津河段平滩流量减少20 m^3/s。

第六章　黄河下游低含沙量不同峰型洪水冲刷效率分析

小浪底水库拦沙运用 11 a,共开展了 13 次调水调沙,下游河道的排洪输沙能力得到显著提高。相同水量、相同平滩流量条件下,小浪底水库塑造不同的洪水过程,其相应的输沙效果及其对下游河道冲淤的影响也会有所不同。调水调沙一般易于塑造接近平滩流量、总体变幅较小的“平头峰”;部分学者基于对涨水阶段存在附加比降、流速相对较大、更易于河道冲刷的认识,建议塑造接近自然洪峰的过程,简称“自然峰”。究竟这两种峰型的洪水,哪种的冲刷效率最好,目前还没有得到解决。本次研究的目的就是针对非漫滩洪水,阐明低含沙量“平头峰”和“自然峰”洪水对下游河道冲淤的影响,通过理论分析和数学模型计算提出有利于下游河槽塑造的调水调沙峰型。

一、设计洪水的概化

(一)洪水过程的概化原则

黄河下游洪水演进过程复杂,沙峰与洪峰不同步,多数沙峰滞后于洪峰,洪峰流量大小与含沙量高低关系并不密切,洪水期含沙量搭配非常复杂,本次暂不考虑含沙量变化对输沙的影响,即仅研究流量过程对输沙的影响。现有的洪水概化模式很多,如三角形、多边形(五点法)、P－Ⅲ曲线型、正弦曲线型、复合抛物线型,等等。这些概化模式要么过于简单,难以反映洪水过程复杂多变的特性,要么参数太多,难以确定,达不到简化计算的目的。

本次研究提出正态曲线的模式概化洪水过程,如图 6-1 和图 6-2 所示。一般的正态分布概率密度函数为 $f(x)=\frac{1}{\sqrt{2\pi}\sigma}e^{-\frac{x-\mu}{2\sigma^2}}$,设计洪水的流量过程可用下式描述

$$Q(t)=f(t)\frac{Q_m}{\frac{1}{\sqrt{2\pi}\sigma}} \tag{6-1}$$

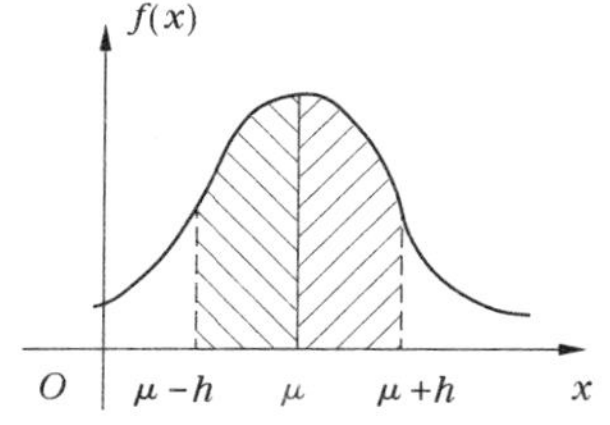

图 6-1　正态曲线函数

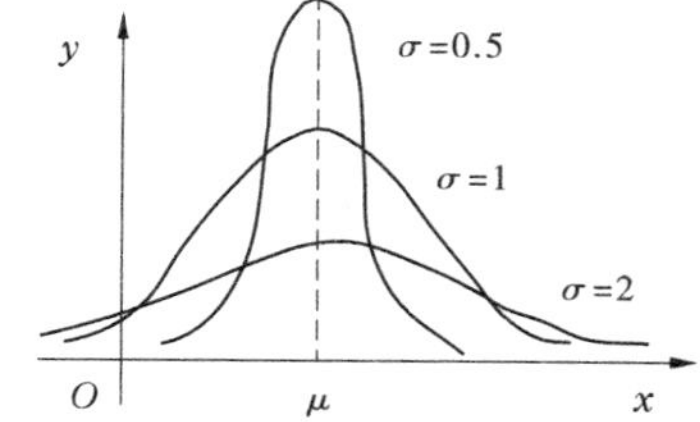

图 6-2　不同标准差的正态曲线差异

式中：$Q(t)$为不同时刻洪水的流量过程；Q_m 为最大洪峰流量，m^3/s；σ 为洪水流量过程的标准差，用来调整洪水过程的宽胖和尖瘦程度；T 为洪水总历时；$\mu = T/2$，π 为常数。

当以上各参数确定时，洪水期总水量 $W = \int_0^T Q(t)\mathrm{d}t$，即 $W = f(Q_m, \sigma, t)$。

（二）泥沙输移的原则

一般条件下，水流挟沙能力公式为

$$S_* = K\left(\frac{V^3}{gh\omega}\right)^m \tag{6-2}$$

式中：g 为重力加速度；ω 为悬移质平均沉速；K 和 m 为系数和指数。

根据研究，黄河下游河道在平衡条件下，$m = 0.92$，$\frac{K}{g^{0.92}} = 0.015$。为了直接反映坡降、河型（河相系数）及糙率等的影响，对上式进行了改造。引进曼宁公式 $V = \frac{1}{n}h^{2/3}J^{1/2}$，流量连续方程 $Q = VhB$，河相系数 $\zeta = \frac{\sqrt{B}}{h}$，可将其改写为

$$\begin{aligned} S_* &= \frac{K}{(g\omega)^{0.92}}\left(\frac{\frac{1}{n^3}h^2J^{1.5}}{h}\right)^{0.92} = \frac{K}{(g\omega J)^{0.92}}\left[\frac{J^{1.5}}{n^3}\left(\frac{nQ}{\zeta^2 J^{\frac{1}{2}}}\right)^{\frac{3}{11}}\right]^{0.92} \\ &= \frac{K_1}{\omega^{0.92}}\left(\frac{J^{1.364}Q^{0.273}}{n^{2.727}\zeta^{0.545}}\right)^{0.92} = \frac{K_1}{\omega^{0.92}}\frac{J^{1.255}Q^{0.251}}{n^{2.508}\zeta^{0.501}} \end{aligned} \tag{6-3}$$

其中单位以 m、s、kg 计，$K_1 = \frac{K}{g^{0.92}} = 0.015$。上式从理论上反映了挟沙能力与水面比降（实际应为能坡）、河相系数、流量及糙率的关系。它避开了较难确定的流速和水深，而采用了更宏观的参数，并且能更直接地反映挟沙能力的机制，用于对挟沙能力做宏观分析是很有用的。

这样结合上述对洪水流量过程的概化，不同类型洪水的输沙能力可表示为

$$W_S = \int_0^T Q(t)S_*\mathrm{d}t \tag{6-4}$$

二、不同类型洪水输沙规律研究

（一）限制流量小于等于 4 000 m^3/s 不漫滩

1. 同洪峰同水量

同洪峰同水量，即是指在洪水期水量均为 40 亿 m^3，且限制不漫滩（$Q_{max} \leqslant 4\ 000\ m^3/s$）的情况下，可将洪水概化为洪峰流量均为 4 000 m^3/s，但洪水历时分别为 13 d、15 d 和 18 d 的 3 场自然洪水，如图 6-3 所示。

依据前面所述概化洪水输沙能力的计算方法，计算全下游不同峰型洪水的输沙能力。令挟沙能力公式(6-3)中的 $K_1 = 0.029$，$J = 1.5‰$为下游河段平均纵比降，$\omega = 0.003$ m/s 为 2000 年至 2009 年调水调沙期间悬沙浑水沉速平均值，$n = 0.01$ 为糙率，$\zeta = 13$ 为下游河段平均宽深比，计算得到不同类型洪水的输沙结果，见表 6-1。分析表明，平头峰的输沙能力大于自然峰，随着自然洪峰历时的增长，输沙能力进一步降低。平衡输沙条件下，

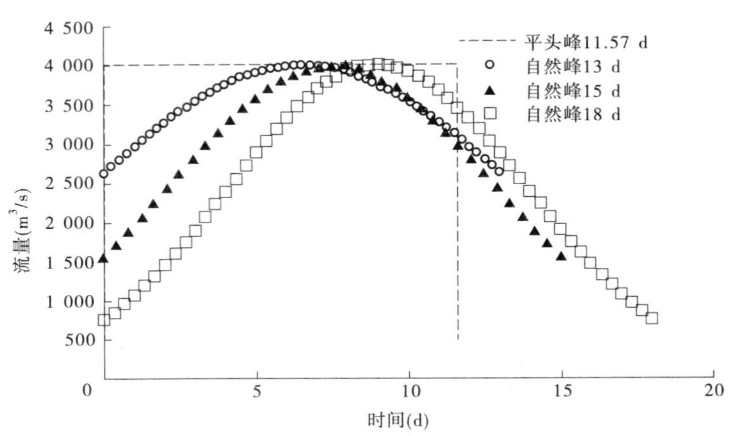

图 6-3　正态曲线概化同水量同洪峰流量洪水

历时 11.57 d 的平头峰(4 000 m^3/s)可挟带的平衡含沙量为 12.8 kg/m^3,相应输沙量为 0.513 亿 t,而历时 13 d、15 d 和 18 d 的自然洪峰过程携带的平衡含沙量分别为 12.3 kg/m^3、11.9 kg/m^3、11.7 kg/m^3,相应输沙量分别为 0.490 亿 t、0.477 亿 t、0.469 亿 t,分别为平头峰的 96%、93% 和 91%。同时也可以看出,这 4 场洪水中 $Q>3\ 500\ m^3/s$ 的大流量历时也是平头峰洪水最长,因 $Q_S=kQ^2$,因此大流量历时越长,则其输沙能力较高。

表 6-1　同水量同洪峰流量洪水输沙结果(理论分析)

洪水类型	洪水历时(d)	$Q\geq3\ 500\ m^3/s$ 历时(d)	Q_{max} (m^3/s)	$Q_{平}$ (m^3/s)	$Q_{max}/Q_{平}$	输沙量(亿 t)	平均含沙量(kg/m^3)
单峰自然峰	13	7.0	4 000	3 561	1.12	0.490	12.3
	15	5.0	4 000	3 086	1.30	0.477	11.9
	18	4.7	4 000	2 572	1.56	0.469	11.7
平头峰	11.57	11.57	4 000	4 000	1.00	0.513	12.8

同时利用数学模型对不同类型洪水条件下黄河下游的冲淤情况进行了计算,见表 6-2。2011 年汛后、河道持续冲刷条件下,历时 11.57 d 的平头峰(4 000 m^3/s)在黄河下游河道冲刷效率可以达到 8.0 kg/m^3,相应冲刷量为 0.319 亿 t,其中艾山—利津河段冲刷量为 0.083 亿 t。3 种自然洪峰下游河道冲刷效率分别为 7.6 kg/m^3、7.2 kg/m^3 和 6.7 kg/m^3,相应冲刷量分别为 0.303 亿 t、0.288 亿 t、0.269 亿 t,分别为平头峰的 95%、90% 和 84%。自然洪峰条件下,艾山—利津河段的冲刷效率减少最明显,表明洪峰平均流量的影响较其上游河段更加明显,历时较长的自然洪峰冲刷效率降低了约 19%。

表 6-2　同水量同洪峰流量洪水期冲淤量(数学模型)　(单位:亿 t)

河段	自然峰			平头峰
	13 d	15 d	18 d	11.57 d
小浪底—花园口	-0.059	-0.057	-0.054	-0.062
花园口—夹河滩	-0.030	-0.027	-0.024	-0.035
夹河滩—高村	-0.022	-0.019	-0.016	-0.024
高村—孙口	-0.055	-0.053	-0.049	-0.057
孙口—艾山	-0.058	-0.059	-0.059	-0.059
艾山—泺口	-0.042	-0.040	-0.038	-0.045
泺口—利津	-0.037	-0.034	-0.029	-0.038
全下游	-0.303	-0.288	-0.269	-0.319
平均含沙量(kg/m^3)	-7.6	-7.2	-6.7	-8.0

2. 同历时同水量

同历时同水量,即是指洪水期水量均为 40 亿 m^3,对比两组历时相同,但一场为平头峰,另一场为自然峰洪水的输沙能力差异。在同水量、等历时的情况下,流量概化见图 6-4,分别计算了持续时间为 12 d、13 d、15 d、16 d、17 d、18 d 和 20 d 的平头峰和自然峰的输沙能力,见表 6-3。可以看出,当总水量为 40 亿 m^3 时,洪水历时分别为 12 ~ 16 d 平头峰洪水,流量大于 2 900 m^3/s,其输沙能力均大于自然峰洪水;当洪水历时大于 16 d,即平头峰的流量小于 2 900 m^3/s 时,自然峰洪水的输沙能力则大于平头峰。

分析其原因,是因为洪水历时分别为 12 ~ 16 d 的平头峰洪水,其流量大于 2 900 m^3/s,基本在 3 000 m^3/s 以上,流量比较大,且持续时间较长,所以平头峰洪水的输沙能力略高于自然峰洪水;当洪水历时大于 16 d,即平头峰的流量小于 2 900 m^3/s 时,平头峰洪水均为小于 3 000 m^3/s 的小流量,虽然自然峰洪水大部分为小流量,但总有几天大于 3 000 m^3/s的流量过程,所以大流量的造床作用,使得自然峰的输沙能力大于平头峰。

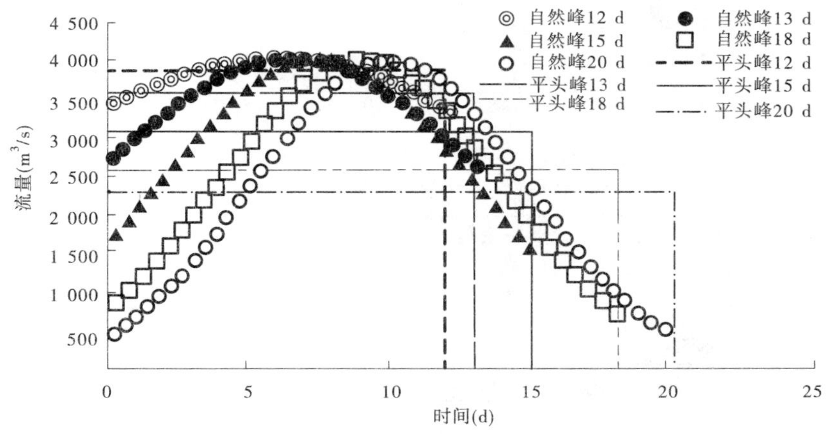

图 6-4　正态曲线概化同水量、等历时洪水

表 6-3　同水量、等历时自然洪水和平头峰输沙能力对比

持续时间(d)	洪峰流量 Q_{max}(m^3/s)	自然洪水				平头峰		
		$\frac{Q_{max}}{Q_{平}}$	输沙量 W_S(亿 t)	平均含沙量(kg/m^3)	$Q\geq3\ 900\ m^3/s$ 历时(d)	流量 Q(m^3/s)	输沙量 W_S(亿 t)	平均含沙量(kg/m^3)
12	4 000	1.04	0.497	12.43	4.75	3 858	0.508	12.71
13	4 000	1.12	0.490	12.25	3.06	3 561	0.498	12.46
15	4 000	1.30	0.477	11.92	2.77	3 086	0.481	12.02
16	4 000	1.38	0.475	11.88	2.56	2 894	0.473	11.82
17	4 000	1.47	0.471	11.78	2.38	2 723	0.466	11.65
18	4 000	1.56	0.469	11.74	2.34	2 572	0.459	11.48
20	4 000	1.73	0.467	11.67	2.26	2 315	0.447	11.18

(二)假定均不漫滩

1. 不同洪峰不同历时同水量

在假定不漫滩,即平滩流量比较大,四场洪水均不会漫滩的情况下,概化不同洪峰流量过程,见图 6-5 和表 6-4,洪峰流量分别为 4 000 m^3/s、4 500 m^3/s、5 000 m^3/s、5 500 m^3/s和 6 000 m^3/s,历时分别为 13 d、14 d、15 d、16 d 和 17 d。可以看出,洪峰流量越小,持续时间越长,平均流量越小,峰型系数越小,洪水越宽胖,其输沙能力越小,反之,则输沙能力越大。

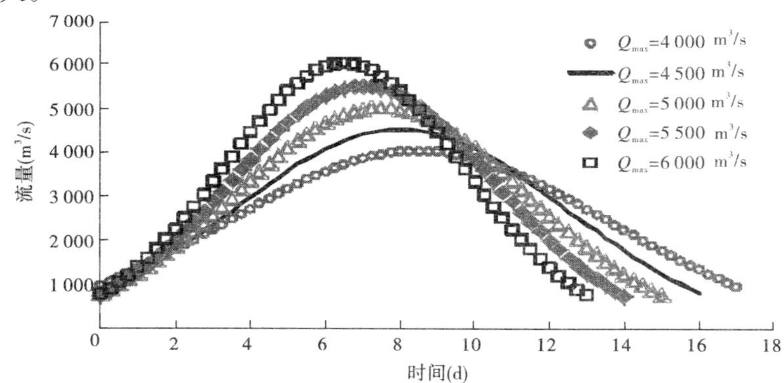

图 6-5　不同洪峰不同历时同水量洪水过程概化

表 6-4　不同洪峰不同历时同水量洪水输沙能力对比

持续时间(d)	洪峰流量 Q_{max}(m^3/s)	平均流量 $Q_{平}$(m^3/s)	$Q_{max}/Q_{平}$	输沙量 W_S(亿 t)	平均含沙量(kg/m^3)
13	6 000	3 561	1.68	0.516	12.89
14	5 500	3 307	1.66	0.505	12.62
15	5 000	3 086	1.62	0.494	12.36
16	4 500	2 894	1.56	0.483	12.08
17	4 000	2 723	1.47	0.472	11.81

2. 不同洪峰同历时同水量

在假定不漫滩情况下，概化不同洪峰流量过程，见图 6-6 和表 6-5，洪峰流量分别为 4 000m³/s、4 500 m³/s、5 000 m³/s、5 500 m³/s 和 6 000 m³/s，历时均为 13 d，所以平均流量均等于 3 561 m³/s，但峰型系数逐渐增大。可以看出，在平均流量相同时，洪峰流量越大，洪峰越尖瘦，大流量出现的历时越长，其输沙能力越大。但在水量和历时均相同的情况下，即洪水期平均流量相同的洪水，虽然有洪峰尖瘦和宽胖之分，但其输沙能力差距较小。

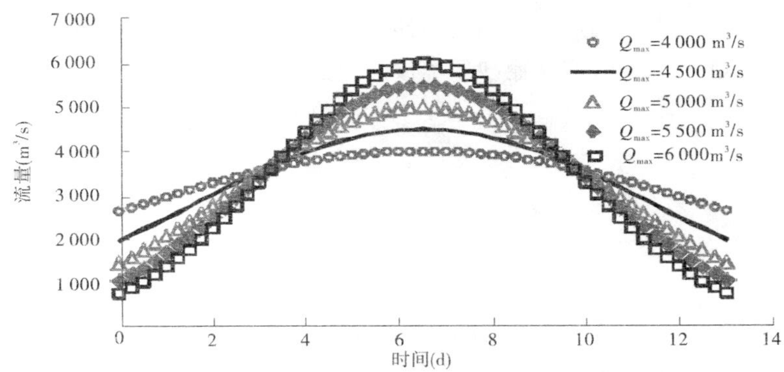

图 6-6 不同洪峰同历时同水量洪水过程概化

表 6-5 不同洪峰同历时同水量洪水输沙能力对比

洪峰流量 Q_{max} (m³/s)	平均流量 $Q_{平}$ (m³/s)	$Q_{max}/Q_{平}$	输沙量 W_s (亿 t)	平均含沙量 (kg/m³)
6 000	3 561	1.68	0.516	12.89
5 500		1.54	0.509	12.71
5 000		1.40	0.501	12.53
4 500		1.26	0.496	12.39
4 000		1.12	0.491	12.27

三、主要认识

针对小浪底水库调水调沙的高效输沙问题，在总水量均为 40 亿 m³、不同历时不同峰型的洪水条件下，通过理论分析和数学模型计算得到以下结论：

(1)限制洪水不漫滩，且洪峰流量均等于 4 000 m³/s 和同样水量的条件下，平头峰的输沙能力最大。单峰自然峰洪水历时越短，大流量占的比例越大，越接近平头峰的输沙能力。

(2)限制洪水不漫滩，在平头峰和自然峰洪水历时相同的情况下，洪水历时分别为 12～16 d的平头峰洪水，流量大于 2 900 m³/s 时，其输沙能力均大于自然峰洪水；当洪水历时大于 16 d，即平头峰流量小于 2 900 m³/s 时，自然峰洪水的输沙能力大于平头峰。分析其原因，因平头峰洪水流量基本在 3 000 m³/s 以上，流量比较大，且持续时间较长，所以平头峰洪水输沙能力略高于自然峰洪水;而当洪水历时大于16 d,即平头峰洪水均为小于3 000 m^3/s 的小流量时,虽然自然峰洪水大部分为小于3 000 m^3/s 流量,但总有几天大于3 000 m^3/s 的流量过程,所以大流量的造床作用,使得自然峰输沙能力大于平头峰。

(3)在不同洪水均不漫滩情况下,洪峰流量越小,则持续时间越长,平均流量越小,峰型系数也越小,洪水越宽胖,其输沙能力越小,反之,则输沙能力越大;但在水量和历时均相同的情况下,即洪水期平均流量相同的洪水,虽然有洪峰尖瘦和宽胖之分,但其输沙能力差距较小。

因此,在小浪底水库调水调沙期间,若限制不漫滩,且同样水量条件下,则尽量调成大流量占比例较大的平头峰,这样输沙效率最高,也易操作。

第七章　2011 年渭河下游洪水特性及河道冲淤演变分析

一、水沙特点

（一）水量偏丰、沙量严重偏少

2011 年（运用年，即 2010 年 11 月 1 日至 2011 年 10 月 31 日）渭河下游华县水文站年水沙量分别为 71.08 亿 m^3、0.44 亿 t。其中汛期水沙量分别为 55.3 亿 m^3、0.42 亿 t。由于 2011 年秋汛暴雨洪水主要来自渭河中游宝鸡和渭河南岸秦岭一带的清水来源区，含沙量较低，2011 年汛期和年均含沙量分别只有 7.59 kg/m^3 和 6.19 kg/m^3。与长系列（1935～2010 年平均水量 61.68 亿 m^3、沙量 2.04 亿 t）相比，水量增加 9.4 亿 m^3，增幅 15.2%，沙量减少 1.60 亿 t，减幅 78.4%。2011 年总体属于丰水枯沙年份。

（二）洪峰流量大、坦化变形小

2011 年 9 月 6～26 日渭河下游出现 3 场洪水过程（见图 7-1），各站洪峰特征见表 7-1。可以看出由于泾河来水较少，这三场洪水的主要来源是渭河中游林家村以下干流以及南山支流。

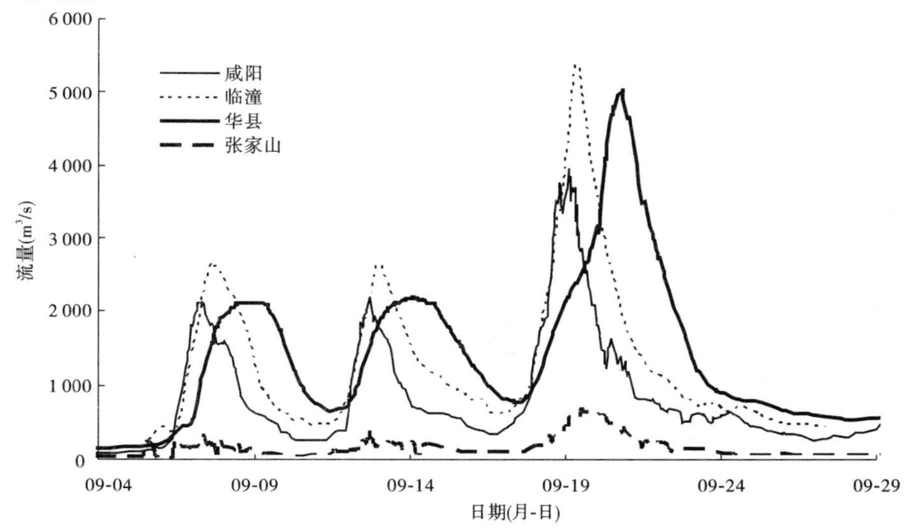

图 7-1　2011 年渭河下游洪水过程图

第一场洪水和第二场洪水洪峰流量从咸阳传播到临潼，中间有南岸支流和北岸泾河的汇入，洪峰流量有所增大，从临潼到华县洪峰有所衰减并坦化，峰型明显变胖；第三场洪水由于咸阳以下南山支流来水，咸阳站洪峰流量 3 970 m^3/s，到临潼站达到 5 400 m^3/s，华县站达到 5 050 m^3/s，此次洪水过程中咸阳、临潼、华县的峰型比较相近，临潼至华县洪峰削减也不多。

表 7-1　2011 年 9 月洪水渭河下游各站洪峰特征值表

站名	9 月 6～11 日		9 月 12～17 日		9 月 18～26 日	
	洪峰流量(m^3/s)	发生时间(月-日 T 时:分)	洪峰流量(m^3/s)	发生时间(月-日 T 时:分)	洪峰流量(m^3/s)	发生时间(月-日 T 时:分)
咸阳	2 140	09-07T06:49	2 190	09-12T16:18	3 970	09-19T02:00
张家山(泾河)	342	09-07T08:00	386	09-12T16:30	691	09-19T12:18
临潼	2 660	09-07T15:00	2 660	09-12T23:24	5 400	09-19T08:00
华县	2 130	09-08T22:00	2 190	09-14T01:30	5 050	09-20T19:06

三场洪水中第一场和第二场的水沙量相近(见表 7-2),第三场水沙量最多。三场洪水合计水沙量分别为 29.35 亿 m^3、0.272 亿 t。三场洪水含沙量都不高,最大的也只有 23.4 kg/m^3,平均含沙量仅有 9.27 kg/m^3。这种洪水过程在渭河下游属于非饱和的输沙过程,容易造成渭河下游河道的冲刷,对塑造渭河下游主河槽比较有利。

表 7-2　2011 年渭河华县水文站洪水水沙特征

项目	9 月 6～11 日	9 月 12～17 日	9 月 18～26 日	洪水合计	占汛期比例(%)
水量(亿 m^3)	6.45	7.72	15.18	29.35	53.1
沙量(亿 t)	0.075	0.068	0.129	0.272	64.8
最大含沙量(kg/m^3)	23.4	12.9	12.8	23.4	
平均含沙量(kg/m^3)	11.62	8.75	8.48	9.27	

二、河道冲淤演变

(一)冲淤量及其分布

从 20 世纪 90 年代以来,大多年份渭河下游的冲淤变化一般表现为非汛期冲刷,汛期淤积。渭河下游河道年内冲淤变化主要决定于汛期的冲淤变化,非汛期的冲淤变化量值均较小。2005 年至 2010 年有所异常,非汛期的冲刷量反而大于汛期的冲刷量(见表 7-3)。

2011 年渭河下游共冲刷泥沙 0.581 亿 m^3,其中非汛期淤积 0.040 亿 m^3,汛期冲刷 0.621 亿 m^3。

表 7-3　渭河下游不同时段冲淤量变化　（单位：亿 m^3）

时段	非汛期冲淤量	汛期冲淤量	年冲淤量	年平均冲淤量
1974～1990 年	0.151	0.216	0.367	0.021
1991～2002 年	-0.534	3.310	2.776	0.213
2003 年	-0.005	-0.169	-0.174	-0.174
2005 年	-0.134	-0.043	-0.177	-0.177
2006～2010 年	-0.721	-0.489	-1.210	-0.242
2011 年	0.040	-0.621	-0.581	-0.581

注："-"表示冲刷，后同。

从渭河下游纵向冲淤分布来看（见表 7-4），近期（2006～2010 年）在上游没有来大水的情况下，全下游均发生冲刷，共冲刷泥沙 1.210 亿 m^3。其中咸阳—临潼河段冲刷量最多，为 0.651 亿 m^3，占全下游总冲刷量的 54%；其次是华县以下河段，冲刷 0.498 亿 m^3，占 41%；中间华县—临潼河段冲刷量最少，仅为 0.061 亿 m^3，占 5%。

表 7-4　渭河下游各河段不同时段累计淤积量统计

时段	项目	华县以下	临潼—华县	咸阳—临潼	合　计
1974～1990 年	冲淤量（亿 m^3）	0.416	-0.209	0.175	0.382
	各河段占比（%）	109	-55	46	100
1991～2002 年	冲淤量（亿 m^3）	1.753	0.906	0.117	2.776
	各河段占比（%）	63	33	4	100
2003 年	冲淤量（亿 m^3）	-0.515	0.403	-0.062	-0.174
	各河段占比（%）	296	-232	36	100
2005 年	冲淤量（亿 m^3）	-0.096	-0.012	-0.069	-0.177
	各河段占比（%）	54	7	39	100
2006～2010 年	冲淤量（亿 m^3）	-0.498	-0.061	-0.651	-1.210
	各河段占比（%）	41	5	54	100
2011 年	冲淤量（亿 m^3）	-0.180	-0.240	-0.161	-0.581
	各河段占比（%）	31	41	28	100

2011 年渭河下游不同河段冲淤量见图 7-2，由图可以看出，非汛期华县（渭淤 10）以下河段表现为淤积，华县以上河段表现为冲刷；汛期各河段均表现为冲刷，华县以下冲刷强度大于华县以上河段。全年各河段均发生不同程度的冲刷。

（二）断面形态调整

从渭河下游典型的横断面图可以看出（见图 7-3），2005 年渭河大水之后，到 2010 年之间，虽然没有发生大的洪水，但是却有小水刷槽的趋势，大多数断面的深泓点都有不同程度的降低，河槽变得更加窄深，主河槽过洪能力总体大于 2005 年汛后的，所以 2011 年渭河秋汛洪水期间沿程洪水位除临潼站外，同流量水位基本上都低于 2005 年的洪水位。经过 2011 年渭河秋汛洪水的冲刷，渭河下游主河槽过水面积又有所扩大，因此也会使主河槽的过洪能力有所提高。从而也反映出渭河下游特别是临潼以下河段这种冲积性河流，遇适宜的水沙条件，河道的淤积萎缩具有可逆转性。

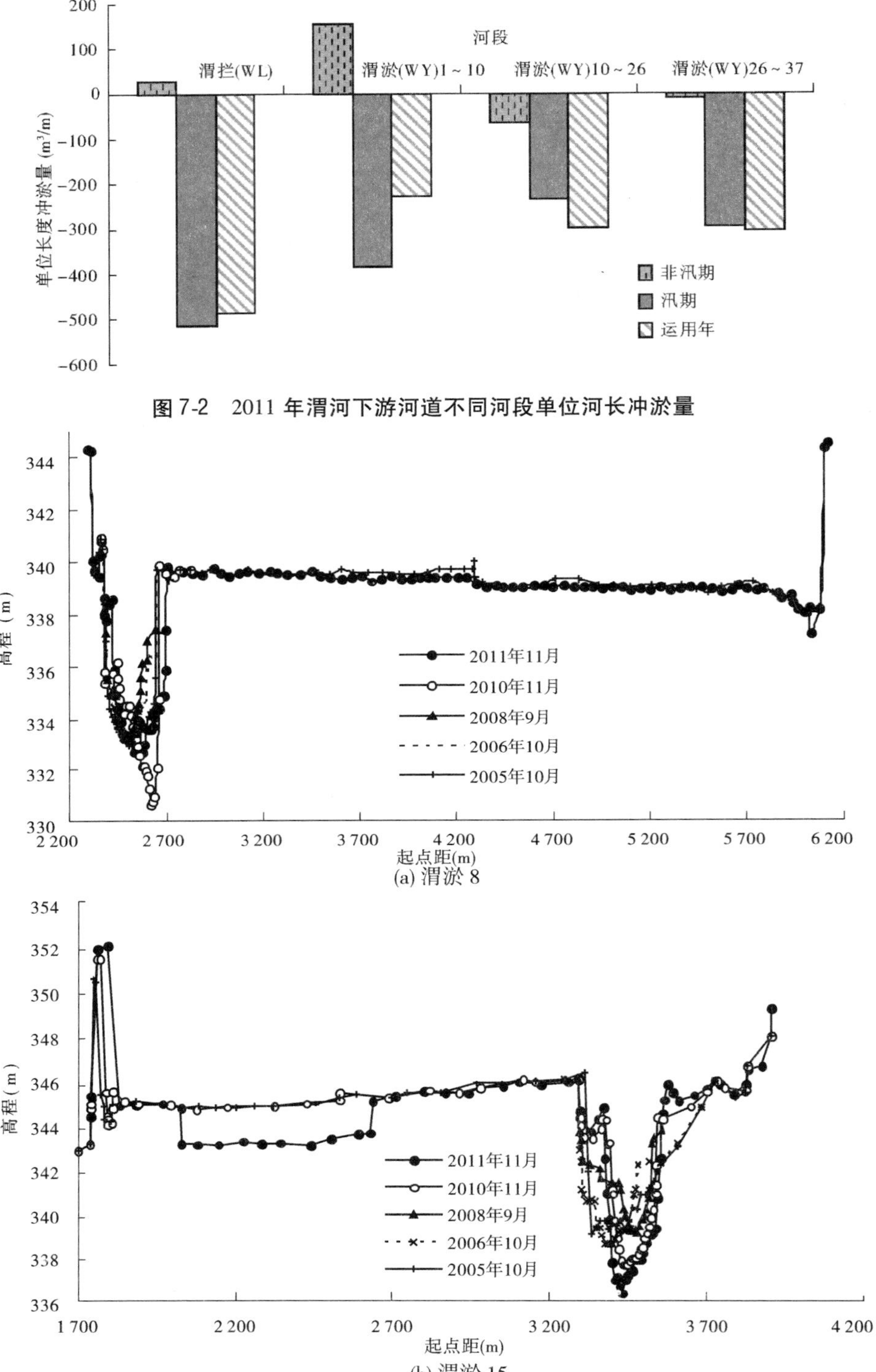

图 7-2　2011 年渭河下游河道不同河段单位河长冲淤量

(a) 渭淤 8

(b) 渭淤 15

图 7-3　渭河下游典型断面图

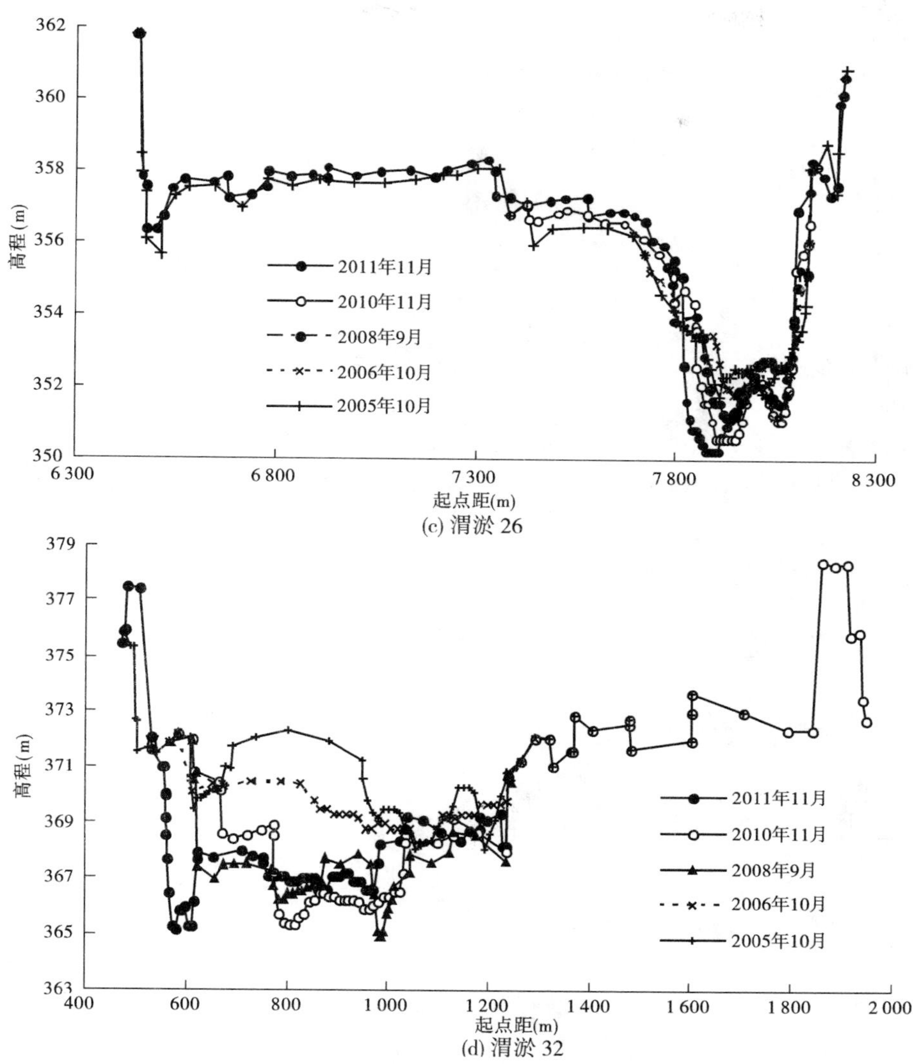

(c) 渭淤 26

(d) 渭淤 32

续图 7-3

另外从断面图上还可以看出，由于 2011 年秋汛洪水含沙量很低，所以即使发生了大漫滩洪水，滩地淤积也不多，2011 年的冲淤变化主要发生在河槽内。由于 2011 年渭河下游全年是冲刷的，全下游共冲刷泥沙 0.581 亿 m^3，扩大了河槽的过洪能力，对渭河下游以后的防洪是有利的。

(三) 主河槽冲刷，平滩流量增大

渭河下游滩地的淤积一般是由漫滩洪水造成的。1974～1990 年期间，1977 年和 1981 年发生了漫滩洪水，该时段汛期滩地共淤积 0.94 亿 m^3，主河槽冲刷 0.72 亿 m^3（见表 7-5），以淤滩刷槽为主。20 世纪 90 年代，除 1992 年、1996 年渭河下游发生漫滩洪水，滩地有一定淤积外，其大部分淤积发生在主河槽内。1991～2002 年时段汛期滩地共淤积 1.32 亿 m^3，主河槽共淤积 1.99 亿 m^3，占汛期全断面淤积量的 60%，促使该时段主河槽迅速萎缩。该时段主河槽严重萎缩主要发生在多次出现高含沙小洪水的 1994 年和 1995

年，这两年汛期主河槽淤积量分别为0.84亿m^3和0.82亿m^3，占1991～2002年河道总淤积量的83%。2003年渭河下游连续发生多次秋汛洪水，由于洪水前主河槽平滩流量很小，渭河下游发生大漫滩，导致滩地大量淤积。2003年渭河下游汛期滩地淤积0.842亿m^3，全断面共冲刷0.170亿m^3，相当于主河槽冲刷1.012亿m^3。2003年大洪水过后，塑造出平滩流量2 300 m^3/s（华县断面）的主槽，经过2004年的少量淤积，到2005年汛前渭河下游华县断面的平滩流量减少到2 000 m^3/s左右，因此2005年汛期渭河下游发生了大漫滩洪水，但是由于漫滩洪水含沙量较低，滩地淤积不多，仅为0.527亿m^3，主河槽发生冲刷，冲刷量0.570亿m^3。2006～2010年，虽然没有发生大洪水，但受清水淘刷再加上河道内采沙等影响，使主河槽有所刷深，过洪能力有所增加，到2010年华县站平滩流量增大到2 500 m^3/s。

2011年发生了1981年以来最大洪水，华县最大洪峰流量5 050 m^3/s，洪水大漫滩，但由于洪水含沙量较低，汛期滩地仅淤积0.072亿m^3，汛期主河槽发生冲刷，冲刷量0.693亿m^3（见表7-5）。

表7-5　渭河下游不同时段汛期滩、槽累计冲淤量

时段	主河槽冲淤量（亿m^3）	滩地冲淤量（亿m^3）	全断面冲淤量（亿m^3）
1974～1990年	-0.72	0.94	0.22
1991～2002年	1.99	1.32	3.31
1974～2002年	1.27	2.26	3.53
2003年	-1.012	0.842	-0.170
2005年	-0.570	0.527	-0.043
2011年	-0.693	0.072	-0.621

三、漫滩洪水的冲淤特性

渭河下游的冲淤变化与水沙条件关系密切，冲淤量的大小取决于水量的多寡和水沙的组合。图7-4给出了1974年以来渭河下游汛期冲淤量与华县站汛期水量的关系。总体来看，随着水量的增大，河床淤积量减少继而转为冲刷。图7-5给出了渭河下游汛期单位水量冲淤量与华县站汛期来沙系数的关系。当来沙系数小于0.1 $kg \cdot s/m^6$时，渭河下游可望发生冲刷；当来沙系数大于0.1 $kg \cdot s/m^6$时，渭河下游多会发生淤积，随着来沙系数的继续增大，淤积速率快速增加。而洪水漫滩年份的点群相对于非漫滩年份偏离较大。

表7-6统计了洪水漫滩年份汛期滩地和主河槽冲淤量、相应华县站的水沙特征，可以看出，洪水漫滩时全断面有冲有淤，而滩地均发生淤积，主河槽除1977年和1992年为淤积外，其余年份均为冲刷，主河槽淤积的年份输沙量均比较大。为分析滩、槽冲淤变化与水沙条件的关系，图7-6点绘了汛期单位水量冲淤量与来沙系数的关系。可以看出，滩地的淤积与来沙系数具有很好的关系，随来沙系数的增大，单位水量的淤积量增大，其相关系数为0.97。主河槽的冲淤变化与来沙系数也具有较好的关系。当来沙系数小于0.1 $kg \cdot s/m^6$时，主河槽多会发生冲刷；来沙系数大于0.1 $kg \cdot s/m^6$时，主河槽多发生淤积。只有1996年受河床边界条件的影响远离趋势带，主要是由于1994年、1995年渭河高含沙小洪水造成的主河槽淤积，平滩流量大幅度减少，在1996年水量并不大、汛期平均含沙

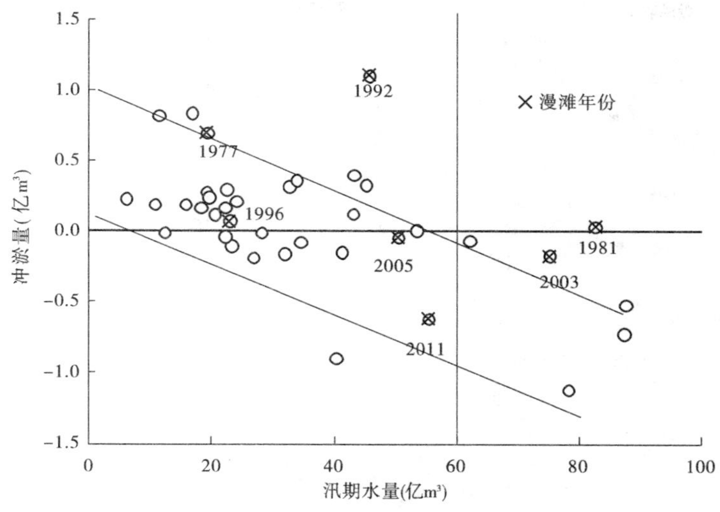

图 7-4　1974～2011 年汛期渭河下游冲淤量与华县站水量的关系

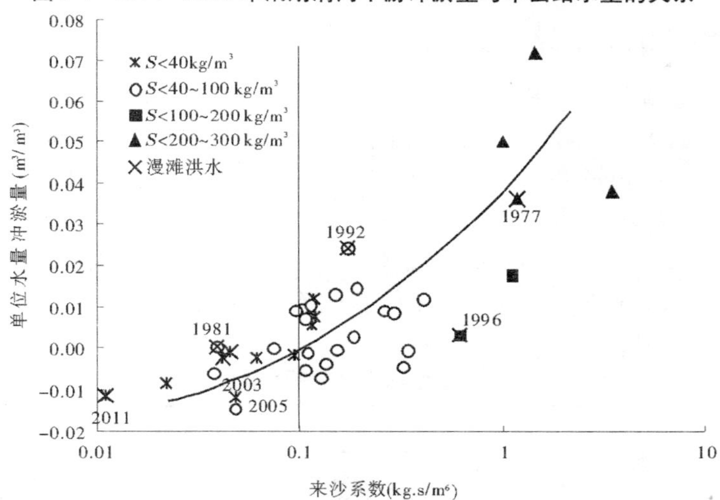

图 7-5　1974～2011 年汛期渭河下游单位水量冲淤量与来沙系数的关系

量 176 kg/m³ 的情况下发生小洪水漫滩，主河槽发生较大冲刷。

表 7-6　渭河下游汛期漫滩洪水水沙特征及河道冲淤变化

年份	华县站汛期水沙量		汛期冲淤量(亿 m³)		
	水量(亿 m³)	沙量(亿 t)	主河槽	滩地	全断面
1977	19.20	5.48	0.159 7	0.540 2	0.699 9
1981	82.45	3.32	−0.296 1	0.332 7	0.036 6
1992	45.64	4.51	0.193 0	0.917 0	1.110 0
1996	22.91	4.03	−0.539 1	0.615 8	0.076 7
2003	75.00	2.94	−1.011 8	0.842 5	−0.169 3
2005	50.20	1.50	−0.570	0.527	−0.043 0
2011	55.30	0.42	−0.693	0.072	−0.621 0

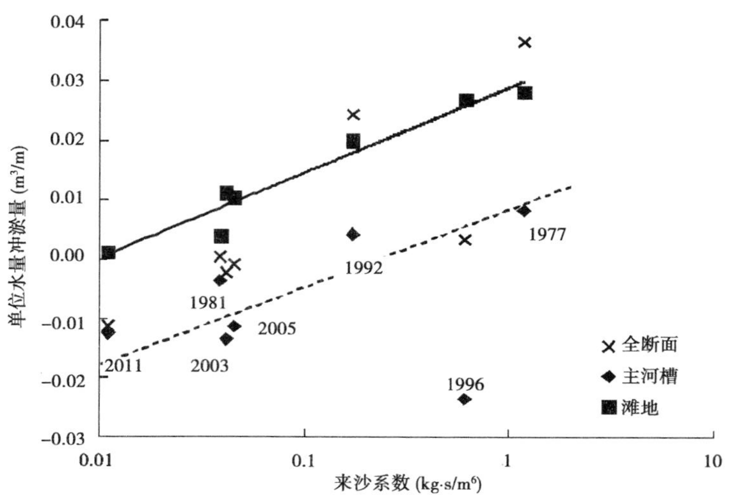

图 7-6　渭河下游汛期漫滩洪水单位水量冲淤量与来沙系数的关系

四、2011 年秋汛洪水异常现象原因分析

(一)洪水水位偏高原因分析

2011 年临潼水文站 3 500 m^3/s 流量以上的洪水水位明显偏高,同时还表现出同流量增幅条件下的水位涨幅显著增大的特点(见表 7-7)。与 2003 年相比,2011 年同流量 1 000 m^3/s水位还偏低约 0.82 m,而 3 000 m^3/s 水位仅偏低 0.40 m,到较大流量时,同流量5 000 m^3/s 水位却偏高了 0.39 m;同流量 5 000 m^3/s 水位抬升幅度比 1 000 m^3/s 水位抬升幅度偏高了 1.21 m;同流量 1 000 m^3/s 水位抬升幅度又比 100 m^3/s 水位抬升的幅度偏高 0.93 m。

表 7-7　临潼水文站不同年份同流量水位统计表

项目	年份	流量级(m^3/s)				
		100	500	1 000	3 000	5 000
水位(m)	2011	352.00	353.33	354.45	357.48	358.72
	2005	352.53	353.91	354.95	357.29	358.57
	2003	353.75	354.28	355.27	357.88	358.33
2011 年偏高幅度(m)	2005	-0.53	-0.58	-0.50	0.19	0.15
	2003	-1.75	-0.95	-0.82	-0.40	0.39

华县水文站 2011 年水位表现较高,主要是洪峰流量大造成的。水位流量关系在小水期也具有明显变陡、同流量条件下水位涨幅显著增大的特点。但是流量超过 1 000 m^3/s 后,同流量水位的变化幅度差异不大。2011 年同流量 1 000 m^3/s、3 000 m^3/s、5 000 m^3/s 水位,与 2005 年相比,分别偏高 0.09 m、0.33 m 和 0.34 m(见表 7-8)。

表 7-8　华县水文站不同年份同流量水位统计表

项目	年份	流量级(m^3/s)				
		100	500	1 000	3 000	5 000
水位(m)	2011	335.45	337.58	339.30	342.05	342.69
	2005	335.65	337.60	339.21	341.72	342.35
	2003	336.86	338.61	340.50	342.62	—
2011 年偏高幅度(m)	2005	-0.20	-0.02	0.09	0.33	0.34
	2003	-1.41	-1.03	-1.20	-0.57	—

渭河下游临潼、华县水文站同流量水位抬高，过洪能力降低，主要是 1991 年到 2002 年河道强烈淤积，河宽缩窄，过水面积减少造成的。分析表明，自三门峡水库 1974 年开始"蓄清排浑"运用以来，渭河下游河道淤积主要发生在 1991～2002 年枯水多沙年份(见表 7-3)。由于 1991～2002 年渭河下游多次发生高含沙小洪水(主要在 1994 年和 1995 年)，下游河道共淤积 2.776 亿 m^3，年均淤积 0.213 亿 m^3。其中主河槽淤积 1.99 亿 m^3，占汛期全断面淤积量的 60%(见表 7-4)，促使该时段主河槽迅速淤积萎缩(见图 7-7)。2003 年、2005 年渭河下游发生大漫滩洪水，淤滩刷槽，显著改变了主河槽淤积萎缩的严峻局面，两年分别冲刷泥沙 0.174 亿 m^3 和 0.177 亿 m^3，其中主河槽冲刷量分别高达 1.012 亿 m^3 和 0.570 亿 m^3。之后又经过 2006～2010 年的清水冲刷，渭河下游河道主河槽形态恢复，河宽有所增大，过水面积增加，但均没有完全恢复到 20 世纪 80 年代的水平。

基于水流连续方程、动量方程可求得水位涨率(水位随流量的变化率)的表达式：

$$\frac{\partial H}{\partial Q} = \frac{0.6\left(\frac{n}{\sqrt{J}}\right)^{0.6}}{B^{0.6}Q^{0.4}} \tag{7-1}$$

式(7-1)反映出，水位涨率不仅与流量、比降，而且与主河槽宽度密切相关，涨率与 $B^{0.6}$ 成反比。在流量、比降一定的条件下，河宽越小，水位涨率越大。因此，随着渭河下游河道的淤积萎缩，河宽变窄，导致洪水水位大幅度抬升。

为了分析临潼水文站大流量水位抬升幅度增大原因，点绘了临潼水文站流量与流速关系(见图 7-8)。由图 7-8 可以看出，近期 2003 年、2005 年和 2011 年临潼水文站洪水漫滩之后，大流量下水流流速明显变慢，这与近期滩地种植大量高秆作物有关，水流阻力增大，从而造成同流量水位大幅度抬升。另外，从图 7-9 也可以看出，小于 3 000 m^3/s 流量时对应的同流量水面宽，2011 年与 2005 年相近，明显比 2003 年变窄。主河槽河宽变窄，导致河槽过水面积减少，大流量水位涨幅增大。

(二)洪峰沿程削峰率低的原因分析

2011 年秋汛洪水洪峰沿程变形(坦化)、洪峰削减率较小(见表 7-9)，削峰率仅为 6.5%。与 2005 年漫滩洪水接近，远小于 2003 年和 1981 年漫滩洪水。2005 年和 2011 年洪峰沿程变形较小，主要是因为前期河道平滩流量较大，且洪峰流量不算太大。

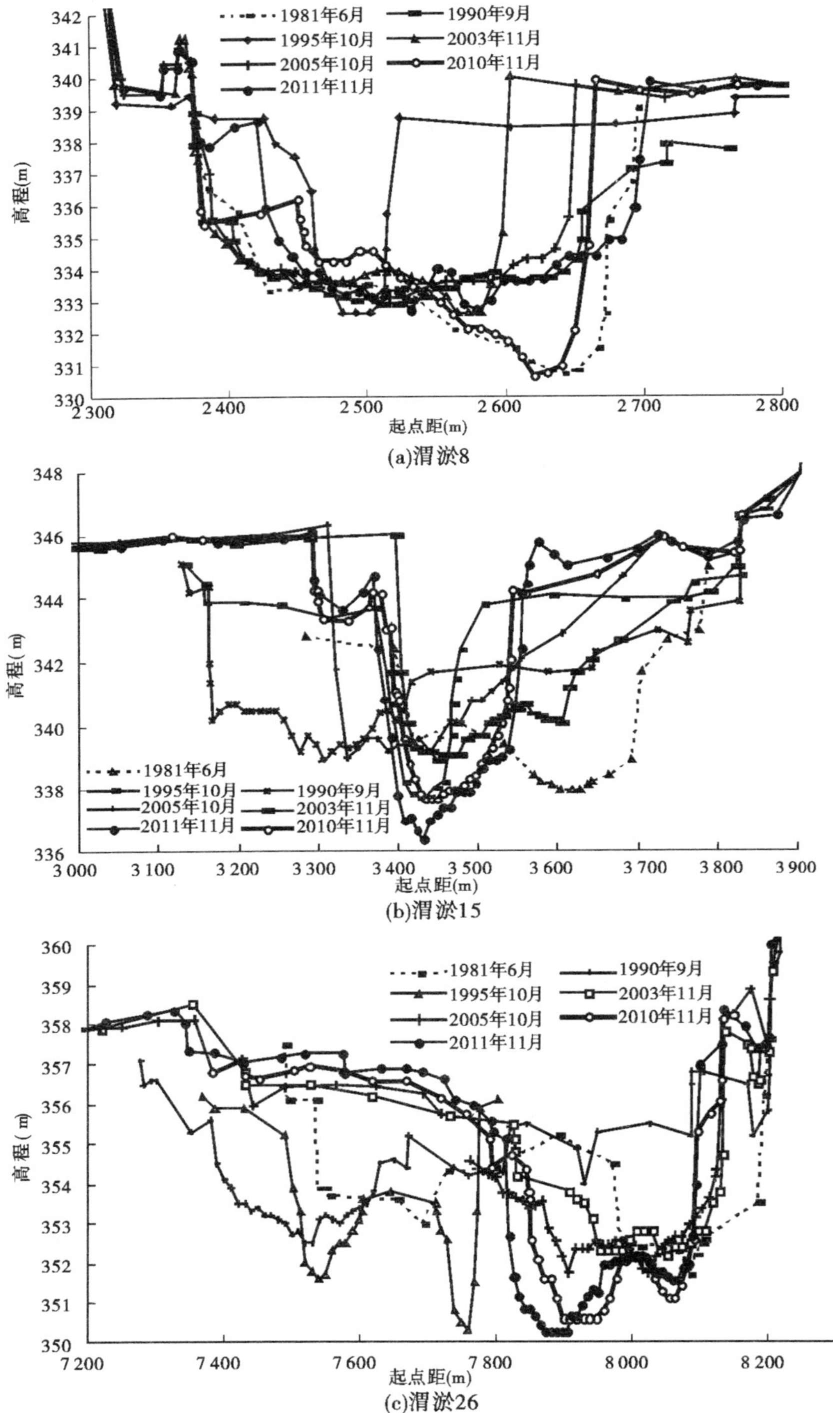

(a)渭淤8

(b)渭淤15

(c)渭淤26

图 7-7　渭河下游典型断面主河槽断面图

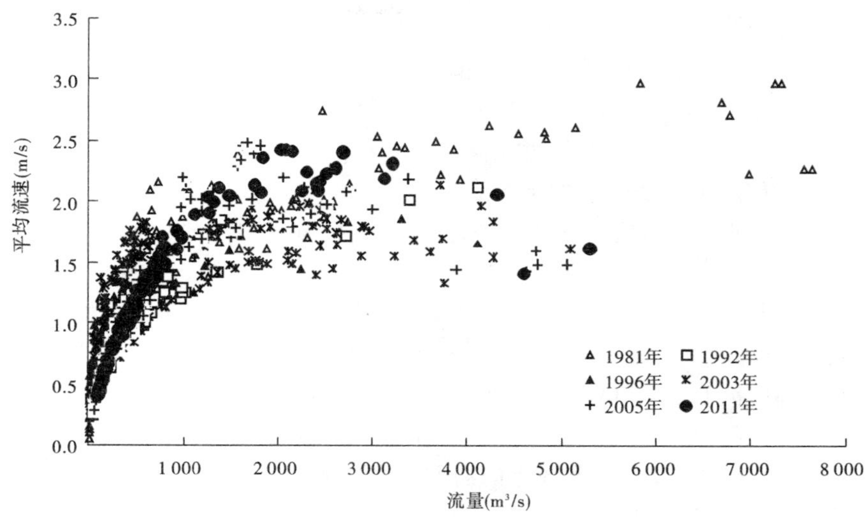

图 7-8　临潼水文站典型年份流量与流速关系图

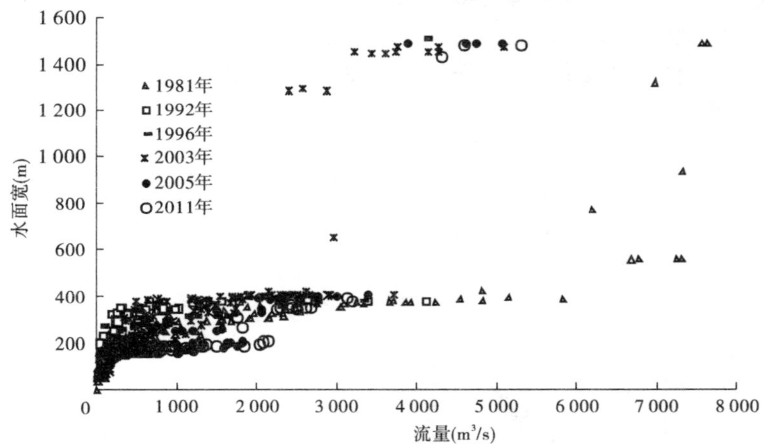

图 7-9　临潼水文站典型年份流量与水面宽关系图

表 7-9　临潼至华县水文站不同年份洪峰传播比较

洪水	站名	洪峰出现时间 (年-月-日 T 时:分)	洪峰流量 (m^3/s)	削峰率 (%)	传播时间 (h)
81·8	临潼	1981-08-22T19:30	7 580	29.0	14.5
	华县	1981-08-23T10:00	5 380		
03·8	临潼	2003-08-31T09:30	5 100	30.5	24.3
	华县	2003-09-01T09:48	3 540		
05·10	临潼	2005-10-02T13:48	5 270	7.4	43.7
	华县	2005-10-04T09:30	4 880		
11·9	临潼	2011-09-19T08:00	5 400	6.5	35.0
	华县	2011-09-20T19:06	5 050		

2003 年洪水前期,由于平滩流量过小、大部分水量被分滞到滩上,槽蓄增量显著增

大、洪峰明显坦化;同时由于堤防决口分流,洪峰被进一步削平、洪峰沿程变形十分显著。经过2003年、2005年大漫滩洪水淤滩刷槽,华县平滩流量迅速扩大到2 300 ~ 2 500 m^3/s。据实测资料分析,2011年洪水前华县平滩流量约为2 400 m^3/s,平滩流量相对较大,使得2011年洪水传播过程中峰型分明,沿程变形不大。

(三)洪峰传播时间增长的原因分析

2011年渭河洪水从临潼到华县传播时间为35 h,介于“03·8”洪水与“05·10”洪水之间(见表7-9)。

从历史资料来看(见图7-10),渭河下游洪水传播过程中,削峰率越大,传播时间也就越长;反之,削峰率小,传播时间短。而2011年及2005年都有些异常,这两年均表现为削峰率小,而传播时间较长。2005年和2011年之所以会出现这种异常现象,据初步分析,传播时间增加可能主要有以下几个方面的原因。一是对于非漫滩洪水洪峰传播时间主要取决于河槽的弯曲程度以及由此决定的河槽长度。近年来长期小水,河湾增多,河道增长是导致近期洪水传播时间增长的原因之一。二是对于漫滩洪水来说,在平滩流量和洪峰流量一定的情况下,漫滩洪水洪峰传播时间与滩区植被(糙率)具有更大的关系。滩区高秆农作物增加,滩地阻力增大,也是导致洪峰传播时间增长的又一主要原因。三是渭河下游近期河道内采沙场迅速增加,挖沙导致坑塘增加,沙堆增多,洪水传播过程中阻力增加,也会导致传播时间增加。

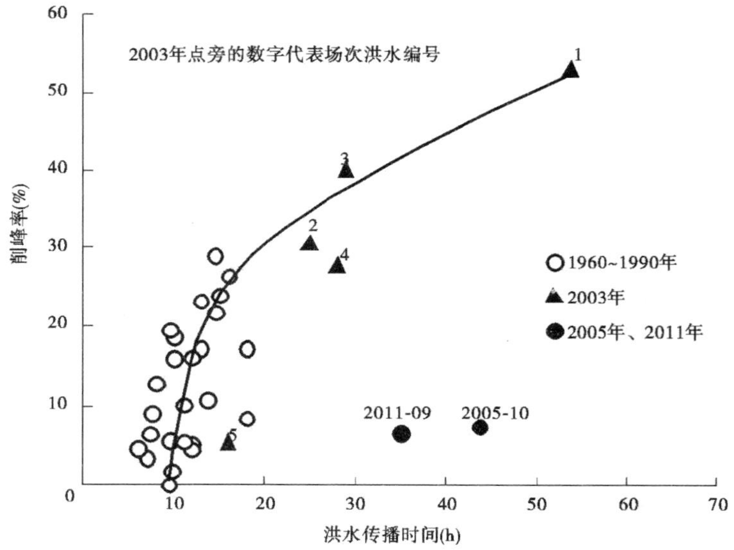

图7-10 临潼至华县削峰率与洪水传播时间的关系

五、主要认识

(1)2011年渭河下游发生了1981年以来的最大洪水,临潼水文站最大洪峰流量5 400 m^3/s,其相应水位359.02 m,为1961年建站以来最高水位;华县水文站最大洪峰流量5 050 m^3/s,最高洪水位342.70 m,从而给渭河下游防洪造成巨大压力。由于2011年秋汛暴雨洪水主要来自渭河中游宝鸡和渭河南岸秦岭一带的清水来源区,含沙量较低,与长系列(1935 ~2010 年年均水量 61.68 亿 m^3,沙量 2.04 亿 t)相比,属于丰水枯沙年份。

(2)2011 年渭河下游共冲刷泥沙 0.581 亿 m^3,其中非汛期淤积 0.040 亿 m^3,汛期冲刷 0.621 亿 m^3。洪水漫滩之后,由于洪水含沙量较低,汛期滩地仅淤积 0.072 亿 m^3,主槽发生明显冲刷,冲刷量 0.693 亿 m^3。华县水文站平滩流量由洪水前的 2 400 m^3/s 扩大到 2 700 m^3/s。

(3)2011 年秋汛洪水期渭河下游总体表现为淤滩刷槽,滩地和主槽的冲淤变化与来沙系数具有密切关系。由于秋汛洪水含沙量很低,漫滩洪水漫滩之后滩地淤积量很少,但主槽冲刷比较明显。

(4)2011 年渭河洪水出现洪峰流量大,洪水位涨率偏高,传播时间长、削峰率偏低等特点。这主要与河道前期河床条件有关。洪水位涨率偏高、传播时间长主要是由主河槽淤积、河宽缩窄及漫滩洪水流速变缓等原因造成的;削峰率偏低主要是由于前期平滩流量相对较大,而洪峰流量相对不是很大的情况下,洪水传播过程中洪峰沿程削减、坦化变形不明显,同时也与区间(如南山支流)加水有关。

第八章　渭河典型支流洪水期产流产沙特性研究

一、绪论

(一)研究背景和目的

渭河是黄河第一大支流,流域面积 13.48 万 km^2,是黄河中游三大暴雨洪水来源区之一,也是黄河泥沙的主要来源区之一。近年来,由于降雨变化和人类活动影响的共同作用,渭河水沙量较历史有较大幅度的减少,洪水量级也大幅减小。通过分析华县水文站实测径流量和年最大洪峰流量得知,近年来渭河洪水总体上呈减小趋势。为了摸清渭河近期水沙变化规律,尤其是汛期产流产沙变化特性,研究选取了泥沙来源区的东川支流和清水来源区的灞河支流,对比过去和近期不同降雨条件对产流产沙的影响。

(二)支流概况

东川流域发源于环县黄土高原子午岭,自北向南,由庆阳汇入马莲河。入马莲河控制水文站为贾桥,控制面积 2 988 km^2,多年平均降雨量 489.5 mm。流域水土流失严重,主要包括黄土高塬沟壑区和黄土丘陵沟壑区。根据贾桥水文站 1954 ~2010 年系列统计,流域多年平均径流量 8 609 万 m^3,多年平均输沙量 2 014 万 t,产沙量大。东川支流径流量和输沙量主要集中在汛期 7 ~ 10 月,特别是主汛期 7 ~ 8 月,其中汛期径流占全年的 65.2%,主汛期径流占全年径流的 51.1%,汛期沙量占全年的90.7%,主汛期沙量占全年沙量的 85.7%。

灞河是渭河的一级支流,发源于蓝田县灞源乡箭峪岭南九道沟,由南向北流,于灞桥区三郎村汇入渭河。入渭河控制站为马渡王水文站,控制面积 1 601 km^2。灞河流域多年平均降雨量 842 mm。根据 1954 ~2009 年系列资料,流域多年平均径流量 4.73 亿 m^3。灞河流域径流量主要集中在汛期 7 ~10 月,汛期径流占全年的 55.6%。在当地"华西秋雨"的特殊气候条件下,9、10 两个月的径流集中程度最高,占全年径流的 31.1%。

二、水文特征变化分析

(一)东川流域

1. 降雨变化

1)降雨量

东川流域不同时段平均降雨量、汛期降雨量和主汛期降雨量的变化过程及各年代均值统计结果如表 8-1 所示。20 世纪 60 年代以来,东川流域的降雨量总体变化不大,各个年代的年、汛期、主汛期降雨量基本在多年均值上下小范围内变化。1966 ~1970 年降雨量最大,80 年代最小,而 2001 年之后接近多年均值。

近 10 年来,流域年均降雨和汛期平均降雨分别为 507.0 mm 和 344.3 mm,均略高于多年均值;但主汛期降雨量为 210.5 mm,略低于多年均值,说明近年来对产流产沙有较大影响的主汛期降雨有所减少,而其他对产流产沙贡献较小的降雨有所增加。

表 8-1 东川流域降雨量 (单位:mm)

项目	1966～1970 年	1971～1980 年	1981～1990 年	1991～2000 年	2001～2010 年	1966～2010 年
年降雨量	548.5	484.8	476.0	464.4	507.0	489.5
汛期降雨量	387.4	335.0	296.9	302.8	344.3	326.7
主汛期降雨量	246.3	225.9	196.7	226.9	210.5	218.8

2)降雨强度

雨强是影响产流产沙的又一重要因素,最大一日降雨量能够部分反映流域雨强的变化。东川流域历年单站最大一日降雨变化资料(见图 8-1)表明,最大一日降雨量自 1960 年以来呈明显增加趋势,2001 年之后最大,可以从一定程度上说明近 10 年来东川流域高强度降雨的雨强有增大的趋势。

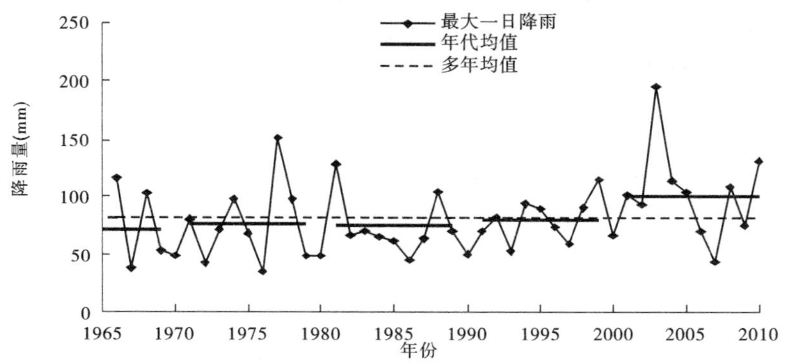

图 8-1 东川流域历年最大一日降雨量变化过程

3)量级降雨发生天数

以日降雨中雨(10～25 mm)、大雨(25～50 mm)和暴雨(大于 50 mm)作为标准,统计东川流域各入选雨量站历年大于该量级降雨发生的天数,统计结果如表 8-2 所示。可以看出,2001 年之后,流域中雨发生的频次为 11.72 d,略高于多年均值;大雨为 3.04 d,接近多年均值;而暴雨发生的频次达到 0.84 d,较历史明显增加。

表 8-2 东川流域不同量级降雨发生天数 (单位:d)

项目	1966～1970 年	1971～1980 年	1981～1990 年	1991～2000 年	2001～2010 年	1966～2010 年
中雨(10～25 mm)	13.00	11.70	10.86	10.16	11.72	11.30
大雨(25～50 mm)	3.97	2.44	3.01	3.36	3.04	3.09
暴雨(大于 50 mm)	0.43	0.66	0.43	0.68	0.84	0.61

4)量级以上降雨累积雨量

以日降雨中雨(10～25 mm)、大雨(25～50 mm)和暴雨(大于 50 mm)作为标准,统计东川流域各入选雨量站历年该量级以上的累积雨量，并将各雨量站进行算术平均计算，得到流域大于该量级降雨的面平均累积雨量。统计结果见表8-3，2001年之后，流域中雨、大雨和暴雨的累积雨量分别为120.7 mm、45.1 mm和16.4 mm，均高于多年平均值，说明近年来流域对产流产沙作用较大的降雨较历史明显增加。

表8-3 东川流域不同量级以上累积降雨量 （单位：mm）

项目	1966～1970年	1971～1980年	1981～1990年	1991～2000年	2001～2010年	1966～2010年
中雨（10～25 mm）	133.4	107.1	113.6	117.4	120.7	117.4
大雨（25～50 mm）	40.9	37.8	34.2	44.2	45.1	39.8
暴雨（大于50 mm）	6.29	14.6	8.1	10.0	16.4	11.5

2. 径流输沙

近10年来的径流量在整个研究系列中最小（见表8-4），年均为0.71亿 m^3，较多年均值减少17.4%；汛期平均为0.46亿 m^3，较多年均值减少17.9%；主汛期平均为0.37亿 m^3，较多年均值减少15.9%。

表8-4 东川流域径流量分年代统计结果

项目	1956～1970年	1971～1980年	1981～1990年	1991～2000年	2001～2010年	1956～2010年
年径流量（亿 m^3）	0.95	0.84	0.81	0.95	0.71	0.86
汛期径流量（亿 m^3）	0.64	0.55	0.48	0.64	0.46	0.56
汛期占全年比例（%）	67.4	65.5	59.3	67.4	64.8	65.2
主汛期径流量（亿 m^3）	0.50	0.42	0.35	0.54	0.37	0.44
主汛期占全年比例（%）	52.6	50.0	43.2	56.8	52.1	51.1

近10年来输沙量明显减少（见表8-5），是这个系列中仅次于20世纪80年代的最小值，输沙量年均为1 515万t，较多年均值减少24.8%；汛期平均为1 396万t，较多年均值减少23.5%；主汛期平均为1 361万t，较多年均值减少21.2%。

表8-5 东川流域输沙量

项目	1956～1970年	1971～1980年	1981～1990年	1991～2000年	2001～2010年	1956～2010年
年输沙量（万t）	2 359	1 994	1 444	2 583	1 515	2 014
汛期输沙量（万t）	2 156	1 941	1 197	2 267	1 396	1 825
汛期占全年比例（%）	91.4	97.3	82.9	87.8	92.1	90.7
主汛期输沙量（万t）	2 023	1 805	1 084	2 220	1 361	1 728
主汛期占全年比例（%）	85.8	90.5	75.1	85.9	89.8	85.7

输沙量变化与径流量变化趋势基本相同，该流域径流泥沙关系密切。近 10 年来，输沙量的减少程度高于径流减少程度。

（二）灞河流域

1. 降雨变化

1）降雨量

统计灞河流域入选雨量站的单站年、汛期、主汛期降雨量，并根据雨量站进行算术平均，得到流域年、汛期和主汛期的面平均降雨量，分析其逐年变化过程和年代均值变化。统计结果见表 8-6，灞河流域 1981 ~ 1990 年降雨量最大达到年均 878.0 mm，而近期降雨量有明显的减小趋势，2004 ~ 2009 年为 749.8 mm，小于多年均值。

表 8-6　灞河流域降雨量　　（单位：mm）

项目	1956 ~ 1970 年	1971 ~ 1980 年	1981 ~ 1990 年	1991 ~ 2003 年	2004 ~ 2009 年	1956 ~ 2009 年
年降雨量	823.7	792.2	878.0	缺少资料	749.8	818.5
汛期降雨量	466.9	444.5	526.6		457.5	474.6
主汛期降雨量	202.4	207.0	215.1		184.9	204.1

2）降雨强度

根据灞河流域历年单站最大一日降雨变化过程（见图 8-2）分析得到，最大一日降雨量 1990 年之前呈明显增加趋势，1990 年之后与多年均值基本相同，可以部分说明近年来灞河流域高强度降雨的雨强无显著变化。

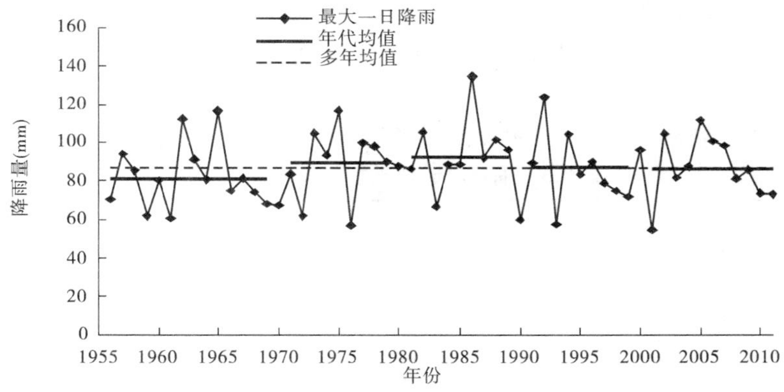

图 8-2　灞河流域历年最大一日降雨量变化过程

3）量级降雨发生天数

灞河流域历年中雨、大雨和暴雨发生天数的变化过程及各年代均值统计结果见表 8-7，2004 ~ 2009 年中雨和大雨的发生天数只有 17.92 d 和 6.06 d，有所减少，说明流域发生中雨和大雨的频次减低；而暴雨的频次为 1.12 d，变化不大。

表 8-7　灞河流域不同量级降雨发生天数　（单位：d）

项目	1956～1970 年	1971～1980 年	1981～1990 年	1991～2003 年	2004～2009 年	1956～2009 年
中雨（10～25 mm）	20.5	18.67	19.43	缺少资料	17.92	19.37
大雨（25～50 mm）	6.52	5.99	6.46		6.06	6.31
暴雨（大于 50 mm）	0.78	1.04	1.71		1.12	1.12

4）量级以上降雨累积雨量变化

灞河流域中雨、大雨和暴雨累积雨量的变化过程及各年代均值统计结果见表 8-8。2004 年之后，灞河流域各量级的累积雨量分别只有 207.0 mm、79.8 mm 和 13.2 mm，都小于多年均值，说明近年来流域对产流作用较大的降雨较历史有所减少。

表 8-8　灞河流域不同量级降雨累积雨量　（单位：mm）

项目	1956～1970 年	1971～1980 年	1981～1990 年	1991～2003 年	2004～2009 年	1956～2009 年
中雨（10～25 mm）	228.0	213.9	234.8	缺少资料	207.0	223.1
大雨（25～50 mm）	73.8	77.3	94.8		79.8	80.7
暴雨（大于 50 mm）	10.5	15.5	26.9		13.2	16.1

2. 径流量

近 10 年来径流量是整个系列中仅次于 20 世纪 90 年代的最小值（见表 8-9），径流量年均为 3.74 亿 m^3，较多年均值减少 20.9%；汛期平均为 2.21 亿 m^3，较多年均值减少 16.3%；主汛期平均为 1.37 亿 m^3，较多年均值减少 6.8%。主汛期径流减少程度小于汛期，而汛期减少程度小于全年，说明非汛期径流减少是径流减少的主要原因。

表 8-9　灞河流域径流量分年代统计结果

项目	1956～1970 年	1971～1980 年	1981～1990 年	1991～2000 年	2001～2010 年	1956～2010 年
年径流量（亿 m^3）	5.89	4.29	6.28	2.94	3.74	4.73
汛期径流量（亿 m^3）	3.14	2.3	4.02	1.41	2.21	2.64
汛期占全年比例（%）	53.3	53.6	64.0	48.0	59.1	55.6
主汛期径流量（9、10 月）（亿 m^3）	1.73	1.46	2.05	0.7	1.37	1.47
主汛期占全年比例（%）	29.4	34.0	32.6	23.8	36.6	31.1

三、产流产沙关系变化分析

(一)水沙关系突变年份确定

1. 东川流域

分别建立东川流域累积面平均年降雨量与贾桥站实测累积年径流量和累积年输沙量的双累积曲线(见图 8-3、图 8-4)。水沙关系突变于 1995 年、1996 年前后,降雨 – 输沙累积曲线所表现的突变关系较为复杂,出现了多个突变年份,但曲线仍表现出在 1995 年、1996 年前后存在降雨 – 输沙关系的突变。

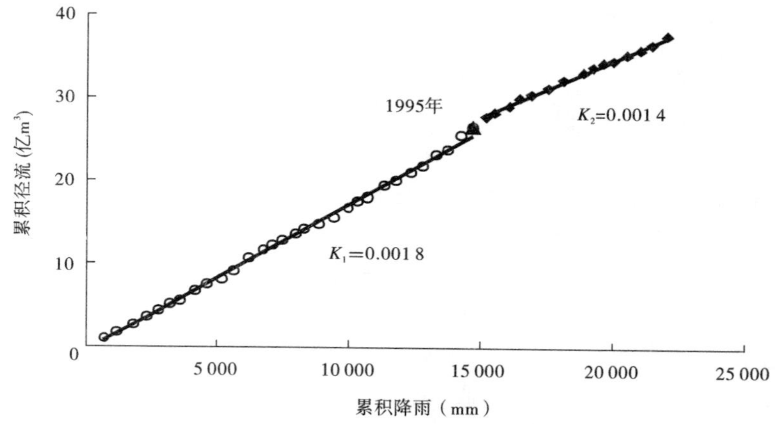

图 8-3　东川流域降雨 – 径流双累积曲线

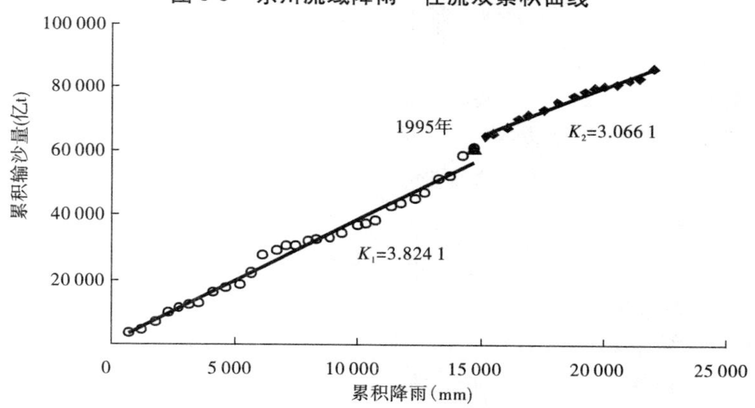

图 8-4　东川流域降雨 – 输沙双累积曲线

综合以上分析,确定东川流域的突变年份为 1995 年、1996 年前后。在分析东川流域水沙关系变化时,可将系列划分为 1995 年之前和 1996 年之后两个时段,并以 1995 年之前作为“天然状态”的基准时段。

2. 灞河流域

图 8-5 为灞河流域累积面平均年降雨量与马渡王水文站实测累积年径流量的双累积曲线。水沙关系突变于 1970 年前后,在分析灞河流域水沙关系变化时,可将系列划分为 1970 年之前、1971 年之后两个时段,并以 1970 年之前作为“天然状态”的基准时段。

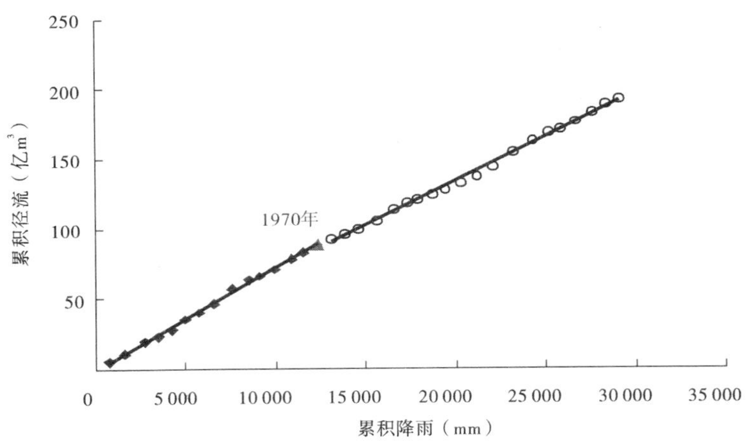

图 8-5　灞河流域降雨－径流双累积曲线

（二）东川流域降雨产流产沙关系变化分析

1. 产流产沙临界雨强

东川支流属超渗产流区，在超渗产流的物理机制下，当雨强较小时，降雨将下渗并随蒸发消耗，对产流的作用很小，只有当雨强大于某一临界值时，降雨才会明显产流。本研究将这一雨强临界值定义为流域产流产沙的"临界雨强"。临界雨强判定方法如下：

（1）以 ΔP =1～5 mm 为步长，分别假设 0～35 mm/d（一般来说，流域面日雨量大于 30 mm/d 是一定会产流产沙的，因此以 35 mm/d 作为最高标准）的多组雨强为标准，按照公式（8-1）统计历年汛期各雨量站高于标准以上的累积雨量，并通过雨量站算术平均得到流域当年汛期的面平均累积雨量。

（2）建立支流天然状态系列的各组累积雨量与同期径流量、输沙量的相关关系，根据相关性分析优选出相关性最好的一组，所对应的雨强标准即为天然状态系列"临界雨强"的判定结果。根据对东川流域水沙关系突变年份的分析，确定以 1995 年前后划分天然状态和人类活动影响状态，因此天然状态系列为 1966～1995 年。

（3）同时，建立受人类活动影响系列的各组累积雨量与同期径流量、输沙量的相关关系，根据相关性分析优选出相关性最好的一组，所对应的雨强标准即为人类活动影响系列"临界雨强"的判定结果。人类活动影响系列为 1996～2010 年。

根据上述方法利用实测资料分析，东川流域在天然状态下"临界产流雨强"为 9 mm/d，"临界产沙雨强"为 16 mm/d。在人类活动影响状态下"临界产流雨强"为 15 mm/d，"临界产沙雨强"为 18 mm/d。

当流域上的某次降雨的雨强高于"临界雨强"时，并非所有的雨量都对产流和产沙有贡献，这时可将次雨量分割为两个部分：对产流产沙有贡献的"有效降雨"和下渗后作为蒸发消耗的"无效降雨"。其中，"临界雨强"以上的部分为"有效降雨"，"临界雨强"以下的部分为"无效降雨"。若以日降雨计算，则"临界雨强"的量纲为 mm/d，与日雨量含义一致，因此全年或某一时段内的"有效降雨量"可以表示为：

$$P_{有效} = \sum_{i=1}^{n} (P_i - P_{临界}) \quad (P_i > P_{临界}, n \text{ 为时段天数}) \tag{8-1}$$

式中：$P_{有效}$ 为日雨量大于临界雨量的累积雨量，mm；P_i 为日雨量，mm；$P_{临界}$ 为临界日雨量，mm。

2. 产流产沙关系变化

以天然状态下的"临界雨强"为标准，建立汛期"累积有效降雨－径流量"及"累积有效降雨－输沙量"的关系（见图8-6、图8-7）。人类活动影响状态下的降雨－径流、降雨－输沙关系线明显处于天然状态下的关系线下方，说明近年来在同样的降雨条件下，流域产流产沙明显减少。

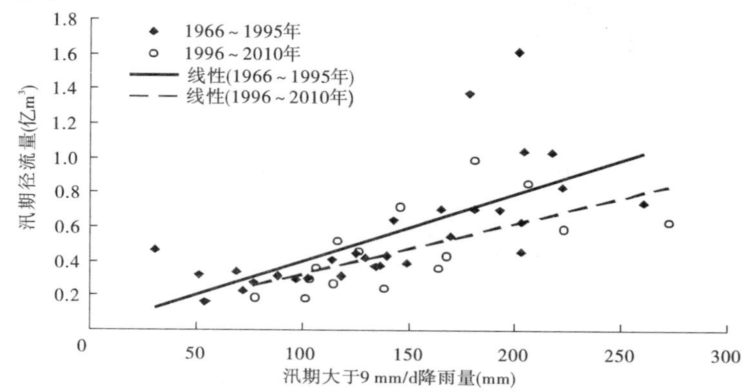

图8-6　汛期大于9 mm/d累积雨量与径流量关系

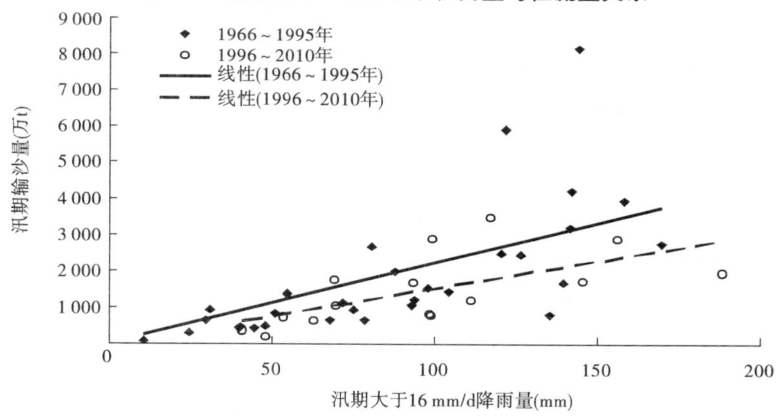

图8-7　汛期大于16 mm/d累积雨量与输沙量关系

3. 流域雨洪变化分析

选取1966～2010年洪峰较大的101场洪水进行雨洪关系分析，建立降雨与洪峰流量、次洪洪量、次洪输沙量相关关系。根据水沙突变年份的判定，以1995年前后分别建立关系（见图8-8～图8-10）。洪峰流量1996年之后关系线较1995年前有所降低；次洪洪量和次洪输沙量关系线趋势性较为明显，1996年之后关系线较1995年前明显降低。说明在1996年之后人类活动的影响引起下垫面的改变，对洪峰、次洪洪量、次洪输沙量均有明显的削减作用。

（三）灞河流域降雨产流关系变化分析

由于灞河流域位于南山支流，其产流机制主要为蓄满产流，且河流流程较短，坡面坡

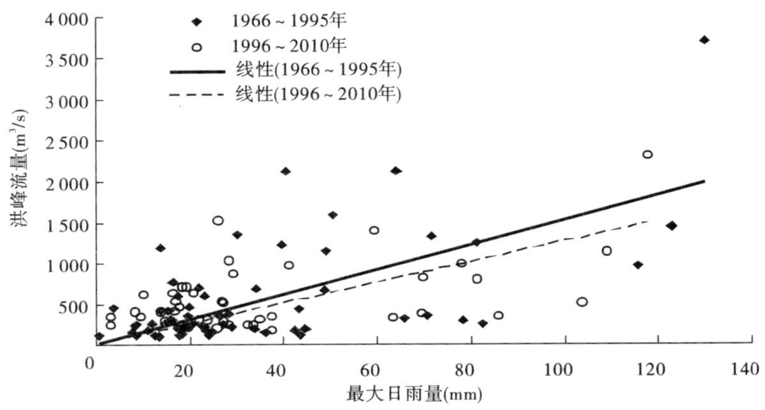

图 8-8　东川流域降雨与洪峰流量相关关系

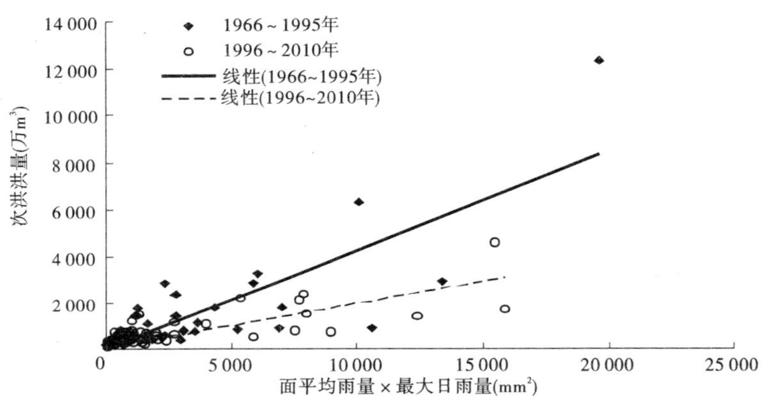

图 8-9　东川流域降雨与次洪洪量相关关系

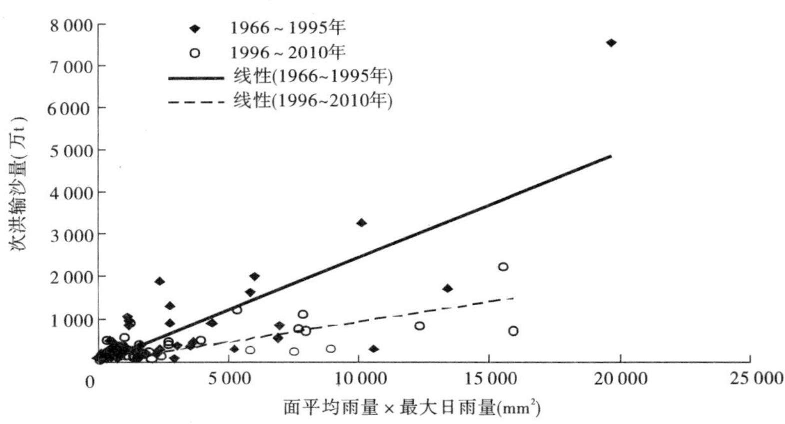

图 8-10　东川流域降雨与次洪输沙量相关关系

度较陡,下渗的降雨中也有较大部分将以壤中流的形式汇入河道,因此在研究灞河流域产流关系时,直接以汛期降雨量－汛期径流量建立相关关系进行分析。

1. 产流关系变化分析

根据水沙突变年份的判定，以1970年前后分别建立汛期降雨－径流关系，但由于1991～2003年缺少资料，因此将这一时段划分为1971～1990年和2004～2009年两段，见图8-11。1971～1990年降雨－径流关系线处于1956～1970年关系线的下方，而2004年后的关系线更低。说明1971年之后，下垫面发生了变化，同样的降雨条件下产流减少；而近年来，流域下垫面产流关系变化更大，相同降雨条件下产流量更小。

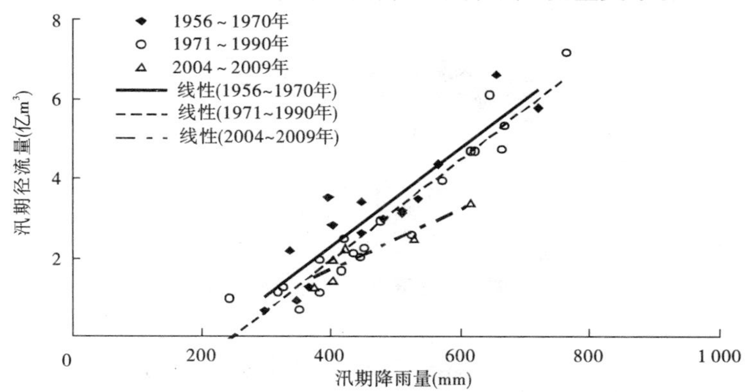

图8-11　灞河流域汛期降雨－径流关系

2. 灞河流域雨洪变化分析

选取1956～2011年洪峰较大的112场洪水进行雨洪关系分析，建立降雨与洪峰流量、次洪洪量相关关系（见图8-12、图8-13）。1956～1970年洪峰流量关系线最高，其次是1971～2000年关系线，2001～2011年关系线最低，表明人类活动影响对洪峰的削减作用持续增强。次洪洪量关系线1956～1970年最高，而1971～2000年和2001～2011年关系线基本重合且明显低于1970年前，表明1970年后人类活动大幅削减了降雨的产流量，而近期降雨产流关系较1971～2000年系列没有大的变化。

四、近10年水沙变化成因初步分析

（一）水沙变化趋势综合分析

两条支流降雨、径流和泥沙特征值较历史的变化程度见表8-10。

东川流域2001年后的径流和泥沙特征值较历史均值大幅减小，其中径流减少超过15%，泥沙减少超过21%。同期降雨量除主汛期稍有减少之外，年降雨和汛期降雨均高于历史均值；对产流产沙意义重大的中雨、大雨，特别是暴雨发生的频次显著增加，各量级降雨的累积雨量也显著增大。这说明近年来东川流域的降雨从雨量、雨强、量级降雨频次、量级降雨量等各个方面均有增大的趋势。近年来的水沙减少应当主要是人类活动影响的结果，特别是20世纪90年代中期之后，东川流域开始大规模开展坡耕地梯田化建设，改变了流域的下垫面和产流产沙规律，对产流产沙的减少起到了关键性作用。

灞河流域1990年之后的径流量较历史大幅减少，进入2001年后虽略有回升，但仍远远低于历史均值。同时，流域的降雨量、雨强、量级降雨发生频次和量级降雨累积雨量也

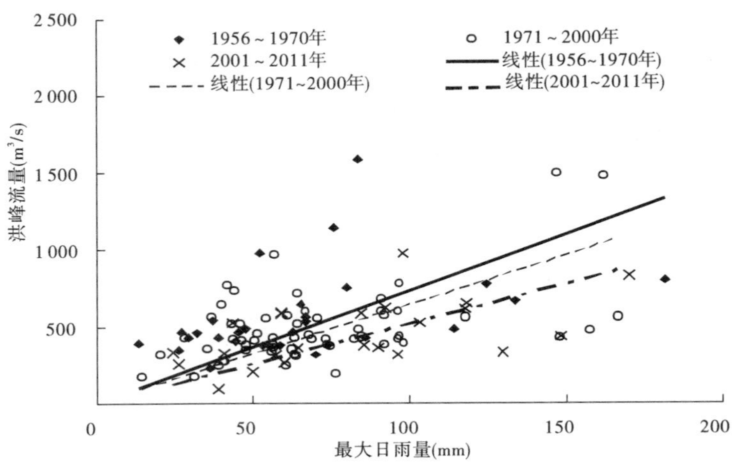

图 8-12　灞河流域降雨与洪峰流量相关关系

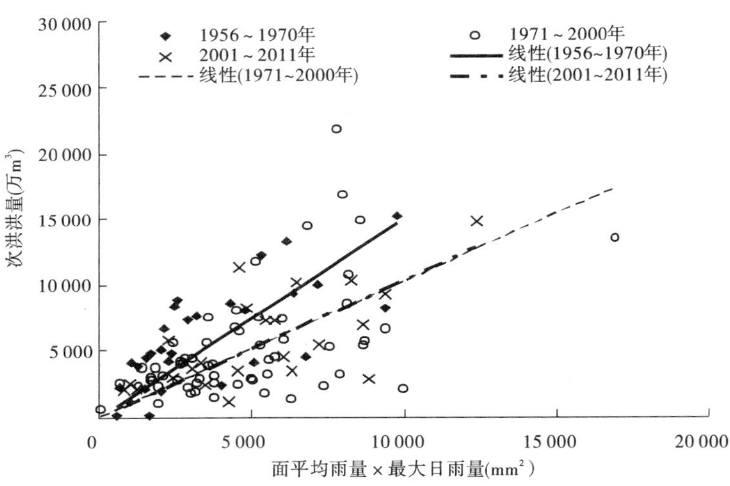

图 8-13　灞河流域降雨与次洪洪量相关关系

有一定程度的减少。降雨变化是灞河流域径流锐减的主要原因之一。然而,降雨变化的程度要小于径流变化的程度,这说明,除了降雨变化的影响外,流域人类活动所带来的下垫面改变也是径流减少的原因。两因素分别发挥的作用如何,尚需要进一步的分析。

(二)天然状态下汛期降雨径流泥沙相关关系

近 10 年来水沙减少的成因主要为降雨变化和人类活动两个方面,可采用"水文法"进行分析,建立天然状态下汛期径流、输沙与降雨的相关关系,将 2001～2010 年的降雨特征值代入回归方程中,与实测径流、输沙进行对比即可划分降雨变化和人类活动分别起的作用。

表 8-10　东川、灞河流域各年代径流、泥沙和降雨特征值较历史均值变化情况统计　(%)

流域	时段	径流量			输沙量			降雨量			降雨天数			累积雨量		
		年	汛期	主汛期	年	汛期	主汛期	年	汛期	主汛期	>10 mm	>25 mm	>50 mm	>10 mm	>25 mm	>50 mm
东川	1966～1970 年	10.5	14.3	13.6	17.1	18.1	17.1	12.1	18.6	12.6	15.0	28.5	-29.5	13.6	2.8	-45.3
	1971～1980 年	-2.3	-1.8	-4.5	-1.0	6.4	4.5	-1.0	2.5	3.2	3.5	-21.0	8.2	-8.8	-5.0	27.0
	1981～1990 年	-5.8	-14.3	-20.5	-28.3	-34.4	-37.3	-2.8	-9.1	-10.1	-3.9	-2.6	-29.5	-3.2	-14.1	-29.6
	1991～2000 年	10.5	14.3	22.7	28.3	24.2	28.5	-5.1	-7.3	3.7	-10.1	8.7	11.5	0.0	11.1	-13.0
	2001～2010 年	-17.4	-17.9	-15.9	-24.8	-23.5	-21.2	3.6	5.4	-3.8	3.7	-1.6	37.7	2.8	13.3	42.6
灞河	1956～1970 年	24.5	18.9	17.7	—	—	—	0.6	-1.6	-0.8	5.8	3.3	-30.4	2.2	-8.6	-34.8
	1971～1980 年	-9.3	-12.9	-0.7	—	—	—	-3.2	-6.3	1.4	-3.6	-5.1	-7.1	-4.1	-4.2	-3.7
	1981～1990 年	32.8	52.3	39.5	—	—	—	7.3	11.0	5.4	0.3	2.4	52.7	5.2	17.5	67.1
	1991～2000 年	-37.8	-46.6	-52.4	—	—	—	—	—	—	—	—	—	—	—	—
	2001～2010 年	-20.9	-16.3	-6.8	—	—	—	-8.4	-3.6	-9.4	-7.5	-4.0	0.0	-7.2	-1.1	-18.0

1. 东川降雨径流泥沙回归分析

将流域 1995 年前天然状态系列的汛期有效降雨量、雨强与实测汛期径流量、输沙量进行统计回归分析，建立天然状态系列“有效降雨 - 径流量”和“有效降雨 - 输沙量”的回归方程，见表 8-11。表中：W 为汛期径流量，万 m^3；W_S 为汛期输沙量，万 t；$I_{有效}$ 为时段“有效降雨”的雨强，mm/d。由图 8-14 可见，公式经检验与实测数据符合较好。

表 8-11　东川流域汛期产流产沙回归方程

状态	项目	统计相关方程	R
天然系列	径流相关	$W = 0.014\,3P_{有效,I>9\ mm/d}^{0.669}I_{有效,I>9\ mm/d}^{0.167}$	0.759 8
	输沙量相关	$W_S = 6.350\,5P_{有效,I>16\ mm/d}^{1.277}I_{有效,I>16\ mm/d}^{0.004}$	0.796 7

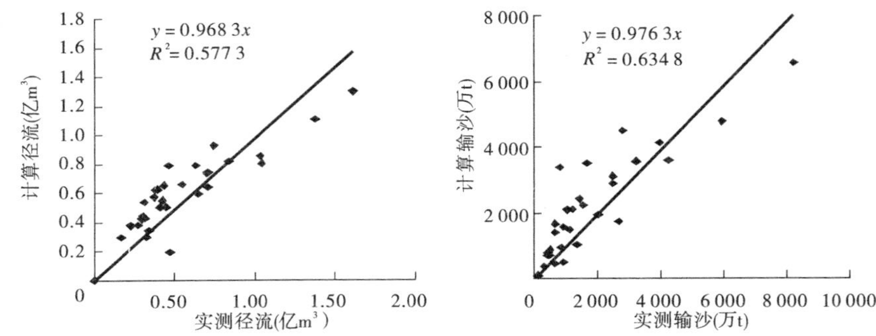

图 8-14　东川支流天然状态系列汛期产流产沙回归方程拟合检验

2. 灞河降雨径流相关分析

将流域 1970 年前天然状态系列的汛期降雨量与实测汛期径流量进行统计相关分析，建立天然状态系列“有效降雨 - 径流量”和“有效降雨 - 输沙量”的相关方程，见表 8-12。表中：W 为汛期径流量，万 m^3；P 为汛期降雨量，mm/d。由表 8-12 和图 8-15 可见，方程的相关系数均较高，R 达 0.913 5，相关性优于东川支流，说明灞河支流的水沙关系规律性更为明显。

表 8-12　灞河流域汛期产流相关方程

状态	项目	统计相关方程	R
天然系列	径流相关	$W = 0.012\,4P - 2.675\,3$	0.913 5

（三）降雨变化与人类活动减水减沙贡献计算

经过分析，2001 ~ 2010 年东川流域的降雨量和雨强并未减少，反而有所增加，导致实测径流量、输沙量减少的原因几乎全部是人类活动的影响，见表 8-13 ~ 表 8-15。灞河流域在 2001 ~ 2010 年间，降雨变化对径流量减水起到一定的作用，其减水比率为 13.76%，而人类活动影响仍然是主要因素，其减水比率达到 86.24%（见表 8-15）。

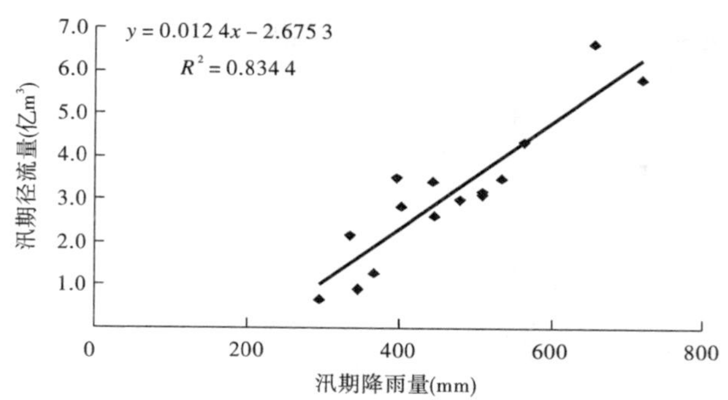

图 8-15　灞河支流汛期降雨径流相关分析

表 8-13　东川流域降雨变化和人类活动减水效果评价

时段	实测径流量（亿 m^3/a）	预测径流量（亿 m^3/a）	总减水量（亿 m^3/a）	人类活动减水量（亿 m^3/a）	降雨变化减水量（亿 m^3/a）	人类活动减水比率（%）	降雨变化减水比率（%）
1966～1995 年	0.596	—	—	—	—	—	—
2001～2010 年	0.469	0.654	0.127	0.185	-0.058	100.0	0.0

表 8-14　东川流域降雨变化和人类活动减沙效果评价

时段	实测输沙量（万 t/a）	预测输沙量（万 t/a）	总减沙量（万 t/a）	人类活动减沙量（万 t/a）	降雨变化减沙量（万 t/a）	人类活动减沙比率（%）	降雨变化减沙比率（%）
1966～1995 年	1 949	—	—	—	—	—	—
2001～2010 年	1 396	2 563	553	1 166	-614	100.0	0.0

表 8-15　灞河流域降雨变化和人类活动减水效果评价

时段	实测径流量（亿 m^3/a）	预测径流量（亿 m^3/a）	总减水量（亿 m^3/a）	人类活动减水量（亿 m^3/a）	降雨变化减水量（亿 m^3/a）	人类活动减水比率（%）	降雨变化减水比率（%）
1956～1970 年	3.137	—	—	—	—	—	—
2001～2010 年	2.127	2.998	1.010	0.871	0.139	86.24	13.76

（四）人类活动对场次洪水影响程度分析

近 10 年来，东川和灞河两支流人类活动对场次洪水的洪峰、洪量和沙量的削减程度可通过对比天然状态下和近 10 年来的雨洪相关线斜率来分析，结果见表 8-16。

表 8-16　两支流降雨变化和人类活动减水效果评价计算表

支流	时段	洪峰流量		次洪洪量		次洪输沙量	
		雨洪相关斜率 K	人类活动削减程度（%）	雨洪相关斜率 K	人类活动削减程度（%）	雨洪相关斜率 K	人类活动削减程度（%）
东川	天然状态	15.275	—	0.425 3	—	0.246 3	—
	近 10 年	12.178	20.27	0.176 1	58.59	0.086 3	64.96
灞河	天然状态	7.363 2	—	1.498 6	—	—	—
	近 10 年	5.163 4	29.88	1.029 9	31.28	—	—

东川支流 2001 ~2010 年间，人类活动对场次洪水的洪峰、洪量和输沙量的削减程度分别为 20.27%、58.59% 和 64.96%。人类活动对洪峰的削减程度最小，对输沙量的削减程度最大。

灞河支流 2001 ~2010 年间，人类活动对场次洪水的洪峰和洪量的削减程度分别为 29.88% 和 31.28%。人类活动对洪峰的削减程度小于对洪量的削减程度。

东川支流的人类活动影响程度大于灞河支流，这与汛期径流的分析结果相吻合，说明东川支流的坡耕地改梯田等建设作用较为显著。

从雨洪分析的相关程度上来看，灞河支流的雨洪相关程度也明显高于东川支流，与汛期降雨径流关系的相关分析结果相一致。

五、结论

(一)近 10 年径流、泥沙变化

近 10 年来，东川和灞河两条支流的径流量和输沙量均较历史明显减少。

其中，东川支流 2001 年后平均年径流量较多年均值减少 17.4%，汛期径流量减少 17.9%，主汛期径流量减少 15.9%；年输沙量较多年均值减少 24.8%，汛期输沙量减少 23.5%，主汛期输沙量减少 21.2%；输沙量减少程度大于径流量减少程度。主汛期减少程度最小，说明在产流产沙最为集中的时期水沙减少程度弱于全年平均减少程度。

灞河支流 2001 年后平均年径流量较多年均值减少 20.9%，汛期径流量减少 16.3%，主汛期径流量减少 6.8%。主汛期径流减少程度小于汛期，而汛期减少程度小于全年，说明非汛期径流减少是径流减少的主要原因。

(二)降雨变化

近 10 年来，东川支流的年降雨量和汛期降雨量，高强度降雨雨强，中雨、大雨和暴雨的发生频次和累积雨量均较历史有明显的增大，说明流域降雨的变化向有利于产流产沙的趋势发展，流域的水沙减少并非降雨变化的影响。

近 10 年来，灞河支流的年降雨量和汛期降雨量，中雨、大雨和暴雨的发生频次和累积雨量均较历史有明显的减少，说明流域降雨的变化对径流减少起到了一定的影响。但是，降雨减少的程度要明显小于径流减少的程度。

（三）水沙关系突变年份

采用长系列的汛期降雨径流和降雨输沙量双累积曲线方法，并结合支流典型人类活动的进程，分析了水沙关系的突变年份。20 世纪 50、60 年代以来，东川支流的水沙关系于 1995 年前后发生突变，灞河支流的水沙关系于 1970 年前后发生突变，以 1995 年/1970 年之前作为水沙变化分析的“天然状态”。

（四）东川支流临界产流、产沙雨量

经过统计相关分析，判定东川流域 1995 年之前的天然状态下临界产流雨强为 9 mm/d，临界产沙雨强为 16 mm/d，即当流域面平均雨量达到一日 9 mm/16 mm 以上时，下垫面开始大规模的产流和产沙。1996 年后，随着梯田建设等人类活动的影响，临界雨强均开始增大，临界产流雨强增大到 15 mm/d，临界产沙雨强增大到 18 mm/d。说明在人类活动影响下，水土保持措施改变了流域下垫面的产流产沙条件，使下垫面产流产沙需要更大的雨强。

（五）水沙减少成因

采用“水文法”建立汛期降雨径流泥沙相关方程，分析近 10 年来水沙减少的成因：东川支流几乎全部是人类活动的影响；灞河支流降雨变化的影响程度占 13.76%，人类活动影响程度达 86.24%。近年来渭河典型支流的水沙锐减主要是人类活动的作用。

（六）人类活动对场次洪水影响程度

近 10 年来，人类活动对东川支流场次洪水的洪峰、洪量和输沙量的削减程度分别为 20.27%、58.59% 和 64.96%。人类活动对洪峰的削减程度最小，对输沙量的削减程度最大。人类活动对灞河支流场次洪水的洪峰和洪量的削减程度分别为 29.88% 和 31.28%。人类活动对洪峰的削减程度小于对洪量的削减程度。东川支流的人类活动影响程度大于灞河支流，这与汛期径流的分析结果相吻合，说明东川支流的坡耕地改梯田等建设作用较为显著。

第九章　认识与建议

一、2010～2011年黄河河情

（一）认识

（1）2011年黄河流域汛期（7～10月）中下游降雨偏多，主要是秋汛期降雨偏多，秋汛期中下游局部区域出现较大洪水，潼关、花园口、华县、黑石关最大洪峰流量分别为5 800 m^3/s、4 050 m^3/s、5 050 m^3/s和2 560 m^3/s。

2011年总体仍然为枯水少沙年，干流主要站水量偏少17%～55%。干支流年沙量偏少幅度多在80%以上，龙门和潼关年沙量分别为0.482亿t和1.233亿t，分别为历史倒数第一、第二。

分析黄河中游多沙粗沙区（河龙区间）汛期降雨径流、径流泥沙关系的变化表明，近年来河龙区间不仅降雨径流关系发生了显著改变，相同降雨条件下的径流量明显减少，而且径流泥沙相关关系也发生了显著的趋势性变化，相同径流条件下的输沙量也明显降低。

（2）2011年汛期干支流8座主要水库蓄水121亿m^3，其中龙羊峡、小浪底两水库分别蓄水50亿m^3和61亿m^3。初步推算如果没有小浪底水库调节，花园口2011年秋汛期最大日均流量将由实测的3 100 m^3/s增加到7 366 m^3/s。骨干水库汛期蓄水调节到非汛期下泄，对确保干流河道不断流，起到了重大的积极作用。

2011年三门峡水库共实施了3次敞泄排沙，排沙总量1.02亿t，平均排沙比3.39，水位低于300 m累计8 d。潼关以下库段全年冲刷泥沙0.162亿m^3、小北干流河段冲刷0.341亿m^3、潼关高程下降0.14 m。

2011年小浪底水库仍以拦沙运用为主，汛期淤积量1.679亿m^3。与2010年10月相比，三角洲淤积形态调整不大。支流淤积较往年减少，淤积面高程升降幅度与河口处干流升降幅度一致。全年排沙主要集中在调水调沙期，出库沙量0.329亿t，排沙比1.2。

（3）2011年黄河下游河道冲刷1.344亿m^3（断面法），各河段均为冲刷，冲刷量76%集中在高村以上河道；汛前调水调沙洪水和9月洪水共冲刷0.459亿t。同流量水位与2010年相比，夹河滩—艾山降幅明显，为0.14～0.52 m，其他站变化不大；下游河道最小平滩流量为4 100 m^3/s（艾山站）。

（二）建议

汛期蓄水大幅度削减了洪峰，从而使得洪水发生频次和洪峰流量量级、洪量、历时等显著较少。“96·8”洪水过后至今16 a的时间内，除1998年和小浪底水库汛前调水调沙外，花园口没有出现过4 000 m^3/s以上的编号洪峰。2003年、2005年汛期水量也偏丰，但由于骨干水库的调蓄，黄河干流均没有出现编号以上的洪水过程。可见，在现有水库格局和运用方式下，很难寄希望于干流出现较大的洪水，塑造下游河槽、冲刷小浪底水库前期淤积物中的细沙。因此，今后应该更加注重干支流中小洪水在塑造下游中水河槽、冲刷小浪底库区前期细沙淤积物的作用。

二、小浪底水库加大排沙的背景条件分析

(一)认识

(1)从黄河下游高效输沙与进入下游的流量之间的关系、高效冲刷与流量之间的关系、黄河下游防洪需要的主槽平滩流量,以及滩区生产生活对平滩流量的要求等方面,论证了平滩流量4 000 m^3/s是黄河下游高效排洪输沙的底限指标。

(2)小浪底水库运用以来,经历次调水调沙和其他洪水的冲刷,黄河下游河道的平滩流量持续增大。据最新分析,目前黄河下游河道最小平滩流量河段在孙口上下,为4 100~4 200 m^3/s,超过了4 000 m^3/s,说明目前黄河下游的平滩流量已达到排洪输沙的底限目标,且得到一定程度的巩固。

(3)长期清水冲刷,黄河下游河道床沙显著粗化,下游河道的清水冲刷效率已经由开始的15 kg/m^3以上,降低为10 kg/m^3,冲刷效率明显降低,继续冲刷将耗用更多的水量。

(4)目前小浪底水库已经累计淤积26.18亿m^3,三角洲顶点高程215.16 m以下仅有5亿m^3库容,水库具备多排沙、多排细沙的条件。

(二)建议

建议在确保供水安全的前提下,小浪底水库相机多排沙、多排细沙,充分利用下游河道中水河槽的输沙能力排沙入海,减缓小浪底水库淤积。

三、春灌期艾山—利津河段冲淤规律及水库下泄流量的建议

(一)认识

(1)黄河下游河道小水期有"上冲下淤"的特点,艾山以下窄河段具有大水冲刷、小水淤积的特点。

(2)春灌期上冲下淤强度随着进入下游流量的增大而增大,流量大于800 m^3/s以上,淤积强度的增幅明显增大;2006年后春灌期"上冲下淤"的强度显著减弱。

(3)春灌期艾山以下窄河段的淤积强度与河道前期冲淤情况有密切的关系,前期大量淤积,春灌期"上冲下淤"的强度也较大。

(4)艾山以下窄河段的淤积强度与引水比例具有密切的关系,引水比例大,则小水期艾山—利津河段的淤积强度大。进入下游的流量同为1 000 m^3/s,引水比大于0.4时的河道淤积强度是引水比小于0.2时的5倍左右。当水库下泄流量为1 500 m^3/s时,若引水比为0.15,艾山—利津河段可发生微冲或冲淤平衡。

(二)建议

(1)为减少春灌期艾山—利津河段的淤积,春灌期在满足灌溉要求的前提下,下泄的流量越小越好,尽量避免下泄800~1 200 m^3/s的流量过程。

(2)2006年后春灌期"上冲下淤"的强度显著减弱,在灌溉任务急迫的情况下,可适度放宽春灌期对小浪底水库下泄流量的限制。

(3)在目前的河道边界条件下,在进入下游为1 500~1 800 m^3/s的较大流量过程时,若引水比控制在0.15以下,可以维持艾山以下窄河段冲淤平衡或微冲。

（4）尽量将水库下泄的流量过程调匀，能够减少艾山—利津河段的淤积。

四、2012年汛前调水调沙主要指标研究

（一）认识

（1）小浪底水库投入运用以来的2000～2011年（12个运用年），进入下游（小浪底、黑石关和武陟三站之和，下同）的总水沙量分别为2 837.96亿m^3和7.503亿t，通过利津站输出河道的水沙量为1 739.69亿m^3和15.936亿t。

（2）非汛期黄河下游河道整体表现为冲刷，其冲刷一般发展到高村，高村至艾山河段时冲时淤，艾山以下河段表现为淤积。同时还可以看出，非汛期高村以上河段冲刷越多，艾山以下河道淤积越多；高村以上河段冲刷少，艾山以下河道淤积也少。

（3）小浪底水库运用以来，汛期共冲刷泥沙9.102亿t，占总冲刷量的68.1%；汛期的冲刷主要发生在洪水期，共冲刷7.060亿t，洪水期以调水调沙期最多，为4.129亿t。

（4）艾山—利津河段1999年11月至2011年10月输沙率计算结果为淤积0.1亿t，与该河段2 000 m^3/s水位平均下降1.21 m不符。利用水位法对总冲淤量进行修正后，得到艾山—利津河段总冲刷量为1.902亿t，汛期冲刷量为2.091亿t。

（5）要维持艾山—利津河段年内冲淤平衡，必须通过较大流量级的洪水过程将前期小水期淤积的泥沙冲刷带走。因此，塑造较大流量且具有一定历时的洪水过程冲刷艾山—利津河段以维持该河段年内冲淤平衡，是汛前调水调沙的主要目标。

（6）2012年汛前调水调沙清水下泄水量确定原则：将当年非汛期艾山—利津河段淤积的泥沙冲刷带走。2012年汛前调水调沙清水阶段进入下游的水量为35亿m^3，泄放流量为4 000 m^3/s。

（二）建议

（1）2012年汛前调水调沙期间，若不限制引水，则适当加大小浪底出库流量，以保证到达艾山站的洪峰流量在4 000 m^3/s左右，平均流量达到3 100 m^3/s以上，以提高艾山—利津河段的冲刷效率，发挥水资源的利用效率。

（2）2012年汛前调水调沙后期塑造异重流时的对接水位为215 m。

（3）2012年汛前调水调沙之前泄放多余蓄水时，流量尽量大一些。在艾山—利津河段引水比在0.15条件下，下泄1 800 m^3/s和1 500 m^3/s两个流量，艾山—利津河段均可以发生冲刷。比较1 500 m^3/s和1 800 m^3/s两个方案，后者下游冲刷量略高于前者，故建议2012年下泄多余蓄水量时按1 800 m^3/s泄放。

五、2012年小浪底水库汛期调水调沙关键技术指标

（一）认识

（1）通过对已开展的三次汛期调水调沙分析，发现较大的水位差、较长的低于三角洲顶点的库水位持续时间，以及较小的蓄水体有利于水库取得较好的排沙效率。

（2）2000～2011年7月11日到8月20日潼关站日均流量均小于2 600 m^3/s、含沙量均小于200 kg/m^3，按小浪底拦沙后期第一阶段推荐方案的调度指令，2012年启动高含沙调节和一般水沙调节中凑泄造峰的概率很小。

(3)从淤积形态分析,2012 年小浪底水库坝前的排沙方式仍为异重流排沙,且当控制水位降至三角洲顶点以下 215 m 时,水库发生溯源冲刷及沿程冲刷,加大异重流潜入时的沙量,全沙、细沙排沙比显著增加,粗沙排沙比增幅不大。

(二)建议

(1)建议 2012 年 7 月 11 日至 8 月 20 日时段内,若三门峡水库 6 月以来没有发生敞泄排沙,则当预报潼关流量大于等于 1 500 m^3/s 持续 2 d 时,启动汛期调水调沙;若三门峡水库发生过敞泄排沙,则当预报潼关流量大于等于 1 500 m^3/s 持续 2 d、含沙量大于 100 kg/m^3 时,启动 2012 年汛期调水调沙。

(2)建议保持控制水位下泄持续时间最长为 4 d,4 d 以后或者 4 d 内当潼关流量小于 1 000 m^3/s 时,水库开始蓄水,转入"蓄满造峰"运用,按流量 400 m^3/s 下泄。

(3)建议确定汛期调水调沙调控指标时,在确保用水安全的前提下,满足艾山—利津河段微淤,下游河道少淤,同时尽量控制小浪底水库细沙排沙比为 100%,满足水库细泥沙不淤积。

(4)建议 2012 年调水调沙小浪底水库按控制水位 215 m 迎峰。结合经验公式和数学模型计算结果,预估当小浪底水库控制水位 215 m 时,小浪底水库全沙排沙比 43% ~ 82%,细沙排沙比 98% ~135%、出库细沙含量 62% ~83%,基本满足小浪底水库细沙不淤积;下游河道淤积量 0.128 亿 ~0.331 亿 t,输沙量 0.613 亿 ~0.812 亿 t,其中淤积粗沙 0.007 亿 ~0.169 亿 t,花园口以上淤积量占总淤积量的 42% ~56%,艾山—利津河段淤积量仅为 0.011 亿 ~0.044 亿 t,相应于艾山—利津河段平滩流量减少 20 m^3/s。

六、低含沙量不同峰型洪水冲刷效率分析

(一)认识

(1)洪峰流量均等于 4 000 m^3/s 的条件下,平头峰的输沙能力最大。

(2)在洪水历时相同的情况下,洪水历时分别为 12 ~16 d 的平头峰洪水,流量大于 2 900 m^3/s 时,其输沙能力均大于自然峰洪水;当洪水历时大于 16 d,即平头峰流量小于 2 900 m^3/s时,自然峰洪水的输沙能力大于平头峰。

(二)建议

在小浪底水库调水调沙期间,若限制不漫滩则尽量调成大流量占比例较大的平头峰,这样输沙效率最高,也易操作。

七、2011 年渭河洪水特点及河道冲淤演变

(一)认识

(1)2011 年渭河下游发生了 1981 年以来最大洪水,临潼站和华县站最大洪峰流量分别为 5 400 m^3/s 和 5 050 m^3/s,渭河下游发生了较大范围漫滩。经过 2003 年、2005 年、2011 年大洪水的作用,渭河下游过洪能力明显恢复,华县站平滩流量由洪水前的 2 400 m^3/s 扩大到 2 700 m^3/s,说明大洪水对维持冲积性河道的排洪输沙功能极为重要。

(2)实测资料分析表明,2003 年、2005 年和 2011 年渭河洪水的冲淤特点符合渭河下游漫滩洪水的冲淤规律,说明渭河下游在 20 世纪 90 年代前后高含沙小水淤积过后,发生

洪水时的冲淤特点与长时期基本规律一致,冲淤规律未出现显著改变。

(3)2011 年渭河洪水虽然洪峰流量较大,但由于河道前期条件较好,平滩流量已有效扩大。因此,与 2003 年大洪水相比,除临潼站洪水水位表现偏高和临潼至华县大洪水削峰率明显偏小之外,其他各站的洪水水位表现、峰型变化、灾情等并不太突出,说明维持一定过洪输沙能力是河道防洪的良好基础。

(二)建议

2011 年渭河洪水含沙量很低,漫滩洪水上滩之后滩地淤积量很少,但主河槽冲刷较大。说明低含沙量大洪水对主河槽的冲刷作用显著,但漫滩淤积效果较差。需要开展低含沙量漫滩洪水的冲淤效益综合分析,以支撑对这类洪水处理原则的合理设置。

八、渭河清水来源区和泥沙来源区典型支流产流产沙特性变化研究

(一)近 10 年径流、泥沙变化

近 10 年来,东川和灞河两支流的径流量和输沙量均较历史明显减少。东川支流 2001 年后平均年径流量较多年均值减少 17.4%,汛期径流量减少 17.9%,主汛期径流量减少 15.9%;年输沙量较多年均值减少 24.8%,汛期输沙量减少 23.5%,主汛期输沙量减少 21.2%。灞河支流 2001 年后平均年径流量较多年均值减少 20.9%,汛期径流量减少 16.3%,主汛期径流量减少 6.8%。

(二)降雨变化

近 10 年来,东川支流的年降雨量和汛期降雨量,高强度降雨雨强,中雨、大雨和暴雨的发生频次和累积雨量均较历史有明显的增大。灞河支流的年降雨量和汛期降雨量,中雨、大雨和暴雨的发生频次和累积雨量均较历史有明显的减少。

(三)东川支流临界产流、产沙雨量

东川支流 1995 年之前的天然状态下“临界产流雨强”为 9 mm/d,“临界产沙雨强”为 16 mm/d。1996 年后,随着梯田建设等人类活动的影响,“临界雨强”均开始增大,“临界产流雨强”增大到 15 mm/d,“临界产沙雨强”增大到 18 mm/d。

(四)水沙减少成因

近 10 年来,东川支流来沙几乎全部受人类活动的影响;灞河支流降雨变化的影响程度占 13.76%,人类活动影响程度达 86.24%。近年来渭河典型支流的水沙锐减主要是人类活动的作用。

(五)人类活动对场次洪水影响程度

近 10 年来,人类活动对东川支流洪峰的削减程度最小,对输沙量的削减程度最大。人类活动对灞河支流场次洪水的洪峰和洪量的削减程度分别为 29.88% 和 31.28%。人类活动对洪峰的削减程度小于对洪量的削减程度。

第二部分　专题研究报告

第一专题　2011 年黄河河情变化特点

根据黄河报汛资料，对 2010～2011 年度的黄河河情进行了系统分析。渭河和伊洛河出现近 30 年来最大洪水，渭河临潼水文站出现建站以来最高水位，华县水文站出现历史第二高水位；干流水文站水沙均有不同程度的减少，龙门和潼关水文站年沙量分别为 0.482 亿 t 和 1.233 亿 t，分别为有实测资料以来倒数第一、第二值；骨干水库对洪水径流的调节作用明显，龙羊峡和小浪底水库削减了洪峰过程，汛期蓄水量分别达到 50 亿 m^3 和 61 亿 m^3，小浪底、万家寨和三门峡水库联合调度人工塑造异重流，减少了小浪底库区淤积；万家寨、三门峡水库联合调控，优化桃汛洪水过程，潼关高程全年下降 0.14 m；水库调蓄确保了干流河道不断流；小北干流河道和三门峡库区均发生不同程度冲刷；小浪底水库汛期淤积 1.679 亿 m^3，但调水调沙期出库沙量 0.329 亿 t，排沙比 1.2。黄河下游河槽继续冲刷，目前平滩流量最小为 4 100 m^3/s。

第一章　流域降雨及水沙特点

一、汛期中下游降雨偏多

根据报汛资料统计,2011 年(运用年,指 2010 年 11 月至 2011 年 10 月,下同)黄河流域汛期(7～10 月,下同)降雨量为 310 mm,较多年(1956～2000 年,下同)平均 285 mm 偏多 9%。偏多主要发生在秋汛期(9～10 月,下同),降雨量为 145 mm,较多年同期偏多 54%,而主汛期(7～8 月,下同)降雨量仅为 165 mm,较多年同期偏少 14%。

汛期降雨空间分布不均,各区间降雨量与多年同期相比,兰州以上偏少 8%,兰州—托克托(简称兰托)区间偏少 28%,其他均偏多,其中,山西—陕西(简称山陕)区间、黄河下游、大汶河流域偏多约 10%,泾渭河、北洛河偏多 30% 左右,龙门—三门峡(简称龙三)干流、伊洛河、沁河偏多 40%～50%,三门峡—小浪底(简称三小)区间、小浪底—花园口(简称小花)干流偏多 60% 以上(见图 1-1)。与 2010 年同期比较,除黄河下游偏少 28% 外,其他区间均偏多,特别是三小区间、沁河和小花干流偏多 40% 以上(见图 1-1)。汛期降雨量最大值发生在伊洛河的张坪,降雨量为 476 mm(见表 1-1)。

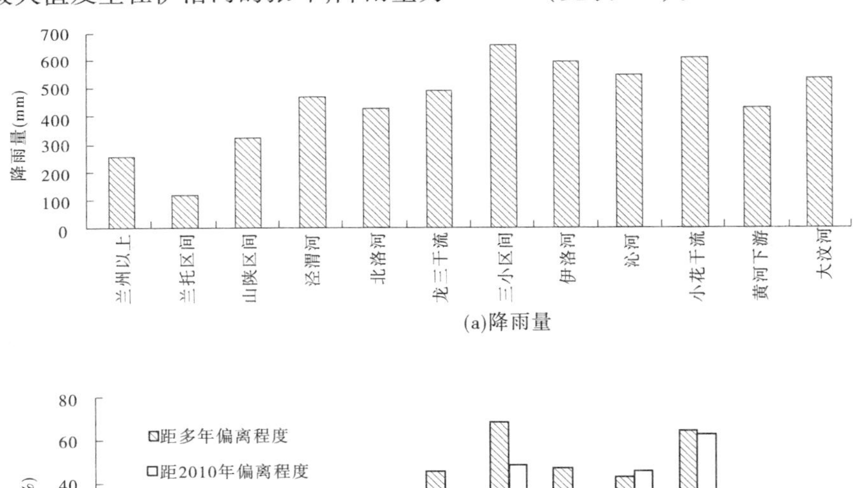

(a)降雨量

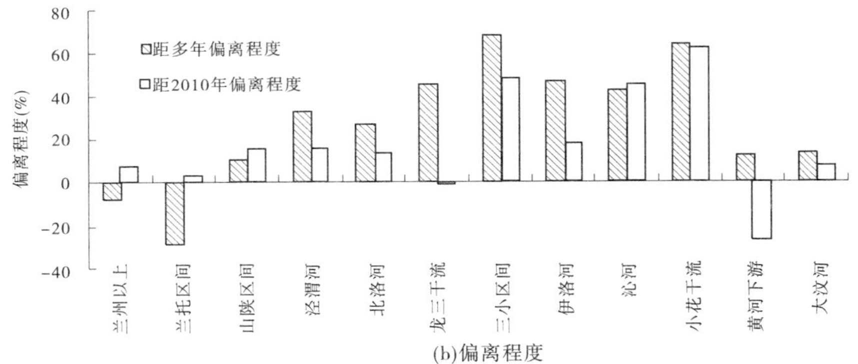

(b)偏离程度

图 1-1　2011 年汛期黄河流域各区间降雨量及偏离程度

表 1-1　2011 年流域各区间降雨情况

区间	6 月		7 月		8 月		9 月		10 月		7 ~ 10 月			
	雨量(mm)	距平(%)	雨量(mm)	距平(%)	雨量(mm)	距平(%)	雨量(mm)	距平(%)	雨量(mm)	距平(%)	雨量(mm)	距平(%)	最大雨量(mm)	
													量值	地点
兰州以上	77	9.1	78	-14.8	68	-22.5	88	28.5	25	-26.3	259	-8.0	192	门堂
兰托区间	12	-55.7	24	-57.7	50	-22.6	30	-4.8	15	11.9	119	-28.4	127	头道拐
山陕区间	26	-49.7	122	20.7	95	-6.8	62	5.8	41	49.1	320	10.7	281	杨家坡
泾渭河	42	-35.1	117	7.5	82	-19.4	218	143.8	46	-8.0	464	32.6	466	黑峪口
北洛河	26	-55.8	112	0.6	100	-8.5	160	106.5	53	38.7	425	26.4	261	哭泉
龙三干流	50	-18.4	91	-18.1	74	-29.8	276	256.6	46	11.4	486	45.0	334	罗敷堡
三小区间	17	-73.2	169	14.1	111	0.1	317	305.9	54	9.3	651	68.4	441	曹村
伊洛河	26	-64.5	111	-24.0	113	-3.3	326	286.3	41	-25.6	591	46.9	476	张坪
沁河	14	-80.0	184	24.0	117	-3.1	198	184.9	41	2.0	540	42.5	284	五龙口
小花干流	13	-78.6	120	-16.0	138	31.1	294	301.1	50	9.4	602	64.0	323	孟津
黄河下游	37	-43.3	69	-55.0	128	1.9	187	199.2	38	6.1	422	11.9	267	花园口
大汶河	37	-56.6	150	-29.4	179	18.5	182	185.3	13	-62.1	524	13.5	249	莱芜

注:历年均值指 1956 ~ 2000 年。“ - ”为偏少。

山陕区间汛期降雨量 320 mm,较多年平均偏多 10.7%,其中秋汛期降雨量 103 mm,较多年平均偏多 20%;主汛期降雨量 217 mm,较多年平均偏多 7%。

流域秋汛期降雨量偏多程度大,各区间偏多在 1% ~190%,特别是龙门以下干支流,偏多 100% 以上(见图 1-2)。秋汛期降雨主要在 9 月份,龙门以下干支流月降雨量超过 200 mm,三小区间和伊洛河超过 300 mm(见表 1-1)。

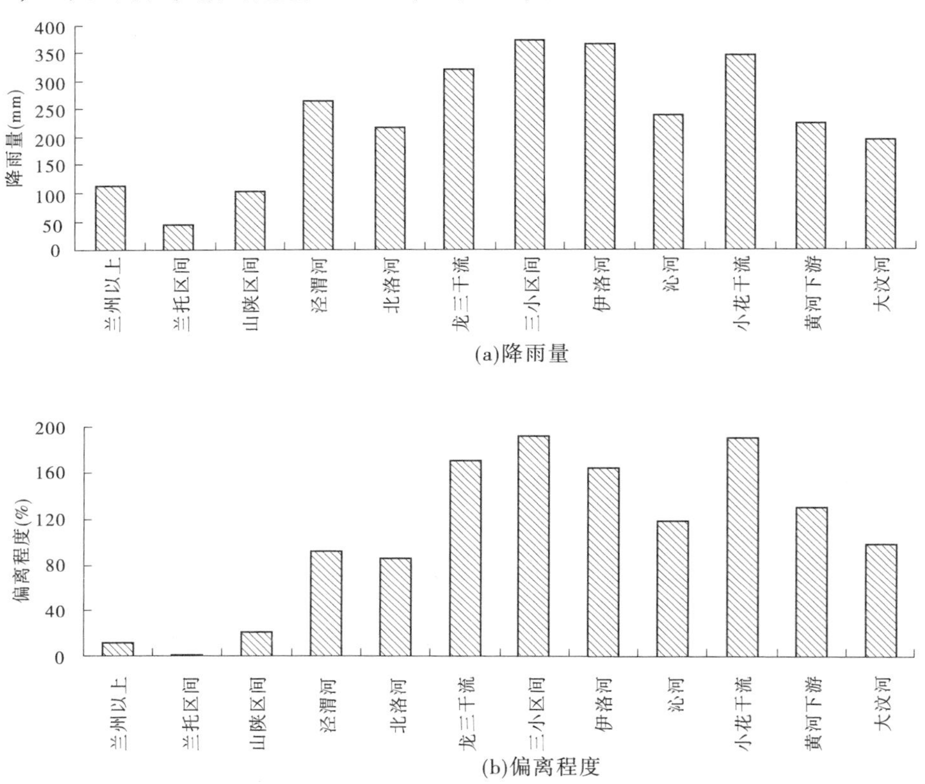

图 1-2 2011 年秋汛期黄河流域各区间降雨量及偏离程度

二、水沙量仍然偏少

(一)黄河干流水量普遍偏少,支流渭河和伊洛河汛期水量偏丰

2011 年主要干流控制站唐乃亥、头道拐、龙门、潼关、花园口和利津站年水量分别为 203.42 亿 m^3、154.85 亿 m^3、166.60 亿 m^3、245.26 亿 m^3、250.17 亿 m^3 和 141.84 亿 m^3(见表 1-2),与多年平均相比,除唐乃亥基本持平外,其他各站偏少程度从上至下逐渐增加,从兰州的 17% 增加到利津的 55%(见图 1-3)。汛期水量沿程变化特点同全年的,除利津外,其他各站偏少程度高于全年的。

除利津外,干流水文站汛期水量占全年比例均不足 60%,其中头道拐、吴堡、龙门分别只有 38%、38%、39%。

表 1-2　2011 年黄河流域主要控制站水沙量统计

项目	运用年		汛期		汛期/年(%)		最大流量 (m³/s)
	水量 (亿 m³)	沙量 (亿 t)	水量 (亿 m³)	沙量 (亿 t)	水量	沙量	
唐乃亥	203.42	0.079	120.02	0.050	59	63	2 410
兰州	259.79	0.100	115.28	0.082	44	82	1 840
头道拐	154.85	0.376	59.40	0.181	38	48	1 660
吴堡	160.22	0.260	60.89	0.190	38	73	2 530
龙门	166.60	0.482	65.30	0.350	39	73	2 390
四站	248.78	0.959	128.51	0.807	52	84	
潼关	245.26	1.233	125.47	0.970	51	79	5 800
三门峡	234.65	1.754	125.33	1.748	53	100	5 960
小浪底	230.32	0.329	81.11	0.329	35	100	4 230
进入下游	262.03	0.346	104.78	0.346	40	100	
花园口	250.17	0.570	107.07	0.387	43	68	4 050
夹河滩	235.35	0.728	100.43	0.434	43	60	4 020
高村	226.10	0.830	101.39	0.473	45	57	3 640
孙口	204.56	0.771	96.80	0.450	47	58	3 580
艾山	203.16	0.914	104.90	0.563	52	62	3 750
泺口	175.90	0.853	104.51	0.610	59	72	3 580
利津	141.84	0.810	100.17	0.596	71	74	3 230
华县	71.07	0.440	55.26	0.420	78	95	5 050
河津	4.70	0.003	3.75	0.003	80	100	124
洑头	6.42	0.034	4.20	0.034	65	100	
黑石关	27.61	0.016	19.98	0.016	72	100	2 560
武陟	4.10	0.002	3.69	0.002	90	100	392

注：四站为龙门＋华县＋河津＋洑头。

主要支流控制站华县(渭河)、河津(汾河)、洑头(北洛河)、黑石关(伊洛河)、武陟(沁河)来水量分别为 71.07 亿 m³、4.70 亿 m³、6.42 亿 m³、27.61 亿 m³、4.1 亿 m³，与多年平均相比，河津(汾河)、武陟(沁河)和利津偏少较多(见图 1-3)，汛期华县(渭河)和黑石关(伊洛河)与多年同期相比偏多 30%。河口镇—龙门(简称河龙)区间年来水量为

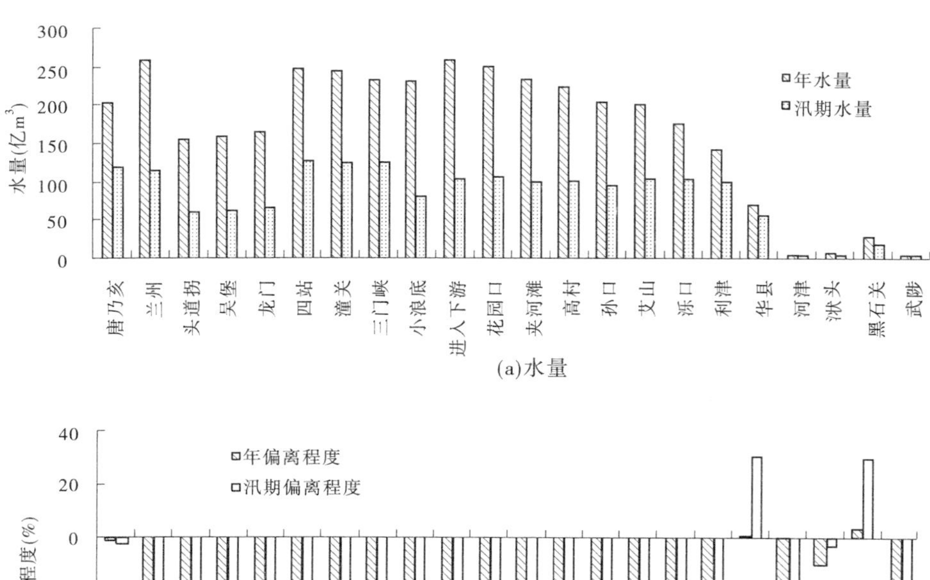

图 1-3 2011 年主要干支流水文站实测水量及偏离程度

31.89 亿 m³,与多年同期相比偏少 38%,其中汛期来水量为 15.65 亿 m³,较多年同期偏少 55%。

(二)沙量显著偏少

干流沙量主要控制水文站龙门、潼关、花园口和利津年沙量分别为 0.482 亿 t、1.233 亿 t、0.570 亿 t 和 0.810 亿 t(见表 1-2),较多年平均值分别偏少 90% ~95%(见图 1-4)。龙门、潼关年沙量分别为有资料以来历史倒数第一、第二位。

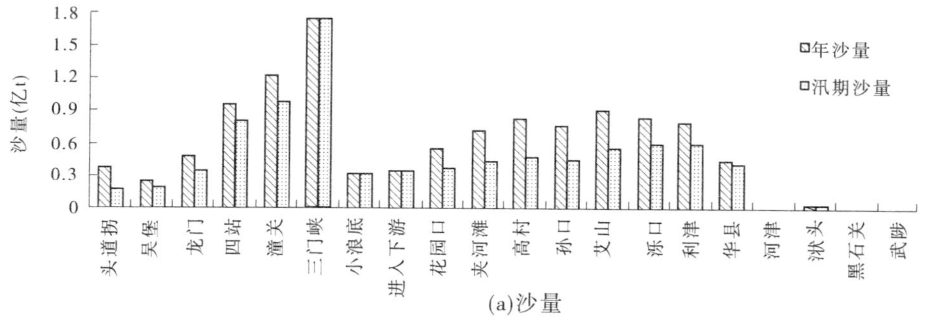

图 1-4 2011 年主要干支流水文站实测沙量及偏离程度

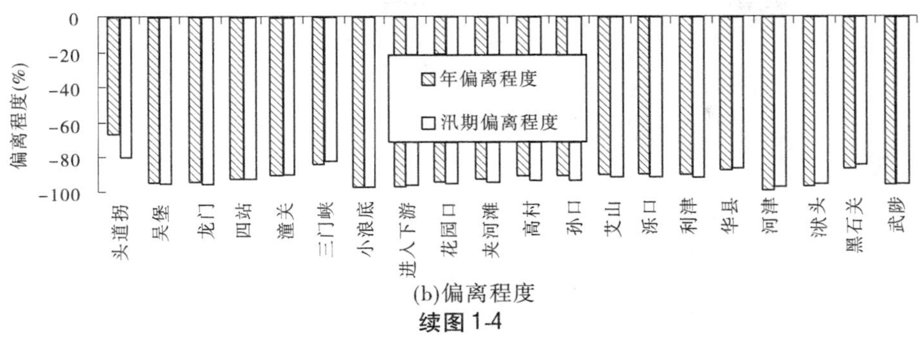

(b)偏离程度

续图 1-4

主要支流控制站华县(渭河)、洑头(北洛河),以及河龙区间年沙量分别为 0.440 亿 t、0.034 亿 t 和 0.43 亿 t,较多年平均值偏少程度分别为 88%、96% 和 95%。其中华县和河龙区间年沙量分别为有资料以来历史倒数第一和第二位。

(三)河龙区间降雨偏多,来水偏少

河龙区间汛期降雨量 320 mm,来水量 15.65 亿 m^3,来沙量 0.325 亿 t,与多年平均相比,降雨量偏多 10.8%,来水量偏少 55%,来沙量偏少 95%。1969 年以前,降雨、径流、泥沙有着较好的相关关系(见图 1-5)。2000 年以后关系发生了变化,在不同降雨量条件下,径流量维持在一定水平变化不大。水沙关系与 2000 年以前相比明显分带,相同水量条件下沙量显著减少。

(四)大流量级仍然较少

2011 年龙门以上干流各站未发生 3 000 m^3/s 以上流量过程。下游花园口和利津在小浪底水库汛前调水调沙期和秋汛洪水期,出现大于 3 000 m^3/s 流量的天数分别为 14 d 和 4 d(见表 1-3)。除兰州外,小于 1 000 m^3/s 流量级历时占全年的比例在 78% 以上,特别是头道拐和龙门达到 83% 以上。

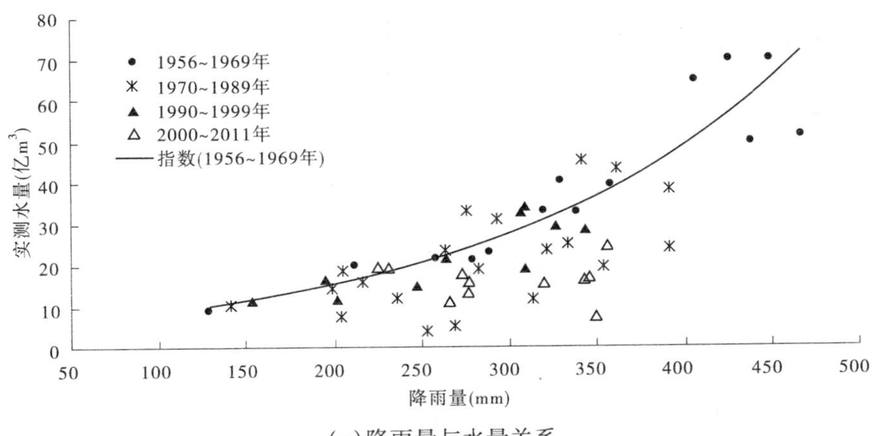

(a)降雨量与水量关系

图 1-5 汛期河龙区间降雨、径流、泥沙关系

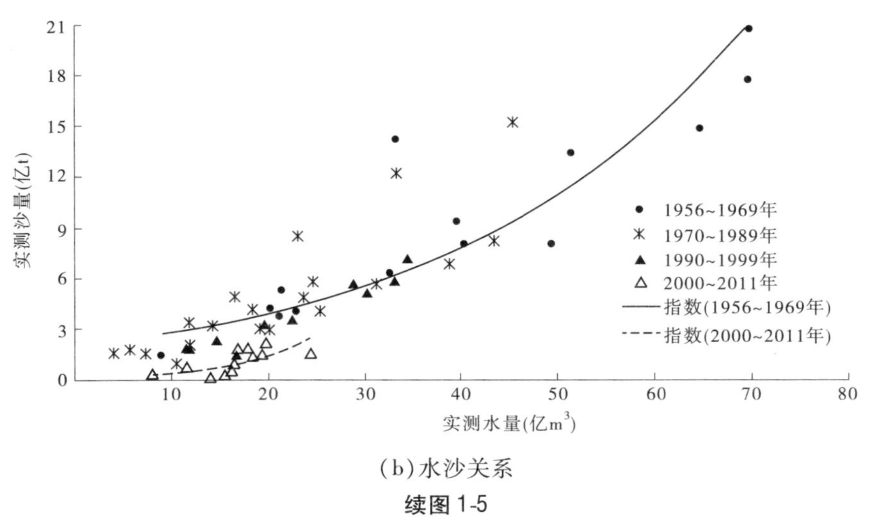

(b)水沙关系

续图 1-5

表 1-3　2011 年干流主要站各流量级出现天数

时段	流量级 (m^3/s)	各站不同流量级出现天数(d)						
		唐乃亥	兰州	头道拐	龙门	潼关	花园口	利津
年	<1 000	285	195	343	340	306	303	317
	1 000～2 000	75	170	22	23	42	40	26
	2 000～3 000	5	0	0	2	8	8	18
	≥3 000	0	0	0	0	9	14	4
汛期	<1 000	63	43	112	108	74	71	81
	1 000～2 000	55	80	11	15	33	40	26
	2 000～3 000	5	0	0	0	7	7	12
	≥3 000	0	0	0	0	9	5	4

三、秋汛期支流洪水偏多

2011 年干流大部分水文站全年最大流量分别出现在秋汛期和汛前调水调沙期(见图 1-6),头道拐、龙门、潼关和花园口全年最大流量分别为 1 660 m^3/s(3 月 21 日)、2 390 m^3/s(3 月 27 日)、5 800 m^3/s(9 月 21 日)和 4 050 m^3/s(6 月 24 日)。支流全年最大流量出现在秋汛期,其中渭河和伊洛河出现近 30 年来最大洪水,华县和黑石关洪峰流量分别为 5 050 m^3/s(9 月 20 日)和 2 560 m^3/s(9 月 19 日),渭河临潼水文站出现建站以来最高水位,华县水文站出现历史第二高水位,渭河下游漫滩严重,多条南山支流出现洪水倒灌。此外,主汛期上游唐乃亥水文站出现洪水,为建站以来历年同期第 12 位洪水,洪峰流量 2 410 m^3/s(7 月 10 日)。进入下游的两场洪水分别是汛前调水调沙洪水和以伊洛河洪水为主的秋汛期洪水。

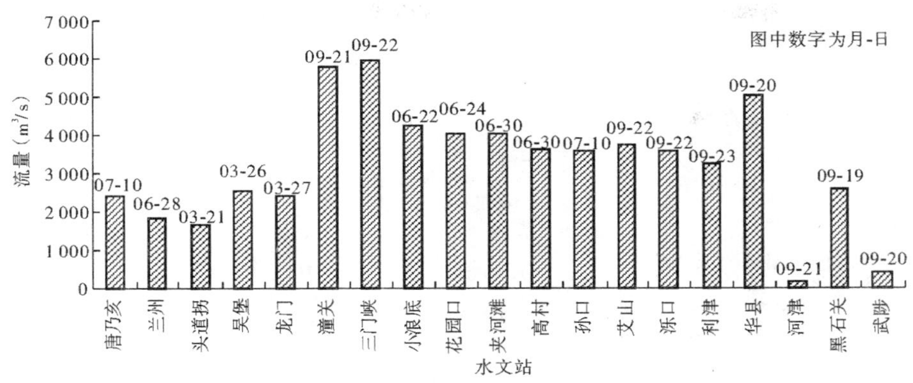

图 1-6　2011 年各水文站最大流量变化

(一)上游洪水

7 月上旬,黄河上游受持续降雨影响,军功水文站 7 月 10 日 18.4 时洪峰流量 2 160 m^3/s;唐乃亥水文站 7 月 10 日 15.5 时洪峰流量 2 410 m^3/s,为建站以来历年同期第 12 位,洪水被龙羊峡水库拦蓄,出库贵德水文站流量不足 800 m^3/s。

(二)泾渭河洪水

2011 年渭河 9 月 6 ~ 11 日、12 ~ 17 日和 18 ~ 26 日连续出现 3 次大的降雨过程,分别形成 3 次较大洪水过程(见图 1-7),致使渭河中下游地区出现秋汛洪水。此次秋汛洪水峰高量大,持续时间长,含沙量小,洪水坦化变形小,使得渭河中下游洪水位高,漫滩严重,数条南山支流倒灌。

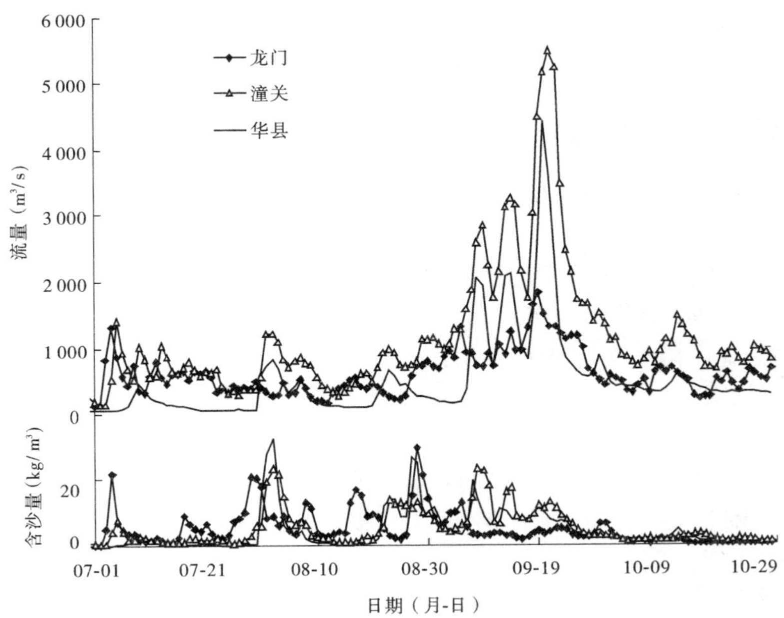

图 1-7　2011 年黄河中游汛期干流主要水文站及华县水文站水沙过程

(三)伊洛河洪水

9 月 12 日至 10 月 1 日伊洛河连续发生了 2 次洪水过程(见图 1-8),其中洛河白马寺和伊洛河黑石关出现了1982年以来最大洪水，其洪水有以下特点：

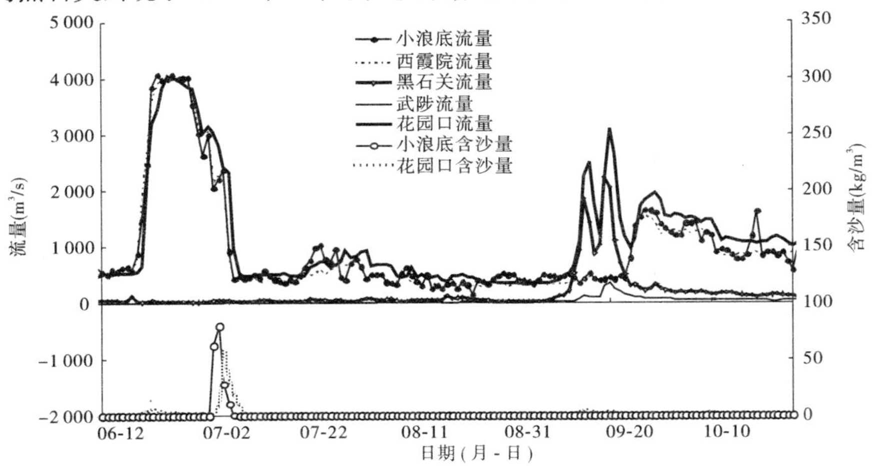

图1-8　2011年黄河下游主要断面汛期日均流量、含沙量过程线

(1)峰高量大，持续时间长。

伊洛河白马寺水文站9月19日8时洪峰流量2 270 m^3/s，黑石关水文站19日8时洪峰流量2 560 m^3/s，均为1982年以来最大洪水，两次洪水过程在黑石关水文站总历时达20 d。

(2)洛河故县水库—白马寺区间加水较多。

在伊洛河第一场洪水期间，洛河故县水库9月13日20时前按200 m^3/s下泄，13日22时至14日8时按400 m^3/s下泄。长水水文站最大流量951 m^3/s，白马寺水文站14日14时27分洪峰流量1 710 m^3/s。初步计算长水水文站洪量1.76亿m^3，白马寺水文站洪量3.60亿m^3，长水—白马寺区间增加洪量约1.84亿m^3。

第二场洪水期间，洛河故县水库18日24时后按1 000 m^3/s下泄。长水水文站18日18时最大流量1 490 m^3/s，白马寺水文站19日8时洪峰流量2 270 m^3/s，初步计算，长水水文站洪量2.90亿m^3，白马寺水文站洪量4.54亿m^3，长水—白马寺区间增加洪量约1.64亿m^3。

(3)伊洛河下游洪水坦化明显，削峰率大。

第二场洪水期间，受降雨和水库调节影响，洛河白马寺水文站19日8时洪峰流量2 270 m^3/s，伊河龙门镇水文站19日3时洪峰流量1 230 m^3/s，两者汇合后，19日8时，洪水传播至伊洛河黑石关水文站洪峰流量也只有2 560 m^3/s，洪水在传播过程中坦化明显，削减率达25%以上(见图1-9)。

近年来，伊河、洛河洛阳段、偃师段，以及伊洛河巩义段进行了河道整治，多处修建橡胶坝，加之河段内持续多年的挖沙取土和高秆秋作物影响，致使河道形态变化较大，洪水演进过程中变形严重，削减率大。

(4)含沙量小。

相对以往同流量洪水而言，伊洛河各水文站含沙量也较小，洛河卢氏水文站最大含沙量为19.8 kg/m^3，而伊洛河黑石关水文站最大含沙量仅为5.70 kg/m^3。

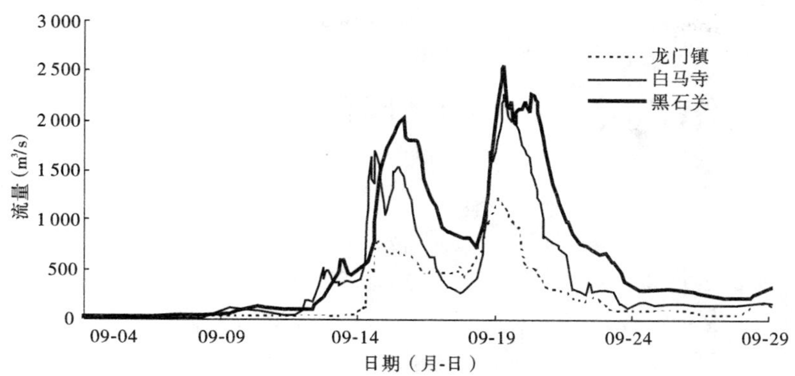

图 1-9 伊洛河洪水过程(2011 年)

第二章　水库调蓄对水沙的影响

至2011年11月1日，黄河流域八座主要水库蓄水总量327.98亿 m^3（见表2-1），其中龙羊峡水库蓄水量202.00亿 m^3，占总蓄水量的61.6%；刘家峡水库和小浪底水库蓄水量分别为28.70亿 m^3 和73.40亿 m^3，分别占总蓄水量的8.7%和22.4%。与2010年同期相比，蓄水总量增加32.87亿 m^3，小浪底水库增加较多，达到29.30亿 m^3。

表2-1　2011年主要水库蓄水情况

水库	2011年11月1日		非汛期蓄水变量（亿 m^3）	汛期蓄水变量（亿 m^3）	主汛期蓄水变量（亿 m^3）	年蓄水变量（亿 m^3）
	水位（m）	蓄水量（亿 m^3）				
龙羊峡	2 587.60	202.00	-47.00	50.00	29.00	3.00
刘家峡	1 725.56	28.70	-5.10	4.50	3.50	-0.60
万家寨	965.21	1.66	0.01	-1.01	-0.07	-1.00
三门峡	318.00	4.46	0.51	0.35	-3.59	0.86
小浪底	263.47	73.40	-31.70	61.00	3.60	29.30
东平湖老湖	42.91	5.25	-0.86	1.76	0.82	0.90
陆浑	318.50	6.26	-1.94	2.35	0.84	0.41
故县	533.57	6.25	-1.97	1.97	-0.28	0.00
合计	—	327.98	-88.05	120.92	33.82	32.87

注：-为水库补水。

全年非汛期八座水库共补水88.05亿 m^3，其中龙羊峡、刘家峡和小浪底水库分别为47.00亿 m^3、5.10亿 m^3 和31.70亿 m^3；汛期共增加蓄水120.92亿 m^3，其中龙羊峡水库为50.00亿 m^3，小浪底水库为61.00亿 m^3，特别是龙羊峡水库主汛期蓄水达到29.00亿 m^3，占该水库汛期总水量的58%，汛期蓄水由过去的秋汛期为主变为主汛期占主导。小浪底水库秋汛期蓄水达到57.40亿 m^3，占该水库汛期蓄水总量的94%。

一、龙羊峡水库对洪峰的滞蓄作用

龙羊峡水库是多年调节水库，从2010年11月1日至2011年6月1日，水库水位由2 586.73 m下降到全年最低水位2 567.71 m（见图2-1），下降19.02 m，补水47亿 m^3；而后，转入蓄水运用，截至2011年11月1日水库水位升至2 587.6 m，上升19.89 m，增蓄水量69.30亿 m^3。与2010年同期相比，非汛期少补水1.00亿 m^3，汛期多蓄水27.00亿 m^3，水库最低水位偏低11.03 m。

龙羊峡水库入库两场洪水均被拦蓄，其中入库最大流量2 182 m^3/s（7月12日），经过水库调节出库不足800 m^3/s，全年出库流量基本上在1 000 m^3/s 以下（见图2-2）。

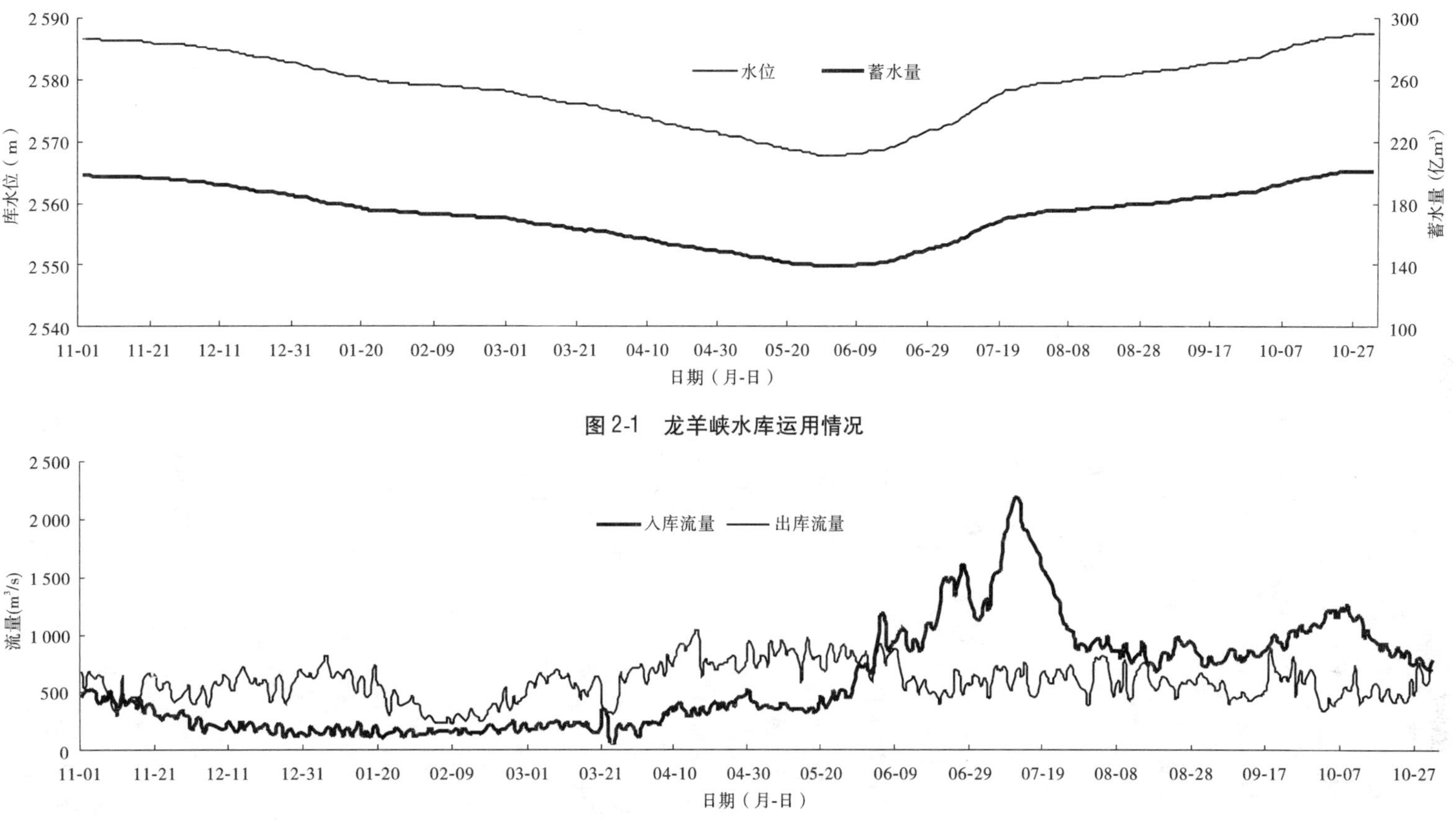

图 2-1　龙羊峡水库运用情况

图 2-2　龙羊峡水库流量调节过程

二、刘家峡水库对水量的调节作用

刘家峡水库是不完全年调节水库，全年运用分五个阶段（见图2-3），即：2010年11月1日至2010年11月17日水库泄水，为防凌腾库容，水位下降5.49 m；其后转入防凌蓄水，到2011年3月23日水位上升了14.53 m，而后开始春灌泄水、防汛及排沙泄水，至7月6日，水库蓄水量和水位达到全年最小值，分别为23.34亿m^3和1 720.4 m；7月10日开始防洪运用，10月8日水位达到1 730.28 m，10月9日以后转入泄水运用。全年水位下降0.48 m，最高水位和最低水位相差14.62 m。与2010年相比，运用方式变化不大，但非汛期补水量明显大于2010年。

刘家峡水库出库过程主要根据防凌、防洪、灌溉和发电需要控制。由图2-4可以看出，2010年11月19日至2011年1月31日为防凌封河运用，出库流量在500 m^3/s左右，2011年2月26日至3月22日为防凌开河运用，出库流量在300 m^3/s左右；3月下旬至6月中旬为灌溉运用，出库流量在1 000～1 200 m^3/s；汛期入库流量大时水库蓄水，入库流量小时水库根据发电需要补水。

三、万家寨水库利用桃汛洪水降低潼关高程试验和调水调沙补水

2011年继续开展利用桃汛洪水过程冲刷降低潼关高程试验。宁蒙河段开河期间，在确保凌汛期安全情况下，在头道拐凌洪过程中，利用万家寨水库和龙口水库进行补水运用。补水期间万家寨水库最高蓄水位972.49 m（3月23日）（见图2-5），为试验补水2.1亿m^3，最大出库流量2 170 m^3/s（见图2-6），达到了试验调控指标2 000 m^3/s的要求。同时水库有一定的排沙，最大出库含沙量20.5 m^3/s。

调水调沙期水库补水运用，最大出库流量1 270 m^3/s，在桃汛期和9月份的洪水期水库进行排沙运用。全年出库沙量为0.161 4亿t，排沙比0.467。

四、三门峡水库对水沙过程的调节作用

2011年三门峡水库非汛期仍按不超过318 m控制，平均蓄水位317.43 m，最高日均水位318.0 m（见图2-7）。3月下旬配合桃汛洪水冲刷降低潼关高程试验，水位降至313 m以下，最低降至312.5 m。汛期仍采用平水期控制水位不超过305 m、流量大于1 500 m^3/s敞泄排沙的运用方式，汛期平均水位305.93 m，其中调水调沙后到10月10日平均水位303.79 m。

桃汛洪水期水库基本按313 m控制运用，入库最大日均流量为2 070 m^3/s，含沙量在3～7 kg/m^3，相应出库最大流量为1 890 m^3/s，水库有少量排沙，排沙量仅0.006亿t，出库最大日均含沙量仅1.53 kg/m^3。调水调沙期利用318 m以下蓄水塑造洪峰，从7月3日至7月7日，入库最大日均流量为1 420 m^3/s，最大含沙量为7.75 kg/m^3，沙量为0.016亿t。出库最大日均流量为2 820 m^3/s，含沙量为123 kg/m^3，沙量为0.273亿t。洪水期水库敞泄运用，出库含沙量显著增加，最大为101 kg/m^3（见图2-8），其中入库最大日均洪峰流量为5 500 m^3/s，相应含沙量13.2 kg/m^3；出库日均最大流量5 650 m^3/s，流量在4 000～5 000 m^3/s时相应含沙量约在20 kg/m^3。

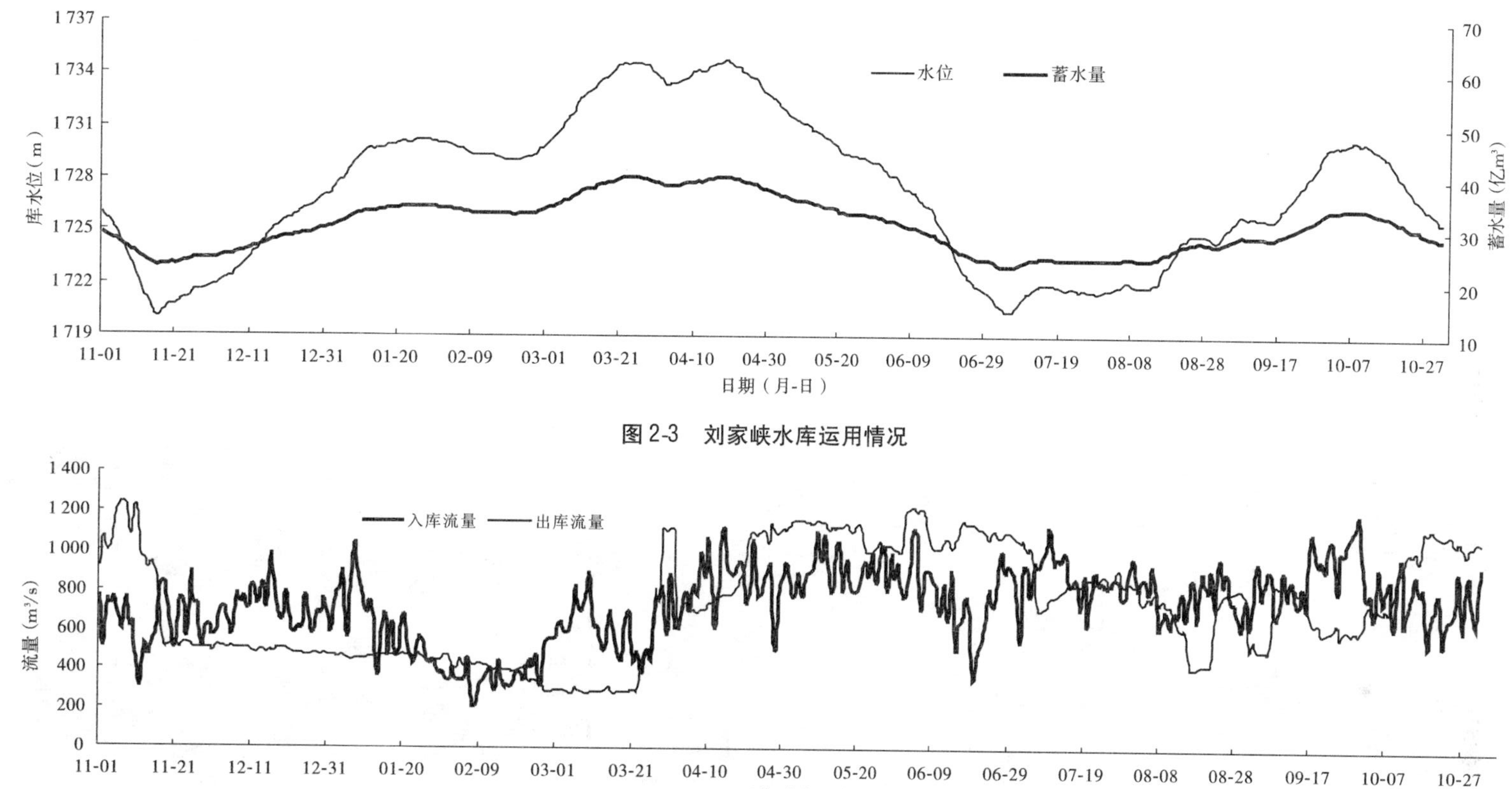

图 2-3　刘家峡水库运用情况

图 2-4　刘家峡水库进出库流量过程

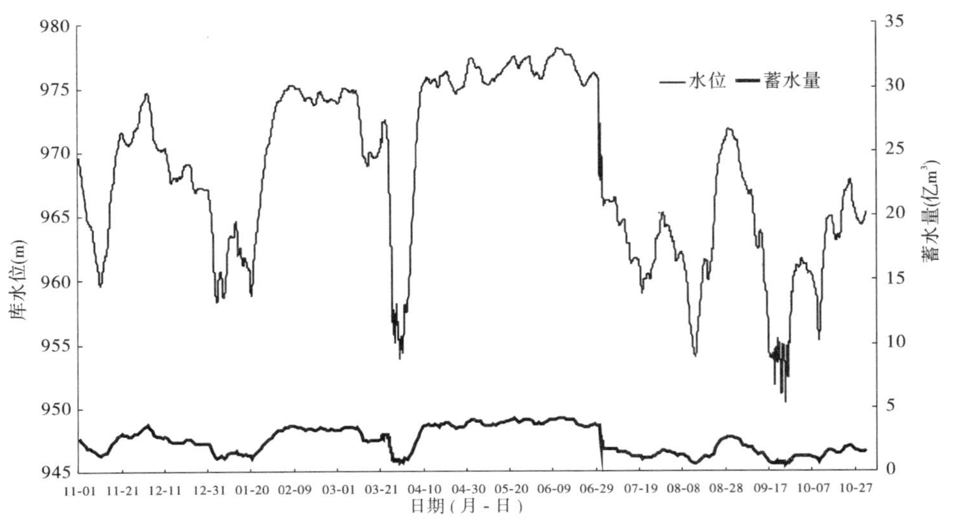

图 2-5　万家寨水库运用情况

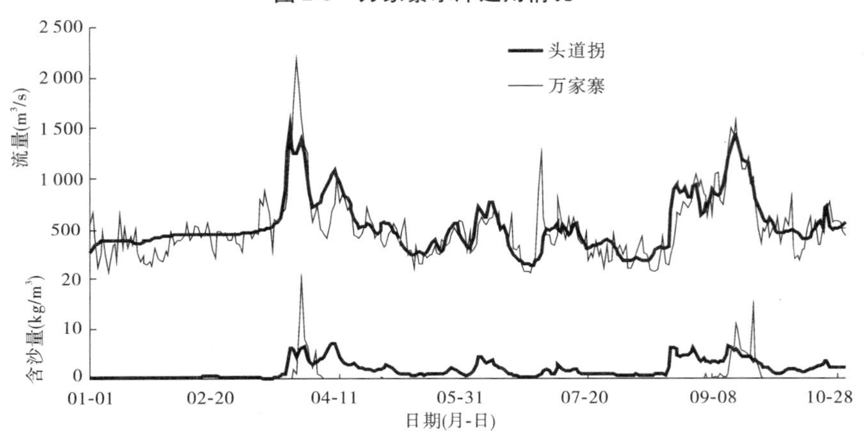

图 2-6　万家寨水库进出库水沙过程

五、小浪底水库对水沙的调节作用

2011 年非汛期水库经历了防凌期、春灌期、汛前调水调沙期，其中 2010 年 11 月 1 日至 2011 年 6 月 18 日平均库水位 249.70 m，平均蓄水量 44.74 亿 m^3，最高日均库水位 251.71 m，对应蓄水量 49.6 亿 m^3。3 月下旬配合春灌期泄水，水位最低降至 247.56 m（见图 2-9）。

6 月 19 日至 7 月 7 日为汛前调水调沙期。6 月 19 日库水位 248.38 m，蓄水量 43.5 亿 m^3（6 月 19 日 9 时），至 7 月 4 日人工塑造异重流开始时，坝上水位已降至 215.29 m，蓄水量降至 5.75 亿 m^3（7 月 4 日 6 时），至 7 月 7 日 8 时调水调沙结束，小浪底水库关闭排沙洞，水位为 216.34 m，蓄水量为 6.25 亿 m^3。

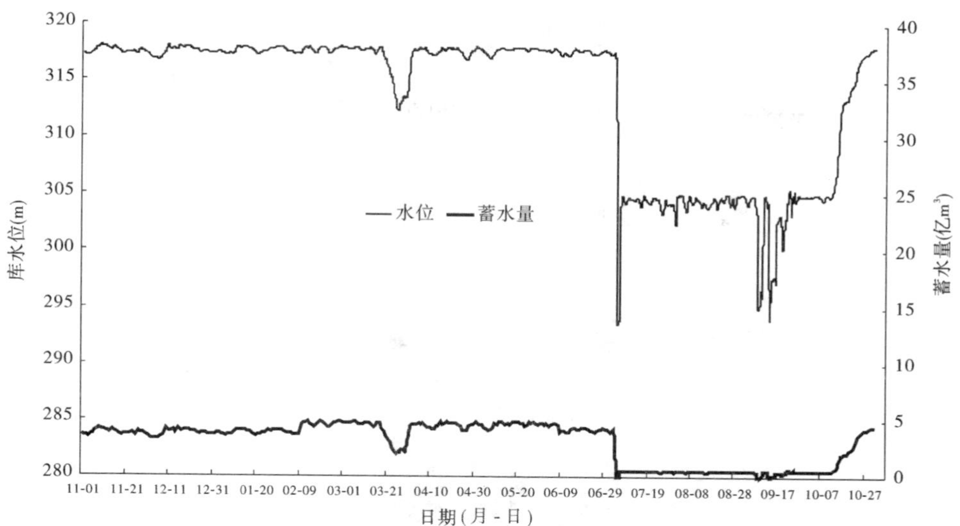

图 2-7　三门峡水库运用情况

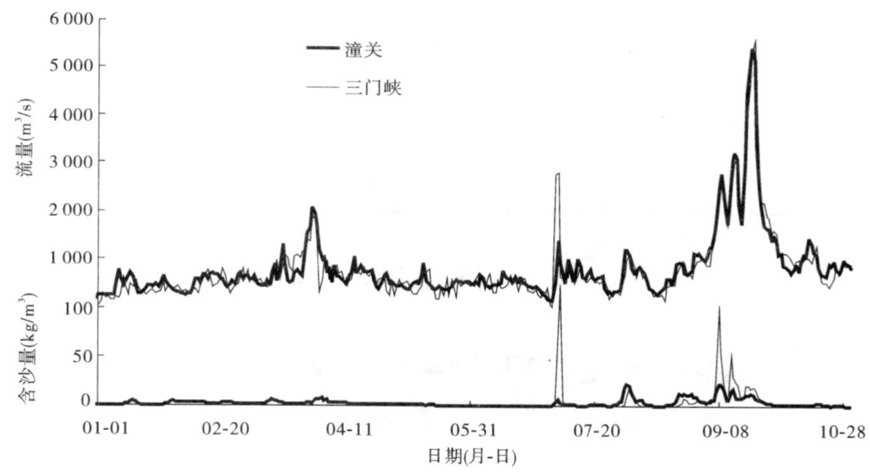

图 2-8　三门峡水库进出库水沙过程

7 月 8 日至 9 月 30 日水库持续蓄水，其中 8 月 20 日之前水库蓄水缓慢，最大库水位 224.32 m，最大蓄水量 11.26 亿 m³；8 月 20 日之后水位迅速抬升，至 9 月 30 日，库水位升高至 263.25 m，蓄水量增大至 72.95 亿 m³。

10 月 1 日后库水位维持在 263.34 m 左右，蓄水量 73.15 亿 m³ 左右。10 月 19 日达到年度最高库水位 263.88 m。

2011 年小浪底水库入库总水量为 234.65 亿 m³，其中汛期入库水量为 125.33 亿 m³，占全年入库水量的 53%；全年入库沙量为 1.754 亿 t，其中汛期入库沙量为 1.748 亿 t；全年出库水量为 230.32 亿 m³，其中汛期出库水量为 81.11 亿 m³，占全年出库水量的 35%，春灌期 3～6 月水量为 100.86 亿 m³，占全年出库水量的 44%；全年出库沙量仅为 0.329 亿 t，全部为调水调沙期排沙（见图 2-10）。

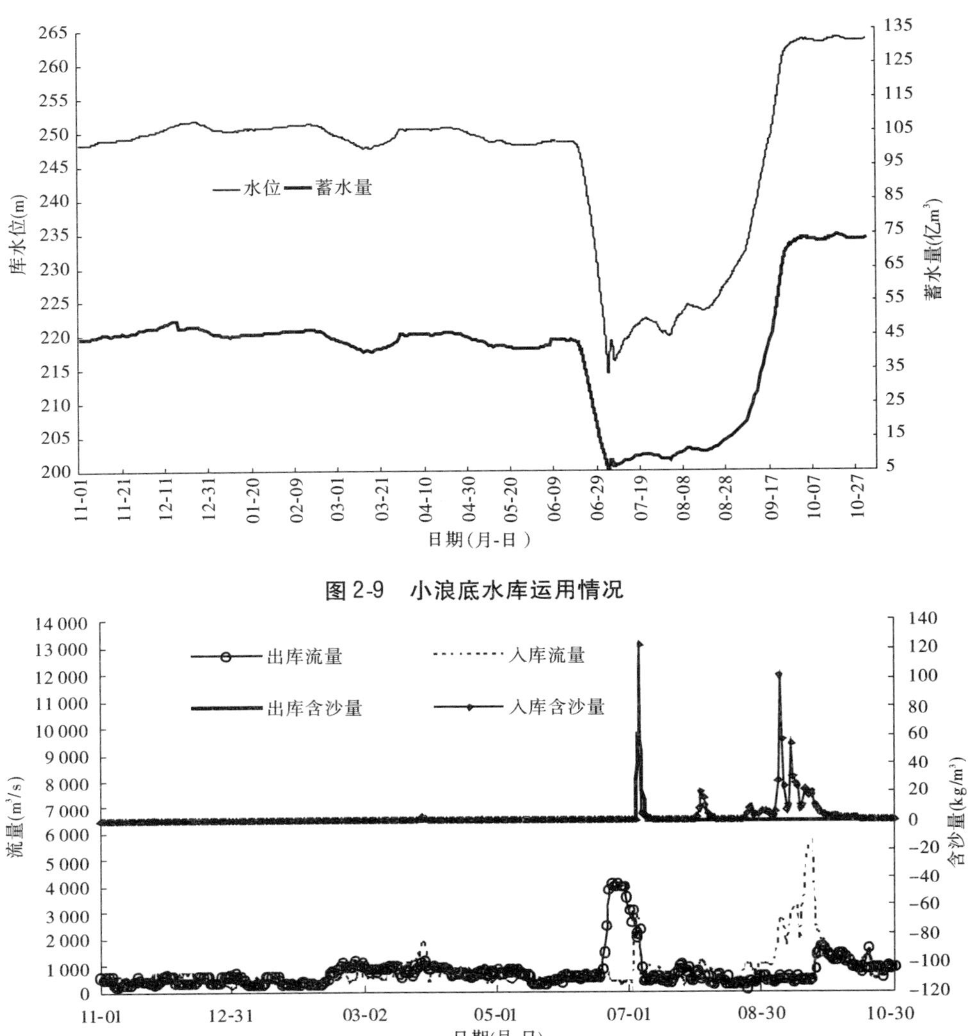

图 2-9 小浪底水库运用情况

图 2-10 2011 年小浪底水库进出库日均流量、含沙量过程对比

三门峡站有 4 次洪峰流量大于 2 500 m³/s 的洪水过程(见表 2-2),其中 7 月为黄河汛前调水调沙洪水,后 3 场为秋汛洪水。最大日均流量为 5 650 m³/s,最大日均含沙量为 270 kg/m³。5 场洪水入库总沙量 1.609 亿 t,占全年入库总沙量的 92%。

6 月 19 日至 7 月 7 日进行黄河汛前调水调沙。6 月 19 日 9 时至 7 月 4 日 5 时,历时 14.83 d,为小浪底水库清水下泄阶段(调水期),最大流量 4 310 m³/s(6 月 22 日 19 时 6 分);第二阶段为小浪底水库排沙出库阶段(调沙期),7 月 4 日 5 时开始,7 月 8 日 8 时结束,历时 4.13 d,输沙量 0.329 亿 t,7 月 6 日 10 时 36 分至 20 时持续最大流量 3 000 m³/s,7 月 4 日 22时最大含沙量 311 kg/m³。

表 2-2 2011 年三门峡水文站洪水期水沙特征值统计表

时段(月-日)	水量(亿 m^3)	沙量(亿 t)	流量(m^3/s)		含沙量(kg/m^3)	
			最大日均	时段平均	最大日均	时段平均
03-20 ~ 03-31	12.49	0.006	1 890	1 205	1.53	0.5
07-03 ~ 07-07	5.98	0.273	2 820	1 383	123	45.7
09-04 ~ 09-11	12.61	0.478	2 750	1 825	270	37.9
09-12 ~ 09-17	13.72	0.361	3 200	2 647	148	26.3
09-18 ~ 09-27	31.21	0.491	5 650	3 612	111	15.7
合计	76.01	1.609	—	—	—	—

在整个调水调沙期间,小浪底入库水量 10.35 亿 m^3,出库水量 48.75 亿 m^3;入库沙量 0.273 亿 t,出库沙量 0.329 亿 t,排沙比 1.2。

六、主要水库蓄水对干流水量的影响

龙羊峡、刘家峡水库控制了黄河主要少沙来源区的水量,对整个流域水沙影响比较大。小浪底水库是进入黄河下游水沙的重要控制枢纽,对下游水沙影响比较大。将三大水库 2011 年蓄泄水量还原后可以看出(见表 2-3),龙刘两库非汛期共补水 52.10 亿 m^3,汛期蓄水 54.50 亿 m^3,头道拐汛期实测水量仅 59.40 亿 m^3,占头道拐年水量比例仅 38%,如果没有龙刘两库调节,汛期水量为 113.90 亿 m^3,汛期占全年比例可以增加到 72%。

花园口和利津汛期实测水量分别为 107.07 亿 m^3 和 100.17 亿 m^3,分别占年水量的 43% 和 71%,如果没有龙羊峡、刘家峡和小浪底水库调节,花园口和利津汛期水量分别为 222.57 亿 m^3 和 215.67 亿 m^3,占全年比例分别为 79% 和 124%。

利津非汛期实测水量为 41.67 亿 m^3,如果没有龙羊峡、刘家峡和小浪底水库调节,非汛期水量为 −42.13 亿 m^3,即利津断流。

表 2-3 2011 年水库运用对干流水量的调节 (单位:亿 m^3)

项目	非汛期	汛期	年	汛期占年(%)
龙羊峡蓄泄水量	−47.00	50.00	3.00	
刘家峡蓄泄水量	−5.10	4.50	−0.60	
龙羊峡、刘家峡两库合计	−52.10	54.50	2.40	
头道拐实测水量	95.45	59.40	154.85	38
还原两库后头道拐水量	43.35	113.90	157.25	72
小浪底蓄泄水量	−31.70	61.00	29.30	
花园口实测水量	143.10	107.07	250.17	43
利津实测水量	41.67	100.17	141.84	71
还原龙羊峡、刘家峡、小浪底水库后花园口水量	59.30	222.57	281.87	79
还原龙羊峡、刘家峡、小浪底水库后利津水量	−42.13	215.67	173.54	124

综上所述,水库调节使水量年内分配发生变化,各站汛期占年比例,由实测的不足

40%，还原后增加到60%以上。

2011年秋汛期间，为了错开伊洛河洪水、使花园口流量不超过4 000 m^3/s，错开大汶河洪峰、使艾山河段流量不超过4 000 m^3/s，小浪底水库大量拦蓄洪水，初步推算如果没有小浪底水库调节，花园口将出现较大洪水过程，最大日均流量将由现在的3 100 m^3/s增加到7 366 m^3/s(见图2-11)。

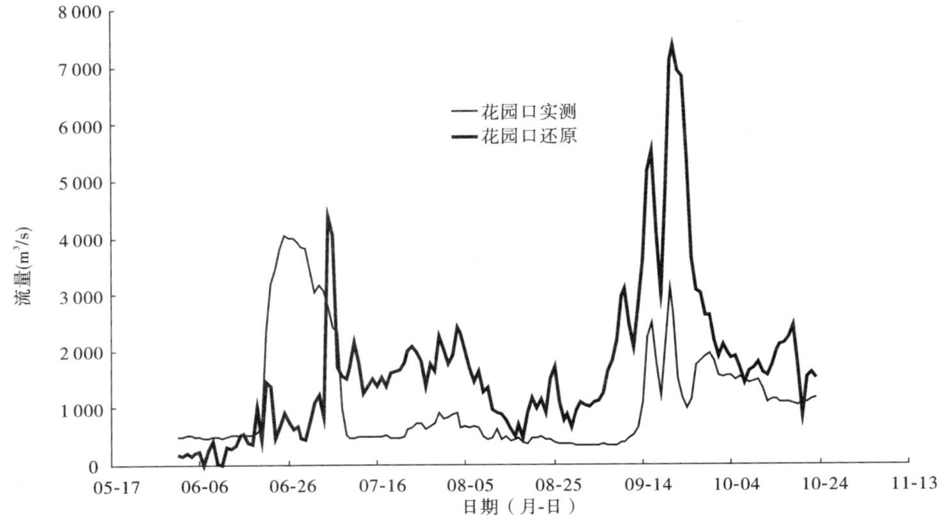

图2-11　2011年典型水文站汛期流量过程

对比小浪底水库运用以来花园口实测水量和简单还原龙羊峡、刘家峡和小浪底水库蓄泄水量后的花园口水量(见表2-4)可以看出，2003年、2005年、2011年水量都比较大，花园口还原后汛期水量，均超过200亿 m^3，但由于三个水库大量蓄水，实测水量不足150亿 m^3，反映了即使流域遇丰水年，有比较大的来水量，由于水库的调蓄作用，下游出现大的水量概率很小。

表2-4　龙羊峡、刘家峡和小浪底水库运用对花园口水量的调节　(单位：亿 m^3)

项目	非汛期		汛期		全年	
	实测水量	还原	实测水量	还原	实测水量	还原
2000年	100.04	57.41	49.26	101.66	149.30	159.07
2001年	134.88	57.28	44.91	90.61	179.80	147.90
2002年	108.13	82.83	91.27	50.67	199.40	133.50
2003年	76.43	55.53	139.46	299.96	215.89	355.49
2004年	203.30	105.60	87.37	145.17	290.67	250.77
2005年	145.85	91.95	94.68	261.68	240.53	353.63
2006年	208.49	94.06	83.79	128.32	292.28	222.38
2007年	138.79	73.79	124.65	198.75	263.44	272.54
2008年	168.37	76.27	70.18	128.28	238.55	204.55
2009年	155.87	88.27	74.70	184.70	230.57	272.97
2010年	157.51	90.61	125.82	181.72	283.33	272.33
2011年	143.10	59.30	107.07	222.57	250.17	281.87

第三章　三门峡水库冲淤及潼关高程变化

一、水库排沙情况

三门峡入库水文站潼关年水量为245.26亿m^3，其中汛期占51%；年沙量为1.233亿t，其中汛期占79%；全年出库水量为234.65亿m^3，其中汛期占53%；出库沙量为1.754亿t，其中汛期排沙1.748亿t(见表3-1)。

表3-1　2011年三门峡水库汛期排沙统计

日期 (月-日)	史家滩 水位 (m)	潼关		三门峡		冲淤量 (亿t)	排沙比
		水量 (亿m^3)	沙量 (亿t)	水量 (亿m^3)	沙量 (亿t)		
07-05～07-06	297.73	2.03	0.013	3	0.271	-0.258	20.85
09-08～09-10	297.87	6.64	0.143	6.42	0.409	-0.266	2.86
09-13～09-17	298.62	11.66	0.145	11.66	0.341	-0.196	2.35
09-18～09-29	304.22	32.83	0.313	34.2	0.503	-0.190	1.61
敞泄期	297.95	20.33	0.301	21.08	1.021	-0.720	3.39
汛期	305.93	125.47	0.97	125.33	1.748	-0.778	1.80

汛期潼关站有3次洪峰流量大于2 500 m^3/s的洪水过程，最大洪峰流量为5 800 m^3/s。全年共实施3次敞泄，第一次敞泄为小浪底水库汛前调水调沙期，其余两次为入库流量大的洪水过程，累计敞泄时间8 d(水位低于300 m)。

全年排沙集中在敞泄期。敞泄期入库水量20.33亿m^3，排沙总量1.021亿t，占汛期排沙总量的58%。敞泄期平均排沙比为3.39，其中调水调沙期排沙比最大，为20.85，其余两场洪水排沙比为2.86和2.35。

二、库区冲淤变化

2011年潼关以下库区非汛期淤积0.443亿m^3，汛期冲刷0.605亿m^3，年内冲刷0.162亿m^3。冲淤沿程分布见图3-1。非汛期淤积末端在黄淤36断面，淤积强度最大的河段在黄淤19～29断面，黄淤8断面以下的坝前河段有少量淤积。汛期的冲刷与非汛期的淤积基本对应。全年来看，除坝前的个别断面淤积较大外，其他各断面基本表现为冲刷，沿程变化幅度不大。

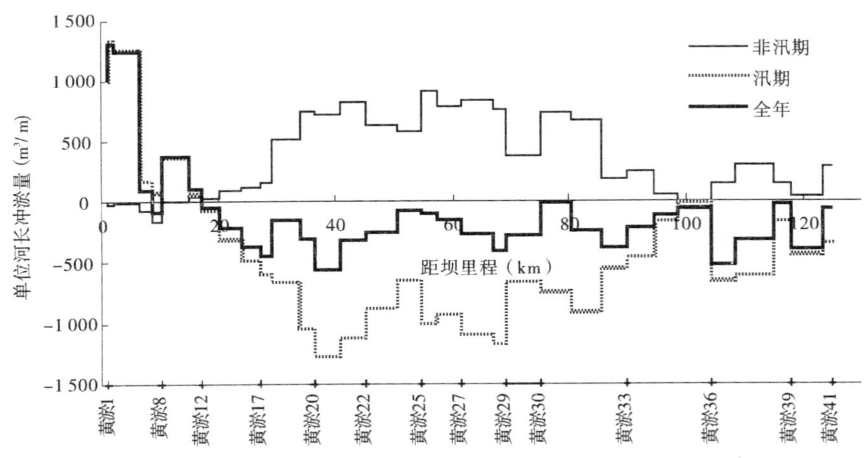

图 3-1　2011 年潼关以下库区冲淤量沿程分布

2011 年小北干流河段非汛期冲刷 0. 264 亿 m^3，汛期冲刷 0. 077 亿 m^3，全年共冲刷 0. 341 亿 m^3（见图 3-2）。其中非汛期除黄淤 41～42 断面及黄淤 51～54 断面有明显淤积外，其余河段均发生不同程度冲刷，黄淤 60 断面以上冲刷量大；汛期各断面有冲有淤，沿程冲淤交替发展，上段冲淤调整强度小，下段冲淤调整强度略大；全年沿程表现为冲淤交替，其中汇淤 6～黄淤 47 和黄淤 60～62 河段冲刷强度大。

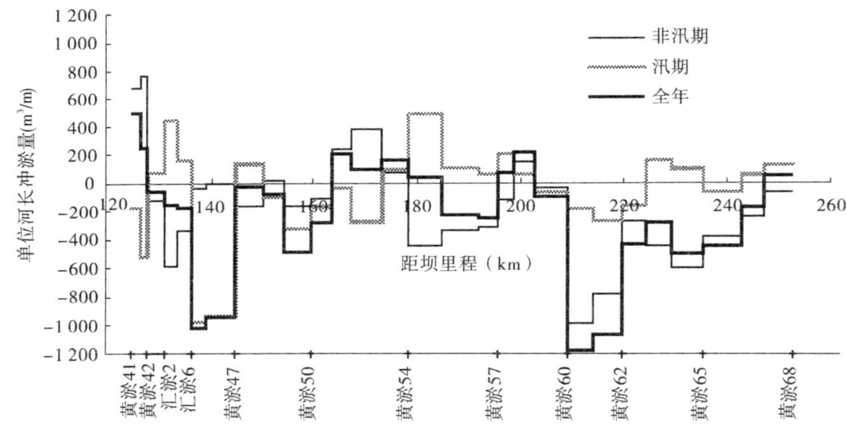

图 3-2　2011 年小北干流河段冲淤量沿程分布

三、潼关高程变化

2010 年汛后潼关高程为 327. 77 m，非汛期淤积抬升，至 2011 年汛前为 328. 18 m。经过汛期调整，汛后为 327. 63 m，与 2005 年以来汛后的接近。运用年内潼关高程下降 0. 14 m，变化过程见图 3-3。

非汛期水库运用水位在 318 m 以下，潼关河段冲淤主要受来水来沙和前期河床条件影响，基本处于自然演变状态。潼关高程从 2010 年汛后到桃汛前上升 0. 39 m，在桃汛洪水作用下潼关高程下降 0. 11 m，为 328. 05 m，桃汛后潼关高程抬升，到汛前潼关高程为 328. 18 m，非汛期潼关高程累计上升 0. 41 m。

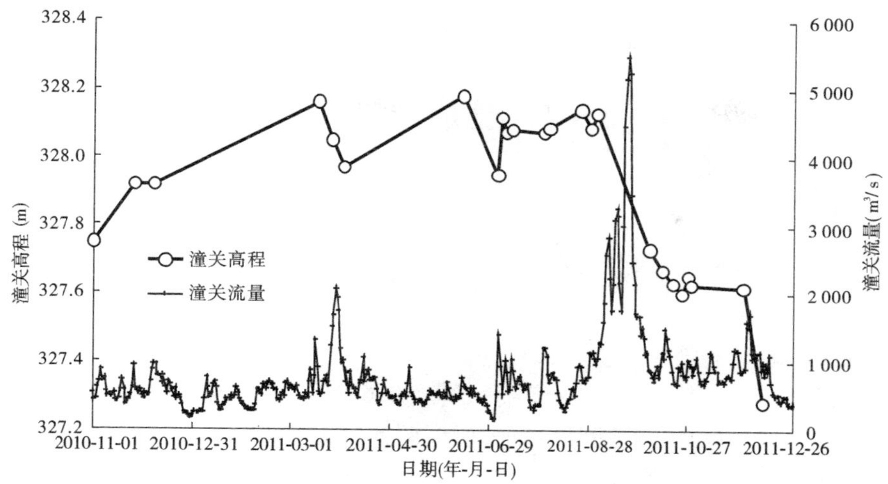

图 3-3　2011 年潼关高程变化过程

汛期三门峡水库运用水位基本控制在 305 m 以下,潼关高程随水沙条件变化而升降交替。汛初至 9 月 2 日洪水之前,潼关流量较小,平均为 695 m^3/s,最大仅 1 210 m^3/s,潼关高程变动在 328.08 ~ 328.14 m;9 月渭河洪水较大、含沙量低,潼关站 3 次洪峰流量逐渐增大,最大达 5 800 m^3/s,潼关高程发生较大幅度下降,洪水期下降 0.4 m;洪水过后潼关高程继续下降,最低为 327.60 m。汛期潼关高程共下降 0.55 m,汛末潼关高程为 327.63 m。因而, 2011 年渭河秋汛洪水对潼关高程冲刷下降起主要作用。

第四章　小浪底水库冲淤变化

一、库区冲淤变化

根据沙量平衡法计算，库区全年淤积量为1.425亿t，其中汛期(4～10月)淤积1.419亿t。根据库区断面测验资料统计，2011年全库区汛期淤积泥沙1.679亿m^3(见表4-1)，其中干流淤积量为1.056亿m^3，支流淤积量为0.623亿m^3。2011年4月小浪底库区地形观测开始采用调整后的测验断面系列，所谓调整后的测验断面系列，是指对小浪底库区地形观测断面位置及断面数量进行优化调整后的布设方案。2010年10月至2011年4月的冲淤量计算采用旧的测验断面系列，2011年4月至2011年10月的冲淤量计算采用新的测验断面系列。

表4-1　2011年各时段库区淤积量　　(单位：亿m^3)

时段	2010年10月至2011年4月	2011年4月至2011年10月	2010年10月至2011年10月
干流	-1.019	1.056	0.037
支流	-0.772	0.623	-0.149
合计	-1.791	1.679	-0.112

冲淤沿程分布见图4-1。汛期淤积末端在HH53断面，HH26～HH53断面少量淤积，断面平均淤积量为0.023亿m^3，淤积强度最大的河段在HH10～HH15断面，共淤积泥沙0.767亿m^3，其中支流畛水淤积量0.462亿m^3。全年来看，HH40～HH56断面与汛期冲淤量基本一致，除HH11～HH13断面淤积较大(淤积量0.236亿m^3)外，其余基本表现为冲刷，其中HH11以下断面冲刷量为0.46亿m^3，HH13～HH33断面冲刷泥沙0.265亿m^3。

至2011年10月，小浪底库区累计淤积量达到26.176亿m^3，其中干流淤积21.585亿m^3，支流淤积4.591亿m^3，累计淤积量见图4-2，12 a平均淤积2.181亿m^3。

二、淤积形态

2011年10月与2010年10月相比，小浪底库区三角洲淤积形态调整不大，三角洲顶点高程215.16 m，距坝里程18.35 km(见图4-3)。但是HH35～HH51库段有少量淤积，深泓点平均抬高3 m，三角洲洲面比降增加到3.53‱，尾部段比降降低至12.52‱(见表4-2)。

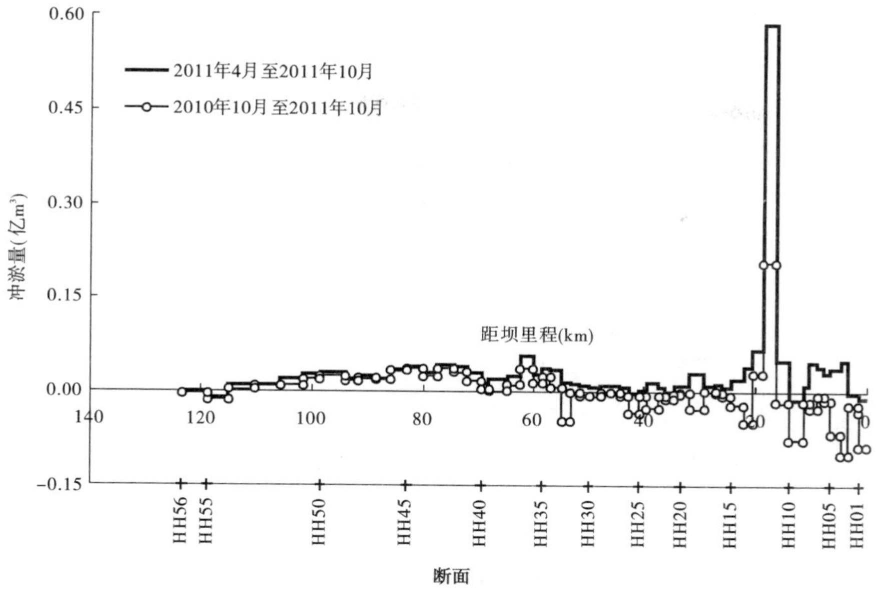

图 4-1　2011 年小浪底库区冲淤量沿程分布

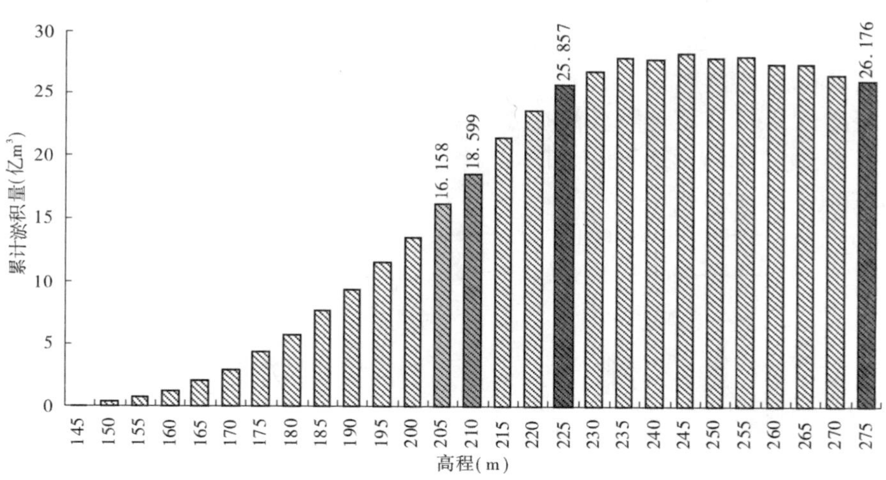

图 4-2　1999 年 9 月至 2011 年 10 月小浪底库区不同高程下的累计淤积量分布

表 4-2　干流纵剖面三角洲深泓点要素统计

日期(年-月)	顶点		坝前淤积段	前坡段		洲面段		尾部段	
	距坝里程(km)	高程(m)	距坝里程(km)	距坝里程(km)	比降(‱)	距坝里程(km)	比降(‱)	距坝里程(km)	比降(‱)
2010-10	18.75	215.61	0～8.96	8.96～18.75	19.01	18.75～101.61	2.52	101.61～123.41	15.38
2011-10	18.35	215.16	0～8.96	8.96～18.35	19.34	18.35～95.86	3.53	95.86～129.73	12.52

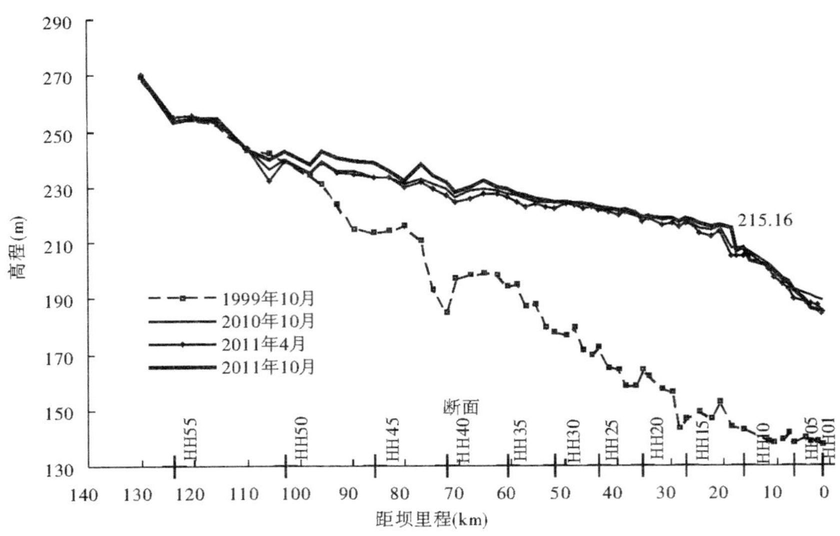

图 4-3　干流纵剖面深泓点套绘

2011 年支流淤积量较往年减少，淤积面高程升降幅度与河口处干流升降幅度一致。畛水沟口仍有明显的拦门沙坎，干流异重流倒灌形成的淤积由口门向支流库区沿程递减，口门内形成 2‱的倒比降，HH2～HH6 断面平均淤积厚度 3 m，汛期淤积量 0.462 亿 m^3，拦门沙坎高程较上年略增，达到 214.5 m，其高度减小为 4.8 m；大峪河由于距坝近，异重流传播距离长，而本年度异重流输沙量不大，汛期淤积量很少；石井河等淤积相对更少，受库水位影响，支流内部水体析出，部分支流沟口出现一条与干流主槽贯通的沟槽，沟口深泓点下降（见图 4-4）。

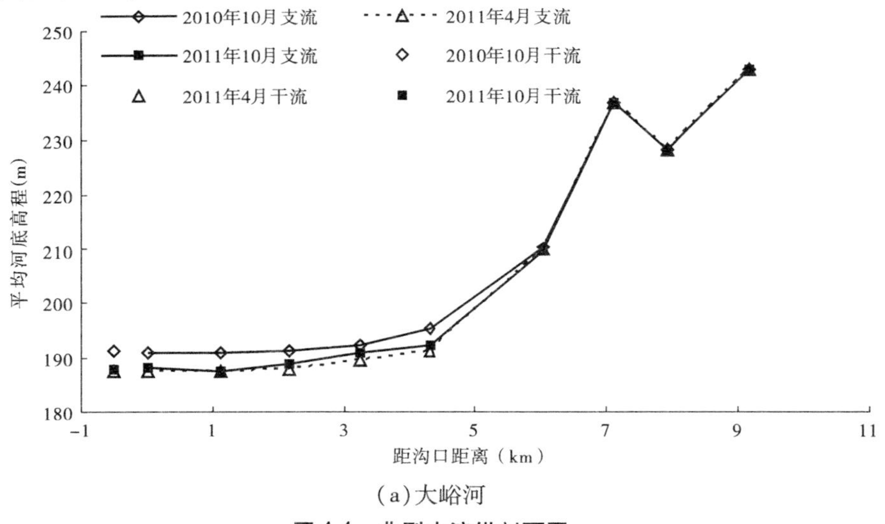

(a)大峪河

图 4-4　典型支流纵剖面图

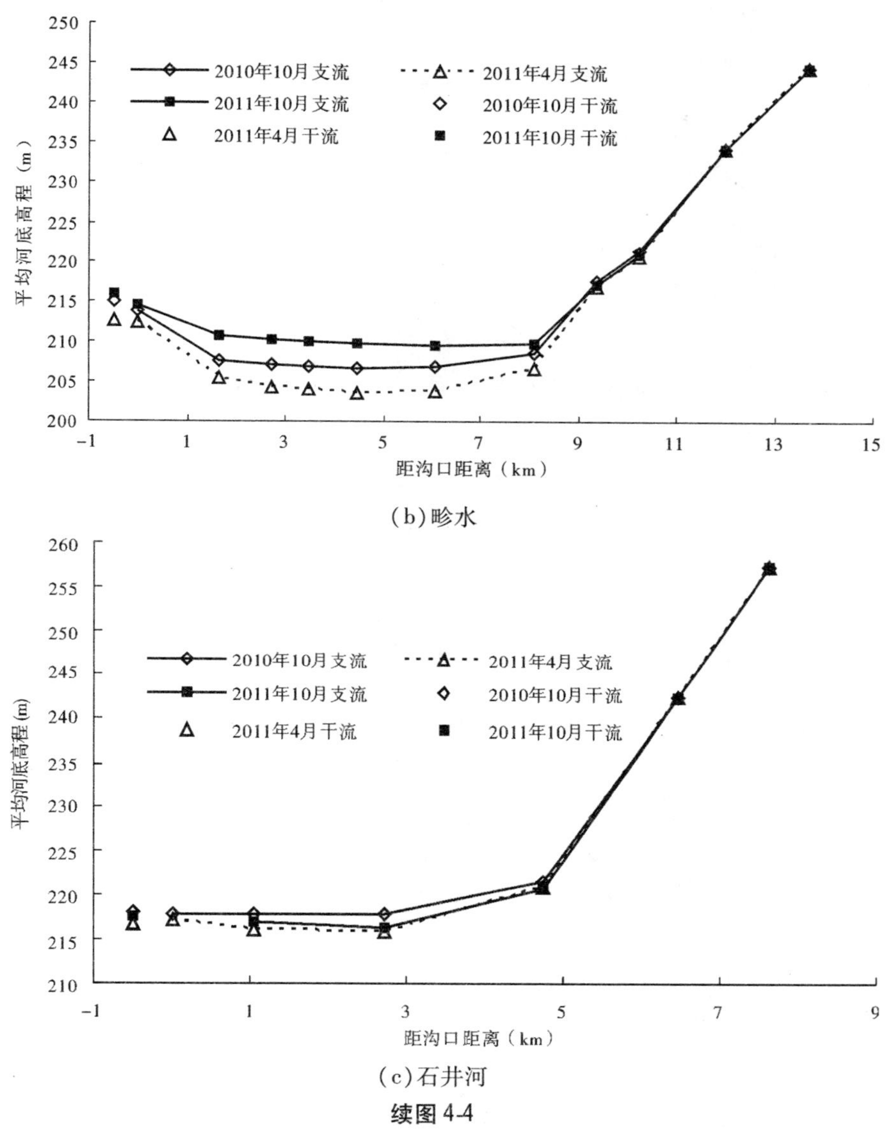

(b)畛水

(c)石井河

续图 4-4

三、库容变化

2011 年 10 月，275 m 高程以下总库容 101.285 亿 m^3（见图 4-5），其中干流库容 53.195 亿 m^3，支流库容 48.090 亿 m^3，分别占总库容的 52% 和 48%。汛限水位 225 m 高程以下总库容 10.803 亿 m^3，其中干流库容 6.018 亿 m^3，支流库容 4.785 亿 m^3。

由于库区三角洲淤积体不断向坝前推移，坝前的调节库容已显著减少，三角洲顶点以下约有 5 亿 m^3 库容。210 m 高程以下的原始总库容为 21.770 亿 m^3，截至 2011 年汛后，210 m 高程下总库容仅为 3.171 亿 m^3，其中干流 2.062 亿 m^3，支流 1.109 亿 m^3。

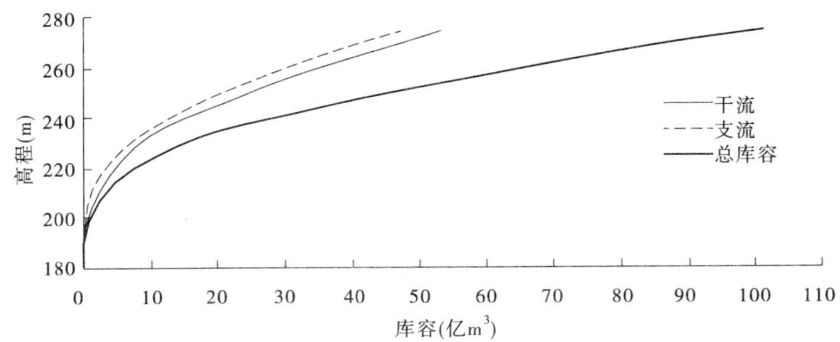

图 4-5　2011 年 10 月小浪底水库库容曲线

第五章　黄河下游河道冲淤演变

2011 年进入下游河道(小浪底、黑石关和武陟三站之和)的总水量为 262.03 亿 m^3,较小浪底水文站下泄水量增加 31.7 亿 m^3;沙量为 0.346 亿 t(见表 1-2),较小浪底水文站输沙量增加 0.017 亿 t。与小浪底水库运用以来年均相比,水量偏多 10.7%,沙量偏少 44%。利津水沙量分别为 141.84 亿 m^3 和 0.810 亿 t,分别较小浪底水库运用以来年均偏少 2.3% 和 39%。

一、洪水期洪水特征及河道冲淤变化

2011 年进入下游的洪峰流量大于 2 000 m^3/s 的洪水共有两场:2011 年汛前小浪底水库调水调沙洪水和以伊洛河洪水为主形成的秋汛期洪水(9 月 14 日至 9 月 24 日)。此外,受大汶河来水影响,9 月东平湖有一场向黄河加水的流量过程,加水量 4.4 亿 m^3。

(一)2011 年汛前调水调沙洪水

1. 水沙特征

2011 年汛前调水调沙洪水可分为清水阶段和浑水阶段。

(1)清水阶段:在调水调沙第一阶段 6 月 19 日 9 时至 7 月 4 日 18 时,小浪底水库持续下泄清水,6 月 22 日 19 时 6 分小浪底水文站出现最大流量 4 230 m^3/s,6 月 24 日 20 时花园口水文站出现最大流量 4 050 m^3/s,6 月 22 日 20 时花园口最大含沙量 7.95 kg/m^3。利津水文站最大流量 3 200 m^3/s,出现在 7 月 3 日 3 时,最大含沙量 6.9 kg/m^3,出现在 6 月 27 日 8 时(见表 5-1)。

表 5-1　2011 年汛前调水调沙第一阶段洪水特征值

站　名	最大流量 (m^3/s)	相应时间 (月-日 T 时:分)	相应水位 (m)	最大含沙量 (kg/m^3)	相应时间 (月-日 T 时:分)
小浪底	4 230	06-22T19:06	137.05	0	
西霞院	4 200	06-23T10:18	121.52	22	06-21T14:00
花园口	4 050	06-24T20:00	91.48	7.95	06-22T20:00
夹河滩	4 020	06-30T14:00	75.47	8.77	06-21T20:00
高村	3 640	06-30T08:00	61.91	8.97	06-23T20:00
孙口	3 580	07-01T11:00	47.95	10.6	06-24T20:00
艾山	3 490	07-02T04:00	40.96	12.9	06-23T20:00
泺口	3 380	07-02T13:30	30.22	12.2	06-27T08:00
利津	3 200	07-03T03:00	12.99	6.9	06-27T08:00

(2)浑水阶段:在调水调沙第二阶段的2011年7月4日18时至7月7日8时,人工塑造异重流排沙出库,历时2 d 14 h,小浪底水文站7月4日21时18分最大流量2 680 m^3/s,7月4日22时最大含沙量300 kg/m^3。

受小浪底水库排泄高含沙洪水和下游河道边界条件的共同影响,花园口出现了洪峰增值现象,7月5日20时洪峰流量3 900 m^3/s(7月6日1时54分最大含沙量75.4 kg/m^3),较小浪底2 680 m^3/s、黑石关60.2 m^3/s、武陟(沁河干枯)三站相应合成流量2 740.2 m^3/s增大42%。由于本次增值后的洪峰流量较小,沿程不断坦化,演进至夹河滩时,洪峰流量已降至2 960 m^3/s(见表5-2)。

表5-2　2011年汛前调水调沙第二阶段洪水特征值

站　名	最大流量(m^3/s)	相应时间(月-日T时:分)	相应水位(m)	最大含沙量(kg/m^3)	相应时间(月-日T时:分)
小浪底	2 680	07-04T21:18	135.85	300	07-04T22:00
西霞院	2 750	07-05T02:00	120.62	263	07-05T00:30
花园口	3 900	07-05T20:00	92.18	75.4	07-06T01:54
夹河滩	2 960	07-06T09:36	75.09	61.4	07-07T00:00
高村	2 760	07-06T20:00	61.34	56.7	07-07T17:00
孙口	2 620	07-07T02:00	47.24	52.9	07-08T12:36
艾山	2 650	07-07T12:00	40.24	49.7	07-09T00:00
泺口	2 640	07-07T16:00	29.42	50.5	07-09T20:00
利津	2 580	07-07T00:00	13.18	40.8	07-11T16:00

2.河道冲淤变化

考虑到清水和浑水对下游河道的冲淤影响不同,在计算冲淤量时,将调水调沙洪水分为清水期和浑水期两个阶段,分别计算下游河道冲淤量,其中小浪底清水期自6月18日起到7月3日止,历时16 d;异重流排沙在下游河道演进过程中多发生"沙峰滞后洪峰"现象,2011年的调水调沙洪水也是这样。为客观反映浑水期河道的冲淤,将利津水文站浑水阶段的结束时间延长至7月20日,相应小浪底水文站时间为7月15日。因此,小浪底浑水期自7月4日起历时12 d;小浪底调水调沙期从6月18日到7月15日,历时28 d(图5-1)。

用日均流量、含沙量,采用等历时法计算两个阶段各水文站的水沙量。第一阶段小浪底的水量为42.8亿m^3,进入下游的水量为43.2亿m^3,进入下游的平均流量为3 123 m^3/s,利津站的水量为33.5亿m^3,沙量为0.338亿t;第二阶段小浪底站的水量为9.7亿m^3,沙量为0.329亿t,进入下游的水量为10.2亿m^3,沙量为0.329亿t,利津站的水量为6.5亿m^3,沙量为0.097亿t,平均含沙量为15.0 kg/m^3。整个调水调沙期间进入下游的水沙量分别为53.4亿m^3和0.329亿t,入海水沙量分别为40.0亿m^3和0.435亿t。

基于以上的等历时法,计算两个阶段黄河下游各河段的冲淤量,结果表明,清水期黄

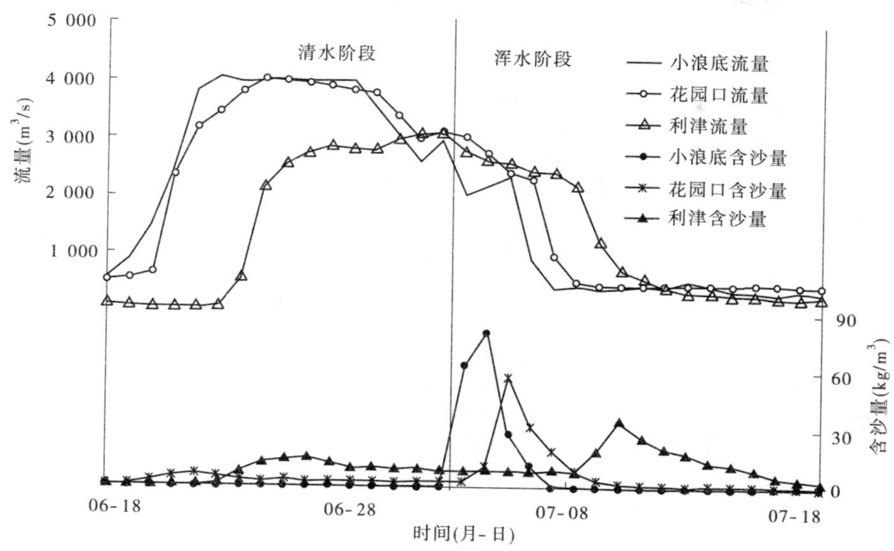

图 5-1　2011 年汛前调水调沙洪水水沙过程

河下游各河段均是冲刷的，冲刷最多的河段为小浪底—花园口河段，冲刷量为 0.144 亿 t，最少的为艾山—泺口河段，冲刷量为 0.016 亿 t，利津以上冲刷 0.398 亿 t；浑水期下游有 3 个河段发生淤积，部分河段发生冲刷，小浪底—花园口河段淤积最多，为 0.096 亿 t，其次为花园口—夹河滩河段，淤积 0.033 亿 t，泺口—利津河段淤积 0.025 亿 t，夹河滩—孙口发生微冲，浑水期小浪底—利津河段共淤积 0.132 亿 t。从整个调水调沙期看，下游各河段的冲刷量均多于淤积量，故各河段均表现为净冲刷。整个调水调沙期黄河下游小浪底—利津河段共冲刷 0.266 亿 t（见图 5-2）。

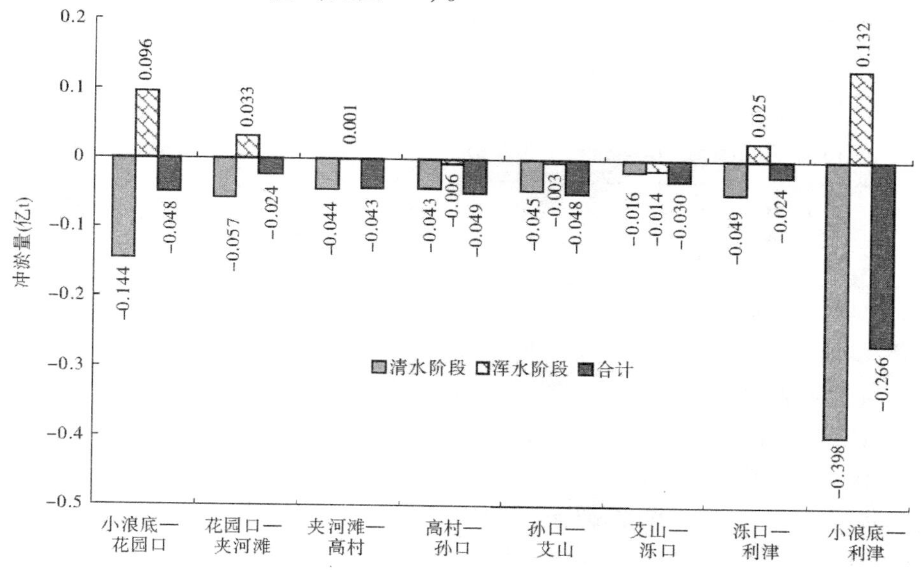

图 5-2　2011 年汛前黄河调水调沙期下游河道冲淤量

(二)2011 年第二场洪水

1. 水沙特征

9 月 15 ~ 19 日,伊洛河发生洪水,黑石关水文站先后出现洪峰流量分别为 1 940 m^3/s 和2 560 m^3/s的首尾相连的两场洪水,受伊洛河洪水及小浪底水库泄水影响,花园口水文站也出现两场首尾相连的洪水,其洪峰流量分别为 2 697 m^3/s 和 3 220 m^3/s。考虑到洪峰流量及洪水量级不大,且在演进的过程中含沙量过程演变为一个单峰,故将其作为一场洪水对待。

本场洪水演进到孙口的洪峰流量为 3 280 m^3/s,演进到利津为 3 230 m^3/s,洪峰流量没有减小;最大含沙量由花园口的 5.25 kg/m^3,到利津增大为 15.2 kg/m^3(见表 5-3)。

表 5-3　2011 年第二场洪水特征值

站　名	水量(亿 m^3)	沙量(亿 t)	最大流量(m^3/s)	相应时间(月-日 T 时:分)	相应水位(m)	最大含沙量(kg/m^3)	相应时间(月-日 T 时:分)
小浪底	4.1	0.000					
西霞院	3.8	0.000	1 110	09-16T20:12	119.40		
黑石关	11.1	0.015	2 560	09-19T07:30	112.36	3.23	09-19T11:36
武陟	1.4	0.001	393	09-20T07:30	104.95	2.19	09-19T08:00
进入下游	16.6	0.000					
花园口	17.3	0.052	3 220	09-20T18:00	92.07	5.25	09-15T08:00
夹河滩	17.0	0.083	3 180	09-20T20:00	75.13	7.3	09-16T08:00
高村	17.7	0.108	3 320	09-21T19:00	61.70	10.3	09-16T08:00
孙口	17.4	0.106	3 280	09-22T07:00	47.58	10.3	09-18T08:00
艾山	19.8	0.132	3 750	09-22T12:12	41.00	10.8	09-17T08:00
泺口	19.6	0.169	3 580	09-22T19:12	30.23	10.8	09-23T08:00
利津	19.1	0.194	3 230	09-23T10:30	12.97	15.2	09-19T08:00

2. 河道冲淤变化

采用等历时法计算,第二场洪水除了高村—孙口河段是冲淤平衡外,其他河段均是冲刷的,本场洪水在黄河下游西霞院—利津河段共冲刷 0.193 亿 t(见图 5-3)。

(三)东平湖入黄流量过程

2011 年 7 ~ 12 月,东平湖水库向黄河加水 13.38 亿 m^3,其中 9 月加水最多,为 4.4 亿 m^3(见图 5-4),最大日均流量 533 m^3/s(9 月 19 日)。

东平湖水库入黄的较大流量过程在时间上刚好和黄河干流 9 月的较大流量相一致,这有利于艾山以下河道的冲刷(见图 5-5)。

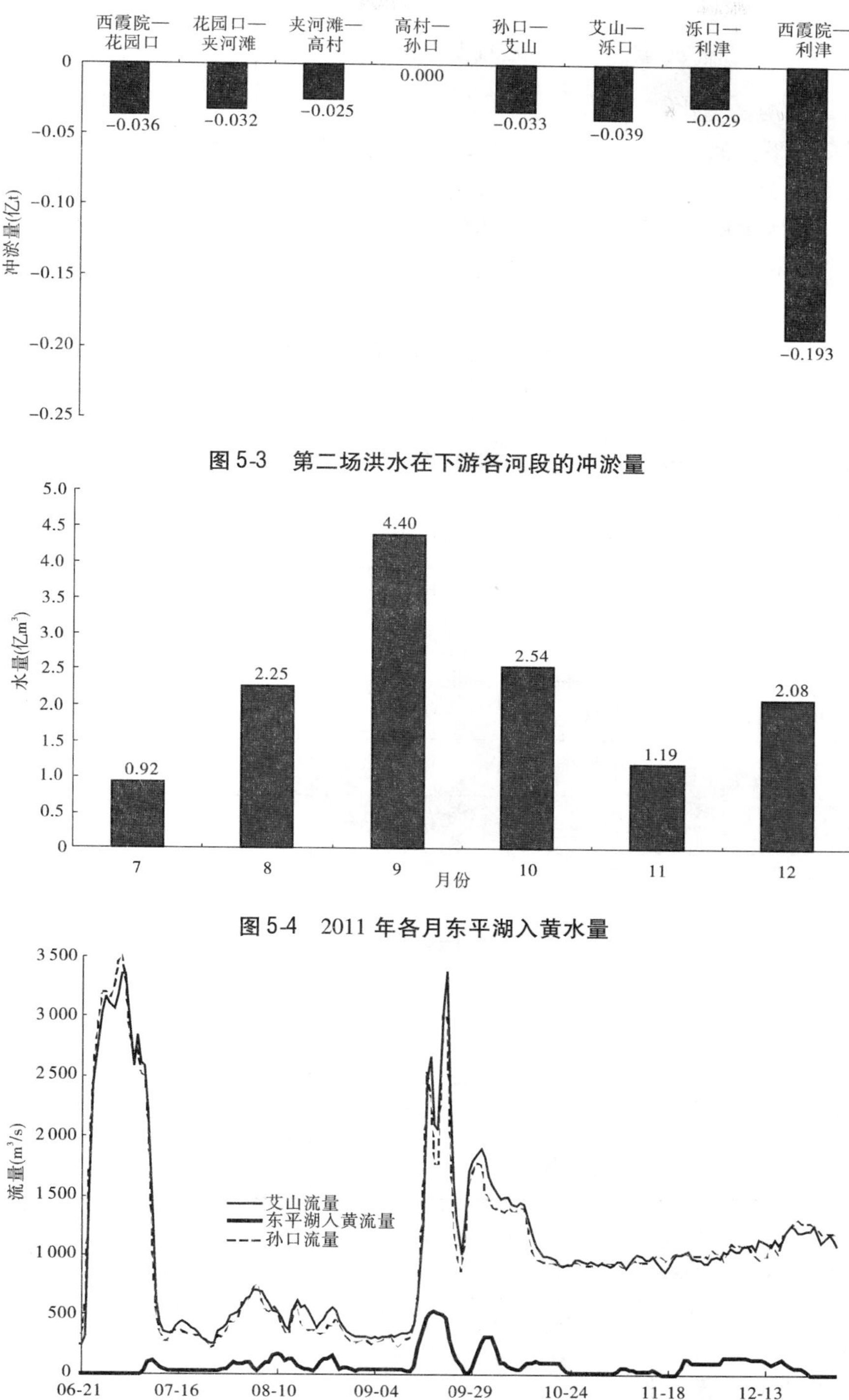

图 5-3　第二场洪水在下游各河段的冲淤量

图 5-4　2011 年各月东平湖入黄水量

图 5-5　2011 年东平湖入黄日均流量过程线

二、下游河道冲淤量及排洪能力变化

(一)河道冲淤变化

根据黄河下游河道2010年10月、2011年4月和2011年10月三次统测大断面资料,分析计算了2011年非汛期和汛期各河段的冲淤量(见表5-4)。全年利津以上河段共冲刷1.344亿m^3(主槽,下同),其中非汛期和汛期分别冲刷0.538亿m^3和0.806亿m^3。非汛期冲淤量的绝对值不大,具有“上冲下淤”的特点;汛期都是冲刷的,冲刷量沿程减小。

表5-4　2011运用年断面法冲淤量计算成果　(单位:亿m^3)

河段	2010年10月至2011年4月	2011年4月至2011年10月	全年冲淤量	
			合计	占利津以上(%)
花园口以上	-0.041	-0.294	-0.335	24.9
花园口—夹河滩	-0.322	-0.111	-0.433	32.2
夹河滩—高村	-0.129	-0.131	-0.260	19.4
高村—孙口	-0.071	-0.055	-0.126	9.4
孙口—艾山	-0.013	-0.055	-0.068	5.0
艾山—泺口	0.027	-0.091	-0.064	4.8
泺口—利津	0.011	-0.069	-0.058	4.3
高村以上	-0.492	-0.536	-1.028	76.5
高村—艾山	-0.084	-0.110	-0.194	14.4
艾山—利津	0.038	-0.160	-0.122	9.1
利津以上	-0.538	-0.806	-1.344	100
占全年(%)	40	60	100	

从小浪底水库1999年10月投入运用以来到2011年10月,黄河下游利津以上河段累计冲刷14.973亿m^3,其中主槽为15.454亿m^3。冲刷沿程分布为上大下小,极不均匀(见图5-6)。

(二)横断面形态变化

2011年汛期,黄河下游河道369个统测断面中,深泓点高程抬升的有214个,降低的有155个,二者之比为1.4:1。多数断面在深槽内摆动,如董口断面(见图5-7),此类断面有272个,占总数的74%,其中冲刷和淤积的断面数分别为167个和105个。部分断面伴

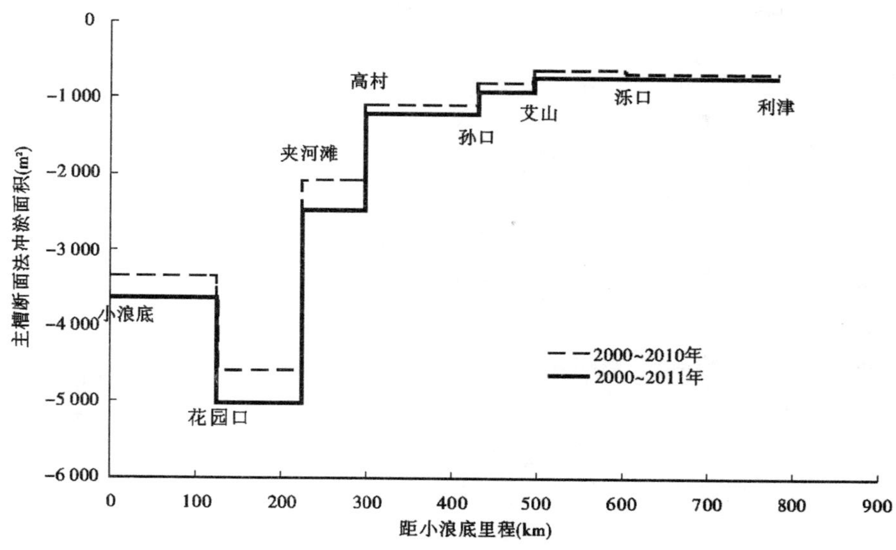

图 5-6　2000～2011 年黄河下游各河段平均冲淤面积

有塌滩发生，如裴峪断面(见图 5-8)，此类断面共有 97 个，占断面总数的 26%，发生塌滩集中且严重的断面多集中在夹河滩以上 191 km 长的河段，其次为双井—双合岭长 24 km 的河段，更下游的河段也有个别断面塌滩，但塌滩程度较轻，且在纵向上不集中(见图 5-9)。塌滩最严重的为孙庄断面，塌滩面积 2 000 m^2(见图 5-10)。

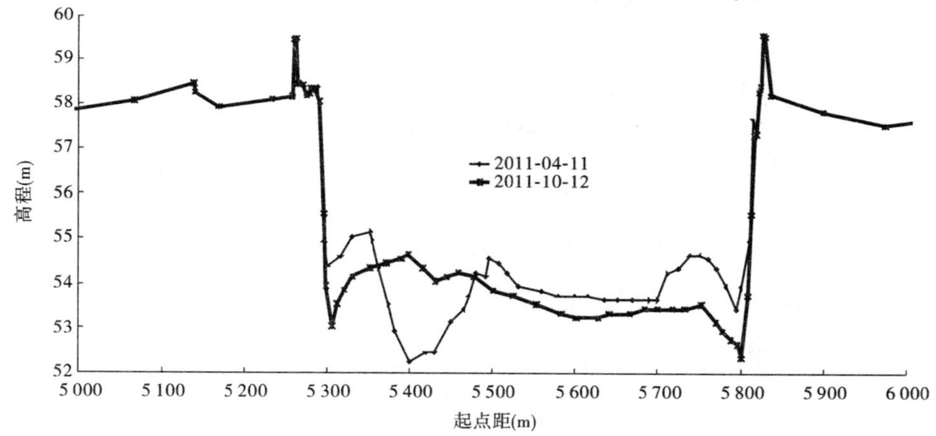

图 5-7　董口断面

(三)同流量水位变化

将 2011 年汛前调水调沙和 2010 年汛前调水调沙洪水涨水期 3 000 m^3/s 同流量水位相比，花园口、孙口和艾山降幅最明显，分别降低了 0.18 m、0.26 m 和 0.21 m，夹河滩降低了 0.07 m，高村、泺口和利津的变化不大。

比较 2011 年 9 月和 2011 年汛前调水调沙洪水的水位变化，花园口抬升了 0.17 m，夹河滩、高村和孙口的降幅较明显，分别为 0.20 m、0.13 m 和 0.26 m，艾山和利津略有降低，泺口的变化不明显。

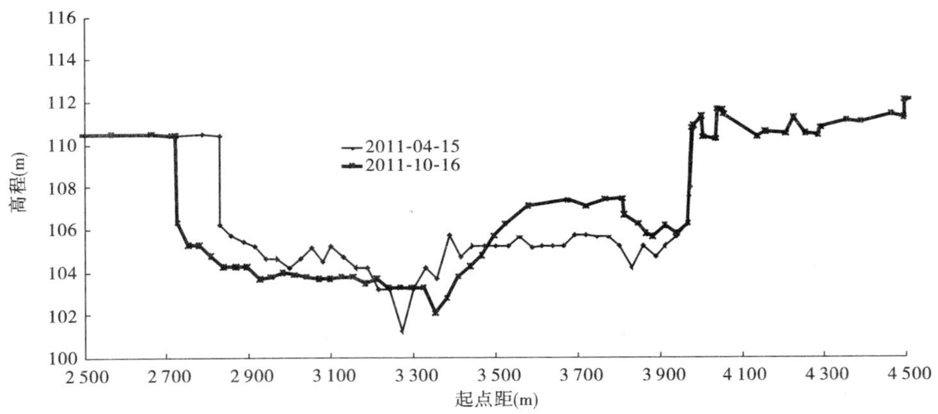

图 5-8　裴峪断面

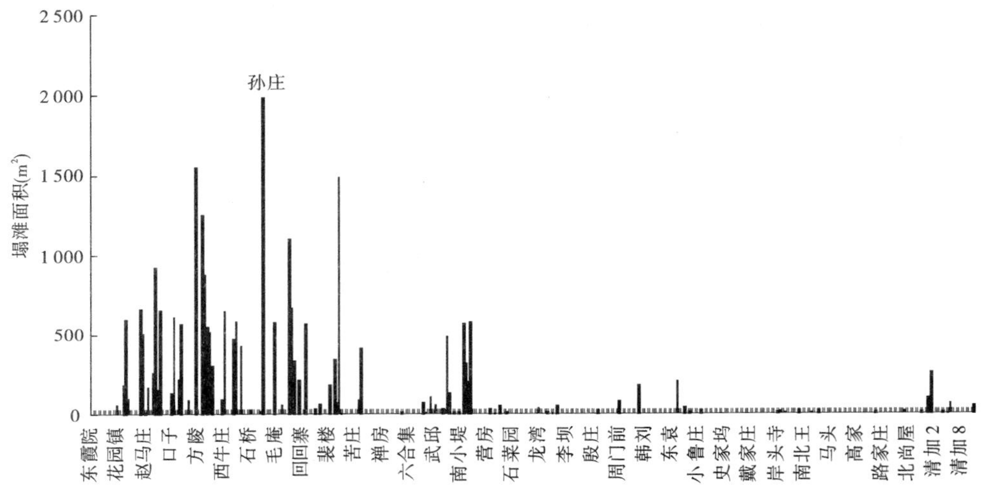

图 5-9　2011 年汛期各断面塌滩面积沿程变化

图 5-10　孙庄断面

把 2011 年 9 月洪水和 2010 年汛前调水调沙洪水相比，各站的同流量水位均是下降的,中间河段下降较多。例如,夹河滩、高村、孙口和艾山分别降低了0.27 m、0.14 m、0.52 m和0.26 m,花园口、泺口和利津的水位变化不明显(见表5-5)。

表5-5　3 000 m^3/s 流量水位及其变化　(单位:m)

水文站		花园口	夹河滩	高村	孙口	艾山	泺口	利津
2010年调水调沙	(1)	92.10	75.24	61.64	47.73	40.70	29.86	12.75
2011年调水调沙	(2)	91.92	75.17	61.63	47.47	40.49	29.85	12.76
2011年9月	(3)	92.09	74.97	61.50	47.21	40.44	29.85	12.71
水位变化	(4)=(2)-(1)	-0.18	-0.07	-0.01	-0.26	-0.21	-0.01	0.01
	(5)=(3)-(2)	0.17	-0.20	-0.13	-0.26	-0.05	0.00	-0.05
	(6)=(3)-(1)	-0.01	-0.27	-0.14	-0.52	-0.26	-0.01	-0.04

把各水文站2011年9月洪水2 000 m^3/s 的水位和1999年的同流量水位相比,各站的同流量水位均显著降低,降幅最大的是花园口、夹河滩和高村三站,降幅在2 m上下,其次是孙口和泺口,降幅在1.5 m左右,降幅最少的艾山和利津断面,同流量水位的降幅也超过了1.1 m(见图5-11)。

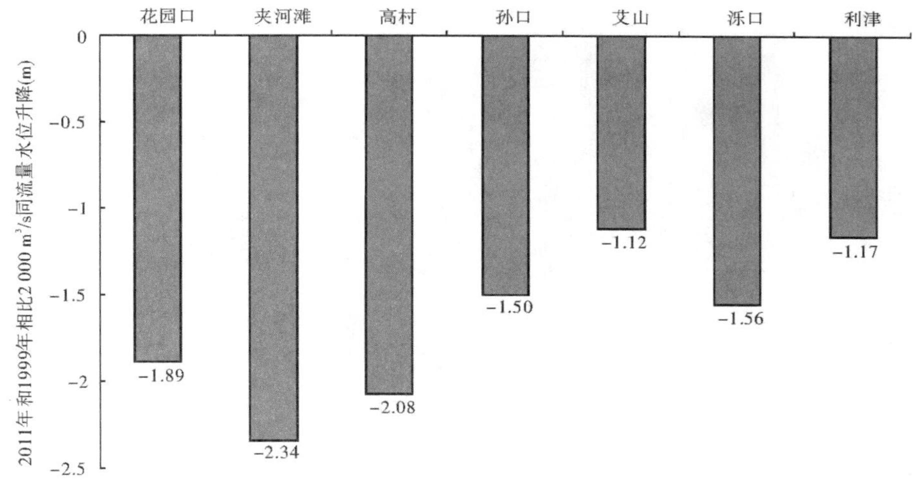

图5-11　小浪底水库运用以来各水文站2 000 m^3/s 水位变化

(四)平滩流量变化

2012年汛前,黄河下游水文站断面的平滩流量和上年同期相比,花园口、孙口和利津均增加了100 m^3/s,夹河滩增加了300 m^3/s,其他站基本不变。因此,2012年汛前花园口等7个水文站断面的平滩流量分别为6 900 m^3/s、6 500 m^3/s、5 400 m^3/s、4 200 m^3/s、4 100 m^3/s、4 300 m^3/s和4 500 m^3/s。从纵向看,平滩流量上大下小,其中,孙口和艾山站的平滩流量较小。和2002年黄河首次调水调沙时相比,高村的平滩流量已由1 850 m^3/s增加到5 400 m^3/s,高村最小平滩流量增加了3 550 m^3/s。从沿程变化看,平滩流量的增加呈现“上大下小”的特点,高村及其以上河段的平滩流量增加了2 800~3 600 m^3/s,而艾山及其以下河段仅增加了1 300~1 600 m^3/s(见表5-6)。

表 5-6　黄河下游水文站断面的平滩流量及其变化　（单位：m^3/s）

水文站	花园口	夹河滩	高村	孙口	艾山	泺口	利津
2002 年	4 100	2 900	1 850	2 100	2 800	2 700	2 900
2011 年	6 800	6 200	5 400	4 100	4 100	4 300	4 400
2012 年	6 900	6 500	5 400	4 200	4 100	4 300	4 500
2012 年较 2011 年增加	100	300	0	100	0	0	100
2012 年较 2002 年增加	2 800	3 600	3 550	2 100	1 300	1 600	1 600

（五）河势情况

截至 2012 年汛前，黄河下游畸形河湾多发、工程出险情况严重。河南河段出现畸形河湾 2 处，山东河段出现 3 处。河南河段畸形河湾分别发生在枣树沟—东安河段、九堡—大张庄。山东河段 3 处是鄄城县芦井河段、济阳县史家坞—大柳店河段、垦利县十八户河段。需要重点防守和已出现险情的河道工程共 26 个，其中河南河段有铁谢险工等 18 个，山东河段有东明县老君堂河段等 8 个。山东河段工程出险主要是河势上提所造成的。

第六章　认识与建议

一、主要认识

（1）2011 年黄河流域 7～10 月中下游降雨偏多，主要是秋汛期降雨偏多，各区间偏多在 1%～190%，特别是龙门以下干支流，偏多 100% 以上。秋汛期中下游局部区域出现较大洪水，潼关和花园口最大洪峰分别为 5 800 m^3/s 和 4 050 m^3/s。渭河和伊洛河出现近 30 年来最大洪水，华县和黑石关流量分别为 5 050 m^3/s 和 2 560 m^3/s，渭河临潼水文站出现建站以来最高水位，华县水文站出现历史第二高水位。

2011 年仍然为枯水少沙年，汛期水量除渭河和伊洛河偏多 30% 外，其余均有不同程度的偏少；干支流年沙量偏少幅度多在 80% 以上，龙门和潼关年沙量分别为 0.482 亿 t 和 1.233 亿 t，分别为历史倒数第一、第二。

河口镇—龙门区间汛期降雨量 320 mm，来水量 15.65 亿 m^3，来沙量 0.325 亿 t，与多年平均相比，降雨量偏多 10.8%，来水量偏少 55%，来沙量偏少 95%。

（2）骨干水库对洪水径流的调节作用明显。2011 年汛期干支流 8 座水库蓄水量高达 121 亿 m^3，其中龙羊峡、小浪底两水库汛期蓄水量分别高达 50 亿 m^3 和 61 亿 m^3。汛期蓄水大幅度削减了洪峰，从而使得洪水发生频次和洪峰流量量级、洪量、历时等显著减少。

（3）2011 年三门峡水库共实施了 3 次敞泄排沙，敞泄期排沙总量 1.021 亿 t，平均排沙比 3.39，水位低于 300 m 累计 8 d。三门峡水库潼关以下库段全年冲刷泥沙 0.162 亿 m^3、小北干流河段冲刷 0.341 亿 m^3、潼关高程下降 0.14 m，其中汛期水沙条件较好、潼关高程下降 0.55 m。

（4）2011 年小浪底水库仍以拦沙运用为主，汛期淤积量为 1.679 亿 m^3，其中干流占 63%。与 2010 年 10 月相比，三角洲淤积形态调整不大。支流淤积较往年减少，淤积面高程升降幅度与河口处干流升降幅度一致。畛水沟口形成明显的拦门沙坎，高度为 4.8 m，口门内形成 2‰的倒比降，HH2～HH6 断面平均淤积厚度 3 m。全年排沙主要集中在调水调沙期，出库沙量 0.329 亿 t，排沙比 1.2。

（5）2011 年黄河下游河道冲刷 1.344 亿 m^3，非汛期和汛期分别冲刷 0.538 亿 m^3 和 0.806 亿 m^3，但冲刷量分布不均匀，冲刷量 76% 集中在高村以上河道。

汛前调水调沙洪水和 9 月洪水期共冲刷 0.459 亿 t，占沙量法年冲刷量 0.742 亿 t 的 62%。

9 月洪水与上年汛前调水调沙洪水的同流量水位对比，花园口、泺口和利津水文站的水位变化不大，夹河滩—艾山河段水位降幅明显，其中孙口冲刷深度达到 0.52 m；黄河下游河道主河槽最小平滩流量（艾山水文站断面）由调水调沙前的 4 000 m^3/s 增大到调水调沙后的4 100 m^3/s。

（6）河势出现畸形河湾，工程出险情况突出。

二、建议

(1)近年来河龙区间不仅降雨径流关系发生了显著改变,相同降雨条件下的径流量明显减少,而且径流泥沙相关关系也发生了显著的趋势性变化,相同径流条件下的输沙量也明显降低,建议对其发生原因开展分析研究。

(2)2003 年、2005 年、2011 年汛期水量偏丰,但由于骨干水库的调蓄,除调水调沙期间,黄河干流均没有出现编号以上的洪水过程,“96·8”洪水过后至今 16 a 的时间内,除小浪底水库汛前调水调沙外,花园口没有出现过 4 000 m^3/s 以上的编号洪峰。因此,建议要更加注重干支流中小洪水在塑造下游中水河槽、冲刷小浪底库区前期细沙淤积物的作用。

第二专题　2011 年渭河下游洪水特性及河道冲淤演变分析

2011 年 9 月渭河流域连续出现 3 次强降雨过程，从 9 月 1 日 8 时至 20 日 8 时，陕西省境内渭河全流域累积面平均降雨量为 245.1 mm，使渭河流域多条河流出现超警戒洪水。咸阳以下河段出现 1981 年之后最大洪水，临潼水文站最大洪峰流量 5 400 m^3/s，相应水位 359.02 m，为 1961 年建站以来最高水位。华县水文站出现自 1934 年建站以来的第六大洪水，洪峰流量 5 050 m^3/s，相应洪水位 342.70 m。

通过对 2011 年秋汛洪水的实地调查，分析了 2011 年秋汛洪水特点和渭河下游河道冲淤的横向和纵向分布，计算了渭河下游华县断面平滩流量变化，初步剖析了洪水位异常表现原因。

第一章　水沙变化

一、水沙特性

渭河下游经过1991～2002年的枯水系列后，2003年、2005年发生较大洪水，华县水文站汛期水量分别为74.8亿m^3、50.2亿m^3，沙量分别为2.94亿t、1.45亿t；之后，2006～2010年渭河下游来水来沙量减少，华县水文站年平均水量45.5亿m^3、沙量0.89亿t（见表1-1），其中汛期平均水量27.1亿m^3、沙量0.87亿t，分别占年水沙量的59.6%、97.8%。

2011年（均为运用年，即2010年11月1日至2011年10月31日，下同），渭河下游发生了大漫滩洪水，华县水文站年水沙量分别为71.08亿m^3、0.44亿t，其中汛期水沙量分别为55.3亿m^3、0.42亿t，占年水沙量的77.8%、95.5%。由于2011年秋汛暴雨洪水主要来自渭河中游宝鸡以上和渭河南岸秦岭一带的清水来源区，因此含沙量较低，汛期和年均含沙量分别只有7.59 kg/m^3和6.19 kg/m^3。与1935～2010年平均水量61.68亿m^3、沙量2.04亿t相比，水量增加9.4亿m^3，增幅15.2%；沙量减少1.60亿t，减幅78.4%。2011年总体属于丰水枯沙年份。

与2003年、2005年相比，2011年汛期水量比2003年减小26.1%，沙量减小85.7%；比2005年水量增大10.2%，沙量减小71.0%。与2006～2010年平均水沙量相比，汛期水量增大104.1%，沙量却减小51.7%。

表1-1　渭河华县水文站水沙变化表

时段	汛期平均			年平均		
	水量（亿m^3）	沙量（亿t）	含沙量（kg/m^3）	水量（亿m^3）	沙量（亿t）	含沙量（kg/m^3）
1974～1990年	47.2	2.7	57.2	72.5	3.0	41.4
1991～2002年	20.5	2.1	102.4	37.7	2.5	66.3
2003年	74.8	2.94	39.3	83.9	2.97	35.4
2004年	18.2	1.1	60.4	43.0	1.1	25.6
2005年	50.2	1.45	28.9	64.1	1.52	23.7
2006～2010年	27.1	0.87	32.1	45.5	0.89	19.6
2011年	55.3	0.42	7.59	71.08	0.44	6.19

二、洪水过程及特点

（一）洪水过程

2011 年 9 月秋汛洪水有 3 次洪峰（见表 1-2、图 1-1）。前两场洪水，咸阳、临潼峰型相对华县偏瘦，除临潼洪峰流量较大外，其他两水文站的均接近；第三场洪水洪峰较高，咸阳、临潼、华县峰型相近。咸阳、临潼、华县三场洪水洪峰各自独立，持续时间 2～4 d。

表 1-2　2011 年 9 月洪水渭河下游各站洪峰特征值

站名	9 月 6～11 日		9 月 12～17 日		9 月 18～26 日	
	洪峰流量（m^3/s）	发生时间（月-日 T 时:分）	洪峰流量（m^3/s）	发生时间（月-日 T 时:分）	洪峰流量（m^3/s）	发生时间（月-日 T 时:分）
咸阳	2 140	09-07T06:49	2 190	09-12T16:18	3 970	09-19T02:00
张家山（泾河）	342	09-07T08:00	386	09-12T16:30	691	09-19T12:18
临潼	2 660	09-07T15:00	2 660	09-12T23:24	5 400	09-19T08:00
华县	2 130	09-08T22:00	2 190	09-14T01:30	5 050	09-20T19:06

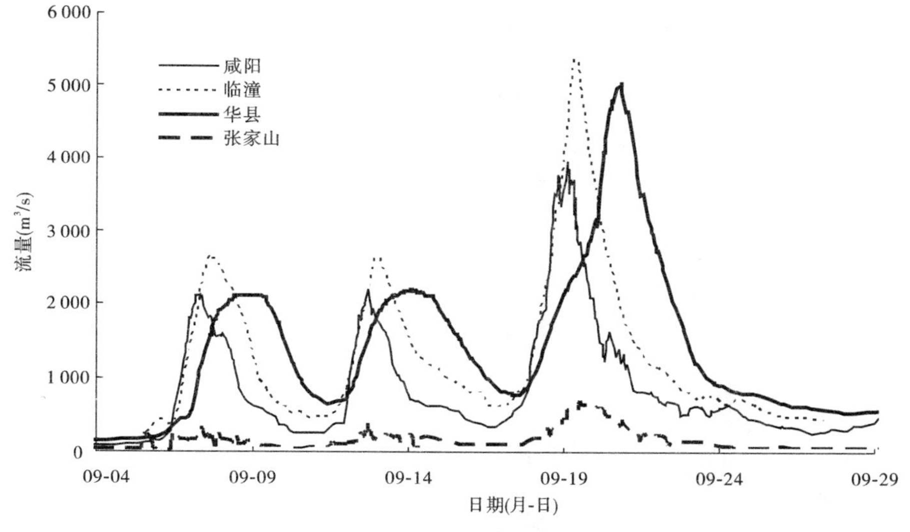

图 1-1　2011 年渭河下游洪水过程

三场洪水均以咸阳以上来水为主。第一场洪水，咸水文阳站 9 月 6 日 02:00 起涨，9 月 7 日 6 时 49 分流量涨至最大 2 140 m^3/s，最大含沙量 12.7 kg/m^3；泾河张家山水文站洪峰流量为 342 m^3/s（9 月 7 日 8 时），最大含沙量 454 kg/m^3，与渭河洪峰汇合演进至临潼；临潼洪峰 2 660 m^3/s（9 月 7 日 15 时），最大含沙量 23.2 kg/m^3，至华县水文站洪峰消减为 2 130 m^3/s（9 月 8 日 22 时），最大含沙量 23.4 kg/m^3。

第二场洪水，咸阳水文站 9 月 11 日 21:54 起涨，起涨流量 394 m^3/s，9 月 12 日 16 时

18 分流量涨至 2 190 m^3/s，最大含沙量 9.6 kg/m^3；泾河张家山水文站洪峰流量为 386 m^3/s(9 月 12 日 16 时 30 分)，最大含沙量 49.6 kg/m^3，与渭河干流洪峰汇合演进至临潼；临潼洪峰流量达到第一场的 2 660 m^3/s(9 月 12 日 23 时 24 分)，最大含沙量 13.2 kg/m^3，至华县洪峰消减为 2 190 m^3/s(9 月 14 日 1 时 30 分)，最大含沙量 12.9 kg/m^3。

第三场洪水，咸阳水文站 9 月 16 日 19 时 24 分洪水流量由 347 m^3/s 起涨，9 月 19 日 2 时流量涨至最大 3 970 m^3/s，最大含沙量 8.71 kg/m^3；泾河张家山水文站洪峰流量为 691 m^3/s(9 月 19 日 12 时 18 分)，最大含沙量 130 kg/m^3，与渭河洪峰汇合演进至临潼；临潼洪峰 5 400 m^3/s(9 月 19 日 8 时)，最大含沙量 18.8 kg/m^3；至华县洪峰消减为 5 050 m^3/s(9 月 20 日 19 时 6 分)，最大含沙量 12.8 kg/m^3(见图 1-2 ~ 图 1-4)。

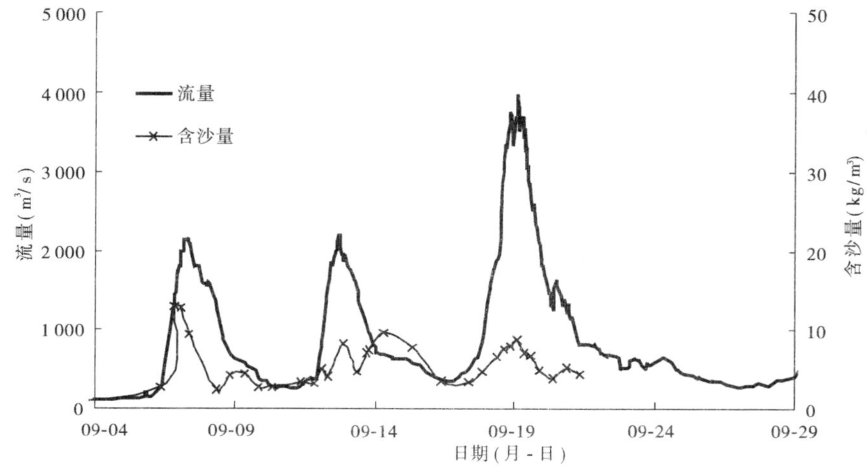

图 1-2　2011 年咸阳水文站洪峰流量与含沙量过程

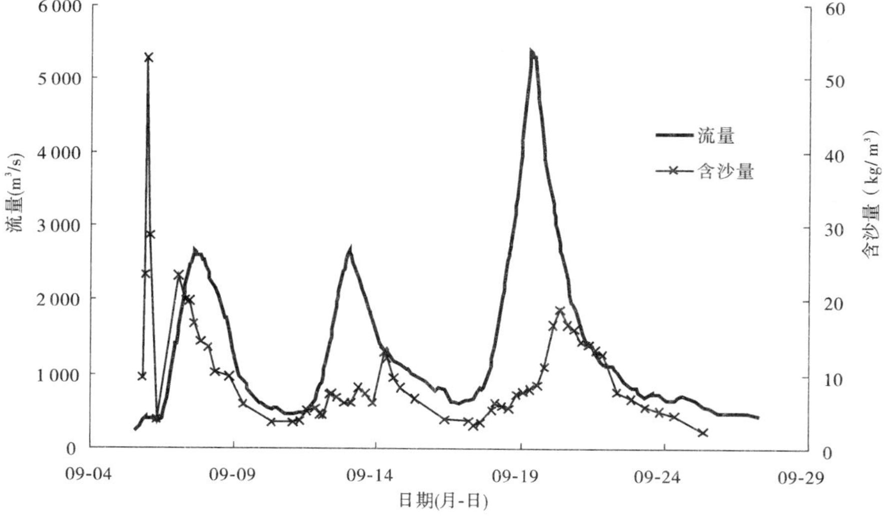

图 1-3　2011 年临潼水文站洪峰流量与含沙量过程

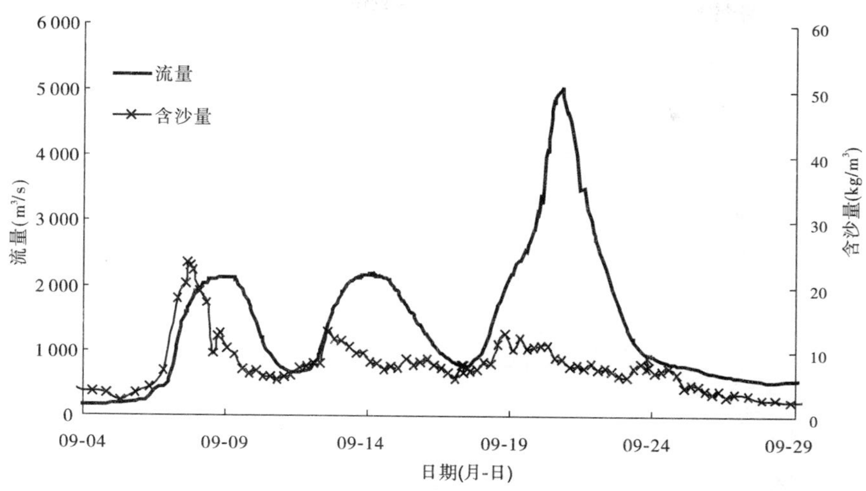

图 1-4　2011 年华县水文站洪水流量与含沙量过程

（二）洪水特点

1. 洪峰流量大、含沙量小

2011 年 9 月 6 ~ 26 日渭河下游出现 3 场洪水过程，咸阳、临潼、华县最大洪峰流量分别为 3 970 m^3/s、5 400 m^3/s 和 5 050 m^3/s，其对应的最大含沙量分别只有 8.7 kg/m^3、18.8 kg/m^3、12.8 kg/m^3。由于泾河来水较少，这三场洪水的主要来源是渭河中游林家村以下干流以及南山支流。

第一场洪水和第二场洪水洪峰流量从咸阳传播到临潼，中间有南岸支流和北岸泾河的汇入，洪峰流量有所增大，从临潼到华县洪峰有所衰减并坦化，峰型明显变胖；第三场洪水由于咸阳以下南山支流来水，咸阳水文站洪峰流量 3 970 m^3/s，到临潼水文站达到 5 400 m^3/s，华县达到 5 050 m^3/s，此次洪水过程中咸阳、临潼、华县的峰型比较相近，临潼至华县洪峰削减也不多。

从表 1-3 可以看出，华县水文站第一场洪水和第二场洪水的水沙量相近，第三场洪水沙量最多。三场洪水含沙量都不高，最大的也只有 23.4 kg/m^3，平均含沙量仅有 9.27 kg/m^3。

表 1-3　2011 年渭河华县水文站洪水水沙特征

项目	9 月 6 ~ 11 日	9 月 12 ~ 17 日	9 月 18 ~ 26 日	洪水合计	占汛期比例（%）
水量（亿 m^3）	6.45	7.72	15.18	29.35	53.1
沙量（亿 t）	0.075	0.068	0.129	0.272	64.8
最大含沙量（kg/m^3）	23.4	12.9	12.8	23.4	
平均含沙量（kg/m^3）	11.62	8.75	8.48	9.27	

2. 洪水水位沿程表现较高

从沿程各水位站的水位表现来看,2011 年秋汛前两场洪水的各站洪峰流量相近,水位也很接近;第三场洪水的洪峰流量最大,洪水位也最高(见表 1-4 和图 1-5)。

表 1-4　2011 年渭河下游水位站最高洪水位变化

场次	河名	站名	距潼关距离(km)	最高水位(m)	时间(年-月-日 T 时:分)
1	渭河	耿镇	176.3	360.52	2011-09-07T15:00
	渭河	临潼	166.4	356.88	2011-09-07T17:00
	渭河	交口	142.29	350.89	2011-09-08T03:00
	渭河	渭南	127.05	347.45	2011-09-08T06:00
	渭河	华县	84.2	341.23	2011-09-09T08:00
	渭河	陈村	51.9	336.57	2011-09-09T10:00
	渭河	华阴	21.2	333.23	2011-09-09T14:00
	渭河	吊桥	7.8	330.72	2011-09-09T19:30
	黄河	潼关	0	328.42	2011-09-09T07:06
2	渭河	耿镇	176.3	360.66	2011-09-13T00:00
	渭河	临潼	166.4	356.88	2011-09-13T02:00
	渭河	交口	142.29	350.92	2011-09-13T09:00
	渭河	渭南	127.05	347.63	2011-09-12T18:00
	渭河	华县	84.2	341.35	2011-09-14T05:00
	渭河	陈村	51.9	336.89	2011-09-14T17:00
	渭河	华阴	21.2	333.34	2011-09-14T14:00
	渭河	吊桥	7.8	330.91	2011-09-15T02:00
	黄河	潼关	0	328.58	2011-09-15T08:00
3	渭河	耿镇	176.3	362.67	2011-09-19T08:00
	渭河	临潼	166.4	359.02	2011-09-19T10:00
	渭河	交口	142.29	352.49	2011-09-19T19:00
	渭河	渭南	127.05	348.75	2011-09-20T09:00
	渭河	华县	84.2	342.70	2011-09-20T19:06
	渭河	陈村	51.9	338.23	2011-09-21T10:00
	渭河	华阴	21.2	334.46	2011-09-21T20:00
	渭河	吊桥	7.8	331.95	2011-09-21T18:30
	黄河	潼关	0	329.27	2011-09-21T15:30

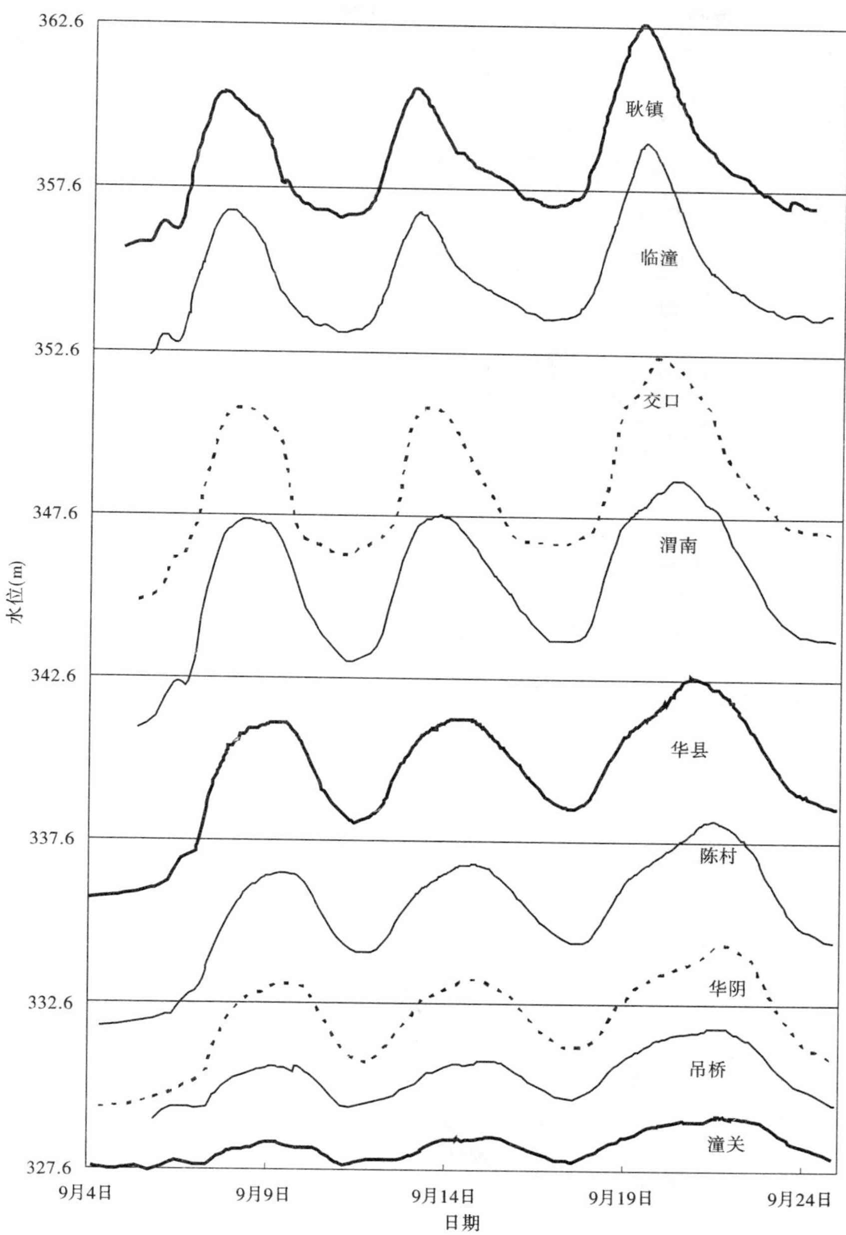

图 1-5　2011 年渭河下游各水位站水位变化情况

3. 洪水传播时间长,削峰率低

2011 年渭河秋汛三场洪水从临潼到华县传播时间分别为 31. 0 h、26. 1 h 和 35. 0 h,削峰率分别为 19. 92%、17. 67%、6. 48%(见表 1-5)。由于出现第一场洪水前,河道比较干枯,洪水传播过程中阻力较大,传播时间相对较慢,所以第一场洪水传播时间比第二场洪水长 4. 9 h。第三场洪水的洪峰流量虽然最大,但传播时间最长。因为洪峰较大,洪水漫滩,滩地糙率大,洪水流速减慢,传播时间相对前两场洪水有所增大。

表 1-5　临潼—华县洪峰传播时间与削峰率

年份	场次	临潼洪峰流量		华县洪峰流量		传播时间(h)	削峰率(%)
		出现时间(年-月-日 T 时:分)	流量(m^3/s)	出现时间(年-月-日 T 时:分)	流量(m^3/s)		
2011	1	2011-09-07T15:00	2 660	2011-09-08T22:00	2 130	31.0	19.92
	2	2011-09-12T23:24	2 660	2011-09-14T01:30	2 190	26.1	17.67
	3	2011-09-19T08:00	5 400	2011-09-20T19:06	5 050	35.0	6.48
2003	1	2003-08-31T09:30	5 090	2003-09-01T09:48	3 540	24.3	30.45
	2	2003-09-07T10:18	3 610	2003-09-08T11:06	2 160	24.8	40.17
	3	2003-09-20T15:00	4 270	2003-09-21T16:00	3 030	25.0	29.04
	4	2003-10-03T06:00	2 630	2003-10-05T06:00	2 680	48.0	-1.90
	5	2003-10-12T06:00	1 850	2003-10-13T05:00	2 010	13.0	-8.65
2005	1	2005-07-03T23:00	2 550	2005-07-04T14:12	2 060	15.2	19.22
	2	2005-08-19T22:12	1 740	2005-08-20T06:24	1 360	8.2	21.84
	3	2005-10-02T13:48	5 270	2005-10-04T09:30	4 880	43.7	7.40

第二章 河道冲淤演变

一、河道冲淤量变化及其空间分布

（一）冲淤量及沿程分布

从20世纪90年代以来，大多年份渭河下游的冲淤变化一般表现为非汛期冲刷汛期淤积，但2011年的则反之（见表2-1）。渭河下游河道年内冲淤变化主要决定于汛期的冲淤变化。

表2-1 渭河下游不同时段冲淤量变化 （单位：亿 m^3）

时　段	非汛期冲淤量	汛期冲淤量	年冲淤量	年平均冲淤量
1974～1990年	0.151	0.216	0.367	0.021
1991～2002年	-0.534	3.310	2.776	0.213
2003年	-0.005	-0.169	-0.174	-0.174
2005年	-0.134	-0.043	-0.177	-0.177
2006～2010年	-0.721	-0.489	-1.210	-0.242
2011年	0.040	-0.621	-0.581	-0.581

注：“-”表示冲刷，后同。

2011年渭河下游共冲刷泥沙0.581亿 m^3，其中非汛期淤积0.040亿 m^3，汛期冲刷0.621亿 m^3。

从渭河下游纵向冲淤分布来看（见表2-2），近期（2006～2010年）在上游没有来大水的情况下，全下游均发生冲刷，共冲刷泥沙1.210亿 m^3。其中咸阳—临潼河段冲刷量最多，为0.651亿 m^3，占全下游总冲刷量的54%；其次是华县以下河段，冲刷0.498亿 m^3，占41%；中间临潼—华县河段冲刷量最少，仅为0.061亿 m^3，占5%。

表2-2 渭河下游各河段不同时段累计淤积量统计

时段	项目	华县以下	临潼—华县	咸阳—临潼	合　计
1974～1990年	冲淤量（亿 m^3）	0.416	-0.209	0.175	0.382
	各河段占比（%）	109	-55	46	100
1991～2002年	冲淤量（亿 m^3）	1.753	0.906	0.117	2.776
	各河段占比（%）	63	33	4	100
2003年	冲淤量（亿 m^3）	-0.515	0.403	-0.062	-0.174
	各河段占比（%）	296	-232	36	100
2005年	冲淤量（亿 m^3）	-0.096	-0.012	-0.069	-0.177
	各河段占比（%）	54	7	39	100
2006～2010年	冲淤量（亿 m^3）	-0.498	-0.061	-0.651	-1.210
	各河段占比（%）	41	5	54	100
2011年	冲淤量（亿 m^3）	-0.180	-0.240	-0.161	-0.581
	各河段占比（%）	31	41	28	100

2011 年渭河下游全河段发生冲刷，以中间段临潼—华县河段冲刷量最多，为 0.240 亿 m^3，占 41%；华县以下河段和咸阳—临潼河段冲刷量相差不大，分别为 0.180 亿 m^3 和 0.161 亿 m^3，分别占 31% 和 28%。

2011 年渭河下游不同河段单位长度冲淤量分布见图 2-1。非汛期华县（渭淤 10）以下河段表现为淤积，华县以上河段表现为冲刷；汛期各河段均表现为冲刷，华县以下冲刷强度大于华县以上河段。全年各河段均发生不同程度的冲刷。

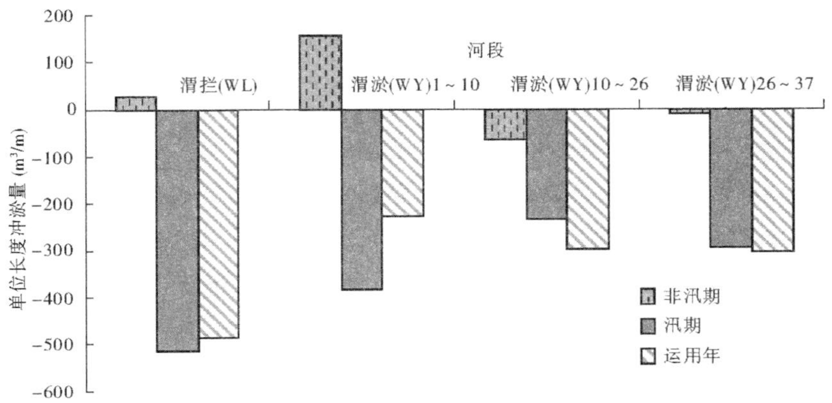

图 2-1　2011 年渭河下游河道不同河段单位长度冲淤量分布

（二）滩槽冲淤分布

渭河下游滩地的淤积一般是由漫滩洪水造成的。在 1974 ~ 1990 年，由于 1977 年和 1981 年发生了漫滩洪水，该时段汛期滩地共淤积 0.94 亿 m^3，主河槽冲刷 0.72 亿 m^3（见表 2-3），以淤滩刷槽为主。20 世纪 90 年代，除 1992 年、1996 年渭河下游发生漫滩洪水，滩地有一定淤积外，大部分淤积发生在主河槽内。1991 ~ 2002 年时段汛期滩地共淤积 1.32 亿 m^3，主河槽共淤积 1.99 亿 m^3，后者占汛期全断面淤积量的 60%，促使该时段主河槽迅速萎缩。该时段主河槽严重萎缩主要发生在多次出现高含沙小洪水的 1994 年和 1995 年，这两年汛期主河槽淤积量分别为 0.84 亿 m^3 和 0.82 亿 m^3，占 1991 ~ 2002 年河道总淤积量的 83%。2003 年渭河下游连续发生多场秋汛洪水，由于洪水前主河槽平滩流量很小，渭河下游发生大漫滩，导致滩地大量淤积。2003 年汛期渭河下游滩地淤积 0.842 亿 m^3，主河槽冲刷 1.012 亿 m^3，全断面冲刷 0.170 亿 m^3。2003 年大洪水过后，塑造出平滩流量 2 300 m^3/s（华县断面）的主河槽，经过 2004 年的少量淤积，到 2005 年汛前渭河下游华县断面的平滩流量减少到 2 000 m^3/s 左右，因此 2005 年汛期渭河下游发生了大漫滩洪水，但是由于漫滩洪水含沙量较低，滩地淤积不多，仅为 0.527 亿 m^3，主河槽发生冲刷，冲刷量 0.570 亿 m^3。2006 ~ 2010 年，虽然没有发生大洪水，但受清水冲刷再加上河道内采沙等影响，主河槽有所刷深，过洪能力有所增加，到 2010 年平滩流量增大到 2 500 m^3/s。2011 年发生了 1981 年以来最大洪水，华县最大洪峰流量 5 050 m^3/s，洪水大漫滩，但由于漫滩洪水含沙量低，滩地仅淤积 0.072 亿 m^3，主河槽发生冲刷，冲刷量 0.693 亿 m^3。

表 2-3　渭河下游不同时段汛期滩、槽累计冲淤分布

时段	主河槽冲淤量（亿 m^3）	滩地冲淤量（亿 m^3）	全断面冲淤量（亿 m^3）
1974～1990 年	-0.72	0.94	0.22
1991～2002 年	1.99	1.32	3.31
1974～2002 年	1.27	2.26	3.53
2003 年	-1.012	0.842	-0.170
2005 年	-0.570	0.527	-0.043
2011 年	-0.693	0.072	-0.621

图 2-2～图 2-4 为 2010 年和 2011 年汛后渭河下游各断面主河槽宽度、主河槽平均深度和主河槽面积变化。由图 2-2 可以看出，2011 年汛后与 2010 年汛后相比，只有少数断面主河槽展宽较多，绝大多数断面主河槽宽度变化不大。由图 2-3 主河槽平均深度沿程变化可以看出，2011 年汛后渭淤（WY）4 断面以下冲深较多，渭淤（WY）6 至渭淤（WY）10 河段主河槽深度变小，其他河段主河槽深度变化较小。由图 2-4 主河槽面积变化可以看出，2011 年汛后渭淤（WY）4 断面以下面积扩大较多，除个别断面主河槽过水面积变小外，其他断面主河槽过水面积略有增加。总体来看，2011 年渭河下游虽然来水量相对较多，在前期主河槽平滩流量较大的情况下，加上洪水漫滩，主河槽内水流挟沙能力相对不强，虽然主河槽面积有所增加，但是没有发生强烈冲刷。这是否与前期河道长期小水冲刷糙率增大，以及是否已经达到新的相对冲淤平衡状态有关，需要进一步研究。

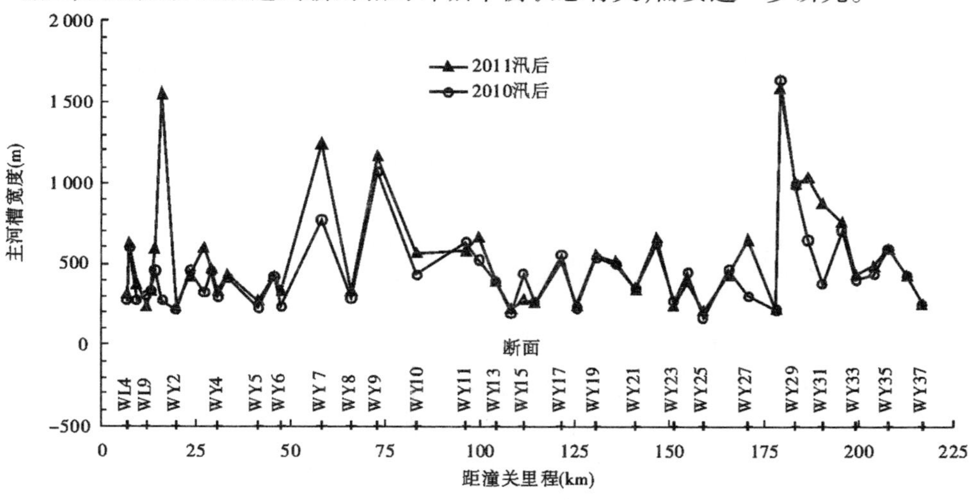

图 2-2　2010 年、2011 年汛后渭河下游各断面主河槽宽度变化

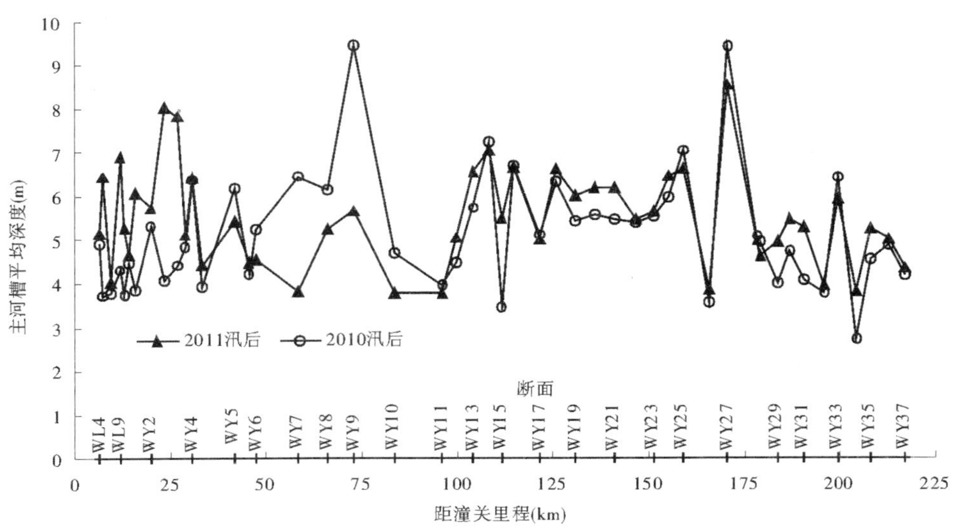

图 2-3　2010 年、2011 年汛后渭河下游各断面主河槽平均深度变化

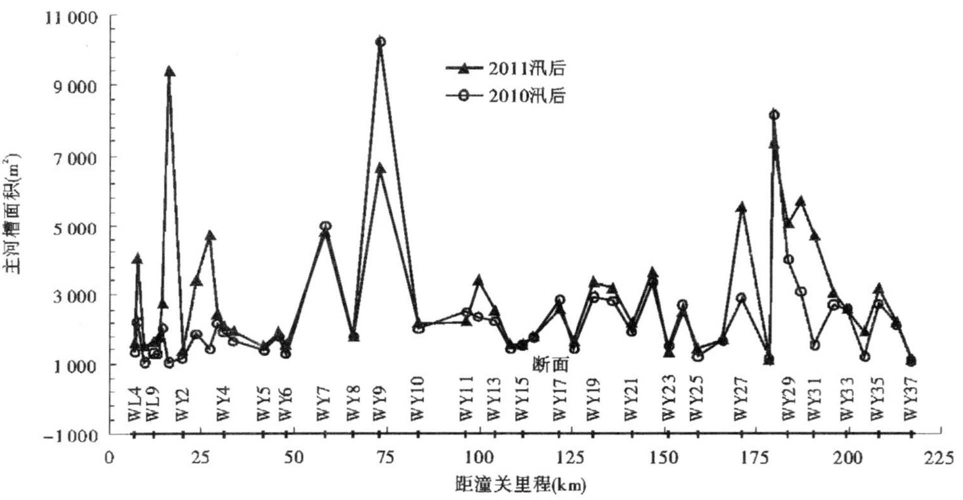

图 2-4　2010 年、2011 年汛后渭河下游各断面主河槽面积变化

二、断面形态调整

(一)横断面形态调整

从渭河下游典型的横断面可以看出(见图 2-5、图 2-6),2005 年渭河大水之后,到 2010 年之间,虽然没有发生大的洪水,但是却有小水刷槽的趋势,大多数断面的深泓点都有不同程度的降低,河槽变得更加窄深,主河槽过洪能力总体要大于 2005 年汛后,所以 2011 年渭河秋汛洪水期间沿程洪水位除临潼外,同流量水位基本上都低于 2005 年的洪水位。经过 2011 年渭河秋汛洪水的冲刷,渭河下游主河槽过水面积又有所扩大,因此也会使主河槽的过洪能力有所提高。从而也反映出渭河下游特别是临潼以下河段的冲积性河流,遇适宜的水沙条件,河槽过流能力可以得以恢复,河道的淤积萎缩具有可逆转性。

另外从断面图上还可以看出，由于2011年秋汛洪水含沙量很低，冲淤变化主要发生在河槽内，扩大了河槽的过洪能力，对渭河下游以后的防洪是有利的。

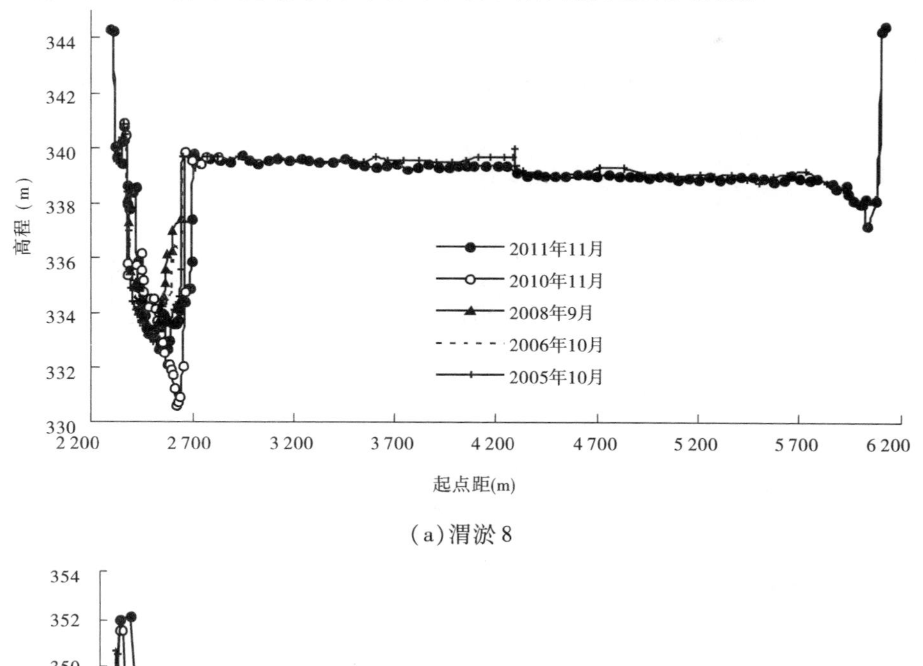

(a)渭淤8

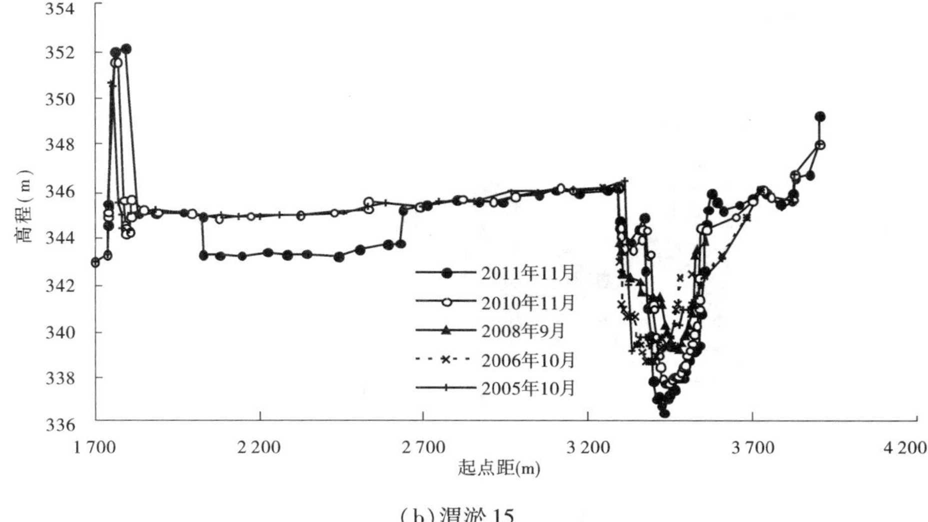

(b)渭淤15

图2-5　渭河下游典型断面图(一)

(二)纵剖面形态调整

2005年大水之后到2010年，渭河下游大多数断面的深泓点都有不同程度的降低(见图2-7)，2006~2009年典型断面深泓点高程降低幅度较小，2010年大多数典型断面的深泓点都有明显的降低，特别是渭淤(WY)28断面以下冲刷下降更明显，2010年虽然没有发生大的洪水，但沙量较少，水沙条件适宜，使得渭河下游主河槽深泓点明显冲刷降低，过水面积扩大，河槽变得更加窄深，主河槽过洪能力增大。经过2011年秋汛洪水冲刷，大多数断面的深泓点又明显降低，渭淤(WY)8~渭淤(WY)11断面由于主槽的摆动，深泓点高程并没有冲刷下降。

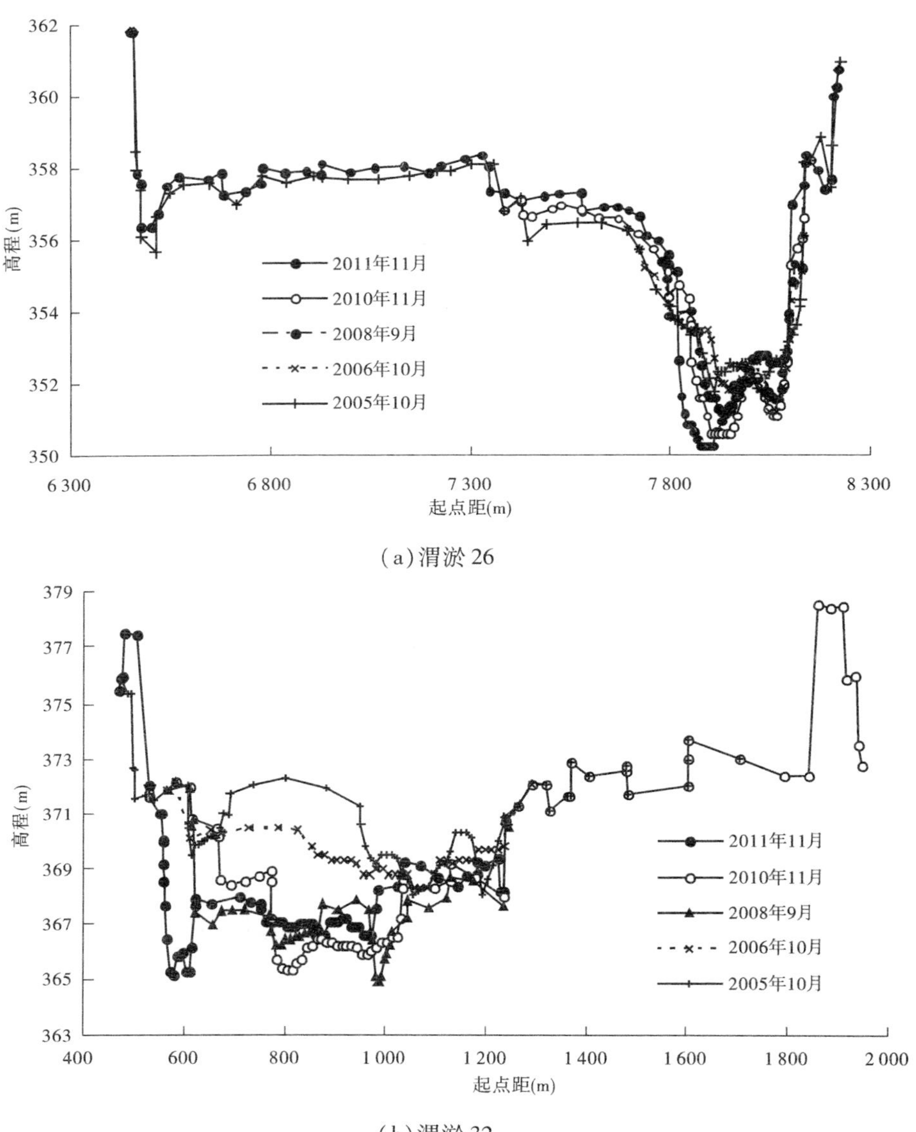

(a)渭淤 26

(b)渭淤 32

图 2-6 渭河下游典型断面图(二)

2006~2011 年渭河下游典型断面平均河底高程与深泓点高程变化趋势基本一致(见图 2-8)。2006~2009 年平均河底高程变化较小,2010 年明显冲刷下降,2011 年秋汛洪水冲刷后,平均河底高程又有所下降,但与深泓点相比,下降幅度相对小些。

虽然 2011 年和 2010 年深泓点高程和平均河底高程均有明显冲刷下降,但其成因有所区别。2011 年发生大洪水,如华县洪峰 5 050 m^3/s,使河槽冲刷,而 2010 年并没有发生大洪水,华县最大洪峰只有 2 170 m^3/s,但 2010 年深泓点和平均河底高程冲刷下降幅度也比较明显,由此说明,不仅大洪水能使河槽冲刷下降,小水情况下适宜的水沙组合同样能使河槽冲刷下降。

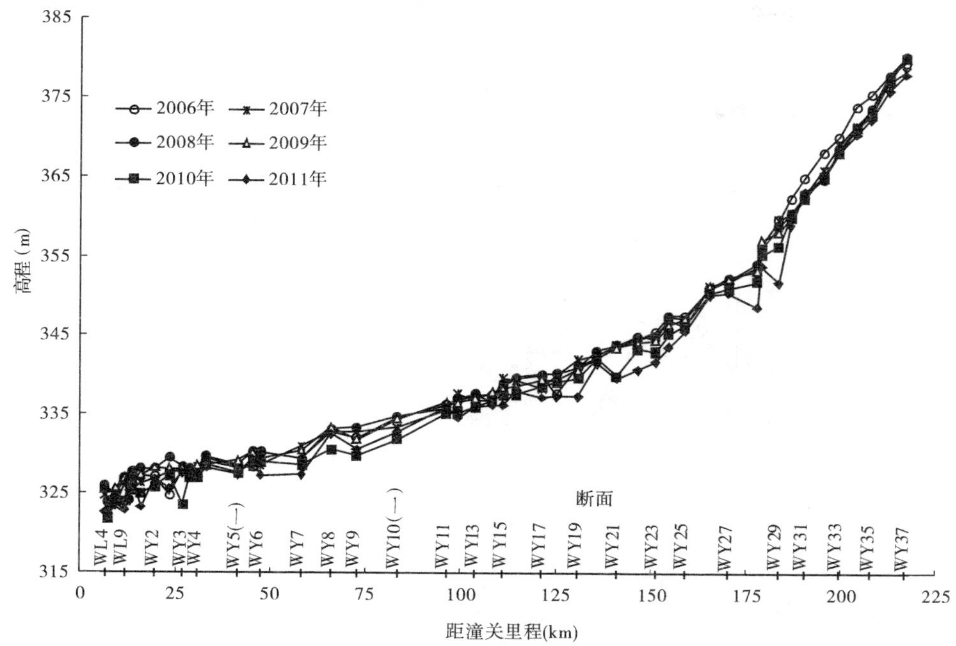

图 2-7　渭河下游沿程典型断面深泓点变化

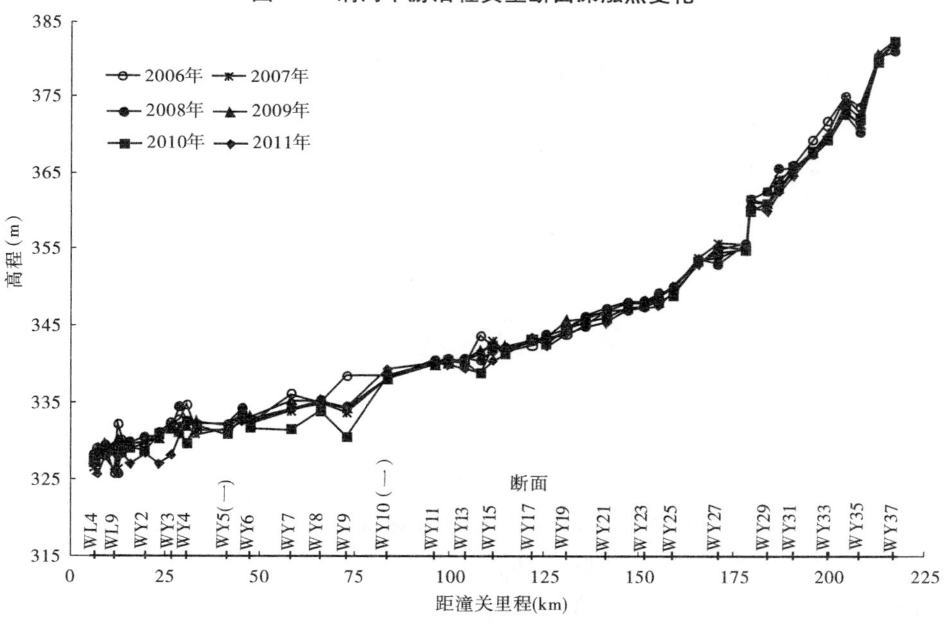

图 2-8　渭河下游沿程典型断面平均河底高程

三、漫滩洪水冲淤特征

图 2-9 给出了 1974 年以来渭河下游汛期冲淤量与华县汛期水量的关系，总体来看，随着水量的增大，河床淤积量减少继而转为冲刷。图 2-10 给出了渭河下游汛期单位水量

冲淤量与华县汛期来沙系数的关系。当来沙系数小于 0.1 kg·s/m^6 时,渭河下游可望发生冲刷;当来沙系数大于 0.1 kg·s/m^6 时,渭河下游多会发生淤积,随着来沙系数的继续增大,淤积速率快速增加。

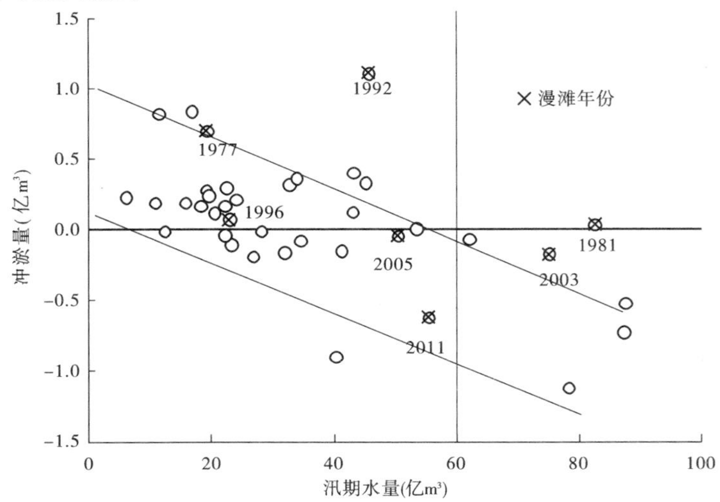

图 2-9　1974～2011 年汛期渭河下游冲淤量与华县水量的关系

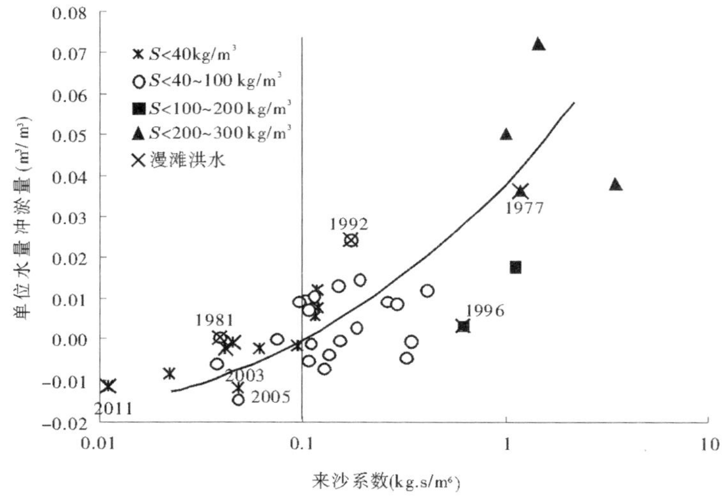

图 2-10　1974～2011 年汛期渭河下游单位水量冲淤量与来沙系数的关系

表 2-4 统计了洪水漫滩年份汛期滩地和主河槽的冲淤量、相应华县水文站的水沙特征。洪水漫滩时全断面有冲有淤,而滩地均发生淤积,主河槽除 1977 年和 1992 年为淤积外,其余年份均为冲刷,主河槽淤积的年份输沙量均比较大。为分析滩、槽冲淤变化与水沙条件的关系,图 2-11 点绘了汛期单位水量冲淤量与来沙系数的关系。可以看出,滩地的淤积与来沙系数具有很好的关系,随来沙系数的增大,单位水量的淤积量增大,其相关系数为 0.97。主河槽的冲淤变化与来沙系数也具有较好的关系。当来沙系数小于 0.1 kg·s/m^6 时,主河槽多会发生冲刷;来沙系数大于 0.1 kg·s/m^6 时,主河槽多发生淤积。只有 1996 年受河床边界条件的影响远离趋势带,主要是由于 1994 年、1995 年渭河高含沙小洪

水造成的主河槽淤积，平滩流量大幅度减少到不足 1 000 m^3/s，在 1996 年水量并不大、汛期平均含沙量 176 kg/m^3 的情况下发生小洪水漫滩，漫滩洪水淤滩刷槽，主河槽发生较大冲刷。

表 2-4　渭河下游漫滩洪水特征统计

年份	华县汛期水沙量		汛期冲淤量(亿 m^3)		
	水量(亿 m^3)	沙量(亿 t)	主河槽	滩地	全断面
1977	19. 20	5. 48	0. 159 7	0. 540 2	0. 699 9
1981	82. 45	3. 32	-0. 296 1	0. 332 7	0. 036 6
1992	45. 64	4. 51	0. 193 0	0. 917 0	1. 110 0
1996	22. 91	4. 03	-0. 539 1	0. 615 8	0. 076 7
2003	75. 00	2. 94	-1. 011 8	0. 842 5	-0. 169 3
2005	50. 20	1. 50	-0. 570	0. 527	-0. 043 0
2011	55. 30	0. 42	-0. 693	0. 072	-0. 621 0

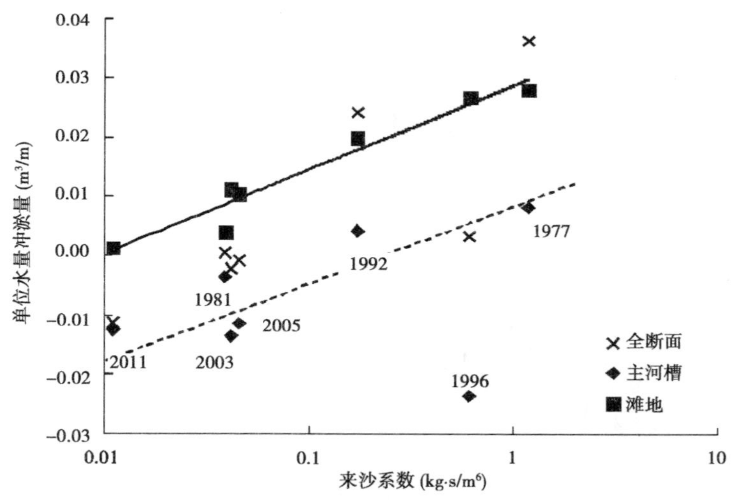

图 2-11　渭河下游漫滩洪水汛期单位水量冲淤量与来沙系数关系

第三章　排洪能力分析

一、平滩流量变化

1993 年以前华县水文站的平滩流量多在 2 500 m^3/s 以上，1994 年减小到 1 000 m^3/s 以下，2003 年以后又恢复到 2 000 m^3/s 以上。

平滩流量变化是与来水来沙条件相适应的，不同的水沙条件塑造不同的河槽。图 3-1 为渭河下游华县水文站历年汛后平滩流量与年径流量变化过程。渭河下游平滩流量与年来水过程基本对应，年水量较丰的 1980～1985 年，华县平滩流量为3 000～4 500 m^3/s；年水量相对较平的 1986～1993 年，华县平滩流量为 2 000～3 750 m^3/s；年水量较枯的 1994～2002 年，华县平滩流量减小为 500～2 000 m^3/s；经过来水相对较丰的 2003 年，华县平滩流量又扩大到 2 300 m^3/s 左右；2004 年来水较枯，主槽有所回淤，平滩流量减少到 2 000 m^3/s；2005 年来水平偏丰，平滩流量又扩大到 2 500 m^3/s；2006～2010 年来水量较枯，但含沙量也较低，平滩流量变化不大，维持在 2 500 m^3/s 上下；2011 年来水量较丰，但是，由于前期平滩流量相对较大，主河槽虽然发生冲刷，但平滩流量增加不多，到 2011 年汛后华县平滩流量为 2 700 m^3/s 左右。

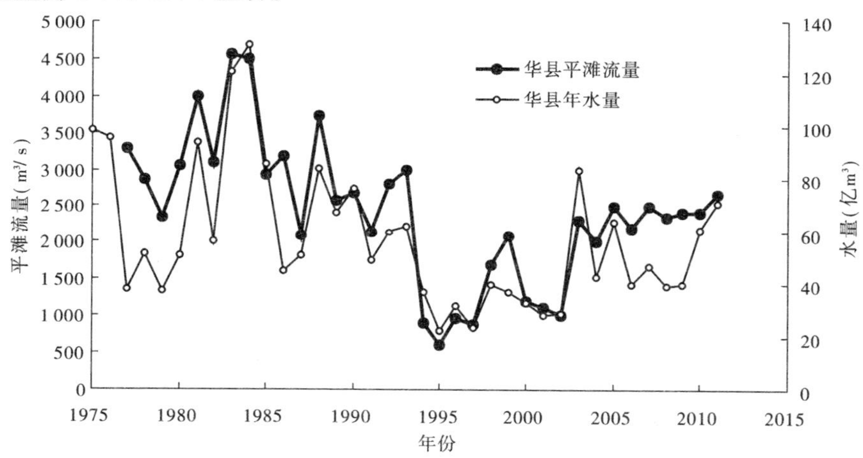

图 3-1　华县水文站 1974 年以来历年汛后平滩流量与年径流量变化

二、同流量水位变化

点绘咸阳、临潼、华县水位流量关系（见图 3-2～图 3-4）可以看出，“11·9”渭河秋汛洪水咸阳站 3 000 m^3/s 流量对应水位约 386.5 m，比 2003 年同流量水位低 0.49 m，比 2005 年同流量水位高 0.78 m。由图 3-3 可以看出，临潼水文站 3 000 m^3/s 流量对应水位约 357.48 m，比 2003 年同流量水位低 0.44 m，比 2005 年同流量水位高 0.08 m；而 5 000 m³/s 流量对应水位约 358.87 m，比 2003 年同流量水位高 0.68 m，比 2005 年同流量水位高 0.44 m。由图 3-4 可以看出，华县 3 000 m³/s 流量对应水位约 342.04 m，比 2003 年同流量水位低 0.48 m，比 2005 年同流量水位高 0.34 m。从同流量水位表现来看，2011 年秋汛洪水三处水文站 3 000 m³/s 同流量水位都比“03 · 8”洪水水位低，比“05 · 10”洪水位高。而5 000 m³/s同流量水位只有临潼水文站表现为比“03 · 8”洪水位高。

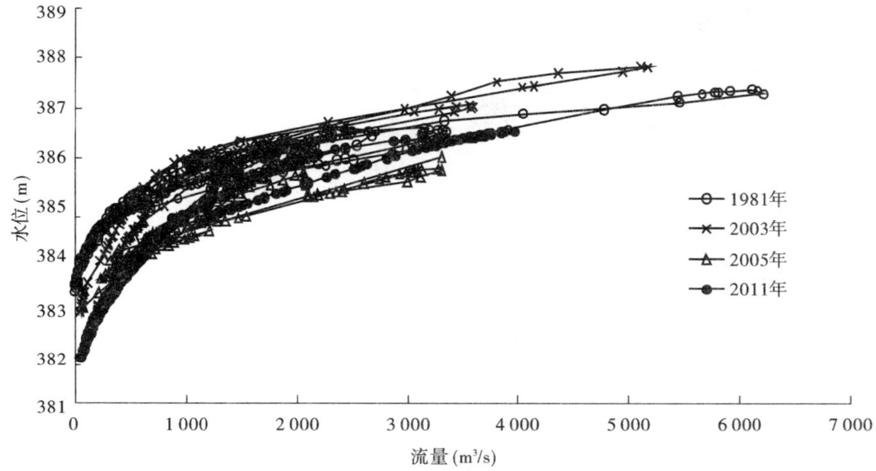

图 3-2　渭河下游咸阳水位流量关系

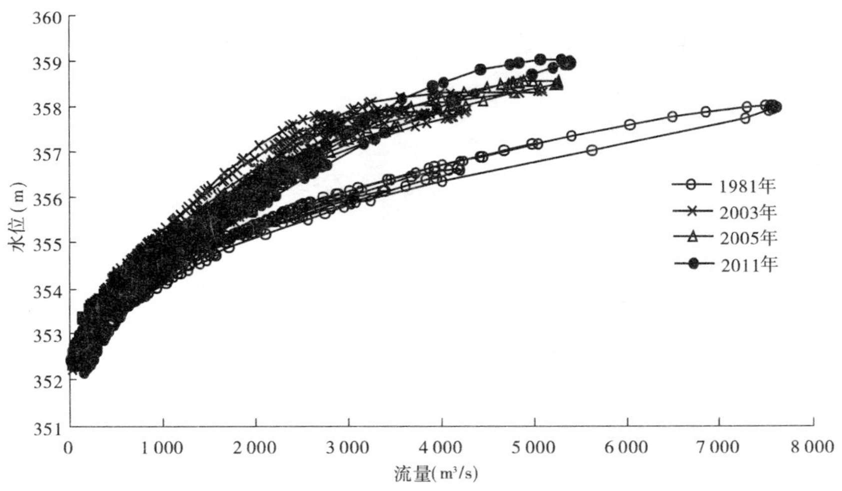

图 3-3　渭河下游临潼水位流量关系

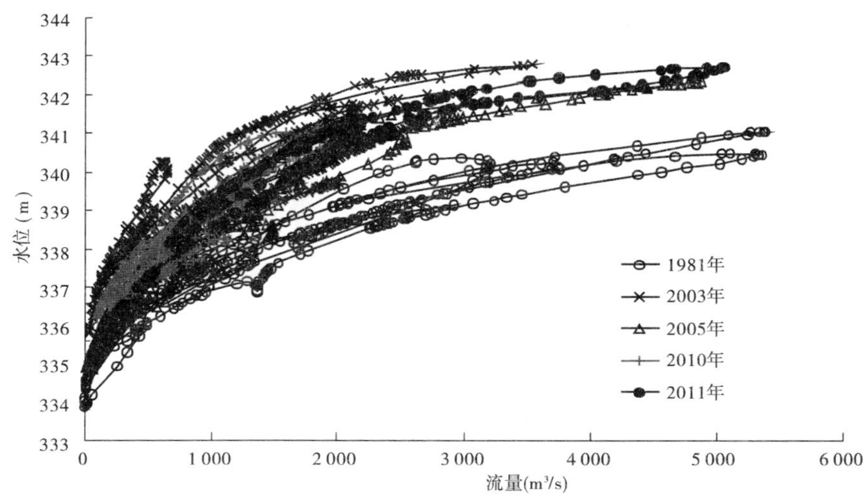

图 3-4　渭河下游华县水位流量关系

第四章　2011 年秋汛洪水异常现象原因分析

一、洪水水位偏高原因分析

与 2003 年和 2005 年相比,2011 年临潼水文站 3 500 m^3/s 流量以上的洪水水位明显偏高,同时还表现出水位流量关系曲线变陡、同流量增幅条件下的水位涨幅显著增大的特点(见图 3-3 和表 4-1)。与 2003 年相比,2011 年同流量1 000 m^3/s水位还偏低约 0.82 m,而 3 000 m^3/s 水位仅偏低 0.40 m,到较大流量时,同流量 5 000 m^3/s 水位却偏高了 0.39 m;同流量 5 000 m^3/s 水位抬升幅度比,1 000 m^3/s 水位抬升幅度偏高了 1.21 m;同流量 1 000 m^3/s水位抬升幅度又比 100 m^3/s 水位抬升的幅度偏高 0.93 m。尤其与 1981 年洪水相比,同流量 5 000 m^3/s 水位抬升的幅度比 1 000 m^3/s 水位抬升的幅度偏高达 1.57 m;同流量 1 000 m^3/s 水位抬升的幅度又比 100 m^3/s 水位抬升的幅度偏高 0.94 m。

表 4-1　临潼水文站不同年份同流量水位统计

项目	年份	流量级(m^3/s)				
		100	500	1 000	3 000	5 000
水位(m)	2011	352.00	353.33	354.45	357.48	358.72
	2005	352.53	353.91	354.95	357.29	358.57
	2003	353.75	354.28	355.27	357.88	358.33
	1981	352.96	353.90	354.47	356.16	357.17
2011 年偏高幅度(m)	2005	-0.53	-0.58	-0.50	0.19	0.15
	2003	-1.75	-0.95	-0.82	-0.40	0.39
	1981	-0.96	-0.57	-0.02	1.32	1.55

临潼水文站流量从 500 m^3/s 涨到 1 000 m^3/s,以及从 1 000 m^3/s 涨到 3 000 m^3/s,水位的涨幅均大于 2003 年、2005 年和 1981 年;而流量从 3 000 m^3/s 涨到 5 000 m^3/s 时,水位涨幅与 2005 年接近,均大于 2003 年和 1981 年(见表 4-2)。

表 4-2　临潼水文站不同流量间水位抬升值　　(单位:m)

年份	500 ~ 1 000 m^3/s	1 000 ~ 3 000 m^3/s	3 000 ~ 5 000 m^3/s
2011	1.12	3.03	1.24
2005	1.04	2.34	1.28
2003	0.99	2.61	0.45
1981	0.57	1.69	1.01

华县水文站2011年水位表现较高，主要是洪峰流量大造成的。水位流量关系在小水期也具有明显变陡、同流量条件下水位涨幅显著增大的特点。但流量超过1 000 m^3/s后，同流量水位的变化幅度差异不大。2011年同流量1 000 m^3/s、3 000 m^3/s、5 000 m^3/s水位，与2005年相比（2003年洪峰流量较小），分别偏高0.09 m、0.33 m和0.34 m；与1981年相比，分别偏高1.48 m、1.68 m和1.77 m（见表4-3、图3-4）。

表4-3 华县水文站不同年份同流量水位统计表

项目	年份	流量级(m^3/s)				
		100	500	1 000	3 000	5 000
水位(m)	2011	335.45	337.58	339.30	342.05	342.69
	2005	335.65	337.60	339.21	341.72	342.35
	2003	336.86	338.61	340.50	342.62	—
	1981	335.45	336.60	337.82	340.37	340.92
2011年偏高幅度(m)	2005	-0.20	-0.02	0.09	0.33	0.34
	2003	-1.41	-1.03	-1.20	-0.57	—
	1981	0	0.98	1.48	1.68	1.77

表4-4说明，华县水文站流量从500 m^3/s涨到1 000 m^3/s，水位涨幅与2003年和2005年差异相对较小，均大于1981年；流量从1 000 m^3/s涨到3 000 m^3/s，水位涨幅大于其他3年；流量从3 000 m^3/s涨到5 000 m^3/s时，水位涨幅比1981年略有增大。

表4-4 华县水文站不同流量间水位抬升值 （单位：m）

年份	500～1 000 m^3/s	1 000～3 000 m^3/s	3 000～5 000 m^3/s
2011	1.72	2.75	0.64
2005	1.61	2.51	0.63
2003	1.89	2.12	—
1981	1.22	2.55	0.55

渭河下游临潼、华县水文站同流量水位抬高，过洪能力降低，主要是1991～2002年河道强烈淤积，河宽缩窄，过水面积减少造成的。分析表明，自三门峡水库1974年开始"蓄清排浑"控制运用以来，渭河下游河道严重淤积主要发生在1991～2002年枯水多沙年份。由于1991～2002年渭河下游多次发生高含沙小洪水（主要在1994年和1995年），下游河道共淤积2.776亿m^3，年均淤积0.213亿m^3。其中主槽淤积1.99亿m^3，占汛期全断面淤积量的60%，促使该时段河槽迅速淤积萎缩（见图4-1），进而也表明，渭河下游河道淤积除与三门峡水库运用方式有关外，与进入下游河道的水沙条件也有关。2003年、2005年渭河下游发生大漫滩洪水，淤滩刷槽，显著改变了河槽淤积萎缩的严峻局面，两年分别冲刷泥沙0.174亿m^3和0.177亿m^3（见表2-1），其中主槽冲刷量分别高达1.012亿m^3和0.570亿m^3（见表2-3）。之后又经过2006～2010年的清水冲刷，渭河下游河道河槽形

态有所恢复，河宽有所增大，过水面积有所增加，但没有完全恢复到淤积前的水平。

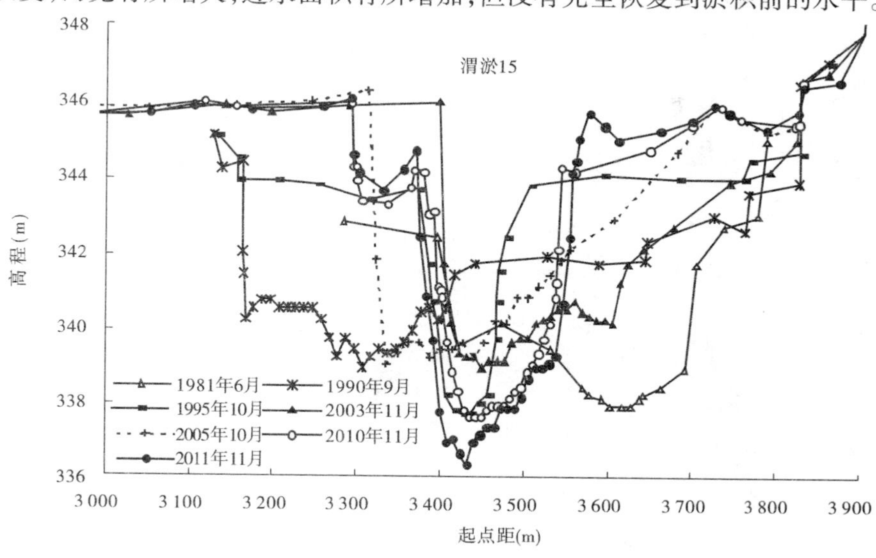

图 4-1　渭河下游典型断面主河槽断面图

二、洪峰沿程削峰率低原因分析

2011 年秋汛洪水洪峰沿程变形（坦化）、洪峰削减率较小（见表 4-5），削峰率仅为 6.5%。与 2005 年漫滩洪水接近，远小于 2003 年和 1981 年漫滩洪水。2005 年和 2011 年洪峰沿程变形较小，主要是因为前期河道平滩流量较大。

表 4-5　临潼至华县不同年份洪峰传播比较

时间 （年-月）	水文站	洪峰出现时间 （年-月-日 T 时:分）	洪峰流量 （m^3/s）	削峰率 （%）	传播时间 （h）
1981-08	临潼	1981-08-22T19:30	7 580	29.0	14.5
	华县	1981-08-23T10:00	5 380		
2003-08	临潼	2003-08-31T09:30	5 090	30.5	24.3
	华县	2003-09-01T09:48	3 540		
2005-10	临潼	2005-10-02T13:48	5 270	7.4	43.7
	华县	2005-10-04T09:30	4 880		
2011-09	临潼	2011-09-19T08:00	5 400	6.5	35.0
	华县	2011-09-20T19:06	5 050		

2003 年洪水前期，由于平滩流量过小、大部分水量被分滞到滩上，槽蓄量显著增大、洪峰明显坦化；同时由于堤防决口分流，洪峰被进一步削平、洪峰沿程变形十分显著。从 2003 年沿程水位的变化过程（见图 4-2）可以看出，尤其第一次洪峰过程（从 8 月 26 日到 29 日），渭南以上河段水位涨落还较为明显、峰型分明，但演进到华县已经显示不出明显的涨落过程。在继续演进到华阴断面时，包括第二次洪峰过程也变得很不明显，基本上已经接近一个恒定流过程。在这种水流大量漫滩、主槽过流比例较小的情况下，滩区（包括决口泛区）洪水的入汇，都有可能改变峰型。因此，也难以区分相应的洪峰传播时间。

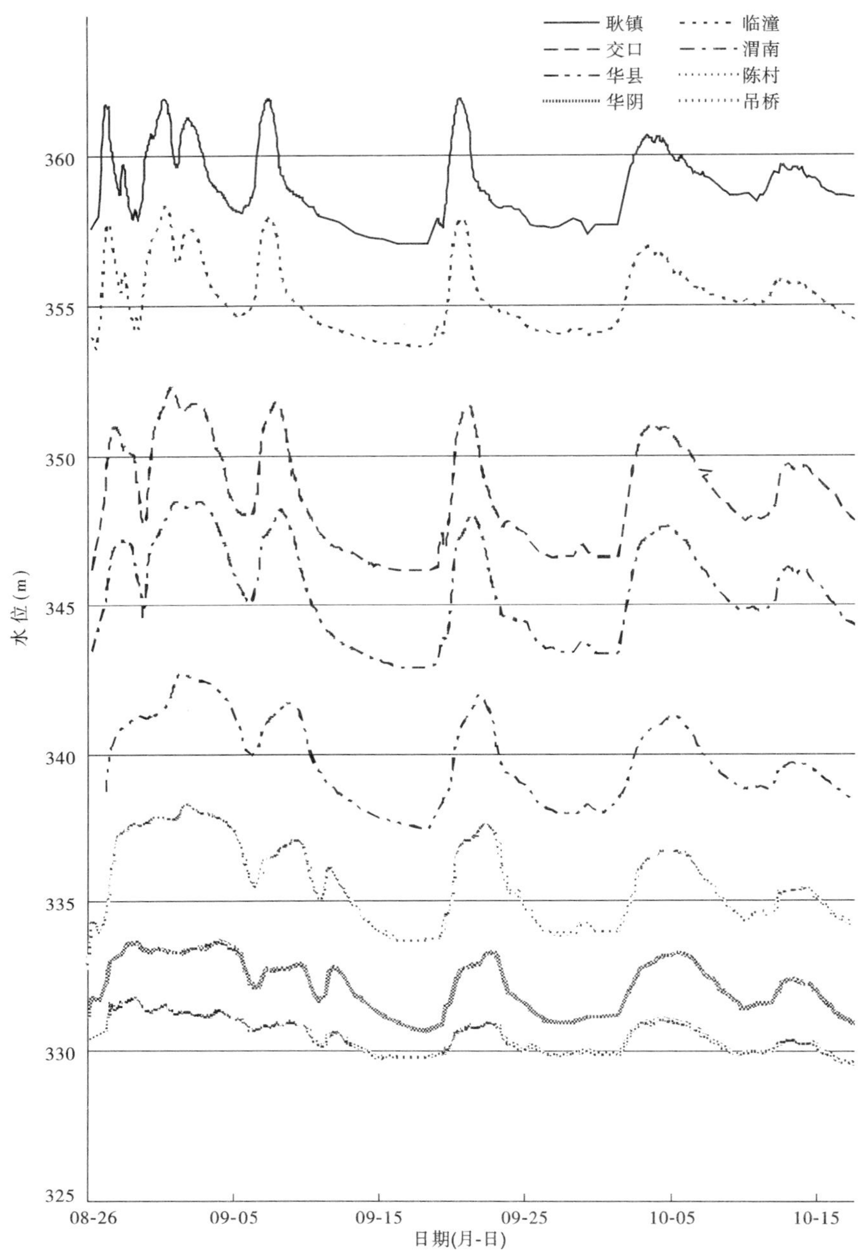

图 4-2　2003 年洪水渭河下游各站水位过程

2003 年、2005 年大漫滩洪水淤滩刷槽,华县平滩流量迅速扩大到 2 300 ~ 2 500 m^3/s。据实测资料分析,2011 年洪水前华县平滩流量约为 2 400 m^3/s,平滩流量相对较大,使得洪水传播过程中峰型分明,沿程变形不大,同时也与区间(如南山支流)加水有关。

三、洪峰传播时间增长原因分析

从 2011 年渭河洪水传播时间看(见图 4-3),只有交口至渭南 2011 年的传播时间比

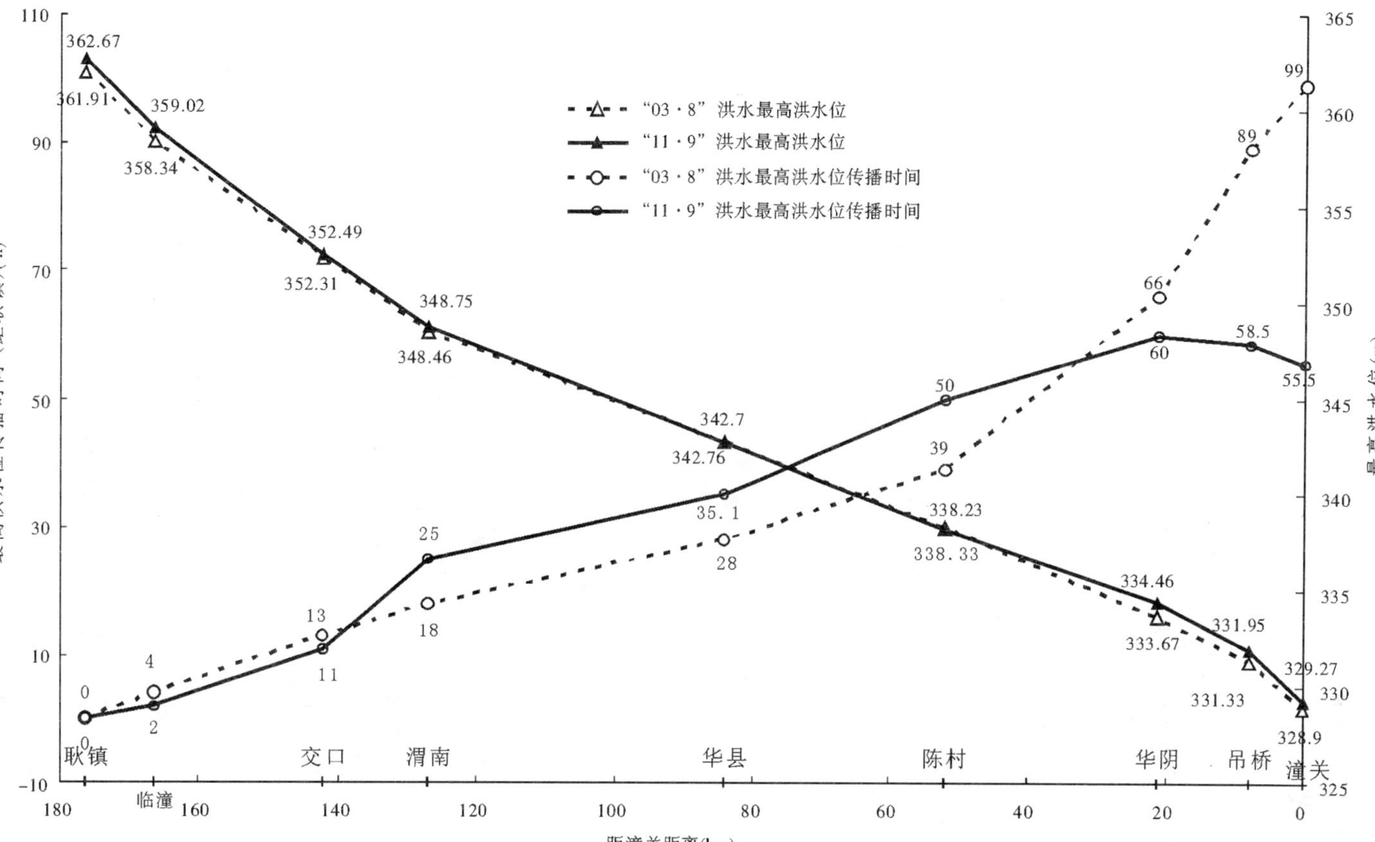

图 4-3 "11·9"洪水与"03·8"洪水沿程最高水位变化及传播时间对比

“03·8”洪水增加了5 h,表现有些异常。另外,还有渭河口附近,受黄河干流洪水影响,传播时间也有些异常。除此之外,基本与“03·8”洪水传播时间接近。

对比“03·8”“05·10”洪水及“11·9”洪水过程中临潼至华县之间的洪峰传播时间与削峰率(见表4-5)可以看出,“11·9”洪水临潼至华县的传播时间为35.0 h,小于“05·10”洪水的43.7 h,大于“03·8”洪水的24.3 h。总体来看,近期“03·8”“05·10”和“11·9”渭河下游漫滩洪水传播时间均较历史时期偏长很多。由图4-4可以看出,近期2003年、2005年和2011年临潼站洪水漫滩之后,大流量下的水流流速明显变慢,这与近期滩地种植大量高秆作物有关,水流阻力增大,传播时间增长,从而也会造成同流量水位大幅度抬升。

另外,从图4-5可以看出,渭河下游一般情况下洪峰传播时间和削峰率是同步变化的,也就是说,削峰率大,传播时间长;反之,削峰率小,传播时间短。而2011年及2005年都有些异常(见表4-5),这两年均表现为削峰率小,而传播时间较长。2005年和2011年之所以会出现这种异常现象,据初步分析,传播时间增长可能主要有以下几个方面:一是近年来长期小水,河湾增多,河道增长是导致近期洪水传播时间增长的原因之一。二是在平滩流量和洪峰流量一定的情况下,漫滩洪水洪峰传播时间与滩区植被(糙率)具有更大的关系。滩区高秆农作物增加,滩地阻力增大,也是导致洪峰传播时间增长的又一主要原因。三是渭河下游近期河道内采沙场迅速增加,挖沙导致坑塘增加,沙堆增多,洪水传播过程中阻力增加,也会导致传播时间增加。

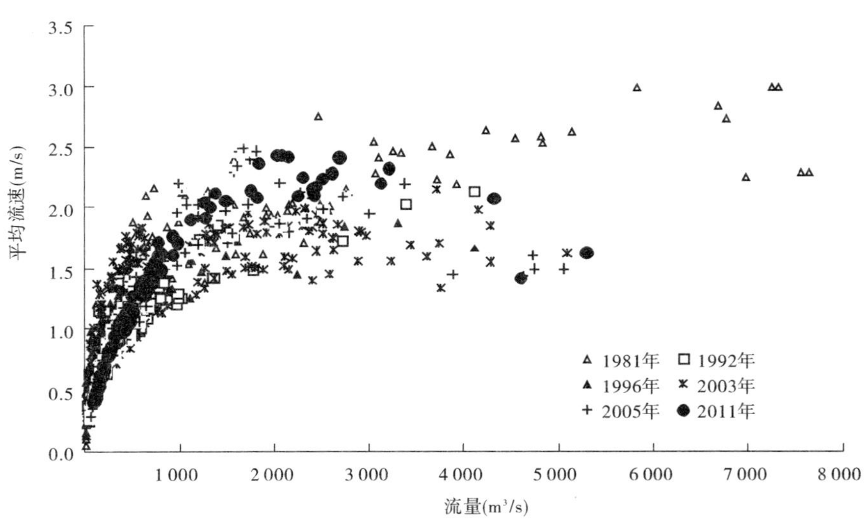

图4-4　临潼水文站典型年流量与流速关系

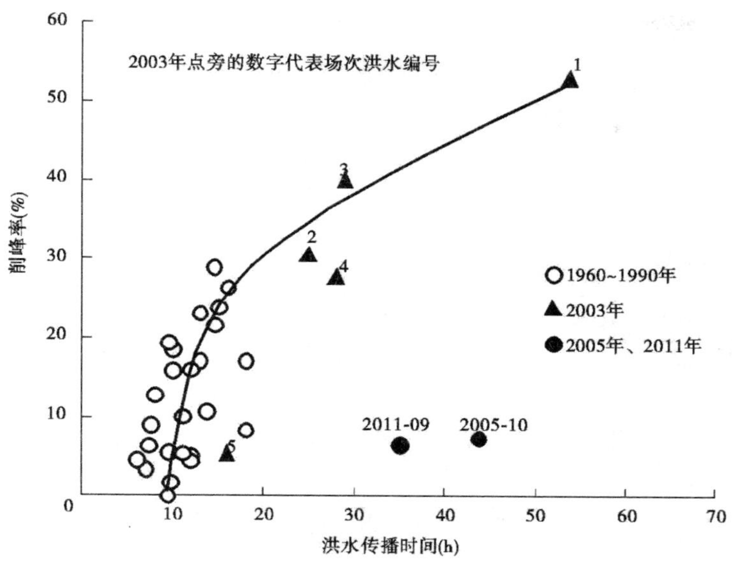

图 4-5　临潼至华县削峰率与洪水传播时间的关系

第五章　认识与建议

一、主要认识

(1)2011 年渭河下游发生了 1981 年以来最大洪水,临潼水文站最大洪峰流量 5 400 m^3/s,其相应水位 359.02 m,为 1961 年建站以来最高水位;华县水文站最大洪峰流量 5 050 m^3/s,最高洪水位 342.70 m。由于 2011 年秋汛暴雨洪水主要来自渭河中游宝鸡以上和渭河南岸秦岭一带的清水来源区,含沙量较低。

(2)2011 年渭河下游华县站年水沙量分别为 71.08 亿 m^3、0.44 亿 t,其中汛期水沙量分别为 55.3 亿 m^3、0.42 亿 t,分别占年水沙量的 77.8%、95.5%。与 1935～2010 年平均水沙量相比,属于丰水枯沙年份。

(3)2011 年渭河下游共冲刷泥沙 0.581 亿 m^3,其中非汛期淤积 0.040 亿 m^3,汛期冲刷 0.621 亿 m^3。洪水漫滩之后,由于洪水含沙量较低,滩地仅淤积 0.072 亿 m^3,主槽发生明显冲刷,冲刷量 0.693 亿 m^3。渭河下游华县水文站平滩流量扩大至 2 700 m^3/s。

(4)2011 年秋汛洪水期渭河下游总体表现为淤滩刷槽,滩地和主槽的冲淤变化与来沙系数具有密切关系。由于秋汛洪水含沙量很低,漫滩洪水漫滩之后滩地淤积量很少,但主槽冲刷比较明显。

(5)2011 年渭河洪水出现洪峰流量大,洪水位涨率偏高,传播时间长、削峰率偏低等特点,这主要与河道前期河床条件有关。洪水位涨率偏高、传播时间长主要是由主河槽淤积萎缩以及漫滩洪水流速变缓等原因造成的;削峰率偏低主要是由于前期平滩流量相对较大,而洪峰流量相对不是很大的情况下,洪水传播过程中洪峰沿程削减、坦化变形不明显,同时也与区间(如南山支流)加水有关。

二、建议

(1)与历史时期相比,2003 年、2005 年和 2011 年渭河下游大洪水传播时间明显增长,洪水传播速度变慢,洪水位表现较高,对渭河下游防洪造成较大压力。因此,建议对渭河下游河道边界条件进行一次全面查勘,包括河势、河湾的测量,采沙场及采沙量调查,跨越桥梁及桥间距调查,滩地种植作物调查,等等。进一步分析影响大洪水传播时间增长、洪水位偏高的原因,采取必要的对策,减轻渭河下游防洪压力。

(2)2005 年以来渭河下游来水含沙量均较低,这种变化是趋势性的还是因降雨分布不同偶然造成的,需要进行详细的调查分析。若是趋势性变化,将对渭河下游治理方略乃至黄河治理产生重大影响。建议对渭河流域实施的淤地坝工程、坡耕地改造、植被恢复和生态修复工程的实施情况及效果进行全面调查,分析水利水保措施的实施对高强度暴雨洪水的影响。

第三专题　2011 年伊洛河下游秋汛洪水调查分析

2011 年 9 月伊洛河流域持续降雨，特别是 13 日至 19 日，降雨较为集中，伊洛河出现两次较大洪水过程。伊河陆浑水库最大入库流量达 1 460 m^3/s，陆浑水库下游龙门水文站 19 日洪峰流量超过 1 200 m^3/s，世界文化遗产游览区龙门石窟紧急关闭；洛河故县水库最大入库流量 1 660 m^3/s，白马寺 19 日洪峰流量超过 2 200 m^3/s。伊河、洛河同时遭遇大水，相互顶托，伊洛河汇流口夹滩附近上水，防洪形势十分严峻。

为了解伊洛河河道状况、伊洛河洪水的演进过程、汇流口（夹滩地区）漫滩与水毁情况，以及洪水期间水库拦洪与调度运用情况，2011 年 9 月 28 日至 30 日，黄河水利科学研究院年度咨询项目组一行 4 人，深入现场进行了调查，收集了第一手资料，为今后伊洛河洪水调度和夹滩地区河道整治方案制订提供技术支撑。

第一章　基本情况

一、河流概况

伊洛河是黄河的十大支流之一，是黄河三门峡水库以下的最大支流。按伊河、洛河分段地形地貌，大致可分为三段：伊河嵩县县城以上为土石山区，县城（陆浑水库）以下到龙门多为丘陵区，龙门到入洛河口为河川冲积平原区；洛河长水以上多为土石山区峡谷小盆地串珠状河床，长水到洛阳市郊多为丘陵阶地区，有较宽广山前谷地，洛阳市以下为河川平原区。伊洛河流域概况见图 1-1。

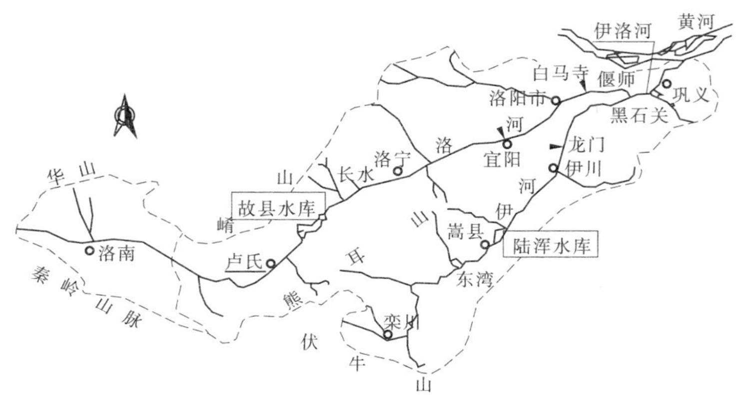

图 1-1　伊洛河流域概况

伊河是洛河的第一大支流，干流总长 264.8 km，到偃师市顾县镇杨村汇入洛河。洛河发源于陕西省洛南县，到巩义市神堤注入黄河。伊洛河流域面积 18 881 km^2（含伊河流域），其中河南占 84%，陕西占 16%。大小支流 300 余条，其中流域面积 100 km^2 以上的支流有 39 条。干流纵比降自上而下逐渐由陡而缓，其中河源至长水 1/100 ~ 1/200，宜阳段 1/360 ~ 1/510，洛阳桥至白马寺 1/860 ~ 1/2 000，白马寺至杨村 1/2 700，杨村至黑石关 1/3 500，巩义市段 1/4 200。

二、洪水情况

伊洛河洪水由暴雨产生，具有涨落陡、洪峰高、历时短等特点，再加上流域坡度陡、汇流快、可预见期短，对中下游以及黄河防洪安全影响较大。

根据历年实测洪水资料统计，伊洛河龙门和白马寺水文站大于 3 000 m^3/s 的洪水出现在 7、8 月的占 90%，其中 7 月中旬占 85%。从历史资料看，明代以来 600 年间，出现的较大洪水有 27 次。特大洪水几乎全部发生在 7 月中旬到 8 月中旬。

洪水遭遇情况复杂，伊洛河同时出现大洪水的情况时有发生。汉代以来 20 余次大洪水中，记录伊洛河同为大水的有 18 次。明清以来的 1553 年、1658 年、1761 年、1868 年、

1931 年及 1958 年,伊洛河同为大水年。

洛河白马寺水文站多年平均径流量为 21.18 亿 m^3,折合平均流量 67.17 m^3/s;伊河龙门水文站为 12.07 亿 m^3,折合平均流量 38.28 m^3/s;黑石关水文站为 34.85 亿 m^3,折合平均流量 110.52 m^3/s。洛河白马寺水文站实测年最大洪峰流量为 8 300 m^3/s,伊河龙门水文站为 6 850 m^3/s,黑石关水文站为 11 800 m^3/s,均发生在 1958 年 7 月(白马寺、黑石关水文站为考虑决溢分流还原后流量)。

三、洪泛区情况

洪泛区指伊河、洛河下游交汇地带,面积约 134 km^2。现状夹滩地区有 4 道大堤,其洪水设防标准为 20 a 一遇。滞洪区分为 4 个区:

(1)夹滩洪泛区。夹滩洪泛区指伊河北堤和洛河南堤所围地区,东西长 19 km,南北宽约 4 km。当洛河南岸或伊河北岸或两河交汇处的堤防决口时,洪水即进入该滞洪区,待伊洛河水位降低后,滞蓄水量仍排入原河道。

(2)东石坝洪泛区。东石坝洪泛区指伊河南岸东石坝决口淹没区,面积约为 20 km^2。该区内的地势较高,滞洪容积不大。当伊河水位降低后,滞蓄水量的大部分仍排入原河道,对伊河洪水起滞洪错峰作用。

(3)南岸洪泛区。南岸洪泛区指伊洛河南岸杨村决口淹没区,东西长约 12 km,南北宽约 2 km。该区地势低洼,滞蓄容积较大,决口分洪的滞蓄洪量有相当一部分存蓄于洼地中,在伊河、洛河水位降低后仍不能排入原河道。因此,该区不仅对伊洛河入黄洪水起到滞洪错峰作用,而且对入黄洪水总量具有一定的削减作用。

(4)北岸洪泛区。北岸洪泛区指伊洛河北岸偃师决口淹没区,面积约 20 km^2,地形条件和滞洪作用与南岸洪泛区大致相同。洛河及伊洛河北岸除洛阳市和偃师市外,还有陇海铁路、首阳山电厂等,因而北岸堤防的质量明显好于南岸。

四、水库情况

流域现有大型水库 2 座、中型水库 10 座、小型水库 318 座。

(一)伊河陆浑水库

1960 年动工兴建,1965 年建成,总库容 13.20 亿 m^3(相应设计水位 327.50 m)。主汛期(7 月 1 日至 8 月 20 日)汛限水位 315.5 m,后汛期 317.5 m,蓄洪限制水位 323 m。

当库水位 315.5 ~ 319.97 m(20 a 一遇)时,控泄 1 000 m^3/s;库水位 319.97 ~ 322.74 m(100 a 一遇),敞泄;预报花园口流量达到 12 000 m^3/s 且有上涨趋势时,关闸停泄;库水位达到设计水位(327.5 m),开闸泄洪。

(二)洛河故县水库

1992 年建成,水库总库容 11.75 亿 m^3(相应设计水位 548.55 m)。正常蓄水位 534.8 m,相应库容 6.50 亿 m^3;汛限水位 520 m,相应库容 4.12 亿 m^3。

当入库流量小于汛限水位泄量时,按入库泄流;大于时,敞泄运用;大于 1 000 m^3/s 时,按 1 000 m^3/s 控泄;库水位达到 20 a 一遇洪水位 535 m 时,敞泄运用;预报花园口流量达到 12 000 m^3/s 且有上涨趋势时,关闸停泄;库水位达到蓄洪控制水位 548 m 时,开闸泄洪。

第二章　调查内容

一、调查经过

调查组先后到伊河、洛河及伊洛河汇流口实地查看，并考察了洛河上游故县水库。查看了本次暴雨洪水险情和灾情较为严重的伊河龙门水文站、洛河白马寺水文站、伊洛河汇流口夹滩，并听取了当地水利及水文部门对洪水过程、水位表现、堤防抢护、抢险救灾，以及洪水过后经验教训及灾情损失情况的介绍；查看了洛河上游的故县水库，了解入库洪水过程、水库调度情况，以及水库泄洪过程等，与水库负责防汛人员进行座谈，对洛河秋汛洪水表现、水库拦蓄洪水、错峰削峰及水库调度情况进行深入交流。

二、伊洛河河情

近年来，伊洛河河道边界条件发生了很大变化，伊河龙门镇，洛河洛阳、偃师和伊洛河巩义河段河道上已建和在建的一些桥梁和橡胶坝，对洪水演进起到一定的阻碍作用，存在壅高水位问题。

（一）河道堤防工程

本次查看重点是伊河龙门水文站、洛河白马寺水文站附近堤防及洪水水位情况。龙门水文站结合景区景观道路与硬化建设，大水时允许伊河左侧景观道路上水，如本次秋汛大水，景区道路上水，景区一度关闭；洛河白马寺水文站是以两侧滩地为堤，标准不高。

据水文部门负责人介绍，在洛阳龙门水文站附近为两岸山体限制下的窄河道，再加上下游修建有桥梁和橡胶坝而对河道比降有减小作用，因而水流不畅，阻滞作用明显。因此，当流量超过 500 m^3/s 时，若遭遇洛河水流顶托，就开始淹没旅游道路。白马寺水文站附近，河道两侧为滩地，无明显堤防，若遭遇大水，由于河道过流能力较小，滩地上水概率较大，因此为险工险段。

整体来看，伊洛河流域的堤防工程标准低、隐患多。洛阳市区部分地段结合城市景观与硬化建设，建成了防御百年一遇洪水的堤防，各县城的沿河景观和开发区附近的河段，也结合市区河岸景观开发而建成了部分 50 a 一遇标准的堤防。但是，离开洛阳市区和偃师、宜阳、洛宁、伊川等县城等河段，多为老的堤防，防洪标准低、隐患多。伊洛河河道堤防虽经多次治理加固，但防洪标准仍然较低，有近 200 km 堤防存在各类隐患，有 180 余处险工险段，有一半堤防的防洪标准只有 10 a 一遇左右，且过堤路口较低，穿堤涵洞隐患较多，正常洪水就有可能发生较大险情。

（二）橡胶坝

目前，结合城市景观建设，沿河县市在伊洛河修建了多道橡胶坝。本次考察的洛阳龙门水文站，在水文站下游伊河干流设置有两道橡胶坝。

本次主要了解橡胶坝的布置情况、特征参数、运行方式、阻水影响等。

经初步统计，目前伊洛河共有已建、在建橡胶坝 18 处，其中，洛阳市 9 处（包括洛河 7 级（处）、伊河 2 处）、巩义 1 处、偃师 1 处、宜阳 2 处（在建）、栾川 4 处（其中 1 处在建）、伊川 1 处。

橡胶坝的主要参数为：坝高 1.5 ~ 4.5 m（底座还有一定高度），蓄水量一般为 50 万 ~ 300 万 m^3。其中，伊河龙门为 2 级橡胶坝；洛阳洛河的 7 级橡胶坝的总蓄水量约为 2 400 万 m^3。

若流量过大（如超过 300 m^3/s），可能造成橡胶坝毁坏，因此在出现大于判别流量时泄空运行。

洛阳洛河 7 级橡胶坝的运行方式主要为：流量大于 300 m^3/s 时“塌坝”（即将橡胶坝坝体内的水放出，使得橡胶坝拦蓄的水体完全泄放到下游）运行。具体操作是，先从最下面的一级开始，然后逐级向上，直到最上游的一级完全塌下。每级橡胶坝从开始塌坝至泄完约 2 h，洛阳洛河的 7 级共需 8 h 左右。

橡胶坝布设与运行对河道行洪及防汛产生一定影响。

由于水库与橡胶坝之间距离有限，洪水传播时间较短，因此“塌坝”时间有限，有可能影响行洪与防洪；在“塌坝”过程中，有可能造成突发性洪水，或加重下游行洪不确定性和潜在威胁；汛期不能严格按照橡胶坝运用原则运行，防汛部门要求在汛期“塌坝”运行，但实际情况往往是在汛期仍然蓄水运用。

（三）洪泛区

本次重点考察了夹滩洪泛区，夹滩洪泛区指伊河北堤和洛河南堤所围地区，东西长 19 km，南北宽约 4 km。本次秋汛洪水受灾最为严重的村庄岳滩村，即在夹滩洪泛区内，位于 50 a 一遇标准的新堤以里，依靠生产堤保护村庄，在今年洛河流量超过 2 000 m^3/s 时，洪水漫过生产堤，威胁村庄。

夹滩范围内堤防复杂（见图 2-1），标准不一。在偃师县城段修建有约 4 km 50 a 一遇标准的新堤，在新堤的里面尚有村庄，处于伊洛河交汇处、夹滩区最顶端的岳滩村不在此新堤保护范围。该村庄附近修建了生产堤进行保护，据分析，该村在河道流量超过 2 000 m^3/s 以上就可能受淹。

当地水利部门负责人介绍，目前正在研究夹滩区治理方案。一种方案为提高岳滩村周围的堤防标准，减少岳滩村附近上水机会；另一种方案为以目前 50 a 一遇标准的新堤为范围，将岳滩村整体搬出。

但由于伊洛河交汇处下游断面小，且河道内的十几处提灌站有阻水作用，因此实际过流能力低。据偃师市水利局分析，两河交汇处下游、黑石关水文站断面以上的河段，流量超过 2 000 m^3/s 以后，交汇处将出现阻水而抬高水位，从而增加了夹滩进水的危险性。

（四）故县水库

为了解洛河干流的洪水过程，本次考察了故县水库，了解其洪水特点及水库调度方式。

本次洪水调度原则为，尽可能地保证下游河道安全，且避免故县水库水位超过 534.8 m 涉及耕地被淹问题。同时，在确保防洪安全前提下，综合考虑干支流水库蓄水问题，充分发挥了水库兴利除害综合效益。

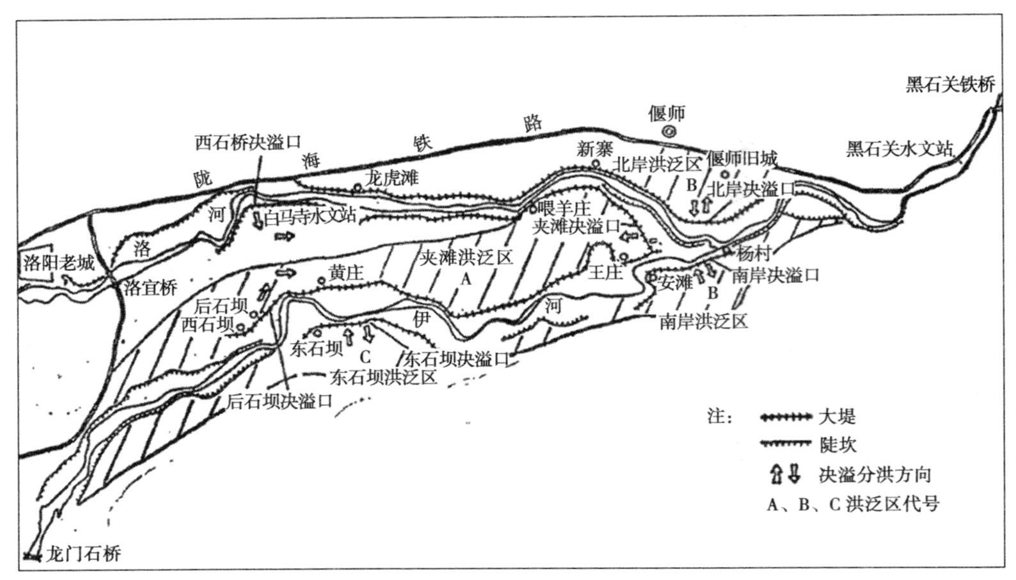

图 2-1　夹滩附近洪泛区示意图

据故县水库防汛负责人介绍，在实施伊洛河洪水调度中，故县水库根据本次洪水具体情况，综合考虑预留防洪库容和水库蓄水进行调度。水库防洪调度受到库区移民、淹没耕地和伊洛河下游防洪安全的严格限制，水既不能放大了，也不能放小了。因而，故县水库最高运用水位要控制在 534.80 m 以下，避免库区耕地被淹没；水库下泄流量不能超过 1 000 m^3/s，确保伊洛河下游河道防洪安全。由于洪水量级超过了水库征地标准，到最后蓄洪最高水位超过预定目标 0.42 m。

三、2011 年伊洛河洪水情况调查分析

2011 年秋汛洪水来势凶猛，降雨来得突然，雨量大，持续时间长，降雨区域较为集中，形成连续洪水，形势严峻，同时遭遇黄河来水（黄河最大支流渭河同期发生 3 次连续较大洪水）。伊河、洛河及伊洛河流量过程见图 2-2 ~ 图 2-4。

由图 2-2 可见，伊河陆浑水库最大入库（东湾）流量为 1 460 m^3/s，经水库调度后，最大出库流量为 800 m^3/s，库水位不超过 319.5 m。加上区间来水，演进至龙门水文站，最大流量于 19 日超过 1 200 m^3/s。

由图 2-3 可见，洛河故县水库最大入库（卢氏）流量为 1 660 m^3/s，经水库调度后，最大出库流量为 1 000 m^3/s，库水位达到 535 m 附近。加上区间来水，演进至白马寺水文站，最大流量于 19 日超过 2 200 m^3/s。

由图 2-4 可见，伊河、洛河汇流后黑石关流量最大为 2 560 m^3/s，由于错峰作用，比龙门和白马寺水文站流量直接相加约小 1 000 m^3/s，从而避免了伊洛河流量过大，汇流口大面积上滩。

最大入库流量通过调度后，伊河陆浑水库出库流量削减为 800 m^3/s，削峰率 45.2%；故县水库削减为 1 000 m^3/s，削峰率 39.8%。加上区间来水，至 19 日，陆浑水库下游龙门

水文站最大流量超过1 200 m³/s,洛河白马寺水文站流量于19日超过2 200 m³/s,若直接叠加伊洛河汇流后流量可达3 500 m³/s,由于水库错峰调峰作用,实际演进到黑石关最大流量约为2 560 m³/s,仅在汇流口夹滩洪泛区小范围上滩。本次伊洛河洪水为1983年以来最大洪水,也是伊洛河秋汛约10 a一遇洪水。

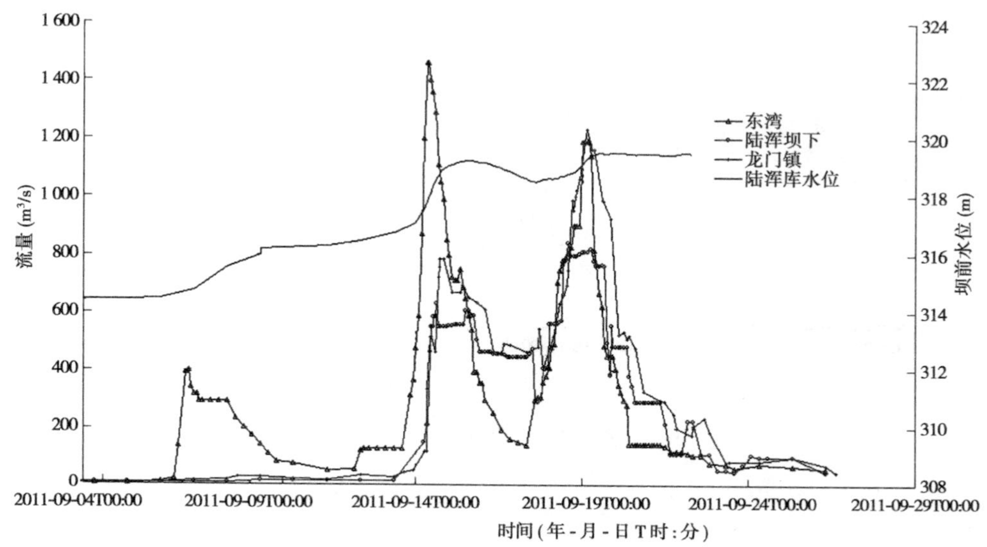

图2-2 伊河洪水过程

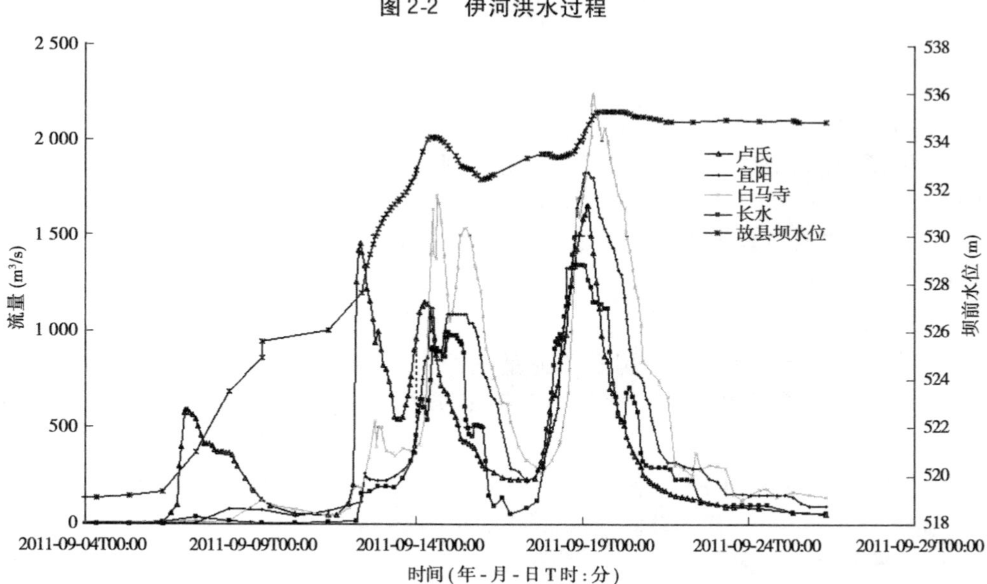

图2-3 洛河洪水过程

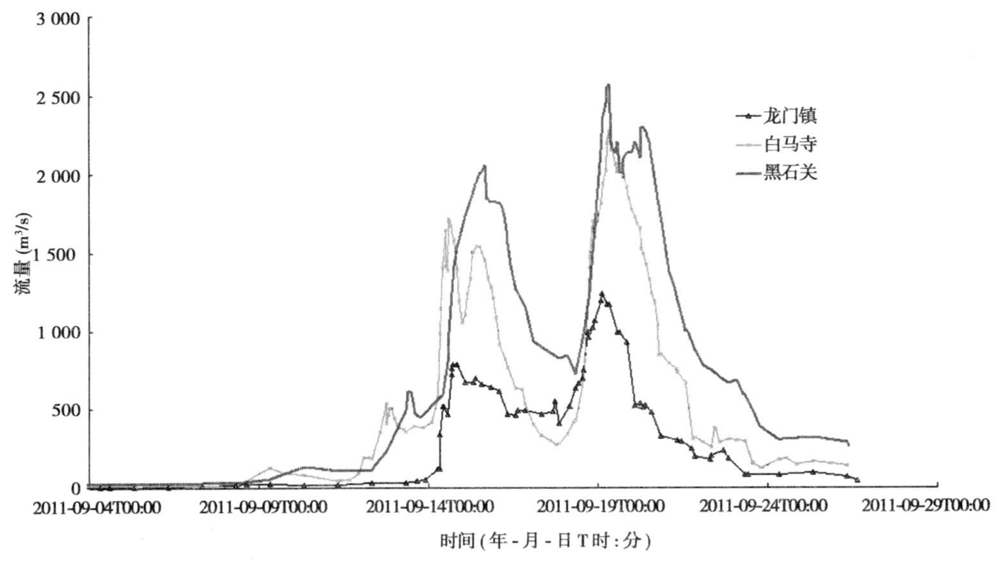

图 2-4　伊洛河洪水过程

四、与2000年以来近期洪水比较

(一)2003 年伊洛河洪水

2003 年 8 月 29 日,石门峪出现设站以来的第二大洪水,灵石出现设站以来的最大洪水;9 月,伊洛河发生一场历时约 5 d、洪量 6.1 亿 m^3 的洪水,黑石关水文站曾出现超过 1 000 m^3/s的洪水 3 次:9 月 3 日 1:12 的 2 430 m^3/s、9 月 7 日 18:00 的 1 390 m^3/s 和 10 月 5 日的 1 420 m^3/s。

伊河陆浑水库最大入库(东湾)流量为 1 500 m^3/s,经水库调度后,最大出库流量为 1 260 m^3/s,演进至龙门水文站,最大流量于 9 月 1 日超过 1 260 m^3/s。

8 月 29 日洛河故县水库最大入库(卢氏)流量为 2 050 m^3/s,经水库调度后,9 月 1 日最大出库流量为 1 250 m^3/s。加上区间来水,演进至白马寺水文站,最大流量于 9 月 2 日达到 1 350 m^3/s。

伊河、洛河汇流后 9 月 3 日黑石关流量达到 2 340 m^3/s,伊河、洛河洪峰时间距离较近,仅比龙门、白马寺水文站流量之和小 270 m^3/s,致使 9 月 2 日夹滩地区发生 20 多年来的最大漫滩。

本次洪水伊河陆浑水库和洛河故县水库最大入库流量分别达 1 500 m^3/s 和 2 050 m^3/s。通过水库调度后,伊河陆浑水库最大入库洪峰流量削减为 1 260 m^3/s,削峰率 16%;故县水库最大入库洪峰流量削减为 1 250 m^3/s,削峰率 39.0%。演进至龙门水文站,最大流量于 9 月 1 日超过 1 260 m^3/s。洛河白马寺最大流量于 9 月 2 日达到 1 350 m^3/s。由于洪峰时间距离较近,实际演进到黑石关最大流量约为 2 340 m^3/s,致使 9 月 2 日夹滩地区发生 20 多年来的最大漫滩,也是伊洛河秋汛约 10 a 一遇洪水。

(二)2005 年伊洛河洪水

2005 年 10 月上旬,小花间伊洛河发生了一场洪水。此次洪水黑石关洪量约 4 亿 m^3,

历时 5 ~6 d,洪峰流量 1 870 m^3/s。

8 月 17 日伊河陆浑水库最大入库(东湾)流量为 1 060 m^3/s,经水库蓄水后,最大出库流量为 715 m^3/s,演进至龙门水文站,最大流量于 10 月 3 日超过 721 m^3/s。

10 月 2 日洛河故县水库最大入库(卢氏)流量为 1 430 m^3/s,经水库调度后,10 月 3 日最大出库流量为 1 400 m^3/s。加上区间来水,演进至白马寺水文站,最大流量于 10 月 3 日达到 1 950 m^3/s。

伊河、洛河汇流后 10 月 4 日黑石关流量最大为 1 870 m^3/s,由于水库错峰调峰作用,实际演进到黑石关最大流量约比龙门和白马寺水文站流量直接相加小 800 m^3/s。

本次洪水伊河陆浑水库和洛河故县水库最大入库流量分别达 1 060 m^3/s 和 1 430 m^3/s。通过水库调度后,伊河陆浑水库最大入库洪峰流量演进至龙门水文站削减为 721 m^3/s,削峰率 25%;故县水库最大入库洪峰流量由 1 430 m^3/s 削减为 1 400 m^3/s,削峰率 2.1%。演进至龙门水文站,最大流量于 9 月 1 日超过 1 950 m^3/s,由于调峰作用实际演进到黑石关最大流量约为 1 870 m^3/s。

(三)2007 年伊洛河洪水

2007 年洛河卢氏水文站最高洪峰流量 2 070 m^3/s,黑石关水文站出现最高洪峰流量为 1 030 m^3/s 的洪水。

7 月 30 日伊河陆浑水库最大入库(东湾)流量为 800 m^3/s,经水库调度后,出库流量小于 50 m^3/s,演进至龙门水文站,流量为 55 m^3/s。

7 月 29 日洛河故县水库最大入库(卢氏)流量为 2 070 m^3/s,经水库调度后,9 月 1 日最大出库流量为 1 250 m^3/s。加上区间来水,演进至白马寺水文站,最大流量于 7 月 31 日达到 1 310 m^3/s。

伊河、洛河汇流后 7 月 31 日黑石关流量最大为 1 030 m^3/s,本次洪水主要来自于洛河,由于水库错峰调峰作用,约比龙门和白马寺水文站流量直接相加小 300 m^3/s。

(四)4 次洪水比较

2011 年秋汛洪水与之前的三次洪水相比,伊河、洛河同时遭遇大水,黑石关洪峰流量超过 2003 年、2005 年和 2007 年洪水。伊河、洛河洪水时间距离较近,并相互顶托,但经故县和陆浑水库的错峰作用,黑石关流量比龙门、白马寺水文站流量直接相加约小 1 000 m^3/s,从而避免了伊洛河流量过大,汇流口大面积上滩。在伊洛河汇流口夹滩附近上水漫滩,造成一定滩地受灾。4 次洪水资料对比见表 2-1。

表 2-1　4 次洪水资料对比　　(单位:m^3/s)

年份	伊河			洛河			伊洛河
	东湾	陆浑出库	龙门	卢氏	故县出库	白马寺	黑石关
2003	1 500	1 260	1 260	2 050	1 250	1 350	2 340
2005	1 060	715	721	1 430	1 400	1 950	1 870
2007	800	50	55	2 070	1 250	1 310	1 030
2011	1 460	800	1 200	1 660	1 000	2 200	2 560

第三章　认识与建议

一、主要认识

（一）洪水风险依然存在

尽管伊洛河中上游由大中型水库控制，水库下游河段结合城市景观沿河堤防标准有不同程度的提高，但局部河段过流能力较低的现状没有改变，防洪形势依然严峻，一旦发生大水，特别是伊河、洛河同时发生大水的情况下，洪水风险依然存在。

（二）橡胶坝影响河道行洪

目前，伊洛河上沿程设置较多橡胶坝，甚至在较短范围内，连续设置多级橡胶坝。由于水库与橡胶坝之间距离有限，洪水传播时间较短，可供橡胶坝塌坝的时间有限，有可能影响行洪与防洪。若塌坝速度过快，还可能造成突发性的较大的流量增加过程，加重下游行洪的不确定性和潜在威胁。汛期不能严格按照橡胶坝运用原则运行，防汛部门要求在汛期塌坝运行，但实际情况往往是在汛期仍然蓄水运用。

（三）洪泛区依然起到分洪的关键作用，但亟须整治

目前，由于伊洛河局部河段过流能力较小，特别是伊洛河汇流口附近，过流断面较小，堤防标准不一，存在堤防薄弱段。在发生大水特别是伊洛河同时发生大水时，洪泛区依然起到分洪的关键作用，但夹滩滩区尚有居民，堤防标准也不统一，尚存薄弱环节，亟须解决。

二、主要建议

（一）开展与黄河干流水沙联合调控研究工作

在做好陆浑、故县水库入库洪水预报工作，延长洪水预见期与优化洪水调度的前提下，利用目前先进的预测模拟技术手段，研究伊洛河与黄河干流的水沙调控对接，减少受灾风险。

（二）开展橡胶坝对防汛影响及规范橡胶坝布设、运用规则研究

研究橡胶坝建设对河道水流的阻水作用，通过洪水演进计算，确定橡胶坝的合理梯级及位置，严格控制塌坝时间，确保洪水顺利通过，进一步规范橡胶坝的布设与运行规则。

（三）制订洪泛区综合治理方案，减小洪水致灾风险

深入开展夹滩河段过流能力分析，全面了解目前河段过水特性。在综合考虑社会、经济利益的前提下合理确定洪泛区治理方案，减小夹滩地区受灾损失，确保伊洛河治理切实可行，兼顾长远。

第四专题　2012年汛前调水调沙关键技术研究

小浪底水库自投入运用以来一直处于拦沙运用初期阶段，通过水库拦沙和调水调沙运用，黄河下游河道发生了持续冲刷。特别是汛前调水调沙集中下泄较大流量、较长历时的清水过程，提高了水流冲刷效率，扩大了河槽过流面积，加大了各河段的平滩流量，改善了下游“二级悬河”程度。目前，下游河道最小平滩流量已经由2002年汛初不足2 000 m^3/s增加到4 000 m^3/s，初步实现了全下游主槽平滩流量恢复至4 000 m^3/s的底限目标。

2011年汛后小浪底水库三角洲顶点下移至距坝18.35 km的HH12断面，顶点高程为215.16 m，起调水位210 m以下还有近3亿 m^3 库容没有淤满；小浪底水库淤积量已达26.175亿 m^3，超过《小浪底水利枢纽拦沙初期运用调度规程》中拦沙初期与拦沙后期的界定值21亿～22亿 m^3。小浪底水库虽未正式进入拦沙运用后期，但拦沙初期已基本结束，进入下游的泥沙量将不断增多，下游河道将发生不同程度的淤积，给维持下游河道一定规模的主槽带来了困难。因此，在水库即将转入拦沙运用后期之时，维持下游主槽不萎缩将是汛前调水调沙的主要任务，继续开展汛前调水调沙依然十分必要。

本专题分析了小浪底水库运用以来历次汛前调水调沙期下游河段冲淤规律，重点分析了汛前调水调沙清水阶段下游河道冲刷量与水量、冲刷效率与流量的关系，利用水位法对艾山—利津河段总冲刷量进行了修正，总结了汛前调水调沙的作用，提出了2012年汛前调水调沙的指标。

第一章 汛前调水调沙作用分析

一、小浪底水库运用以来进入下游的水沙量

自小浪底水库2000年投入运用以来至2011年，进入下游（小浪底、黑石关、武陟水文站之和，简称小黑武，下同）的水沙量分别为2 837.96亿m^3和7.503亿t，通过利津水文站输出河道的水沙量为1 739.69亿m^3和15.936亿t（见表1-1）。据不完全统计，大汶河共加水90.3亿m^3，实际进入下游河道的总水量约为2 928.26亿m^3。

表1-1 小浪底水库运用以来下游各站水沙量

项目	时段	小黑武	花园口	高村	艾山	利津
总水量（亿m^3）	2000～2011年	2 837.96	2 830.20	2 582.97	2 351.17	1 739.69
	2000～2005年	1 268.05	1 272.52	1 131.76	1 007.15	705.79
	2006～2011年	1 569.91	1 557.68	1 451.21	1 344.02	1 033.90
年均水量（亿m^3）	2000～2011年	236.50	235.85	215.25	195.93	144.97
	2000～2005年	211.34	212.09	188.63	167.86	117.63
	2006～2011年	261.65	259.61	241.87	224.00	172.32
总沙量（亿t）	2000～2011年	7.503	12.110	16.617	18.268	15.936
	2000～2005年	4.153	7.748	9.934	10.766	9.050
	2006～2011年	3.350	4.362	6.683	7.502	6.886
年均沙量（亿t）	2000～2011年	0.625	1.009	1.385	1.522	1.328
	2000～2005年	0.692	1.291	1.656	1.794	1.508
	2006～2011年	0.558	0.727	1.114	1.250	1.148

进入下游（小黑武）水量的46.4%在非汛期（11月至翌年5月），53.6%在汛期（6～10月），大汶河入黄水量的88.6%集中在汛期。从利津站输出河道的水量约占进入下游河道总水量的60%，其中非汛期水量512.37亿m^3，汛期水量1 227.32亿m^3，分别占同期进入下游总水量的29.5%和70.5%。

二、小浪底水库运用以来下游河道冲淤量

（一）下游输沙率法估算的冲淤量

1.输沙率法

利用日均流量、含沙量资料点绘流量、含沙量过程线，按照流量、含沙量变化，将全年划分为若干个过程，分别计算各个过程的水沙量、冲淤量等。在计算过程中，由于没有日

引沙量资料，因此需要计算。计算引沙量时用了两种方法：一是实测引沙量法。利用月平均引沙量，计算每个月的日平均引沙量，再乘以时段所在月的天数，得出时段内的引沙量。二是流量差法。利用上下水文站平均流量的差值，扣除损耗 3 m^3/s（流量差小于 3 m^3/s 的时候不引水，流量差超过 3 m^3/s 后才发生引水）后的 90% 作为引水区间引水流量，另外的 10% 为区间损耗。以上下站平均含沙量的平均值作为区间引水含沙量，由此计算出区间引沙量。

两种方法的计算结果见表 1-2。1999 年 11 月至 2011 年 10 月，用两种方法计算的下游总冲刷量分别为 12.377 亿 t 和 13.361 亿 t，流量差法多冲刷了 0.984 亿 t。将整个时段分为 2005 年（运用年，下同）以前和 2006 年以后两个时段来看，两种方法的差别主要在 2005 年以前，流量差法多冲刷了 0.939 亿 t，主要集中在花园口—高村和高村—艾山两河段，分别多冲刷了 0.359 亿 t 和 0.407 亿 t。2006 年以来仅相差了 0.045 亿 t，且各河段差值都较小。两种方法计算冲淤量的不同，主要是计算的引沙量不同引起的。

表 1-2　小浪底水库运用以来下游河道各时段冲淤量计算结果　（单位：亿 t）

方法	项目	时段	小浪底—花园口	花园口—高村	高村—艾山	艾山—利津	全下游
实测引沙量法	引水量	2000～2011 年	50.24	188.93	241.16	423.00	903.33
		2000～2005 年	24.04	73.91	114.21	190.74	402.90
		2006～2011 年	26.19	115.02	126.96	232.26	500.43
	引沙量	2000～2011 年	0.126	0.711	1.076	2.031	3.944
		2000～2005 年	0.072	0.403	0.683	1.325	2.484
		2006～2011 年	0.054	0.308	0.393	0.706	1.460
	冲淤量	2000～2011 年	-4.733	-5.218	-2.727	0.301	-12.377
		2000～2005 年	-3.667	-2.590	-1.515	0.391	-7.381
		2006～2011 年	-1.066	-2.629	-1.212	-0.089	-4.996
流量差法	引水量	2000～2011 年	76.50	234.10	307.89	545.05	1 163.53
		2000～2005 年	26.12	132.74	172.77	268.63	600.26
		2006～2011 年	50.39	101.36	135.11	276.41	563.27
	引沙量	2000～2011 年	0.082	1.066	1.548	2.232	4.928
		2000～2005 年	0.051	0.762	1.090	1.521	3.423
		2006～2011 年	0.031	0.304	0.458	0.711	1.505
	冲淤量	2000～2011 年	-4.689	-5.574	-3.199	0.100	-13.361
		2000～2005 年	-3.645	-2.948	-1.922	0.195	-8.320
		2006～2011 年	-1.044	-2.625	-1.277	-0.095	-5.041

续表 1-2

方法	项目	时段	小浪底—花园口	花园口—高村	高村—艾山	艾山—利津	全下游
两方法之差	引水量	2000 ~ 2011 年	26.26	45.17	66.72	122.05	260.20
		2000 ~ 2005 年	2.07	58.83	58.57	77.90	197.36
		2006 ~ 2011 年	24.19	-13.66	8.15	44.15	62.84
	引沙量	2000 ~ 2011 年	-0.044	0.355	0.472	0.201	0.984
		2000 ~ 2005 年	-0.022	0.359	0.407	0.195	0.939
		2006 ~ 2011 年	-0.023	-0.003	0.065	0.006	0.045
	冲淤量	2000 ~ 2011 年	0.044	-0.355	-0.472	-0.201	-0.984
		2000 ~ 2005 年	0.022	-0.359	-0.407	-0.195	-0.939
		2006 ~ 2011 年	0.023	0.003	-0.065	-0.006	-0.045

进一步分析实测引水量与计算引水量的差别发现，流量差法计算的引水量比实测引水量多了 260.20 亿 m^3，其中 2000 ~ 2005 年相差较多，为 197.36 亿 m^3，2006 ~ 2011 年相差 62.84 亿 m^3。从水量平衡的角度来看，实测引水资料计算的引水量与区间水量的差别比较大，12 a 共差 285.2 亿 m^3，其中 2000 ~ 2005 年差了 223.5 亿 m^3，2006 年以来差别较小，仅 61.7 亿 m^3。

通过对比两种方法的不同时段冲淤量（见表 1-3）发现，差异主要发生在春灌期 3 ~ 5 月和洪水期，流量差法分别多冲刷 0.444 亿 t 和 0.632 亿 t，11 月至翌年 2 月仅相差 0.062 亿 t。

表 1-3　不同时段流量差法和实测引沙量法冲淤量对比　（单位：亿 t）

项目	时段	全年	11 月至翌年 2 月	3 ~ 5 月	6 ~ 10 月	洪水期	汛期平水时段	所有平水期
流量差法	2000 ~ 2011 年	-13.361	-1.798	-2.461	-9.102	-7.060	-2.042	-6.301
	2000 ~ 2005 年	-8.320	-1.281	-1.581	-5.458	-4.654	-0.804	-3.666
	2006 ~ 2011 年	-5.041	-0.517	-0.881	-3.644	-2.405	-1.238	-2.636
实测引沙量法	2000 ~ 2011 年	-12.377	-1.860	-2.017	-8.500	-6.428	-2.072	-5.949
	2000 ~ 2005 年	-7.381	-1.342	-1.139	-4.901	-4.277	-0.624	-3.104
	2006 ~ 2011 年	-4.996	-0.518	-0.878	-3.600	-2.151	-1.449	-2.845
两者之差	2000 ~ 2011 年	-0.984	0.062	-0.444	-0.601	-0.632	0.030	-0.352
	2000 ~ 2005 年	-0.939	0.060	-0.442	-0.557	-0.377	-0.180	-0.562
	2006 ~ 2011 年	-0.045	0.002	-0.002	-0.044	-0.254	0.210	0.210

表 1-3 显示，无论是 2005 年之前还是 2006 年之后，洪水阶段两种方法均有一定的差值，流量差法计算的冲刷量分别多 0. 377 亿 t 和 0. 254 亿 t。洪水阶段流量较大，下游的引水能力相对较大，同时大流量的冲刷效率高，水流的含沙量也相对较大，因而洪水期的引沙量也相应较大。由于实测引沙量为月引沙量，用月引沙量平均到每天的方法计算洪水期的引沙量显然偏小。由此认为，在计算洪水阶段下游河道冲淤量时，在缺乏日引沙量资料时，用流量差法计算引沙量和冲淤量，相对更为合理。

2. 下游河道冲淤量

小浪底水库拦沙运用 12 a(1999 年 11 月 1 日至 2011 年 10 月 31 日)，下游河道共冲刷泥沙 13. 361 亿 t(流量差法计算成果，见表 1-4)。从沿程分布来看，花园口—高村河段的冲淤量最大，共冲刷 5. 574 亿 t，占全下游冲刷量的 41. 7%；其次为花园口以上河段，共冲刷 4. 689 亿 t，占全下游的 35. 1%；再次为高村—艾山河段，共冲刷 3. 199 亿 t，占全下游的 23. 9%；艾山—利津河段淤积 0. 1 亿 t。

表 1-4 小浪底水库拦沙运用以来下游分河段输沙率法冲淤量 （单位：亿 t）

时段			小浪底—花园口	花园口—高村	高村—艾山	艾山—利津	全下游
非汛期	2000 ~ 2011 年	合计	-2. 532	-2. 575	-0. 306	1. 155	-4. 259
		年均	-0. 211	-0. 215	-0. 026	0. 096	-0. 355
	2000 ~ 2005 年	合计	-1. 846	-1. 450	-0. 222	0. 656	-2. 862
		年均	-0. 308	-0. 242	-0. 037	0. 109	-0. 477
	2006 ~ 2011 年	合计	-0. 686	-1. 126	-0. 084	0. 499	-1. 397
		年均	-0. 114	-0. 188	-0. 014	0. 083	-0. 233
汛期	2000 ~ 2011 年	合计	-2. 157	-2. 998	-2. 892	-1. 055	-9. 102
		年均	-0. 180	-0. 250	-0. 241	-0. 088	-0. 758
	2000 ~ 2005 年	合计	-1. 800	-1. 499	-1. 699	-0. 461	-5. 458
		年均	-0. 300	-0. 250	-0. 283	-0. 077	-0. 910
	2006 ~ 2011 年	合计	-0. 357	-1. 499	-1. 193	-0. 594	-3. 644
		年均	-0. 060	-0. 250	-0. 199	-0. 099	-0. 607
全年	2000 ~ 2011 年	合计	-4. 689	-5. 574	-3. 199	0. 100	-13. 361
		年均	-0. 391	-0. 464	-0. 267	0. 008	-1. 113
	2000 ~ 2005 年	合计	-3. 645	-2. 948	-1. 922	0. 195	-8. 320
		年均	-0. 608	-0. 491	-0. 320	0. 033	-1. 387
	2006 ~ 2011 年	合计	-1. 044	-2. 625	-1. 277	-0. 095	-5. 041
		年均	-0. 174	-0. 438	-0. 213	-0. 016	-0. 840

由于下游河道河床粗化在 2005 年汛后基本稳定，以此为时间节点，将小浪底水库运

用以来的 12 a 分为两个阶段:第一阶段 2000 ~ 2005 年,为粗化稳定之前的 6 a;第二阶段 2006 ~ 2011 年,为粗化稳定后的 6 a。从时段来看,全下游冲刷量的 62% 发生在前 6 a,后 6 a 的冲刷量仅占 38% 。花园口以上河段的冲刷量更加集中在 2005 年以前,6 a 共冲刷泥沙 3. 645 亿 t,占小浪底水库拦沙运用 12 a 总冲刷量的 78% ,2006 年以来的冲刷量仅占 22% ;花园口—高村河段冲刷量在两个时段的分布基本相当,分别占 53% 和 47% ;高村—艾山河段主要在第一阶段,占总量的 60% 。

艾山—利津河段在第一阶段的淤积量为 0. 195 亿 t,第二阶段的为 0. 095 亿 t。艾山—利津河段的淤积主要集中在 2000 ~ 2002 年的 3 a 内,河段全年的淤积量分别为 0. 298 亿 t、0. 255 亿 t 和 0. 196 亿 t,3 a 共淤积泥沙 0. 749 亿 t。2003 ~ 2011 年,除了 2006 年和 2008 年发生微淤外,其他年份均发生冲刷,2003 ~ 2011 年艾山—利津河段共冲刷泥沙 0. 648 亿 t,其中 2003 年的冲刷量较多,占 2003 ~ 2011 年总冲刷量的 53. 2% 。

(二)下游断面法估算的冲淤量

利用实测大断面资料,计算出历年非汛期、汛期和全年的冲淤量,结果见表 1-5。

表 1-5　小浪底水库拦沙运用以来下游分河段断面法冲淤量　　(单位:亿 t)

时段			小浪底—花园口	花园口—高村	高村—艾山	艾山—利津	全下游
非汛期	2000 ~ 2011 年	合计	-2. 573	-4. 299	-0. 313	1. 110	-6. 075
		年均	-0. 214	-0. 358	-0. 026	0. 092	-0. 506
	2000 ~ 2005 年	合计	-1. 708	-2. 440	-0. 076	0. 738	-3. 486
		年均	-0. 285	-0. 407	-0. 013	0. 123	-0. 581
	2006 ~ 2011 年	合计	-0. 865	-1. 859	-0. 238	0. 372	-2. 589
		年均	-0. 144	-0. 310	-0. 040	0. 062	-0. 432
汛期	2000 ~ 2011 年	合计	-3. 754	-4. 942	-2. 697	-3. 948	-15. 341
		年均	-0. 313	-0. 412	-0. 225	-0. 329	-1. 278
	2000 ~ 2005 年	合计	-2. 118	-2. 679	-1. 053	-2. 559	-8. 409
		年均	-0. 353	-0. 446	-0. 176	-0. 426	-1. 401
	2006 ~ 2011 年	合计	-1. 635	-2. 263	-1. 644	-1. 390	-6. 932
		年均	-0. 273	-0. 377	-0. 274	-0. 232	-1. 155
全年	2000 ~ 2011 年	合计	-6. 326	-9. 241	-3. 011	-2. 839	-21. 416
		年均	-0. 527	-0. 770	-0. 251	-0. 237	-1. 785
	2000 ~ 2005 年	合计	-3. 826	-5. 119	-1. 129	-1. 821	-11. 895
		年均	-0. 638	-0. 853	-0. 188	-0. 303	-1. 982
	2006 ~ 2011 年	合计	-2. 500	-4. 122	-1. 882	-1. 018	-9. 522
		年均	-0. 417	-0. 687	-0. 314	-0. 170	-1. 587

可以看出,断面法计算的冲淤量显著大于输沙率法结果,差别最大的是花园口—高村河段,二者相差3.667亿t;其次为艾山—利津河段,二者相差2.939亿t,且二者的冲淤性质也不同,输沙率法计算结果为淤积0.1亿t,断面法计算结果为冲刷2.839亿t。

三、历次调水调沙作用

小浪底水库拦沙运用以来,共实施了13次调水调沙,历次调水调沙发布的冲淤量计算结果见表1-6。

表1-6 历次调水调沙进入下游的水沙量及河道冲淤量统计

编号	开始日期(年-月-日)	历时(d)	进入下游		下游引水引沙		河道冲淤量(亿t)				
			水量(亿m^3)	沙量(亿t)	引水量(亿m^3)	引沙量(亿t)	小浪底—花园口	花园口—高村	高村—艾山	艾山—利津	全下游
1	2002-07-03	15	29.97	0.366	6.5	0.100	-0.017	0.004	-0.162	-0.066	-0.241
2	2003-09-06	13	25.99	0.756	2.8	0.115	-0.104	-0.139	-0.183	-0.119	-0.545
3	2004-06-19	21	44.58	0.043	2.5	0.025	-0.173	-0.138	-0.182	-0.150	-0.643
4	2005-06-08	26	53.77	0.020	10.2	0.108	-0.255	-0.221	-0.163	-0.076	-0.715
5	2006-06-10	19	55.40	0.069	6.9	0.055	-0.150	-0.179	-0.169	-0.113	-0.611
6	2007-06-19	15	40.67	0.234	4.1	0.039	-0.049	-0.080	-0.119	-0.075	-0.323
7	2007-07-29	11	25.39	0.453	0.9	0.014	0.106	-0.031	-0.119	0.041	-0.003
8	2008-06-19	19	43.33	0.462	3.6	0.043	0.025	-0.063	-0.113	-0.043	-0.194
9	2009-06-17	18	46.36	0.036	7.6	0.046	-0.100	-0.117	-0.090	-0.109	-0.416
10	2010-06-18	23	57.72	0.553	9.5	0.108	0.022	-0.073	-0.101	-0.108	-0.260
11	2010-07-24	13	22.50	0.267	1.1	0.014	0.050	-0.044	-0.038	-0.027	-0.059
12	2010-08-11	12	22.48	0.510	0.0	0.000	0.195	-0.038	-0.044	-0.023	0.090
13	2011-06-19	25	51.74	0.330	12.0	0.106	-0.046	-0.060	-0.067	-0.036	-0.209
合计		230	519.92	4.099	67.8	0.773	-0.496	-1.179	-1.550	-0.904	-4.129

通过系统分析历次调水调沙,得到以下认识。

(一)黄河下游主槽得到全线冲刷

黄河13次调水调沙累计进入下游总水量519.92亿m^3,总沙量4.099亿t,入海总沙量7.454亿t,河道引沙量为0.773亿t,下游河道共冲刷4.129亿t。在下游河道冲刷总量相同的条件下,主槽沿程冲刷越均匀,恢复下游河道行洪排沙能力的实际作用就越大。黄河调水调沙实现了下游河道全线冲刷,尤其山东河段的冲刷效果十分明显,这一点从输沙率法计算结果更能得到印证。仅就汛前调水调沙冲刷量占全年的比例来看(见表1-7),2000~2011年汛前调水调沙花园口以上和花园口—高村两河段冲刷量占全年的比例分别为15.9%和16.6%,而高村—艾山河段占到36.4%,艾山—利津河段更是占到

100%以上。随着下游河道冲刷历时的增加,汛前调水调沙冲刷量在下游各河段所占比例均有明显的提高,2006~2011年与2000~2005年相比,下游利津以上河道汛前调水调沙冲刷量占同期总冲刷量的比例由19.2%上升至39.9%。需要强调指出的是,汛前调水调沙对高村以下河段的冲刷非常重要,2006年以来,汛前调水调沙高村—艾山河段冲刷量占全年的比例已高达51.6%,而艾山—利津河段除调水调沙及其他几场洪水之外都呈淤积状态。因此,汛前调水调沙对保持艾山—利津河段冲淤平衡,进而维持本河段河槽不萎缩具有决定性作用。

表1-7 汛前调水调沙冲淤量及其占全年的比例 (单位:亿t)

时段	项目	小浪底—花园口	花园口—高村	高村—艾山	艾山—利津	全下游
2000~2011年	全 年	-4.689	-5.574	-3.199	0.100	-13.361
	汛前调水调沙	-0.744	-0.927	-1.166	-0.776	-3.612
	汛期调水调沙	0.247	-0.252	-0.383	-0.128	-0.515
	除调水调沙外	-4.193	-4.395	-1.650	1.004	-9.234
	汛前调占全年比例(%)	15.9	16.6	36.4	-776.0	27.0
2000~2005年	全 年	-3.645	-2.948	-1.922	0.195	-8.320
	汛前调水调沙	-0.445	-0.355	-0.507	-0.292	-1.599
	汛期调水调沙	-0.104	-0.139	-0.183	-0.119	-0.545
	除调水调沙外	-3.096	-2.454	-1.232	0.606	-6.176
	汛前调占全年比例(%)	12.2	12.0	26.4	-149.7	19.2
2006~2011年	全 年	-1.044	-2.625	-1.277	-0.095	-5.041
	汛前调水调沙	-0.298	-0.572	-0.659	-0.484	-2.013
	汛期调水调沙	0.351	-0.113	-0.200	-0.009	0.029
	除调水调沙外	-1.096	-1.940	-0.418	0.398	-3.057
	汛前调占全年比例(%)	28.5	21.8	51.6	509.5	39.9

(二)黄河下游主槽过流能力初步得到恢复

通过小浪底水库拦沙和调水调沙运用,黄河下游主槽平均冲刷降低2.03 m,最小平滩流量由2002年汛前的1 800 m^3/s恢复到2011年的4 100 m^3/s,漫滩洪水的滩槽分流比得到初步改善,“二级悬河”形势开始缓解,下游滩区“小水大漫滩”状况初步得到遏制。

从历次调水调沙期下游河道水位流量关系变化趋势看,随着冲刷的不断发展,河道过流能力相应增加,但年际间同流量水位降幅缩小的趋势较为明显,尤其是花园口以上以及艾山以下两个河段更为突出。

（三）成功塑造了异重流，为小浪底水库多排泥沙，延长小浪底水库拦沙库容的使用寿命探索了成功途径

通过黄河第三次调水调沙试验，提出利用万家寨、三门峡水库蓄水和河道来水，冲刷淤积在三门峡水库与小浪底库区上段的泥沙形成高含沙水流，在小浪底回水区塑造异重流并排沙出库。这种排沙模式对延长水库拦沙库容使用寿命具有重要意义，对未来黄河水沙调控体系的调度运行产生了深远的影响。

通过近年来的调水调沙实践（见图1-1和表1-8），认为汛前调水调沙期小浪底水库异重流排沙的因素主要是三门峡水库前期蓄水量及清水大流量泄放过程、对接水位及潼关断面水沙过程等。当小浪底水库水位降至三角洲顶点高程以下时，遇三门峡水库泄放的清水大流量过程，会发生明显的沿程冲刷和溯源冲刷，大幅增加异重流潜入前的水流含沙量，有效提高冲刷型异重流的排沙效果；三门峡水库临近泄空开始排沙之后的敞泄期，维持潼关断面较大的流量和持续时间对于小浪底水库浑水异重流的排沙效果至关重要。

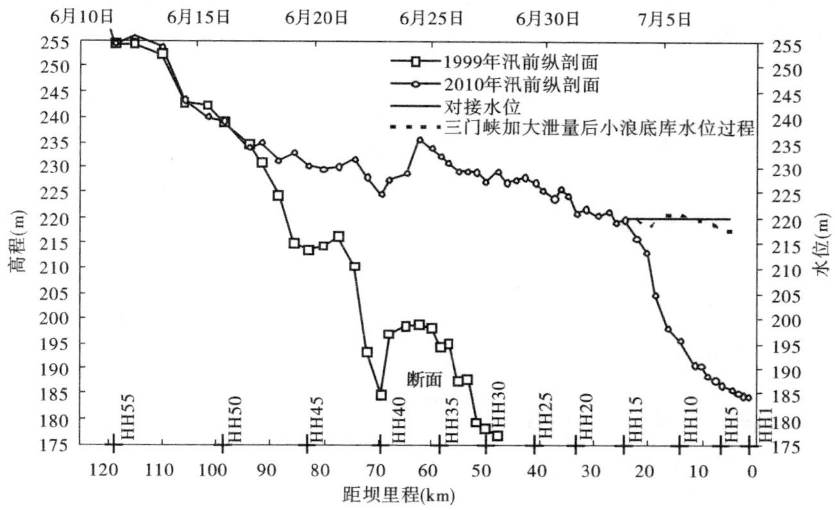

图1-1　2010年汛前小浪底库区纵剖面及异重流塑造期间库水位

（四）调整了小浪底库区淤积形态，为实现水库泥沙多年调节提供了依据

调水调沙试验证明，在水库拦沙初期乃至拦沙后期的运用过程中，为了塑造下游河道协调的水沙关系，对入库泥沙进行调控时，即使支流板涧河河口以上的干流峡谷段发生淤积，甚至淤积面超出设计平衡淤积纵剖面，“侵占”了部分长期有效库容，但在黄河中游发生较大流量级的洪水时，通过人工塑造入库水沙过程，凭借该库段优越的地形条件，仍有可能使前期淤积物得以冲刷，被占用的有效库容得到恢复（见图1-2），做到“侵而不占”，增强了小浪底水库运用的灵活性和调控水沙的能力。这对泥沙的多年调节、长期塑造协调的水沙关系意义重大。

表 1-8　历年汛前调水调沙特征值

水文站	项目	2004 年	2005 年	2006 年	2007 年	2008 年	2009 年	2010 年	2011 年
潼关	$Q>800\ m^3/s$ 历时(h)	68	32	12	236.9	126	18	68	46.9
	$Q>1\ 000\ m^3/s$ 历时(h)	24	10	0	228	60.6	9.5	56	36.7
	最大洪峰流量(m^3/s)	1 220	1 060	950	1 890	1 370	1 030	1 280	1 580
	三门峡敞泄排沙期结束时潼关流量(m^3/s)	421	275	525	1 450	606	314	1 060	941
三门峡	$Q>800\ m^3/s$ 历时(h)	86.5	38	48	204	118	37.5	66.25	72.0
	$Q>1\ 000\ m^3/s$ 历时(h)	66.5	38	42	204	110	30	64.25	58.2
	敞泄时间(d)	2.94	1.58	2	1.04	3.54	3.67	1.54	1
	加大泄量时水位(m)	317.84	315.18	316.74	313.35	315.04	314.69	317.84	317.51
	加大泄量时水量(亿 m^3)	4.9	2.87	4.2	2.3	2.89	2.46	4.46	4.09
	最大洪峰流量(m^3/s)	5 130	4 430	4 280	4 910	5 580	4 470	5 340	5 290
小浪底	入库细泥沙颗粒含量(%)	34.55	36.95	43.14	40.13	32.25	27.16	34.52	41.90
	异重流运行距离(km)	58.51	53.44	44.13	30.65	24.43	22.1	18.9	12.9
		HH35	HH32	HH27 下游 200 m	HH19 下游 1 200 m	HH15	HH14	HH12 上游 150 m	HH9
	三角洲顶点高程(m)	244.86 HH41	217.39 HH27	224.68 HH29	221.94 HH20	219.0 HH17	219.16 HH15	219.61 HH15	214.34 HH12
	对接水位(m)	233.49	229.7	230.41	228.15	228.14	227.00	219.91	215.39
	入库沙量(亿 t)	0.432	0.450	0.230	0.601	0.580	0.504	0.408	0.260
	出库沙量(亿 t)	0.044	0.023	0.084	0.261	0.517	0.037	0.559	0.378
	排沙比(%)	10.2	5.1	36.6	43.4	89.1	7.34	137.0	145.4

(五)黄河调水调沙与沿程工农业用水相协调

随着黄河调水调沙从试验转入生产运行,调度期工农业用水量沿程呈逐年增加的趋势,可大致分为三个阶段,2002～2004 年为限制引水阶段,2005～2008 年为控制引水阶段,2009 年以后为不限制引水阶段。2011 年汛前调水调沙期黄河下游合计引水 12.07 亿 m^3,居历次调水调沙期引水量之首。

(六)改善了河口生态,增加了湿地面积

从 2008 年调水调沙开始,考虑了生态调度目标,并采用了相应的调度方案。2008 年湿地核心区水面面积增加 3 345 亩,入海口水面面积增加 1.8 万亩;2009 年湿地核心区水面面积增加 5.22 万亩,入海口水面面积增加 4.37 万亩,地下水位抬高 0.15 m;2010 年实现刁口河流路全线过水生态调度向现行流路南岸湿地补水 2 041 万 m^3,湿地水面面积较

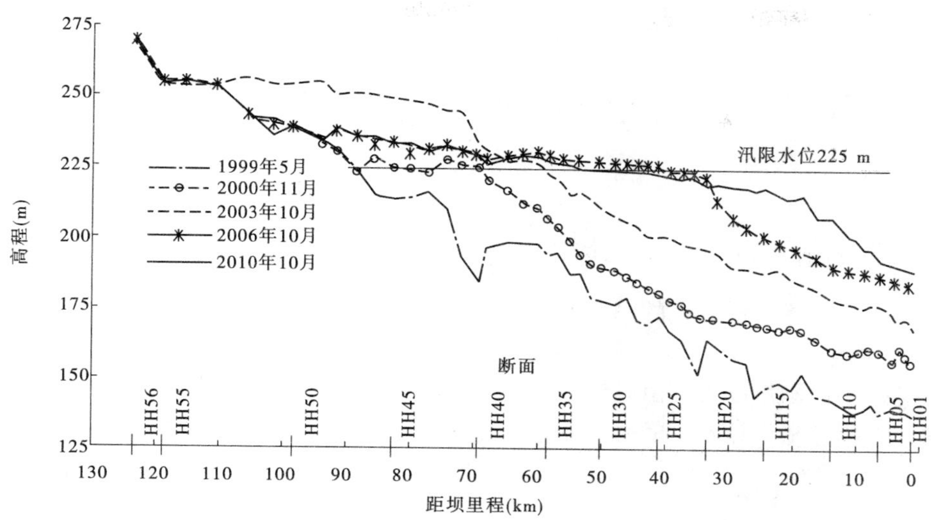

图 1-2　小浪底库区纵剖面调整过程

调水调沙前增加 4.87 万亩;2011 年向湿地补水 2 248.1 万 m^3,湿地水面面积增加了 3.55 万亩,刁口河流路再次实现全线过水,累计进水 3 625 万 m^3。

第二章　汛前调水调沙冲刷规律分析

一、影响清水冲刷效率的因素

影响清水水流冲刷效率的因素主要有水量、流量、床沙粒径等。

（一）水量

水量越多冲刷量越大。由累计水量和累计冲刷量的关系可见，各次调水调沙清水阶段的累计冲刷量随累计水量的增加而呈线性增大，即水量越大冲刷量越大（见图2-1）。

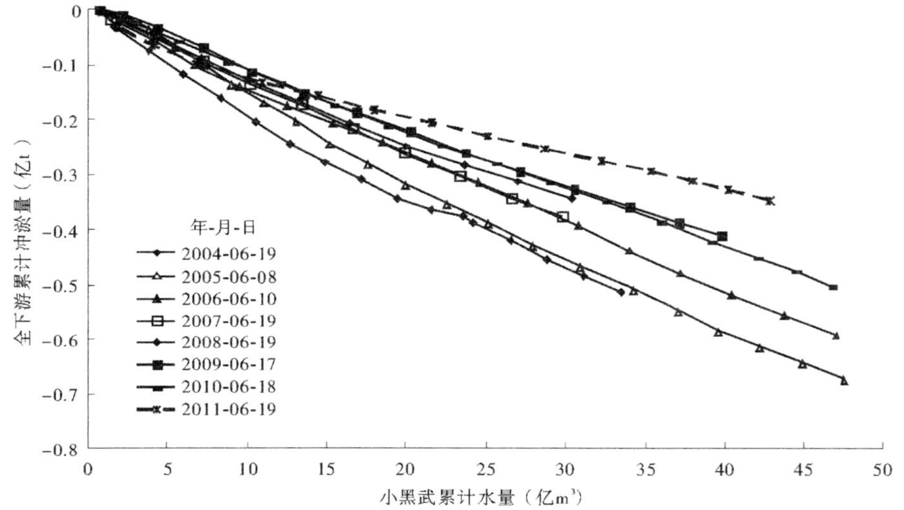

图2-1　汛前调水调沙清水阶段下游冲刷量与进入下游水量的关系

随着冲刷的发展，相同水量条件下相应的下游河道冲刷量逐渐减小。例如，水量分别为20亿 m^3 和30亿 m^3，2004年相应的冲刷量分别为0.35亿t和0.47亿t，2005年相应的冲刷量分别为0.325亿t和0.455亿t，2007年相应冲刷量分别为0.265亿t和0.375亿t，2010年相应冲刷量分别为0.220亿t和0.320亿t。

（二）平均流量

平均流量越大冲刷效率（以单位水量冲刷量表示，单位 kg/m^3）越高，当平均流量大于3 500～4 000 m^3/s 后，冲刷效率不再显著增大。初步分析表明，三门峡水库拦沙期（1960～1964年）和小浪底水库拦沙期下游河道显著粗化前（2005年以前）的场次洪水，冲刷效率与平均流量的关系基本一致，即当流量小于3 500～4 000 m^3/s 时，冲刷效率随流量增大而线性增大；当流量大于4 000 m^3/s 后，冲刷效率随流量增大而增幅不明显，基本稳定在20 kg/m^3 左右（见图2-2）。

当洪水平均流量大于4 000 m^3/s 后，冲刷效率不再显著增加，主要是由于床沙粗化，细颗粒泥沙补给不足引起的。图2-3为水库拦沙期分组泥沙冲刷效率与平均流量的关

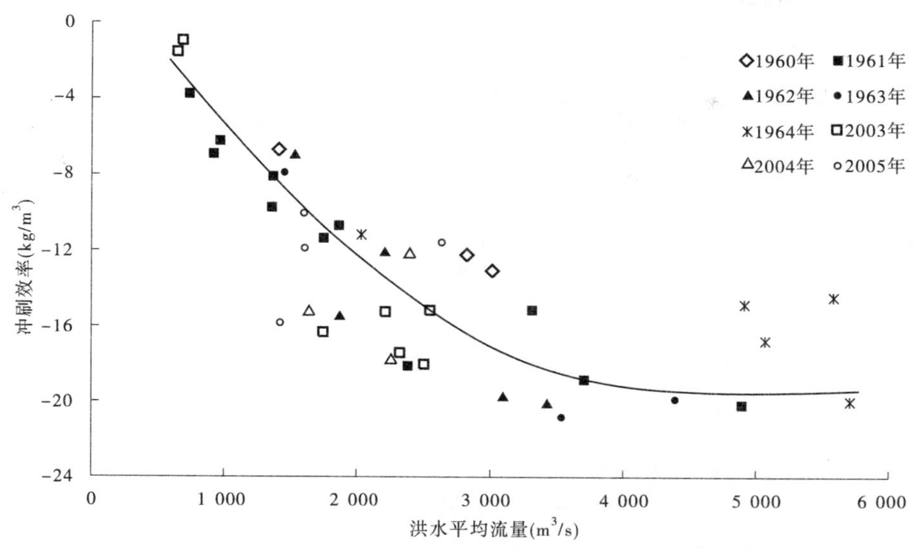

图 2-2　水库拦沙期下游河道全沙冲刷效率与进入下游平均流量关系

系，分组泥沙的冲刷效率以细颗粒泥沙为最大，特粗颗粒泥沙的冲刷效率几乎为 0。细颗粒泥沙和中颗粒泥沙的冲刷效率的变化趋势相同（为下凹曲线），均是在洪水流量较小时随着流量的增大而迅速增大。细颗粒泥沙的冲刷效率在流量为 3 000 m^3/s 时达到最大，约为 12 kg/m^3，之后随着流量的增大而减小，这主要是因为床沙中细颗粒泥沙相对较少，大流量冲刷时补给不足；中颗粒泥沙的冲刷效率在流量为 2 200 m^3/s 上下时达到最大，约为 5 kg/m^3，之后随着流量的增大基本保持不变。较粗颗粒泥沙冲刷效率的变化趋势和特粗颗粒泥沙冲刷效率的变化趋势也相同，在流量较小时基本保持不变，接近于 0，当流量达到一定量级后才开始缓慢增大，如粒径在 0.05～0.1 mm 的泥沙，只有当流量大于 4 000 m^3/s 时才缓慢增加。分析认为，全沙冲刷效率在流量大于 4 000 m^3/s 以后不再显著增加，主要是由于细颗粒泥沙冲刷效率降低的幅度远远大于粗颗粒泥沙冲刷效率增加的幅度。

（三）床沙粗化程度

随着床沙粒径的不断粗化，冲刷效率降低。随着冲刷的发展，下游河道床面发生粗化，床沙粒径粗化（见图 2-4），同流量条件下冲刷效率降低（见图 2-5）。图 2-4 显示，1999 年汛后至 2005 年汛后，下游河道各河段床沙均发生显著粗化，以花园口以上河段最为显著；2006 年以来，除了花园口以上河段存在进一步粗化外，其他河段没有明显粗化现象。由此表明，2005 年汛后黄河下游河道的床面粗化基本完成。

2006 年以来，汛前调水调沙后期，通过万家寨、三门峡和小浪底水库的多库联调，成功实施人工塑造异重流。小浪底水库在较短时间内排泄较多泥沙，下游河道部分河段发生淤积，使得整个调水调沙阶段的冲刷效率低于清水阶段的冲刷效率。因此，在分析冲刷效率与流量关系的时候，将 2006 年以来调水调沙洪水用调水调沙清水阶段代替，冲刷效率与流量关系显著变好（见图 2-6）。

2005 年以前下游河道粗化未稳定之前，洪水（或清水小水时段）的冲刷效率与平均流

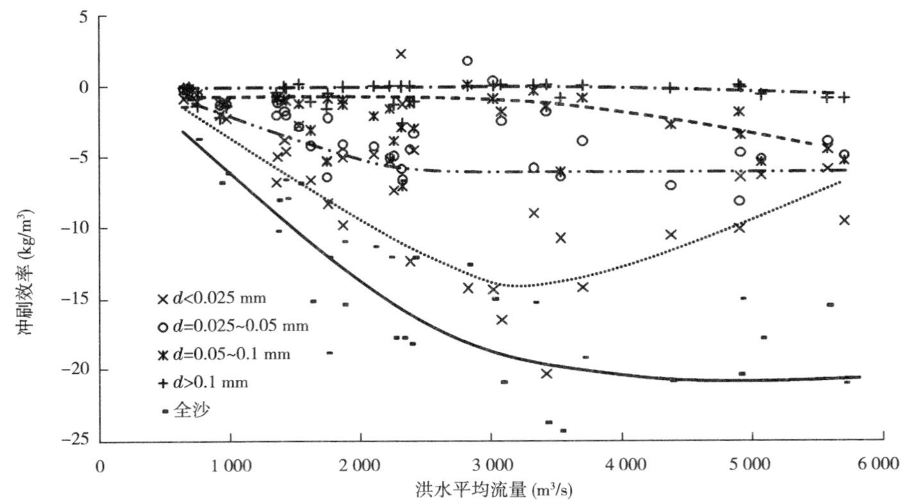

图 2-3　拦沙期下游河道分组泥沙冲刷效率与进入下游平均流量关系

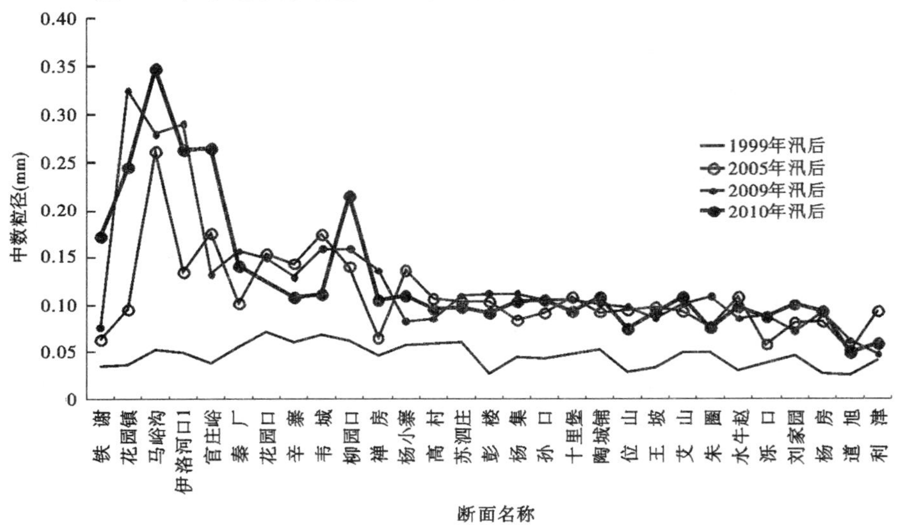

图 2-4　下游河道典型断面床沙中值粒径

量的关系和三门峡水库拦沙期基本一致，主要是因为三门峡水库拦沙运用时间短，下游河道的粗化未稳定。因此，将小浪底水库拦沙期的 2000～2005 年和三门峡水库拦沙期 1961～1964 年视为粗化稳定前的阶段，小浪底水库拦沙期 2006 年以后为粗化稳定后的阶段，后一个阶段同流量下的冲刷效率显著减小，两个阶段 3 500 m^3/s 流量下的冲刷效率分别为 17～20 kg/m^3 和 10～13 kg/m^3。

二、汛前调水调沙清水阶段冲刷效率变化特点

（一）全下游冲刷效率逐年降低

图 2-7 为历年汛前调水调沙期和调水调沙清水阶段全下游的冲刷效率逐年变化，汛前调水调沙期全过程的冲刷效率随年份的推移具有不断减小的趋势，但变化有一些跳跃

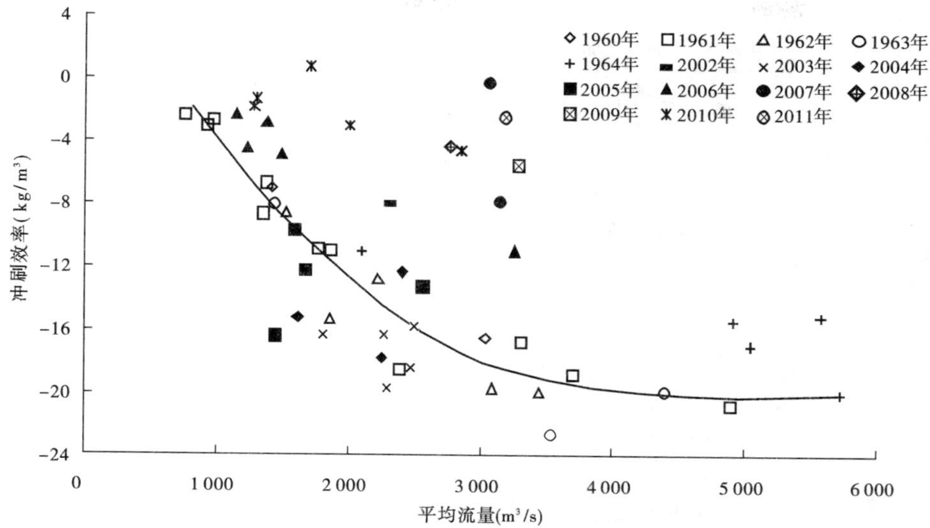

图 2-5　小浪底水库运用以来冲刷效率与平均流量关系(调水调沙含浑水阶段)

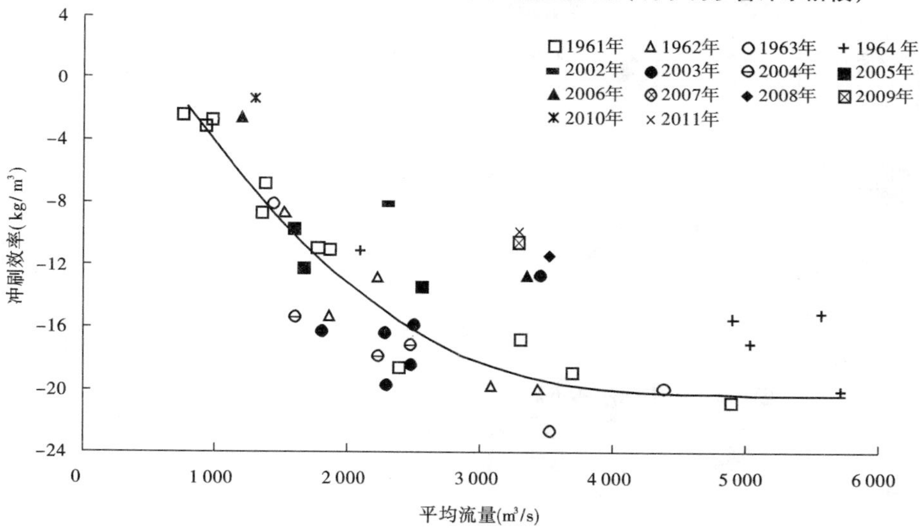

图 2-6　小浪底水库运用以来冲刷效率与平均流量关系(调水调沙不含浑水阶段)

性。这主要是由于调水调沙后期实施人工塑造异重流,短时段内排泄大量泥沙进入下游,下游河道在短时段内发生淤积,从而影响整个调水调沙期的冲刷效率。为此,进一步计算调水调沙清水阶段冲刷效率,发现清水阶段全下游的冲刷效率随年份推移的变化较为稳定,具有逐年不断降低的趋势,如 2004 年、2007 年和 2011 年的汛前调水调沙清水阶段冲刷效率分别为 15.2 kg/m³、12.6 kg/m³ 和 9.5 kg/m³。

图 2-8 ~ 图 2-11 为汛前调水调沙期下游分河段的冲刷效率随年份的变化。其中,小浪底—花园口、花园口—高村、高村—艾山河段,冲刷效率的减小趋势较为规律;艾山—利津河段冲刷效率的变化没有明显规律,或者说清水阶段的冲刷效率集中在 2.3 ~ 3.8 kg/m³ 波动。

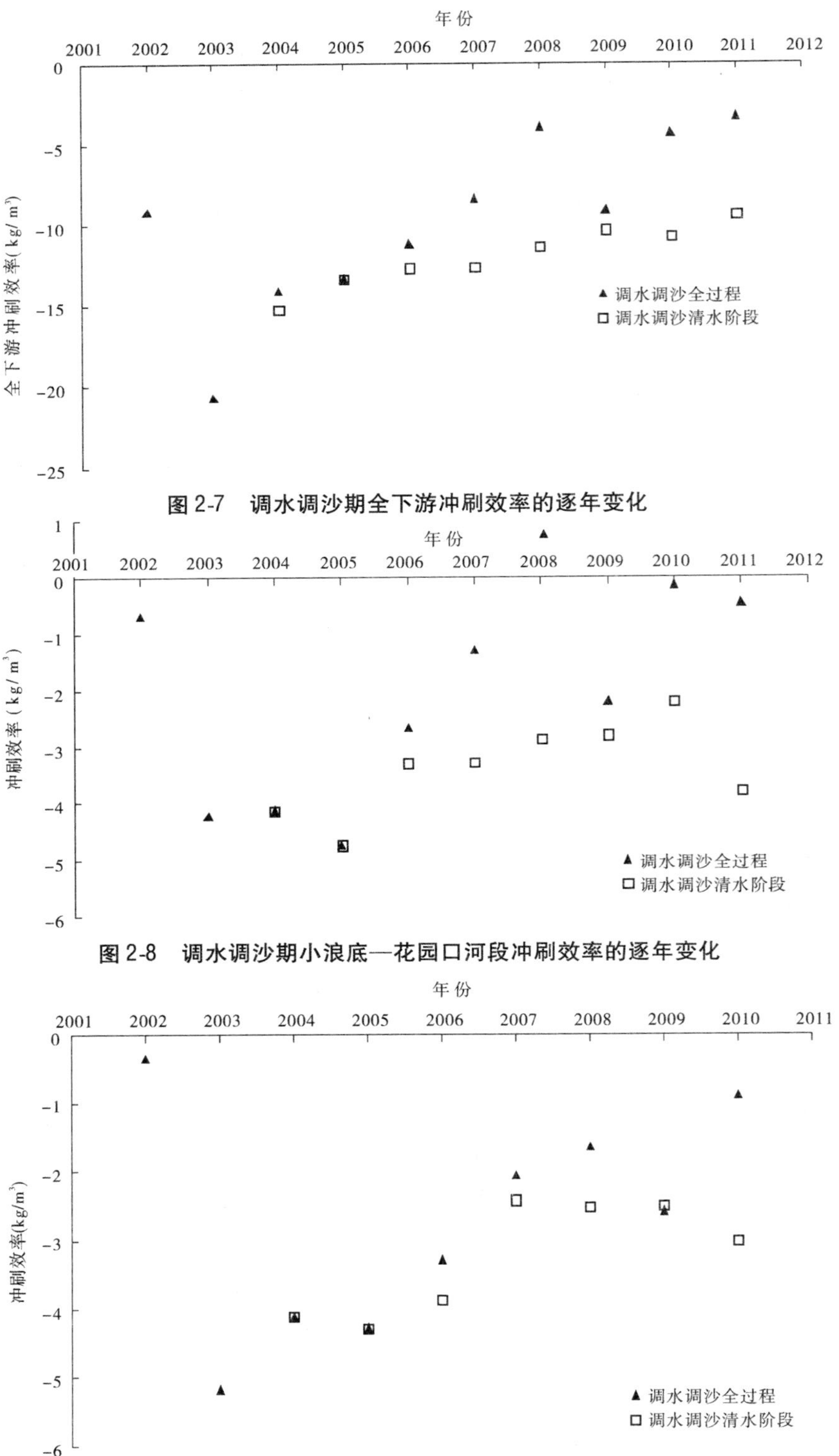

图 2-7　调水调沙期全下游冲刷效率的逐年变化

图 2-8　调水调沙期小浪底—花园口河段冲刷效率的逐年变化

图 2-9　调水调沙期花园口—高村河段冲刷效率的逐年变化

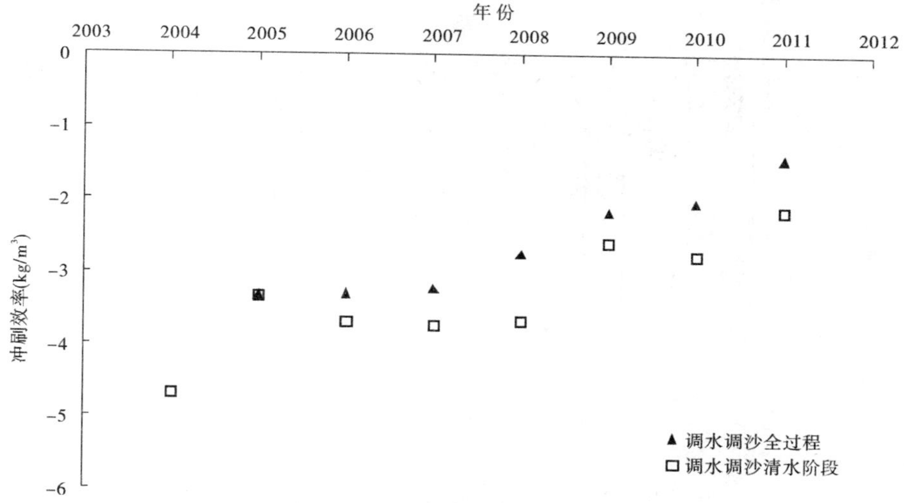

图 2-10　调水调沙期高村—艾山河段冲刷效率的逐年变化

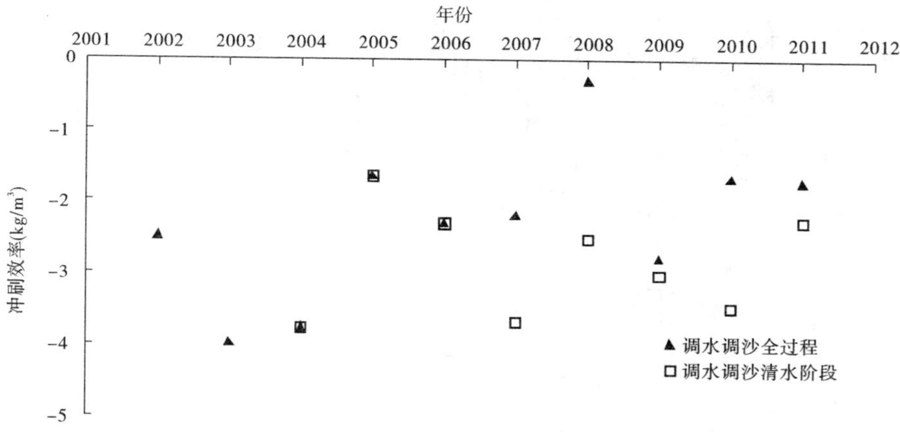

图 2-11　调水调沙期艾山—利津河段冲刷效率的逐年变化

（二）冲刷重心下移

从分河段冲淤量来看（见图 2-12），2006 年以前冲刷主要集中在高村以上河段，2007 年以来冲刷量则主要集中在高村—利津河段。

2006 年以前汛前调水调沙清水阶段，艾山—利津河段的冲刷最小，2007 年以来，艾山—利津河段的冲刷量明显增大，如 2007 年和 2009 年该河段的冲刷量在各河段中接近最大，2010 年该河段的冲刷量最大（见图 2-13）。

2011 年花园口以上河段冲刷量较大，主要是由于 2010 年 8 月汛期调水调沙该河段淤积了近 0.2 亿 t 泥沙，使得本次汛前调水调沙该河段有较充分的泥沙补给。

表 2-1 为历次汛前调水调沙清水阶段下游各河段冲刷量占全下游冲刷量的比例。除了因 2010 年 8 月汛期调水调沙该河段淤积了近 0.2 亿 t 泥沙，导致 2011 年汛前调水调沙该河段冲刷量较大以外，花园口以上河段的冲刷量所占比例不断减小，艾山—利津河段冲刷量所占比例不断增加。

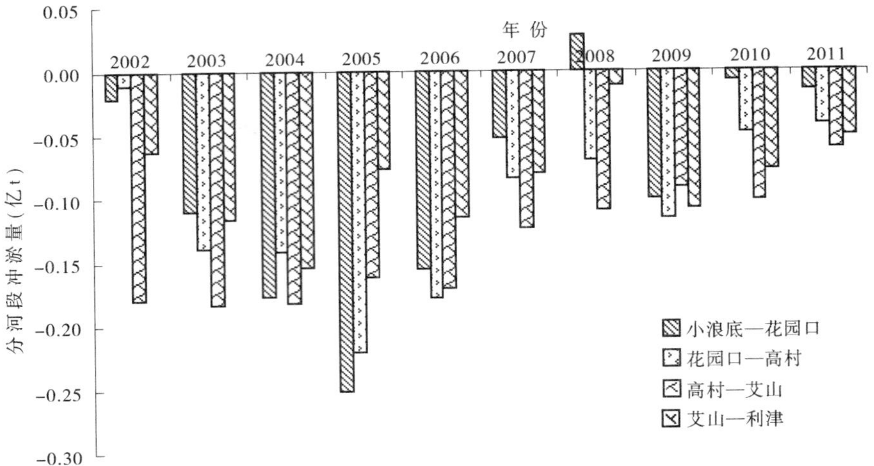

图 2-12　调水调沙期下游冲淤量分布(含浑水阶段)

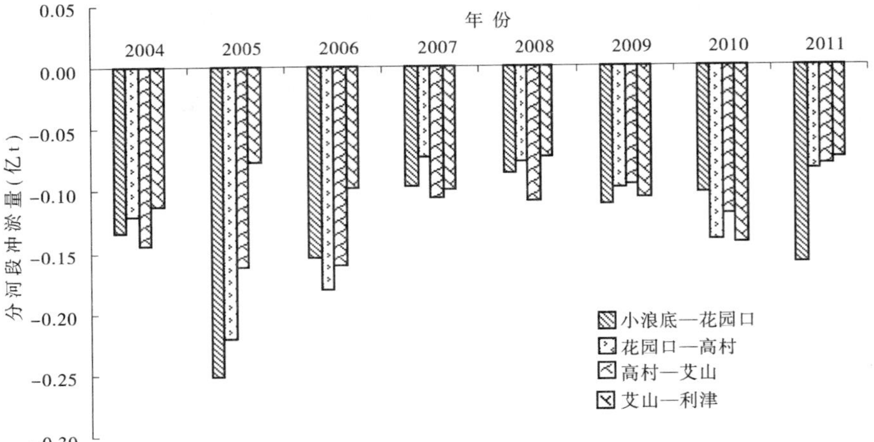

图 2-13　调水调沙期清水阶段下游冲淤量分布(不含浑水阶段)

表 2-1　汛前调水调沙清水阶段各河道冲刷量所占比例　(%)

年份	小浪底—花园口	花园口—高村	高村—艾山	艾山—利津
2004	27.0	21.6	27.8	23.6
2005	35.4	31.1	22.9	10.8
2006	25.9	30.4	27.1	16.5
2007	25.9	19.4	28.2	26.5
2008	25.1	22.4	31.3	21.2
2009	27.0	24.0	23.3	25.7
2010	20.4	27.8	23.5	28.3
2011	40.0	20.8	19.7	19.5

(三)全下游冲刷量与水量成正比

图 2-1 不仅表明调水调沙清水阶段的冲刷量与水量大小成正比关系,还反映了随着冲刷的发展(年份的推移),相同水量条件下的冲刷量减少。各河段冲刷量随水量的关系见图 2-14 ~ 图 2-17。

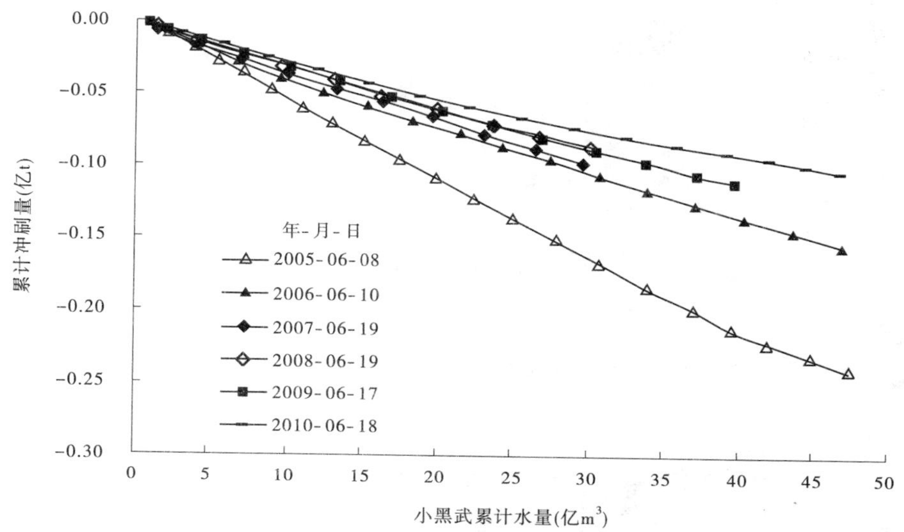

图 2-14　汛前调水调沙清水阶段花园口以上河段累计冲刷量与累计水量关系

在花园口以上河段,由于来水为小浪底水库下泄的清水,河段冲刷量与水量关系最好,随着累计水量的增加而线性增加。2006 年以来,随着年份的推移,累计冲刷量与累计水量关系线的斜率不断减小,即同水量条件下的冲刷量不断减小,表明随着冲刷的发展,花园口以上河段冲刷越来越弱。

花园口—高村河段累计冲刷量随着累计水量的增大也呈线性增加,随着年份的推移,同水量条件下的冲刷量有减小的趋势。

高村—艾山河段累计冲刷量随着累计水量的增加而增大,但增加的幅度为前段增加快、后段增加慢。相同水量条件下的冲刷量随着年份的推移有减小的趋势。

艾山—利津河段随着累计水量的增加,累计冲刷量的增加幅度存在先大后小现象。

(四)流量越大冲刷效率越大

根据 6 ~ 11 月小浪底水库下泄的清水小流量过程(沿程基本不引水)和汛前调水调沙清水过程,分析进入下游水流为清水条件下的冲刷效率与平均流量关系。

相近年份时段内冲刷效率随着平均流量的增大而增大,随着年份的推移和床沙粗化,相同流量条件下的冲刷效率减小,全下游及各分河段均存在这样的规律。如平均流量 2 000 m^3/s 的水流在全下游的冲刷效率在 2003 ~ 2004 年约为 17 kg/m^3,2005 ~ 2006 年约为 13.5 kg/m^3,2007 年以来约为 7.5 kg/m^3。2006 年以来汛前调水调沙清水阶段的平均流量基本相当,均在 3 500 m^3/s 左右,2005 ~ 2007 年全下游冲刷效率约为 12.5 kg/m^3,2008 年以来约为 10.5 kg/m^3。

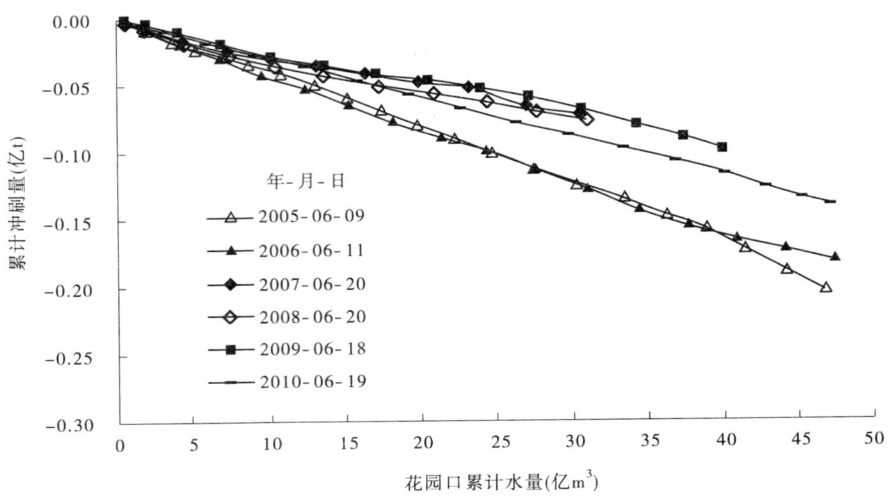

图 2-15 汛前调水调沙清水阶段花园口—高村河段累计冲刷量与累计水量关系

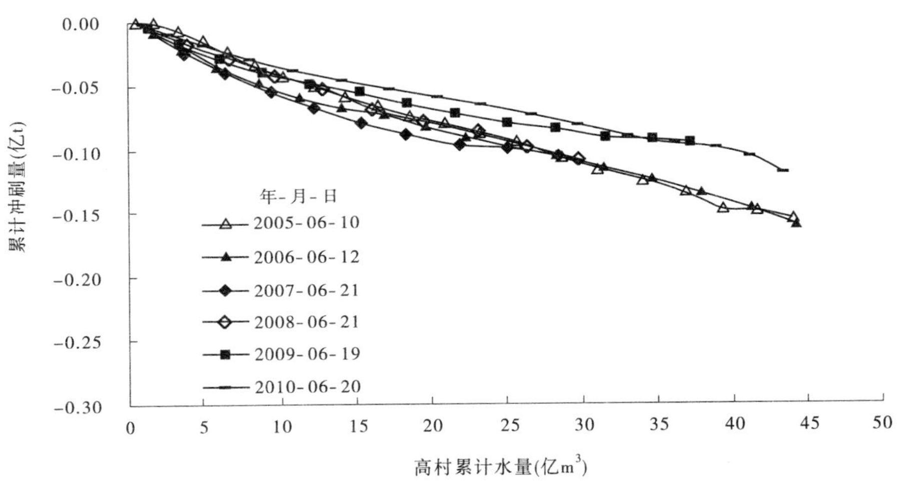

图 2-16 汛前调水调沙清水阶段高村—艾山河段累计冲刷量与累计水量关系

各河段中,花园口以上和花园口—高村河段的冲刷效率相对较大,艾山—利津河段的冲刷效率最小。如平均流量 2 000 m^3/s 时,2003 ~ 2004 年四个河段冲刷效率分别约为 4.0 kg/m^3、5.2 kg/m^3、5.0 kg/m^3、2.9 kg/m^3,2005 ~ 2007 年分别约为 2.4 kg/m^3、2.9 kg/m^3、2.5 kg/m^3、1.1 kg/m^3,2008 年以来分别约为 2.0 kg/m^3、2.0 kg/m^3、1.9 kg/m^3、1.0 kg/m^3。可见,各河段的冲刷效率均有所降低。在时间上来看,下降主要在 2005 ~ 2007 年;从空间上来看,降幅较大的主要在高村以上河段。

2006 年以来汛前调水调沙清水阶段,进入下游的平均流量相差不大,均在 3 300 ~ 3 500 m^3/s,全下游的冲刷效率明显逐步减小。从分河段来看,艾山以上各河段均存在冲刷效率不断减小的趋势,而艾山—利津河段减小趋势不明显。

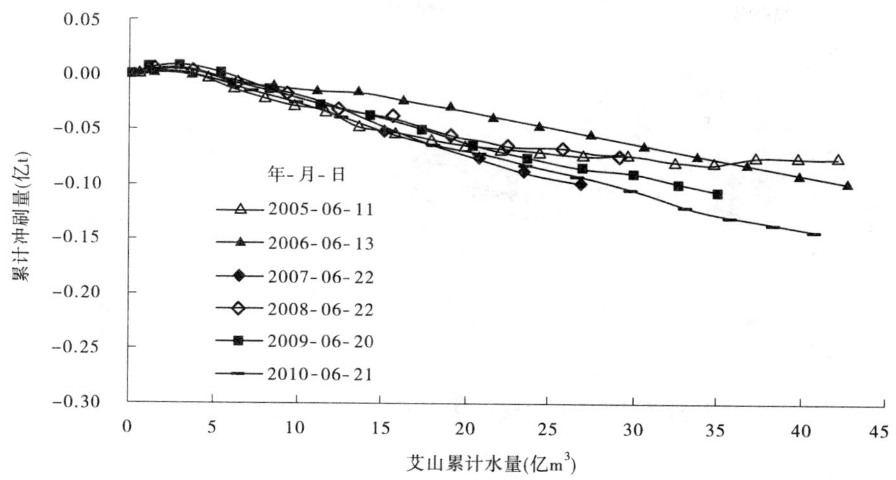

图 2-17　汛前调水调沙清水阶段艾山—利津河段累计冲刷量与累计水量关系

2008 年以来汛前调水调沙清水阶段花园口以上河段冲刷效率约为 2.8 kg/m³，花园口—高村、高村—艾山和艾山—利津河段分别约为 2.5 kg/m³、2.7 kg/m³、3.0 kg/m³。

2011 年汛前调水调沙清水阶段，花园口以上河段的冲刷效率较 2009 年和 2010 年明显增大，而艾山—利津河段明显减小。初步分析认为，由于 2010 年汛期花园口以上淤积泥沙较多，因而 2011 年汛期调水调沙该河段冲刷效率较高。而 2011 年沿程引水流量达到 600 m³/s 以上，流量沿程减小较多，是艾山—利津河段冲刷效率明显减小的主要原因。

（五）冲刷效率随冲刷历时延长而减小

为了分析单次汛前调水调沙清水下泄历时对冲刷效率的影响，点绘了近几年汛前调水调沙全下游及各河段的日冲刷效率随历时的变化（见图 2-18 ~ 图 2-22）。全下游各河段的冲刷效率随着下泄清水历时的增加，呈现出前期增加而后期减小的趋势。

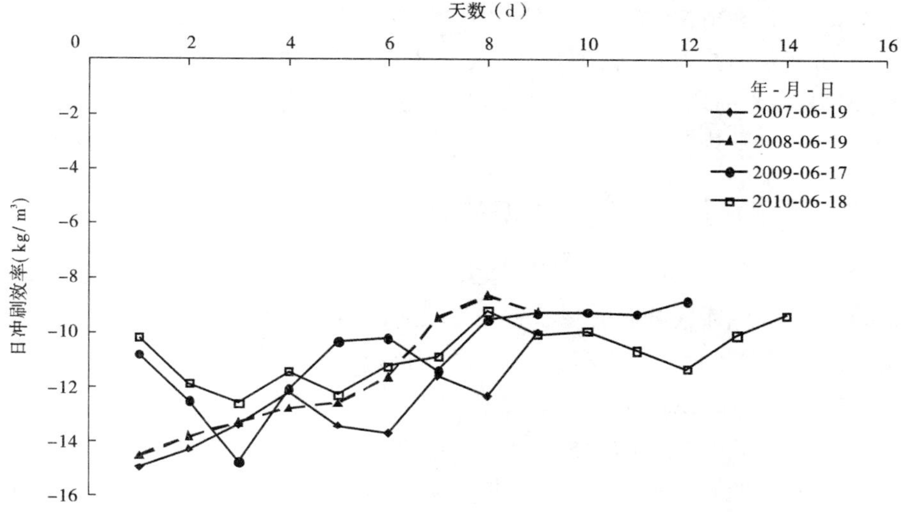

图 2-18　汛前调水调沙清水阶段全下游日冲刷效率随历时的变化

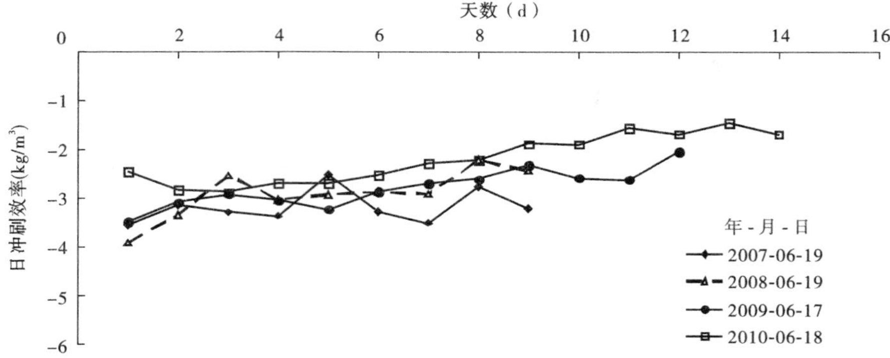

图 2-19　汛前调水调沙清水阶段花园口以上河段日冲刷效率随历时的变化

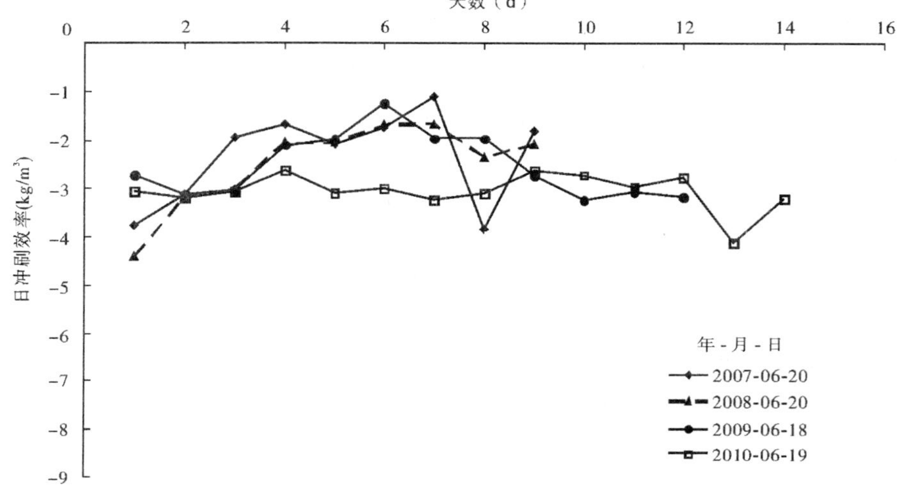

图 2-20　汛前调水调沙清水阶段花园口—高村河段日冲刷效率随历时的变化

从全下游和各河段来看，清水下泄历时以 8 ~ 10 d 的冲刷效率相对较大。

分析表明，在汛前调水调沙下泄清水阶段，在不发生漫滩条件下，平均流量越大越好，具体到 2012 年，清水阶段的平均流量应达到 4 000 m^3/s 左右，历时为 8 ~ 10 d。

三、汛前调水调沙排沙阶段下游冲淤特性分析

2006 年以来，汛前调水调沙后期实施人工塑造异重流，较短时间内排泄大量泥沙，泥沙来源主要为小浪底库区冲刷的泥沙和三门峡库区冲刷的泥沙。由于排沙最主要集中在 24 h 左右，进入下游的含沙量很高，造成下游河道短时间内迅速淤积。

图 2-23 为汛前调水调沙浑水阶段和汛期调水调沙期下游冲淤量与进入下游的沙量的关系。可以看出，随着沙量的增加，河段由冲刷逐渐转为淤积，但相同沙量条件下，汛前调水调沙浑水阶段的淤积量明显大于汛期调水调沙，这主要是由于汛前调水调沙浑水阶段排沙更为集中，时段内的平均含沙量更大。

图 2-24 为 2005 年以来历次调水调沙期累计沙量、累计冲淤量与累计水量的关系。

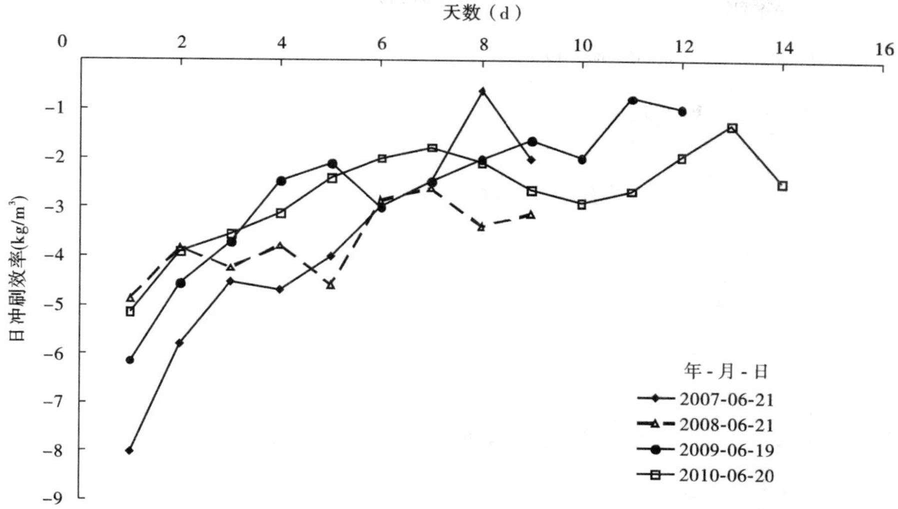

图 2-21　汛前调水调沙清水阶段高村—艾山河段日冲刷效率随历时的变化

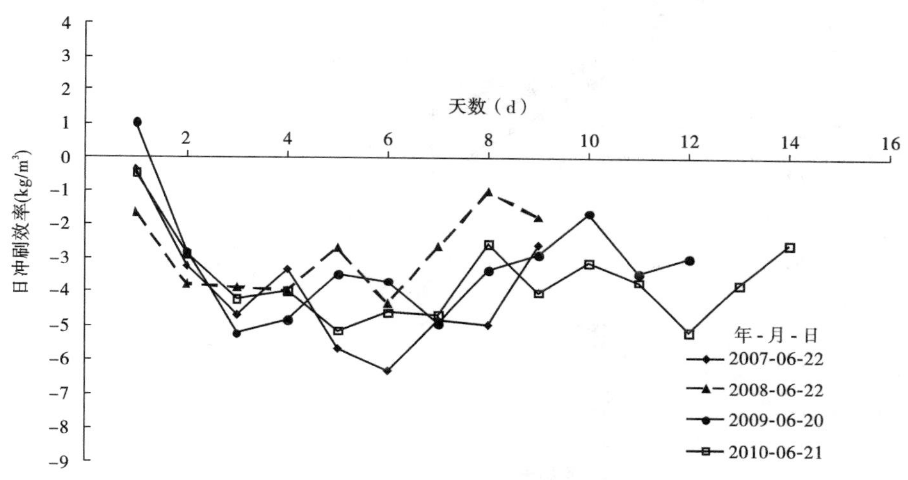

图 2-22　汛前调水调沙清水阶段艾山—利津河段日冲刷效率随历时的变化

可以看出，在各次汛前调水调沙排沙阶段，下游河段迅速淤积。其中 2007 年、2008 年和 2010 年 3 场汛前调水调沙洪水中，排沙主要集中在 3 d、1 d 和 2 d 时间内，则全下游的淤积也集中在这几天内。

进一步分析冲淤效率与平均含沙量的关系（见图 2-25 ~ 图 2-29）表明，尽管各河段的表现略有不同，但冲淤效率与含沙量呈密切的相关关系，淤积效率（单位水量淤积量）均随着平均含沙量的增加而增大，冲刷效率（单位水量冲刷量）随着平均含沙量的增加而减小。

就已经开展的汛前调水调沙而言，当平均含沙量小于 17 kg/m^3 时，下游河道发生冲刷，大于 17 kg/m^3 时发生淤积。

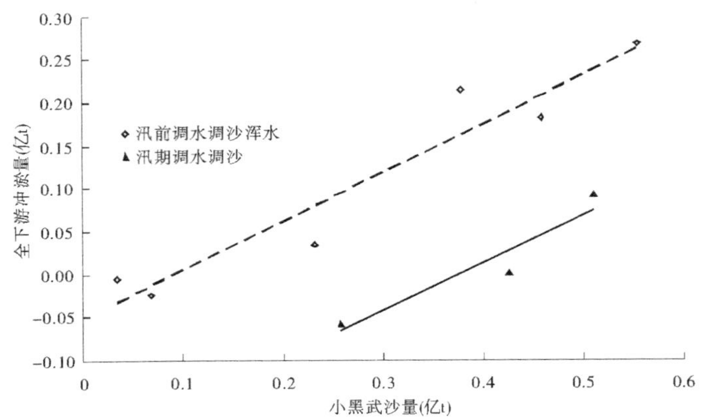

图 2-23　全下游冲淤量与排沙量的关系

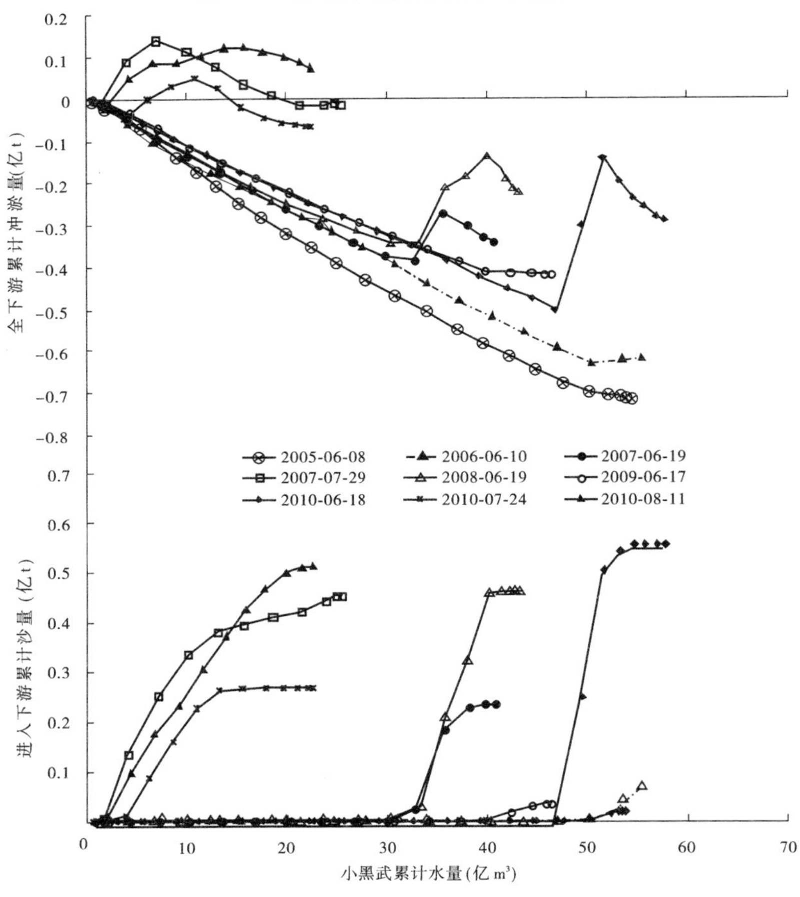

图 2-24　调水调沙排沙阶段下游累计沙量、累计冲淤量与累计水量关系

花园口以上河段的冲淤效率随着含沙量的增加，增幅先大后小（见图 2-26），而花园口—高村河段则相反，先小后大（见图 2-27）。由此也表明，当进入下游水流含沙量达到

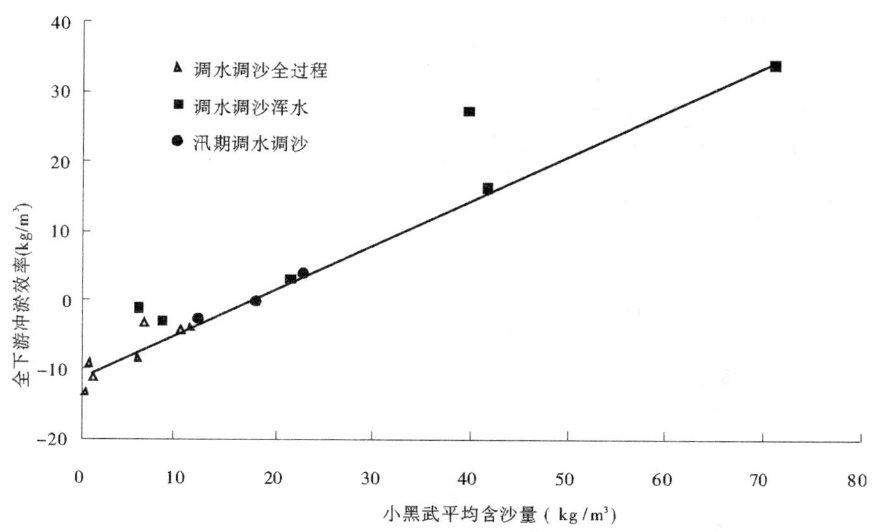

图 2-25　全下游冲淤效率与小黑武平均含沙量的关系

一定量级,下游河道将发生淤积时,花园口以上河段首当其淤,花园口—高村河段淤积较少;当含沙量超过一定量级后,花园口以上河段的淤积效率不再显著增加,而花园口—高村河段则迅速增加。说明下游河道冲淤调整在上下河段之间具有相互关联、互补关系,上段调整多则下段调整少,上段少则下段多。

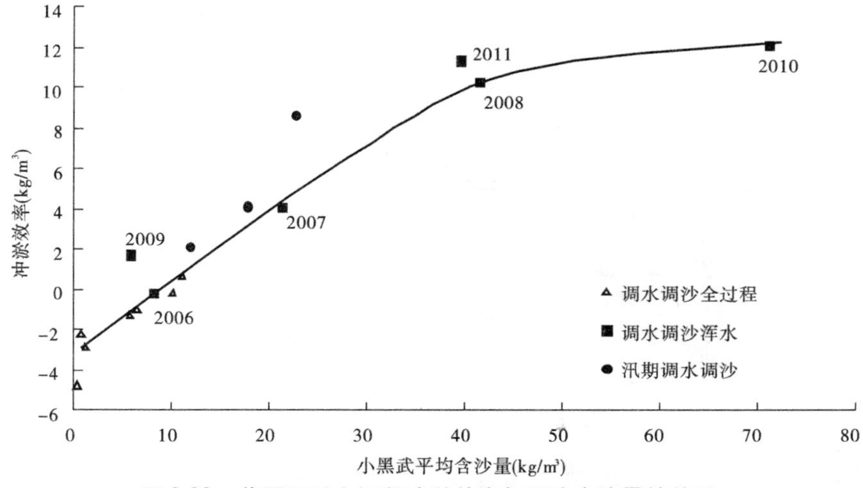

图 2-26　花园口以上河段冲淤效率与平均含沙量的关系

高村以下两个河段的冲淤效率与进入河段的平均含沙量均基本呈线性关系,平均含沙量越大,冲刷越少,淤积越多。高村—艾山河段的输沙能力大于艾山—利津河段,进入高村—艾山河段的平均含沙量小于 28 kg/m³ 时,河段发生冲刷,艾山—利津河段则在来水含沙量大于 17 kg/m³ 后发生淤积。

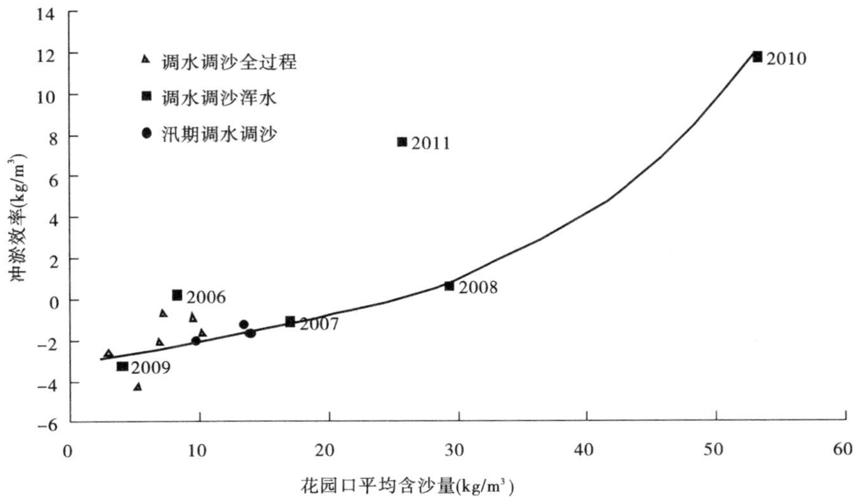

图 2-27　花园口—高村河段冲淤效率与平均含沙量的关系

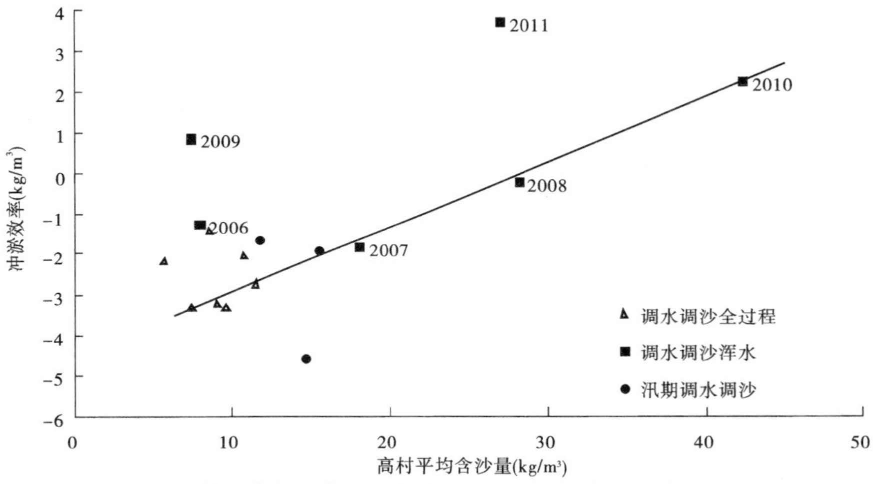

图 2-28　高村—艾山河段冲淤效率与平均含沙量的关系

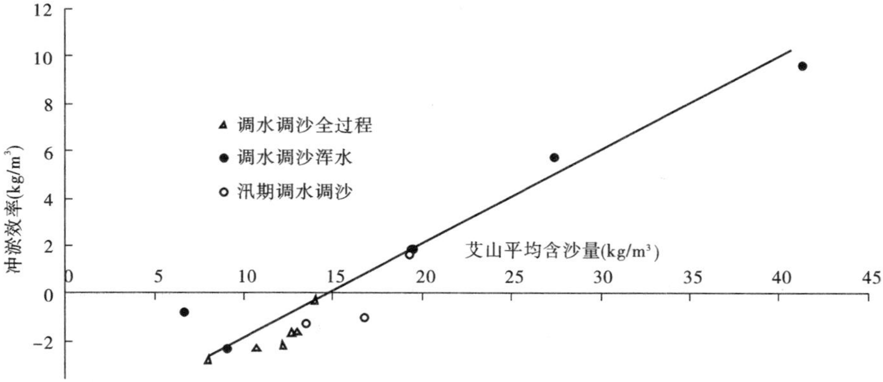

图 2-29　艾山—利津河段冲淤效率与平均含沙量的关系

第三章　2012 年汛前调水调沙清水阶段水量和流量指标

一、汛前调水调沙目标

从近年实践来看，艾山—利津河段的冲刷主要发生在汛前调水调沙和汛期调水调沙等大流量过程，其中调水调沙期冲刷量占该河段总冲刷量的 86%。因此，要维持艾山—利津河段年内冲淤平衡，汛前调水调沙的目的应在于利用较大流量级的洪水过程将前期小水期淤积的泥沙冲刷带走。

二、汛前调水调沙原则

汛前调水调沙包括清水下泄阶段和异重流排沙浑水阶段。清水阶段的作用是将当年非汛期艾山—利津河段淤积的泥沙冲刷带走。浑水阶段下游河道一般发生淤积，这部分泥沙在当年汛前除调水调沙期外可以被冲刷带走，不需要在汛前调水调沙清水阶段考虑。

三、汛前调水调沙清水阶段水量指标

（一）艾山—利津河段非汛期平均淤积量

黄河下游河段属于冲积性河道，当水流处于次饱和状态时，河床一般要发生冲刷，当水流处于超饱和状态时，一般则要发生淤积。由于非汛期进入黄河下游的水流含沙量较低（1974 年以来），水流基本处于次饱和状态，因此黄河下游非汛期整体呈冲刷状态（见表 3-1），但不同时段、不同河段表现也不完全一样。

表 3-1 为不同时期黄河下游河道非汛期平均冲淤量沿程分布。因非汛期水库下泄清水，高村以上河段冲刷。由于流量较小，冲刷主要发生在夹河滩以上，高村—艾山微冲微淤，艾山以下淤积。1986～1999 年黄河下游利津以上河道平均冲刷 0. 636 亿 t；小浪底水库运用后，水库基本下泄清水，2000～2005 年和 2006～2011 年两个时段非汛期全下游平均冲刷量分别为 0. 581 亿 t 和 0. 432 亿 t，随着冲刷的持续发展，后一个时段全下游冲刷量有一定的减小。

表 3-1　黄河下游分时段非汛期年平均冲淤量（断面法）　　（单位：亿 t）

河　段	1974～1980 年	1981～1985 年	1986～1999 年	2000～2005 年	2006～2011 年
小黑武—花园口	-0. 964	-0. 848	-0. 756	-0. 285	-0. 144
花园口—高村	-0. 576	-0. 238	-0. 234	-0. 406	-0. 310
高村—艾山	0. 249	-0. 036	0. 027	-0. 013	-0. 040
艾山—利津	0. 571	0. 232	0. 327	0. 123	0. 062
小黑武—利津	-0. 720	-0. 890	-0. 636	-0. 581	-0. 432

注：2000 年以后进入下游水量的统计时段为上年 11 月至翌年 5 月。

表 3-2 为采用输沙率法计算的不同时期黄河下游河道非汛期沿程各河段平均冲淤量。与断面法计算的冲淤量(见表 3-1)相比,两种方法计算的黄河下游冲淤量虽然定量上有所差异,除 1986 ~ 1999 年时段高村—艾山河段断面法计算的是微淤,而输沙率法计算的是微冲,两者定性上相反之外,其他绝大多数河段的冲淤变化定性上是一致的。表 3-2 也反映出,非汛期黄河下游河道整体表现为冲刷,其冲刷一般发展到高村,高村—艾山河段时冲时淤,艾山以下河段表现为淤积。同时还可以看出,非汛期高村以上河段冲刷越多,艾山以下河段淤积越多;高村以上河段冲刷少,艾山以下河段淤积也少。

表 3-2　黄河下游非汛期沿程各河段不同时期平均冲淤量(输沙率法)　(单位:亿 t)

河段	1974 ~ 1980 年	1981 ~ 1985 年	1986 ~ 1999 年	2000 ~ 2005 年	2006 ~ 2011 年
小黑武—花园口	-0.818	-0.889	-0.772	-0.308	-0.114
花园口—高村	-0.534	-0.281	-0.183	-0.242	-0.188
高村—艾山	0.067	-0.044	-0.085	-0.037	-0.014
艾山—利津	0.273	0.245	0.330	0.109	0.083
小黑武—利津	-1.012	-0.969	-0.710	-0.478	-0.233

2005 年下游河道的粗化基本稳定,粗化前后上冲下淤的量级有所减小,因此将 2006 ~ 2011 年艾山—利津河段的非汛期年均淤积量作为汛前调水调沙清水阶段需要冲刷带走的泥沙量。2006 ~ 2011 年艾山—利津河段的非汛期年均淤积量断面法为 0.062 亿 t,最大淤积量 0.149 亿 t(2006 年);输沙率法年均淤积 0.083 亿 t,最大淤积量 0.150 亿 t(2006 年)。计算时取输沙率法的年均淤积量作为汛前调水调沙清水阶段需要冲刷带走的泥沙量。

(二)艾山—利津河段冲淤量修正

2000 ~ 2011 年艾山—利津河段非汛期年均淤积量断面法与输沙率法计算的基本一致,分别为 1.110 亿 t 和 1.155 亿 t;差别主要在汛期。而从 1999 ~ 2011 年艾山—利津河段的同流量水位表现来看,河段平均下降了 1.21 m(见图 3-1),说明艾山—利津河段确实发生冲刷。

鉴于非汛期断面法和输沙率法计算的结果比较一致,可以认为非汛期的冲刷量计算准确,其数值取两方法的平均值。用水位降幅来计算全年的冲刷量,再用全年的冲刷量减去非汛期的淤积量得到汛期的冲刷量。艾山—利津河段长 269.64 km,平均河宽 420 m,水位降幅 1.21 m,计算出全年冲刷量为 1.902 亿 t。同理,可以计算出 2000 ~ 2005 年和 2006 ~ 2011 年的全年冲刷量(见表 3-3)。

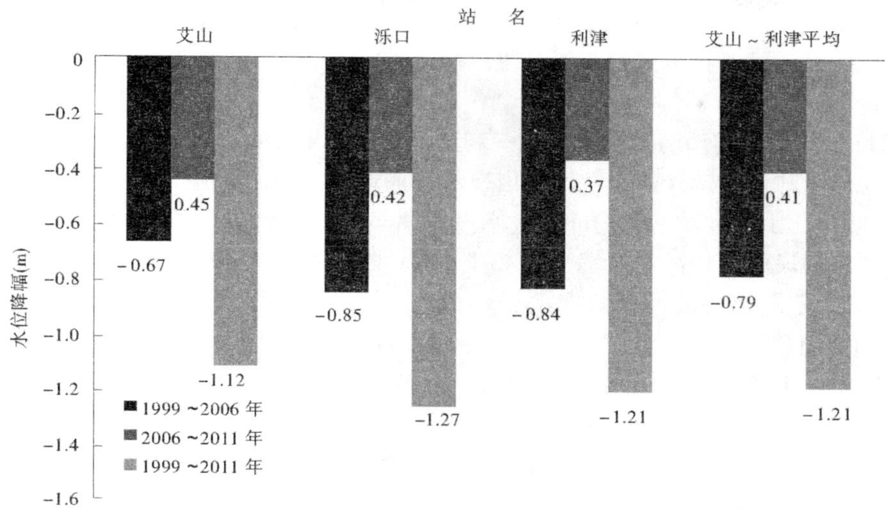

图 3-1 艾山—利津河段同流量(2 000 m^3/s)水位变化

表 3-3 水位法计算艾山—利津全年冲刷量及汛期冲淤量 (单位:亿 t)

时段	非汛期			全年	汛期
	断面法①	输沙率法②	修正③=(①+②)/2	水位法④	⑤=④-③
2000～2005 年	0.123	0.109	0.116	-1.247	-1.363
2006～2011 年	0.062	0.083	0.072	-0.655	-0.727
2000～2011 年	0.185	0.192	0.189	-1.902	-2.091

将修正后的汛期冲刷量与输沙率法冲刷量进行比较,得到两者的倍比关系(见表 3-4),利用这一关系,对汛前调水调沙、汛期调水调沙等输沙率法结果进行修正。

表 3-4 艾山—利津河段汛期冲刷量修正系数

时段	2000～2005 年	2006～2011 年	2000～2011 年
修正前冲刷量(亿 t)	-0.461	-0.594	-1.055
修正后冲刷量(亿 t)	-1.363	-0.727	-2.091
倍比	2.957	1.224	1.982

修正后 2006～2011 年汛前调水调沙的冲刷量占到该河段全年冲刷量的 136%,说明汛前调水调沙冲刷对艾山—利津河段主槽的冲刷扩大具有非常重要的作用。

(三)汛期非调水调沙期冲刷量与汛期调水调沙浑水阶段淤积量

2006～2011 年历次汛前调水调沙浑水阶段艾山—利津河段共淤积泥沙 0.137 亿 t,

该河段汛期除调水调沙期外共冲刷 0.184 亿 t。说明汛前调水调沙浑水阶段艾山—利津河段淤积的泥沙可以在汛前的其他时段冲刷带走，不需要在汛前调水调沙清水阶段考虑该淤积量。

（四）汛前调水调沙清水阶段艾山—利津河段的冲刷效率

近 6 年汛前调水调沙清水阶段艾山—利津河段的冲刷效率见表 3-5，可以看出，随着年份的推移，艾山—利津河段的冲刷效率没有明显的减小趋势。汛前调水调沙清水阶段艾山—利津河段的平均冲刷效率为 2.43 kg/m^3（艾山—利津冲淤量除以小黑武水量），以此作为 2012 年同期河道冲刷效率的预估值，由此推算需要的小黑武水量约为 34.6 亿 m^3。若用艾山站作为控制站，艾山—利津的平均冲刷效率为 2.71 kg/m^3（艾山—利津冲淤量除以艾山水量），则艾山水文站需要水量 30.7 亿 m^3，考虑近几年汛前调水调沙艾山以上平均引水量为 5.5 亿 m^3，推算小黑武需要水量为 36.2 亿 m^3。将两种方法得到的小黑武需水量平均取整后为 35 亿 m^3，作为 2012 年汛前调水调沙清水阶段需要进入下游的水量。

表 3-5　近年来黄河汛前调水调沙清水期艾山—利津河段冲刷效率

年份	天数（d）	小黑武		艾山—利津	
		水量（亿 m^3）	平均流量（m^3/s）	冲刷量（亿 t）	冲刷效率（kg/m^3）
2006	16	47.00	3 400	0.098 5	2.10
2007	10	29.81	3 450	0.099 4	3.33
2008	10	30.43	3 522	0.073 2	2.41
2009	13	39.06	3 477	0.099 0	2.53
2010	16	46.80	3 385	0.137 0	2.93
2011	15	42.57	3 285	0.065 0	1.53
平均	13.3	39.28	3 410	0.095 4	2.43
非汛期淤积量（亿 t）		0.083	所需小黑武水量（亿 m^3）		34.6
年份	天数（d）	艾山		艾山—利津	
		水量（亿 m^3）	平均流量（m^3/s）	冲刷量（亿 t）	冲刷效率（kg/m^3）
2006	16	42.79	3 096	0.098 5	2.30
2007	10	26.94	3 118	0.099 4	3.69
2008	10	29.13	3 372	0.073 2	2.51
2009	13	34.85	3 102	0.099 0	2.84
2010	16	40.76	2 949	0.137 0	3.36
2011	15	36.92	2 849	0.065 0	1.76
平均	13.3	35.23	3 058	0.095 4	2.71
非汛期淤积量（亿 t）		0.083	所需艾山水量（亿 m^3）		30.7

根据黄河下游河道低含沙水流的挟沙规律，要提高下游河道的冲刷效率，维持全下游主槽的过流能力，下泄流量过程应在确保滩区安全的条件下尽量取大值。艾山—利津河段在洪水期的冲刷效率与进入下游的平均流量之间的关系说明，增大洪水期平均流量能够提高本河段的冲刷效率。依据黄河下游河道最小平滩流量已经达到4 100 m^3/s 的实际情况，汛前调水调沙调控流量应该选择4 000 m^3/s 左右为宜。根据汛前调水调沙期日冲刷效率随历时的变化，清水冲刷阶段历时 8 ~ 10 d 的冲刷较大，以 10 d 作为清水下泄历时，进入下游的平均流量以4 000 m^3/s 计，则计算出进入下游水量为 34.56 亿 m^3，与上述分析结果一致。与 2009 ~ 2011 年汛前调水调沙相比，清水阶段优化水量 4 亿 ~ 10 亿 m^3（见表 3-6）。

表 3-6　2006 年以来历次清水阶段水量

年 份	2006	2007	2008	2009	2010	2011
清水水量（亿 m^3）	46.7	29.5	30.3	39.1	45.6	41.5
优化水量（亿 m^3）	11.7	—	—	4.1	10.6	6.5

四、汛前调水调沙清水阶段流量指标

由于汛前调水调沙期间下游放开引水，2011 年汛前调水调沙期清水阶段利津以上河段平均引水流量达到 649 m^3/s，艾山平均引水流量达到 419 m^3/s，使得沿程流量不断减小，到达艾山站的瞬时最大流量仅 3 490 m^3/s（见图 3-2），清水阶段平均流量仅 2 849 m^3/s（见图 3-3）。流量沿程不断衰减，使得艾山—利津河段的冲刷效率显著降低。

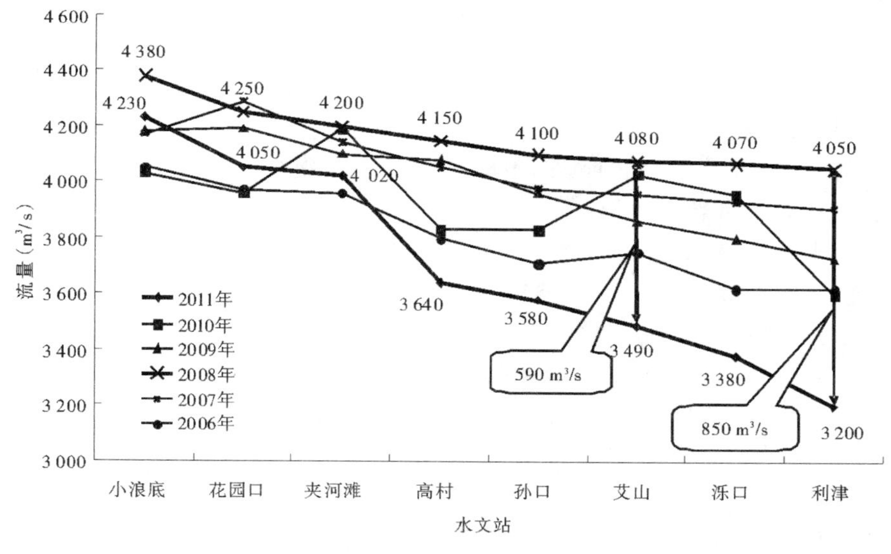

图 3-2　汛前调水调沙清水阶段洪峰流量

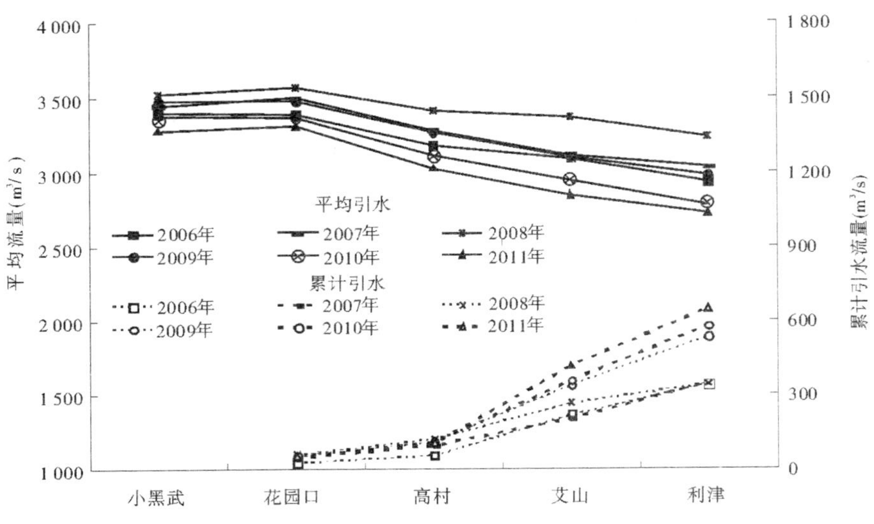

图 3-3 汛前调水调沙清水阶段流量变化

因此,建议2012年汛前调水调沙期间,若不限制引水,则适当加大小浪底出库流量,以保证到达艾山站的洪峰流量在4 000~4 100 m³/s,平均流量达到3 100 m³/s以上,从而提高艾山—利津河段的冲刷效率和水资源的利用率。

五、汛前调水调沙异重流塑造对接水位指标

2010年通过对小浪底水库异重流塑造、排沙阶段,水库排沙比与对接水位之间关系的研究,认为对接水位低于三角洲顶点高程、三角洲顶点附近洲面发生溯源冲刷,可显著增大排沙比。2011年汛后小浪底水库三角洲顶点高程为215.61 m,为此选取220 m、215 m和210 m三个水位作为对接水位,进一步研究了不同对接水位对水库排沙和下游冲淤的影响。

本次研究库区和下游均采用数学模型(简称数模)计算和经验公式计算两种方法。

(一)计算方案

利用数模计算2012年汛前调水调沙水库排沙及下游冲淤的情况,具体方案设置为:

(1)地形:2011年汛后地形;

(2)起调水位:250 m;

(3)对接水位:220 m、215 m和210 m;

(4)入库水沙过程:2011年汛前调水调沙流量、含沙量和级配过程;

(5)出库水沙过程:以相应小浪底水库坝前水位及下泄流量作为出口控制条件,出库过程分为两个阶段,清水阶段和浑水阶段,清水阶段控制花园口流量4 100 m³/s。

(二)计算结果

1. 水库出库水沙及库区冲淤量

表3-7为不同对接水位条件下水库出库水沙量及水库冲淤量。计算表明,随着对接水位降低,水库排沙比从20%增加到136%,出库沙量不断增加,库区由淤积转为冲刷。随着对接水位的变化,出库水沙量及出库细颗粒泥沙含量变化见图3-4。

表 3-7　2012 年汛前调水调沙不同对接水位下水库冲淤量(数模计算)

对接水位（m）	天数（d）	入库水量（亿 m^3）	入库沙量（亿 t1）	小黑武水量（亿 m^3）	出库水量（亿 m^3）	出库沙量（亿 t）	排沙比（%）	出库细泥沙含量（%）	库区冲淤量（亿 t）
210	17	9.14	0.338	0.46	51.10	0.459	136	83.4	-0.121
215	16	8.80	0.338	0.44	49.09	0.390	115	82.8	-0.052
220	15	8.46	0.338	0.41	47.15	0.068	20	61.3	0.270

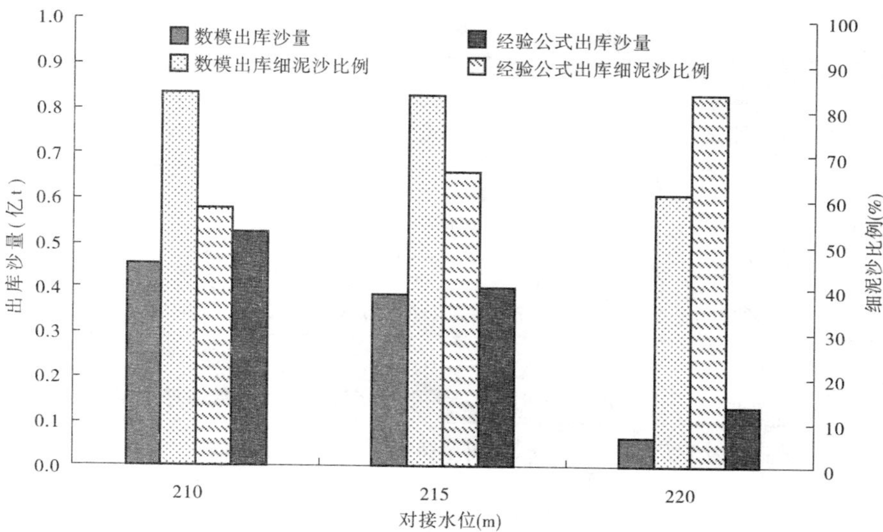

图 3-4　不同方案进入下游的沙量及细泥沙比例

图 3-5 和图 3-6 分别为数学模型和经验公式计算的水库排沙量和冲淤量结果,两者均表明,当对接水位较高(220 m)时,库区发生淤积,215 m 时水库微冲,210 m 时水库发生明显冲刷。

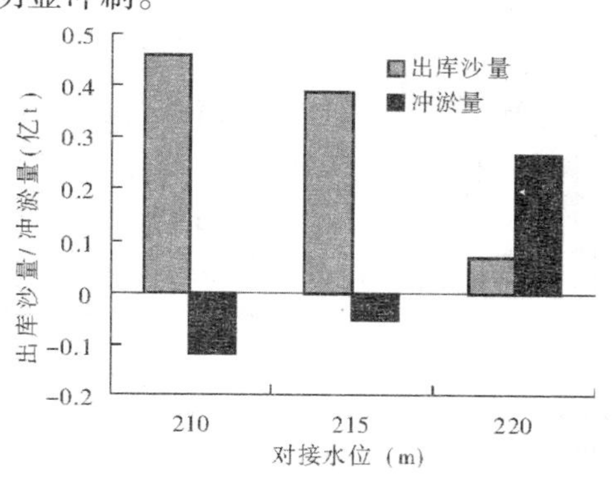

图 3-5　数模计算结果

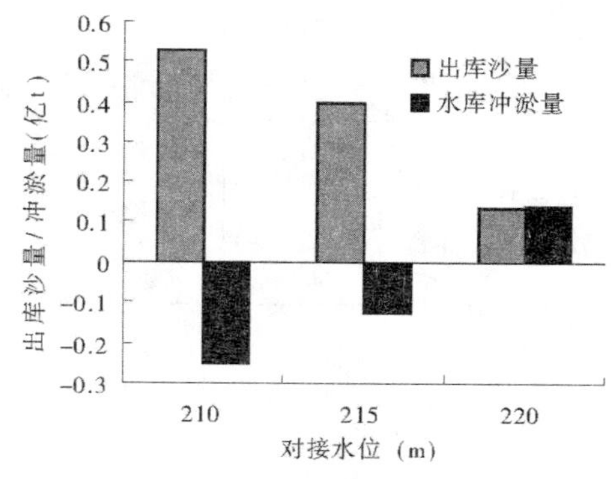

图 3-6　经验公式计算结果

2. 下游冲淤量

将两种方法计算的出库水沙过程作为进入下游的水沙条件，利用下游分组沙冲淤经验公式（见2010年度咨询专题报告《黄河下游分组泥沙冲淤规律及对小浪底水库排沙的需求》）计算两种水沙条件下，下游河道的冲淤情况，见表3-8。数模计算结果及分组沙冲淤量见表3-9。

可以看出，整个汛前调水调沙期下游发生冲刷，其中浑水阶段发生淤积。从图3-7和图3-8来看，整个调水调沙阶段的各对接水位方案下，黄河下游河道均是高村—艾山河段冲刷量最大，其次为艾山—利津河段，高村以下河段的冲刷明显大于高村以上河段；水库排沙阶段，当对接水位在220 m时下游发生冲刷，215 m时微淤，210 m时下游发生显著淤积。

表3-8　2012年汛前调水调沙不同对接水位下下游冲淤经验公式计算结果

对接水位(m)	清水		浑水（数模水沙）			浑水（经验水沙）			全过程冲淤量（亿 t）	
	水量（亿 m^3）	冲淤量（亿 t）	水量（亿 m^3）	沙量（亿 t）	冲淤量（亿 t）	水量（亿 m^3）	沙量（亿 t）	冲淤量（亿 t）	数模水沙	经验水沙
210	44.18	-0.429	7.38	0.456	0.094	6.69	0.527	0.222	-0.335	-0.206
215	42.14	-0.409	7.38	0.387	0.063	6.69	0.402	0.136	-0.346	-0.273
220	38.97	-0.378	8.59	0.067	-0.116	6.69	0.135	-0.007	-0.494	-0.385

表3-9　2012年汛前调水调沙不同对接水位下下游分组沙冲淤量

方案	对接水位（m）	出库沙量（亿 t）	细泥沙含量（%）	下游冲淤量（亿 t）			
				细泥沙	中泥沙	粗泥沙	全沙
经验公式结果（数模出库水沙）	210	0.456	83.4	-0.033	-0.135	-0.166	-0.334
	215	0.387	82.8	-0.052	-0.134	-0.160	-0.346
	220	0.067	61.3	-0.172	-0.158	-0.164	-0.494
数模结果（数模出库水沙）	210	0.456	83.4	0.002	-0.100	-0.071	-0.169
	215	0.387	82.8	0.000	-0.098	-0.071	-0.169
	220	0.067	61.3	-0.009	-0.112	-0.084	-0.205
经验公式结果（经验公式出库水沙）	210	0.527	58.0	-0.042	-0.089	-0.075	-0.206
	215	0.402	66.2	-0.053	-0.109	-0.111	-0.273
	220	0.135	83.5	-0.108	-0.123	-0.155	-0.386

在汛前调水调沙浑水阶段，下游应以微淤为主，水库以多排沙为主。因此，为了实现水库和下游河道的共同减淤，建议2012年汛前调水调沙塑造异重流阶段水库的对接水位略低于三角洲顶点高程的215 m。

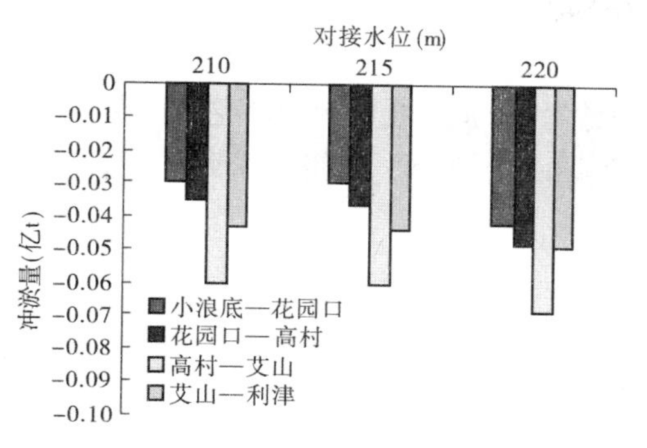

图 3-7　数模计算下游分河段冲淤量

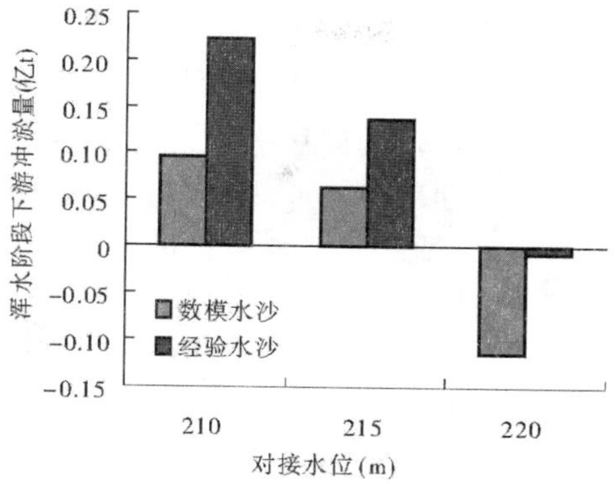

图 3-8　经验公式计算浑水阶段冲淤量

六、考虑多余水量泄放方式的汛前调水调沙方案

清水(低含沙)水流条件下,艾山—利津河段冲刷(淤积)强度与进入下游的流量、引水比具有密切的关系:流量较小时,艾山—利津河段发生淤积,在引水流量较大(艾山—利津河段引水比大于0.4)的条件下,随着流量的增大、艾山—利津河段淤积强度显著增大;在引水流量较小(艾山—利津河段引水比小于0.15)的条件下,随着流量的增大,艾山—利津河段淤积效率减弱,流量1 500 m^3/s左右时,由淤积转为冲刷,并随流量的继续增大,冲刷效率增大(见图3-9)。因此,持续冲刷条件下,在2012年汛前调水调沙之前泄放多余水量时,小浪底下泄流量设置1 500 m^3/s和1 800 m^3/s两个方案。

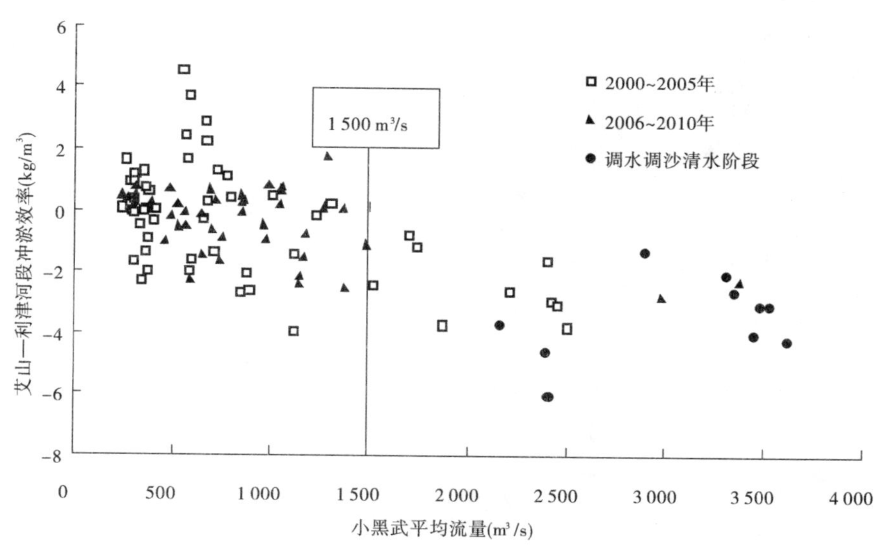

图 3-9　引水比小于0.15条件下艾山—利津河段冲淤效率与平均流量关系

(一)计算方案

2012年汛前水库蓄水量较大,这些水量除在汛前调水调沙期按接近下游平滩流量泄放外,其他水量在汛前调水调沙之前也要泄放。

2012 年 4 月 19 日 8 时，小浪底水库水位 264. 50 m，蓄水量 75. 04 亿 m^3，到 2012 年 6 月 10 日，入库流量按 2000 年以来三门峡同期平均流量 468 m^3/s 控制，出库流量按 1 000 m^3/s，则水库日补水量 0. 46 亿 m^3，到 6 月 10 日水库蓄水量减为 50. 68 亿 m^3，相应水位 253. 05 m。此时，215 m 以上水量为 45. 75 亿 m^3，留 35 亿 m^3 汛前调水调沙用，则还有 10. 75 亿 m^3 需在汛前调水调沙前放完。

地形：2011 年汛后；

计算时段：6 月 1 日至汛前调水调沙结束。

方案过程分为两个：

(1) 调水调沙之前的泄水过程，出库流量分别选 1 500 m^3/s 和 1 800 m^3/s，入库按多年 6 月 1 ~ 20 日平均流量 450 m^3/s，黑石关和武陟分别按平均流量 41 m^3/s 和 2. 2 m^3/s。开始泄放时的水位为 253. 05 m，该阶段需要泄放的水量为 10. 75 亿 m^3，按 1 500 m^3/s 和 1 800 m^3/s 流量级泄放，分别需要 8. 3 d 和 6. 9 d。

(2) 汛前调水调沙。当水库水位到达 247. 22 m(215 m 以上水量为 35 亿 m^3) 时，开始实施汛前调水调沙。

首先为清水阶段，按凑泄花园口流量 4 100 m^3/s 控制，直到水库水位到达 215 m。假设入库流量按多年 6 月 20 日至 7 月 5 日的平均流量 649 m^3/s 控制，支流入汇的流量按黑石关平均流量 41. 3 m^3/s、武陟平均流量 4. 9 m^3/s 控制，则小浪底水库平均下泄流量为 4 052. 8 m^3/s，水库日补水量 2. 94 亿 m^3，清水下泄天数为 11. 9 d。

之后为汛前调水调沙第二阶段(排沙阶段)，进出库流量按 2011 年汛前调水调沙排沙阶段的实际过程。

(二) 计算结果

1. 水库计算结果

表 3-10 和表 3-11 分别为利用数学模型计算的 1 500 方案和 1 800 方案的水库进出库水沙量和库区冲淤量，出库过程见图 3-10。

表 3-10　1 500 方案水库进出库水沙及水库冲淤量

运用阶段	天数 (d)	入库水量 (亿 m^3)	入库沙量 (亿 t)	出库水量 (亿 m^3)	出库沙量 (亿 t)	平均流量 (m^3/s)	平均含沙量 (kg/m^3)	细泥沙比例 (%)	水库冲淤量 (亿 t)
1 000 m^3/s 流量	10	3. 89	0	8. 64	0	1 000	0		0
1 500 m^3/s 流量	12	5. 01	0	15. 55	0	1 500	0		0
清水阶段	11	6. 17	0	38. 52	0. 003	4 053	0. 1	81. 2	-0. 003
浑水阶段	8	8. 27	0. 251	11. 20	0. 444	1 621	39. 7	86. 6	-0. 193
合计	41	23. 34	0. 251	73. 91	0. 447	2 087	6. 0	86. 6	-0. 196

表 3-11　1 800 方案水库进出库水沙及水库冲淤量

运用阶段	天数(d)	入库水量(亿 m³)	入库沙量(亿 t)	出库水量(亿 m³)	出库沙量(亿 t)	平均流量(m³/s)	平均含沙量(kg/m³)	细泥沙比例(%)	水库冲淤量(亿 t)
1 000 m^3/s 流量	10	3. 89	0	8. 64	0	1 000	0		0
1 800 m^3/s 流量	9	3. 50	0	14. 00	0	1 800	0		0
清水阶段	11	6. 00	0	38. 52	0. 003	4 053	0. 1	81. 6	-0. 003
浑水阶段	8	8. 27	0. 251	11. 20	0. 447	1 621	39. 9	86. 6	-0. 196
合计	38	21. 66	0. 251	72. 36	0. 450	2 204	6. 2	86. 5	-0. 199

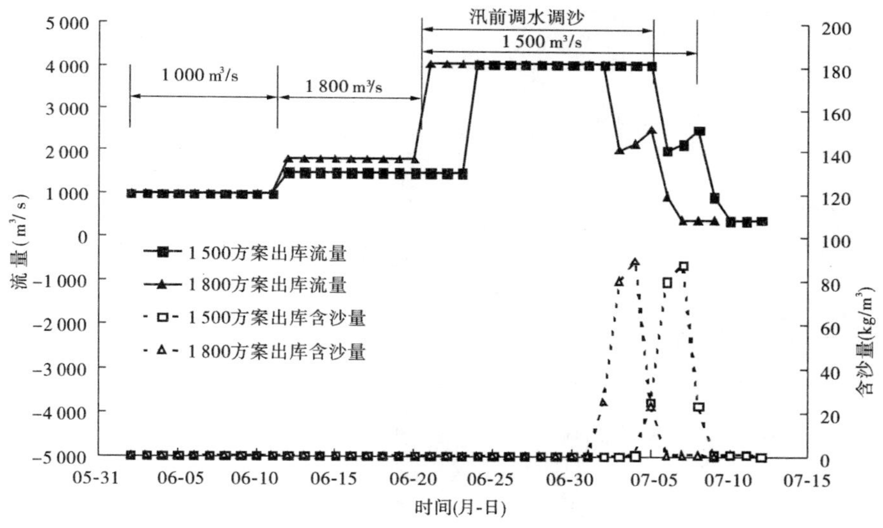

图 3-10　汛前调水调沙小浪底出库水沙过程

可以看出，如果调水调沙之前泄放较大流量过程，1 800 方案比 1 500 方案少泄放 3 d，其他各阶段的天数相等，两个方案水库冲刷量分别为 0. 196 亿 t 和 0. 199 亿 t。

2. 下游计算结果

表 3-12 和表 3-13 分别为利用一维非恒定流泥沙数学模型计算的两个方案下游分河段冲淤量。在计算时，为了使后期浑水能够演进到利津，在小浪底水库出库水沙过程后面再分别增加 1 d 和 2 d 的 600 m^3/s 流量过程，从而使得沙峰完全演进出利津断面。

表 3-12　1 500 方案下游冲淤量计算结果

运用条件	历时(d)	水量(亿 m^3)	沙量(亿 t)	平均流量(m^3/s)	平均含沙量(kg/m^3)	冲淤量(亿 t)				
						小浪底—花园口	花园口—高村	高村—艾山	艾山—利津	全下游
1 000 m^3/s 流量	10	8.64	0	1 000	0	-0.019	-0.022	-0.013	0.001	-0.053
1 500 m^3/s 流量	12	15.55	0	1 500	0	-0.035	-0.038	-0.029	-0.006	-0.108
清水	11	38.52	0.002	4 053	0.1	-0.116	-0.046	-0.059	-0.033	-0.253
浑水	9	11.72	0.444	1 507	37.9	-0.017	-0.035	-0.015	-0.014	-0.081
合计	42	74.43	0.446	2 051	6.0	-0.187	-0.140	-0.116	-0.052	-0.494

表 3-13　1 800 方案下游冲淤量计算结果

运用条件	历时(d)	水量(亿 m^3)	沙量(亿 t)	平均流量(m^3/s)	平均含沙量(kg/m^3)	冲淤量(亿 t)				
						小浪底—花园口	花园口—高村	高村—艾山	艾山—利津	全下游
1 000 m^3/s 流量	10	8.64	0	1 000	0	-0.020	-0.024	-0.015	-0.001	-0.060
1 800 m^3/s 流量	9	14.00	0	1 800	0	-0.030	-0.040	-0.031	-0.015	-0.116
清水	11	38.52	0.002	4 053	0.1	-0.116	-0.047	-0.060	-0.034	-0.257
浑水	10	12.24	0.447	1 417	36.5	-0.017	-0.051	-0.031	-0.019	-0.118
合计	40	73.40	0.449	2 124	6.1	-0.182	-0.161	-0.137	-0.070	-0.550

根据两个方案的计算，全下游冲刷量分别为 0.494 亿 t 和 0.550 亿 t，1 800 方案比 1 500方案多冲刷了 0.056 亿 t。由此可见，1 500 和 1 800 两个方案的差别较小，相对而言，1 800 方案对下游的冲刷略为有利。

第四章　认识与建议

一、主要认识

（1）小浪底水库拦沙运用12 a，下游河道共冲刷泥沙13.361亿t。其中汛期冲刷泥沙9.102亿t，占总冲刷量的68.1%。汛前调水调沙期共冲刷泥沙4.129亿t，占总冲刷量的30.9%；其中2006~2011年汛前调水调沙期共冲刷泥沙2.013亿t，占该时段总冲刷量的40%。

（2）利用输沙率法计算，艾山—利津河段1999年11月至2011年10月淤积0.1亿t，与该河段流量2 000 m^3/s水位平均下降1.21 m不相符，利用水位法对冲刷量进行修正后，得到艾山—利津河段的总冲刷量为1.902亿t，汛期冲刷量为2.091亿t。

（3）要维持艾山—利津河段年内冲淤平衡，必须通过较大流量级的洪水过程将前期小水期淤积的泥沙冲刷带走，以维持该河段年内冲淤平衡，这是汛前调水调沙的主要目标。

（4）2012年汛前调水调沙清水下泄水量的确定应本着将当年非汛期艾山—利津河段淤积的泥沙冲刷带走的目标，其进入下游的水量应为35亿m^3，泄放流量为4 000 m^3/s。

（5）2012年汛前调水调沙后期塑造异重流时小浪底水库的对接水位为215 m。

（6）2012年汛前调水调沙之前泄放多余蓄水时，流量应尽量大一些。建议2012年按1 800 m^3/s泄放多余蓄水量。

二、建议

2012年汛前调水调沙期间，若不限制引水，则适当加大小浪底出库流量，以保证到达艾山站的洪峰流量在4 000 m^3/s左右，平均流量达到3 100 m^3/s以上，以提高艾山—利津河段的冲刷效率，发挥水资源的利用效率。

第五专题　2012年中高含沙量小洪水小浪底水库调控运用方式探讨

利用小浪底水库已开展的3次汛期调水调沙实测资料，分析提出较大的水位差、较长的库水位低于三角洲顶点持续时间以及较小的蓄水体有利于水库取得较好的排沙效果的结论；分析水库运用以来水沙条件，拟定2012年汛期黄河中游出现中高含沙量小洪水条件下，小浪底水库调水调沙方案，通过经验公式与数学模型计算，优化比选汛期典型洪水在不同调水调沙运用方式下库区的出库水沙过程，分析全沙及分组沙排沙量、排沙效果及下游河道冲淤情况和分组泥沙淤积效果等；探讨小浪底水库排沙效率控制指标及下游河道粗泥沙不淤的条件，提出2012年汛期调水调沙的启动条件及调控指标的建议。

第一章　概　述

小浪底水库自2002年开始共进行了13次调水调沙。2002年7月4～15日、2003年9月6～18日及2004年6月19日9时至7月12日分别进行了3次调水调沙试验；从2005年开始转入生产运行，共进行了10次，其中2007年7月29日至8月8日、2010年7月24日至8月3日、2010年8月11日至8月21日为汛期调水调沙。

小浪底水库自1999年10月开始蓄水运用以来的12 a，累计入库沙量为39.576亿t，出库沙量为7.321亿t，按沙量平衡法计算库区淤积量为32.255亿t。小浪底全库区断面法淤积量为26.176亿m^3，年均淤积2.181亿m^3。按照水利部2004年批复的《小浪底水利枢纽拦沙初期运用调度规程》，当小浪底水库淤积量达21亿～22亿m^3时转入拦沙后期。目前，从水库淤积量上分析已进入拦沙后期第一阶段，但从水库淤积形态分析，坝前淤积面仅为185 m高程左右。结合现状地形，探讨2012年小浪底水库汛期调水调沙的关键技术指标显得尤为重要。

一、汛期调水调沙的意义和目的

小浪底水库的开发任务是以防洪防凌、减淤为主，兼顾供水、灌溉和发电，除害兴利，综合利用。因此，水库运用方式要着眼于提高黄河下游的减淤效益，使黄河下游河道连续20 a甚至更长时间河床不淤积抬高。

水库运用分两个时期，即初期为拦沙和调水调沙运用时期，后期为调水调沙正常运用时期，保持51亿m^3有效库容长期进行防洪、减淤和兴利运用。现在小浪底水库已经具备转入拦沙运用后期的条件，采取"拦粗排细"、相机排沙运用方式。

调水调沙的任务是，在水库拦沙期尽可能延长小浪底水库拦沙运用年限的同时，通过对出库水沙过程的调节，尽可能减少下游河道主河槽的淤积，维持并增加河道主槽的过流能力。调水调沙调度期主要为7月11日至9月30日，每年6月可根据前汛期限制水位以上蓄水情况相机进行调水调沙运用。

利用小浪底水库干、支流拦沙库容进行调水调沙具有以下作用：拦粗沙排细沙，提高黄河下游减淤效益；发挥下游河道大水输大沙作用；维持河势流路相对稳定，防止重大冲刷和塌滩险情；增大平滩流量，提高排洪能力，减少中常洪水漫滩概率。如何充分发挥下游河道的排沙潜力，减缓库区淤积，尤其是细泥沙的淤积，并能够维持艾山以下窄河段（目前下游河道排洪输沙的瓶颈河段）不淤积，维持主槽较大的平滩流量，是治黄生产所急需回答的问题。

二、汛期调水调沙目标及调控的基本原则

（1）充分发挥小浪底水库的拦粗排细作用。一方面，多拦粒径大于0.05 mm的粗颗粒泥沙，有效减少下游河道的淤积；另一方面，多排中、细颗粒泥沙，减小水库的无效淤积，

利用下游河道的输沙能力将中、细颗粒泥沙输送入海。

(2)塑造有利于艾山—利津河段微淤或发生冲刷的流量级。小流量清水下泄过程中,黄河下游河段具有上冲下淤的特点。为了消除小流量阶段艾山—利津河段的淤积,需要在调水调沙期间塑造出有利于艾山—利津河段冲刷的流量,达到实现该河段微淤甚至冲刷、维持该河段过流能力不减小的目的。

第二章　小浪底水库实施调水调沙的启动条件研究

一、小浪底水库拦沙后期最新研究成果

在小浪底工程设计阶段,水库拦沙后期运用方式拟定为逐步抬高拦粗排细运用(简称方式一),即利用黄河下游河道大水输沙、泥沙越细输沙能力越大,且有一定输送大于0.05 mm粗沙能力的特性,水库保持低壅水,合理地拦粗排细,实现下游河道减淤。运用方式一的库水位变幅小,滩槽同步上升,再降低水位敞泄排沙冲刷河槽,从而可形成高滩深槽。但这样运用存在以下不利因素:一是根据官厅、三门峡等已建水库淤积物特性分析,淤积物的干容重随泥沙淤积厚度的增加而变大,即淤积越深,其干容重越大,淤积体长时间受力固结,泥沙颗粒与颗粒之间已不是没有联系的松散状态,而是固结成整体,这样抗冲性能大,不容易被水流冲刷。所以,从恢复库容来说,水库若长时间先淤后冲,不如水库运用到一定时间后,冲淤交替为好。二是龙羊峡、刘家峡两座水库投入运用后,汛期进入小浪底水库的水量大幅度减少,加之上中游地区工农业用水的增长,汛期中常洪水出现概率日趋减小,因此水库淤积量较大时再降低水位冲刷恢复库容的做法风险较大。

随着入库水沙条件的变化,迫切需要水库运用方式的调整,为此黄河勘测规划设计有限公司论证了多年调节泥沙、相机降低水位冲刷调水调沙的水库运用方式(简称方式二)。运用方式二是对运用方式一的继承和发展,在"八五"国家重点科技攻关项目"黄河治理与水资源开发利用"研究中亦有论证。这一调水调沙运用的思路是"多年调节泥沙、相机降水冲刷",利用水库有限的拦沙库容,取得较长时间、较大的防洪减淤效益。

黄河勘测规划设计有限公司在小浪底水库拦沙后期防洪减淤运用方式研究中,提出了拦沙后期减淤运用推荐方案。小浪底水库拦沙后期的防洪运用主要分为三个阶段,第一阶段为拦沙初期结束至水库淤积量达到42亿m^3之前的时期,254 m高程以下防洪库容基本在20亿m^3以上;第二阶段为水库淤积量为42亿~60亿m^3的时期,这一阶段水库的防洪库容减少较多,但防洪运用水位仍不超过254 m;第三阶段为淤积量大于60亿m^3以后的时期,这一时期254 m以下的防洪库容很小,中常洪水的控制运用可能要使用254 m以上防洪库容。

目前小浪底水库运用进入拦沙后期第一阶段,运用黄河勘测规划设计有限公司推荐方案,第一阶段7月11日至9月10日的主要调度指标为:

(1)当入库流量小于2 600 m^3/s时,调节见图2-1。具体调度指令如下:

①当水库可调节水量大于等于13亿m^3时,水库蓄满造峰,凑泄花园口流量大于等于3 700 m^3/s。即当入库流量加黑石关、武陟流量大于等于3 700 m^3/s时,出库流量按入库流量下泄;当入库流量加黑石关、武陟流量小于3 700 m^3/s时,水库凑泄花园口流量为3 700 m^3/s,若凑泄5 d后,水库可调水量仍大于2亿m^3,水库凑泄花园口断面流量为下游主槽平滩流量,直至水库可调水量等于2亿m^3,若最后一天凑泄流量不足2 600 m^3/s,则凑泄造峰调节结束,当日改为蓄水,出库流量等于400 m^3/s;若水库可调水量预留2亿

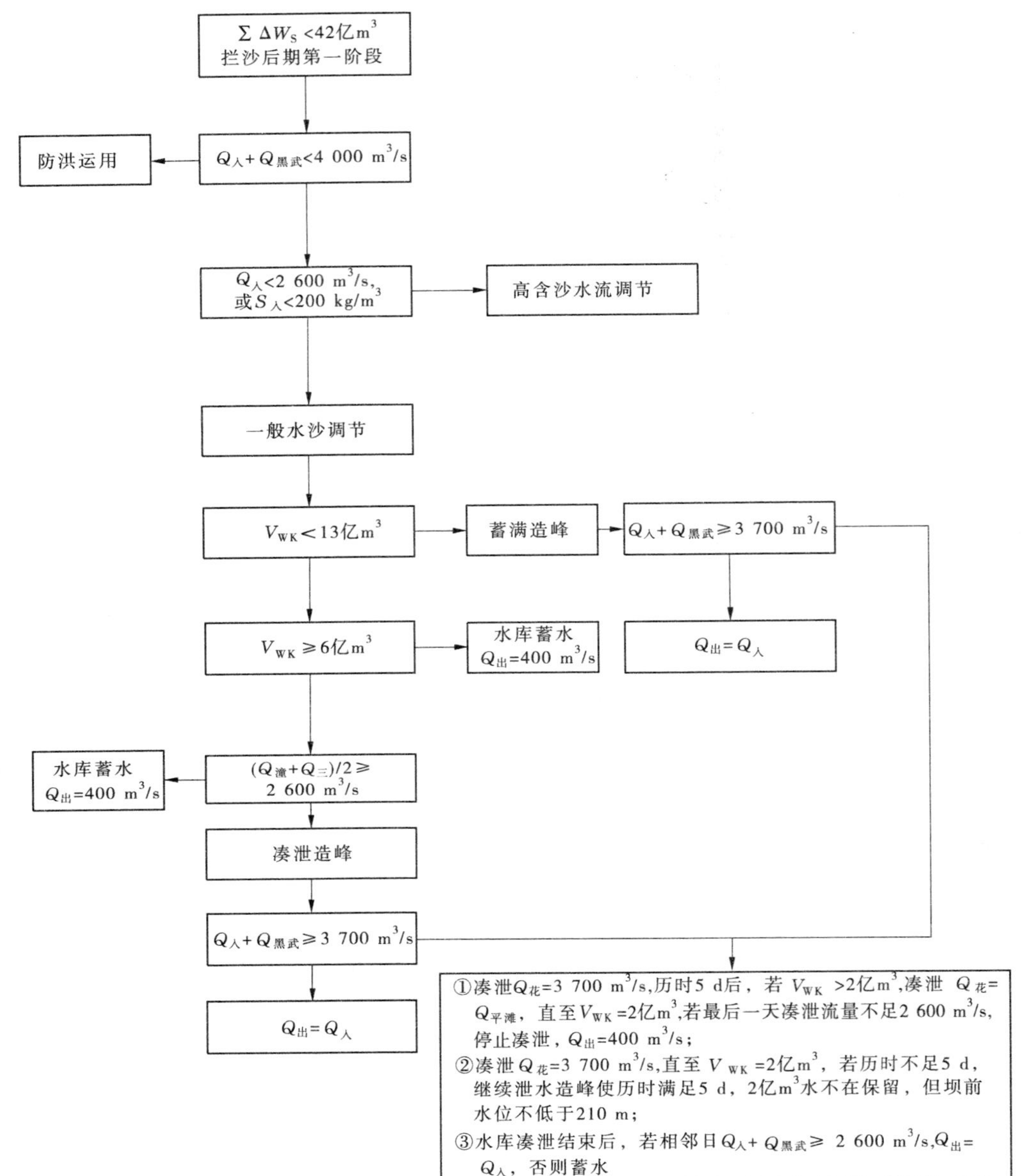

图2-1　7月11日至9月10日调节指令执行流程图

m^3后，水库造峰流量不足5 d，则不再预留，水库继续造峰，满足5 d要求，但水库水位不得低于210 m；当水库造峰结束后，相邻日期入库流量加黑石关、武陟流量大于等于2 600 m^3/s，则出库流量按入库流量下泄，直到入库流量加黑石关、武陟流量小于2 600 m^3/s时，水库开始蓄水，出库流量等于400 m^3/s。

②当潼关、三门峡平均流量大于等于2 600 m^3/s且水库可调节水量大于等于6亿m^3时，水库相机凑泄造峰，凑泄花园口流量大于等于3 700 m^3/s。即当入库流量加黑石关、武陟流量大于等于3 700 m^3/s时，出库流量按入库流量下泄；当入库流量加黑石关、武陟

流量小于 3 700 m^3/s 时，水库凑泄花园口流量为 3 700 m^3/s，若凑泄 5 d 后，水库可调水量仍大于 2 亿 m^3，水库凑泄花园口断面流量为下游主槽平滩流量，直至水库可调水量等于 2 亿 m^3，若最后一天凑泄流量不足 2 600 m^3/s，则凑泄造峰调节结束，当日蓄水，出库流量等于 400 m^3/s；若水库可调水量预留 2 亿 m^3 后，水库造峰流量不足 5 d，则不再预留，水库继续造峰，满足 5 d 要求，但水库水位不得低于 210 m；当水库造峰结束后，相邻日期入库流量加黑石关、武陟流量大于等于 2 600 m^3/s，则出库流量按入库流量下泄，直到入库流量加黑石关、武陟流量小于 2 600 m^3/s 时，水库开始蓄水，出库流量等于 400 m^3/s。

③水库可调节水量小于 6 亿 m^3 时，小浪底出库流量仅满足机组调峰发电需要，出库流量为 400 m^3/s。

④潼关、三门峡平均流量小于 2 600 m^3/s，小浪底水库可调节水量大于等于 6 亿 m^3 且小于 13 亿 m^3 时，出库流量仅满足机组调峰发电需要，出库流量为 400 m^3/s。

(2) 当入库流量大于等于 2 600 m^3/s，且入库含沙量大于等于 200 kg/m^3 时，进入高含沙水流调度，高含沙水流调节流程见图 2-2，具体调度指令如下：

①当水库蓄水量大于等于 3 亿 m^3 时，提前 2 d 凑泄花园口流量等于下游主槽平滩流量，直至水库蓄水等于 3 亿 m^3 后，出库流量等于入库流量。

②当水库蓄水量小于 3 亿 m^3 时，提前 2 d 水库蓄水至 3 亿 m^3 后（即第二天满足出库 400 m^3/s 的前提下可蓄满至 3 亿 m^3，则第一天水库不蓄水，出库等于入库，第二天蓄至 3 亿 m^3 后出库等于入库；第二天满足出库 400 m^3/s 的前提下无法蓄满至 3 亿 m^3，则需要第一天进行补蓄，且必须保证出库流量不小于 400 m^3/s；若连续两天蓄水均无法蓄满 3 亿 m^3，则第一天、第二天出库流量均为 400 m^3/s），出库流量等于入库流量。

③当入库流量小于 2 600 m^3/s 时，高含沙水流调节结束。

(3) 预报花园口洪峰流量大于 4 000 m^3/s 时，转入防洪运用。

二、历次汛期调水调沙分析

在汛期来洪水的情况下，通过对小浪底水库进行适当调度，便可开展汛期调水调沙运用。2004 年至今，共进行过 3 次汛期调水调沙，其中 2007 年一次和 2010 年两次。2007 年出库沙量 0.426 亿 t，排沙比为 51.08%；2010 年两次汛期调水调沙出库沙量分别为 0.258 亿 t 和 0.508 亿 t，排沙比分别为 28.63% 和 46.52%（见表 2-1）。

表 2-1　汛期调水调沙情况表

时间（年-月-日）		2007-07-29 ~ 2007-08-08	2010-07-24 ~ 2010-08-03	2010-08-11 ~ 2010-08-21
天数（d）		11	11	11
三门峡站	水量（亿 m^3）	13.008	13.275	15.456
	沙量（亿 t）	0.834	0.901	1.092
	平均流量（m^3/s）	1 368	1 397	1 626
	平均含沙量（kg/m^3）	64.12	67.87	70.67
小浪底站	水量（亿 m^3）	19.739	14.376	19.824
	沙量（亿 t）	0.426	0.258	0.508
	平均流量（m^3/s）	2 077	1 513	2 086
	平均含沙量（kg/m^3）	21.56	17.92	25.61
排沙比（%）		51.08	28.63	46.52

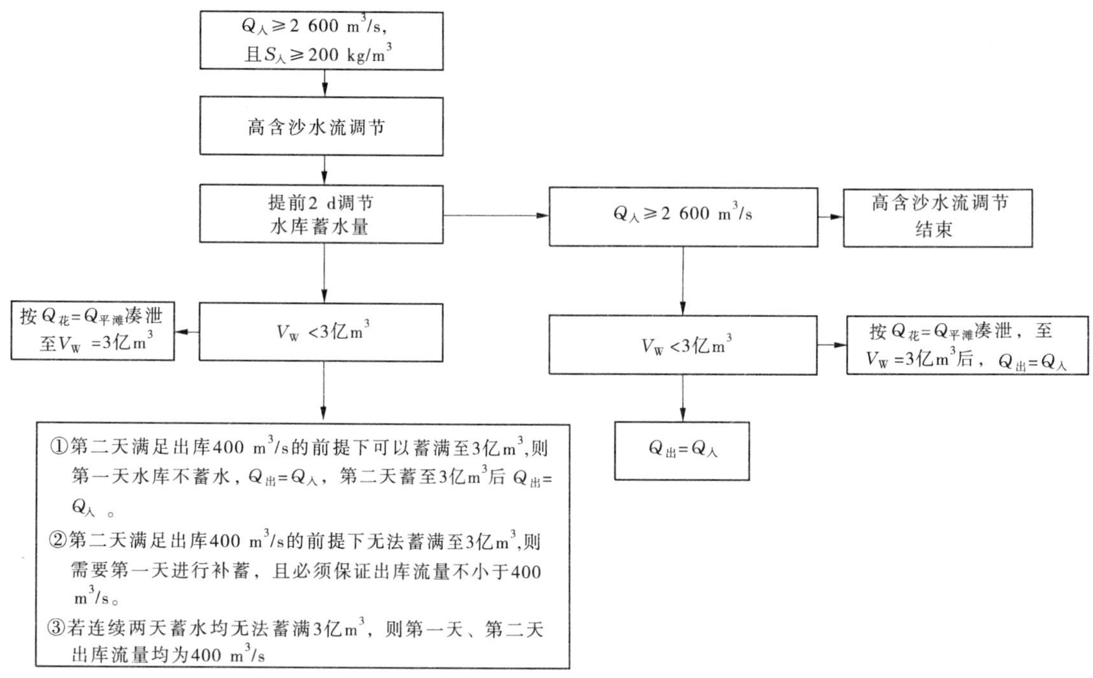

图 2-2　高含沙水流调节指令执行框图

(一)水沙过程

图 2-3 ~图 2-5 分别为小浪底水库三次汛期调水调沙进出库水沙过程。

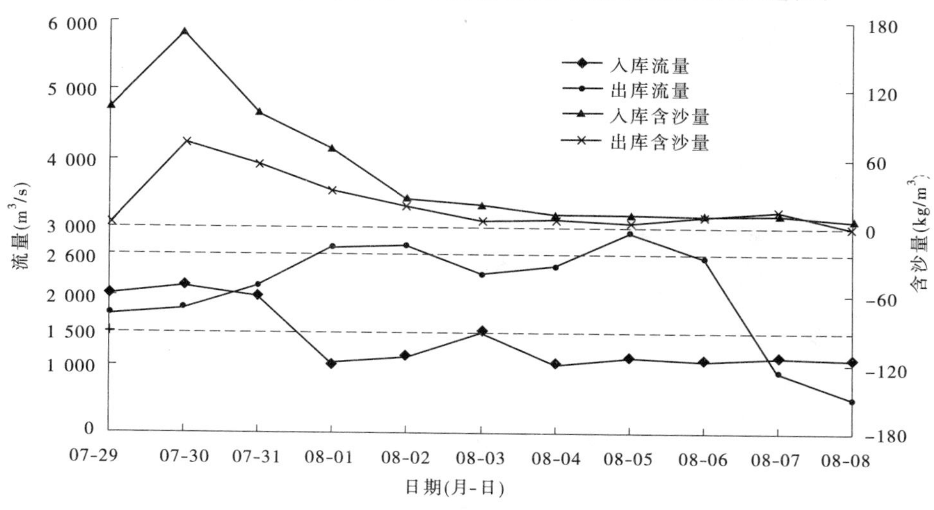

图 2-3　2007 年汛期调水调沙小浪底水库进出库水沙过程

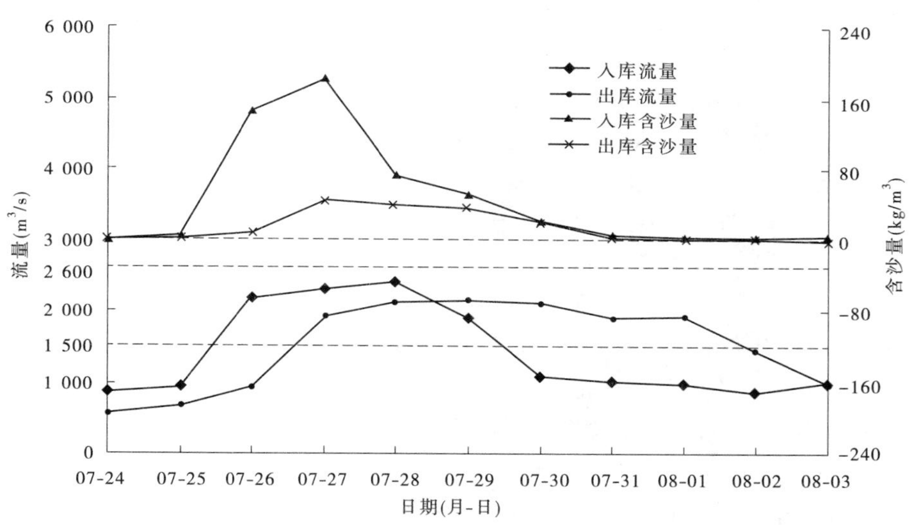

图 2-4　2010 年 7 月汛期调水调沙小浪底水库进出库水沙过程

2007 年 7 月 29 日至 8 月 8 日,入库水量为 13.008 亿 m^3,沙量为 0.834 亿 t,出库水量 19.739 亿 m^3,沙量为 0.426 亿 t,排沙比高达 51.08%。其间,出库流量一度增至 2 930 m^3/s(8 月 5 日),出库日均含沙量最高达 74.595 kg/m^3(7 月 30 日),排沙洞最大出库含沙量 226 kg/m^3。本次汛期调水调沙持续 11 d,入库平均流量 1 368 m^3/s,日均入库流量介于 1 500 ~2 600 m^3/s 的有 4 d,最大日均入库流量为 2 150 m^3/s,其余日均流量均小于 1 500 m^3/s,最大日均含沙量 171 kg/m^3(7 月 30 日),时段入库平均含沙量 64.125 kg/m^3。

2010 年 7 月 24 日至 8 月 3 日,基于干支流防洪减灾和水库、河道减淤考虑,利用黄河

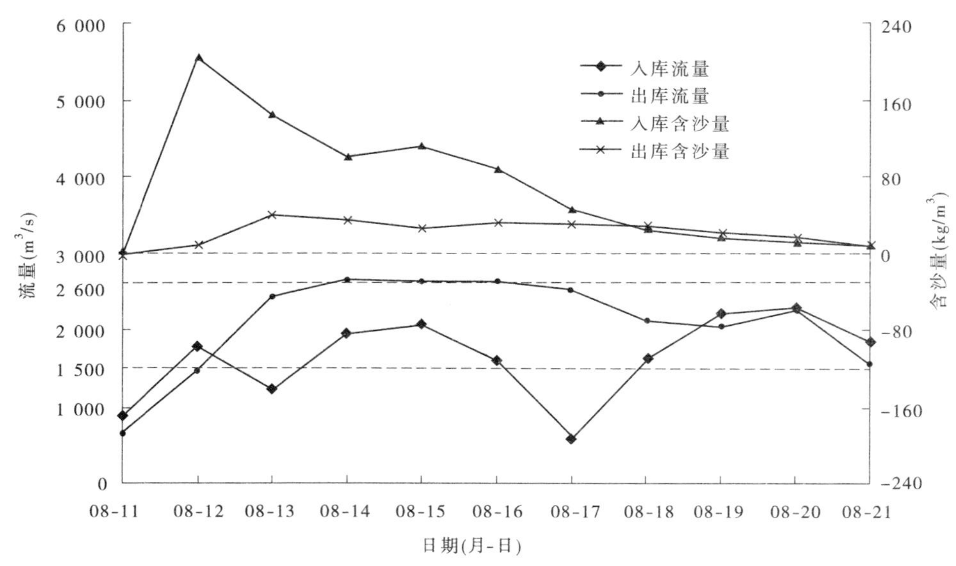

图 2-5 2010 年 8 月汛期调水调沙小浪底水库进出库水沙过程

流域泾渭河、北洛河、伊洛河发生的强降雨过程,通过三门峡、小浪底、陆浑、故县水库"时间差、空间差"的组合调度,实施了基于黄河中游水库群四库联合调度的本年度第一次汛期调水调沙。历时 11 d 的汛期调水调沙小浪底水库入库水量 13.275 亿 m^3,入库沙量 0.901 亿 t,最大入库流量 2 380 m^3/s(7 月 28 日),入库平均流量 1 397 m^3/s,其中有 4 d 日均入库流量介于 1 500 ~ 2 600 m^3/s,最大入库含沙量 187 kg/m^3。小浪底水库出库沙量 0.258 亿 t,水量 14.376 亿 m^3,排沙比为历次汛期调水调沙最小值 28.63%,其中最大出库含沙量 45.4 kg/m^3(7 月 27 日)。

2010 年 8 月 11 日至 8 月 21 日,再次利用黄河流域山陕区间、泾渭河、北洛河、黄河下游降雨过程,通过万家寨、三门峡、小浪底水库的联合调度,实施了基于黄河中游水库群三库水沙联合调度的本年度第二次调水调沙。本次调水调沙下泄沙量 0.508 亿 t,为历次调水调沙出库沙量最大值,出库平均含沙量为 25.61 kg/m^3,最大出库含沙量 41.2 kg/m^3,出库水量 19.824 亿 m^3。从入库水沙量统计看,入库水量 15.456 亿 m^3,入库沙量 1.092 亿 t,排沙比 46.52%。期间有 8 d 日均入库流量介于 1 500 ~ 2 600 m^3/s,占总天数的 73%,入库平均流量 1 626 m^3/s,最大入库流量 2 280 kg/m^3(8 月 20 日),8 月 12 日入库含沙量 208 kg/m^3为本次调水调沙入库含沙量最大值。

(二)水库运用

图 2-6 为 2007 年汛期调水调沙期间小浪底水库库水位与蓄水量变化过程,2007 年 7 月 29 日至 8 月 8 日,小浪底水库水位呈现先升后降,随后再抬升的过程,由初始起调水位 224.85 m 抬高到 7 月 31 日 227.74 m,对应蓄水量由 14.62 亿 m^3 上升至时段最大蓄水量 17.02 亿 m^3。随后水位逐渐降落,8 月 5 日水位低至纵剖面三角洲顶点(221.04 m)以下,8 月 7 日库水位一度下降到 218.83 m,水位降幅达 8.91 m,水库由壅水排沙逐渐过渡为冲刷三角洲洲面段的低壅水输沙,为水库排沙创造了极其有利的条件,取得了较好的排沙效果。

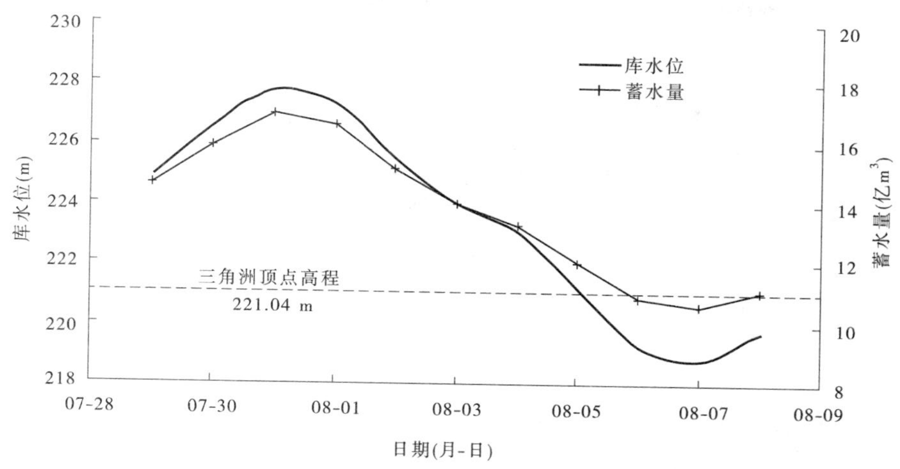

图 2-6　2007 年汛期调水调沙库水位与蓄水量变化过程(瞬时)

2010 年发生的两次汛期调水调沙有近似的边界条件,库水位变化过程是导致排沙比分别为 28.63%、46.52% 的关键因素之一。

图 2-7、图 2-8 分别为 2010 年两次汛期调水调沙小浪底水库库水位与蓄水量变化过程,结合历次库水位与蓄水量统计表(见表 2-2),可以看出 2010 年 7 月 24 日至 8 月 3 日的调水调沙,水位变化过程为先升后降,起调水位 217.34 m,对应起调蓄水量 8.84 亿 m^3,随后水位一度抬升至 222.81 m(7 月 29 日),调水调沙结束时水位降至 218.11 m(8 月 3 日)。本次汛期调水调沙历时 11 d,其中库水位 7 d 持续高于三角洲顶点高程 219.61 m,更多时间处于壅水排沙状态,而最大水位差为 4.70 m,大大低于另外两次汛期调水调沙,一定程度上制约了排沙效率。

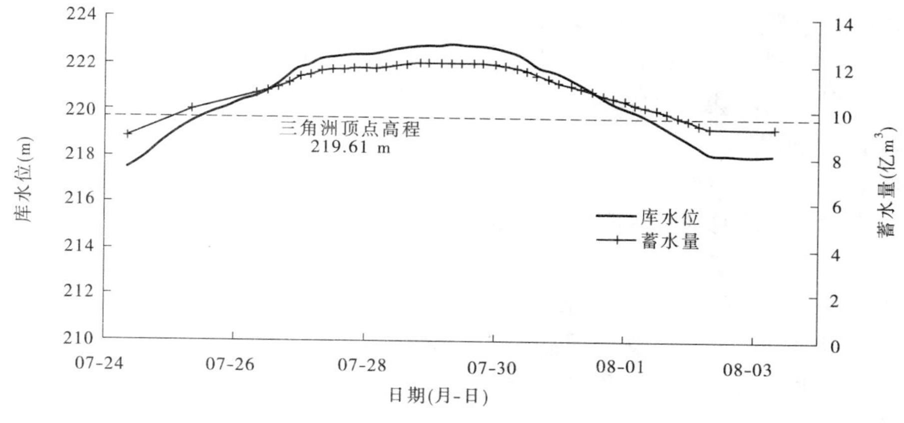

图 2-7　2010 年 7 月汛期调水调沙库水位与蓄水量变化过程(瞬时)

2010 年 8 月 11 日至 8 月 21 日水位变化趋势与 2007 年汛期调水调沙基本一致,起调蓄水量 11.39 亿 m^3,对应水位 221.79 m,其间水位一度降至 211.16 m(8 月 19 日),达到

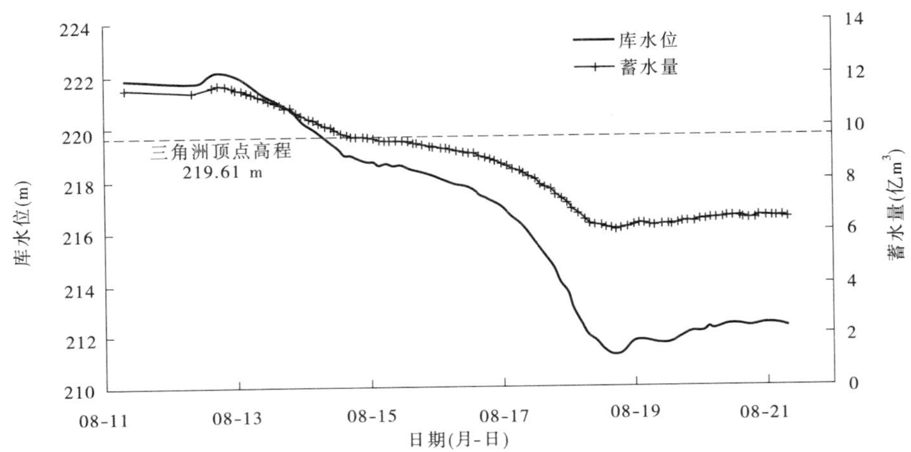

图 2-8　2010 年 8 月汛期调水调沙库水位与蓄水量变化过程(瞬时)

表 2-2　历次汛期调水调沙库水位与蓄水量统计表

年份	日期	三角洲顶点高程(m)	水位(m)				蓄水量(亿 m^3)			排沙比(%)
			起调值	最高值 H_1	最低值 H_2	H_1-H_2	起调值	最大值	最小值	
2007	7 月 29 日至 8 月 8 日	221.04	224.85	227.74	218.83	8.91	14.62	17.02	10.62	51.08
2010	7 月 24 日至 8 月 3 日	219.61	217.34	222.81	217.34	5.47	8.84	12.06	8.84	28.63
2010	8 月 11 日至 8 月 21 日	219.61	221.79	222.07	211.16	10.91	11.39	11.57	6.00	46.52

年度内最低运用水位,调水调沙结束水位为 212.22 m(8 月 21 日 8:00)。与 2010 年 7 月汛期调水调沙不同,本时段同样历时 11 d,水位降幅达到 10.91 m,其中有 7 d 库水位低于三角洲顶点高程,水库更多时候处于三角洲洲面发生沿程冲刷和溯源冲刷的低壅水输沙状态,有利于水库排沙。

从库水位变化过程可以看出,较大的水位降幅、较长的库水位低于三角洲顶点持续时间以及较小的蓄水体有利于水库取得较好的排沙效率。

(三)水库排沙规律

异重流本身属于超饱和输沙,随着异重流的运行,较粗颗粒的泥沙会沿程淤积(见表 2-3)。出库泥沙大多是细颗粒泥沙。在三角洲没有发生溯源冲刷的年份(2005 ~ 2009 年、2011 年),细颗粒泥沙含量达 78.82% 以上,即使在三角洲发生溯源冲刷的 2010 年,细颗粒泥沙含量仍达 64.38%。同时,根据小浪底水库汛前调水调沙入库泥沙级配组成分析,2006 年入库细颗粒泥沙占全沙的比例仅为 43.04%,即使该年异重流塑造的条件相对较差,但也达到了 30% 的排沙比,而 2009 年入库细颗粒泥沙占全沙的比例仅为 27.16%,也是 2009 年排沙比小的原因之一。由此可见,在异重流塑造期间,入库沙量中细颗粒泥沙含量越高,异重流排沙比就会越大。

表 2-3　2004 ~ 2010 年汛前调水调沙小浪底水库排沙特征值

年份	时段（月-日）	项目	沙量（亿 t）				细泥沙占该时段总沙量的百分比（%）
			全沙	细泥沙 $d \leq 0.025$ mm	中泥沙 $0.025 < d \leq 0.05$ mm	粗泥沙 $d > 0.05$ mm	
2004	07-07 ~ 07-14	三门峡	0. 385	0. 133	0. 132	0. 120	34. 55
		小浪底	0. 055	0. 047	0. 004	0. 004	85. 45
		排沙比（%）	14. 29	35. 34	3. 03	3. 33	—
2005	06-27 ~ 07-02	三门峡	0. 452	0. 167	0. 130	0. 155	36. 95
		小浪底	0. 020	0. 018	0. 001	0. 001	90. 00
		排沙比（%）	4. 42	10. 78	0. 77	0. 65	—
2006	06-25 ~ 06-29	三门峡	0. 230	0. 099	0. 058	0. 073	43. 04
		小浪底	0. 069	0. 059	0. 007	0. 003	85. 51
		排沙比（%）	30	59. 60	12. 07	4. 11	—
2007	06-26 ~ 07-02	三门峡	0. 613	0. 246	0. 170	0. 197	40. 13
		小浪底	0. 234	0. 196	0. 025	0. 013	83. 76
		排沙比（%）	38. 17	79. 67	14. 71	6. 60	—
2008	06-27 ~ 07-03	三门峡	0. 741	0. 239	0. 208	0. 294	32. 25
		小浪底	0. 458	0. 361	0. 057	0. 040	78. 82
		排沙比（%）	61. 81	151. 05	27. 40	13. 61	—
2009	06-30 ~ 07-03	三门峡	0. 545	0. 148	0. 154	0. 243	27. 16
		小浪底	0. 036	0. 032	0. 003	0. 001	88. 89
		排沙比（%）	6. 61	21. 62	1. 95	0. 41	—
2010	07-04 ~ 07-07	三门峡	0. 418	0. 126	0. 117	0. 175	30. 14
		小浪底	0. 553	0. 356	0. 094	0. 103	64. 38
		排沙比（%）	132. 30	282. 54	80. 34	58. 86	—

由三次汛期调水调沙排沙情况看（见表 2-4），在 7 月 29 日至 8 月 7 日统计时段内，历次入库细颗粒泥沙分别占各时段入库总沙量的 53. 38%、45. 62% 和 53. 21%，而三次水库排沙比分别为 51. 43%、28. 63%、46. 52%，对应出库细颗粒泥沙含量均达到 80% 以上。

根据 2004 ~ 2011 年汛前异重流排沙资料，点绘了小浪底水库分组沙排沙比与全沙排沙比的关系（见图 2-9，图中是利用汛前小浪底水库进出库资料点绘的，没考虑三角洲洲面冲淤变化，只是反映进出库的泥沙级配），2010 年以前随着排沙比的增加，分组沙的排沙比也在增大，随着出库排沙比的增大，细泥沙所占的含量有减少的趋势，中泥沙和粗泥沙所占比例有所增大。

表 2-4　汛期调水调沙排沙统计表

年份	时段(月-日)	项目	沙量(亿 t)				细泥沙占该时段总沙量的百分比(%)
			全沙	细泥沙	中泥沙	粗泥沙	
				$d\leqslant 0.025$ mm	$0.025<d\leqslant 0.05$ mm	$d>0.05$ mm	
2007	07-29 ~ 08-07	三门峡	0.828	0.442	0.160	0.226	53.38
		小浪底	0.426	0.356	0.044	0.026	83.57
		排沙比(%)	51.45	80.54	27.50	11.50	—
2010	07-24 ~ 08-03	三门峡	0.901	0.411	0.183	0.307	45.62
		小浪底	0.258	0.212	0.029	0.017	82.17
		排沙比(%)	28.63	51.58	15.85	5.54	—
2010	08-11 ~ 08-21	三门峡	1.092	0.581	0.217	0.294	53.21
		小浪底	0.508	0.429	0.057	0.022	84.45
		排沙比(%)	46.52	73.84	26.27	7.48	—

由于只有三场汛期调水调沙资料，细泥沙排沙比随着全沙排沙比的增大而增大，对应相同全沙排沙比，汛期细泥沙排沙比略小于汛前调水调沙，而这三次汛期调水调沙细泥沙排沙比均大于 50%，其中两次在 80% 左右。相同全沙排沙比情况下，粗泥沙排沙比汛期与汛前基本一致，中泥沙排沙比略高于汛前。

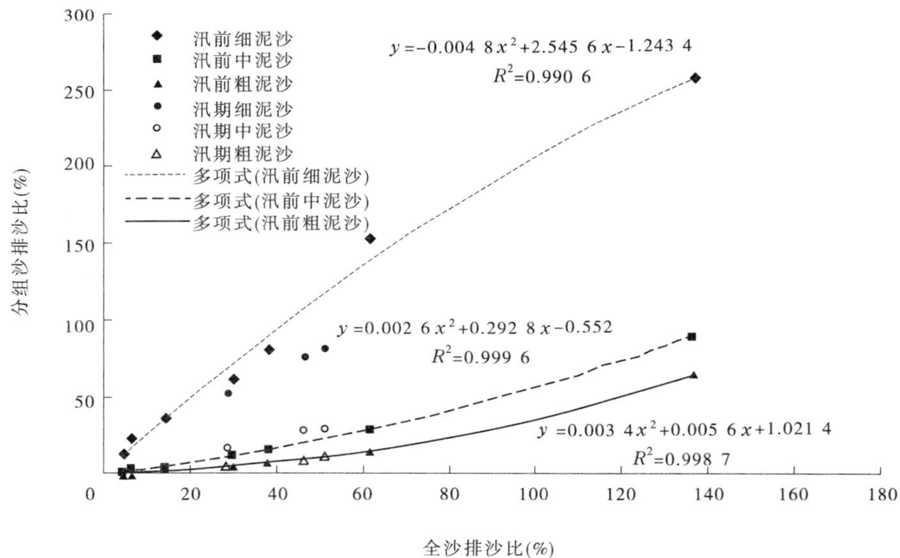

图 2-9　全沙、分组沙排沙比相关图

三、调水调沙期来水来沙频率统计

表 2-5 统计了 2000 ~ 2011 年调水调沙期(7 月 11 日至 9 月 30 日)三门峡水文站各流

表 2-5 2000～2011 年小浪底水库调水调沙期(7 月 11 日至 9 月 30 日)入库流量、含沙量分级统计表

年份	入库含沙量(kg/m³)	$Q<1\ 500\ m^3/s$					$1\ 500\ m^3/s \leq Q<2\ 600\ m^3/s$					$2\ 600\ m^3/s \leq Q<4\ 000\ m^3/s$					$Q \geq 4\ 000\ m^3/s$				
		天数(d)	天数占调水调沙期(%)	入库水量(亿 m³)	入库沙量(亿 t)	沙量占调水调沙期(%)	天数(d)	天数占调水调沙期(%)	入库水量(亿 m³)	入库沙量(亿 t)	沙量占调水调沙期(%)	天数(d)	天数占调水调沙期(%)	入库水量(亿 m³)	入库沙量(亿 t)	沙量占调水调沙期(%)	天数(d)	天数占调水调沙期(%)	入库水量(亿 m³)	入库沙量(亿 t)	沙量占调水调沙期(%)
2000	$S<200$	80	97.56	36.32	1.117	74.12															
	$S \geq 200$	2	2.44	1.80	0.390	25.88															
	合计	82	100.00	38.12	1.507	100.00															
2001	$S<200$	78	95.12	32.01	0.831	31.17	2	2.44	3.76	1.412	52.96										
	$S \geq 200$	2	2.44	1.43	0.432	16.20	0	0.00	0	0.000	0.00										
	合计	80	97.56	33.44	1.263	47.04	2	2.44	3.76	1.412	52.96										
2002	$S<200$	79	96.34	27.82	0.862	58.96															
	$S \geq 200$	3	3.66	1.37	0.600	41.04															
	合计	82	100.00	29.19	1.462	100.00															
2003	$S<200$	45	54.88	21.54	0.643	11.23	16	19.51	26.67	0.711	12.41	13	15.85	32.45	1.771	30.92					
	$S \geq 200$	4	4.88	2.05	0.632	11.03	4	4.88	7.39	1.971	34.41	0	0.00	0	0	0.00					
	合计	49	59.76	23.59	1.275	22.26	20	24.39	34.06	2.682	46.82	13	15.85	32.45	1.771	30.92					
2004	$S<200$	79	96.34	41.16	0.684	30.28	1	1.22	1.37	0.227	10.05										
	$S \geq 200$	0	0.00	0.00	0.000	0.00	2	2.44	3.38	1.348	59.67										
	合计	79	96.34	41.16	0.684	30.28	3	3.66	4.75	1.575	69.72										

续表 2-5

年份	入库含沙量(kg/m^3)	$Q<1\ 500\ m^3/s$					$1\ 500\ m^3/s \le Q<2\ 600\ m^3/s$					$2\ 600\ m^3/s \le Q<4\ 000\ m^3/s$					$Q \ge 4\ 000\ m^3/s$				
		天数(d)	天数占调水调沙期(%)	入库水量(亿m^3)	入库沙量(亿t)	沙量占调水调沙期(%)	天数(d)	天数占调水调沙期(%)	入库水量(亿m^3)	入库沙量(亿t)	沙量占调水调沙期(%)	天数(d)	天数占调水调沙期(%)	入库水量(亿m^3)	入库沙量(亿t)	沙量占调水调沙期(%)	天数(d)	天数占调水调沙期(%)	入库水量(亿m^3)	入库沙量(亿t)	沙量占调水调沙期(%)
2005	$S<200$	73	89.02	42.34	0.438	23.56	8	9.76	13.73	1.158	62.29										
	$S \ge 200$	1	1.22	1.02	0.273	14.69	0	0.00	0.00	0.000	0.00										
	合计	74	90.24	43.36	0.711	38.25	8	9.76	13.73	1.158	62.29										
2006	$S<200$	74	90.24	57.44	0.878	42.58	8	9.76	12.63	1.184	57.42										
	$S \ge 200$	0	0.00	0.00	0.000	0.00	0	0.00	0.00	0.000	0.00										
	合计	74	90.24	57.44	0.878	42.58	8	9.76	12.63	1.184	57.42										
2007	$S<200$	67	81.71	59.05	0.664	39.90	15	18.29	21.76	1.000	60.10										
	$S \ge 200$	0	0.00	0.00	0.000	0.00	0	0.00	0.00	0.000	0.00										
	合计	67	81.71	59.05	0.664	39.90	15	18.29	21.76	1.000	60.10										
2008	$S<200$	77	93.90	48.52	0.398	90.45	5	6.10	6.94	0.042	9.55										
	$S \ge 200$	0	0.00	0.00	0.000	0.00	0	0.00	0	0.000	0.00										
	合计	77	93.90	48.52	0.398	90.45	5	6.10	6.94	0.042	9.55										
2009	$S<200$	64	78.05	37.22	0.478	33.66	18	21.95	28.49	0.942	66.34										
	$S \ge 200$	0	0.00	0.00	0.000	0.00	0	0.00	0	0.000	0.00										
	合计	64	78.05	37.22	0.478	33.66	18	21.95	28.49	0.942	66.34										

续表 2-5

年份	入库含沙量(kg/m³)	$Q<1\ 500\ m^3/s$					$1\ 500\ m^3/s \leq Q<2\ 600\ m^3/s$					$2\ 600\ m^3/s \leq Q<4\ 000\ m^3/s$					$Q \geq 4\ 000\ m^3/s$				
		天数(d)	天数占调水调沙期(%)	入库水量(亿m³)	入库沙量(亿t)	沙量占调水调沙期(%)	天数(d)	天数占调水调沙期(%)	入库水量(亿m³)	入库沙量(亿t)	沙量占调水调沙期(%)	天数(d)	天数占调水调沙期(%)	入库水量(亿m³)	入库沙量(亿t)	沙量占调水调沙期(%)	天数(d)	天数占调水调沙期(%)	入库水量(亿m³)	入库沙量(亿t)	沙量占调水调沙期(%)
2010	$S<200$	50	60.98	39.29	0.319	10.37	26	31.71	42.78	1.890	61.44	5	6.10	12.23	0.549	17.85					
	$S \geq 200$	0	0.00	0.00	0.000	0.00	1	1.22	1.53	0.318	10.34	0	0.00	0	0	0.00					
	合计	50	60.98	39.29	0.319	10.37	27	32.93	44.31	2.208	71.78	5	6.10	12.23	0.549	17.85					
2011	$S<200$	58	70.73	37.22	0.478	26.39	12	14.63	20.71	0.235	12.98	8	9.76	20.74	0.767	42.35	4	4.88	17.44	0.331	18.28
	$S \geq 200$	0	0.00	0.00	0.000	0.00	0	0.00	0.00	0.000	0.00	0	0.00	0	0	0.00	0	0.00	0	0	0.00
	合计	58	70.73	37.22	0.478	26.39	12	14.63	20.71	0.235	12.98	8	9.76	20.74	0.767	42.35	4	4.88	17.44	0.331	18.28
总和	$S<200$	824	83.74	479.93	7.79	30.01	111	11.28	178.84	8.801	33.91	26	2.64	65.42	3.087	11.89	4	0.41	17.44	0.331	1.28
	$S \geq 200$	12	1.22	7.67	2.327	8.97	7	0.71	12.30	3.637	14.01	0	0.00	0	0	0.00	0	0.00	0	0	0.00
	合计	836	84.96	487.6	10.098	38.91	118	11.99	191.14	12.438	47.92	26	2.64	65.42	3.087	11.89	4	0.41	17.44	0.331	1.28
年均	$S<200$	68.67	—	39.99	0.649	—	9.25	—	14.90	0.733	—	2.17	—	5.45	0.257	—	0.33	—	1.45	0.028	—
	$S \geq 200$	1.00	—	0.64	0.194	—	0.58	—	1.03	0.303	—	0.00	—	0.00	0.000	—	0.00	—	0.00	0.000	—
	合计	69.67	—	40.63	0.842	—	9.83	—	15.93	1.036	—	2.17	—	5.45	0.257	—	0.33	—	1.45	0.028	—

量、含沙量级的天数及水量、沙量，同时点绘此期间的流量、含沙量关系图(见图2-10)。

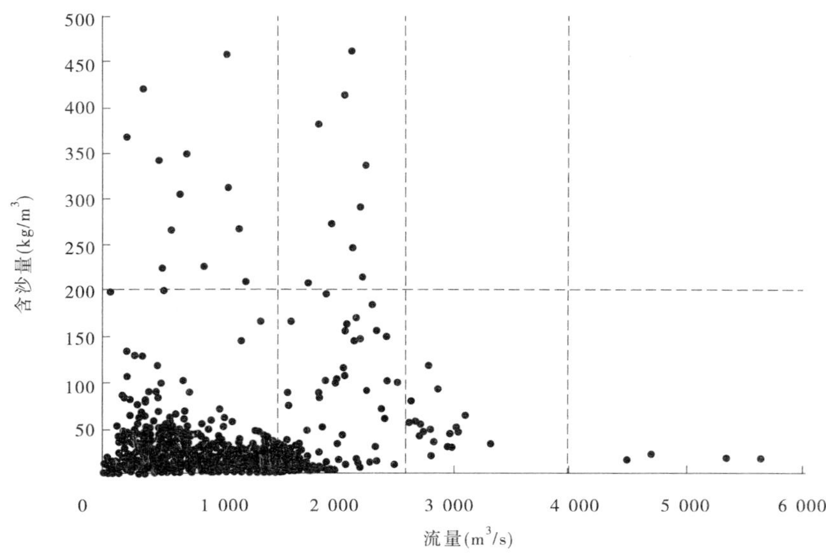

图2-10 2000～2011年(7月11日至9月30日)三门峡水文站流量、含沙量关系

(一)流量小于1 500 m^3/s的频率分析

2000年以来调水调沙调度期三门峡水文站1 500 m^3/s流量级出现的天数年均70 d，总和836 d，占12 a调水调沙期总天数的85%，为入库流量的主要流量级。其中，2000年、2002年调水调沙期82 d入库流量均小于1 500 m^3/s；2001年也有80 d属于本流量级，进行汛期调水调沙的2007年、2010年本流量级天数分别为67 d、50 d。该流量级调水调沙期入库水量487.6亿m^3，沙量10.098亿t，仅占入库总沙量的38.9%。

本流量级中含沙量小于200 kg/m^3的有824 d，占总天数的83.8%。其中2004年、2006～2011年入库流量小于1 500 m^3/s时，含沙量均小于200 kg/m^3。2003年入库流量小于1 500 m^3/s、含沙量大于200 kg/m^3发生天数最多为4 d，此类水沙组合调水调沙期82 d中年均仅1 d，共12 d。

(二)流量1 500～2 600 m^3/s的频率分析

三门峡水文站调水调沙期本流量级天数总和为118 d，占历年总天数的12%，入库沙量12.438亿t，占入库沙量总和的47.92%。其中，含沙量小于200 kg/m^3天数111 d，仅有7 d含沙量大于200 kg/m^3，年均0.58 d，这7 d分别为2003年4 d、2004年2 d、2010年1 d，共向小浪底库区输送泥沙3.637亿t，占整个调水调沙期入库总沙量的14%。

2000～2011年调水调沙期(7月11日至9月30日)含沙量大于200 kg/m^3的时段全部处在<1 500 m^3/s、1 500～2 600 m^3/s两个流量级内，即入库日均流量均大于2 600 m^3/s时，含沙量均小于200 kg/m^3。

2000～2011年7月11日至8月20日期间，潼关水文站该流量级共21 d，平均每年不到2 d，其中含沙量均小于200 kg/m^3，大于100 kg/m^3仅2001年8月20日、2010年7月26日、2010年8月12日共3 d，进入三门峡库区的沙量分别为0.181亿t、0.270亿t、

0.245 亿 t(见图 2-11)。

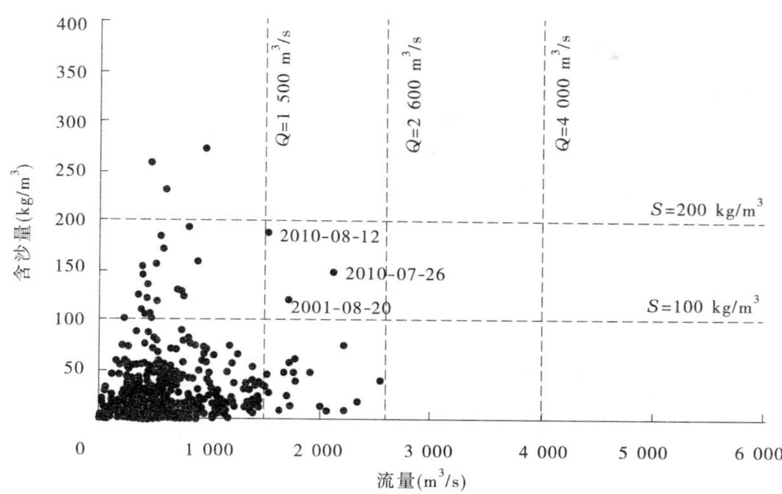

图 2-11　2000 ~ 2011 年(7 月 11 日至 8 月 20 日)潼关水文站流量、含沙量关系图

(三)流量 2 600 ~ 4 000 m³/s 的频率分析

2000 ~ 2011 年三门峡流量为 2 600 ~ 4 000 m³/s 的共 26 d,且含沙量均小于 200 kg/m³,占历年调水调沙期总天数的 2.64%。其中 2003 年发生频率最多,天数为 13 d,2010 年和 2011 年分别为 5 d、8 d。

2000 ~ 2011 年 7 月 11 日至 8 月 20 日期间,潼关站流量均小于 2 600 m³/s,含沙量均小于 200 kg/m³。

(四)流量大于 4 000 m³/s 的情况

2000 ~ 2011 年大于 4 000 m³/s 流量级仅在 2011 年发生 4 d,入库水量 17.44 亿m³,入库沙量 0.331 亿 t,占该年调水调沙期的 1.28%。

四、现状水库淤积形态及输沙方式

2011 年汛后淤积三角洲顶点位于距坝 18.35 km 的 HH11 断面(图 2-12 采用黄委水文局调整后的断面间距资料),三角洲顶点高程 215.16 m,坝前淤积面高程约为 185 m。从淤积形态分析,2012 年小浪底水库排沙方式仍为异重流排沙,由于三角洲顶点距坝仅有 18.35 km,形成异重流之后很容易排沙出库。

根据水库不同的运用方式,淤积三角洲洲面输沙流态为壅水明流输沙、溯源冲刷及沿程冲刷。当水库运用水位接近或低于 215 m 时,形成的异重流在三角洲顶点附近潜入,同时三角洲洲面发生溯源冲刷,洲面冲刷的泥沙补充了形成异重流的沙源,增大了水库排沙比;当水库运用水位高于 215 m 时,三角洲洲面发生壅水明流输沙,入库泥沙会在洲面产生淤积,对水库排沙不利。因此,汛期水库产生异重流时,建议库水位降至 215 m,甚至更低,以增大水库排沙比。

图 2-13 为 2011 年汛后库容曲线,表 2-6 为各特征水位及对应库容。其中三角洲顶点以下还有约 5 亿 m³库容,水库最低运用水位 210 m 以下还有 3.17 亿 m³库容。

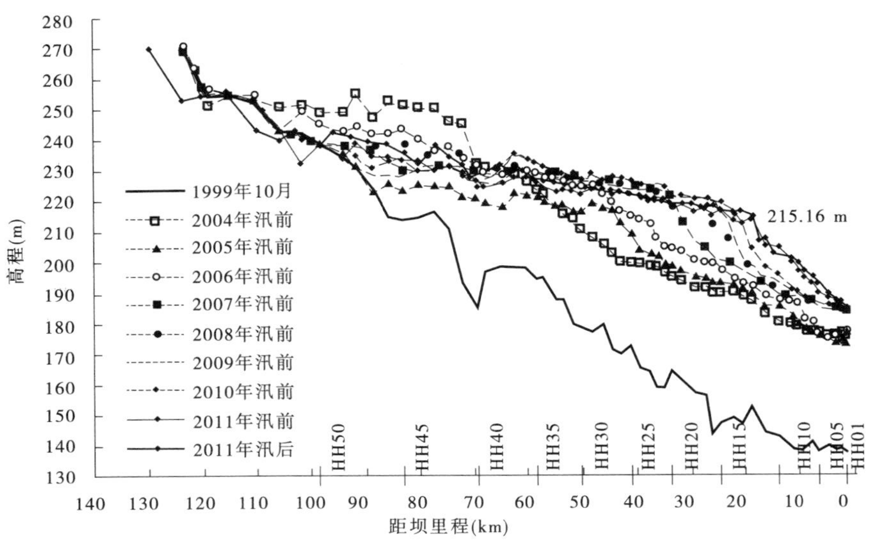

图 2-12　小浪底水库历年淤积纵剖面

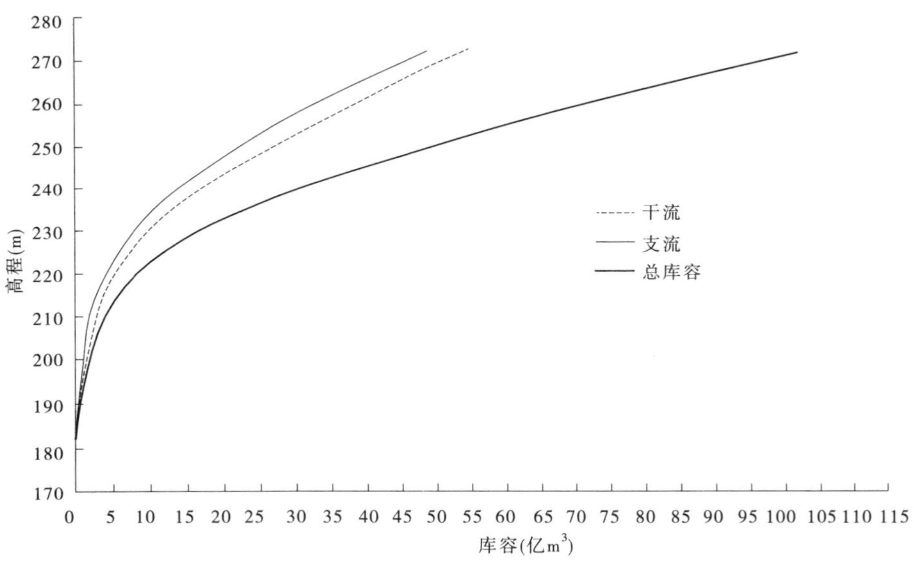

图 2-13　小浪底水库 2011 年汛后库容曲线

表 2-6　各特征水位及对应库容

水位(m)	230.8	225.0	223.8	220.0	215.0	210.0
库容(亿 m^3)	16.17	10.80	9.17	7.32	4.92	3.17

五、实施调水调沙的启动条件

目前小浪底水库汛前调水调沙自 6 月下旬开始到 7 月上旬结束，8 月下旬水库开始蓄水，因此根据小浪底水库多年来实际运用情况，确定汛期调水调沙的时间应在 7 月 11 日至 8 月 20 日之间。

小浪底水库拦沙后期防洪减淤运用方式的推荐方案为：第一阶段 7 月 11 日至 9 月 10 日，主要调度指标是，当入库流量大于等于 2 600 m^3/s，且入库含沙量大于等于 200 kg/m^3 时，进入高含沙水流调度；入库流量小于 2 600 m^3/s 或者含沙量小于 200 kg/m^3，主要以蓄水为主，当水库可调节水量大于等于 6 亿 m^3，且潼关、三门峡平均流量大于等于 2 600 m^3/s 时，水库相机凑泄造峰；当水库可调节水量大于等于 13 亿 m^3 时，水库蓄满造峰。

根据小浪底水库拦沙后期防洪减淤运用方式推荐方案，"当水库可调节水量大于等于 13 亿 m^3 时，水库蓄满造峰"，2011 年汛后小浪底水库蓄满造峰库容 16.17 亿 m^3 对应的水位为 230.8 m，而 2012 年汛限水位为 225 m，不能实现水库蓄满造峰；从小浪底水库运用以来（2000～2011 年）7 月 11 日到 8 月 20 日潼关水文站流量、含沙量关系图来看（见图 2-11），潼关站流量均小于 2 600 m^3/s，除个别外含沙量均小于 200 kg/m^3，按小浪底水库拦沙后期第一阶段推荐方案的调度指令，2012 年启动高含沙调节和一般水沙调节中凑泄造峰的概率很小。

2012 年 7 月 11 日至 8 月 20 日时段内，若三门峡水库 6 月首次发生流量大于 1 500 m^3/s 洪水时，采用敞泄运用，排出的泥沙大多淤积到小浪底水库，不利于小浪底水库减淤；若三门峡水库再次按大于 1 500 m^3/s 敞泄，如果潼关来水含沙量小于 100 kg/m^3，则三门峡水库排出泥沙较少，不需要调水调沙，如果潼关含沙量大于 100 kg/m^3，则仍会排出一定数量的泥沙淤积到小浪底水库，此时也需要调水调沙。

结合三门峡水库 1 500 m^3/s 流量以上敞泄及潼关来水来沙条件，对推荐方案进一步优化。2012 年 7 月 11 日至 8 月 20 日时段内，若三门峡水库 6 月以来没有发生敞泄排沙，则当预报潼关流量大于等于 1 500 m^3/s 持续 2 d 时，启动汛期调水调沙；若三门峡水库发生过敞泄排沙，则当预报潼关流量大于等于 1 500 m^3/s 持续 2 d、含沙量大于 100 kg/m^3 时，启动汛期调水调沙。8 月 20 日以后根据具体情况，考虑防洪、减淤、供水等综合因素制订具体的调度方案。

第三章　2012 年汛期小浪底水库调水调沙方案设计

水库排沙和供水需求之间往往存在矛盾。前期蓄水量大，能够确保供水安全，但相应拦沙比例也大，使得可以在下游河道中输送的中、细泥沙淤积在水库里，加快了水库的淤积，降低了水库的减淤效益；若前期泄放流量大，库区蓄水量小，虽然可以保证一定的排沙效果，但又可能对供水安全造成影响。因此，需要根据具体的后续水沙情势，灵活调整相应的调控指标。

一、典型(小)洪水过程选取

(一)选取原则

根据对黄河水沙特点，特别是2000 年以来调水调沙调度期水沙过程的认识，结合汛期调水调沙启动条件对水沙条件的要求，确定的典型洪水过程选取原则为：

(1)从资料完整、精度较高的实测洪水过程线中选择。

(2)以 2000 ~2011 年调水调沙调度期(7 月 11 日至 9 月 30 日)发生的洪水过程为主要选取对象，兼顾2000 年之前发生的大流量高含沙量洪水。

(3)应根据洪水历时及其峰、量关系等方面所反映的水沙组合情况，适当考虑长历时高含沙大流量洪水。

(4)界定于三门峡水文站流量大于 1 500 m^3/s 且小于 4 000 m^3/s 的水沙过程，同时考虑该流量级在洪水过程中的持续时间。

(5)考虑潼关水文站流量在 1 500 ~4 000 m^3/s 的水沙过程，且潼关站入库流量大于 1 500 m^3/s 持续 2 d 以上。

(6)兼顾小浪底水库入库级配情况，侧重于选取粗泥沙百分比较大、中值粒径较大的洪水过程。

(7)兼顾伊洛沁河来水。

(二)调水调沙调度期洪水场次分析

在场次洪水中，水量和沙量的关系是相当复杂的。将入库流量分为大中小三个等级，按近年来入库水沙情况，定义：①三门峡水文站最大日均流量大于等于 2 600 m^3/s，且潼关水文站流量大于 1 500 m^3/s 持续 2 d 以上为大流量；②三门峡水文站最大日均流量大于等于 1 500 m^3/s 小于 2 600 m^3/s，且潼关水文站日均流量大于 1 500 m^3/s 持续 2 d 以上为中等流量；③三门峡水文站最大日均流量小于 1 500 m^3/s，或者潼关水文站日均流量大于 1 500 m^3/s 少于 2 d 为小流量。同时，将入库沙量也分为高中低三个等级，其中三门峡水文站日均含沙量大于等于 200 kg/m^3 为高含沙水流，大于等于 100 kg/m^3 小于 200 kg/m^3 为中等含沙水流，小于 100 kg/m^3 为低含沙。各种水沙组合方式均可能出现，其中比较特殊的是高含沙大流量洪水过程和低含沙大流量洪水过程。

2000 ~2011 年调水调沙调度期(7 月 11 日至 9 月 30 日)三门峡水文站共发生 31 场

洪水，考虑2000年以前发生的典型洪水“92·8”“94·8”“98·7”，一共34场洪水。

1. 按入库流量、含沙量筛选

统计34场洪水的水量、沙量、日均流量、日均含沙量，按不同的流量、含沙量等级及组合，划分为高含沙大流量洪水、高含沙中等流量洪水、中等含沙中等流量洪水、低含沙大流量洪水、低含沙中等流量洪水、小流量洪水等6种洪水类型，场次洪水特征值统计见表3-1。其中小流量洪水共9场，由于该类型洪水入库流量均小于1 500 m³/s，不满足本次典型洪水选取原则，本次参选洪水共25场。

表3-1　三门峡站场次洪水特征值

年份	时段（月-日）	历时（d）	水量（亿 m³）	沙量（亿 t）	流量（m³/s）		含沙量（kg/m³）		含沙量等级	流量等级
					最大日均	时段平均	最大日均	时段平均		
1992	08-09～08-18	10	22.98	5.742	4 320	2 660.0	426.00	249.84	高	大
1994	08-02～08-18	17	31.57	6.098	5 100	2 149.2	340.00	193.16		
1998	07-12～07-19	8	14.48	2.534	4 040	2 095.0	250.00	174.98		
2003	08-25～09-11	18	37.22	3.552	3 050	2 393.4	333.93	95.41		
2001	08-19～08-26	8	6.39	1.924	2 210	925.0	463.08	300.95	高	中
2003	07-31～08-04	5	3.66	0.712	1 960	848.2	343.75	194.21		
2004	08-21～08-26	6	6.34	1.661	2 070	1 222.2	414.00	262.14		
2010	08-11～08-21	11	15.46	1.092	2 280	1 626.3	208.00	70.67		
2005	08-14～08-23	10	11.21	0.658	2 060	1 297.7	155.00	58.64	中	中
2005	09-21～09-26	6	8.71	0.614	2 420	1 680.0	147.00	70.52		
2006	08-01～08-04	4	3.70	0.366	1 920	1 070.3	198.00	98.95		
2006	08-29～09-03	6	7.66	0.476	2 360	1 478.3	156.00	62.11		
2006	09-21～09-25	5	6.39	0.490	2 210	1 478.8	148.00	76.69		
2007	07-26～08-04	10	12.64	0.853	2 150	1 462.6	171.00	67.50		
2009	08-30～09-04	6	8.46	0.571	2 080	1 631.7	163.00	67.53		
2010	07-24～08-03	11	13.28	0.901	2 380	1 396.8	183.00	67.87		
2003	09-18～09-26	9	18.14	0.362	3 320	2 332.2	33.43	19.94	低	大
2010	08-22～09-04	14	22.13	0.503	3 100	1 829.6	64.50	22.73		
2011	09-04～09-11	8	12.62	0.478	2 750	1 825.1	101.00	37.88		
2011	09-12～09-17	6	13.72	0.361	3 200	2 646.7	30.60	26.34		
2011	09-18～09-27	10	31.21	0.491	5 650	3 612.0	21.20	15.74		
2007	08-08～08-14	7	8.43	0.211	2 000	1 394.6	34.30	24.96	低	中
2007	08-30～09-23	25	30.04	0.402	1 590	1 390.9	34.70	13.38		
2008	09-08～09-18	11	13.64	0.075	1 730	1 435.5	7.75	5.48		
2009	09-12～09-19	8	12.23	0.336	2 520	1 768.8	98.40	27.52		

续表 3-1

年份	时段（月-日）	历时（d）	水量（亿 m^3）	沙量（亿 t）	流量（m^3/s）		含沙量（kg/m^3）		含沙量等级	流量等级
					最大日均	时段平均	最大日均	时段平均		
2000	08-19～08-22	4	3.37	0.490	1 350	975.0	209.84	145.34	高	小
2002	08-06～08-14	9	3.37	0.343	562	433.0	420.12	101.93	高	
2002	08-15～08-21	7	2.84	0.615	1 050	470.3	457.14	216.35	高	
2003	07-16～07-21	6	2.80	0.522	722	539.5	349.03	186.59	高	
2005	07-20～07-27	8	3.24	0.359	1 180	468.3	268.00	110.81	高	
2003	07-24～07-29	6	1.81	0.071	557	348.8	127.41	39.10	中	
2002	07-25～08-05	12	3.76	0.166	825	362.9	87.53	44.22	低	
2003	08-09～08-15	7	3.80	0.153	992	627.6	61.06	40.17	低	
2008	07-21～08-02	13	4.56	0.075	800	406.2	36.56	16.48	低	

（1）高含沙大流量洪水共 4 场，其中 3 场发生在 2000 年以前。该类型洪水按场次计算最大日均流量均大于 3 000 m^3/s，时段平均流量在 2 000 m^3/s 以上，最大日均含沙量达到 250 kg/m^3，入库水量大于 15 亿 m^3，最小入库沙量 2.534 亿 t，“94 · 8”洪水入库沙量高达 6.098 亿 t。这 4 场洪水历时相对较长，均在 8 d 以上，“94 · 8”“03 · 8”更是高达 17 d。

（2）中等流量级洪水 16 场，占本次可筛选洪水场次的 64%，其中高含沙洪水 4 场，中等含沙洪水 8 场，低含沙洪水 4 场。该类型洪水的场次平均入库水量为 10 亿 m^3，高含沙洪水入库沙量在 0.712 亿～1.924 亿 t，中等含沙洪水入库沙量在 0.366 亿～0.901 亿 t，低含沙洪水最低入库沙量仅为 0.075 亿 t，最高入库沙量为 0.402 亿 t。

（3）低含沙大流量洪水共 5 场，其中 2011 年秋汛洪水 3 场。5 场洪水平均入库水量 20 亿 m^3，平均入库沙量 0.439 亿 t。

2. 按潼关水文站不同流量级频率筛选

统计 25 场洪水中潼关水文站、三门峡水文站不同流量级、含沙量级出现频率，见表 3-2。从潼关站资料来看，2003 年 7 月、2006 年 8 月、2008 年 9 月 3 场洪水不满足流量大于 1 500 m^3/s 持续 2 d 的要求。

满足本次参选典型洪水过程的 22 场洪水中，三门峡站流量大于 2 600 m^3/s 且含沙量大于 200 kg/m^3 的洪水共 3 场，均发生在 2000 年以前，特别是“94 · 8”洪水潼关站、三门峡站流量大于 1 500 m^3/s 均达到 13 d，其中三门峡站含沙量大于 200 kg/m^3 有 7 d。

在高含沙中等流量洪水类型中，2010 年 8 月洪水潼关站流量大于 1 500 m^3/s 持续天数稍长，为 8 d，2001 年 8 月洪水该流量级天数仅为 2 d。“04 · 8”洪水入库流量大于 1 500 m^3/s 且含沙量大于 200 kg/m^3 天数 2 d，而潼关站流量大于 1 500 m^3/s 同时含沙量大于 200 kg/m^3 天数 1 d。

表 3-2　场次洪水各流量级、含沙量级出现频率统计表

（单位：Q，m^3/s；S，kg/m^3）

年份	时段（月-日）	历时（d）	潼关站（d）					三门峡站（d）					含沙量等级	流量等级
			$Q>1\ 500$	$Q>2\ 600$	$S>200$	$Q>1\ 500$ $S>200$	$Q>2\ 600$ $S>200$	$Q>1\ 500$	$Q>2\ 600$	$S>200$	$Q>1\ 500$ $S>200$	$Q>2\ 600$ $S>200$		
1992	08-09～08-18	10	9	5	2	2	2	9	5	5	5	5	高	大
1994	08-02～08-18	17	13	5	3	2	1	13	6	7	6	4		
1998	07-12～07-19	8	6	1	0	0	0	5	2	3	3	2		
2003	08-25～09-11	18	17	9	1	1	0	16	10	3	3	0		
2001	08-19～08-26	8	2	0	2	1	0	2	0	4	2	0	高	中
2003	07-31～08-04	5	0	0	0	0	0	1	0	2	1	0		
2004	08-21～08-26	6	3	0	1	1	0	3	0	2	2	0		
2010	08-11～08-21	11	8	0	0	0	0	8	0	1	1	0		
2005	08-14～08-23	10	5	0	0	0	0	4	0	0	0	0	中	中
2005	09-21～09-26	6	5	0	0	0	0	3	0	0	0	0		
2006	08-01～08-04	4	0	0	0	0	0	1	0	0	0	0		
2006	08-29～09-03	5	4	0	0	0	0	2	0	0	0	0		
2006	09-21～09-25	5	2	0	0	0	0	2	0	0	0	0		
2007	07-26～08-04	10	3	0	0	0	0	4	0	0	0	0		
2009	08-30～09-04	6	3	0	0	0	0	4	0	0	0	0		
2010	07-24～08-03	11	4	0	0	0	0	4	0	0	0	0		
2003	09-18～09-26	9	8	4	0	0	0	9	3	0	0	0	低	大
2010	08-22～09-04	14	7	3	0	0	0	8	4	0	0	0		
2011	09-04～09-11	8	—	—	—	0	—	4	2	0	0	0		
2011	09-12～09-17	6	—	—	—	0	—	6	3	0	0	0		
2011	09-18～09-27	10	—	—	—	0	—	10	7	0	0	0		
2007	08-08～08-14	7	2	0	0	0	0	3	0	0	0	0	低	中
2007	08-30～09-23	25	5	0	0	0	0	8	0	0	0	0		
2008	09-08～09-18	11	0	0	0	0	0	5	0	0	0	0		
2009	09-12～09-19	8	6	0	0	0	0	6	0	0	0	0		

注：2011 年缺少潼关站水沙资料

中等含沙中等流量级洪水共 8 场，各场次洪水潼关、三门峡两站流量大于 1 500 m^3/s 的天数相差不大，都为 2 ~ 5 d。

低含沙大流量洪水中除 2011 年 9 月 4 日的洪水外，其余 4 场洪水入库流量均大于1 500 m^3/s，其中 2011 年 9 月 18 日洪水在三门峡水文站入库过程中持续 7 d 大于 2 600 m^3/s。

3. 按入库级配筛选

统计按潼关水文站不同流量级频率筛选的 22 场洪水入库级配，见表 3-3。

表 3-3　场次洪水三门峡水文站泥沙颗粒组成

年份	时段（月-日）	沙量（亿 t）	分组泥沙百分数（%）			中值粒径 d_{50}（mm）	含沙量等级	流量等级
			细泥沙	中泥沙	粗泥沙			
1992	08-09 ~ 08-18	5. 742	46. 92	28. 48	24. 60	0. 025	高	大
1994	08-02 ~ 08-18	6. 098	48. 32	28. 85	22. 83	0. 026		
1998	07-12 ~ 07-19	2. 534	43. 11	28. 92	27. 97	0. 030		
2003	08-25 ~ 09-11	3. 552	45. 51	30. 10	24. 39	0. 025		
2001	08-19 ~ 08-26	1. 924	36. 43	26. 50	37. 07	0. 022	高	中
2004	08-21 ~ 08-26	1. 661	31. 39	32. 47	36. 14	0. 023		
2010	08-11 ~ 08-21	1. 092	52. 02	19. 51	28. 47	0. 016		
2005	08-14 ~ 08-23	0. 658	43. 50	25. 23	31. 27	0. 017	中	中
2005	09-21 ~ 09-26	0. 614	36. 60	28. 87	34. 53	0. 026		
2006	08-29 ~ 09-03	0. 476	50. 05	20. 70	29. 25	0. 014		
2006	09-21 ~ 09-25	0. 490	36. 32	29. 08	34. 60	0. 025		
2007	07-26 ~ 08-04	0. 853	54. 21	18. 70	27. 09	0. 015		
2009	08-30 ~ 09-04	0. 571	35. 84	28. 15	36. 01	0. 026		
2010	07-24 ~ 08-03	0. 901	45. 39	20. 37	34. 24	0. 018		
2003	09-18 ~ 09-26	0. 362	71. 48	21. 86	6. 66	0. 013	低	大
2010	08-22 ~ 09-04	0. 503	49. 25	24. 73	26. 02	0. 017		
2011	09-04 ~ 09-11	0. 478	55. 39	22. 70	21. 91	0. 017		
2011	09-12 ~ 09-17	0. 361	57. 85	19. 67	22. 48	0. 025		
2011	09-18 ~ 09-27	0. 491	52. 93	24. 72	22. 35	0. 023		
2007	08-08 ~ 08-14	0. 211	85. 78	11. 13	3. 09	0. 007	低	中
2007	08-30 ~ 09-23	0. 402	78. 81	14. 83	6. 36	0. 011		
2009	09-12 ~ 09-19	0. 336	39. 79	27. 37	32. 84	0. 023		

点绘分组沙百分数与水沙系数（$\frac{Q}{2S}$）关系（见图 3-1），可以看出，细泥沙百分比随 $\frac{Q}{2S}$ 增大而增大，中泥沙、粗泥沙百分比则与 $\frac{Q}{2S}$ 成反比。当含沙量大于 100 kg/m^3，即图中

$\frac{Q}{2S}\leqslant 20$ 时，细泥沙含量多集中在 40% ~50%，粗泥沙含量集中在 25% ~35%；当入库含沙量小于 100 kg/m³，即图中 $\frac{Q}{2S}>20$ 时，分组沙百分比较为分散，其中细泥沙百分比介于 40% ~90%，粗泥沙百分比最低仅为 3.09%。根据典型洪水选取原则，由于低含沙洪水粗泥沙含量较小，在选取时不再考虑低含沙中等流量类型的洪水。

从中值粒径统计看，当含沙量大于 200 kg/m³ 时，中值粒径均大于 0.016 mm，"98·7"洪水中值粒径达到 0.030 mm，"94·8"次之，为 0.026 mm；当含沙量大于 100 kg/m³小于 200kg/m³时，中值粒径介于 0.014 ~0.026 mm；当含沙量小于 100 kg/m³时，由于水沙来源区不同，2007 年以前洪水中值粒径偏小，最大值为 0.013 mm，而 2009 年以来，中值粒径介于 0.017 ~0.025 mm，最大值发生在 2011 年渭河秋汛洪水。

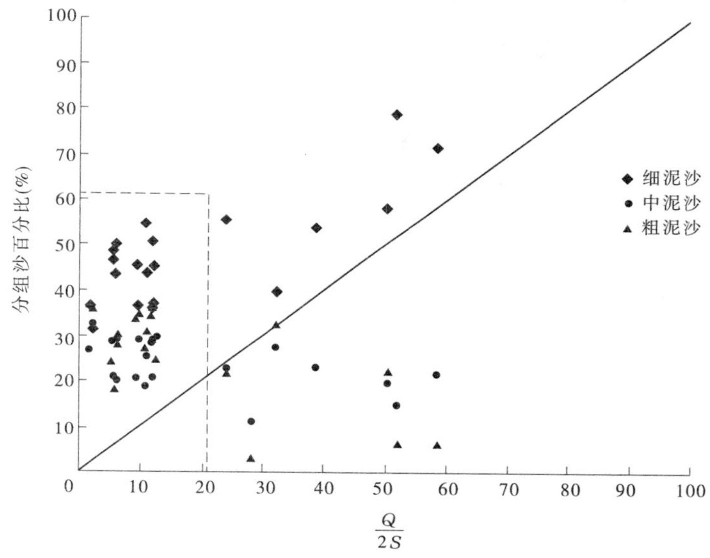

图 3-1　三门峡水文站分组沙百分比与水沙系数（$\frac{Q}{2S}$）关系

（三）典型洪水选取结果

根据小浪底水库拦沙后期（第一阶段）运行调度规程，前汛期时间为每年 7 月 1 日到 8 月 31 日，调水调沙期时间为每年 7 月 11 日到 9 月 30 日，经综合考虑，选定每年 7 月 11 日到 8 月 31 日为前汛期。根据典型洪水选取原则，综合考虑入库流量、含沙量、泥沙级配组成、洪水历时等因素，分别选取"98·7""04·8""10·7"为高含沙大流量长历时洪水、高含沙中等流量洪水、中等流量含沙量配合伊洛沁河来水等三种类型的典型洪水。

二、典型方案设计

（一）水沙条件

在选取典型洪水的基础上，分别选取 1998 年、2004 年、2010 年作为典型前汛期水沙过程的代表年份，表 3-4 为典型前汛期及场次洪水特征值统计。

表 3-4　典型前汛期及场次洪水特征值

年份			1998			2004		2010			
项目			场次洪水		前汛期	场次洪水	前汛期	场次洪水			前汛期
时段(月-日)			07-12 ~ 07-19	08-22 ~ 08-29	07-11 ~ 08-31	08-21 ~ 08-26	07-11 ~ 08-31	07-24 ~ 08-03	08-11 ~ 08-21	08-22 ~ 08-31	07-11 ~ 08-31
历时(d)			8	8	52	6	52	11	11	10	52
三门峡水文站	水量(亿 m^3)		14.48	11.93	51.23	6.34	25.49	13.28	15.46	18.20	56.28
	沙量(亿 t)		2.534	0.898	4.515	1.661	2.159	0.901	1.092	0.501	2.506
	流量(m^3/s)	最大日均	4 040	2 340	4 040	2 070	2 070	2 380	2 280	3 100	3 100
		时段平均	2 095.0	1 726.3	1 140.2	1 222.2	558.5	1 396.8	1 626.3	2 107.0	1 252.6
	含沙量(kg/m^3)	最大日均	250.00	170.00	250.00	414.00	414.00	183.00	208.00	64.50	208.00
		时段平均	174.98	75.27	88.13	262.14	84.70	67.87	70.67	27.53	44.53
	天数(d)	$Q>1\ 500\ m^3/s$	5	7	13	3	3	4	8	8	20
		$Q>2\ 600\ m^3/s$	2	0	2	0	0	0	0	4	4
潼关水文站	水量(亿 m^3)		15.73	12.73	54.84	7.49	29.49	13.90	16.10	16.99	56.92
	沙量(亿 t)		1.680	1.009	3.538	1.114	1.903	0.469	0.754	0.247	1.498
	流量(m^3/s)	最大日均	4 620	2 310	4 620	1 960	1 960	2 550	2 230	2 750	2 750
		时段平均	2 276.3	1 841.3	1 220.7	1 444.7	656.4	1 462.6	1 694.6	1 965.9	1 266.9
	含沙量(kg/m^3)	最大日均	185.00	108.00	185.00	331.12	331.12	149.05	187.42	23.18	187.42
		时段平均	86.80	79.26	64.51	148.73	64.53	33.74	46.83	14.54	26.32
	天数(d)	$Q>1\ 500\ m^3/s$	6	6	14	3	3	4	8	7	19
		$Q>2\ 600\ m^3/s$	2	0	2	0	0	0	0	3	3
是否调水调沙			否	否	—	否	—	是	是	否	—

1. 1998 年前汛期水沙过程

图 3-2 为 1998 年前汛期水沙过程，三门峡站水量为 51.23 亿 m^3，沙量为 4.515 亿 t，潼关流量大于1 500 m^3/s 达到 14 d，其中 2 d 流量大于 2 600 m^3/s。

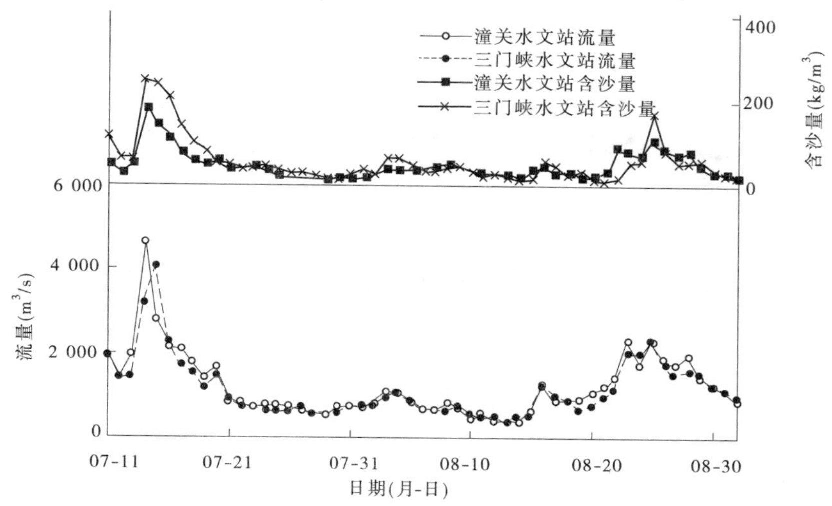

图 3-2　1998 年前汛期水沙过程

共发生两场洪水，其中 1998 年 7 月 12 日至 19 日为典型的高含沙大流量洪水，该洪水过程时段平均流量为 2 095 m^3/s，最大日均流量为 4 040 m^3/s，平均含沙量为 174.98 kg/m^3，最大日均含沙量为 250 kg/m^3，总水量为 14.48 亿 m^3，总沙量为 2.534 亿 t；潼关水文站日均流量大于 1 500 m^3/s 有 6 d，大于 2 600 m^3/s 有 2 d；中值粒径 0.030 mm，细泥沙含量 43.10%，粗泥沙含量 27.97%。

2. 2004 年前汛期水沙过程

2004 年前汛期水沙过程在相当长时期处于小流量低含沙量状态，三门峡水文站水量为 25.49 亿 m^3，沙量为 2.159 亿 t，仅发生一次高含沙中等流量洪水过程。前汛期水沙过程见图 3-3。

前汛期 52 d，仅有 3 d 潼关流量大于 1 500 m^3/s，其余 49 d 潼关水文站平均入库流量 553.63 m^3/s，平均含沙量不到 50 kg/m^3。

洪水期间潼关、三门峡水文站流量同步，含沙量潼关水文站最高达 331.12 kg/m^3，而三门峡水文站达到 414 kg/m^3，入库沙源为潼关以上来沙和三门峡水库冲刷。

高含沙中等流量典型洪水选择 2004 年 8 月 21 ~ 26 日洪水，以三门峡水沙作为小浪底水库入库水沙（见图 3-3），该洪水过程时段平均流量为 1 222.2 m^3/s，最大日均流量为 2 070 m^3/s，平均含沙量为 262.14 kg/m^3，最大日均含沙量为 414 kg/m^3，总水量为 6.34 亿 m^3，总沙量为 1.661 亿 t；潼关水文站日均流量大于 1 500 m^3/s 有 3 d；中值粒径 0.023 mm，细泥沙含量 31.39%，粗泥沙含量 36.14%。

3. 2010 年前汛期水沙过程

2010 年前汛期水沙过程三门峡水文站水量 56.28 亿 m^3，沙量 2.506 亿 t，潼关流量大于1 500 m^3/s 达到 19 d，其中 3 d 流量大于 2 600 m^3/s。共发生三场洪水，对前两场洪水

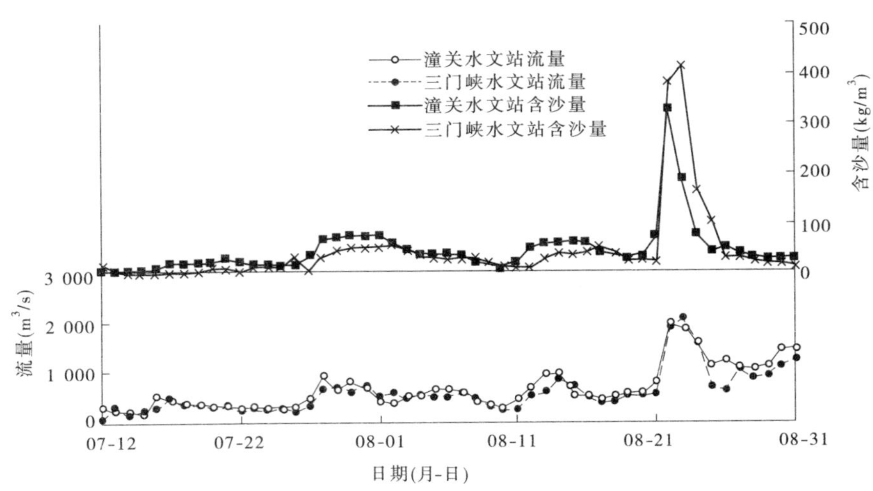

图 3-3　2004 年前汛期水沙过程

进行了汛期调水调沙,这两场洪水潼关水文站最大含沙量高达 187.42 kg/m³,三门峡水文站含沙量最大为 208 kg/m³,流量过程两水文站基本同步;8 月 22 日至 8 月 31 日洪水过程没有进行调水调沙,三门峡水文站最大日均流量大于 2 500 m³/s,而潼关水文站日均含沙量最大仅为 23.18 kg/m³,三门峡水文站也仅为 64.50 kg/m³。水沙过程见图 3-4。

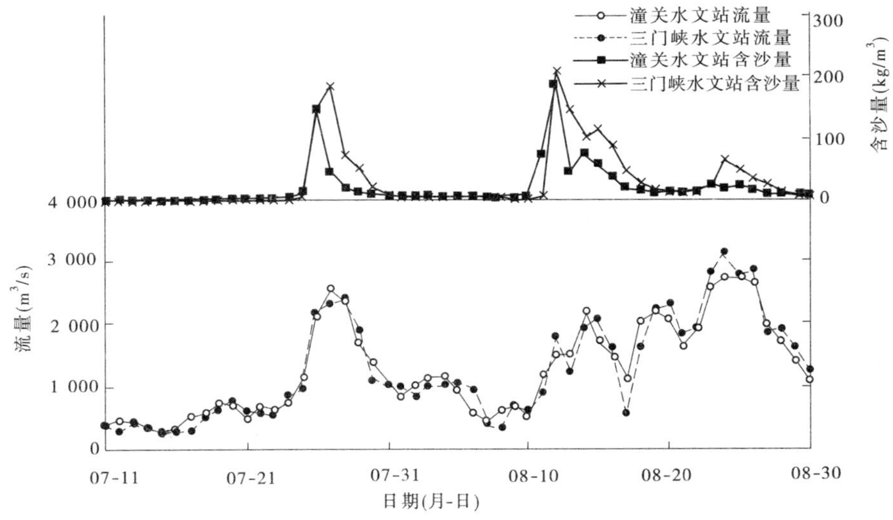

图 3-4　2010 年前汛期水沙过程

(二)地形条件

选用 2011 年汛后地形作为本次计算的边界条件。

(三)水库调度方案

根据历次汛前调水调沙实测资料分析,结合 2012 年水库边界条件,当水库运用水位高于 215 m 时,三角洲洲面发生壅水明流输沙,入库泥沙会在洲面产生淤积,对水库排沙不利;当水库运用水位接近或低于三角洲顶点 215 m 时,形成的异重流在三角洲顶点附近潜入，三角洲洲面发生溯源冲刷，增大水库排沙比。

由于入库水沙过程及级配的差异，不同洪水排沙效果在各控制水位将有不同表现，因此设定控制水位220 m、215 m、210 m进行优化方案计算，拟在与优化方案排沙效果等多方面对比的基础上，综合分析针对不同洪水类型适宜的控制水位。

本次计算均按汛限水位225 m起调，采用四种水库调度方案，分别为黄河勘测规划设计有限公司提出的拦沙后期第一阶段（7月11日至9月10日）减淤运用推荐方案（简称基础方案），起调水位225 m、控制水位220 m、215 m、210 m方案（统称为优化方案）。

其中基础方案具体调度指令见本专题第二章。

优化方案内容如下：

（1）2012年7月11日至8月20日，若三门峡水库6月以来没有发生敞泄排沙，当预报潼关流量大于等于1 500 m^3/s持续2 d，或者三门峡水库发生过敞泄排沙，预报潼关流量大于等于1 500 m^3/s持续2 d、含沙量大于100 kg/m^3时，提前2 d预泄，凑泄花园口流量等于下游主槽平滩流量。若2 d内已经预泄到控制水位，则从水位到达控制水位开始按出库流量等于入库流量泄放；若预泄2 d后未到控制水位，仍凑泄花园口流量等于下游主槽平滩流量泄放，直至达到控制水位后，按出库流量等于入库流量下泄。保持控制水位下泄持续时间最长4 d，4 d内当潼关流量小于1 000 m^3/s时，水库开始蓄水，按流量400 m^3/s下泄；若第5 d潼关流量大于等于1 000 m^3/s，则水库开始蓄水，按流量400 m^3/s下泄。

其中，控制水位分别按220 m、215 m、210 m计算。调节指令执行图见图3-5。

（2）当预报潼关流量小于1 500 m^3/s或者大于1 500 m^3/s仅1 d时，或者2012年7月11日至8月20日时段内，若三门峡水库发生过敞泄排沙，当预报潼关流量大于等于1 500 m^3/s持续2 d、含沙量小于等于100 kg/m^3时，调度指令如下：

①水库可调节水量小于13亿m^3时，小浪底出库流量仅满足机组调峰发电需要，出库流量为400m^3/s。

②当水库可调节水量大于等于13亿m^3时，水库蓄满造峰，凑泄花园口流量大于等于3 700 m^3/s。即当入库流量加黑石关、武陟流量大于等于3 700 m^3/s时，出库流量按入库流量下泄；当入库流量加黑石关、武陟流量小于3 700 m^3/s时，水库凑泄花园口流量为3 700 m^3/s，若凑泄5 d后，水库可调水量仍大于2亿m^3，水库凑泄花园口断面流量为下游主槽平滩流量，直至水库可调水量等于2亿m^3，若最后一天凑泄流量不足1 500 m^3/s，则凑泄造峰调节结束，当日改为蓄水，出库流量等于400 m^3/s；若水库可调水量预留2亿m^3后，水库造峰流量不足5 d，则不再预留，水库继续造峰，满足5 d要求，但水库水位不得低于210 m；当水库造峰结束后，相邻日期入库流量加黑石关、武陟流量大于等于1 500 m^3/s，则出库流量按入库流量下泄，直到入库流量加黑石关、武陟流量小于1 500 m^3/s时，水库开始蓄水，出库流量等于400 m^3/s。

（四）方案组合

计算方案组合见表3-5。

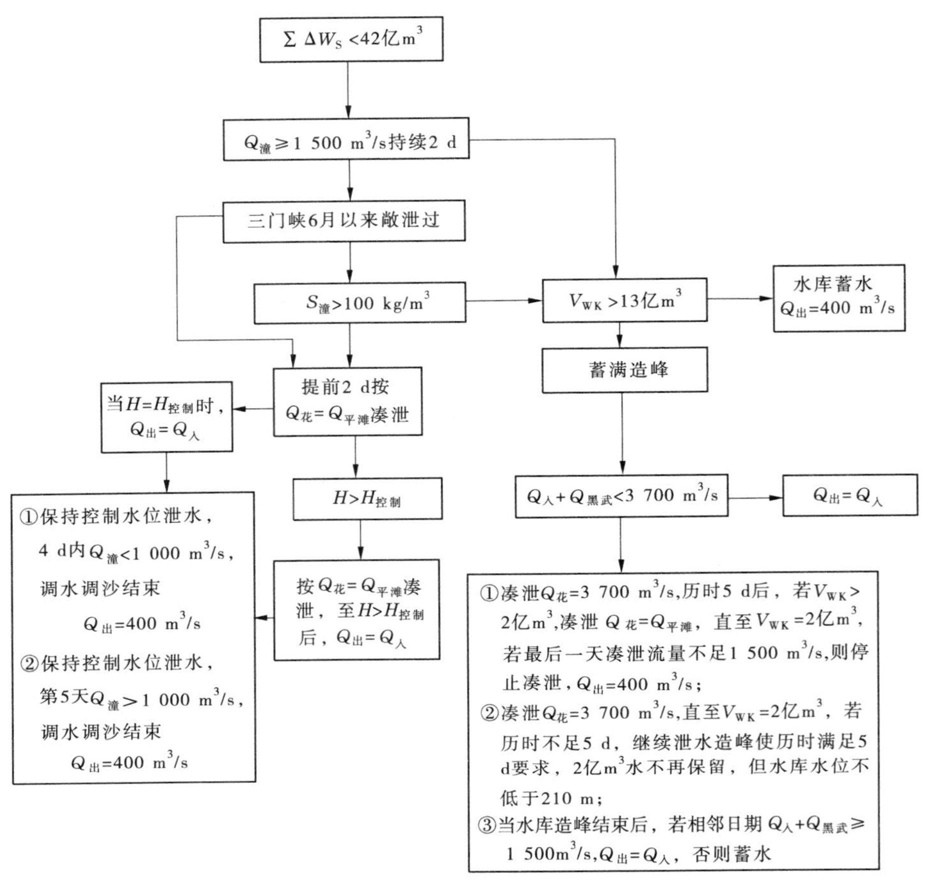

图 3-5　优化方案调节指令执行框图

表 3-5　计算方案组合

水沙系列	基础方案	优化方案		
		220 m 方案	215 m 方案	210 m 方案
“1998 年”型	√	√	√	√
“2004 年”型	√	√	√	√
“2010 年”型	√	√	√	√

三、典型方案计算结果及分析

针对方案设计，分别计算不同调度方式下前汛期及各场洪水入库水沙条件下的水库下泄水沙过程、出库颗粒级配、出库水量、出库沙量、排沙比以及全沙、分组沙排沙比与水位的关系。

（一）前汛期小浪底水库计算结果分析

1. 出库水沙过程

从图 3-6 可以看出，“1998 年”型基础方案造峰 3 次，其中第一次为高含沙调节，洪峰沙峰基本同步，出库含沙量最大为 120 kg/m³，后面两次为蓄满造峰，但出库含沙量最大仅有 50 kg/m³，且洪峰沙峰不同步；优化方案时段内造峰 2 次，第一次随控制水位降低持续时间增长，特别是 215 m、210 m 方案出现 2 次沙峰，且水沙同步，最大含沙量均高于基础方案。

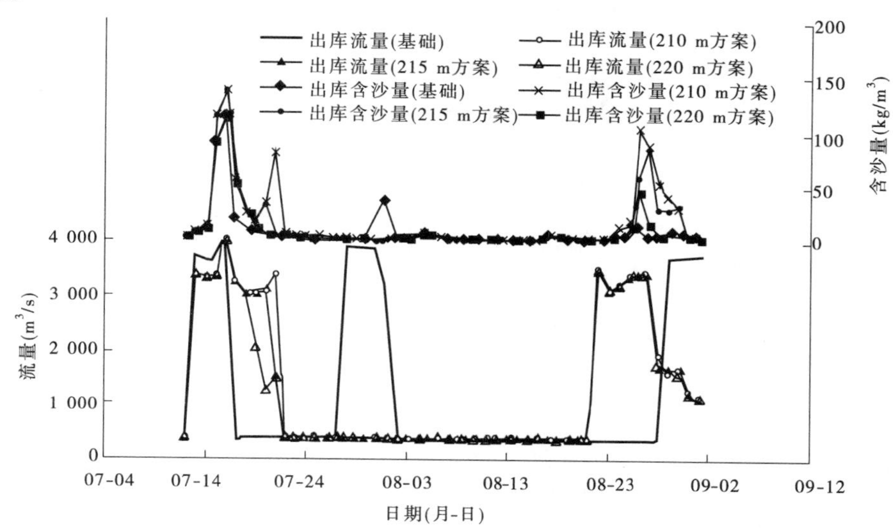

图 3-6　“1998 年”型前汛期各方案出库水沙过程

“2004 年”型基础方案和优化方案均只造峰 1 次（见图 3-7），基础方案洪峰滞后沙峰，出现小水带大沙的情况，洪峰期间最大含沙量仅为 80 kg/m³；优化方案水沙同步，洪

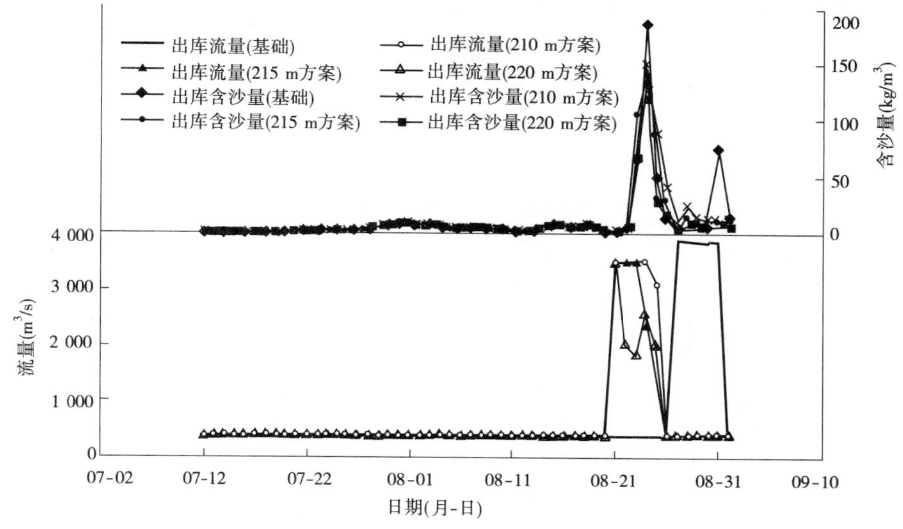

图 3-7　“2004 年”型前汛期各方案出库水沙过程

峰期间最大含沙量达 150 kg/m³。

“2010 年”型基础方案造峰 2 次(见图 3-8),洪峰滞后沙峰,最大含沙量 30 kg/m³左右;优化方案造峰 3 次,出库含沙量均大于基础方案,最大含沙量达 100 kg/m³,洪峰沙峰基本同步。

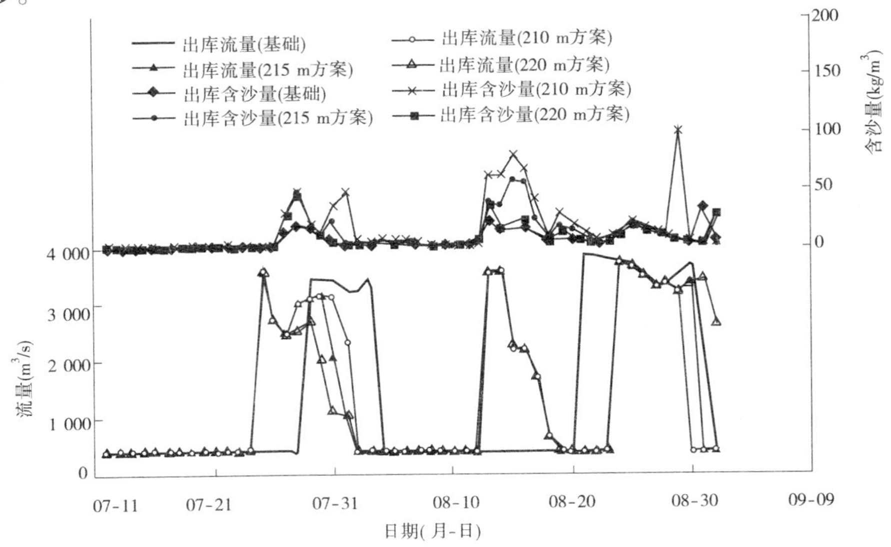

图 3-8 “2010 年”型前汛期各方案出库水沙过程

2. 全沙、分组沙排沙量

表 3-6 为不同方案出库水沙量统计,“1998 年”型前汛期基础方案排沙 1.062 亿 t,220 m 方案、215 m 方案及 210 m 方案同基础方案相比,排沙量分别增加 0.141 亿 t、0.809 亿 t、1.408 亿 t,细泥沙分别增加 3.85%、73.47% 和 147.93%。基础方案出库水量 52.05 亿 m³,220 m 方案、215 m 方案及 210 m 方案同基础方案相比,下泄水量分别增加 6.82%、11.83% 和 15.72%,增长率明显低于全沙、细泥沙沙量的增长率。单位水量排沙量(见图 3-9)基础方案为 20.398 kg/m³,随控制水位降低而逐步增加,分别为 21.638 kg/m³、32.137 kg/m³、41.009 kg/m³。

表 3-6 不同方案出库水沙量统计表

前汛期类型	水位(m)	出库水量(亿 m³)	出库沙量(亿 t)	出库分组沙量(亿 t)			与基础方案对比值			
				细	中	粗	水量(亿 m³)	全沙(亿 t)	细沙(亿 t)	粗沙(亿 t)
“1998 年”型	基础	52.05	1.062	0.701	0.231	0.130	—	—	—	—
	220	55.60	1.203	0.728	0.307	0.168	3.55	0.141	0.027	0.038
	215	58.21	1.871	1.216	0.397	0.258	6.16	0.809	0.515	0.128
	210	60.23	2.470	1.738	0.434	0.298	8.18	1.408	1.037	0.168

续表 3-6

前汛期类型	水位(m)	出库水量(亿 m³)	出库沙量(亿 t)	出库分组沙量(亿 t)			与基础方案对比值			
				细	中	粗	水量(亿 m³)	全沙(亿 t)	细沙(亿 t)	粗沙(亿 t)
“2004年”型	基础	32.90	0.444	0.430	0.013	0.001	—	—	—	—
	220	26.58	0.468	0.404	0.038	0.026	-6.32	0.024	-0.026	0.025
	215	29.07	0.742	0.539	0.105	0.098	-3.83	0.298	0.109	0.097
	210	31.03	1.098	0.852	0.124	0.122	-1.87	0.654	0.422	0.121
“2010年”型	基础	62.66	0.434	0.342	0.060	0.032	—	—	—	—
	220	63.70	0.742	0.505	0.136	0.101	1.04	0.308	0.163	0.069
	215	61.73	1.023	0.723	0.167	0.133	-0.93	0.589	0.381	0.101
	210	61.16	1.705	1.347	0.201	-0.15	-1.50	1.271	1.005	0.125

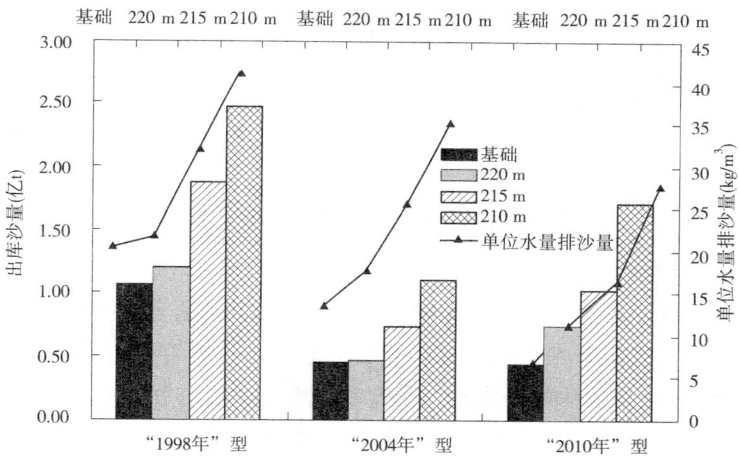

图 3-9 不同方案出库沙量及特征值

“2004 年”型前汛期基础方案排沙 0.444 亿 t,220 m 方案、215 m 方案及 210 m 方案同基础方案相比,排沙量分别增加 0.024 亿 t、0.298 亿 t、0.654 亿 t;215 m 方案及 210 m 方案细泥沙分别增加 25.35% 和 98.14%,220 m 方案较基础方案出库细泥沙量微增 5.94%。基础方案出库水量 32.90 亿 m³,220 m 方案、215 m 方案及 210 m 方案下泄水量均小于基础方案,分别减少 19.18%、11.64% 和 5.68%。对于单位水量的排沙量,基础方案为 13.501 kg/m³,其余方案随控制水位降低而逐步增加,分别为 17.592 kg/m³、25.523 kg/m³、35.378 kg/m³。

“2010 年”型前汛期基础方案排沙 0.434 亿 t,220 m 方案、215 m 方案及 210 m 方案同基础方案相比,排沙量分别增加 0.308 亿 t、0.589 亿 t、1.271 亿 t;细泥沙分别增加 47.66%、111.40% 和 294.15%。基础方案出库水量 62.66 亿 m³,215 m 方案、210 m 方案分别减少 1.49%、2.4%,220 m 方案较基础方案出库水量略微增加 1.66%。单位水量排沙量为:基础方案的为 6.918 kg/m^3,其余方案随控制水位降低而逐步增加,分别为 11.652 kg/m^3、16.568 kg/m^3、27.882 kg/m^3。

小浪底水库的排沙量随着水位的降低逐渐增加,且均高于基础方案。控制水位 220 m 较基础方案多排沙量 0.024 亿(“2004 年”型) ~ 0.308 亿 t(“2010 年”型),215 m 多排沙量 0.298 亿(“2004 年”型) ~ 0.809 亿 t(“1998 年”型),210 m 多排沙量 0.654 亿(“2004 年”型) ~ 1.408 亿 t(“1998 年”型);不同控制水位多排泥沙中细泥沙占 80% 左右,粗泥沙占 10% 左右(见图 3-10)。

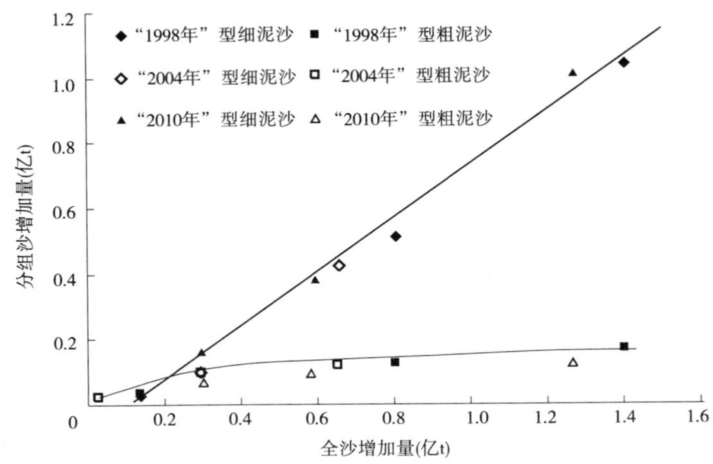

图 3-10 优化方案较基础方案全沙与分组沙增加量

3. 排沙效果(排沙比)

图 3-11 是不同方案全沙排沙比和水位的关系,可以看出全沙排沙比随控制水位的降低而增大,且均高于基础方案。同一水位下,流量最大、含沙量最小的“2010 年”型前汛期排沙比最大;流量较大、含沙量最大的“1998 年”型前汛期排沙比次之;流量最小、含沙量较大的“2004 年”型前汛期排沙比最小。全沙排沙比控制水位 210 m 均大于 50%,215 m

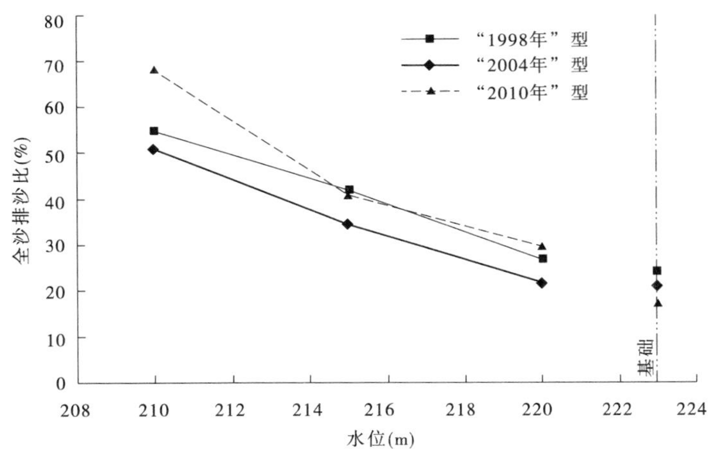

图 3-11 水位与全沙排沙比关系曲线

最小值为35%左右。控制水位220 m方案各典型年前汛期全沙排沙比在20%～30%范围内,基础方案全沙排沙比范围为17%～25%(见表3-7)。

表3-7　不同方案排沙效果统计表

前汛期类型	入库沙量(亿t)	入库分组泥沙百分数(%)			水位(m)	出库沙量(亿t)	排沙比(%)	出库分组泥沙百分数(%)			分组泥沙排沙比(%)		
		细	中	粗				细	中	粗	细	中	粗
“1998年”型	4.515	48.50	25.84	25.66	基础	1.062	23.52	66.01	21.71	12.28	32.16	19.86	11.31
					220	1.203	26.64	60.48	25.59	13.93	33.40	26.51	14.55
					215	1.871	41.44	65.02	21.20	13.78	55.83	34.17	22.36
					210	2.470	54.71	70.37	17.57	12.06	79.78	37.38	25.84
“2004年”型	2.159	44.82	26.52	28.66	基础	0.444	20.57	96.83	2.83	0.34	44.44	2.20	0.24
					220	0.468	21.68	86.50	8.01	5.49	41.80	6.54	4.15
					215	0.742	34.37	72.70	14.05	13.25	55.75	18.21	15.89
					210	1.098	50.86	77.59	11.32	11.09	88.02	21.73	19.67
“2010年”型	2.506	50.11	20.83	29.06	基础	0.434	17.32	78.83	13.88	7.29	27.21	11.52	4.34
					220	0.742	29.61	67.97	18.42	13.61	40.17	26.19	13.86
					215	1.023	40.82	70.64	16.31	13.05	57.53	31.95	18.32
					210	1.705	68.04	79.02	11.78	9.20	107.29	38.47	21.55

随控制水位的降低,各分组沙排沙比增大,除“2004年”型的220 m外,其余各控制水位细沙排沙比均高于基础方案。细泥沙($d \leq 0.025$ mm)排沙比最大,中泥沙(0.025 mm $< d \leq$ 0.05 mm)次之,粗泥沙($d > 0.05$ mm)排沙比最小。

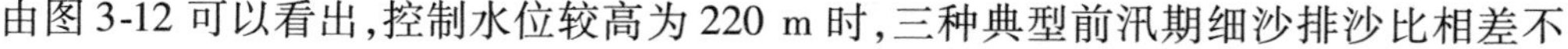

由图3-12可以看出,控制水位较高为220 m时,三种典型前汛期细沙排沙比相差不

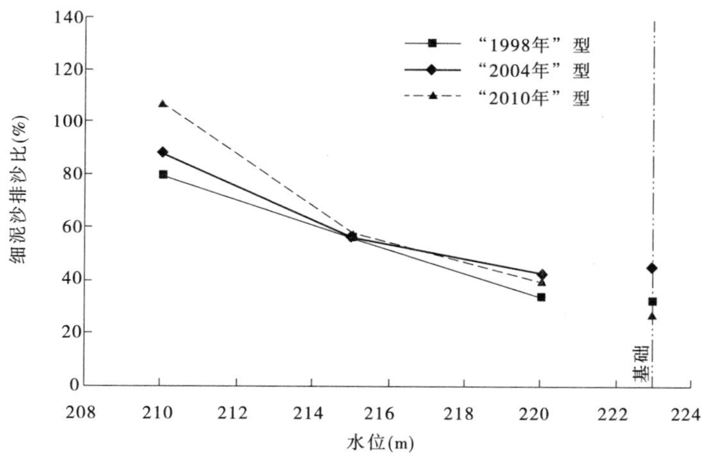

图3-12　水位与细泥沙排沙比关系曲线

大，均在40%左右，“1998 年”型细沙排沙比最小，“2004 年”型最大；控制水位215 m细沙排沙比都在58%左右；210 m时最小细沙排沙比为“1998 年”型的80%，最大细沙排沙比为“2010 年”型的106%。

图3-13、图3-14分别为水位与中泥沙、粗泥沙排沙比关系曲线，可以看出，中、粗泥沙排沙比随水位变化趋势基本一致，同一控制水位“2004 年”型最小，“2010 年”型次之，“1998 年”型最大。控制水位较高为220 m时，中泥沙排沙比范围为6% ~28%，粗泥沙排沙比4% ~15%；控制水位215 m时，中泥沙排沙比最小为18%，最大为“1998 年”型的34%，粗泥沙排沙比15% ~25%；控制水位210 m时，中泥沙排沙比范围为20% ~40%，最小粗泥沙排沙比为“2004 年”型的19%，最大粗泥沙排沙比为“1998 年”型的26%。

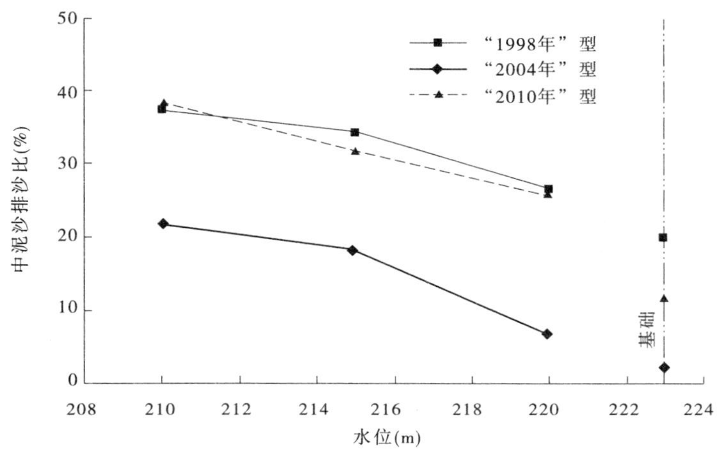

图3-13　水位与中泥沙排沙比关系曲线

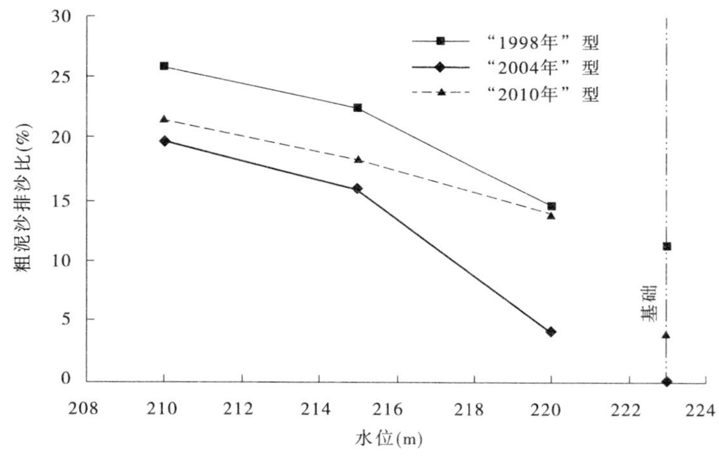

图3-14　水位与粗泥沙排沙比关系曲线

基础方案全沙排沙比在20%左右，控制水位220 m方案排沙比范围为20% ~30%，215 m方案排沙比30% ~42%，210 m方案排沙比均大于50%，最大为“2010 年”型、210

m 组合，排沙比达 68%；细泥沙排沙比基础方案为 27% ~45%，220 m 方案与基础方案较接近，排沙比为 33% ~42%，215 m 方案排沙比略有增加，范围在 55% ~60%，210 m 方案细泥沙排沙比增加幅度较大，最小为“1998 年”型的 80%，最大为“2010 年”型的 107%。

从计算结果上看，三种典型前汛期基础方案出库细泥沙含量为 65% ~97%，出库粗泥沙含量在 13% 以下。控制水位 220 m、215 m、210 m 时出库细泥沙含量范围分别为 60% ~87%、65% ~73%、70% ~80%，出库粗泥沙含量范围分别为 5% ~14%、13% ~14%、9% ~12%。

（二）前汛期下游河道计算结果分析

根据前文所述典型方案设计，利用数学模型对前汛期下游河道冲淤情况进行计算。

1. 全下游冲淤情况

表 3-8 为各方案全下游冲淤情况，可以看出，优化方案的输沙量均大于基础方案，全下游排沙比在 83% ~105%，且水位越低输沙量越大，各方案输沙量在 0.436 亿 ~2.142 亿 t。“1998 年”型基础方案输沙 0.936 亿 t，220 m 方案、215 m 方案及 210 m 方案同基础方案相比，排沙量分别增加 0.121 亿 t、0.667 亿 t 和 1.206 亿 t，增加百分比分别为 13%、71% 和 129%。“2004 年”型基础方案输沙 0.436 亿 t，220 m 方案、215 m 方案及 210 m 方案同基础方案相比，排沙量分别增加 0.004 亿 t、0.182 亿 t 和 0.504 亿 t，增加百分比分别为 1%、42% 和 116%。“2010 年”型基础方案输沙 0.555 亿 t，220 m 方案、215 m 方案及 210 m 方案同基础方案相比，排沙量分别增加 0.217 亿 t、0.410 亿 t 和 1.008 亿 t，增加百分比分别为 39%、74% 和 182%。

表 3-8　前汛期各方案下游冲淤计算结果对比

方案		全下游			分组泥沙冲淤量（亿 t）			分组泥沙百分比（%）		
		输沙量（亿 t）	排沙比（%）	冲淤量（亿 t）	细泥沙	中泥沙	粗泥沙	细泥沙	中泥沙	粗泥沙
“1998 年”型	基础	0.936	88	0.126	0.008	-0.023	0.141	6	-18	112
	220 m	1.057	88	0.146	0.009	-0.019	0.156	4	-11	107
	215 m	1.603	86	0.268	0.015	0.025	0.228	6	9	85
	210 m	2.142	86	0.328	0.022	0.042	0.264	7	13	80
“2004 年”型	基础	0.436	98	0.008	0.001	-0.031	0.038	13	-388	475
	220 m	0.440	92	0.038	-0.003	-0.024	0.065	-8	-63	171
	215 m	0.618	83	0.124	0.000	-0.018	0.142	0	-15	115
	210 m	0.940	86	0.158	0.003	-0.016	0.171	2	-10	108
“2010 年”型	基础	0.555	128	-0.121	-0.007	-0.097	-0.017	6	80	14
	220 m	0.772	105	-0.030	-0.006	-0.093	0.069	20	310	-230
	215 m	0.965	93	0.058	-0.002	-0.095	0.155	-3	-164	267
	210 m	1.563	90	0.142	0.012	-0.060	0.190	8	-42	134

从另一个方面考虑，优化方案的淤积量也大于基础方案，且调控水位越低淤积量越大。“1998 年”型基础方案淤积 0.126 亿 t，220 m 方案、215 m 方案及 210 m 方案同基础方案相比，淤积量增加 0.02 亿 t、0.142 亿 t 和 0.202 亿 t。“2004 年”型基础方案淤积 0.008 亿 t，220 m 方案、215 m 方案及 210 m 方案同基础方案相比，淤积量增加 0.030 亿 t、0.116 亿 t 和 0.150 亿 t。“2010 年”型基础方案微冲 0.121 亿 t，220 m 方案、215 m 方案及 210 m 方案同基础方案相比，淤积量增加 0.091 亿 t、0.179 亿 t 和 0.263 亿 t。

分组沙冲淤量中，细泥沙淤积量约占 7% 以下，细泥沙基本不淤积，粗泥沙淤积量占到 80% 以上，即大部分粗泥沙都淤积在河道里。如图 3-15 ~ 图 3-17 所示，优化方案水库多输出的泥沙中，细泥沙基本不淤积，有 10% ~16% 的粗泥沙淤积在河道，即若降低调控水位，水库多输出 1 亿 t 的泥沙，则下游多淤积 0.10 亿 ~0.16 亿 t 粗泥沙。

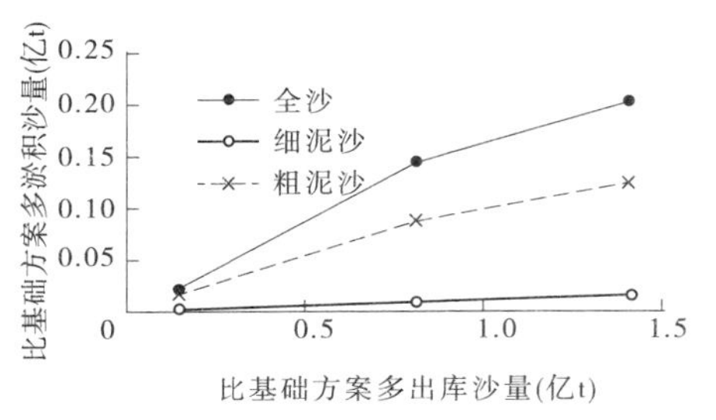

图 3-15 前汛期“1998 年”型优化方案

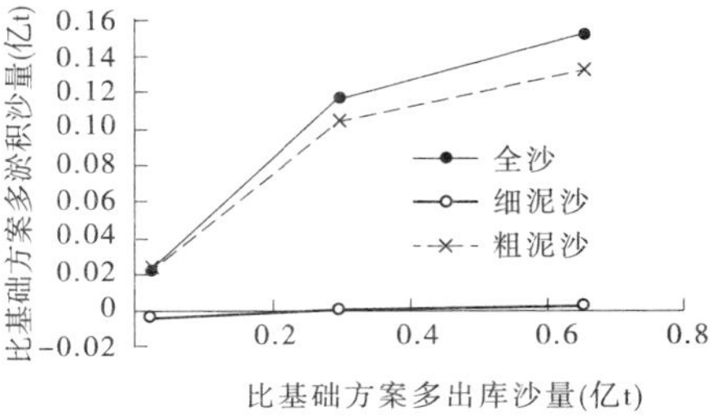

图 3-16 前汛期“2004 年”型优化方案

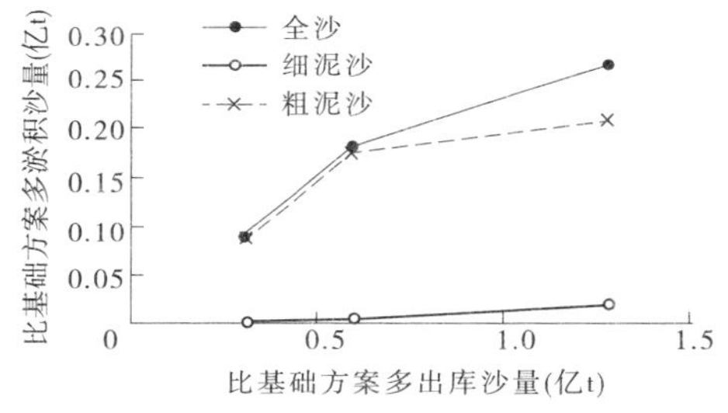

图 3-17 前汛期“2010 年”型优化方案

2. 分河段冲淤情况

各方案冲淤沿程分布见表 3-9，全下游的淤积主要集中在花园口以上，个别方案超过了 100%，艾山—利津河段微淤或微冲。孙口以上河段淤积量沿程减少（见图 3-18 ~ 图 3-20），直至略有冲刷；而孙口—利津河段，逐渐由略冲转为微淤。

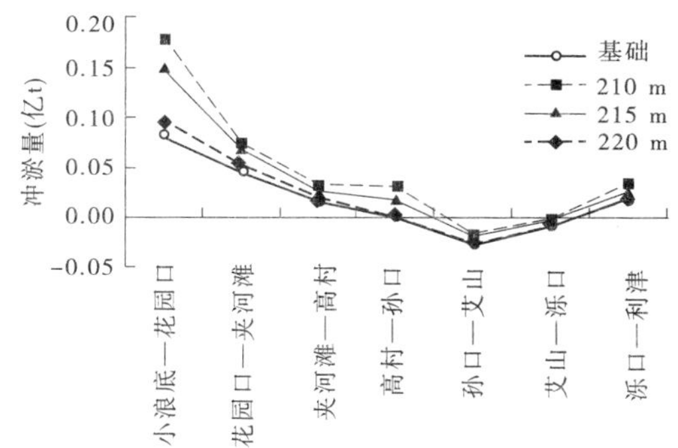

图 3-18 前汛期“1998 年”型各方案冲淤沿程分布

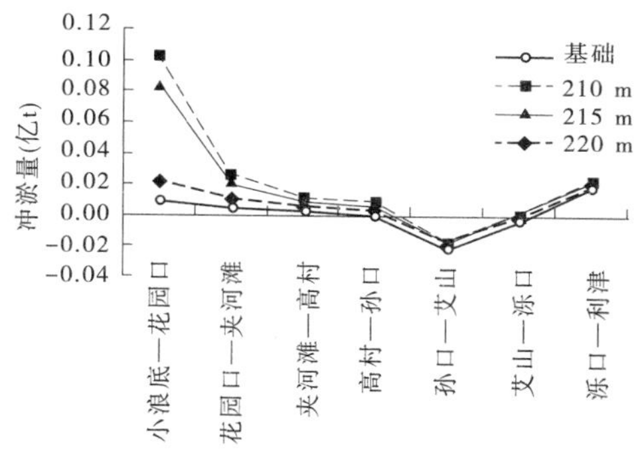

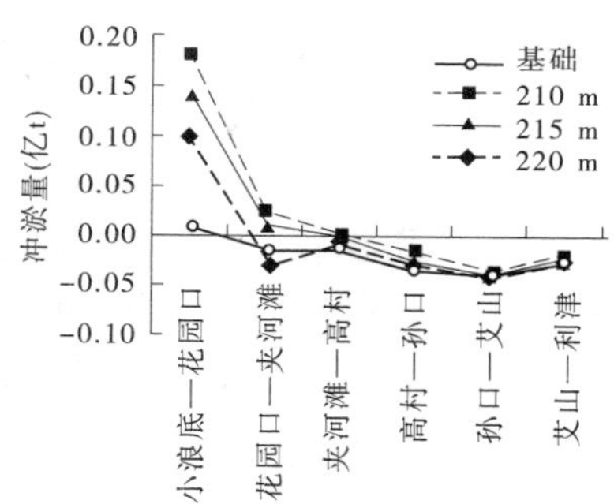

图 3-19 前汛期“2004 年”型各方案冲淤沿程分布　图 3-20 前汛期“2010 年”型各方案冲淤沿程分布

表 3-9 前汛期各方案下游分河段冲淤量

方案		冲淤量(亿 t)							花园口以上占下游比例(%)
		全下游	小浪底—花园口	花园口—夹河滩	夹河滩—高村	高村—孙口	孙口—艾山	艾山—利津	
“1998 年”型	基础	0.126	0.082	0.046	0.015	0.001	-0.028	0.011	65
	220 m	0.146	0.095	0.053	0.018	0.001	-0.029	0.008	65
	215 m	0.268	0.153	0.069	0.025	0.018	-0.020	0.023	57
	210 m	0.328	0.177	0.075	0.032	0.031	-0.018	0.031	54
“2004 年”型	基础	0.008	0.010	0.004	0.002	0.000	-0.022	0.014	125
	220 m	0.038	0.021	0.009	0.005	0.004	-0.019	0.018	55
	215 m	0.124	0.086	0.021	0.009	0.007	-0.018	0.020	70
	210 m	0.158	0.104	0.027	0.011	0.009	-0.018	0.024	66
“2010 年”型	基础	-0.121	0.007	-0.009	-0.010	-0.033	-0.041	-0.035	-6
	220 m	0.030	0.100	-0.026	-0.005	-0.030	-0.041	-0.028	-333
	215 m	0.058	0.142	0.011	-0.003	-0.025	-0.039	-0.028	245
	210 m	0.142	0.181	0.025	0.002	-0.014	-0.035	-0.017	128

四、方案综合评价

通过方案计算结果综合分析,可以得出以下认识:

(1)基础方案出现洪峰滞后沙峰的现象,优化方案洪峰沙峰基本同步,避免了小水带大沙的情况,形成了对下游较为有利的水沙组合。

(2)全沙排沙量和细泥沙排沙量随着控制水位的降低逐渐增加,且均高于基础方案;较基础方案多排沙 5% ~293%,多排细泥沙 4% ~294%;多排泥沙中细泥沙占 80% 左右,粗泥沙占 10% 左右。

(3)小浪底水库排沙比优化方案均高于基础方案,随水位的降低而增大;控制水位 220 m、215 m、210 m 全沙排沙比分别为 20% ~30%、30% ~42%、50% ~68%,其中细泥沙排沙比分别为 33% ~42% 、55% ~60% 、80% ~107% 。

(4)各方案的输沙量均大于基础方案,且均随着调控水位的降低而增大,多输沙13% ~210% ,全下游排沙比在 83% ~105% 。

(5)下游河道淤积量随着调控水位的降低而增大,细泥沙淤积量占总淤积量的 7% 以下,粗泥沙的淤积量占到 80% 以上;优化方案多输出的泥沙中,细泥沙基本不淤积,有 12% ~16% 的粗泥沙淤积在河道。

(6)虽有粗泥沙淤积,但粗泥沙淤积量主要集中在花园口以上河段,艾山—利津河段微淤或微冲。

综合水库和下游河道各方案的效果,优化方案达到了汛期调水调沙小浪底水库多排沙、多排细泥沙的目标,且能保证艾山—利津河段的微淤或微冲,较好地满足了 2012 年汛期调水调沙的基本原则。

第四章　2012 年汛期小浪底水库适宜调控指标

针对“98·7”“04·8”“10·7”三场典型洪水的水沙过程，分析小浪底水库在现状地形条件下、不同蓄水体积下（不同水位）的水库排沙效果、下游河道的冲淤响应，提出针对汛期不同类型洪水的调水调沙综合调控指标。

一、利用经验公式计算排沙比

在 2011 年汛后地形条件下，根据不同的水沙过程、水库调度方式，利用“98·7”“04·8”洪水组合成 6 种方案，估算结果见表 4-1。排沙效果最不利的为“04·8”型洪水、控制水位 220 m 的组合，排沙比仅为 18.57%；排沙效果最好的是“98·7”型洪水、控制水位 210 m 的组合，排沙比达 71.59%。

表 4-1　不同方案组合（经验公式）计算结果

洪水类型	入库沙量（亿 t）	入库泥沙所占比例（%）			水位（m）	出库沙量（亿 t）	排沙比（%）	出库泥沙所占比例（%）			分组泥沙排沙比（%）		
		细	中	粗				细	中	粗	细	中	粗
“98·7”型	2.534	43.5	28.7	27.8	220	0.682	26.93	86.42	9.83	3.75	53.50	9.22	3.64
					215	1.289	50.88	82.58	11.90	5.52	96.60	21.08	10.11
					210	1.814	71.59	79.15	13.53	7.31	130.27	33.74	18.85
“04·8”型	1.661	31.4	32.5	36.1	220	0.308	18.57	85.41	10.12	4.47	50.51	5.78	2.30
					215	0.718	43.25	80.88	12.76	6.36	111.41	16.98	7.62
					210	0.957	57.63	78.01	14.07	7.92	143.17	24.96	12.63

“98·7”型洪水控制水位 220 m、215 m、210 m 分别排细泥沙 0.590 亿 t、1.065 亿 t、1.436 亿 t，其中 215 m、210 m 较 220 m 分别多排细泥沙 80.5%、143.5%；“04·8”型洪水控制水位 220 m、215 m、210 m 分别排细泥沙 0.263 亿 t、0.581 亿 t、0.747 亿 t，其中 215 m、210 m 较 220 m 分别多排细泥沙 120.9%、184.0%.

出库细泥沙所占比例随控制水位降低而减少，不过减幅仅为 8% 左右，同样控制水位下，两种典型洪水出库分组泥沙所占比例相差不大，控制水位 220 m、215 m、210 m 出库细泥沙含量分别为 85%、80%、78%，出库粗泥沙含量分别为 4%、6%、8%。细泥沙排沙效果除在 220 m 控制水位时“98·7”型略优于“04·8”型外，其余控制水位“04·8”型均优于“98·7”型。低水位排沙效果优于高水位，控制水位 220 m 时全沙排沙比为 18% ~26%，细泥沙排沙比在 50% 左右；215 m 时全沙排沙比为 43% ~50%，细泥沙排沙比达到 100%；当控制水位降到 210 m 时全沙排沙比为 57% ~72%，细泥沙排沙比均高于 130%（见图 4-1 ~图 4-3）。

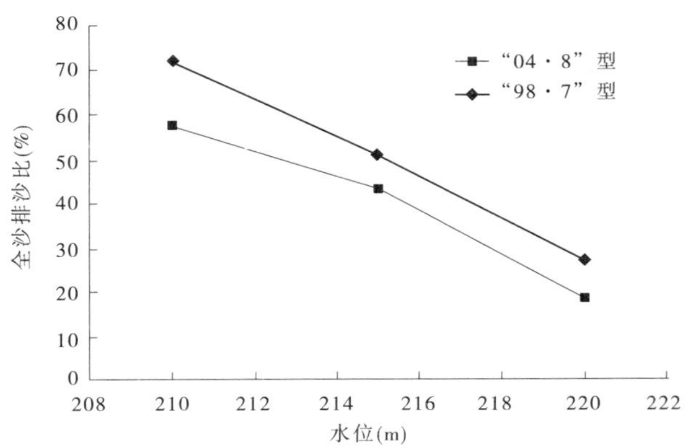

图 4-1　水位与全沙排沙比关系曲线

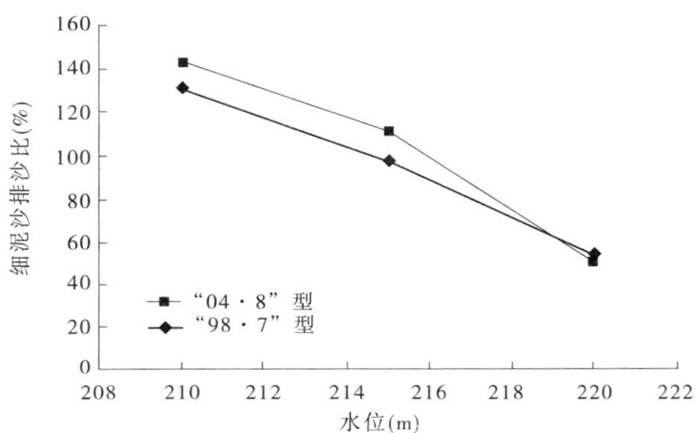

图 4-2　水位与细泥沙排沙比关系曲线

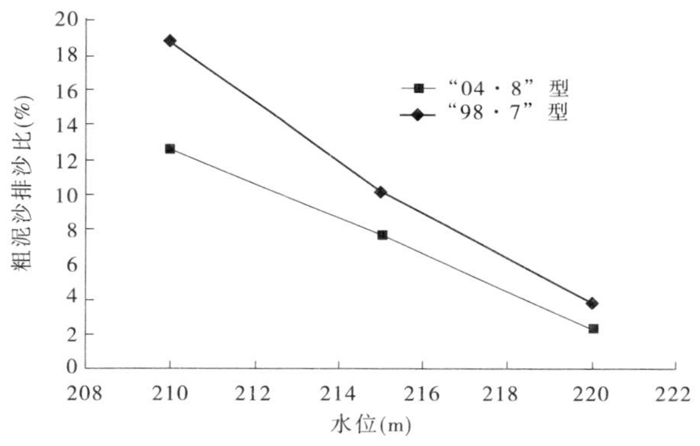

图 4-3　水位与粗泥沙排沙比关系曲线

二、利用数学模型计算排沙比

数学模型的计算采用“98·7”“04·8”“10·7”洪水，组成 9 个工况(见表 4-2)。数学模型计算结果表明(见表 4-2)，小浪底水库的排沙量随着控制水位的降低逐渐增加。

不同类型典型洪水过程控制水位 215 m、210 m 较 220 m 分别多排沙 0.028 亿～0.567 亿 t、0.183 亿～0.925 亿 t，其中多排细泥沙 8.7%～355.2%、31.2%～612.7%。

表 4-2　不同方案组合(数学模型)计算结果

洪水类型	水位(m)	入库沙量(亿 t)	出库沙量(亿 t)	排沙比(%)	出库分组沙量(亿 t)			分组沙排沙比(%)		
					细	中	粗	细	中	粗
“98·7”型	220	2.534	1.075	42.43	0.639	0.277	0.159	57.94	38.07	22.65
	215		1.103	43.55	0.694	0.268	0.141	62.98	36.88	20.02
	210		1.258	49.66	0.838	0.277	0.143	76.04	38.07	20.36
“04·8”型	220	1.661	0.543	32.69	0.437	0.068	0.038	83.91	12.60	6.26
	215		0.899	54.14	0.701	0.106	0.092	134.47	19.65	15.35
	210		1.008	60.67	0.771	0.101	0.136	147.91	18.65	22.65
“10·7”型	220	0.901	0.174	19.30	0.115	0.032	0.027	27.82	17.69	8.83
	215		0.741	82.28	0.521	0.109	0.111	126.65	59.81	36.10
	210		1.099	121.94	0.816	0.149	0.134	198.27	81.48	43.57

从出库分组沙含量来看，控制水位 220 m、215 m、210 m 出库细泥沙含量分别为 60%～80%、62%～78%、66%～77%，出库粗泥沙含量范围分别为 7%～16%、10%～15%、11%～15%。低水位排沙比大于高水位，控制水位 220 m 时全沙排沙比为 19%～43%，其中细泥沙排沙比在 27%～84% 范围内；215 m 时全沙排沙比为 43%～82%，其中细泥沙排沙比为 62%～135%；当控制水位降到 210 m 时全沙排沙比为 49%～122%，其中细泥沙排沙比在 76%～200% 范围内。

利用已有的 2004～2011 年汛前、汛期异重流排沙资料，点绘小浪底水库分组沙排沙比与全沙排沙比的关系(见图 4-4，图中是利用汛前小浪底水库进出库资料点绘的，没考虑三角洲洲面冲淤变化，只是反映进出库的泥沙级配)发现，细泥沙排沙比随全沙排沙比增大而增大；汛期细泥沙排沙比略小于汛前调水调沙，相同全沙排沙比情况下，粗泥沙排沙比汛期与汛前基本一致、略高于汛前。

表 4-3 为典型洪水下游的冲淤情况。优化方案的输沙量均大于基础方案，且水位越低输沙量越大，全下游排沙比在 66%～116%。其中“98·7”型基础方案输沙 0.457 亿 t，220 m 方案、215 m 方案及 210 m 方案同基础方案相比，输沙量分别增加 0.316 亿 t、0.355 亿 t 和 0.707 亿 t，增加百分比分别为 69%、78% 和 155%。“04·8”型基础方案输沙 0.211 亿 t，220 m 方案、215 m 方案及 210 m 方案同基础方案相比，输沙量分别增加 0.230 亿 t、0.468 亿 t 和 0.574 亿 t，增加百分比分别为 109%、222% 和 272%。“10·7 型”基础方案输沙 0.167 亿 t，220 m 方案、215 m 方案及 210 m 方案同基础方案相比，输沙量分别增加 0.034 亿 t、0.446 亿 t 和 0.752 亿 t，增加百分比分别为 20%、267% 和 450%。

同时，优化方案的淤积量也大于基础方案，且调控水位越低淤积量越大，各方案的淤积量在 0.373 亿 t 以下。“98·7”型基础方案淤积 0.235 亿 t，220 m 方案、215 m 方案及

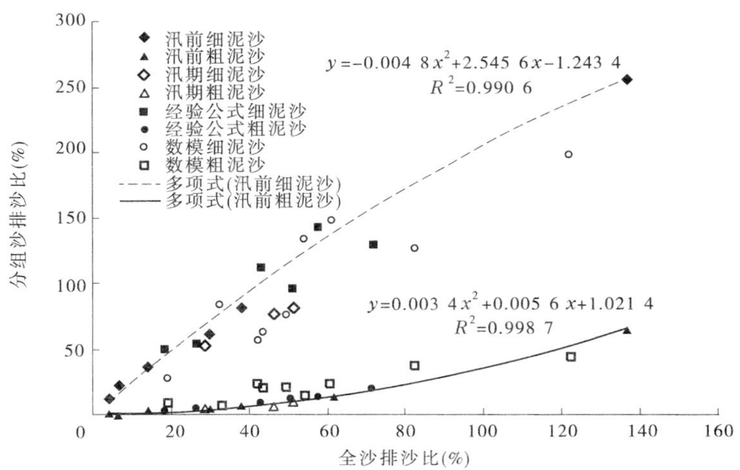

图 4-4　全沙排沙比及分组沙排沙比关系图

210 m 方案同基础方案相比,淤积量增加 0.086 亿 t、0.096 亿 t 和 0.138 亿 t。“04 · 8”型基础方案微冲 -0.059 亿 t,220 m 方案、215 m 方案及 210 m 方案同基础方案相比,淤积量增加 0.164 亿 t、0.278 亿 t 和 0.284 亿 t。“10 · 7”型基础方案冲刷 0.116 亿 t,220 m 方案、215 m 方案及 210 m 方案同基础方案相比,淤积量增加 0.088 亿 t、0.244 亿 t 和 0.295 亿 t。

表 4-3　典型洪水下游河道冲淤量

方案		输沙量(亿 t)	排沙比(%)	冲淤量(亿 t)				分组沙百分比(%)		
				全沙	细	中	粗	细	中	粗
“98 · 7”型	基础	0.457	66	0.235	-0.005	0.139	0.102	-2	59	43
	220 m	0.773	71	0.321	0.013	0.057	0.250	4	18	78
	215 m	0.812	71	0.331	0.012	0.150	0.169	4	45	51
	210 m	1.164	76	0.373	0.256	0.109	0.008	69	29	2
“04 · 8”型	基础	0.211	139	-0.059	0.077	-0.040	-0.096	-131	68	163
	220 m	0.441	81	0.105	0.041	0.040	0.025	38	38	24
	215 m	0.679	76	0.219	0.028	0.078	0.114	13	35	52
	210 m	0.785	78	0.225	0.043	0.075	0.107	19	33	48
“10 · 7”型	基础	0.167	328	-0.116	-0.086	-0.007	-0.024	74	6	20
	220 m	0.201	116	-0.028	-0.021	0.009	-0.016	76	-33	57
	215 m	0.613	83	0.128	0.065	0.055	0.007	51	43	6
	210 m	0.919	84	0.179	0.090	0.077	0.012	50	43	7

如图 4-5 所示,优化方案多输出的泥沙中,有 16% ~22% 的泥沙淤积在河道,即若降

低调控水位，多输出 1 亿 t 的泥沙，则下游河道多淤积 0.16 亿 ~0.22 亿 t。

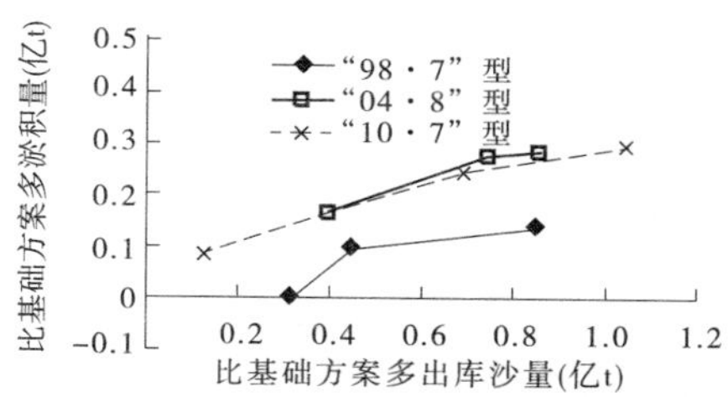

图 4-5 优化方案增加出库沙量、淤积量

另外，各方案冲淤量沿程分布见表 4-4，全下游的淤积 40% ~57% 集中在花园口以上，艾山—利津河段微淤或微冲。如图 4-6 ~ 图 4-8 所示，孙口以上河段淤积量沿程减少，直至略有冲刷；而孙口—利津河段，逐渐由略冲转为微淤。

表 4-4 典型洪水下游分河段冲淤量

方案		河断冲淤量(亿 t)							花园口以上占下游比例(%)
		全下游	小浪底—花园口	花园口—夹河滩	夹河滩—高村	高村—孙口	孙口—艾山	艾山—利津	
"98 · 7"型	基础	0.235	0.106	0.053	0.024	0.019	−0.002	0.035	45
	220 m	0.321	0.183	0.074	0.027	0.023	−0.007	0.021	57
	215 m	0.331	0.165	0.074	0.036	0.023	−0.003	0.036	50
	210 m	0.373	0.185	0.085	0.044	0.050	−0.032	0.040	50
"04 · 8"型	基础	−0.059	−0.019	−0.010	−0.006	−0.007	−0.016	0.000	32
	220 m	0.105	0.042	0.020	0.009	0.010	−0.004	0.028	40
	215 m	0.219	0.093	0.042	0.019	0.019	0.002	0.044	42
	210 m	0.225	0.090	0.045	0.020	0.022	0.001	0.047	40
"10 · 7"型	基础	−0.116	−0.030	−0.021	−0.014	−0.019	−0.015	−0.017	26
	220 m	−0.028	0.005	−0.003	−0.006	−0.008	−0.012	−0.004	−18
	215 m	0.128	0.071	0.032	0.014	0.007	−0.007	0.011	55
	210 m	0.179	0.086	0.044	0.020	0.011	−0.005	0.023	48

优化方案中"98 · 7""04 · 8"和"10 · 7"洪水与原型洪水的来水、来沙和冲淤情况的对比见表 4-5 和图 4-9 ~ 图 4-11。

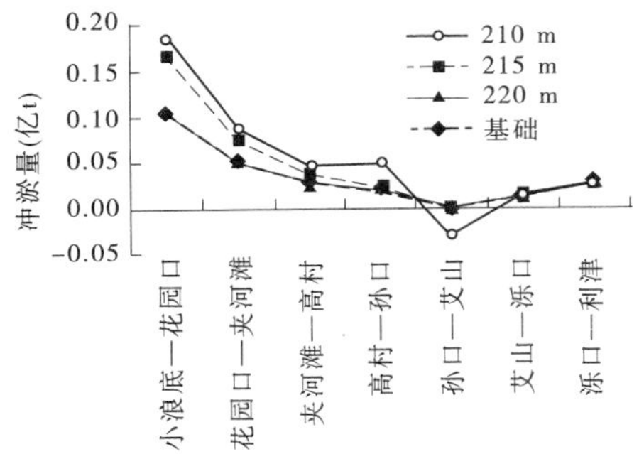

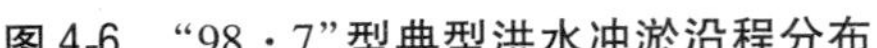
图 4-6 “98·7”型典型洪水冲淤沿程分布

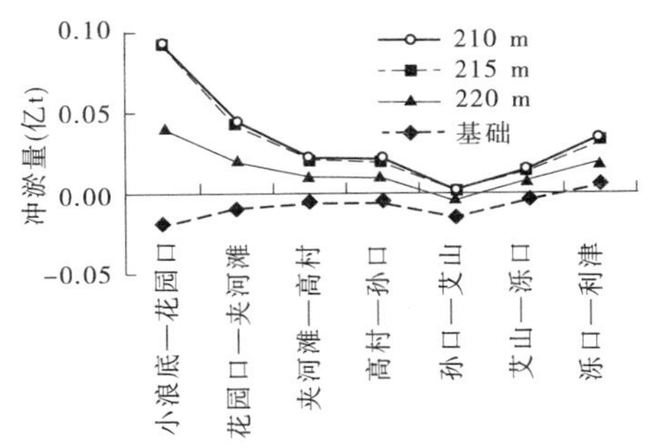

图 4-7 “04·8”型典型洪水冲淤沿程分布

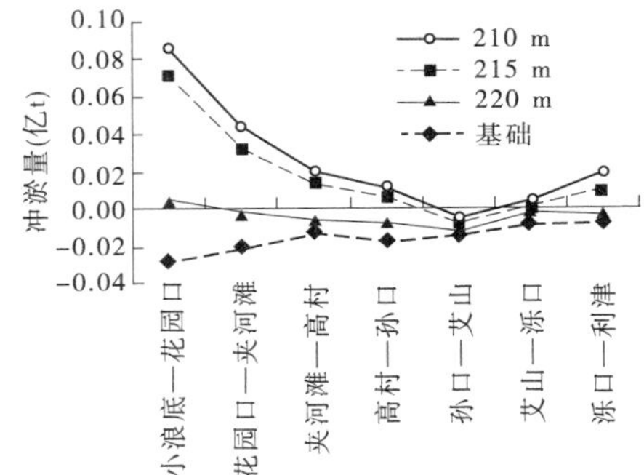

图 4-8 “10·7”型典型洪水冲淤沿程分布

表 4-5 各典型洪水调控方案水沙与原型对比

方案	来水（亿 m^3）			来沙(亿 t)			冲淤(亿 t)			来沙系数（kg·s/m^6）		
	98·7	04·8	10·7	98·7	04·8	10·7	98·7	04·8	10·7	98·7	04·8	10·7
原型	28.33	15.13	22.50	3.70	1.37	0.27	2.386	0.008	-0.068	0.064	0.047	0.006
220 m	21.19	10.70	15.11	1.20	0.47	0.74	0.321	0.105	-0.028	0.021	0.019	0.028
215 m	22.79	12.50	18.17	1.87	0.74	1.02	0.331	0.219	0.128	0.036	0.030	0.022
210 m	27.22	15.29	20.12	2.47	1.10	1.71	0.373	0.225	0.179	0.034	0.036	0.026

“98·7”洪水的原型、优化方案的来水分别为 28.33 亿 m^3、21.19 亿 m^3、22.79 亿 m^3 和 27.22 亿 m^3，其中优化方案 220 m、215 m 和 210 m 比原型分别少 25.1%、19.5% 和 3.8%；“04·8”洪水的原型、优化方案的来水分别为 15.13 亿 m^3、10.70 亿 m^3、12.50 亿 m^3 和 15.29 亿 m^3，其中优化方案 220 m、215 m 和 210 m 比原型分别少 29.3%、17.4% 和增加 1.1%；“10·7”洪水的原型、优化方案的来水分别为 22.50 亿 m^3、15.11 亿 m^3、18.17 亿 m^3 和 20.12 亿 m^3，其中优化方案 220 m、215 m 和 210 m 比原型分别少 32.8%、19.2% 和 10.6%。

“98·7”洪水的原型、优化方案的来沙分别为 3.70 亿 t、1.20 亿 t、1.87 亿 t 和 2.47

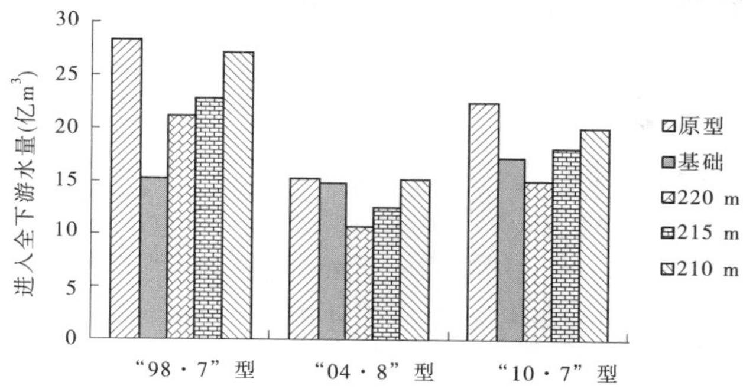

图 4-9　各优化方案与原型来水量对比

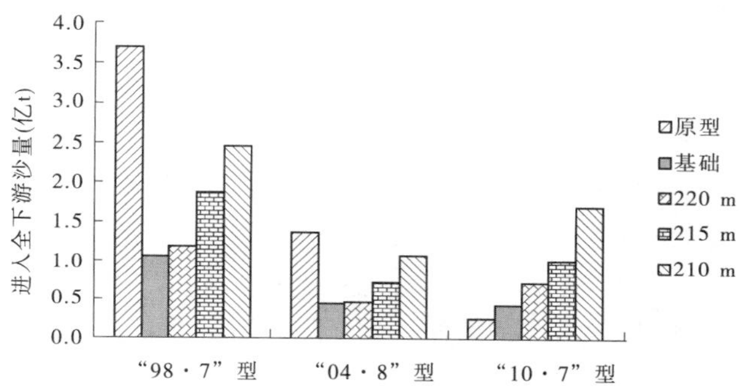

图 4-10　各优化方案与原型来沙量对比

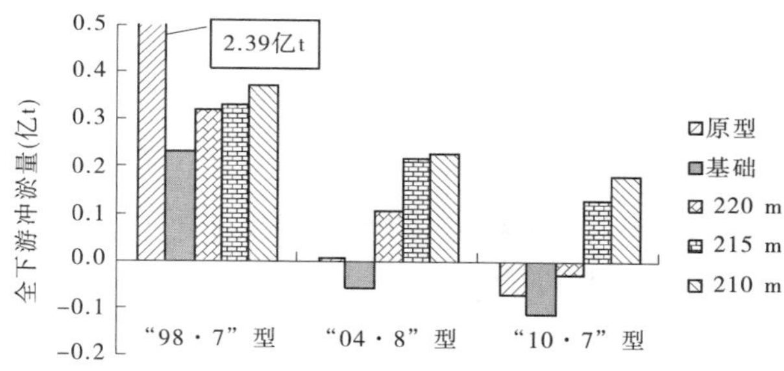

图 4-11　各优化方案与原型冲淤量对比

亿 t，其中优化方案 220 m、215 m 和 210 m 比原型分别少 67.6%、49.5% 和 33.2%；“04 · 8”洪水的原型、优化方案的来沙分别为 1.37 亿 t、0.47 亿 t、0.74 亿 t 和 1.10 亿 t，其中优化方案 220 m、215 m 和 210 m 比原型分别少 65.7%、46.0% 和 19.7%；“10 · 7”洪水的原型、优化方案的来沙分别为 0.27 亿 t、0.74 亿 t、1.02 亿 t 和 1.71 亿 t，其中优化方案 220 m、215 m 和 210 m 比原型分别多 174.1%、277.7% 和 533.3%。

“98 · 7”洪水的原型、优化方案的冲淤量分别为 2.386 亿 t、0.321 亿 t、0.331 亿 t 和 0.373 亿 t，其中优化方案 220 m、215 m 和 210 m 比原型分别少 86.6%、86.1% 和 84.4%；

"04·8"洪水的原型、优化方案的冲淤量分别为0.008亿t、0.105亿t、0.219亿t和0.225亿t,其中优化方案220 m、215 m和210m分别是原型的13.1倍、27.4倍和28.1倍;"10·7"洪水的原型和优化方案220 m冲刷0.068亿t和0.028亿t,优化方案215 m和210 m分别淤积0.128亿t和0.179亿t,其中优化方案220 m、215 m和210 m比原型分别少冲刷58.8%、多淤积288.2%和363.2%。

从以上分析可以看出,"98·7"洪水各优化方案比原型来水偏少4%~25%,来沙偏少33%~68%,优化方案的来沙系数均小于原型,因此其冲淤量也较原型偏少84%~87%。优化方案220 m比原型来沙偏少2.5亿t,淤积量偏少2.07亿t,少淤量占少来沙量的82.8%;优化方案215 m比原型来沙偏少1.83亿t,下游少淤了2.06亿t,少淤量占少来沙量的112.6%;优化方案210 m比原型来沙偏少1.23亿t,下游少淤了2.01亿t,少淤量占少来沙量的163.4%。因此,"98·7"洪水优化方案与原型相比,少淤量基本大于或等于来沙量(各方案水库多拦沙量),对下游河道来说是有利的。

"10·7"洪水各优化方案比原型来水偏少11%~33%,来沙是原型的1.8倍、3.8倍和6.3倍,优化方案的来沙系数大于原型,原型冲刷了0.068亿t,而优化方案随着调控水位的降低,由冲刷转为淤积,220 m、215 m和210 m方案分别冲刷了0.028亿t,淤积了0.128亿t和0.179亿t。优化方案220 m比原型来沙增多0.47亿t,冲刷量减少0.04亿t,多淤积量约占多来沙量的9%;优化方案215 m比原型来沙增多0.75亿t,淤积量增多0.2亿t,多淤积量占多来沙量的26.7%;优化方案210 m比原型来沙增多1.44亿t,淤积量增多0.25亿t,多淤积量占多来沙量的17.2%;多排沙量中,仅有9%~26%的泥沙淤积,且淤积量多集中在花园口以上河段,艾山—利津河段淤积量较少,仅为0.011亿~0.023亿t。同时,220 m、215 m和210 m优化方案比原型多输送0.77亿t、1.89亿t和1.53亿t泥沙至河口。因此,"10·7"洪水优化方案跟原型比,对下游河道来说也是有利的。

"04·8"洪水各优化方案比原型来水偏少1%~29%,来沙偏少20%~66%,来沙系数比原型小,但原型冲淤基本平衡,优化方案却淤积0.105亿~0.225亿t,分析其原因认为,"04·8"洪水原型调控前小浪底库区存在浑水水库,经估算极细泥沙量达0.44亿t,异重流与浑水水库的极细泥沙同时排出水库,造成出库泥沙中小于0.01 mm的极细泥沙含量较大(见表4-6)。因此,原型洪水与一般洪水相比有较高的输沙能力,河道的冲淤调整更好,且冲淤量分布不同。

表4-6 各典型洪水调控方案出库泥沙组成与原型对比

方案	"98·7"洪水出库分组沙百分比(%)			"04·8"洪水出库分组沙百分比(%)				"10·7"洪水出库分组沙百分比(%)		
	细	中	粗	极细($d<0.01$ mm)	细	中	粗	细	中	粗
原型	49	26	25	65	82	10	8	54	5	41
220 m	52	24	24	60	78	11	12	65	19	16
215 m	57	21	22	57	75	10	15	70	15	15
210 m	65	18	17	58	77	10	13	74	14	12

优化方案与原型洪水分河段的冲淤分布情况，见表4-7和图4-12～图4-14，可以看出，优化方案“98·7”洪水和“10·7”洪水冲淤量的沿程分布基本与原型相同，即40%～56%都淤积在花园口以上，艾山—利津河段微淤或是微冲。

表4-7 典型洪水下游分河段冲淤量

方案		河段冲淤量(亿t)					花园口以上比例(%)
		小浪底—花园口	花园口—高村	高村—艾山	艾山—利津	全下游	
“98·7”型	原型	1.267	1.066	-0.140	0.192	2.386	53
	220 m	0.139	0.133	0.021	0.028	0.321	33
	215 m	0.165	0.110	0.019	0.036	0.331	50
	210 m	0.185	0.129	0.018	0.040	0.373	50
“04·8”型	原型	-0.151	0.109	-0.123	0.173	0.008	-1 888
	220 m	0.042	0.029	0.006	0.028	0.105	40
	215 m	0.093	0.061	0.022	0.044	0.219	42
	210 m	0.090	0.065	0.023	0.047	0.225	40
“10·7”型	原型	0.040	-0.044	-0.036	-0.027	-0.068	-59
	220 m	0.005	-0.009	-0.020	-0.004	-0.028	-17
	215 m	0.071	0.046	-0.001	0.011	0.128	56
	210 m	0.086	0.064	0.006	0.023	0.179	48

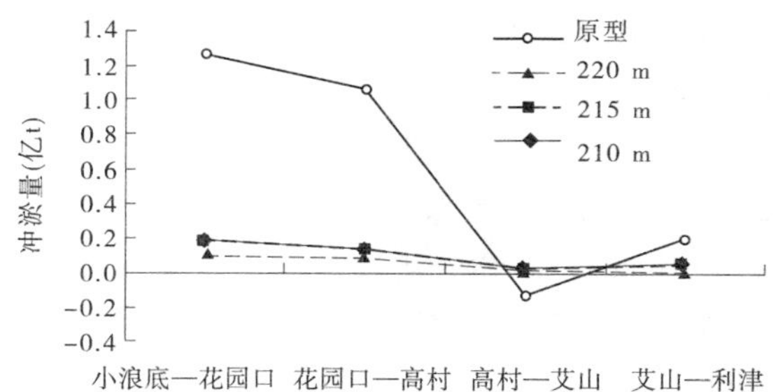

图4-12 “98·7”洪水优化方案与原型冲淤量对比

综合分析认为，各优化方案艾山—利津河段微淤，相应于下游平滩流量减少20 m^3/s，对于河道防洪运用影响不大。

三、2012年小浪底水库汛期调水调沙控制水位

（一）小浪底水库排沙效率控制指标

根据模型计算，图4-15～图4-17为三种典型洪水在不同控制水位下小浪底出库排沙比。随着坝前水位的降低，排沙比在逐渐增大。其中，“98·7”属于高含沙大流量典型洪

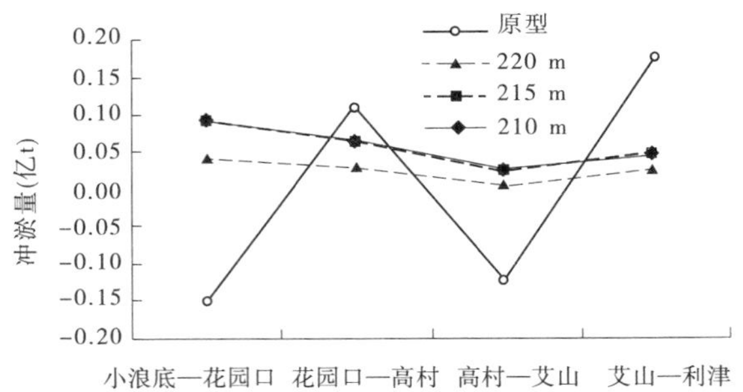

图 4-13 "04·8"洪水优化方案与原型冲淤量对比

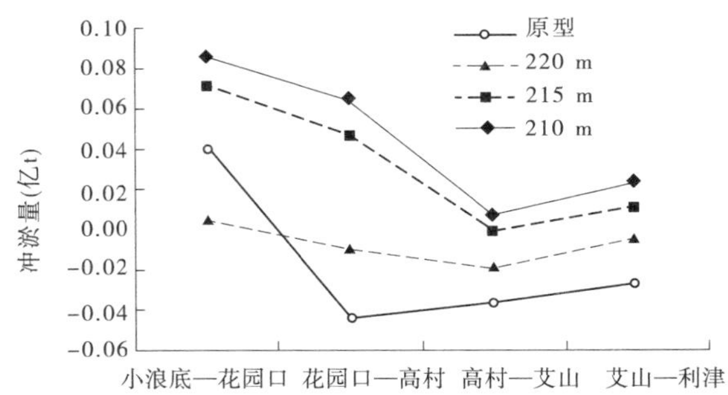

图 4-14 "10·7"洪水优化方案与原型冲淤量对比

水,大流量(流量大于 2 600 m^3/s)持续 2 d,入库细泥沙含量 43.5%,从排沙效果来看,全沙和细泥沙排沙比变化趋势一致,当控制水位介于 216~220 m 之间时,全沙排沙比在 40% 左右,细泥沙排沙比在 50% 左右,变幅不大;当控制水位降至 216 m 以下时,全沙、细泥沙排沙比显著增加,当控制水位降至 210 m 时,全沙排沙比增至 60%,细泥沙排沙比增至 85% 左右;而在控制水位 210~220 m 范围内,粗泥沙、中泥沙排沙比增幅不大,粗泥沙排沙比在 25% 左右,中泥沙排沙比由 35% 增至 40%。

"04·8"型洪水属于流量中等(三门峡时段平均流量 1 222 m^3/s)含沙量较高(三门峡时段平均含沙量 262 kg/m^3)的洪水类型,相对入库细颗粒泥沙含量较小。在低壅水排沙阶段(控制水位 215~220 m),全沙和分组沙排沙比均随水位降低而增加,其中细泥沙排沙比增幅显著,由 73% 增至 106%,全沙排沙比由 220 m 的 37% 增至 215 m 的 52%,粗泥沙、中泥沙增幅较小,均在 18%~30%,意味着在本阶段随水位降低将更多的入库细泥沙排出库;当控制水位在 215 m 以下时,溯源冲刷效果微弱,212~215 m 之间全沙排沙比在 55% 左右,细泥沙排沙比在 110% 左右,212 m 以下细泥沙排沙比增幅较大,增至 122%。

"10·7"型典型洪水是近年来发生频率较高的洪水类型,其特征是入库流量中等(时段平均流量 1 397 m^3/s)、含沙量中等(时段平均含沙量 68 kg/m^3),细颗粒含量 45% 左右。从排沙效果图看,在控制水位 215 m 出现明显拐点,由于洪水本身沙量不大,当控制水位 216 m 以上时,全沙和分组沙排沙比均在 10%~40% 之间,增幅均在 10% 之内;当控制水位降至 215 m 时,溯源冲刷和沿程冲刷效果明显,全沙排沙比由 30% 显著增加至 82%,细泥沙排沙比由 40% 增至 122%,粗泥沙、细泥沙排沙比增幅均在 20% 左右;当控制

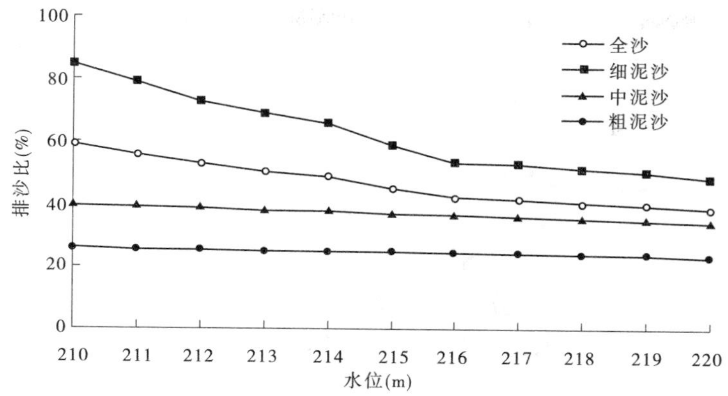

图 4-15　“98 · 7”型典型洪水不同控制水位下全沙、分组沙排沙比

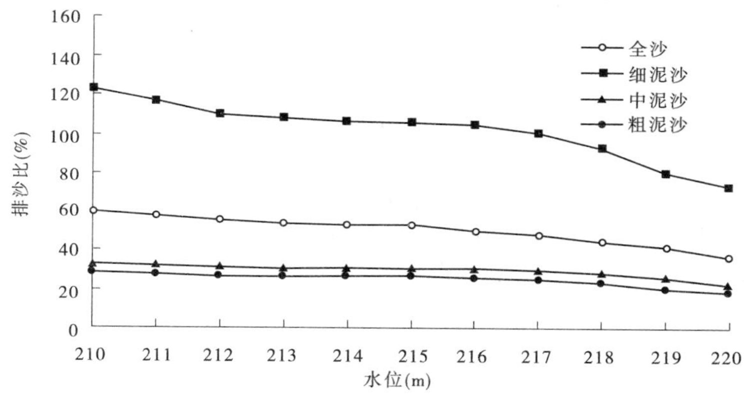

图 4-16　“04 · 8”型典型洪水不同控制水位下全沙、分组沙排沙比

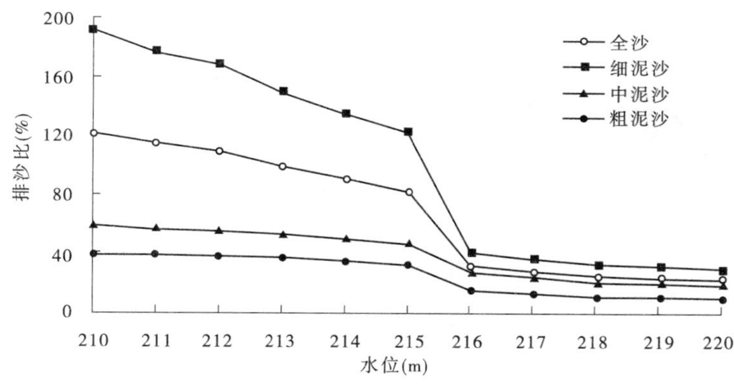

图 4-17　“10 · 7”型典型洪水不同控制水位下全沙、分组沙排沙比

水位介于 210 ~ 215 m 范围时，排沙比增幅较 216 m 以上显著，全沙排沙比为 80% ~ 120%、细泥沙排沙比为 120% ~198%，粗泥沙排沙比为 32% ~40%。“98 · 7”和“10 · 7”型洪水溯源冲刷效果明显，控制水位降至 215 m 以后，全沙沙量和细泥沙沙量增幅较大，由此在保证下游防洪及用水安全的前提下，可尽量降低控制水位，做到多排沙多排细沙。

为尽量满足小浪底水库细泥沙不淤积，使得细泥沙排沙比达到 100%，综合以上三种典型洪水排沙效果分析，建议控制水位选为 215 m。

（二）下游河道泥沙冲淤控制指标

1. 分组泥沙冲淤规律

进入黄河下游的泥沙按其粒径大小一般分为细颗粒泥沙（$d \leqslant 0.025$ mm，简称细泥沙）、中颗粒泥沙（$0.025 \text{ mm} < d \leqslant 0.05$ mm，简称中泥沙）和粗颗粒泥沙（$d > 0.05$ mm，简称粗泥沙）。按照泥沙输移特点，又可以把粗泥沙分为较粗颗粒泥沙（$0.05 \text{ mm} < d < 0.1$ mm，简称较粗泥沙）和特粗颗粒泥沙（$d \geqslant 0.1$ mm，简称特粗泥沙），即分为四组。由于特粗泥沙在黄河下游河道中淤积比例很高，且在河床中大量存在，因此本研究采用第二种泥沙分组方法。

前述分析表明，黄河下游洪水的冲淤效率（正值为淤积效率，负值为冲刷效率）与洪水的平均含沙量关系最密切，同时受洪水平均流量和来沙组成影响也较大。含沙量不同，洪水在下游河道中的冲淤规律不同，对于一般含沙量洪水，洪水期水流以输沙为主，冲淤效率的大小主要取决于水沙条件；而对于水库拦沙期以下泄清水为主的低含沙量洪水，下游河道发生持续冲刷，洪水期的冲淤效率不仅与洪水流量有关，还与河床边界的补给能力密切相关。

图 4-18 为细泥沙的冲淤效率与含沙量的关系，二者呈线性关系，随着细泥沙含沙量的增加，淤积增大。同时可以看出，平均流量小的洪水，其细泥沙淤积多；平均流量大的洪水的冲淤效率低，淤积少或者发生冲刷。

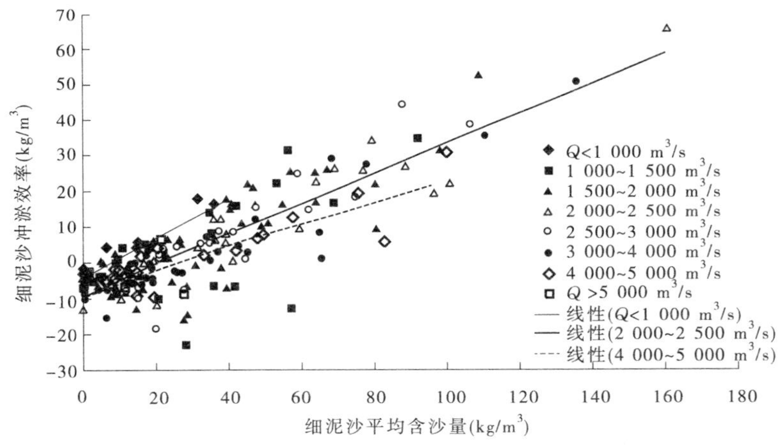

图 4-18　细泥沙冲淤效率与含沙量关系

依据图 4-18 可以得到细泥沙冲淤效率与平均含沙量和平均流量的关系为

$$dS_x = 0.55S_x - 3.5\frac{Q}{1\,000}\frac{S_x}{100} - 1.4\frac{Q}{1\,000} - 4.5 \qquad (R = 0.94) \tag{4-1}$$

式中　dS_x——细泥沙的冲淤效率，kg/m³；

Q——平均流量，m³/s；

S_x——细泥沙含沙量，kg/m³。

黄河下游河道中床沙质与冲泻质泥沙的分界粒径约为 0.025 mm。但实测资料分析表明，在单个场次洪水过程中，粒径小于 0.025 mm 的细泥沙含量较高时，在下游河道中也同样发生淤积。

中、粗泥沙的冲淤效率与各分组泥沙含沙量的关系为（见图 4-19、图 4-20）：

$$dS_z = 0.87S_z - 8.5\frac{Q}{1\ 000}\frac{S_z}{100} - 1.2\frac{Q}{1\ 000} - 2.2 \qquad (R = 0.97) \tag{4-2}$$

$$dS_c = 0.996S_c - 9.07\frac{Q}{1\ 000}\frac{S_c}{100} - 0.9\frac{Q}{1\ 000} - 1.37 \qquad (R = 0.98) \tag{4-3}$$

式中 dS_z、dS_c——中泥沙和粗泥沙的冲淤效率，kg/m³；

Q——平均流量，m³/s；

S_z、S_c——中泥沙和粗泥沙含沙量，kg/m³。

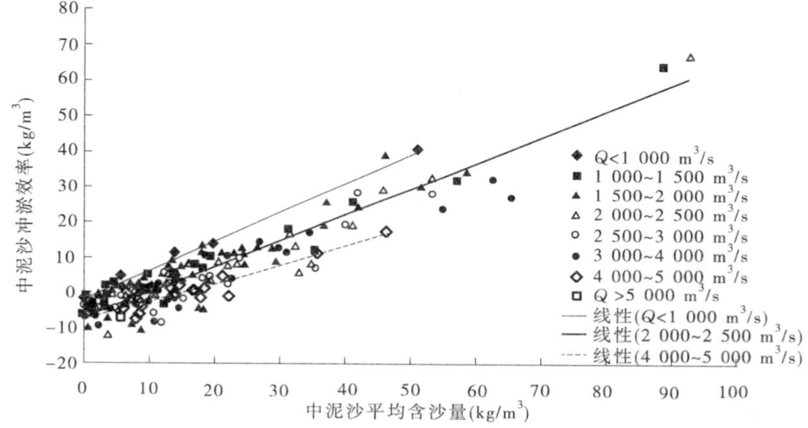

图 4-19 中泥沙冲淤效率与含沙量关系

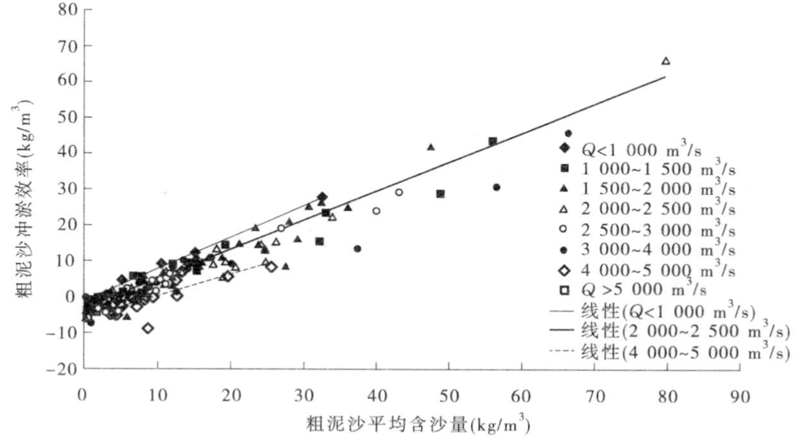

图 4-20 粗泥沙冲淤效率与含沙量关系

特粗泥沙的冲淤效率也同样与含沙量呈线性关系，但其受平均流量的影响不如其他粒径组泥沙明显（见图4-21）。这是由于特粗泥沙的输沙能力较小，随着洪水流量级的增加，输沙能力增加的幅度小于其他粒径组。因此，建立特粗泥沙的冲淤效率关系式时，可以不考虑流量，仅以特粗泥沙的平均含沙量作为影响因子。依据图4-21，回归建立特粗泥沙冲淤效率公式为

$$dS_{tc} = 0.89S_{tc} - 0.17 \qquad (R = 1.0) \tag{4-4}$$

式中 dS_{tc}——特粗泥沙的冲淤效率，kg/m³；

S_{tc}——特粗颗粒泥沙含沙量，kg/m³。

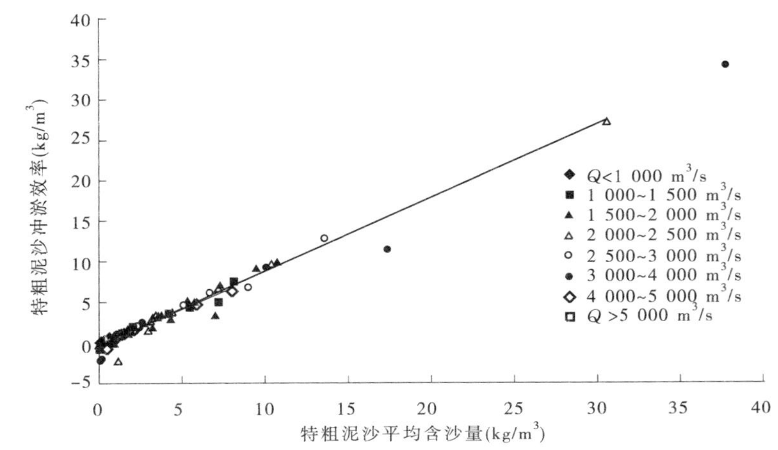

图4-21 特粗泥沙冲淤效率与含沙量关系

细、中、粗和特粗四组泥沙在下游河道中的单位水量冲淤量与各自来沙含沙量关系均密切，且泥沙粒径越粗，其相关性越好。

2. 洪水期下游粗泥沙不淤条件

根据洪水期分组泥沙冲淤计算公式，可以计算不同流量条件下维持粗泥沙和特粗泥沙不淤积的含沙量条件，具体见表4-8。

表4-8 洪水期维持粗泥沙在下游河道不淤积的条件

流量(m³/s)		1 000	1 500	2 000	2 500	3 000	3 500	4 000
含沙量(kg/m³)	0.05 mm < d < 0.1 mm	2.5	3.2	3.9	4.7	5.6	6.7	7.8
	d≥0.1 mm	0.2	0.2	0.3	0.3	0.4	0.4	0.4

经验公式计算结果表明，"98 · 7"型洪水下游粗泥沙不淤积的控制下限水位为215 m，"04 · 8"型洪水控制下限水位为218 m左右；数学模型计算结果表明，三种类型洪水控制水位均在218 m左右可以保证下游粗泥沙不淤积。

第五章 认识与建议

一、结论

（1）通过对三次已开展的汛期调水调沙观测资料分析，较大的水位降幅、库水位低于三角洲顶点的长历时洪水有利于水库排沙。

（2）2000～2011 年的 7 月 11 日至 8 月 20 日潼关站日均流量均小于 2 600 m^3/s、含沙量均小于 200 kg/m^3，按小浪底水库拦沙后期第一阶段推荐方案的调度指令，2012 年启动高含沙调节和一般水沙调节中凑泄造峰的概率均较小。

（3）优化方案洪峰、沙峰同步，避免了小水带大沙的情况，形成了对下游较为有利的水沙组合。小浪底水库全沙排沙量和细泥沙排沙量随着控制水位的降低逐渐增加，且均高于基础方案；多排泥沙中细泥沙占 80% 左右，粗泥沙占 10% 左右。可以实现小浪底水库多排沙、多排细沙的目标。

（4）细泥沙排沙比随全沙排沙比增大而增大，增幅减小；汛期细泥沙排沙比略小于汛前调水调沙，相同全沙排沙比情况下，粗泥沙排沙比汛期略高于汛前。

（5）优化后各方案的下游输沙量和淤积量均大于基础方案，且均随着调控水位的降低而增大。在优化方案多输出的泥沙中有 12%～22% 的泥沙淤积在河道，且全下游淤积量主要集中在花园口以上河段，艾山—利津河段微淤或微冲；孙口以上河段淤积量沿程减少，直至略有冲刷；而孙口—利津河段，逐渐由略冲转为微淤。

（6）从淤积形态分析，2012 年小浪底水库的排沙方式仍为异重流排沙，且当库水位降至三角洲顶点高程以下时，水库发生溯源冲刷及沿程冲刷。高含沙大流量和中等流量含沙量洪水，溯源冲刷阶段排沙效果好。

二、建议

（1）若三门峡水库 6 月以来没有发生敞泄排沙，则当预报潼关流量大于等于 1 500 m^3/s 持续 2 d 时，建议 2012 年 7 月 11 日至 8 月 20 日时段内，启动汛期调水调沙；若三门峡水库发生过敞泄排沙，则当预报潼关流量大于等于 1 500 m^3/s 持续 2 d、含沙量大于 100 kg/m^3时，启动 2012 年汛期调水调沙。

（2）建议保持控制水位下泄持续时间最长 4 d，4 d 以后或者 4 d 内当潼关流量小于 1 000 m^3/s 时，水库开始蓄水，按流量 400m^3/s 下泄。

（3）建议在确保用水安全的前提下，确定汛期调水调沙调控指标时，要满足艾山—利津河段微淤，下游河道少淤，同时尽量控制小浪底水库细泥沙排沙比为 100%，满足水库细泥沙不淤积。

（4）建议 2012 年调水调沙小浪底水库按控制水位 215 m 迎峰。预估当小浪底水库控制水位 215 m 时，在黄河中游中高含沙量小洪水条件下，小浪底水库全沙排沙比43%～

82%，细泥沙排沙比 98% ~135%、出库细泥沙含量 62% ~83%，基本满足小浪底水库细泥沙不淤积；下游河道淤积量 0.128 亿~0.331 亿 t，输沙量 0.613 亿~0.812 亿 t，其中淤积粗泥沙 0.007 亿~0.169 亿 t，花园口以上淤积量占总淤积量的 42% ~56%，艾山—利津河段淤积量仅为 0.011 亿~0.044 亿 t，相应于艾山—利津河段平滩流量减少 20 m^3/s。

第六专题　2011 年三门峡库区冲淤特点及近期潼关高程变化成因

重点分析了 2011 年三门峡库区基本情况，包括入库水沙特征、水库运用情况、库区冲淤变化及潼关高程变化特征，并针对近期潼关高程相对稳定的原因进行了探讨。

第一章　来水来沙特点

一、年水量偏枯，沙量显著减少

潼关是三门峡水库的控制水文站。2011 年(指上年 11 月至翌年 10 月，运用年，下同)潼关水文站年径流量为 245.27 亿 m^3，年输沙量为 1.232 亿 t，后者与沙量最少年份 2009 年的相近。与 1987 ~2010 年枯水系列相比，年径流量增加 2.2%，年输沙量减少 78.7%，年平均含沙量由 24.11 kg/m^3 减少为 5.02 kg/m^3。

潼关上游的龙门水文站年径流量为 166.62 亿 m^3，年输沙量为 0.483 亿 t，与枯水少沙时段的 1987 ~2010 年相比，径流量减少 12.5%，输沙量减少 86.8%，年平均含沙量由 19.15 kg/m^3 减少为 2.90 kg/m^3。位于龙门与潼关两个水文断面之间的渭河华县水文站，年径流量 71.08 亿 m^3，年输沙量 0.439 亿 t，与 1987 ~2010 年相比，径流量增加 48.3%，输沙量减少 79.5%，年平均含沙量由 44.71 kg/m^3 减少为 6.19 kg/m^3。

各站水沙特征统计见表 1-1。2011 年渭河来水量较近 20 年增加较多、沙量减少较多；龙门以上干流水沙量均有减少，沙量减少幅度也较大；潼关站水沙量与 1950 ~2010 年长系列相比，仍为典型的枯水少沙年份(见图 1-1)。

表 1-1　龙门、华县、潼关水文站水沙量统计

时段	测站	水量(亿 m^3)			沙量(亿 t)			含沙量(kg/m^3)			汛期占全年比例(%)	
		非汛期	汛期	全年	非汛期	汛期	全年	非汛期	汛期	全年	水量	沙量
1987 ~2010 年平均	龙门	112.46	77.88	190.34	0.683	2.963	3.646	6.07	38.05	19.15	40.9	81.3
	华县	19.27	28.66	47.93	0.251	1.892	2.143	13.03	66.02	44.71	59.8	88.3
	潼关	131.71	108.21	239.92	1.438	4.346	5.784	10.92	40.16	24.11	45.1	75.1
2011 年	龙门	101.30	65.32	166.62	0.133	0.350	0.483	1.31	5.35	2.90	39.2	72.5
	华县	15.80	55.28	71.08	0.019	0.420	0.439	1.23	7.60	6.19	77.8	95.7
	潼关	119.82	125.45	245.27	0.263	0.969	1.232	2.19	7.72	5.02	51.1	78.7
2011 年较 1987 ~2010 年增减百分数(%)	龙门	-9.9	-16.1	-12.5	-80.6	-88.2	-86.8	-78.4	-85.9	-84.9		
	华县	-18.0	92.9	48.3	-92.2	-77.8	-79.5	-90.5	-88.5	-86.2		
	潼关	-9.0	15.9	2.2	-81.7	-77.7	-78.7	-79.9	-80.8	-79.2		

从全年水沙来源看，渭河华县水文站水量占潼关站的 29.0%，大于近期 1987 ~2010 年的平均值 20.0%，渭河来沙占潼关站的 35.6%，略小于 1987 ~2010 年平均值 37.1%；干流龙门来水占潼关水文站的 67.9%，小于多年平均值 79.3%，来沙仅占潼关水文站的

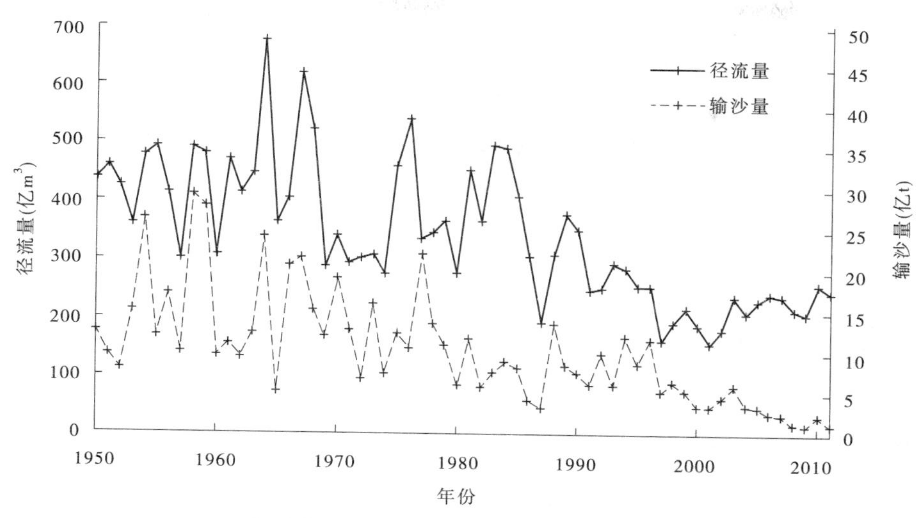

图 1-1 潼关水文站历年水沙量变化过程

39.2%。2011 年渭河来沙和龙门以上干流来沙均较少,分别占潼关水文站的 39.2% 和 35.6%,区间因河床冲刷调整而补充的泥沙也占一定比例。

二、年内分配不均,汛期华县水量偏多

潼关水文站非汛期来水量为 119.82 亿 m^3,来沙量为 0.263 亿 t,分别占全年的 48.9% 和 21.3%,与 1987～2010 年相比,来水量减少 9.0%,来沙量减少 81.7%,平均含沙量由 10.92 kg/m^3减少为 2.19 kg/m^3。汛期来水量为 125.45 亿 m^3,来沙量为 0.969 亿 t,分别占全年的 51.1% 和 78.7%,与 1987～2010 年相比,来水量增加 15.9%,来沙量减少 77.7%,平均含沙量由 40.16 kg/m^3减少为 7.72 kg/ m^3。

龙门水文站非汛期来水量为 101.30 亿 m^3,来沙量仅为 0.133 亿 t,分别占全年的 60.8% 和 27.5%,与 1987～2010 年相比,来水量减少 9.9%,来沙量减少 80.6%,平均含沙量由 6.07 kg/m^3减少为 1.31 kg/m^3。汛期来水量为 65.32 亿 m^3,来沙量仅为 0.350 亿 t,分别占全年的 39.2% 和 72.5%,与 1987～2010 年相比,来水量减少 16.1%,来沙量减少 88.2%,平均含沙量由 38.05 kg/m^3减少为 5.35 kg/m^3。

华县水文站非汛期来水量为 15.80 亿 m^3,来沙量为 0.019 亿 t,分别占全年的 22.2% 和 4.3%,与 1987～2010 年相比,来水量减少 18.0%,来沙量减少 92.2%,平均含沙量由 13.03 kg/ m^3减少为 1.23 kg/ m^3。汛期来水量为 55.28 亿 m^3,来沙量为 0.420 亿 t,分别占全年的 77.8% 和 95.7%,与 1987～2010 年相比,来水量增加 92.9%,来沙量减少 77.8%,平均含沙量从 66.02 kg/ m^3减少为 7.60 kg/ m^3。

与 1987～2010 年相比,三站汛期水沙量占全年的比例发生不同程度变化。从水量占全年的比例看,龙门略有减少,华县增加 18%,潼关增加 6%;从沙量占全年的比例看,龙门减少 8.8%,华县增加 7.4%,潼关增加 3.6%。以上表明,华县和潼关汛期水沙量占全年的比例均有不同程度的增加,龙门汛期水沙量占全年的比例均有所减少。从潼关沙量变化看,2011 年非汛期和汛期较 1987～2010 年分别减少 81.7% 和 77.7%,造成年输沙量

显著减少。

从汛期水沙来源看，渭河来水占潼关的44.1%，来沙占43.3%，来水比例大于近期1987～2010年的26.5%，来沙比例与1987～2010年的43.5%接近；龙门来水占潼关的52.1%，来沙占36.1%，小于1987～2010年相应值72.0%和68.2%。说明2011年汛期渭河华县来水量大是潼关水量维持近期平均值的主要原因，而干支流来沙量减少是潼关沙量大幅度减少的主要原因。

三、洪峰流量大、含沙量低

（一）桃汛洪水特点

2011年继续开展利用并优化桃汛洪水过程冲刷降低潼关高程试验。在宁蒙河段开河期，头道拐水文站形成的桃汛洪水过程比较平坦，洪峰流量仅1 650 m³/s，最大日均流量1 510 m³/s。通过万家寨、龙口、天桥水库的联合调度，府谷水文站瞬时最大流量达2 600 m³/s，最大10 d水量较头道拐增加2.14亿m³，从河曲到潼关洪水过程相似，其演进过程见图1-2，洪水流量的沿程变化见表1-2。图1-3为万家寨水库进出库流量和含沙量过程，3月23～27日水库为补水运用，库水位从972.49 m降到955.07 m，在万家寨水库补水运用结束时水库排沙，形成最大含沙量13.3 kg/m³的小沙峰，但相应最大10 d出库沙量为入库的53%。

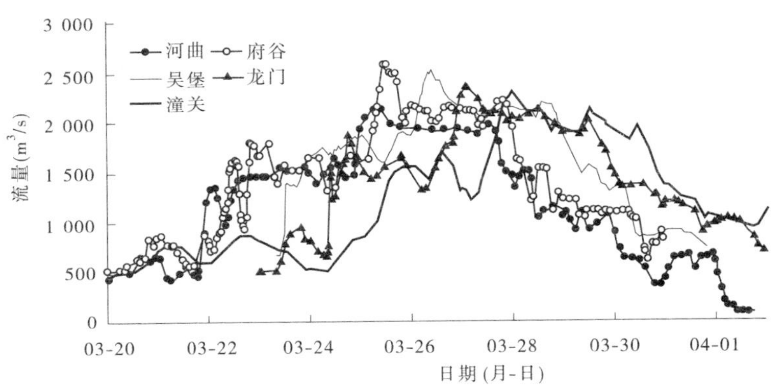

图1-2 洪水演进过程

表1-2 桃汛期水沙特征统计

水文站	10 d洪量（亿m³）	10 d沙量（亿t）	洪峰流量（m³/s）	最大日均流量（m³/s）
头道拐	10.71	0.053	1 650	1 510
河曲	11.66	0.028	2 120	2 020
府谷	12.85	0.044	2 600	2 140
潼关	12.21	0.058	2 310	2 070

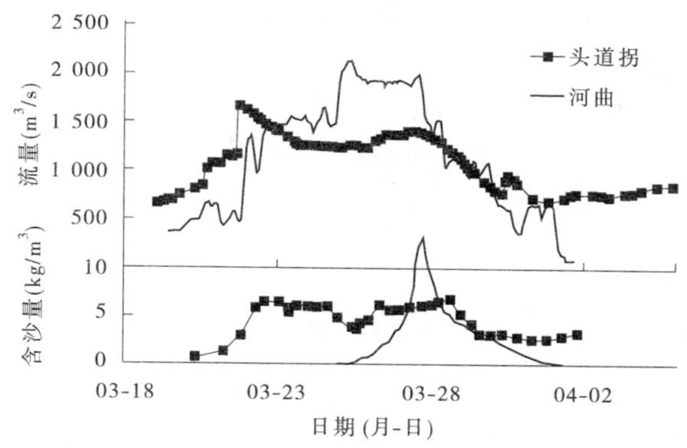

图 1-3　万家寨水库进出库流量、含沙量过程

经万家寨水库补水优化的桃汛洪水过程传播到潼关水文站，3 月 25 日起涨、4 月 3 日基本结束，在三门峡库区形成了历时 10 d 左右的桃汛洪水过程，见图 1-4。在潼关水文站形成的洪水过程，洪峰流量为 2 310 m^3/s，最大日均流量 2 070 m^3/s，最大瞬时含沙量 8.52 kg/m^3，最大日均含沙量 7.87 kg/m^3。其中流量 2 000 m^3/s 以上持续 19 h，1 500 m^3/s以上持续近 4 d(90.5 h)，桃汛期间潼关水文站最大 10 d 水量为 12.21 亿 m^3，沙量为 0.058 亿 t，平均流量为 1 413 m^3/s，平均含沙量为 4.76 kg/m^3。

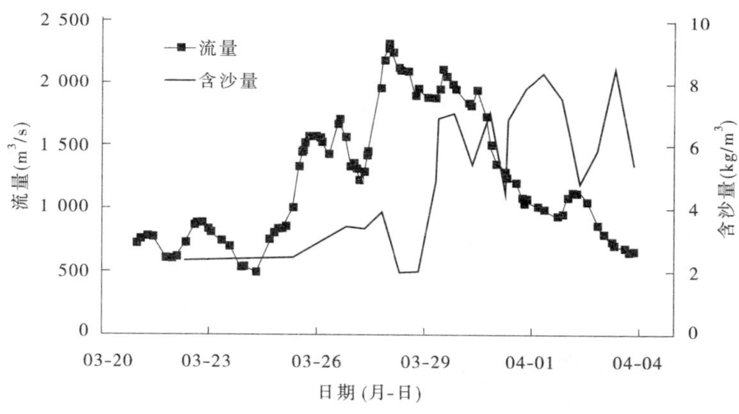

图 1-4　2011 年桃汛期潼关水文站日均流量、含沙量过程

从表 1-3 可以看出，与 1974 以来几个时段平均值相比，2011 年桃汛洪量偏少，但洪峰流量远大于 1999 ~ 2005 年的平均值 1 687 m^3/s(最大值为 2 130 m^3/s，1999 年)，最大含沙量与各时期相比大幅度减小，仅有 8.52 kg/m^3，为 1974 年以来同期最小值。

表 1-3 不同时期桃汛洪水特征值

年份	天数(d)	洪量(亿 m^3)	沙量(亿 t)	洪峰流量平均值(m^3/s)	最大含沙量(kg/m^3)	
					范围	均值
1974～1986	12	13.3	0.154	2 600	13.6～53.0	23.5
1987～1998	10	13.2	0.230	2 640	10.4～47.7	29.6
1999～2005	15	13.9	0.186	1 687	14.4～35.0	22.8
2006～2010	11.4	14.1	0.152	2 660	15.5～37.9	24.4
2011	10	12.21	0.058	2 310	8.52	

(二)汛期洪水特点

图 1-5 为 2011 年龙门、华县、潼关水文站汛期日均流量及含沙量过程。龙门站日均最大流量 1 820 m^3/s，瞬时最大流量为 2 150 m^3/s；渭河华县站出现了 3 次洪峰流量在 2 000 m^3/s 以上的洪水过程，日均最大流量为 4 410 m^3/s，瞬时最大流量为 5 050 m^3/s；相应潼关站有 3 场较大流量过程，最大洪峰流量为 5 500 m^3/s。受汛前调水调沙、干流来水和渭河流量过程遭遇的影响，潼关站还出现了 3 次洪峰流量在 1 500 m^3/s 左右的小洪水过程，洪水特征值见表 1-4。

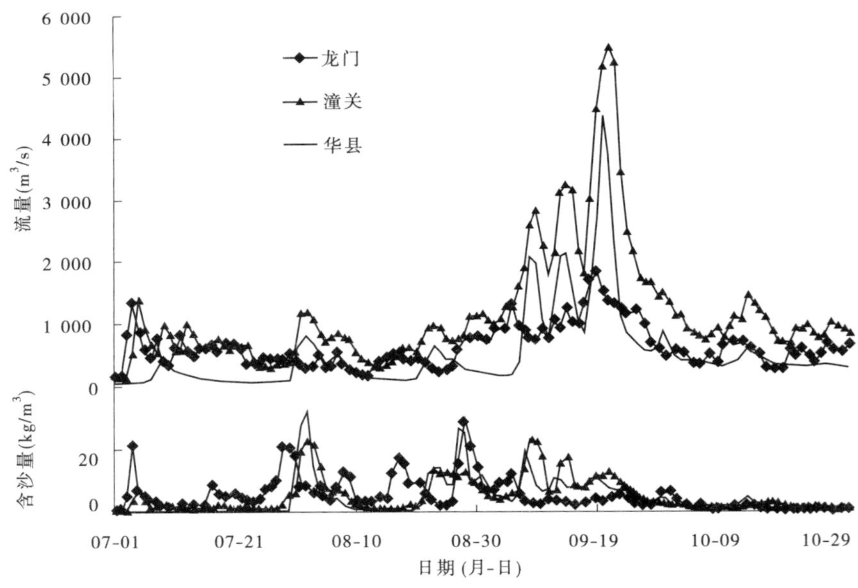

图 1-5 2011 年龙门、华县、潼关水文站汛期日均流量、含沙量过程

表 1-4　汛期洪水特征值

时段（月-日）	洪水来源	站名	瞬时最大流量（m^3/s）	瞬时最大含沙量（kg/m^3）	日均最大流量（m^3/s）	日均最大含沙量（kg/m^3）	水量（亿 m^3）	沙量（亿 t）	平均流量（m^3/s）	平均含沙量（kg/m^3）
07-03 ~ 07-06	调水调沙	龙门	1 740	31.8	1 330	21.6	3.10	0.036	898	11.6
		华县	94	0.436	80	0.343	0.18	0.000	63.9	0.21
		潼关	1 580	12.0	1 420	7.75	2.62	0.015	758	5.59
07-31 ~ 08-05	渭河	龙门	520	24.1	471	18.0	1.80	0.017	347	9.60
		华县	876	41.2	817	32.7	3.13	0.060	603	19.12
		潼关	1 300	27.7	1 210	23.3	4.85	0.083	936	17.21
09-03 ~ 09-11	黄河、渭河	龙门	1 500	15.7	1 320	12.8	6.99	0.046	899	6.54
		华县	2 130	23.4	2 070	19.9	6.90	0.077	887	11.13
		潼关	2 940	28.5	2 840	23.2	14.31	0.203	1 840	14.16
09-12 ~ 09-17	黄河、渭河	龙门	1 510	3.94	1 240	3.62	5.55	0.015	1 070	2.77
		华县	2 190	12.9	2 120	10.2	7.72	0.068	1 490	8.75
		潼关	3 430	19.7	3 260	17.7	13.52	0.157	2 608	11.62
09-18 ~ 10-05	黄河、渭河	龙门	2 150	7.44	1 820	6.5	15.19	0.057	977	3.78
		华县	5 050	12.8	4 410	10.9	19.54	0.142	1 257	7.25
		潼关	5 800	14.4	5 480	13.3	38.82	0.327	2 496	8.43
10-11 ~ 10-18	黄河、渭河	龙门			700	1.91	3.65	0.005	528	1.39
		华县			618	4.98	3.12	0.009	452	2.84
		潼关			1 480	3.89	7.94	0.020	1 149	2.49

6 月 24 日至 7 月 9 日为小浪底水库调水调沙期万家寨水库补水运用阶段，7 月 3 日 15 时万家寨水库塑造的洪水到达龙门，龙门瞬时最大流量 1 740 m^3/s，最大含沙量 31.8 kg/m^3（7 月 4 日 7:24）；渭河来水较少，到潼关洪峰流量 1 580 m^3/s，最大含沙量 12.0 kg/m^3（7 月 5 日）。

7 月 31 日至 8 月 5 日，干流龙门站流量不大，渭河出现小洪水过程，8 月 2 日 14 时华县洪峰流量 876 m^3/s，最大含沙量出现在 2 日 2 时，为 41.2 kg/m^3；在潼关形成洪峰流量为 1 300 m^3/s（8 月 2 日 17:40）、最大含沙量为 27.7 kg/m^3（8 月 3 日 8:48）的小洪水过程。

9 月 3 日至 9 月 11 日，渭河华县最大洪峰流量达 2 130 m^3/s（9 月 8 日 22 时），9 月 5

日龙门出现洪峰流量 1 500 m^3/s,到潼关形成洪峰流量为 2 940 m^3/s(9 月 9 日 8 时)、瞬时最大含沙量 28.5 kg/m^3(9 月 8 日 20 时)的洪水过程,沙峰出现在洪峰之前。

9 月 12 日至 9 月 17 日,渭河再次出现了尖瘦洪峰过程,华县洪峰流量 2 190 m^3/s,出现在 9 月 14 日 1:30;龙门最大流量 1 510 m^3/s,出现在 9 月 16 日;干支流汇合后,于 9 月 13 日 20 时潼关洪峰流量为 3 430 m^3/s,在华县最大峰值之前,瞬时最大含沙量为 19.7 kg/m^3,出现在 9 月 14 日 17:48。

9 月 18 日至 10 月 5 日,渭河出现了汛期以来最大的洪水过程,洪峰达 5 050 m^3/s(9 月 20 日 19:06),最大含沙量仅 12.8 kg/m^3,出现在涨水阶段(9 月 18 日);龙门 9 月 19 日出现洪峰流量 2 150 m^3/s,瞬时最大含沙量仅 7.44 kg/m^3;与干流遭遇后 21 日潼关洪峰流量达 5 800 m^3/s,瞬时最大含沙量为 14.4 kg/m^3。

10 月 11 日至 10 月 18 日,受干流龙门和渭河华县流量较大的影响,在潼关形成日均最大流量为 1 480 m^3/s、最大含沙量仅 3.89 kg/m^3的小洪水过程。

与历年洪峰相比,潼关 2011 年最大洪峰流量为 5 800 m^3/s,为 1999 年以来最大的值,与 1960 年以来洪峰平均值 5 880 m^3/s 接近,略大于 1980～1998 年平均值 5 568 m^3/s(见图 1-6)。

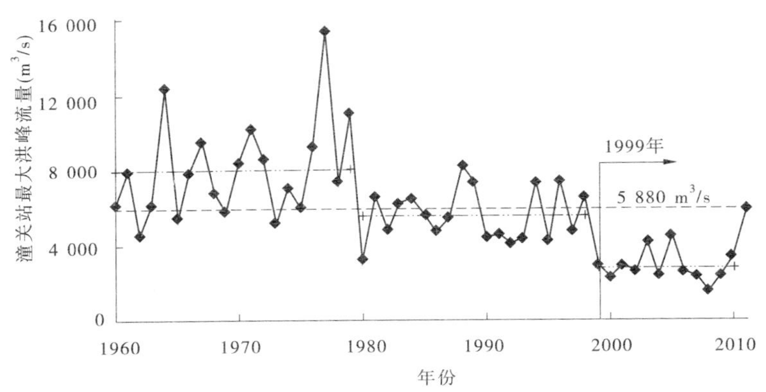

图 1-6　潼关水文站历年最大洪峰流量过程

四、大流量天数增加、各级沙量均较少

潼关水文站汛期不同流量级天数和水沙量统计(见表 1-5)表明,2011 年汛期日均流量大于 4 000 m^3/s 的天数有 4 d,水量为 17.60 亿 m^3;3 000～4 000 m^3/s 的天数有 5 d,水量为 13.86 亿 m^3,水量和天数均大于 1987～2010 年时段平均值。日均流量在 1 000～2 000 m^3/s 的天数为 33 d,水量为 37.26 亿 m^3,均小于时段平均值;日均流量在 1 000 m^3/s以下的天数为 74 d,与时段平均值接近,相应水量较时段平均值偏大 7.26 亿 m^3。各流量级相应沙量较时段平均值均明显减少,但各级沙量占全年的比例有所调整,如图 1-7 所示,流量大于 3 000 m^3/s 相应沙量比例增大,小于 3 000 m^3/s 相应沙量比例减小。

表 1-5　2011 年潼关水文站汛期不同流量级天数、水沙量与长时段对比

时段	项目	<1 000 m³/s	1 000 ~ 2 000 m³/s	2 000 ~ 3 000 m³/s	3 000 ~ 4 000 m³/s	>4 000 m³/s
1987 ~ 2010 年平均	天数(d)	72.63	39.33	7.96	2.33	0.75
	水量(亿 m^3)	35.07	46.79	16.61	6.71	3.05
	沙量(亿 t)	0.680	1.654	1.089	0.512	0.396
2011 年	天数(d)	74	33	7	5	4
	水量(亿 m^3)	42.33	37.26	14.40	13.86	17.60
	沙量(亿 t)	0.157	0.232	0.200	0.170	0.211

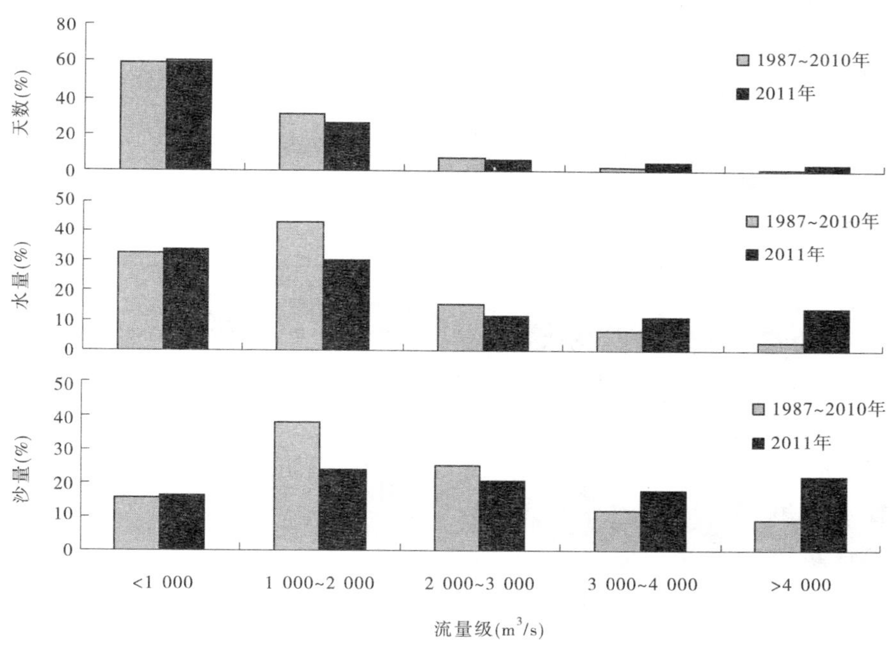

图 1-7　各流量级天数、水沙量占汛期百分数

总体来看，与 1987 ~ 2010 年时段相比，流量大于 3 000 m^3/s 的天数、水量增加，天数、水量和沙量占汛期的比例也增加；小于 1 000 m^3/s 较小流量的天数、水量和沙量占汛期的比例，与时段平均比较接近。

第二章 水库运用情况

一、运用水位

（一）非汛期

2011 年三门峡水库非汛期仍按不超过 318 m 控制，平均蓄水位 317.43 m，最高日均水位 318.0 m，进出库流量及水位变化过程见图 2-1。3 月下旬配合桃汛洪水冲刷降低潼关高程试验，水位降至 313 m 以下，最低降至 312.5 m，连续 7 d 低于 314 m。各月平均水位见表 2-1。与 2003 ~2010 年非汛期最高运用水位 318 m 控制运用以来平均情况相比，非汛期平均水位抬高 0.84 m，各月平均水位均有不同程度抬高。

表 2-1 非汛期史家滩各月平均水位 （单位：m）

月份	11	12	1	2	3	4	5	6	平均
2011 年	317.49	317.96	317.59	317.65	316.39	317.55	317.72	317.60	317.43
2003 ~2010 年	316.37	317.00	316.95	317.23	315.68	317.17	317.24	315.06	316.59

非汛期水位在 317 ~318 m 的天数最多，为 222 d，占非汛期天数的 91.7%；水位在 316 ~317 m 的天数为 10 d，占非汛期天数的 4.1%；水位在 315 ~316 m 的天数仅 2 d，水位在 314 ~315 m 的天数为 1 d，占非汛期天数的 1.3%；水位在 314 m 以下的天数为 7 d，占非汛期天数的 2.9%。最高水位回水末端约在黄淤 34 断面，潼关以下较长河段不受水库蓄水直接影响。

（二）汛期

在汛期，水库运用基本按平水期控制水位不超过 305 m、流量大于 1 500 m^3/s 敞泄排沙的运用方式（见图 2-1）。汛期坝前平均水位 305.93 m，其中调水调沙后到 10 月 10 日平均水位 303.79 m。

从 7 月 1 日到 10 月 10 日，三门峡水库共进行 3 次敞泄运用，水位 300 m 以下天数累计 8 d。其中 7 月 5 ~6 日敞泄是配合小浪底水库调水调沙生产运行进行的调控运用；其余 2 次为洪水期敞泄，敞泄期低水位连续最长时间为 4 d；9 月 19 ~22 日渭河秋汛洪水期潼关站（入库）流量在 4 500 ~5 500 m^3/s，虽然泄流孔洞全部开启，水库仍然自然滞洪，坝前水位在 300.65 ~305.31 m，在之后的落水过程中，基本按 305 m 控制运用。10 月 12 日开始，水库逐步抬高运用水位向非汛期过渡，10 月 30 日水位达 318 m。敞泄时段水位特征值见表 2-2。

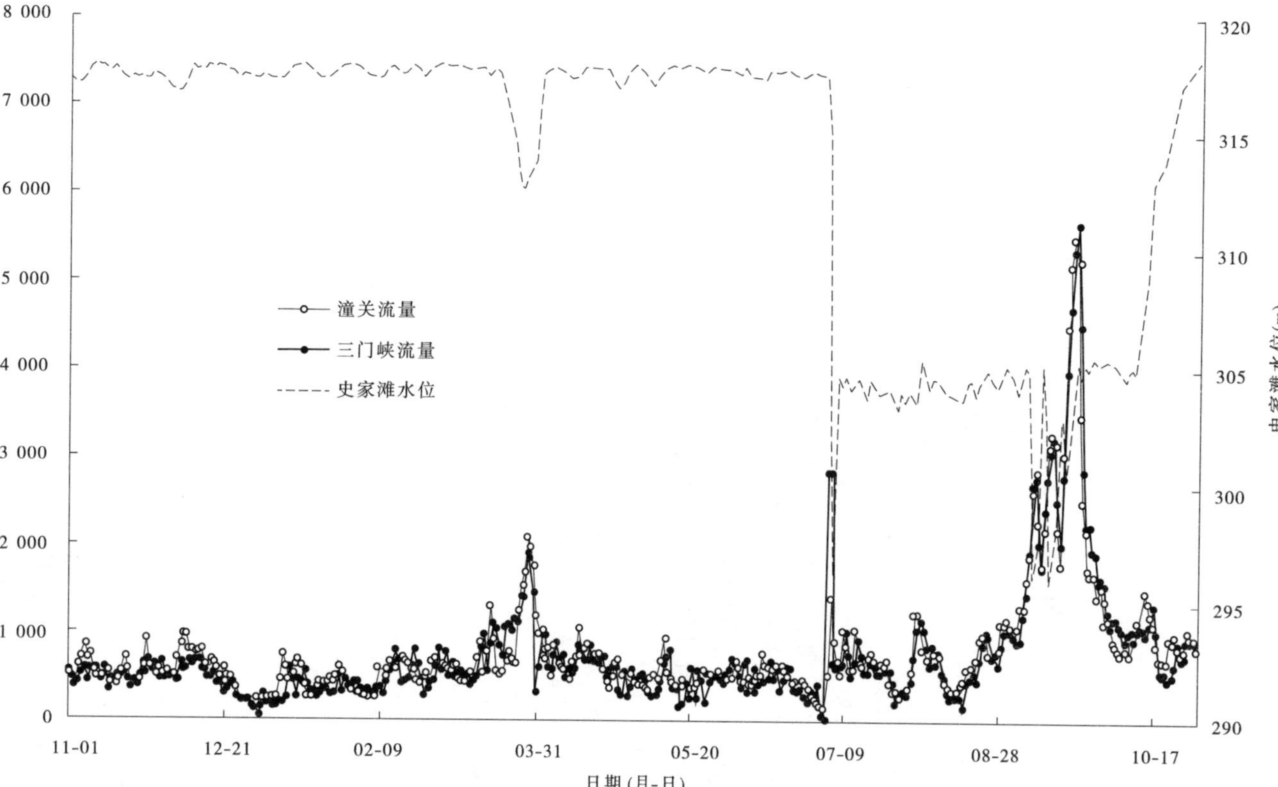

图 2-1　2011 年三门峡水库进出库流量和水位变化过程

表 2-2　2011 年三门峡水库敞泄运用特征值统计

时段	水位低于 300 m 天数(d)	坝前水位(m)		潼关最大日均流量(m^3/s)
		平均	最低	
7 月 5～6 日	2	297.73	297.37	1 420
9 月 8～9 日	2	296.10	296.05	2 840
9 月 13～16 日	4	296.44	295.88	3 260
9 月 19～22 日	0	303.08	300.65	5 500

二、对水沙过程的调节

非汛期水库基本按 318 m 控制运用，桃汛洪水期水库按 313 m 控制运用，入库最大日均流量为 2 070 m^3/s，含沙量在 3～7 kg/m^3，相应出库最大流量为 1 890 m^3/s，水库有少量排沙，排沙量仅 56 万 t，出库最大日均含沙量仅 1.53 kg/m^3。

调水调沙期，利用三门峡水库 318 m 以下蓄水量塑造洪峰，7 月 3 日至 7 月 6 日，入库瞬时最大流量为 1 580 m^3/s，最大含沙量为 12.0 kg/m^3，沙量为 0.015 亿 t；出库瞬时最大流量为 5 240 m^3/s，日均最大流量为 2 820 m^3/s，库水位降低后开始排沙，出库瞬时最大含沙量 329 kg/m^3，日均最大含沙量为 123 kg/m^3，排沙量为 0.271 亿 t，排沙比为 18.1。汛期平水期按 305 m 控制运用，进出库流量过程差异较小，出库含沙量小于入库；洪水期水库敞泄运用，进出库流量过程相似，最大流量接近，而出库含沙量大于入库，图 2-2 为进出库流量和含沙量过程。在 9 月的 3 次洪水过程中，前 2 次洪峰流量在 3 000 m^3/s 左右，出库含沙量显著增加，入库最大含沙量为 23.3 kg/m^3，而出库最大达 101 kg/m^3；第 3 次洪水过程中进出库最大流量分别为 5 500 m^3/s、5 650 m^3/s，大水期水库有一定滞洪作用，出库含沙量增加值较小。

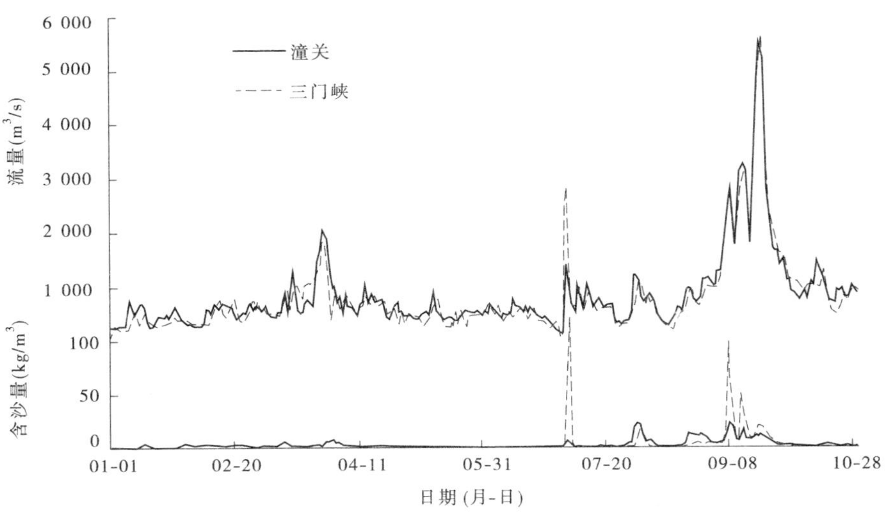

图 2-2　三门峡水库进出库流量、含沙量过程

第三章　水库排沙特点

按输沙率法统计,2011 年三门峡水库全年排沙量为 1.754 亿 t,其中汛期排沙 1.748 亿 t,非汛期排沙 0.006 亿 t,非汛期排沙发生在桃汛洪水时三门峡降低水位运用期(3 月 26 日至 4 月 1 日)。汛期排沙量取决于流量过程和水库敞泄程度。

三门峡水库汛期入库沙量为 0.969 2 亿 t,库区冲刷量为 0.779 1 亿 t,不同时段排沙情况见表 3-1。汛期平水期和敞泄期水库均进行排沙,排沙效果差别较大,平水期排沙比较小,而敞泄期排沙比较大。2011 年水库进行了 3 次敞泄排沙,第一次敞泄为小浪底水库调水调沙期,其余 2 次为入库流量大的洪水过程。其中第一次为 7 月 5 日降低水位泄水,库水位低于 300 m,排沙显著增大,7 月 5～6 日库水位在 300 m 以下,2 d 水库冲刷 0.257 7 亿 t,排沙比高达 2 113.28%;其余 2 场洪水排沙比分别为 285.34% 和 235.29%,敞泄期平均排沙比 340.00%。洪峰最大的洪水期(9 月 18～23 日),坝前水位在 300～305 m,出库沙量为 0.426 0 亿 t,排沙比为 161.61%。平水期入库流量小,水库控制水位 305 m 运用,虽然坝前有一定程度壅水,但入库流量较大、含沙量小,平均排沙比 108.96%。敞泄期入库流量较大,库水位较低,产生自下而上的溯源冲刷,冲刷量大,效率高。在洪水敞泄运用中,单位水量冲刷量平均为 34.1 kg/m^3。敞泄期按 10 d 统计,来水量 20.33 亿 m^3,仅占汛期水量的 16.2%,但排沙量占汛期的 58.3%,汛期冲刷量集中在敞泄期,非敞泄期略有冲刷。

表 3-1　2011 年汛期三门峡水库排沙统计

日期(月-日)	水库运用状态	史家滩平均水位(m)	潼关		三门峡		冲淤量(亿 t)	排沙比(%)
			水量(亿 m^3)	沙量(亿 t)	水量(亿 m^3)	沙量(亿 t)		
07-01～07-04	蓄水	316.97	0.89	0.002 0	2.86	0.000 0	0.002 0	0
07-05～07-06	敞泄	297.73	2.03	0.012 8	3.00	0.270 5	-0.257 7	2 113.28
07-07～09-07	控制	304.31	40.98	0.274 4	37.20	0.169 9	0.104 5	61.92
09-08～09-10	敞泄	297.87	6.64	0.143 2	6.42	0.408 6	-0.265 4	285.34
09-11～09-12	控制	304.93	3.39	0.022 6	3.56	0.031 3	-0.008 7	138.50
09-13～09-17	敞泄	298.62	11.66	0.144 8	11.66	0.340 7	-0.195 9	235.29
09-18～09-23	滞洪	303.26	23.23	0.263 6	23.27	0.426 0	-0.162 4	161.61
09-24～10-31	蓄水	309.98	36.64	0.105 9	37.37	0.101 4	-0.004 5	95.75
敞泄期		297.95	20.33	0.300 0	21.07	1.020 0	-0.720 0	340.00
非敞泄期		306.64	105.12	0.670 0	104.26	0.730 0	-0.060 0	108.96
汛期		305.93	125.45	0.969 2	125.33	1.748 3	-0.779 1	180.39

可见,三门峡水库排沙主要集中在敞泄期和洪水期,敞泄期库区冲刷,水库排沙比大于 100%;洪水期完全敞泄时排沙比远大于 100%,洪水期没有完全敞泄而是按 305 m 控制运用时排沙比也大于 100%;小流量过程按 305 m 控制运用时排沙比小于 100%。

第四章　库区冲淤变化

一、潼关以下冲淤量及分布

根据大断面测验资料，2011 年潼关以下库区非汛期淤积 0.443 亿 m^3，汛期冲刷 0.604 亿 m^3，年内冲刷 0.161 亿 m^3。冲淤沿程分布见图 4-1。非汛期淤积末端在黄淤 36 断面，淤积强度最大的河段在黄淤 19～29 断面，黄淤 8 断面以下的坝前河段有少量淤积。汛期的冲刷与非汛期淤积基本对应，非汛期淤积量大的河段汛期冲刷量也大。全年来看，除坝前个别断面淤积较大外，其他各断面基本表现为冲刷，沿程变化幅度不大。

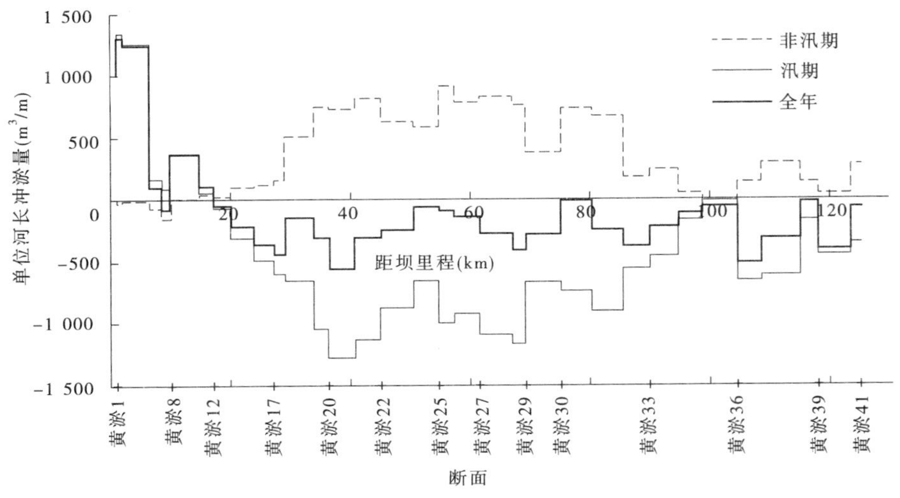

图 4-1　2011 年三门峡潼关以下库区冲淤量沿程分布

从各河段的冲淤量来看，黄淤 12 以上各库段均具有非汛期淤积、汛期冲刷的特点，冲淤变化最大的河段在黄淤 12～30 断面，而黄淤 12 至大坝断面为非汛期微冲、汛期淤积。除黄淤 12 至大坝断面表现为淤积外，其他各库段均表现为冲刷，各河段发生冲刷最大的是黄淤 12～22 断面，冲刷最小的是黄淤 30～36 断面，冲刷量分别为 0.082 亿 m^3、0.048 亿 m^3（见表 4-1）。

表 4-1　2011 年潼关以下库区各河段冲淤量　　（单位：亿 m^3）

时段	大坝至黄淤 12	黄淤 12～22	黄淤 22～30	黄淤 30～36	黄淤 36～41	大坝至黄淤 41
非汛期	-0.004	0.121	0.199	0.091	0.036	0.443
汛期	0.103	-0.203	-0.265	-0.139	-0.100	-0.604
全年	0.099	-0.082	-0.066	-0.048	-0.064	-0.161

二、小北干流冲淤量及分布

2011 年小北干流河段非汛期冲刷 0.264 亿 m^3，汛期冲刷 0.077 亿 m^3，全年共冲刷 0.341 亿 m^3。冲淤沿程分布见图 4-2。非汛期除黄淤 41 ~ 42 断面以及黄淤 51 ~ 54 断面有明显淤积外，其余河段均发生不同程度冲刷，黄淤 60 以上冲刷量大；汛期各断面有冲有淤，沿程冲淤交替发展，上段冲淤调整强度小，下段冲淤调整强度略大；全年来看，沿程也表现为冲淤交替，其中汇淤 6 至黄淤 47 和黄淤 60 ~ 62 河段冲刷强度大。

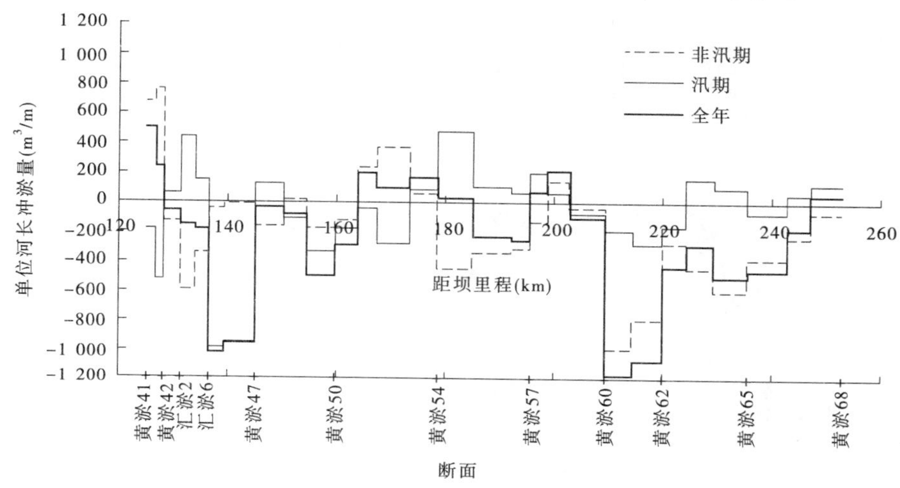

图 4-2　2011 年小北干流河段冲淤量沿程分布

从各河段的冲淤量来看，除黄淤 50 ~ 59 断面汛期发生了淤积外，其他各河段非汛期和汛期均表现为冲刷；全年各河段均表现为冲刷，黄淤 50 ~ 59 断面的冲刷量最小，仅有 0.002 亿 m^3，见表 4-2。

表 4-2　2011 年小北干流各河段冲淤量　　（单位：亿 m^3）

时段	黄淤 41 ~ 45	黄淤 45 ~ 50	黄淤 50 ~ 59	黄淤 59 ~ 68	黄淤 41 ~ 68
非汛期	-0.007	-0.017	-0.032	-0.208	-0.264
汛期	-0.021	-0.068	0.030	-0.018	-0.077
全年	-0.028	-0.085	-0.002	-0.226	-0.341

三、桃汛期冲淤变化

桃汛期潼关水文站最大 10 d 水量为 12.21 亿 m^3，沙量为 0.058 亿 t，相应三门峡出库沙量为 56 万 t，潼关以下淤积 0.052 亿 t（沙量法）。

桃汛期对龙门到三门峡大坝区间的部分断面进行了观测，各断面的冲淤变化见图 4-3。可以看出，在小北干流河段，除汇流区断面外，多数断面发生冲刷；在潼关以下库区，黄淤 27 断面以上为冲刷，黄淤 26 断面以下为淤积，也就是说，潼关以上的来沙和上段冲刷的泥沙均淤积在黄淤 26 断面以下。淤积分布的调整更有利于汛期降低水位时淤积物的冲刷出库。

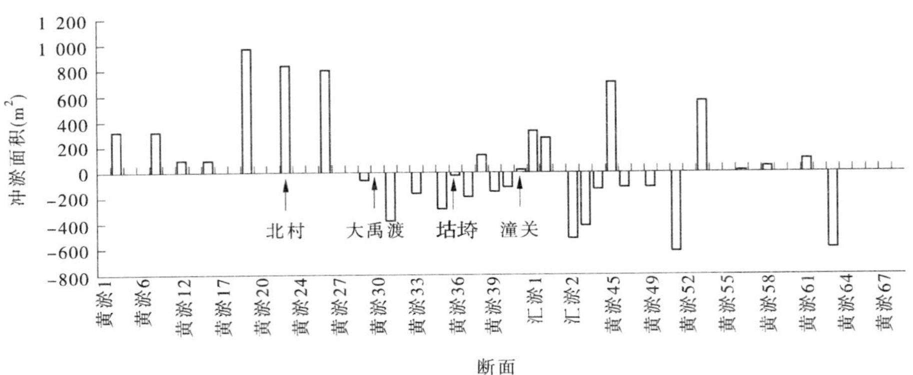

图 4-3　2011 年桃汛期部分断面冲淤变化

第五章　潼关高程变化

2010 年汛后潼关高程为 327.77 m，非汛期总体淤积抬升，至 2011 年汛初为 328.18 m，经过汛期的调整，汛后为 327.63 m，与 2005 年以来汛后值接近。运用年内潼关高程下降 0.14 m。年内潼关高程变化过程见图 5-1。

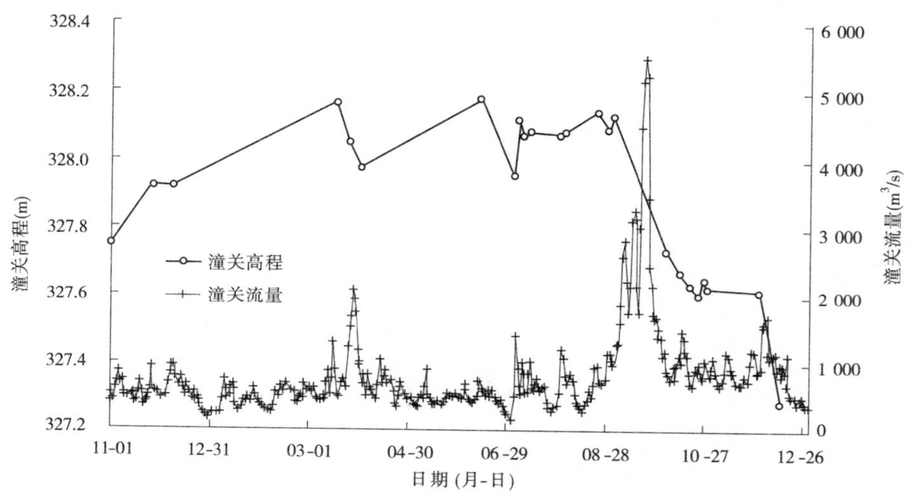

图 5-1　2011 年潼关高程变化过程

非汛期水库运用水位在 318 m 以下，潼关河段不受水库回水直接影响，主要受来水来沙和前期河床条件影响，基本处于自然演变状态。潼关高程从 2010 年汛后到桃汛前上升 0.39 m，为 328.16 m，在桃汛洪水作用下潼关高程下降 0.18 m，桃汛后为 327.98 m，桃汛期潼关（六）水位流量关系见图 5-2。桃汛后 4～5 份流量小，主河槽发生淤积调整，1 000 m^3/s 水位抬升，至汛初潼关高程为 328.18 m。非汛期潼关高程累计上升 0.41 m。

汛期三门峡水库运用水位基本控制在 305 m 以下，潼关高程随水沙条件变化而发生升降交替变化。汛初潼关高程为 328.18 m，至 9 月 2 日洪水之前，潼关流量较小，平均为 695 m^3/s，最大仅 1 210 m^3/s，潼关高程变化很小，变动在 328.08～328.14 m；9 月渭河洪水流量大、含沙量低，潼关站洪峰流量最大达 5 800 m^3/s，潼关高程发生较大幅度下降，洪水期下降 0.4 m；洪水后潼关高程继续下降，最低为 327.60 m。汛期潼关高程共下降 0.55 m，汛末潼关高程降为 327.63 m。11 月和 12 月潼关高程继续冲刷下降，至 12 月 12 日潼关高程为 327.28 m，为 1990 年以来的最低值。汛期潼关（六）水位流量关系见图 5-3。

可见，渭河洪水对潼关高程冲刷下降起重要作用。

库区各站 1 000 m^3/s 流量相应水位的变化（见图 5-4）表明，潼关（八）同流量水位和

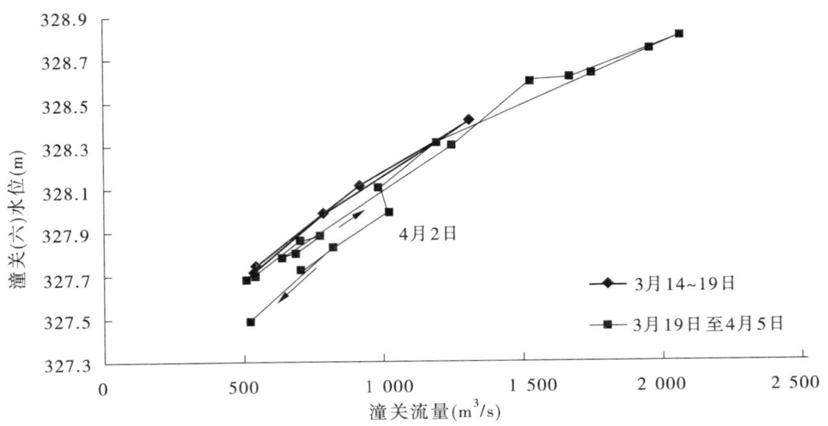

图 5-2　2011 年桃汛期潼关(六)水位流量关系

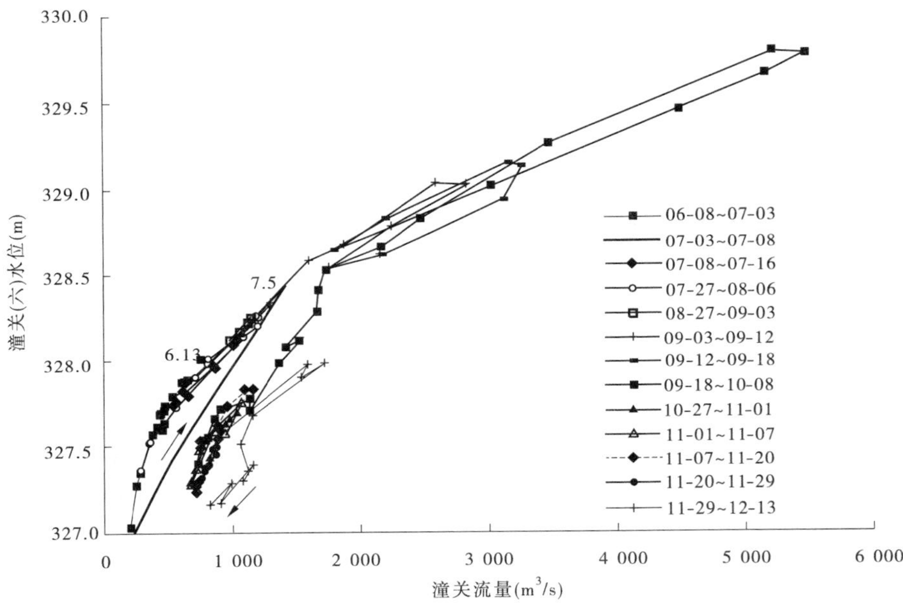

图 5-3　汛期潼关(六)水位流量关系

潼关高程变化基本一致,在 9 月 2 日前变化较小,9 月渭河秋汛洪水期冲刷下降,10 月小洪水期继续冲刷;坫埼同流量水位在 7、8 月有一定幅度的调整,洪水期的变化与潼关(六)一致,在 9 月和 10 月均有较大幅度下降。但是,汛初至汛末同流量(1 000 m^3/s)水位相比,潼关(八)下降幅度很小,坫埼下降 0.11 m,远小于潼关(六)断面,大禹渡断面累计下降了 1.64 m,北村下降了 2.03 m。

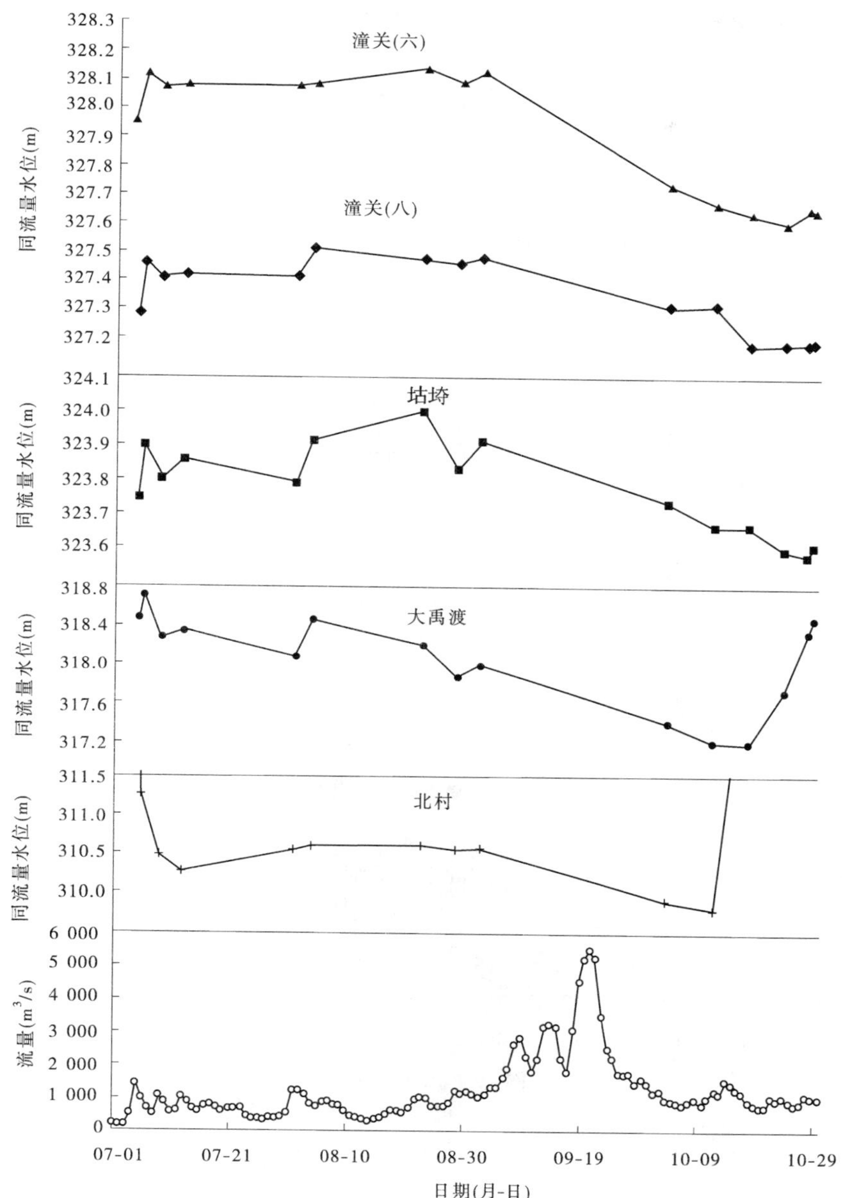

图 5-4　潼关 1 000 m^3/s 流量各站水位变化

第六章　近期潼关高程相对稳定成因探讨

1960 年 9 月三门峡水库蓄水运用后，潼关高程经历了上升－下降－上升－下降往复循环过程，1995 年汛后达 328. 28 m，之后到 2001 年基本保持相对稳定（见图 6-1）。

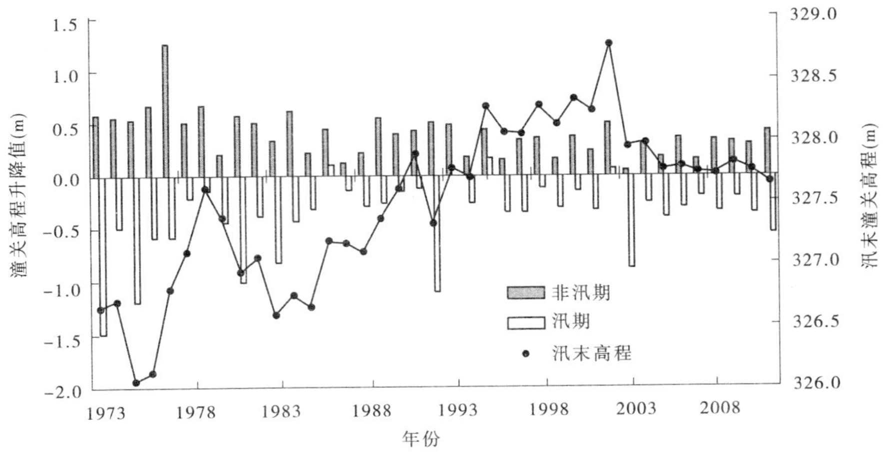

图 6-1　潼关高程变化过程

2002 年 6 月 22～26 日渭河和北洛河发生高含沙小流量洪水过程，其中华县站洪峰流量为 890 m^3/s、最大含沙量达 787 kg/m^3，北洛河洑头站最大含沙量 453 kg/m^3、洪峰流量仅 344 m^3/s，在潼关站形成了洪峰流量 1 510 m^3/s、最大含沙量 312 kg/m^3 的高含沙量小洪水过程。洪水后潼关高程一度上升到 329. 14 m，达到历史最高值，经过汛期洪水过程的冲刷调整，汛后为 328. 78 m，仍处于较高水平。

之后，经过 2003 年和 2005 年渭河秋汛洪水的冲刷，潼关高程有较大幅度的下降，2002 年汛后到 2005 年汛后潼关高程共下降 0. 71 m，汛后潼关高程为 327. 75 m，恢复到 1993～1994 年的水平。

2006～2011 年潼关高程仍表现为非汛期抬升、汛期下降，2011 年汛后较 2005 年汛后下降了 0. 12 m，基本保持稳定。潼关高程保持相对稳定的原因，除了水沙条件的影响外，三门峡水库非汛期 318 m 控制运用、桃汛冲刷试验均产生了有利影响。

一、驱动因子分析

潼关处于三门峡水库回水末端、渭河和干流汇流区下游，潼关高程的升降变化既受水沙条件的影响，又受水库运用的影响，还受河床边界条件的影响。水沙条件主要反映水流动力的强弱，水库运用的影响主要表现在非汛期淤积上延的影响，河段冲淤调整也直接影响到潼关高程。

对相关因子的敏感性分析表明，1 000 m^3/s 流量下的汛期潼关高程升降值 $\Delta H_{1\,000}$ 与潼关河段的水流能量 $\gamma' WJ$ 、潼关河段(黄淤 36 ~41 断面)汛期冲淤量以及前期非汛期淤积量等因素有关。根据 1974 ~1995 年的资料,可得出经验公式:

$$\Delta H_{1\,000} = -7.314\,5\gamma' WJ + 1.657\,2\Delta W_{s汛} - 0.276\Delta W_{s非} + 0.051 \tag{6-1}$$

式中:W 为汛期水量,亿 m^3;γ' 为浑水密度,t/m^3;J 为潼关至坫垮段汛期平均比降;$\Delta W_{s汛}$ 为汛期冲淤量,亿 m^3;$\Delta W_{s非}$ 为非汛期冲淤量,亿 m^3;$\Delta H_{1\,000}$ 单位为 m。

由上式可见,汛期潼关高程下降值受汛期水流能量的影响最大,随水流能量增加,潼关高程会有较大幅度下降。

计算结果与实际变化值比较见图 6-2,其中 1974 ~1995 年点群分布在对称线两侧;1996 ~2002 年期间,受潼关河段汛期射流清淤影响,多数年份实际下降值比计算结果偏大;2003 ~2011 年实际下降值也比计算结果偏大,除受汛期水沙过程的直接影响外,非汛期淤积量减少也有较大影响。

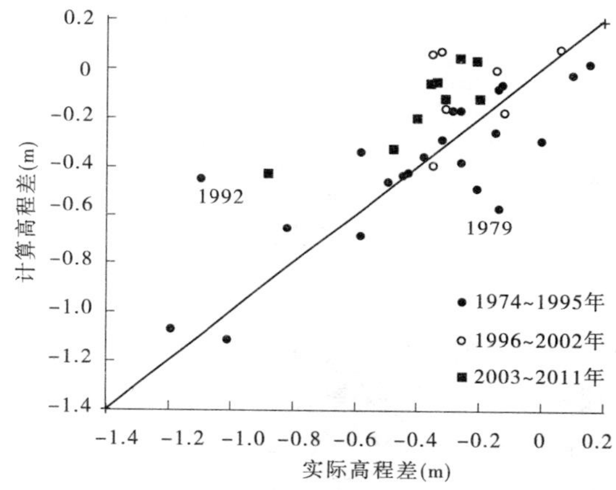

图 6-2　汛期潼关高程变化值计算与实测比较

图 6-3 以 2009 年和 2010 年为例,点绘了汛期平水和洪水阶段潼关高程变化与来沙系数的关系,可以看出,当来沙系数小于 0.01 kg · s/m^{6}时,潼关高程发生冲刷,当来沙系数大于 0.01 kg · s/m^{6}时,潼关高程发生淤积抬升,其抬升值随来沙系数的增大而增加。不同年份的河床条件不同,随来沙系数变化的幅度也不同。

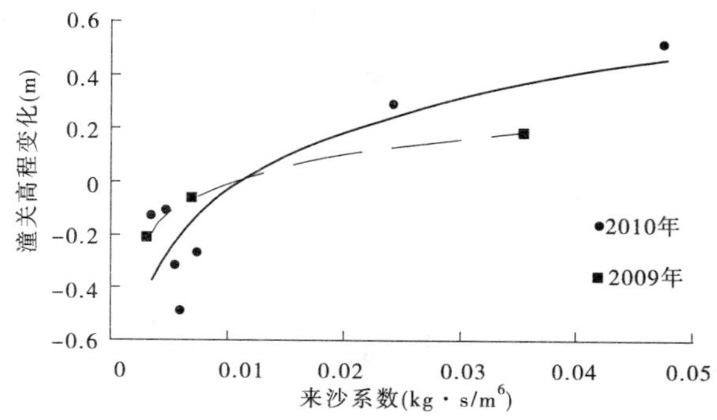

图 6-3　汛期不同阶段潼关高程变化与来沙系数的关系

可见，汛期潼关高程的变化除与水流能量及边界条件相关性较好之外，在相近的边界条件下，潼关高程的变化与水流的来沙系数也具有一定相关关系。

二、近期稳定原因分析

（一）水沙条件

2006 ~ 2011 年潼关水文站年均水量 234.7 亿 m^3，年均沙量为 1.846 亿 t（见表 6-1），与潼关高程累积抬升阶段的 1986 ~ 1995 年相比，水量减少 18%，沙量减少 77%；与 1996 ~ 2005 年相比，水量增加 16%，沙量减少 65%。2006 ~ 2011 年与多年平均相比，水量并不多，沙量减少了很多，平均含沙量仅 7.86 kg/m^3，小于之前各时期。因此，在汛期水库敞泄运用时，可能会形成次饱和挟沙，使得河床冲刷机会增加、淤积机会减少；在非汛期水库蓄水状态下，来沙量的减少直接减少了非汛期的淤积量，对控制潼关高程非常有利。

表 6-1　不同时期的水沙特征

时段	水量（亿 m^3）			沙量（亿 t）		
	非汛期	汛期	全年	非汛期	汛期	全年
1986 ~ 1995 年	155.1	132.0	287.1	2.004	5.998	8.002
1996 ~ 2005 年	112.5	90.4	202.9	1.346	3.918	5.264
2006 ~ 2011 年	129.3	105.4	234.7	0.532	1.314	1.846

（二）淤积分布

潼关高程升降也是河床冲淤的直接反映，与河段冲淤变化关系密切。相关分析表明，潼关高程与潼关至坫埼段的累计淤积量（累计淤积量从 1973 年汛后算起）相关程度最好，其相关系数为 0.91。从图 6-4 可以看出，汛后潼关高程与累计淤积量呈线性关系，随累计淤积量的增加而升高。2006 年后该河段的淤积量变化很小，其原因除了来沙量较少外，与三门峡水库非汛期最高水位 318 m 控制运用、2006 年以来开展利用桃汛洪水冲刷降低潼关高程的试验密切相关。

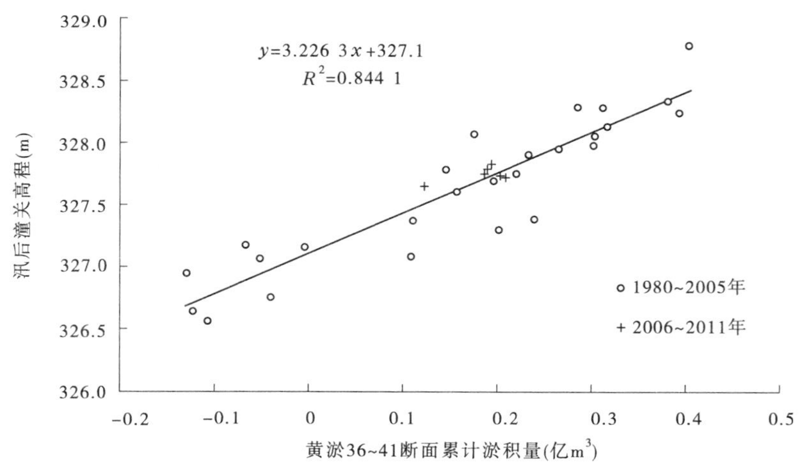

图 6-4　潼关高程与黄淤 36 ~ 41 断面累计淤积量的关系

1. 非汛期 318 m 控制运用

1974 年三门峡水库采取“蓄清排浑”控制运用方式以来，潼关以下库区具有非汛期淤积、汛期冲刷的特点。随着非汛期运用水位的降低，淤积重心下移。蓄清排浑运用初期非汛期最高水位控制在 326 m 以下，1993 年开始控制不超过 322 m，2002 年 11 月开始最高控制水位不超过 318 m。非汛期最高水位低于 318 m 后，回水末端在黄淤 34 断面附近，潼关附近河段不受水库蓄水直接影响而接近自然演变状态。同时，2003 年以来非汛期 318 m 控制运用，使得库区淤积重心下移至黄淤 31 断面以下，黄淤 33 断面以上库段淤积量减少或发生冲刷（见图 6-5），对维持潼关高程相对稳定非常有利。

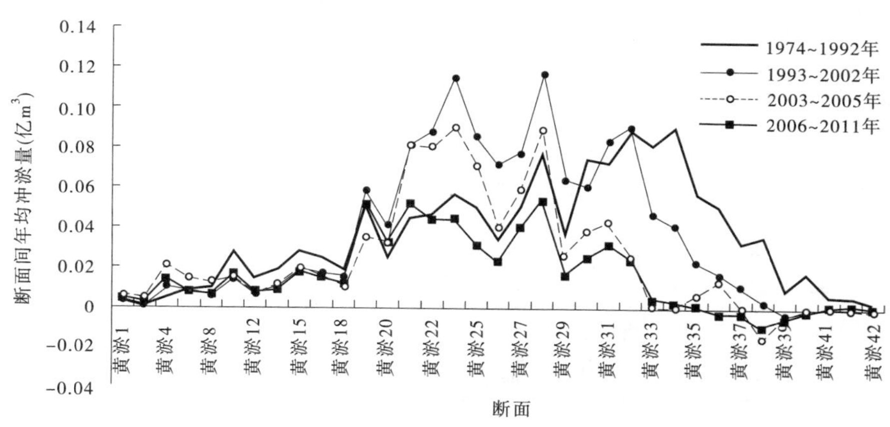

图 6-5　潼关以下不同时段非汛期冲淤分布

非汛期水库运用水位的调整使得黄淤 36 ~ 41 河段由之前的淤积转变为冲刷，而 2006 年以来汛期水流含沙量低，有的年份表现为冲刷，有的年份为淤积，平均为微淤，其淤积量小于非汛期的冲刷量，2006 ~ 2011 年该河段累计冲刷 0.098 亿 m^3，有效控制了潼关高程抬升。

2. 桃汛洪水冲刷试验

2006 年开展利用桃汛洪水冲刷降低潼关高程试验以来，通过调整桃汛期万家寨水库调度运行方式，优化出库流量过程，同时三门峡水库起调水位降到 313 m 以下，使桃汛期潼关高程得以冲刷。6 a 试验结果表明，经过优化的桃汛洪水过程，潼关站洪峰流量基本达到 2 500 m^3/s 以上，洪水前后潼关高程均有不同程度的冲刷下降，下降范围在 0.05 ~ 0.20 m，平均降低 0.11 m，相较万家寨水库运用后的 1999 ~ 2005 年平均洪峰流量 1 687 m^3/s、潼关高程平均下降 0.04 m，其高程下降值增加（见表 6-2）。但是，与万家寨水库运用前的 1987 ~ 1998 年相比，水沙条件相近，潼关高程下降值偏小，主要原因一是来沙量减少；二是三门峡水库非汛期最高运用水位按 318 m 控制，该河段基本不受水库蓄水运用的影响而处于自然演变状态，前期淤积量减少对边界条件的改变，影响了桃汛洪水期潼关高程的下降值。

桃汛试验不仅直接降低了潼关高程，还改善了潼关以下非汛期的冲淤分布。

桃汛洪水期间，三门峡水库属于正常的非汛期蓄水运用阶段，库区均处于淤积状态，干流来沙以及渭河来沙一般都淤积在潼关以下库区段。回水末端以上的冲淤变化受水沙条件的影响，流量越大越有利于冲刷；库区回水影响区的淤积分布受三门峡水库桃汛起调水位的影响，起调水位越低，淤积重心越靠近大坝，越有利于水库汛前及汛期洪水期的降低水位排沙。

表 6-2　潼关水文站不同时段桃汛洪水特征值比较（平均）

年份	洪峰流量（m^3/s）	最大含沙量（kg/m^3）	10 d 洪量（亿 m^3）	10 d 沙量（亿 t）	流量大于 2 000 m^3/s 天数（d）	三门峡起调水位（m）	潼关高程变化值（m）
2006	2 620	17.9	13.46	0.151 7	3	313	-0.20
2007	2 850	33.8	12.96	0.201 0	3	313	-0.05
2008	2 790	37.9	13.84	0.126 4	3	313	-0.07
2009	2 340	15.9	11.01	0.070 0	1	313	-0.13
2010	2 750	15.5	13.88	0.101 9	3	313	-0.11
2011	2 310	8.52	12.21	0.058 0	1	313	-0.18
2006～2011	2 610	21.59	12.89	0.118 0	2.3	313	-0.12
1974～1986	2 599	23.5	12.25	0.149 4	0.8	319.75	-0.06
1987～1998	2 625	29.6	13.22	0.227 8	2.6	317.61	-0.18
1999～2005	1 687	22.8	9.67	0.123 8	0	315.41	-0.04

根据桃汛洪水前后库区部分断面资料，计算桃汛期的冲淤量（见图 6-6）。潼关以下库区黄淤 26 断面有冲也有淤，以上断面发生冲刷，而黄淤 22 断面以下均发生淤积，其中黄淤 19 断面淤积量最大。这样，桃汛洪水前淤积在黄淤 26 断面以上库段的泥沙，在桃汛洪水期向下推移至黄淤 22 断面以下，桃汛洪水携带的泥沙也基本淤积在黄淤 22 断面以下，不仅直接减少了潼关河段的淤积，在汛期降低水位运用时也极易冲刷出库，有利于减少库区累积性淤积，保持水库年内冲淤平衡。

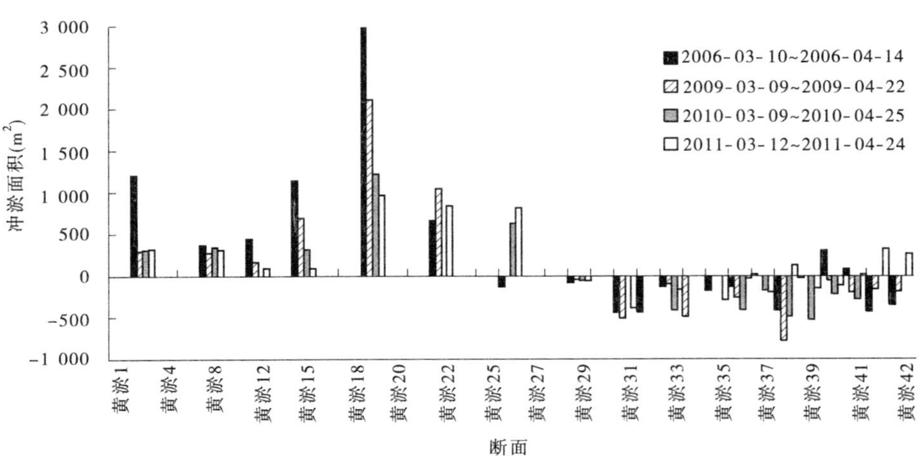

图 6-6　桃汛试验期间潼关以下库区冲淤分布

第七章　主要认识

(1)2011 年干流龙门水文站枯水少沙，渭河华县水量偏丰、沙量极少，潼关水量与 1987 年以来相比偏丰，与长系列相比仍然为枯水少沙年份。同时，潼关水文站具有洪峰流量大、含沙量低的特点。

(2)2011 年小北干流河段发生冲刷，全年冲刷 0.341 亿 m^3，其中非汛期冲刷量占 77.4%。潼关以下非汛期淤积、汛期冲刷，全年冲刷 0.161 亿 m^3，沿程除近坝段外均发生冲刷。

(3)潼关高程非汛期抬升 0.41 m、汛期下降 0.55 m，全年下降 0.14 m，汛期下降主要发生在洪水期。至 12 月潼关高程降至 327.28 m，为 1990 年以来的最低值。

(4)2011 年桃汛期经过万家寨等水库的联合调度，洪水过程得到优化，潼关洪峰流量达 2 310 m^3/s，潼关高程下降 0.18 m；潼关以下库区淤积形态调整，其中黄淤 27 断面以上冲刷，黄淤 26 断面以下淤积，淤积重心下移有利于汛前降低水位时泥沙冲刷出库，保持水库冲淤平衡。

(5)汛期潼关高程下降值与水流能量、潼关河段非汛期淤积量和汛期冲刷量具有相关关系，汛末潼关高程与黄淤 36～41 河段的累计淤积量也有很好的相关关系。

(6)2006～2011 年潼关高程相对稳定的原因：一是来沙量大幅度减少，从而减少了潼关高程淤积的物质来源；二是非汛期最高水位 318 m 控制运用，淤积重心下移，直接减轻了对潼关河段的影响；三是利用桃汛洪水冲刷潼关高程试验，不仅可以直接冲刷降低潼关高程，更改善了非汛期潼关以下库区淤积分布，有效控制了黄淤 36～41 河段淤积。非汛期淤积部位的调整和改善对控制潼关高程抬升发挥了重要作用。

第七专题　2011 年黄河下游冲淤演变及关键问题研究

利用黄河下游实测水沙资料分析、沙量平衡法和断面法计算等手段，分析了 2011 年进入黄河下游的洪水特征、河道冲淤变化、断面形态调整、过洪能力变化及河势演变等。研究表明，2011 年黄河下游河道河槽最小过流能力已达 4 100 m^3/s；自 2005 年以来，河道的冲刷效率明显降低；春灌期流量大于 800 m^3/s 后，河道淤积效率的增幅明显；在水量 40 亿 m^3 条件下，洪峰流量等于 4 000 m^3/s 且限制不漫滩，平头峰的洪水输沙能力相对较大，而单峰自然峰洪水持续时间越短，大流量级出现的比例越大，输沙能力越大；2012 年汛前，黄河下游河势相对较乱，畸形河湾多发，工程出险情况突出，上提下挫明显，而且多处发生塌滩，尤其是自 2005 年以后，下游河道主河槽变化以展宽为主。

第一章　黄河下游河道冲淤及河势分析

一、来水来沙概况

2011 年进入河道下游(小浪底、黑石关和武陟三站之和)的总水量为 262.03 亿 m^3，沙量为 0.346 亿 t，与小浪底水库运用以来多年平均值相比，水量偏多 10.7%，沙量偏少 44%。入海水文站利津水沙量分别为 141.84 亿 m^3 和 0.810 亿 t，分别偏少 2.3% 和 39%(见表 1-1)。

表 1-1　下游河道水沙量

项目	进入下游		利津	
	水量(亿 m^3)	沙量(亿 t)	水量(亿 m^3)	沙量(亿 t)
2000～2011 年平均	236.7	0.62	145.2	1.33
2011 运用年	262.03	0.346	141.84	0.81
距平(%)	10.7	-44.4	-2.3	-39.0

二、洪水

2011 年进入下游的洪峰流量大于 2 000 m^3/s 的洪水共有两场，第一场为 2011 年汛前小浪底水库调水调沙洪水，第二场为以伊洛河洪水来源为主形成的秋汛期洪水(9 月 14 日至 9 月 24 日)。此外，受大汶河来水影响，9 月东平湖有一场向黄河加水的流量过程。

(一)汛前调水调沙洪水

1. 洪水水沙特征

根据小浪底水库运用及出库水沙的特点，2011 年汛前调水调沙洪水可分为清水阶段和浑水阶段。

(1)清水阶段：在调水调沙第一阶段(6 月 19 日 9 时至 7 月 4 日 18 时)，小浪底水库持续下泄清水，6 月 22 日 19 时 6 分小浪底站出现最大流量 4 230 m^3/s，6 月 24 日 20 时花园口水文站出现最大流量 4 050 m^3/s，6 月 22 日 20 时花园口最大含沙量 7.95 kg/m^3。利津水文站最大流量 3 200 m^3/s，出现在 7 月 3 日 3 时，6 月 27 日 8 时最大含沙量 6.9 kg/m^3(见表 1-2)。

(2)浑水阶段：在调水调沙第二阶段(2011 年 7 月 4 日 18 时至 7 月 7 日 8 时)，人工塑造异重流排沙出库，历时 2 d 又 14 h，小浪底水文站 7 月 4 日 21 时 18 分最大流量 2 680 m^3/s，7 月 4 日 22 时最大含沙量 300 kg/m^3。

受小浪底水库排泄高含沙洪水和下游河道边界条件的共同影响，花园口出现了洪峰增值现象，7 月 5 日 20 时洪峰流量 3 900 m^3/s(7 月 6 日 1 时 54 分最大含沙量 75.4 kg/m^3)，较小浪底(2 680 m^3/s)、黑石关(60.2 m^3/s)、武陟(沁河干枯)三站相应合成流量

2 740.2 m^3/s 增大42%。由于本次增值后的洪峰流量较小,随着沿程不断坦化,演进至夹河滩站时,洪峰流量已降至2 960 m^3/s(见表1-3)。

表1-2　2011年汛前调水调沙第一阶段洪水特征值

站名	最大流量(m^3/s)	相应时间(月-日T时:分)	相应水位(m)	最大含沙量(kg/m^3)	相应时间(月-日T时:分)
小浪底	4 230	06-22T19:06	137.05	0	
黑石关	29.2	06-23T20:00	105.83	0	
武陟	0.1	06-23T20:00	100.54	0	
花园口	4 050	06-24T20:00	91.48	7.95	06-22T20:00
夹河滩	4 020	06-30T14:00	75.47	8.77	06-21T20:00
高村	3 640	06-30T08:00	61.91	8.97	06-23T20:00
孙口	3 580	07-01T11:00	47.95	10.6	06-24T20:00
艾山	3 490	07-02T04:00	40.96	12.9	06-23T20:00
泺口	3 380	07-02T13:30	30.22	12.2	06-27T08:00
利津	3 200	07-03T03:00	12.99	6.9	06-27T08:00

表1-3　2011年汛前调水调沙第二阶段洪水特征值

站名	最大流量(m^3/s)	相应时间(月-日T时:分)	相应水位(m)	最大含沙量(kg/m^3)	相应时间(月-日T时:分)
小浪底	2 680	07-04T21:18	135.85	300	07-04T22:00
西霞院	2 750	07-05T02:00	120.62	263	07-05T00:30
黑石关	60.2	07-05T17:24	106.20	0	
武陟	河干				
花园口	3 900	07-05T20:00	92.18	75.4	07-06T01:54
夹河滩	2 960	07-06T09:36	75.09	61.4	07-07T00:00
高村	2 760	07-06T20:00	61.34	56.7	07-07T17:00
孙口	2 620	07-07T02:00	47.24	52.9	07-08T12:36
艾山	2 650	07-07T12:00	40.24	49.7	07-09T00:00
泺口	2 640	07-07T16:00	29.42	50.5	07-09T20:00
利津	2 580	07-07T00:00	13.18	40.8	07-11T16:00

2.河道冲淤变化

考虑到清水和浑水对下游河道的冲淤影响不同,在用沙量平衡法计算冲淤时,将调水调沙洪水分为清水期和浑水期两部分,分别计算下游河道的冲淤量,其中清水期小浪底计算时间自6月18日起，到7月3日止，历时16 d；异重流排沙水流在下游河道演进过程中往往发生“沙峰滞后洪峰”现象，2011年的调水调沙洪水也是这样。为客观反映浑水期河道的冲淤，将利津水文站浑水阶段的结束时间延长至7月20日，小浪底水文站的相应时间为7月15日。因此，浑水期小浪底时间自7月4日起，7月15日止，历时12 d。整个调水调沙期从6月18日到7月15日，历时28 d（见图1-1）。

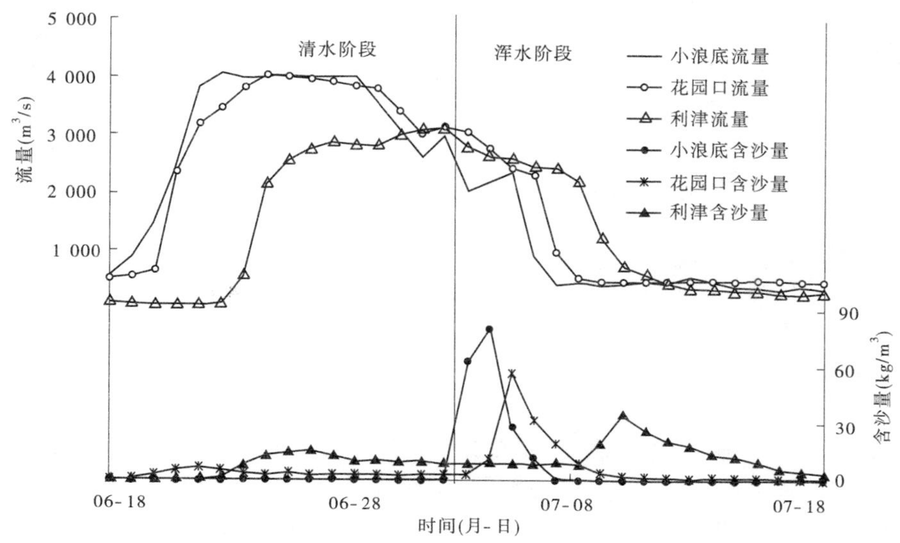

图1-1　2011年汛前调水调沙洪水日均流量、含沙量过程线

用日均流量、含沙量过程，采用等历时法计算两个阶段各水文站的水沙量。第一阶段（16 d）小浪底水文站的水量为42.8亿m^3，进入下游的水量为43.2亿m^3，进入下游的平均流量为3 123 m^3/s，利津水文站的水量为33.5亿m^3，沙量为0.338亿t；第二阶段小浪底水文站的水量为9.7亿m^3，沙量为0.329亿t，进入下游的水量为10.2亿m^3，沙量为0.329亿t，利津水文站的水量为6.5亿m^3，沙量为0.097亿t，平均含沙量为15.0 kg/m^3。整个调水调沙期间进入下游水沙量分别为53.4亿m^3和0.329亿t，入海水沙量分别为40.0亿m^3和0.435亿t。

由等历时法计算的两个阶段黄河下游各河段冲淤量的结果显示，清水期黄河下游各河段均是冲刷的，冲刷最多的河段为小浪底—花园口河段，冲刷量为0.144亿t，最少的为艾山—泺口河段，冲刷量为0.016亿t，利津以上冲刷0.398亿t；浑水期下游多数河段发生淤积，部分河段发生冲刷，小浪底—花园口河段淤积最多，为0.096亿t，其次为花园口—夹河滩河段，淤积0.033亿t，泺口—利津河段淤积0.025亿t，夹河滩—孙口发生微冲，浑水期小浪底—利津河段共淤积0.132亿t。从整个调水调沙期看，下游各河段的冲刷量均多于淤积量，故各河段均表现为净冲刷。整个调水调沙期黄河下游小浪底—利津河段共冲刷0.266亿t（见图1-2）。

汛前调水调沙两个阶段，西霞院水库分别冲刷0.027亿t和0.007亿t，共冲刷0.034亿t。

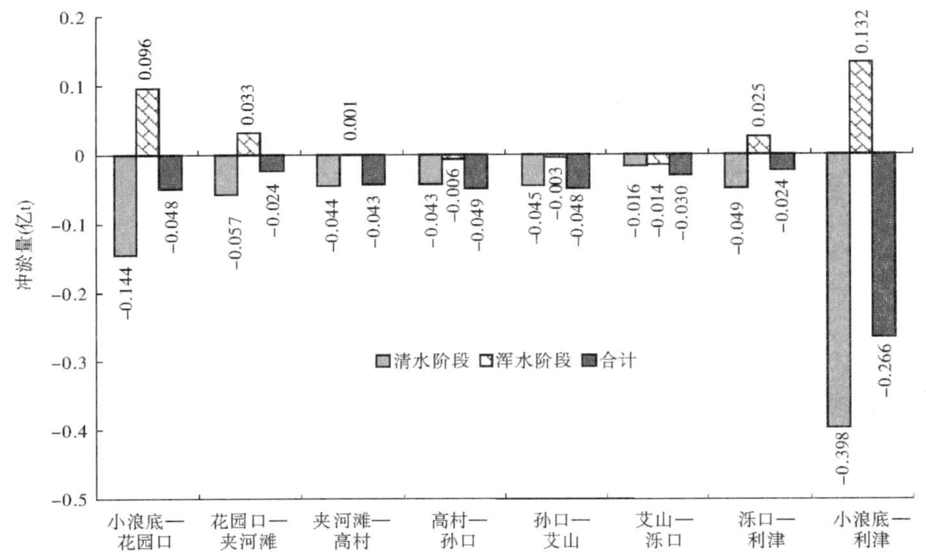

图 1-2　2011 年汛前黄河调水调沙期下游河道冲淤量

(二)第二场洪水

1. 洪水水沙特征

9 月 15 ~ 19 日,伊洛河发生洪水,黑石关水文站先后出现洪峰流量分别为 1 940 m^3/s 和2 560 m^3/s 的首尾相连的两场洪水,受伊洛河洪水及小浪底水库泄水影响,花园口水文站也出现两场首尾相连的洪水,其洪峰流量分别为 2 697 m^3/s 和 3 220 m^3/s。考虑到洪峰流量及洪水量级不大,且在演进的过程中含沙量过程演变为一个单峰,故将其作为一场洪水对待(见图 1-3)。

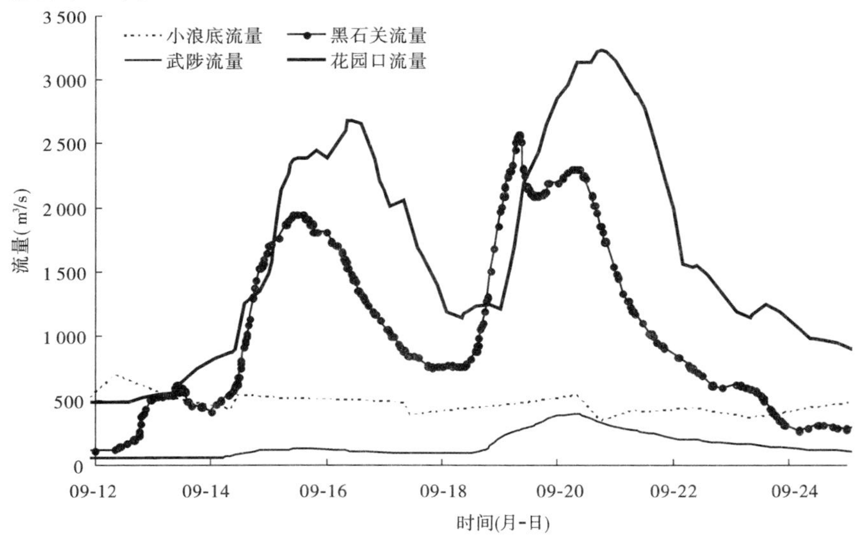

(a)

图 1-3　2011 年 9 月洪水流量、含沙量过程线

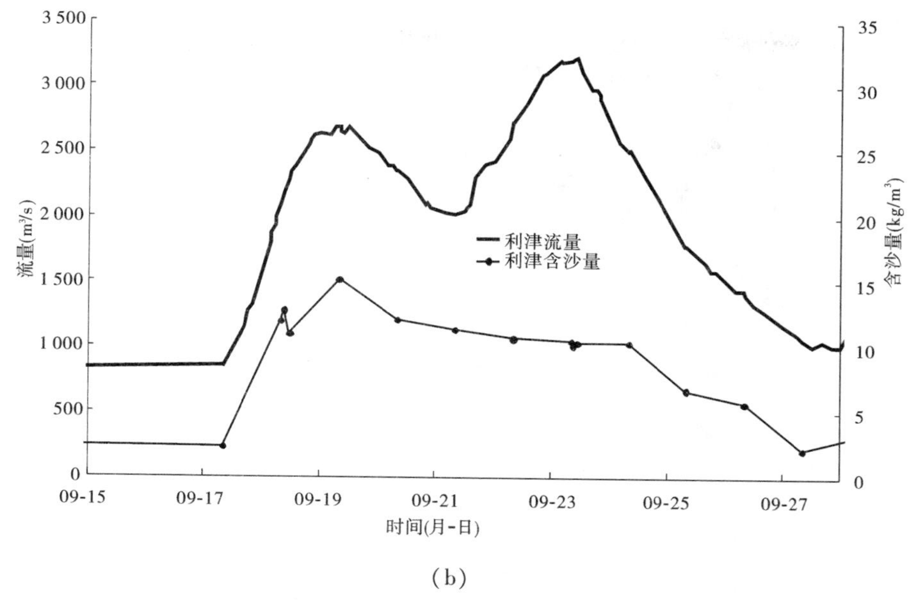

(b)

续图 1-3

本场洪水花园口水文站的洪峰流量为 3 220 m^3/s，演进到孙口站为 3 280 m^3/s，演进到利津站为3 230 m^3/s，洪水在演进的过程中，洪峰流量没有减小；最大含沙量由花园口站的 5.25 kg/m^3，增大到利津站的 15.2 kg/m^3（见表 1-4）。

表 1-4　2011 年第二场洪水特征值

站名	水量（亿 m^3）	沙量（亿 t）	最大流量（m^3/s）	相应时间（月-日 T 时:分）	相应水位（m）	最大含沙量（kg/m^3）	相应时间（月-日 T 时:分）
小浪底	4.1	0.000					
西霞院	3.8	0.000	1 110	09-16T20:12	119.40		
黑石关	11.1	0.015	2 560	09-19T07:30	112.36	3.23	09-19T11:36
武陟	1.4	0.001	393	09-20T07:30	104.95	2.19	09-19T08:00
进入下游	16.6	0.000					
花园口	17.3	0.052	3 220	09-20T18:00	92.07	5.25	09-15T08:00
夹河滩	17.0	0.083	3 180	09-20T20:00	75.13	7.3	09-16T08:00
高村	17.7	0.108	3 320	09-21T19:00	61.70	10.3	09-16T08:00
孙口	17.4	0.106	3 280	09-22T07:00	47.58	10.3	09-18T08:00
艾山	19.8	0.132	3 750	09-22T12:12	41.00	10.8	09-17T08:00
泺口	19.6	0.169	3 580	09-22T19:12	30.23	10.8	09-23T08:00
利津	19.1	0.194	3 230	09-23T10:30	12.97	15.2	09-19T08:00

2. 河道冲淤变化

自 9 月 12 日至 22 日，西霞院、黑石关和武陟的水量分别为 3.8 亿 m^3、11.1 亿 m^3 和 1.4 亿 m^3，合计为 16.3 亿 m^3，入海水量 19.1 亿 m^3，沙量 0.194 亿 t。根据等历时法计算，第二场洪水除了高村—孙口河段是基本冲淤平衡的外，其他河段均是冲刷的，本场洪水在黄河下游西霞院—利津河段共冲刷泥沙 0.193 亿 t(见图 1-4)。

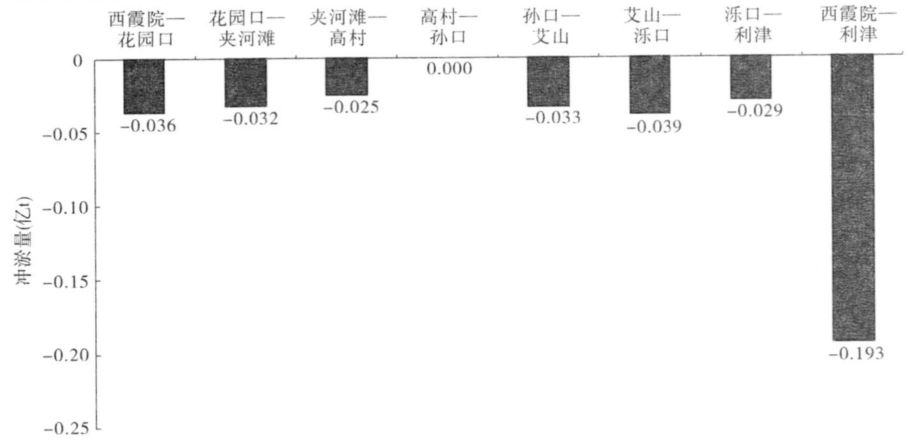

图 1-4 第二场洪水在下游各河段的冲淤量

(三)东平湖入黄流量过程

2011 年 7 ~ 12 月，东平湖水库通过陈山口的新闸下和闸下二向黄河干流加水，共加水 13.38 亿 m^3，其中 9 月加水最多，为 4.4 亿 m^3(见图 1-5)，最大日均流量 533 m^3/s(9 月 19 日)。东平湖水库入黄的较大流量过程在时间上刚好和黄河干流 9 月的较大流量相一致，这有利于艾山以下河道的冲刷(见图 1-6)。

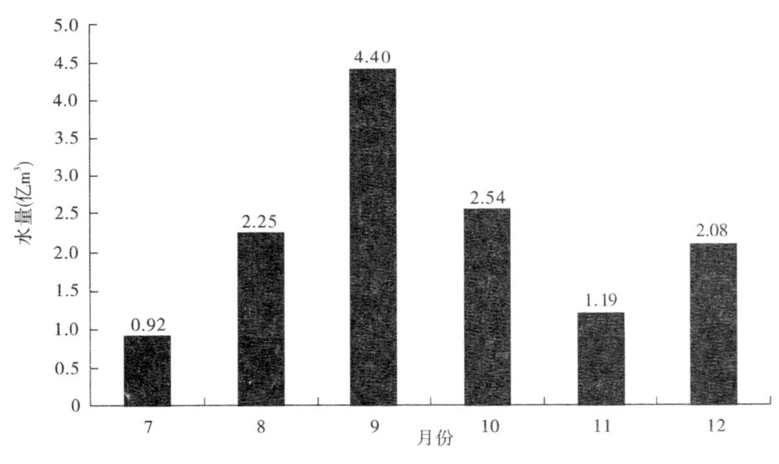

图 1-5 2011 年各月东平湖入黄水量

三、下游河道冲淤及排洪能力变化

(一)河道冲淤变化

1. 用沙量平衡法计算的冲淤量

用逐日平均流量和输沙率资料计算各河段的沙量，根据沙量平衡原理计算的冲淤量，

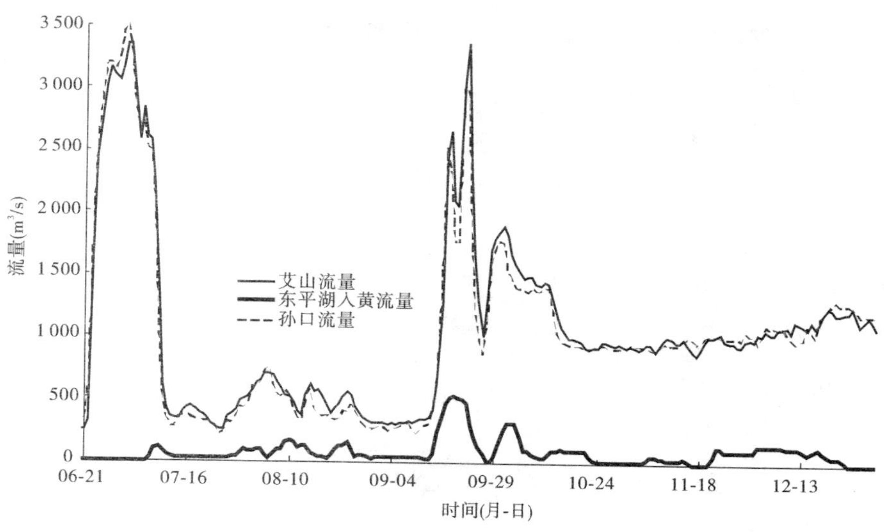

图 1-6　2011 年东平湖入黄日均流量过程线

即为沙量平衡法冲淤量。考虑到:①小浪底水库运用以来每年的第一场调水调沙洪水在 7 月之前;②断面法施测时间在每年的 4 月和 10 月。为和断面法冲淤量一致起见,在利用沙量平衡法计算冲淤量时,改变以往将 7～10 月作为汛期的统计方法,以和断面法测验日期一致的时段(4 月 16 日至 10 月 15 日)进行统计,各水文站 2011 运用年来水量和来沙量统计见表 1-5,各河段引水引沙量见表 1-6,沙量平衡法冲淤量计算结果见表 1-7。2010 年 10 月 14 日至 2011 年 4 月 15 日利津以上冲刷 0.101 亿 t,2011 年 4 月 16 日至 2011 年 10 月 15 日利津以上冲刷 0.627 亿 t。整个运用年利津以上共冲刷 0.728 亿 t,冲刷最多的是花园口—高村,冲刷了 0.328 亿 t。

表 1-5　黄河下游各水文站 2011 运用年来水量、来沙量统计表

断面	非汛期		汛期		运用年	
	水量(亿 m³)	沙量(亿 t)	水量(亿 m³)	沙量(亿 t)	水量(亿 m³)	沙量(亿 t)
小黑武	86.5	0	159.9	0.381	246.4	0.381
花园口	84.0	0.057	161.0	0.510	245.0	0.567
夹河滩	81.0	0.127	150.0	0.591	231.0	0.718
高村	78.4	0.160	143.1	0.657	221.5	0.817
孙口	67.9	0.118	132.8	0.640	200.7	0.758
艾山	63.4	0.129	137.9	0.767	201.3	0.896
泺口	44.3	0.058	129.1	0.777	173.4	0.835
利津	24.0	0.015	114.4	0.780	138.4	0.795
东平湖入黄	0	0	9.8	0	9.8	0

表 1-6 黄河下游各河段 2011 运用年引水引沙量

断面	非汛期		汛期		运用年	
	引水量（亿 m^3）	引沙量（亿 t）	引水量（亿 m^3）	引沙量（亿 t）	引水量（亿 m^3）	引沙量（亿 t）
花园口以上	2.6	0.001	3.0	0.002	5.6	0.003
花园口—夹河滩	2.9	0.004	9.9	0.031	12.8	0.035
夹河滩—高村	2.6	0.005	7.2	0.038	9.8	0.043
高村—孙口	9.5	0.018	9.5	0.042	19.0	0.060
孙口—艾山	6.4	0.012	4.9	0.036	11.3	0.048
艾山—泺口	17.2	0.028	9.5	0.029	26.7	0.057
泺口—利津	18.3	0.018	13.2	0.050	31.5	0.068
合计	59.5	0.086	57.2	0.228	116.7	0.314

表 1-7 黄河下游各河段 2011 运用年沙量法冲淤量 （单位:亿 t）

河段	非汛期	汛期	运用年
花园口以上	-0.058	-0.131	-0.189
花园口—夹河滩	-0.074	-0.112	-0.186
夹河滩—高村	-0.038	-0.104	-0.142
高村—孙口	0.024	-0.025	-0.001
孙口—艾山	-0.023	-0.163	-0.186
艾山—泺口	0.043	-0.039	0.004
泺口—利津	0.025	-0.053	-0.028
合计	-0.101	-0.627	-0.728

2. 用断面法计算的冲淤量

根据黄河下游河道 2010 年 10 月、2011 年 4 月和 2011 年 10 月三次统测大断面资料，分析计算了 2011 年非汛期和汛期各河段的冲淤量（见表 1-8）。可以看出，全年利津以上河段共冲刷 1.344 亿 m^3（主槽，下同），其中非汛期和汛期分别冲刷 0.538 亿 m^3 和 0.806 亿 m^3；从非汛期冲淤的沿程分布看，非汛期冲淤量的绝对值不大，具有“上冲下淤”的特点，汛期整个下游河道都是冲刷的，但冲刷量沿程减小。

从小浪底水库 1999 年 10 月投入运用以来到 2011 年 10 月，黄河下游利津以上河段累计冲刷 14.973 亿 m^3，其中主槽冲刷量为 15.454 亿 m^3。冲刷沿程分布为上大下小，极不均匀（见图 1-7）。

表 1-8　2011 运用年断面法冲淤量计算成果　（单位：亿 m^3）

河段	2010 年 10 月至 2011 年 4 月	2011 年 4 月至 2011 年 10 月	合计	占利津以上(%)
花园口以上	-0.041	-0.294	-0.335	24.9
花园口—夹河滩	-0.322	-0.111	-0.433	32.2
夹河滩—高村	-0.129	-0.131	-0.260	19.4
高村—孙口	-0.071	-0.055	-0.126	9.4
孙口—艾山	-0.013	-0.055	-0.068	5.0
艾山—泺口	0.027	-0.091	-0.064	4.8
泺口—利津	0.011	-0.069	-0.058	4.3
高村以上	-0.492	-0.536	-1.028	76.5
高村—艾山	-0.084	-0.110	-0.194	14.4
艾山—利津	0.038	-0.160	-0.122	9.1
利津以上	-0.538	-0.806	-1.344	100
占全年(%)	40	60	100	

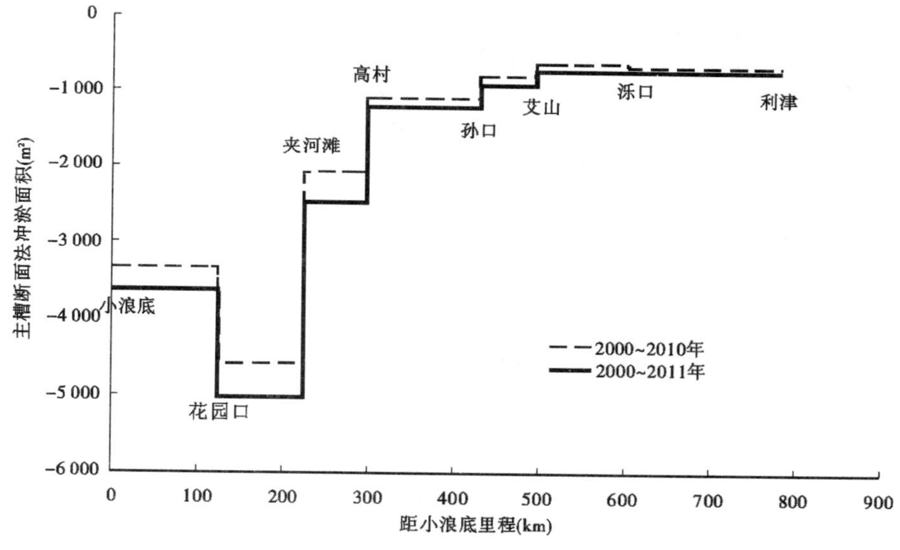

图 1-7　2000～2011 年黄河下游各河段平均冲淤面积

（二）横断面形态变化

2011 年汛期，黄河下游河道的 369 个统测断面中，深泓点高程抬升的有 214 个，降低的有 155 个，二者之比为 1.4∶1；多数断面在深槽内摆动，如董口断面（见图 1-8），此类断面有 272 个，占总数的 74%，其中冲刷和淤积的断面数分别为 167 个和 105 个；部分断面伴有塌滩发生，如裴峪断面（见图 1-9），此类断面共有 97 个，占断面总数的 26%，发生塌滩集中且严重的断面多集中在夹河滩以上 191 km 长的河段，其次为双井—双合岭长 24

km 的河段，更下游的河段也有塌滩发生的，但塌滩程度较轻，且在纵向上不集中，厂门口断面以上塌滩现象严重，塌滩范围大，如孙庄断面河段塌滩面积达 2 000 m^2 以上（见图 1-10、图 1-11）。

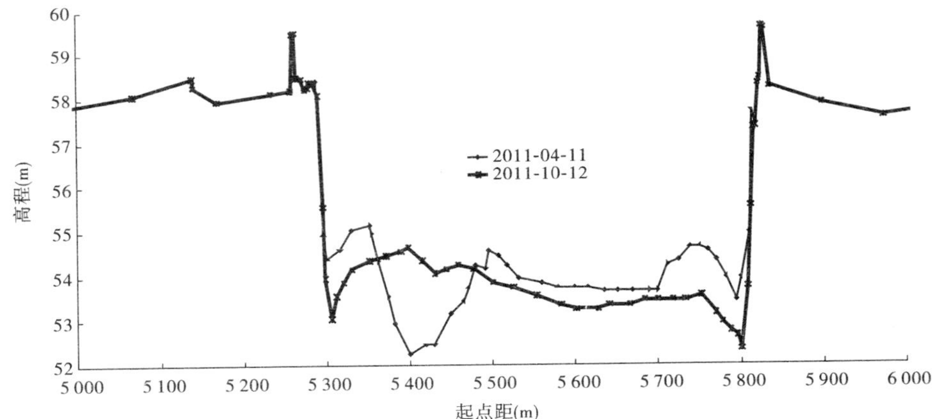

图 1-8 董口断面

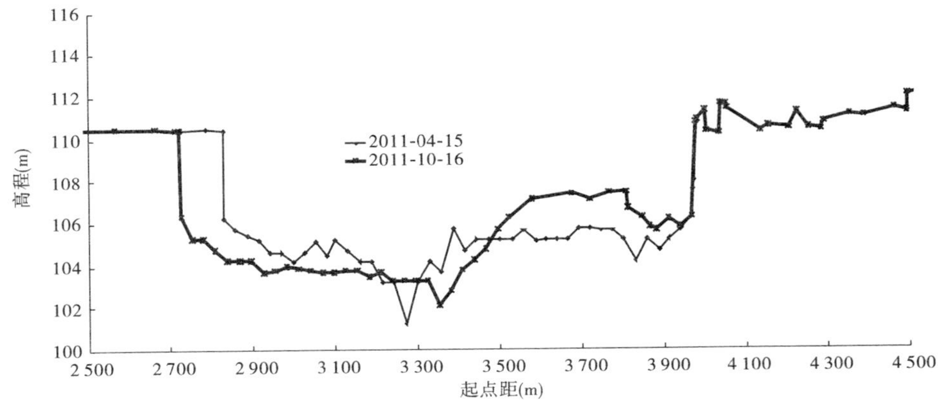

图 1-9 裴峪断面

（三）同流量水位变化

将 2011 年汛前调水调沙和 2010 年汛前调水调沙洪水涨水期 3 000 m^3/s 同流量水位相比，花园口、孙口和艾山降幅最明显，分别降低了 0.18 m、0.26 m 和 0.21 m，夹河滩降低了 0.07 m，高村、泺口和利津的变化不大。

比较 2011 年 9 月和 2011 年汛前调水调沙洪水的水位变化，花园口抬升了 0.17 m，夹河滩、高村和孙口的降幅较明显，分别为 0.20 m、0.13 m 和 0.26 m，艾山和利津略有降低，泺口的变化不明显。

把 2011 年 9 月洪水和 2010 年汛前调水调沙洪水相比，各站的同流量水位均是下降的，中间河段下降较多。例如，夹河滩、高村、孙口和艾山分别降低了 0.27 m、0.14 m、0.52 m 和 0.26 m，花园口、泺口和利津的水位变化不明显（见表 1-9）。黄河下游各水文站断面的涨水期水位流量关系曲线套汇图见图 1-12 ~ 图 1-18。

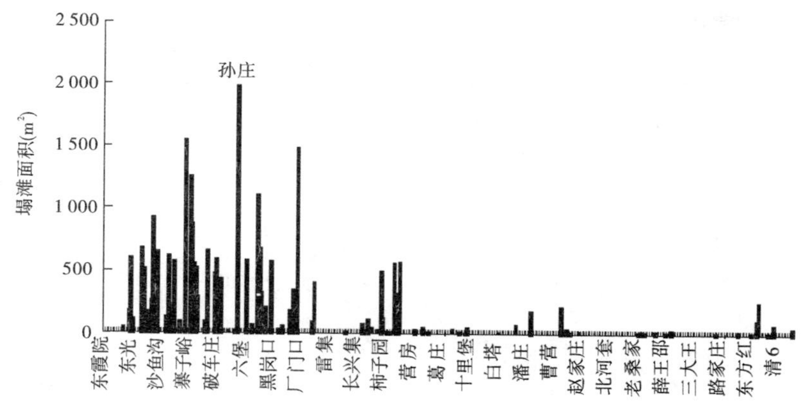

图 1-10　各断面塌滩面积沿程变化

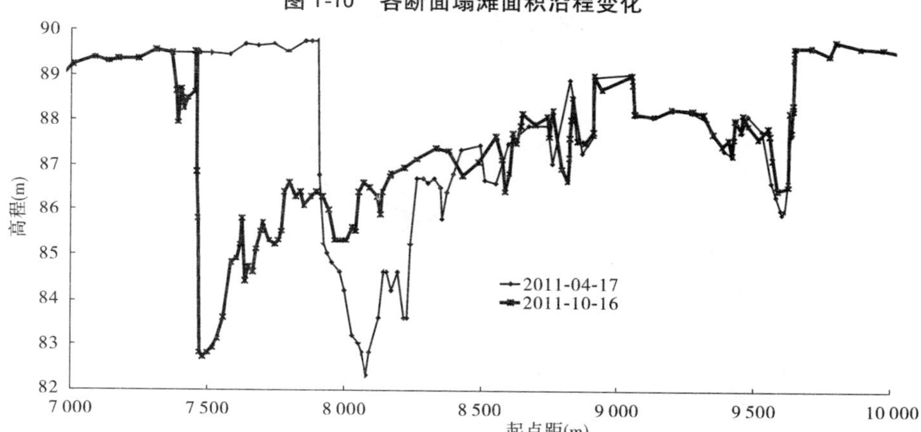

图 1-11　孙庄断面

表 1-9　3 000 m^3/s 流量水位及其变化　（单位:m）

水文站		花园口	夹河滩	高村	孙口	艾山	泺口	利津
2010 年调水调沙	(1)	92.10	75.24	61.64	47.73	40.70	29.86	12.75
2011 年调水调沙	(2)	91.92	75.17	61.63	47.47	40.49	29.85	12.76
2011 年 9 月	(3)	92.09	74.97	61.50	47.21	40.44	29.85	12.71
水位变化	(4) = (2) − (1)	−0.18	−0.07	−0.01	−0.26	−0.21	−0.01	0.01
	(5) = (3) − (2)	0.17	−0.20	−0.13	−0.26	−0.05	0.00	−0.05
	(6) = (3) − (1)	−0.01	−0.27	−0.14	−0.52	−0.26	−0.01	−0.04

把各水文站 2011 年 9 月洪水 2 000 m^3/s 流量的水位和 1999 年的同流量水位相比，各站的同流量水位均显著降低，降幅最大的是夹河滩、高村和花园口，降幅在 2 m 上下，其次是泺口，降幅 1.56 m，降幅最少的艾山和利津断面，同流量水位的降幅也超过了 1.1 m（见图 1-19）。

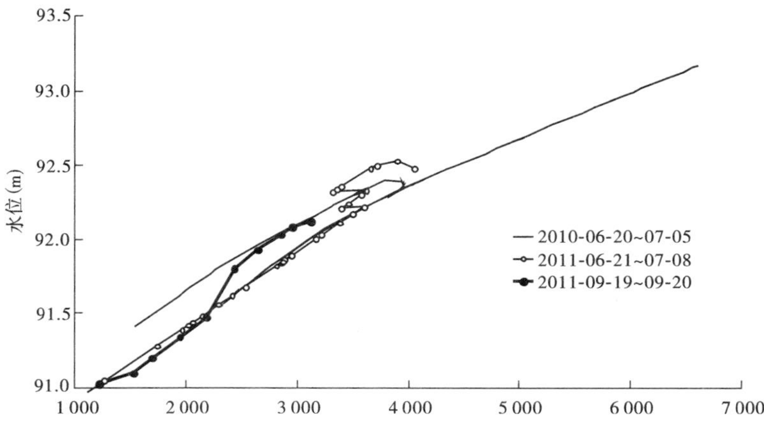

图 1-12　花园口水文站涨水期水位流量关系

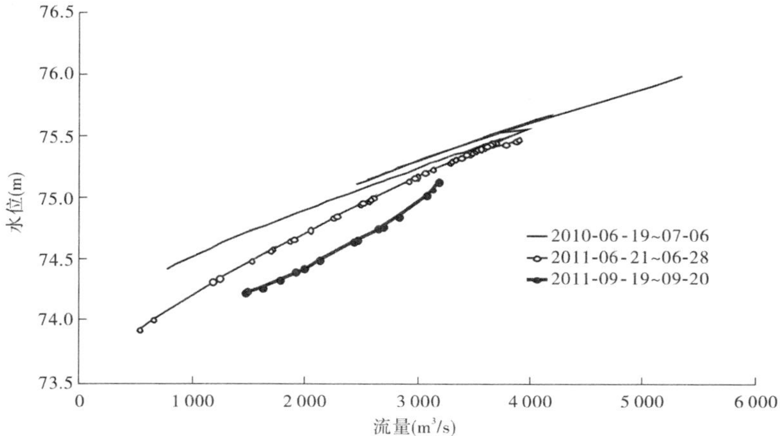

图 1-13　夹河滩水文站涨水期水位流量关系

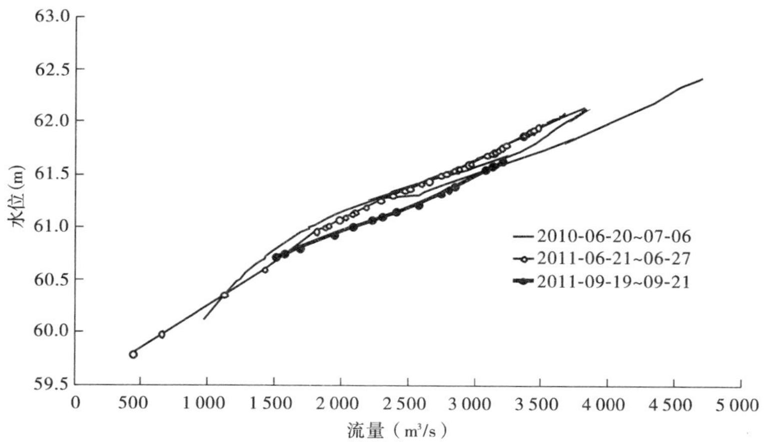

图 1-14　高村水文站涨水期水位流量关系

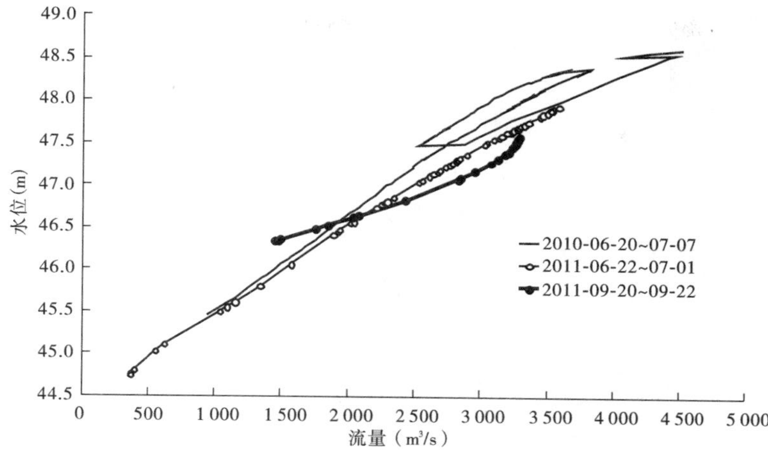

图 1-15　孙口水文站涨水期水位流量关系

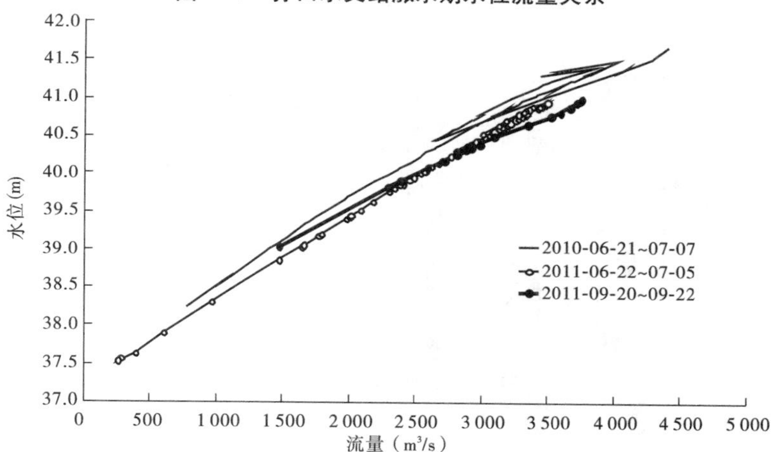

图 1-16　艾山水文站涨水期水位流量关系

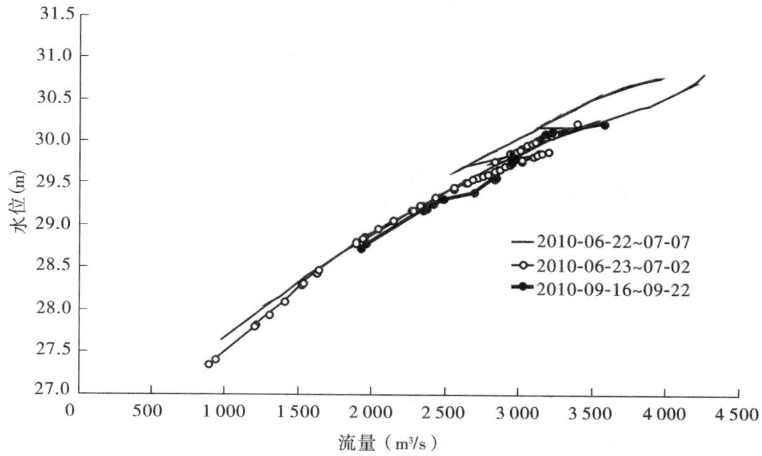

图 1-17　泺口水文站涨水期水位流量关系

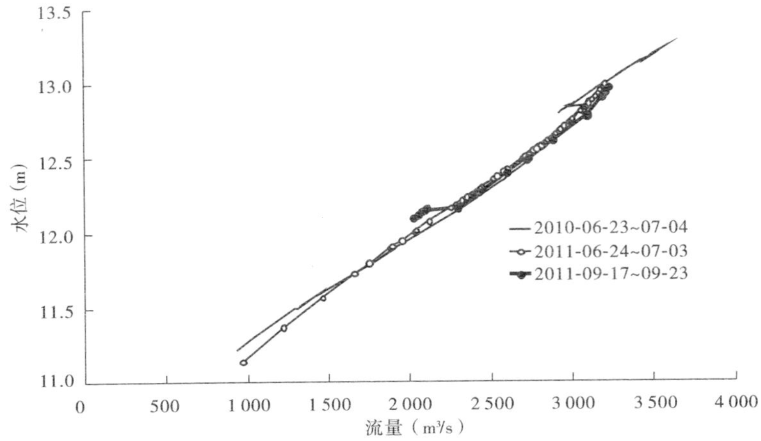

图 1-18　利津水文站涨水期水位流量关系

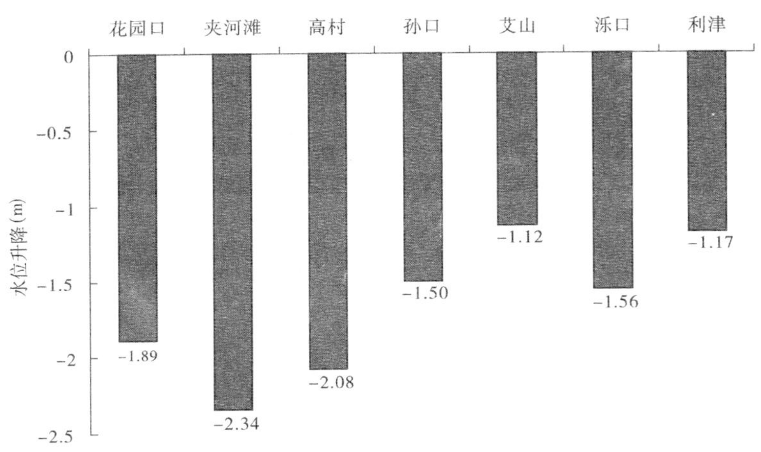

图 1-19　小浪底水库运用以来各水文站 2 000 m³/s 水位变化

（四）平滩流量变化

根据分析（见表 1-10），2012 年汛前，黄河下游水文站断面的平滩流量和上年同期相比，花园口、孙口和利津均增加了 100 m^3/s，夹河滩增加了 300 m^3/s，其他站基本不变。2012 年汛前花园口等 7 个水文站断面的平滩流量分别为 6 900 m^3/s、6 500 m^3/s、5 400 m^3/s、4 200 m^3/s、4 100 m^3/s、4 300 m^3/s 和 4 500 m^3/s。从沿程看，平滩流量上大下小，其中，孙口和艾山站的平滩流量较小。和 2002 年黄河首次调水调沙时相比，黄河下游河道最小平滩流量已由高村的 1 850 m^3/s 增加到艾山的 4 100 m^3/s。

四、河势及汛前工程出险情况

截至 2012 年汛前，黄河下游畸形河湾多发、工程出险情况严重。河南河段出现畸形河湾 2 处，山东河段出现 4 处。需要重点防守和已出现险情的河道工程共 26 个，其中河南河段 18 个，山东 8 个。

表 1-10　黄河下游水文站断面的平滩流量及其变化　(单位:m^3/s)

水文站	花园口	夹河滩	高村	孙口	艾山	泺口	利津
2002 年	4 100	2 900	1 850	2 100	2 800	2 700	2 900
2011 年	6 800	6 200	5 400	4 100	4 100	4 300	4 400
2012 年	6 900	6 500	5 400	4 200	4 100	4 300	4 500
2012 年较 2011 年增加	100	300	0	100	0	0	100
2012 年较 2002 年增加	2 800	3 600	3 550	2 100	1 300	1 600	1 600

(一)河南河段

1. 畸形河湾情况

1)枣树沟—东安河段

东安控导工程系桩坝结构,位于黄河左岸武陟县北郭乡黄河滩区,迎枣树沟来流,送至桃花峪工程(见图 1-20)。工程设计总长度 6 250 m,自 2000 年开工兴建以来,已完成灌注桩坝 4 748 m。2004 年开始,东安控导工程上首河势发生了较大变化,主溜逐渐上提,导致工程上游滩区滩岸严重坍塌(见图 1-21)。2004 ~ 2011 年,黄河东安控导上首滩区塌滩土地长度达 4 000 余 m,宽 1 500 m 左右,坍塌 9 000 余亩。

图 1-20　2010 年汛后河势

图 1-21　东安工程上首塌滩情况

受上游对岸枣树沟控导工程挑溜作用，东安控导上首 1 200 m 的防汛路已全部坍塌入河，通往工程上首的防汛道路（南北路）已坍塌入河 450 余 m，并在工程上游坐了一个死弯，导致一直不靠河的 1～20 坝靠河，1～0 坝靠主流，东安工程上首已在主流中（见图 1-22）。依照原有治导线坐标点，工程上游坍塌已至治导线以外，如发展下去，工程抄后路趋势将继续恶化。

图 1-22　东安工程上首河势

2）九堡—大张庄河段

三官庙控导工程处于游荡性河段，该河段河道“宽、浅、散、乱”，主流摆动频繁。设计治导线流路为九堡—三官庙—韦滩—大张庄，2010 年汛后河势见图 1-23。

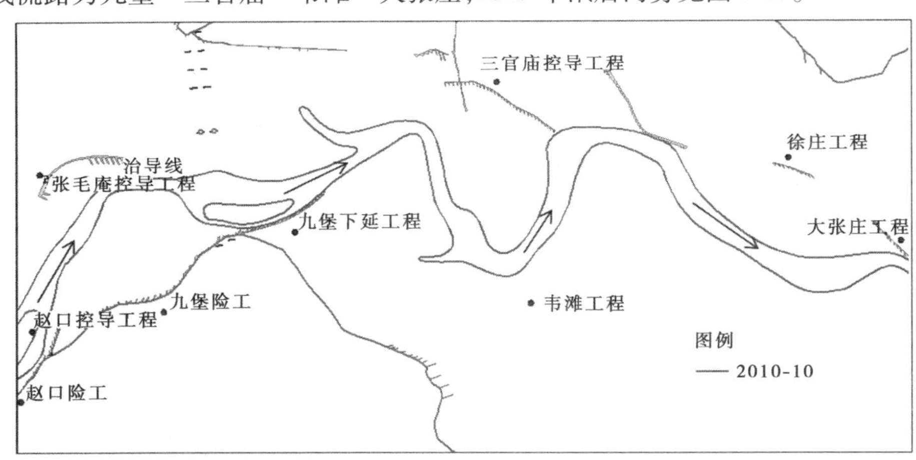

图 1-23　九堡—大张庄 2012 年汛后河势

2003 年以前三官庙工程靠河较好，2004 年汛前，工程前出现斜河，造成该工程仅有 29～32 坝靠边溜，主流直冲下游仁村堤护村工程并导致工程出险。当年 6 月，原阳县抢修了仁村堤护村工程下延 11 座垛，确保了村庄安全。2008 年汛后，为改变不利河势对仁村堤村的威胁，三官庙控导工程续建了 33～42 坝。目前，该河段不利河势仍在发展，仁村堤护村工程前河势也在 2009 年汛后上提到与之相连的黑石护村工程。2011 年调水调沙后，九堡以下主流因受左右两岸滩地导溜作用，由西东方向转变为南北方向，呈“S”形畸形河势，导致工程 42 坝背河坡频繁出险。目前仅 42 坝靠边溜。预测 2012 年汛期，三官庙工程前仍将为“畸形”河势流路，并对仁村堤村群众的生命财产安全构成威胁。韦滩工程下首已塌入河中(见图 1-24、图 1-25)。

图 1-24　韦滩工程下首河势

图 1-25　韦滩工程下首塌入河中

为增强九堡工程的控导能力，建议续建九堡控导 149 ~ 154 坝，改变九堡—三官庙—韦滩流路；在韦滩畸形河势河湾上首修建挑水工程，改变当前河势流路；在三官庙控导工程 42 坝以下再下延 10 道坝，将大河流向导向对岸韦滩工程，以解除畸形河势对滩区村庄的威胁。

2. 重点防守工程情况

1)铁谢险工

铁谢险工共有 128 个单位工程,大部分修建较早,虽经历年加固、整修,但目前 1 ~3 垛、14 ~29 坝间工程残缺严重,抗洪能力严重不足。另外,由于整个工程为历年逐渐加固、改建而成,工程规划不统一,目前 4 护岸、填湾工程、下延工程常年靠溜较紧,汛期受大溜顶冲,出险频繁。

2)大玉兰控导工程

近年来,大玉兰控导工程前河势虽无大的变化,但河势逐年上提,靠河范围逐年增大,2011 年至今大玉兰控导工程靠河范围增大至 2 ~40 坝靠河,大溜在 2 ~8 坝之间,其余坝靠边溜。其中 1 ~27 坝为 1974 年建坝,属旱地施工,基础较浅,根石单薄,裹护起点距上坝根 60 m,裹护长度仅有 80 m。一旦遇到大洪水极易发生大的险情,大玉兰控导工程 1 ~27 坝为防守重点。

3)金沟控导工程

金沟工程 1 ~11 坝为 2009 年新修工程,没有经过大洪水考验,坝基础极不稳定,遇大溜冲刷易发生较大、重大险情。

4)温县、博爱县南水北调穿沁段堤防

南水北调穿沁段南岸为温县堤防 39 +580 处,北岸为博爱县堤防 K39 +320 处,堤防 2010 年被破堤重建,恢复后的堤身未受过大洪水的考验,一旦堤防偎水,新恢复的大堤与老堤结合部、混凝土渠道土石结合部等易发生较大险情。

5)桃花峪控导工程

由于桃花峪河段河势下挫,加之 25 坝处修建有施工栈桥,栈桥有可能导致行洪不畅,导致栈桥下游 25 ~30 坝部分受溜较大、流速过快,再加上 25 ~30 坝修建时间短,抢险次数少,根基浅,抵御大洪水的能力弱,因此 25 ~30 坝有可能出现较大、重大险情。

6)武庄控导工程

武庄控导工程受南岸马渡险工导溜影响,河势变化最为明显,2011 年调水调沙前,仅有 1 ~10 坝靠河且为边溜;调水调沙后,河势不断上提,到 9 月 16 日工程上首藏头段靠河导溜,之后不断向上游发展(10 月 6 日至 25 垛,8 日至 24 垛,11 日至 23 垛,19 日至 21 垛,25 日至 19 垛,11 月 1 日至 18 垛,11 月 2 日至 17 垛)。预测 2012 年汛期河势仍将维持这一河势流路,并有上提趋势,该工程要防止河势发生大的变化,新靠河工程为防守重点。

7)柳园口险工

该工程目前靠河的 4 道坝(39 坝 1 ~4 支坝),在 2011 年连续出现险情 79 坝次,其中较大险情达 13 次之多。因此,在 2011 年的抢险中,39 坝 3 ~4 支坝坝岸根基有了一定的基础,但 2 支坝根基还较浅,没有经过大的险情抢护,如果河势上提,38 坝有靠河的可能,38 坝自 1994 年新建坝以来,从未靠过大溜,也没有抢过险,为防守重点工程。

8)王庵控导工程

王庵控导工程主流在 1 ~22 坝之间,大溜持续顶冲在 5 ~7 坝,工程的上部一般迎溜角度较大,再加上该工程坝间距为 120 m,坝裆间距大,难以保护坝裆。大河主流一旦顶冲某一道坝的迎水面，其回溜会对上一道坝的前头和下跨角造成严重淘刷，造成坝基坍塌的较大或重大险情，本坝迎水面的坝基也会发生坝基坍塌等较大险情。2011 年该工程出现险情达 80 坝次之多，其中较大险情 3 次。

9）曹岗控导工程

该工程是 2007 年新修工程，根石基础浅，若来洪水预计 1 ~ 18 坝要靠大溜。受长历时洪水的冲刷浸泡，1 ~ 14 坝有可能出现重大或较大险情。

10）夹河滩护滩工程

由于河势变化，2012 年 1 月以来，工程上首前滩岸坍塌迅速，主溜右滚，2 月初，3 垛附 2 垛开始靠河并出险，3 月 3 日，5 坝开始靠主流出险。从目前河势发展趋势看，大河在 3 垛至 7 坝之间坐弯，由于工程根基浅，3 垛附 1 垛至附 3 垛、4 护岸、5 坝将可能会连续出险，尤其是 4 护岸系全土质结构，一旦靠溜，将迅速坍塌，直接威胁背后村庄群众的生命财产安全。预计 2012 年汛期，随着大河流量的上涨，工程将全部靠河，3 垛至 21 护岸有可能靠主流，若长时间受水流冲刷，可能会出现较大、重大险情。

11）蔡集控导工程

如果汛期河势继续上提，工程上首 49 坝至 65 垛可能会靠河并着溜，由于 49 坝至 65 垛均为近几年新修工程，工程一旦长时间受水流冲刷可能会出现根石走失、坦石下蛰等一般险情，也有可能会发生根坦石下蛰、土胎坍塌等较大险情，在汛期发生较大洪水时，在工程上首可能会出现抄工程后路的险情。

12）榆林控导工程

目前工程为 10 ~ 35 坝靠河，10 ~ 13 坝靠大溜，14 ~ 23 坝靠边溜，24 ~ 35 坝漫水，1 ~ 9 坝、36 ~ 44 坝脱河。如流量加大，河势将下挫，靠大溜坝增加，河面略宽，10 ~ 23 坝将会出现根石走失和坦石坍塌，这些坝在清水下泄，河槽冲深时，一定程度上减轻了高水位情况下洪水对工程的威胁，但从另一个角度分析，靠溜坝岸工程基础淘刷也较深，根石基础不稳的情况下，工程更容易出险。特别是 28 ~ 35 坝是新修工程和原来不常靠河的坝，因根石基础较浅，将发生根石走失、坦石下蛰等较大险情。靠大溜坝、坝前头和迎水面将发生根石走失、猛墩猛蛰等较大、重大险情。

13）李桥控导工程

李桥控导工程 22 ~ 26 坝为 2002 年新修工程，没有经过大洪水考验，根石基础较浅，极不稳定，若遇到河势上提、大溜冲刷，易发生较大、重大险情。李桥控导工程 28 ~ 32 坝常年靠大溜，根石走失严重，在洪水急流冲击下，迎水面、坝前头可能出现坦石坍塌、坝基墩蛰等较大或重大险情。

14）杨楼控导工程

杨楼控导工程 1 ~ 2 坝是近几年新修的工程，工程根基浅，加上河势一直上提，造成 1 坝 2010 年、2011 年接连发生较大险情。若河势继续上提，在汛期发生较大洪水时，在工程上首可能会出现抄工程后路的险情，1 ~ 2 坝可能出现垮坝，洪水直逼滩区，顺堤行洪，直接威胁背后村庄群众的生命财产安全。若河势下挫，20 ~ 23 坝因根石基础薄弱，长时间受水流冲刷，上跨角和坝前头可能发生根石走失、坦石滑塌、坝体墩蛰等较大或重大险情。

15）枣包楼控导工程

枣包楼控导工程6～16坝、25～28坝是2002年续建工程，根石基础较浅，工程运用后未经大洪水考验，7～28坝靠河，大溜顶冲13～21坝，其迎水面至前头长时间受冲刷可能出现根石走失、猛墩猛蛰等重大险情，为防守的重点。

（二）山东河段

1.畸形河湾情况

1）鄄城县芦井河段

2010年汛前，芦井控导工程上首滩地坍塌加剧，形成畸形河湾，工程有被抄后路的危险。在弯顶部位修建的4个临时导溜垛虽起到了一定的防护能力，但尚不能根本改变不利河势，汛期该河段河势仍可能继续上提，使畸形河湾加剧，危及工程和滩区安全。同时由于应急工程基础薄弱，在大溜淘刷下也会出现严重险情。

2）济阳县史家坞至大柳店河段

该处自2008年调水调沙开始持续坍塌，最大坍塌宽度80 m，形成畸形河湾，目前仍继续发展，威胁滩区和大柳店控导工程安全。河势变化的原因主要是上游的霍家溜险工28坝根石加固时向河内进占6～7 m，根石突出，形成挑溜。洪水期间，畸形河湾可能会加剧，危及工程和滩区安全。

3）垦利县十八户河段

2011年汛前，十八户控导工程上首滩地坍塌加剧，工程有被抄后路的危险，新修建的3道坝垛还不能达到完全遏制不利河势的目的。洪水期间，该处河势可能继续上提，畸形河湾加剧，危及工程和滩区安全，同时，新修建的应急工程也可能出现墩蛰等严重险情。

2.工程出险情况

山东河段工程出险主要是河势上提所造成的，但也有个别工程是下滑所造成。

1）东明县老君堂河段

该河段近期河势持续下滑，目前工程下首的24～26坝靠主流，汛期可能继续下滑。该河段河势下滑的主要原因是其上游的周营上延工程河势上提，工程上部弯道直接将溜挑出周营控导工程，造成老君堂工程河势下滑。老君堂工程长度不足，如果大水期间河势继续下滑，工程将失去控溜能力。该段属横河斜河易发河段，历史上多次发生横河斜河和单坝挑溜，并造成严重险情，堤防和滩区安全受到严重威胁。

2）鄄城县苏泗庄河段

目前，苏泗庄上延工程河势上提严重，靠主流坝号由汛前的9坝上提至7坝，且继续上提。苏泗庄上延工程河势上提的根本原因是对岸的连山寺工程近期靠溜段加长，导溜能力增强。该工程自1954年修建以来没有靠过溜，2011年汛期靠溜后已经多次发生严重险情。2012年该段河势可能继续上提，工程可能发生坦石墩蛰、连坝坍塌险情，甚至冲决连坝造成滩区漫滩，应重点防守。

3）牡丹区刘庄河段

由于刘庄上游的南小堤险工脱河，主流在左岸滩地坐弯，刘庄险工河势下滑严重，目前工程最下首坝岸靠主流。汛期，该段河势可能继续下滑，并有可能使刘庄险工下段坝岸失去控溜作用，溜入工程下首的贾庄险工。因为贾庄险工位置靠后，一旦溜入该工程，将会造成下游河势紊乱。同时,贾庄险工脱河多年,工程基础薄弱,一旦靠溜可能出现严重险情,防汛抢险任务重。

4)梁山县路那里河段

近期,路那里险工河势逐渐从24坝以下靠溜上提至19~22坝靠主流,并持续发展,形成畸形河湾。该段河势上提的主要原因是上游的枣包楼控导工程位置过于突出,抢险时根石不断前移,挑溜作用增强。汛期,该段河势可能继续上提,畸形河湾进一步发展。由于24坝以上坝岸长期不靠溜,基础薄弱,工程已多次出现严重险情,2012年汛期还可能再次出现严重险情,应密切关注。

5)河口区清三河段

清三控导工程溜势持续上提,2012年汛期有可能继续上提,清三控导有被抄后路的危险,威胁清三工程和滩区安全。

(三)小结

近年来,黄河下游河势出现的问题主要表现在两个方面:一是畸形河湾增加,截至2012年汛前,河南段畸形河湾2处,山东段3处;二是河势上提下挫严重,河南段有上提也有下挫,山东段主要是上提。由于河势不稳定,工程防守和抢险任务加剧,其中河南段需要重点防守18处,山东段需要抢险的8处。

畸形河湾的多发和工程出险的大幅增加应该与下游长期低含沙、小流量冲刷有关。由于河道整治工程是按4 000~5 000 m^3/s流量修建的,个别河段对目前的水沙条件不适应也是必然的。解决的方法一是加强对现状工程边界条件下,不同水沙条件河势演变规律的研究;二是尽快完善看准的河道整治工程,着力归顺九堡—大张庄河段河势。如续建九堡控导149~154坝,在三官庙控导工程42坝以下再下延10道坝,将大河流向导向对岸韦滩工程,理顺河势,彻底解除该河段畸形河势。

五、结语

(1)2011年黄河下游河道冲刷1.344亿m^3(断面法),其中非汛期、汛期分别冲刷0.538亿m^3和0.806亿m^3,各河段均是冲刷的,但冲刷量分布不均匀,冲刷量76%集中在高村以上河道;汛前调水调沙洪水和9月洪水黄河下游河道分别冲刷0.232亿t和0.193亿t,两场洪水共冲刷0.459亿t,两场洪水以24.1%的水量,输送了全年的沙量,其在下游河道的冲刷量占运用年沙量法冲刷量0.728亿t的58%;9月洪水与上年汛前调水调沙洪水的同流量水位,花园口站的变化不大,夹河滩—艾山的降幅明显,在0.14~0.52 m;泺口—利津的变化不大。黄河下游河道主河槽最小平滩流量由2011年调水调沙前的4 000 m^3/s增大到4 100 m^3/s。2011年汛期下游断面套汇显示,发生塌滩集中且严重的断面多集中在夹河滩以上191 km长的河段。

(2)截至2012年汛前,黄河下游畸形河湾多发,工程出险情况严重。河南河段出现畸形河湾2处,山东河段出现3处。河南河段出现畸形河湾2处是枣树沟—东安河段、九堡—大张庄河段。山东河段3处是鄄城县芦井河段、济阳县史家坞至大柳店河段、垦利县十八户河段。需要重点防守和已出现险情的河道工程共26个,其中河南河段有铁谢险工等18个,山东河段有东明县老君堂河段等8个。山东河段工程出险主要是河势上提所造成。

第二章　小浪底水库加大排沙的背景条件分析

一、问题的提出

从1999年汛后下闸蓄水到2011年汛后，小浪底水库已经运用了12 a，其间自2002年起进行了13次调水调沙，经过调水调沙洪水及2003年“华西秋雨”等洪水的持续清水冲刷，黄河下游河道各河段的平滩流量均有显著增加，最小平滩流量由最初的不足2 000 m^3/s，增大到目前的4 100 m^3/s，河道排洪能力显著增大，满足近期排洪输沙底限要求的河槽基本形成，下游河道主槽基本具备接受小浪底水库拦沙后期，水库以排沙为主、拦粗排细的初步条件。

同时，截至2011年汛后，小浪底水库已累计淤积26.18亿 m^3，库区淤积物的三角洲顶点已移动至坝前18.35 km，三角洲顶点以下还有约5亿 m^3 库容，水库最低运用水位210 m以下有3.17亿 m^3 库容，形成的异重流很容易排沙出库，具备提高排沙比的边界条件。

由此可见，小浪底水库经过长期的拦沙运用、下游河道长期的清水冲刷，情况已经发生很大变化，很有必要研究小浪底水库加大排沙背景下水库是否有加大排沙的条件，下游河道是否具备输沙入海的条件。

二、小浪底水库加大排沙的基本条件

（一）黄河下游排洪输沙底限平滩流量

1. 输沙效率与洪水流量的关系

关于最优输沙效率的洪水量级问题，岳德军等在20世纪90年代中期，曾统计分析过1974年以后发生的168场洪水的输沙效率，认为洪水流量在3 500 m^3/s 左右、含沙量75 kg/m^3 左右的非漫滩洪水为最适宜的高效输沙洪水，其输沙用水量为16.6亿 m^3，淤积比为13.5%。

1986年以来，进入下游的水沙条件发生了很大改变，来沙系数 S/Q 明显增加，绝大部分在0.015 $kg \cdot s/m^6$ 以上，有时甚至超过0.1 $kg \cdot s/m^6$。为了进一步认识下游河道的输沙能力变化，根据1986年以来的非漫滩洪水资料，分析了排沙比与流量的关系（见图2-1）。由图2-1可见，随着进入下游河道的流量的增加，排沙比呈增加之势，但流量大于3 000 m^3/s 后，排沙比增加幅度变缓；而对于艾山以下河段，当流量超过2 000 m^3/s 以后，排沙比变化已不大（见图2-2）。

2. 冲刷效率与来水流量关系

若进行冲刷塑槽，就要寻找冲刷效率较高的流量级。为此分析了黄河下游清水冲刷时期三黑小流量与下游冲刷效率（单位水量冲刷量）的关系（见图2-3），发现冲刷效率随洪水期平均流量的增加明显增加，但流量约在4 000 m^3/s 以下时，冲刷效率增加幅度较大，流量超过3 500～4 000 m^3/s 后冲刷效率增加幅度显著减小。由此表明，4 000 m^3/s

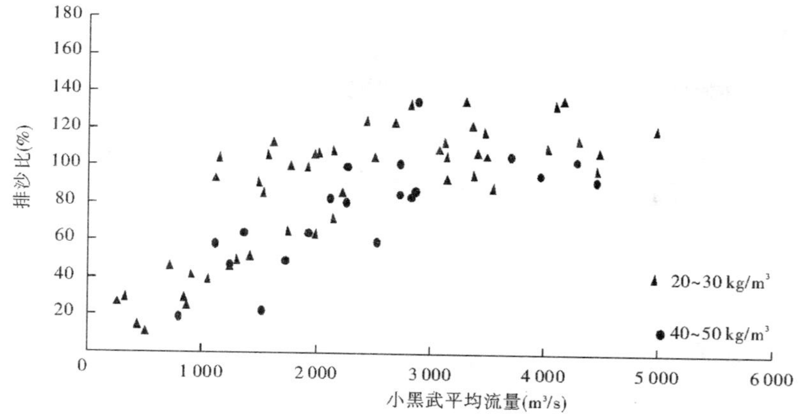

图 2-1　黄河下游河道排沙比与流量关系

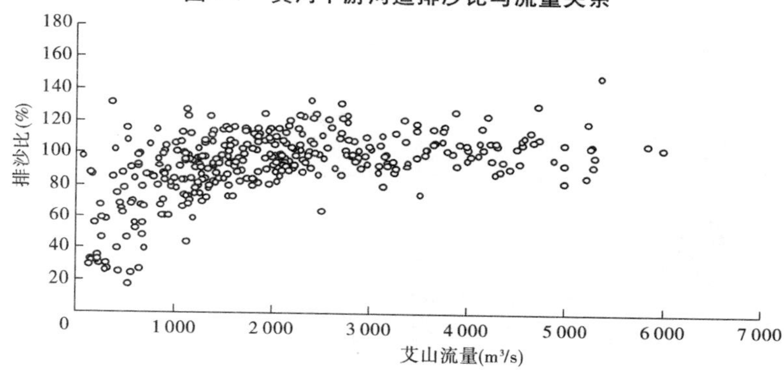

图 2-2　艾山以下河段排沙比与流量的关系

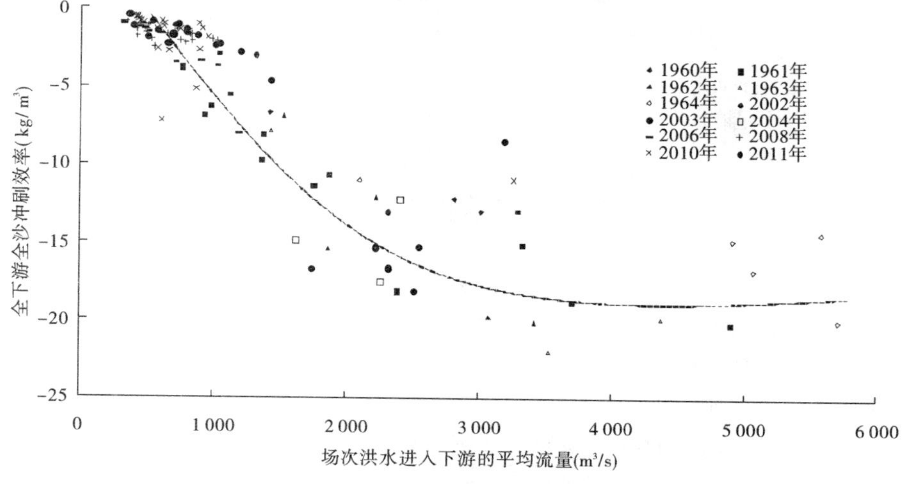

图 2-3　小浪底水库拦沙运用期全下游全沙冲刷效率与场次洪水平均流量关系

是冲刷效率较大的一个流量级。

3. 防洪需要的主槽平滩流量

从理论上说，平滩流量越大，同样来水条件下漫滩的可能性就越小，即越有利于防洪，但过大的平滩流量也不现实。因此，需要研究对防洪影响较小、输沙能力较强的平滩流量。

由黄河下游典型洪水过程中主槽流量从 3 000 m^3/s 涨到 8 000 m^3/s 时，水位涨幅与平滩流量的关系（见图 2-4）可知，平滩流量小于 5 000 m^3/s 时，随平滩流量减小，洪水水位涨幅增高。但当流量约大于 5 000 m^3/s 后随流量增加，其水位涨幅有增加趋缓，且基本接近于一个常数值。

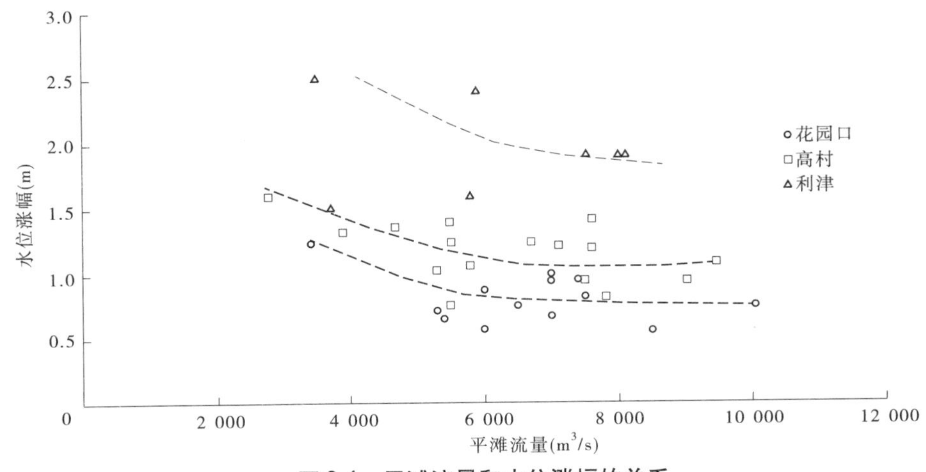

图 2-4　平滩流量和水位涨幅的关系

二维数学模型计算也表明：①平滩流量增加 1 000 m^3/s 的水位涨幅随着平滩流量的增大而减小，当平滩流量达到 4 500 m^3/s 左右后变幅明显减小，说明对洪水位上涨的影响降低；②根据二维水动力学数学模型计算结果建立高村站滩地过流量、分流比与平滩流量的关系，拟定平滩流量为 4 000 m^3/s 左右较为合适。

4. 滩区生产生活对平滩流量的要求

从滩区生产生活的需要考虑，希望主槽的过流能力既能够满足经常发生洪水的要求，又保证漫滩频率较低的条件。而根据对黄河下游未来洪水的预测，未来发生 4 000 m^3/s 以上量级洪水的频率将减少。同时，1998 年黄河防总曾对黄河下游的编号洪峰进行了修订（黄防办〔1998〕22 号文《关于印发黄河洪峰编号的暂行规定》），综合考虑当时的主槽排洪能力（警戒水位、平滩流量）以及其他因素，确定花园口流量大于 4 000 m^3/s 的洪水作为下游编号洪水。若未来平滩流量维持在 4 000 m^3/s 左右，会更易被人们所接受。

由以上分析可知，无论从黄河下游来水来沙条件的输沙用水量、河道冲刷效率、不同平滩流量对防洪的影响、滩区生产生活的要求、防御大洪水要求等考虑，4 000 m^3/s 的平滩流量是黄河下游河槽高效排洪输沙的底限目标。

（二）黄河下游河道现状平滩流量

1. 水文站断面的平滩流量

2012 年汛前，孙口和艾山断面是黄河下游水文站平滩流量最小的，其平滩流量分别为 4 200 m^3/s 和 4 100 m^3/s（见表 2-1）。

表 2-1　黄河下游水文站平滩流量

项目	花园口	夹河滩	高 村	孙 口	艾 山	泺 口	利 津
平滩水位(m)	93.85	77.05	63.20	48.65	41.65	31.40	14.24
相应流量(m^3/s)	6 900	6 500	5 400	4 200	4 100	4 300	4 500

2."瓶颈河段"的平滩流量

为进一步细化黄河下游河道"瓶颈河段"的位置及其平滩流量大小,运用多种资料,结合野外查勘调研,吸收已有分析成果或计算方法,对下游河道各断面 2012 年汛初主槽平滩流量进行了计算分析,确定出彭楼—陶城铺河段仍是全下游主槽平滩流量最小的河段,最小值预估为 4 100 m^3/s。平滩流量最小的河段有 4 处,分别为武盛庄—十三庄断面附近、于庄断面附近、徐沙洼—大寺张附近,以及路那里附近的河段,见图 2-5。

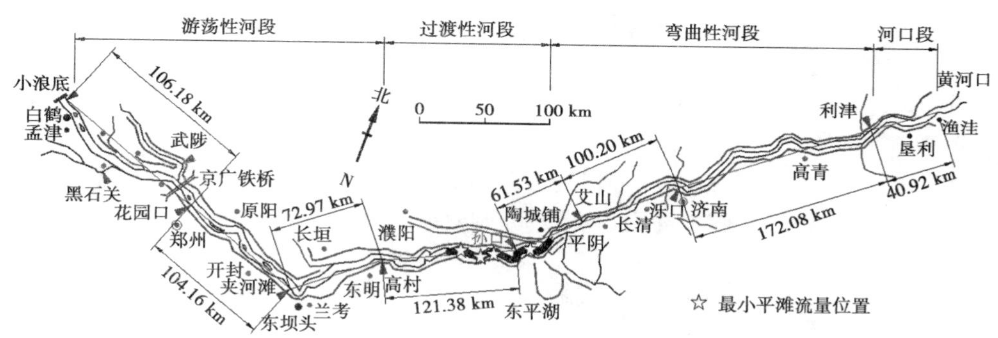

图 2-5　2012 年汛前"瓶颈河段"的大体位置

目前黄河下游最小平滩流量已经达到 4 000 ~ 4 100 m^3/s,表明黄河下游河道排洪输沙的中水河槽的目标初步达到,黄河下游河道初步具备了接受小浪底水库排沙运用的河道边界条件。

三、冲淤效率变化

单位水量对河道冲淤变化的作用,可利用冲淤效率表征。所谓冲淤效率,指某一河段的单位水量的冲淤量,亦或指单位水量下某一河段累计冲淤面积的变化量。如果发生冲刷,可称之为冲刷效率;反之则称之为淤积效率。

(一)河床粗化的两个阶段

图 2-6 为黄河下游各河段 1999 年、2005 年和 2010 年汛后床沙表层的中值粒径,可以看到:①2005 年汛后和 1999 年汛后相比,整个下游河道床沙发生了非常明显的粗化,花园口以上的粒径增加了 2.5 倍,是粗化最为明显的河段;②2005 年到 2010 年粗化不明显。床沙粗化不利于河槽冲刷。

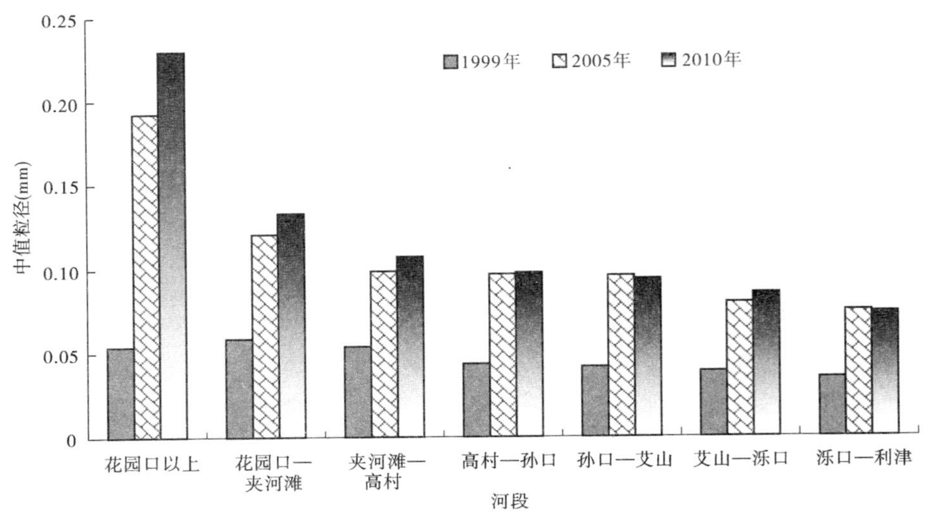

图 2-6　不同河段逐年汛后床沙表层中值粒径变化

(二)冲刷效率变化

点绘河段累计冲刷面积和累计来水量的关系,其斜率也就反映了一个时期内河段的冲刷效率。

高村以上三个河段及高村—孙口河段累计冲刷面积和累计来水量的关系见图 2-7。各河段有共同的特点是,随着冲刷的发展,冲刷效率有逐渐减弱的趋势。

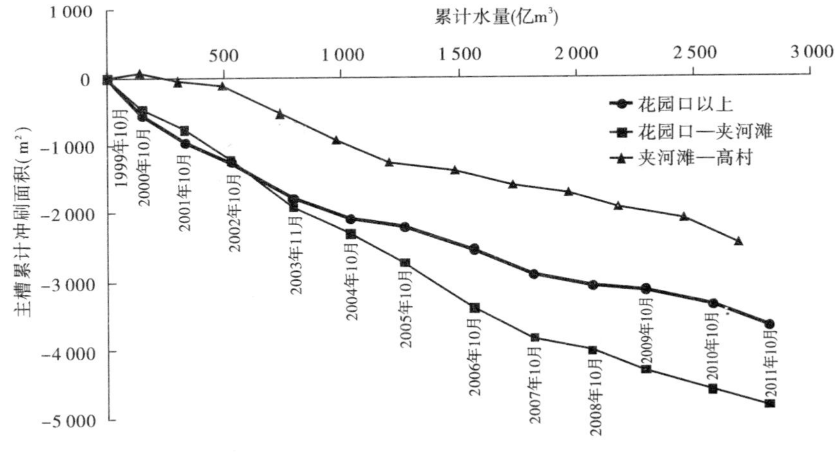

图 2-7　高村以上河段累计冲刷面积和来水量的关系

图 2-8 和图 2-9 所示为高村以下河段(分高村—孙口、孙口—艾山、艾山—泺口及泺口—利津四个河段)累计冲刷面积和累计来水量的关系。除高村—孙口外,其他三个河段有共同的特点——2005 年 10 月之后的冲刷效率明显小于 2005 年 10 月之前的。例如,2005 年 10 月之前,孙口—艾山、艾山—泺口及泺口—利津三个河段 100 亿 m³ 水量的冲刷面积分别为 52 m²、74 m² 和 69 m²,2005 年 10 月至 2011 年 10 月分别为 29 m²、19 m² 和 19 m²,单位水量的冲刷面积减小了 45%、74% 和 73%,详见表 2-2。

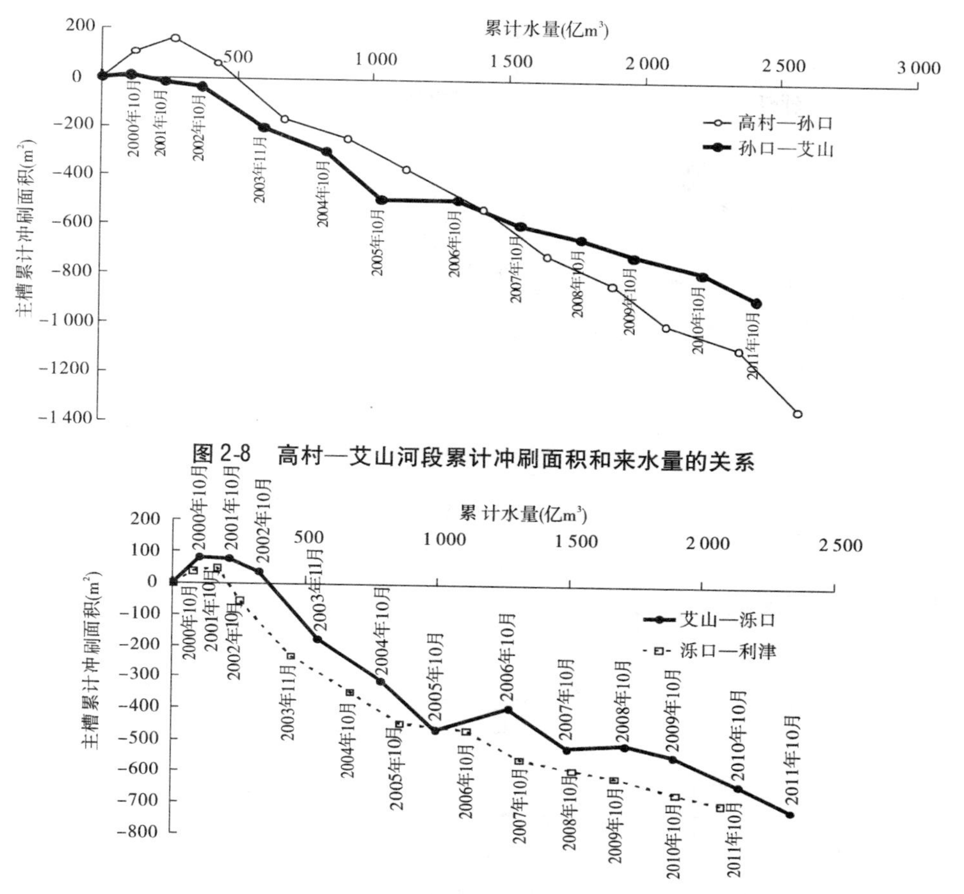

图 2-8 高村—艾山河段累计冲刷面积和来水量的关系

图 2-9 艾山—利津河段累计冲刷面积和来水量的关系

表 2-2 两个时期的断面法冲刷效率变化

河段	时段 (年-月)	水量 (亿 m³)	冲刷面积变化 (m²)	单位水量(100 亿 m³) 冲刷面积(m²)
孙口—艾山	2000-10～2005-10	926	481	52
	2005-10～2011-10	1 382	398	29
艾山—泺口	2001-10～2005-10	694	514	74
	2005-10～2011-10	1 217	234	19
泺口—利津	2001-10～2005-10	786	544	69
	2005-10～2011-10	1 344	253	19

图 2-10、图 2-11 和图 2-12 分别为由日均资料计算的黄河下游艾山以上以花园口、高村、艾山分割的三个河段的洪水期单位水量冲刷量(即冲刷效率)与洪水平均流量的关系。随着河段冲刷的不断发展,艾山以上河段冲刷效率有降低的趋势。例如,高村以上河段在流量 2 000 m³/s 时的冲刷效率已经大幅度降低为 2 kg/m³,高村—艾山河段的已经降

低为 1 kg/m^3，但艾山以下河段冲刷效率降低不明显，2 000 m^3/s 以上的冲刷效率目前仍然维持在 2 kg/m^3 上下（见图 2-13）。

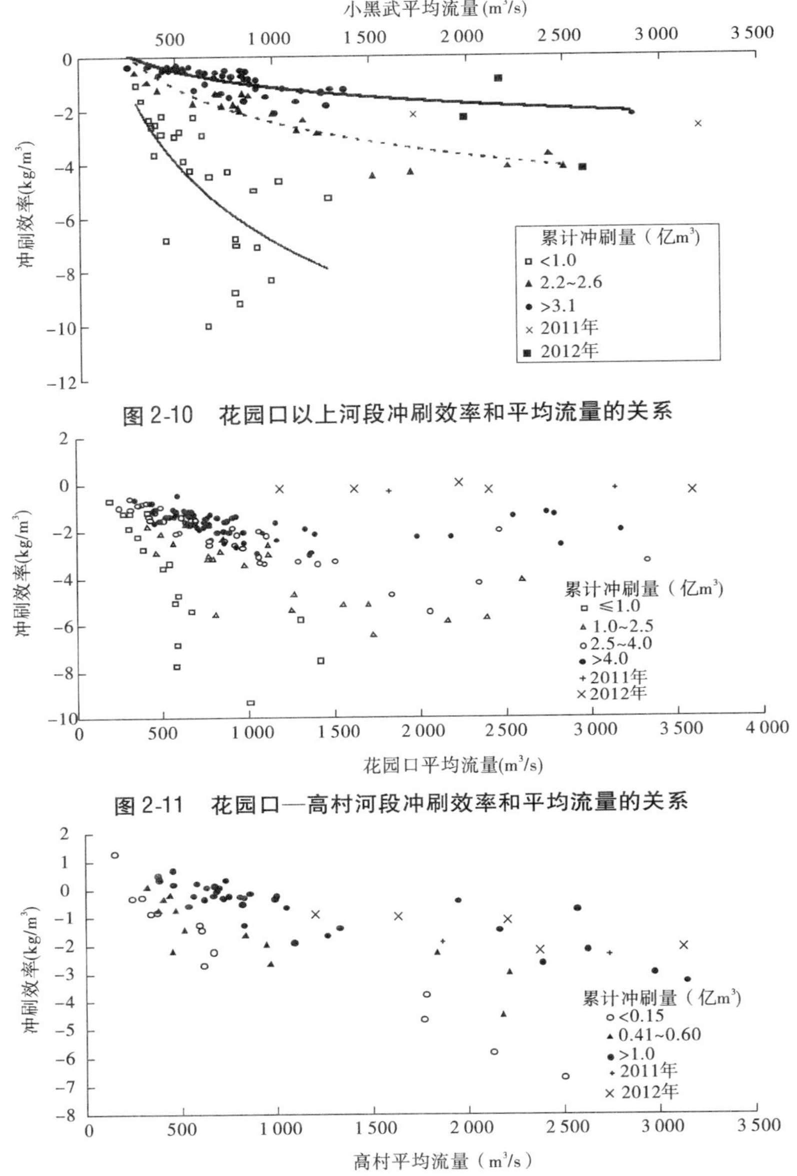

图 2-10　花园口以上河段冲刷效率和平均流量的关系

图 2-11　花园口—高村河段冲刷效率和平均流量的关系

图 2-12　高村—艾山河段冲刷效率和平均流量的关系

从小浪底水库运用以来的调水调沙洪水中，挑选出每年的第一场调水调沙洪水（汛前调水调沙洪水），共 10 场，计算每场洪水的单位水量的冲淤量。图 2-14 为调水调沙期间洪水的利津以上河段冲刷效率变化过程，调水调沙洪水（包括清水时段）的冲刷效率有逐次减低的趋势，其中以 2005 年为转折点，即 2005 年之前冲刷效率降低明显，2005 年之后减低幅度较小。目前，利津以上河段的冲刷效率维持在 10 kg/m^3 上下。图 2-15 为黄河

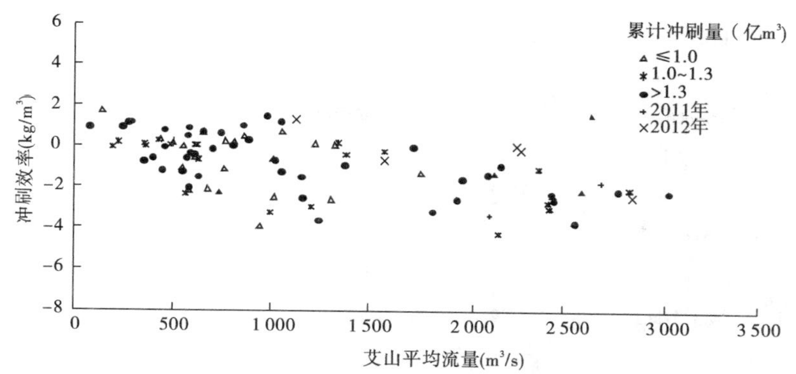

图 2-13　艾山—利津河段冲刷效率和平均流量的关系

下游花园口以上、花园口—高村、高村—艾山和艾山—利津四个河段汛前调水调沙洪水的冲刷效率变化过程，艾山以上河段的冲刷效率基本上是不断降低的，艾山—利津河段的冲刷效率降低不明显，目前在 2 kg/m³ 上下。

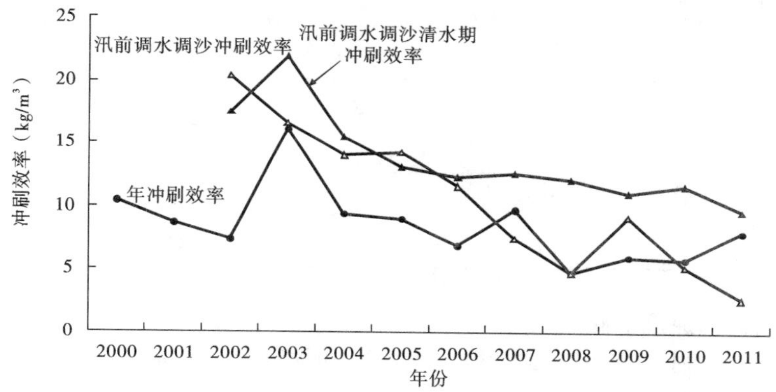

图 2-14　汛前调水调沙期冲刷效率变化过程（利津以上河段）

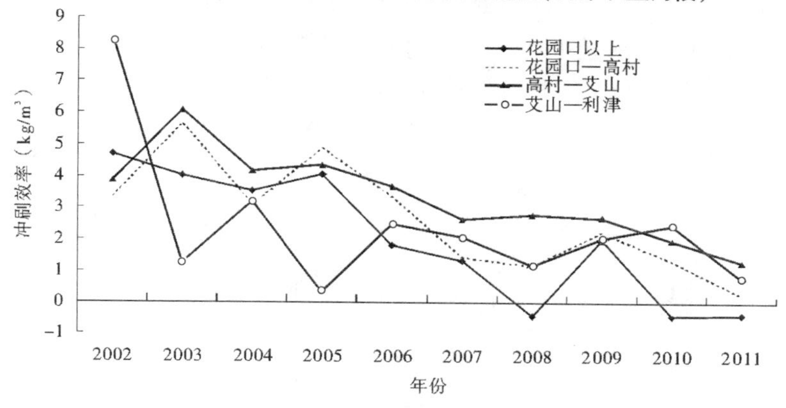

图 2-15　汛前调水调沙期黄河下游各河段冲刷效率变化过程

（三）小结

黄河下游河道河床粗化和冲刷效率降低，意味着若继续实施清水冲刷将耗费更多的水量。因此，从充分利用输沙用水量的角度出发，小浪底水库有必要转变以拦沙为主的运用方式，进行适当排沙。

四、河槽横断面形态变化

（一）河槽宽度变化

1999 年汛后，各河段的河槽宽度较小，花园口以上、花园口—夹河滩、夹河滩—高村分别只有 922 m、650 m 和 627 m，随着汛期、非汛期的清水持续冲刷塌滩展宽，到 2005 年汛后，上述三个河段的河槽宽度分别展宽到 1 080 m、959 m 和 761 m，分别展宽了 158 m、309 m 和 134 m，槽宽相对增加了 17%、47% 和 21%。高村—孙口和孙口—艾山两个河段的河宽本来就较窄，加上新修的生产堤的影响，河宽变化不大。从 2005 年汛后到 2011 年汛后，上述三个河段的槽宽分别展宽到 1 326 m、1 292 m 和 849 m，展宽了 246 m、333 m 和 88 m，相对展宽分别为 23%、35% 和 11%（见表 2-3）。

表 2-3　小浪底水库运用以来黄河下游高村以上河段平均河槽宽度变化过程

河段	1999 年汛后(m)	2005 年汛后(m)	2005 年较 1999 年增加值(m)	增加百分数(%)	2011 年汛后(m)	2011 年较 2005 年增加值(m)	增加百分数(%)
	(1)	(2)	(2)-(1)	(4)	(5)	(5)-(2)	(6)
花园口以上	922	1 080	158	17	1 326	246	23
花园口—夹河滩	650	959	309	47	1 292	333	35
夹河滩—高村	627	761	134	21	849	88	11

（二）河槽平均深度变化

2005 年汛后，花园口以上、花园口—夹河滩和夹河滩—高村的河槽平均深度分别为 3.17 m、2.75 m 和 3.39 m，较 1999 年汛后分别增加了 1.55 m、0.92 m 和 1.38 m，相对增加幅度分别为 96%、50% 和 69%，河槽平均深度增加十分明显。从 2005 年汛后到 2011 年汛后，上述三个河段的河槽平均深度分别增加了 0.94 m、0.55 m 和 0.55 m，相对增加幅度分别为 30%、20% 和 16%，增加幅度显著小于 1999～2005 年（见表 2-4）。

表 2-4　高村以上河段河槽平均深度变化

河段	1999 年汛后(m)	2005 年汛后(m)	增加值(m)	增加百分数(%)	2011 年汛后(m)	2011 年较 2005 年增加值(m)	增加百分数(%)
	(1)	(2)	(2)-(1)	(4)	(5)	(5)-(2)	(6)
花园口以上	1.62	3.17	1.55	96	4.11	0.94	30
花园口—夹河滩	1.83	2.75	0.92	50	3.30	0.55	20
夹河滩—高村	2.01	3.39	1.38	69	3.94	0.55	16

（三）河槽河相系数变化

小浪底水库运用以来的前 6 a（1999～2005 年）和后 6 a（2005～2011 年）河槽的横断

面形态变化有明显不同。表2-5为两个时期的槽宽、槽深及河相系数变化统计,两个时期的河槽均是展宽的,展宽的数量、幅度大体一样,但河槽的平均深度变化不同,前6 a的河槽平均深度增幅较大,后6 a的增幅较小。由于水深的增加甚于河槽的展宽,故河相系数均是减小的,这说明河槽朝窄深方向变化。从两个时期的河相系数变化看,前6 a的河相系数减小幅度在2.7~8.4,而后6 a的河相系数减小幅度为0.4~1.5,说明河槽朝窄深方向发展的速度趋缓。

表2-5 两个时期的槽宽、槽深及河相系数变化统计表

河段	槽宽变化(m)		槽深变化(m)		河相系数变化	
	前6年	后6年	前6年	后6年	前6年	后6年
花园口以上	158	246	1.55	0.94	-8.4	-1.5
花园口—夹河滩	309	333	0.92	0.55	-2.7	-0.4
夹河滩—高村	134	88	1.38	0.55	-4.3	-0.7

(四)夹河滩以上河段横断面变化特点

河槽深泓点高程变化反映了河槽在纵向上的发展趋势。夹河滩以上河段,2005年以前深泓点随着冲刷发展降低明显,河槽在冲深和展宽两个方向同时发展;2005年以后,随着边滩塌滩,河槽朝以展宽为主的方向发展,深泓点减低不明显。图2-16为裴峪(花园口以上70.4 km)、秦厂(花园口以上16.5 km)、八堡(花园口以下8.7 km)和柳园口(花园口以下70 km)断面的主槽深泓点高程变化过程。

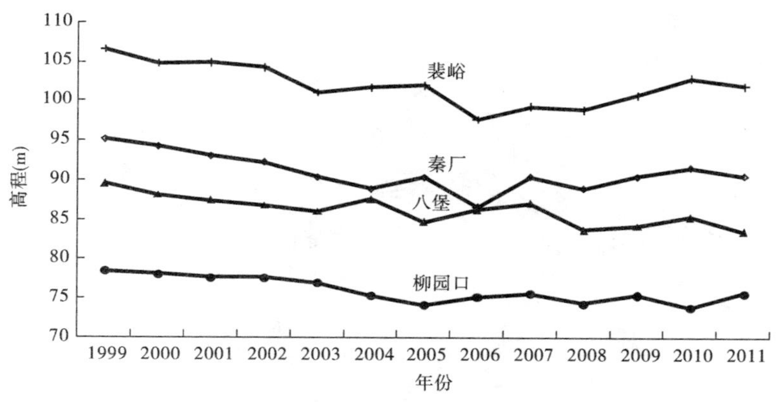

图2-16 黄河下游典型断面深泓点高程变化过程

计算花园口—夹河滩河段展宽和冲深引起的冲刷量,并计算其中展宽和冲深引起的冲刷量的比值,列于表2-6。1999年汛后到2005年汛后的6 a,展宽引起的冲刷量和冲深引起的冲刷量的比值为2.5∶1,而2005年汛后到2011年汛后为3.6∶1,表明随着冲刷的发展,冲刷量以展宽的形式为主。

夹河滩以下河段多数断面上述现象不明显。

表 2-6　花园口—夹河滩河段展宽和冲深引起的冲刷量

时段	展宽体积(亿 m^3)	冲深体积(亿 m^3)	展宽: 冲深
1999 ~ 2005 年	-3.68	-1.49	2.5:1
2005 ~ 2011 年	-1.98	-0.56	3.6:1

至 2011 年汛前黄河下游主槽平滩流量已全面达到了 4 000 m^3/s,这样的河槽已基本满足较优的排洪、输沙要求;由断面形态看,自 2005 年之后由于床沙的粗化,断面主要以展宽为主,由此带来河势的一些变化。

五、河势变化特点分析

通过将 1999 年、2005 年和 2010 年河势套绘分析得出,2010 年相对 2005 年河势总体向好的方面转变,但局部河段有几方面问题较突出:①河势下挫、工程脱河;②河宽增大、心滩增多;③畸形河湾增多。

(一)河势下挫、工程脱河

由于低含沙水流的持续冲刷、河脖处滩尖冲蚀等原因,部分工程河势下挫、下败,甚至有脱溜的趋势。在目前整治工程控制条件下,出现河势下挫是必然现象,特别是夹河滩以上河段河势下挫严重。

由图 2-17 可看出,孤柏嘴—花园口河段 2005 年河势还基本归顺,与规划治导线接近,但 2010 年河势趋直,造成多处工程脱河、驾部工程下挫严重。由图 2-18 看出,桃花峪—马渡河段各工程都出现下挫,特别是一直靠溜稳定的桃花峪、老田庵、花园口、双井和马渡工程,都普遍出现河势下挫;老田庵、保合寨、马庄等工程脱河。

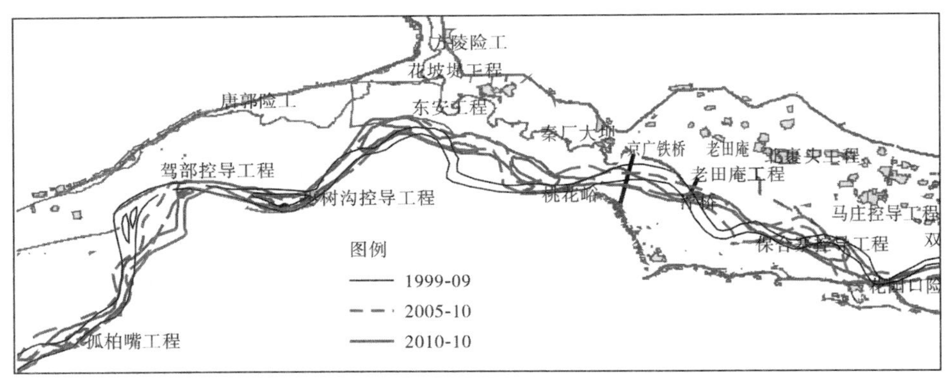

图 2-17　孤柏嘴—花园口河段河势变化

(二)河宽增大、心滩增多

小浪底水库拦沙运用以来,特别是 2005 年之后的河势相对于 1986 ~ 1999 年河宽展宽明显、心滩增多。图 2-19 为 1999 年和 2009 年花园口—九堡河段河势套绘,自 2000 年以来各河段都有持续展宽趋势,然而展宽较明显发生在 2005 年之后,特别是黑岗口—夹

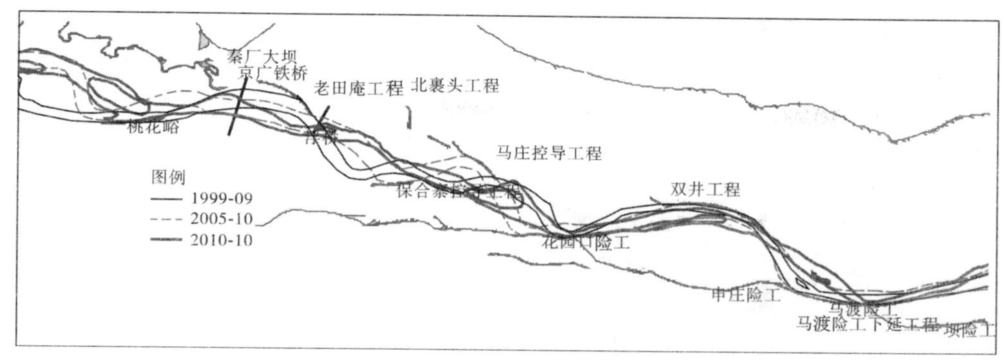

图 2-18　桃花峪—马渡河段河势变化

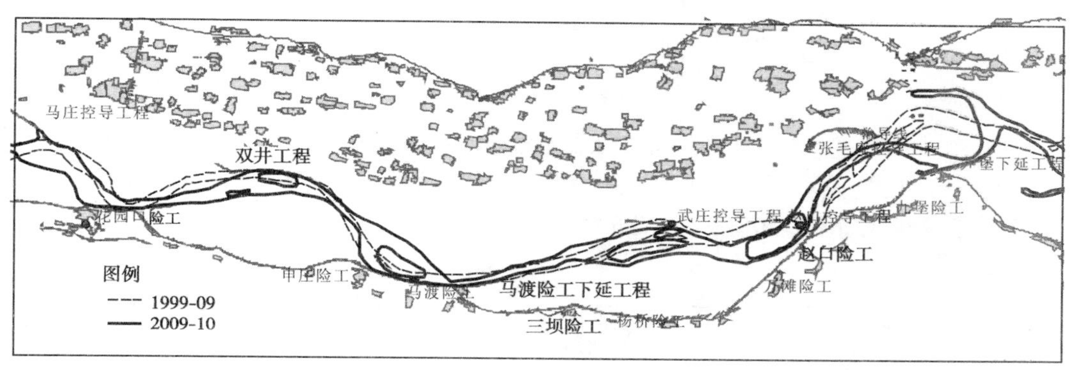

图 2-19　典型年河势套绘

河滩河段,2000 年、2004 年和 2010 年主槽宽度分别为 603 m、868 m 和 1 248 m,2004 年较 2000 年展宽增幅为 44%,2010 年较 2000 年展宽增幅达到 107%。

各河段 1986～1999 年和 2000～2010 年河宽变化情况见表 2-7。由表 2-7 看出,无论是河宽缩窄、展宽,变化最大的河段都是黑岗口—夹河滩河段,1986～1999 年,主河槽缩窄了 1 361 m,2000～2010 年较 1986～1999 年主河槽展宽 645 m;其次为花园口—黑岗口河段,变幅最小的为铁谢—伊洛河口河段。

表 2-7　不同时期、各河段河宽变化值

河段	河宽(m)			按变化大小顺序排列
	1986～1999 年 ①	2000～2010 年 ②	两个时期差值 ①-②	
铁谢—伊洛河口	96	245	-149	⑤
伊洛河口—花园口	602	839	-237	④
花园口—黑岗口	652	971	-319	②
黑岗口—夹河滩	1 361	2 006	-645	①
夹河滩—高村	923	1 197	-274	③

注:“-”为展宽。

(三)畸形河湾增多

驾部工程靠河位置逐渐下挫,目前近乎脱河(见图 2-20),并出现畸形河湾的雏形,若继续目前的水沙条件,有可能发展为畸形河势。

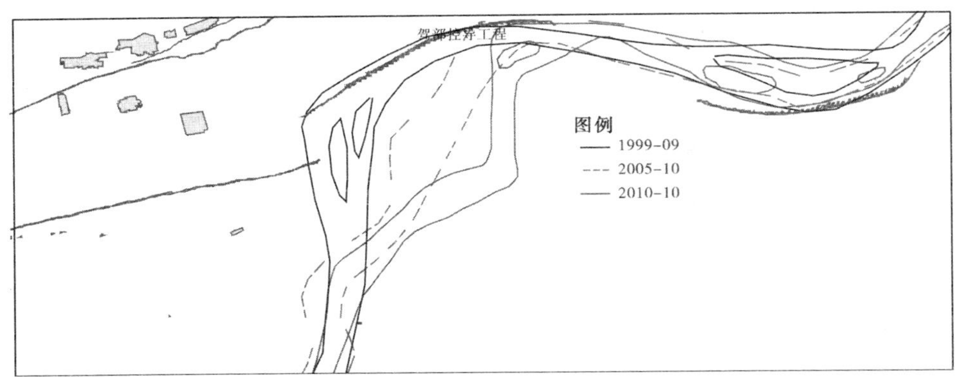

图 2-20 驾部工程附近河段河势变化

2010 年九堡—韦滩工程河段河势虽然趋向治导线方向,但因九堡工程送溜不力,导致三官庙工程不靠河,九堡—三官庙之间河湾若继续发展,有可能形成畸形河湾(见图 2-21)。

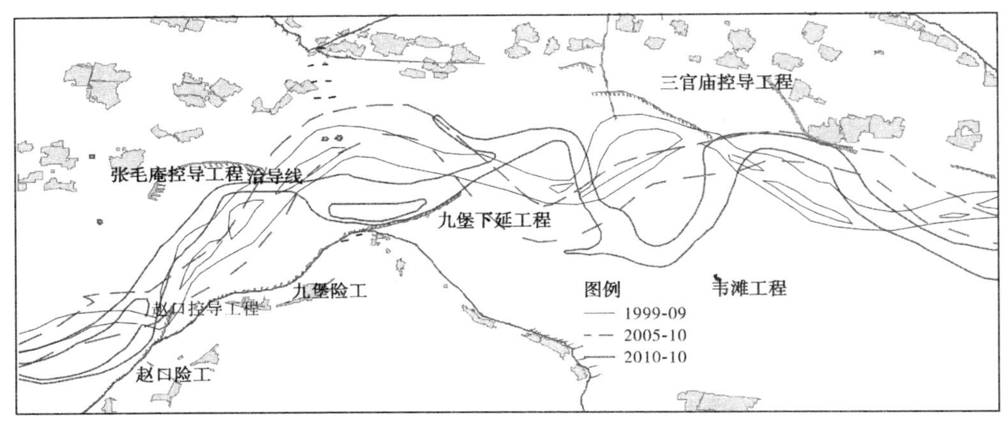

图 2-21 九堡—韦滩工程河段河势变化

(四)小结

小浪底水库运用以来,黄河下游河势总体趋于规划流路方向发展,但 2005 年以后,随着床沙粗化,冲刷效率降低,深泓点高程降低幅度、床沙粗化幅度显著减弱,主槽冲刷逐渐表现为以主槽展宽为主(主槽展宽所造成的冲刷面积大于冲深所造成的冲刷面积),局部河段河势趋直,工程脱河严重,平面形态趋于散乱。若小浪底水库继续长期下泄清水,特别是调水调沙期大流量泄放低含沙水流,河势将更加趋于恶化。因此,从有利于减弱塌滩、归顺河势、充分发挥整治工程的作用等方面看,也建议小浪底水库加大排沙量。

六、小浪底水库排沙条件

2011 年汛后小浪底水库淤积三角洲顶点位于距坝 18.35 km 的 HH11 断面（采用水文局调整后的断面间距资料），三角洲顶点高程 215.16 m，坝前淤积面高程约为 185 m（见图 2-22）。根据 2011 年汛后库容曲线，库区三角洲顶点以下还有约 5 亿 m^3 库容，水库最低运用水位 210 m 以下还有 3.17 亿 m^3 库容。从淤积形态分析，2012 年小浪底水库坝前的排沙方式仍为异重流排沙，由于三角洲顶点距坝仅有 18.35 km，形成的异重流很容易排沙出库，具备提高排沙比的边界条件。

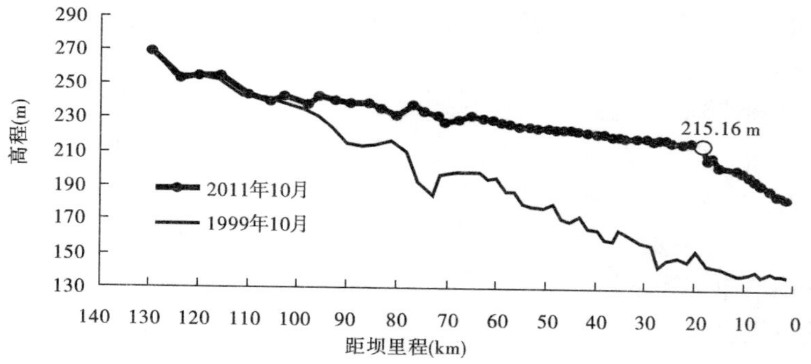

图 2-22 小浪底水库淤积纵剖面

可见，水库淤积三角洲顶点接近坝前，具备明流排沙、显著增大出库含沙量、增大排沙比（尤其细沙排沙比）、拦粗排细的条件。

第三章 持续冲刷条件下春灌期下泄流量对艾山—利津窄河段冲淤特性的影响

2011 年 9 月小浪底水库错峰(伊洛河洪峰)调度成功实现了渭河秋汛洪水的资源化。截至 2012 年 3 月 8 日,小浪底水库 210 m 以上蓄水 71 亿 m^3,这为黄河水资源的高效利用、春灌期用水提供了充分保证。类似这种小浪底水库蓄水较多、需要加大下泄流量的情况在以后还可能出现。

对艾山—利津窄河段来说,由于具有洪水冲刷、平水和小水淤积的特点,春灌期河道是淤积的,而淤积物又主要是艾山以上河段的冲刷物。因此,春灌期若进入下游的流量较大,将增加艾山—利津河段的淤积量。

基于以上原因,很有必要研究春灌期艾山—利津河段的冲淤规律、春灌期增大下泄流量所造成的艾山以下河道的淤积量,以便进一步分析艾山以下河道春灌期的淤积物是否能够在后来的较大流量过程中被冲刷掉,从而实现艾山以下河道年内冲淤平衡。

一、研究时段的选取

小浪底水库运用以来,黄河下游河床明显粗化,和小浪底水库运用之初相比,黄河下游各河段床沙粒径粗化多在 2 倍以上。粗化过程可分为显著粗化和微弱粗化两个阶段。比较黄河下游各河段 1999 年、2005 年和 2010 年汛后床沙表层的中值粒径可知,2005 年汛后和 1999 年汛后相比,整个下游河道床沙发生了非常明显的粗化,花园口以上的近坝段粒径增加了 2.5 倍,是粗化最为明显的河段,距离小浪底水库较远的花园口—利津河段的粒径增大了 0.8～1.2 倍,并且花园口—利津河段粒径增大没有向下游逐渐减小的趋势;2010 年汛后和 1999 年汛后相比,花园口以上河段粒径增加了 3.2 倍,花园口以下河段粒径增加了 1～1.3 倍,1999 年到 2010 年花园口—利津河段粒径增大也没有向下游逐渐减小的趋势。通过比较 2005 年较 1999 年的变化倍数和 2010 年较 1999 年的变化倍数可知,下游各河段(尤其是花园口以下河段)的粗化主要发生在 1999 年到 2005 年的 6 a 之间,是显著粗化阶段,2005 年到 2010 年的 5 a 间虽然也是粗化的,但粗化的幅度不大,为微弱粗化阶段。河床粗化使得冲刷等量的泥沙需要更大的水流流速或更大的水流剪力,需要更强的水流条件,粗化不利于河槽冲刷。

2005 年 10 月之后的冲刷效率明显小于 2005 年 10 月之前的。例如,2005 年 10 月之前,艾山—泺口及泺口—利津 100 亿 m^3 水量的冲刷面积分别为 74 m^2 和 69 m^2,2005 年 10 月至 2011 年 10 月均为 19 m^2,单位水量的冲刷面积减小 74% 和 73%。

由此可见,随着冲刷的发展,艾山—利津河段的冲刷效率是降低的,且以 2005 年汛后为转折点。因此,在分析近期艾山—利津河段的冲淤规律时,以 2005 年汛后以来的资料为重点。

二、小流量期(含春灌期)艾山—利津河段冲淤规律

(一)前期河床边界条件对冲淤的影响

前期河床边界条件对小流量冲淤有明显影响,以河段引水量占进入河段水量的比值(即引水比,用 y 表示)作为河段的引水程度。图 3-1 为艾山—利津河段冲淤效率与进入下游的流量之间的关系,引水比小于 0.2 时,若流量小于 1 000 m^3/s,艾山—利津河段发生淤积,流量大于 1 000 m^3/s,河道发生冲刷;2000 ~ 2005 年,小流量的淤积效率在 0.5 ~ 2 kg/m^3,明显大于 2006 ~ 2011 年的 0.321 kg/m^3;当流量大于 1 100 m^3/s 后,相同的流量,2000 ~ 2005 年的冲刷效率明显大于 2006 ~ 2011 年的。在引水比为 0.2 ~ 0.4 时,2000 ~ 2005年的淤积效率为 1 ~ 2.2 kg/m^3,而 2006 ~ 2011 年在 0.4 kg/m^3 上下,前者显著大于后者。在引水比大于 0.4 后,相同的流量,2000 ~ 2005 年的淤积效率比 2006 ~ 2011 年的大 1 kg/m^3 以上。

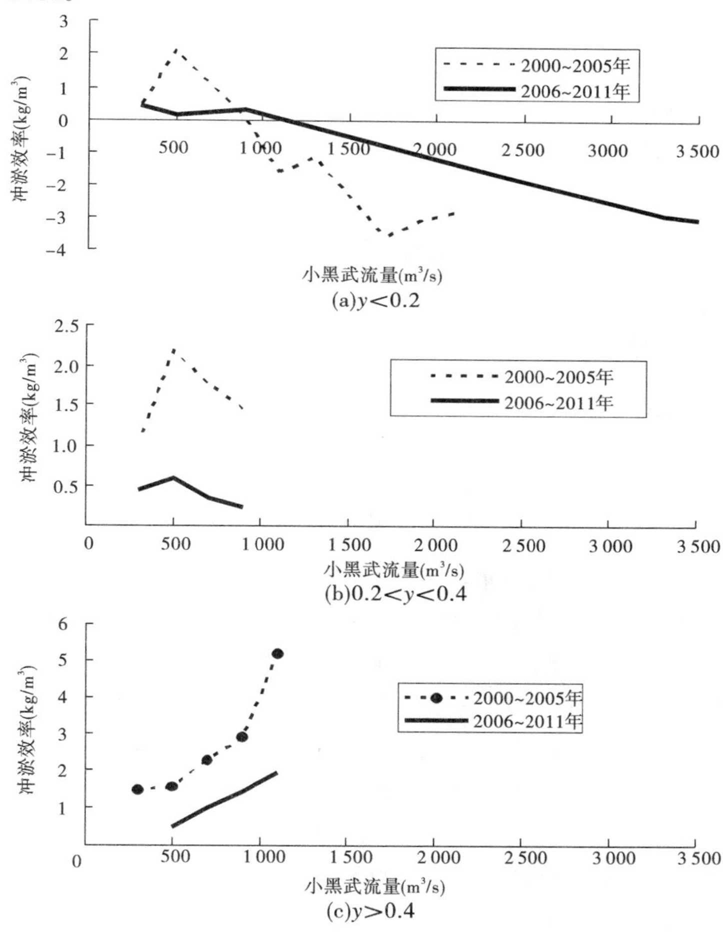

图 3-1 艾山—利津河段冲淤效率与小黑武流量的关系

造成 2006 ~ 2011 年小水期淤积效率减小、冲刷效率也减小的原因,和 2005 年前后河道边界条件发生变化有关。①小水期:艾山—利津河段的淤积效率和进入该河道的水流

的含沙量密切相关，进入河道的含沙量越高，河道的淤积效率越大。2000～2005 年，艾山以上河道床沙组成较细，这使更多的泥沙在小水期被带入艾山以下河道，造成河道淤积。②洪水期：2000～2005 年，艾山—利津的床沙较细，大流量时容易被冲刷。这就是为什么会出现 2006 年之前小水期艾山—利津河段淤积效率比 2006 年之后的大，而洪水期艾山以下河道的冲刷效率比 2006 年之前的小的原因。

（二）不同引水比对河道冲淤的影响

根据以往的研究，分流对河道冲淤的影响与进入河道的水流含沙量高低、河道冲淤状况，以及引水幅度有关。就目前的河道边界条件（经过长期持续冲刷，河床粗化明显）和来水来沙条件（流量小、含沙量较低）而言，引水对艾山—利津河段是不利的，它增加了河道淤积。图 3-2 为 2006～2011 年引水程度较轻（引水比小于 0.2）和引水比较大（引水比大于 0.4）时艾山—利津河段的冲淤效率与小黑武流量的关系。在流量小于1 100 m^3/s，引水比小于 0.2 时河道淤积效率为 0.3 kg/m^3左右；在引水比大于 0.4 时，河道淤积效率大于 0.4 kg/m^3，且有随着流量增大淤积效率增大的趋势。这说明在小流量期间，引水会增加河道淤积，且增加淤积的程度随着流量的增加而增加。

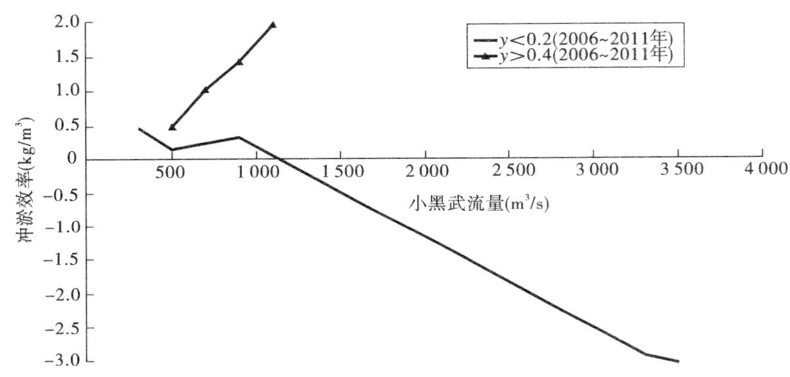

图 3-2　引水比对冲淤效率的影响

进一步按引水比细分，当引水比小于 0.15 时，进入下游的流量在 1 200 m^3/s 左右时由淤转冲，见图 3-3(a)；当引水比为 0.15～0.2 时，在实测资料范围内，河道发生淤积，且淤积效率随流量的增大而增大，流量从 500 m^3/s 增加到 1 500 m^3/s，河道的淤积效率从 0.3 kg/m^3增加到 1.4 kg/m^3；在引水比大于 0.4 后，引水会显著增加河道淤积，流量从 500 m^3/s 增加到 1 500 m^3/s，河道的淤积效率从 1.6 g/m^3增加到 4 kg/m^3。这说明，当水库下泄流量为 1 500 m^3/s 时，即使引水比为 0.2，艾山—利津河段也会发生淤积，若引水比进一步增加，河道的淤积效率还会显著增加，见图 3-3(b)。

（三）含沙量对艾山—利津河段冲淤的影响

进入艾山—利津河段的含沙量对艾山—利津河段的冲淤效率有明显影响。由图 3-4 给出的引水比大于 0.4 时，2006～2010 年艾山—利津河段冲淤效率(η)与含沙量($S_{艾山}$)的关系可见，二者关系很好，可用线性关系式表达

$$\eta = 0.616\,6S_{艾山} - 0.438\,1 \tag{3-1}$$

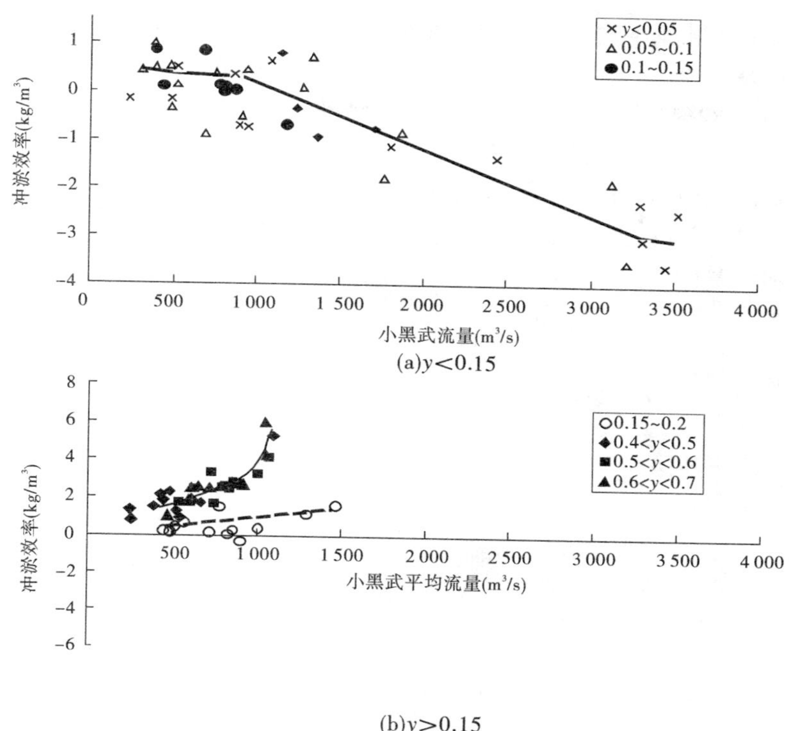

(a)$y<0.15$

(b)$y>0.15$

图 3-3　引水比对冲淤效率的影响(2006 ~ 2010 年)

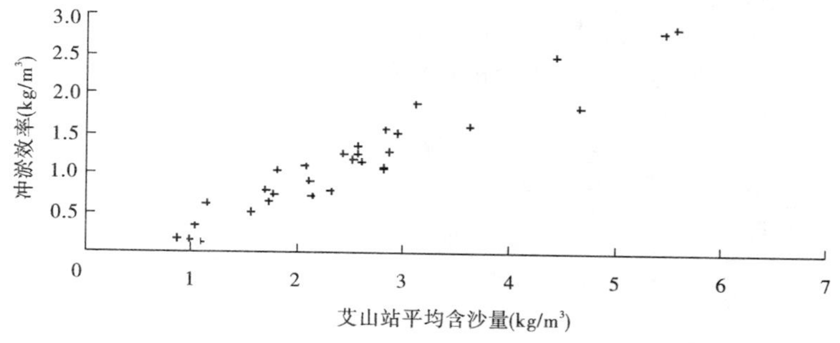

图 3-4　艾山—利津河段冲淤效率与含沙量的关系(2006 ~ 2010 年)

关系表明在艾山—利津河段引水比 y 大于 0.4 后，艾山以上水流携带的泥沙，大体上有 40% ~ 50% 淤积在艾山—利津河段。

(四)进入下游的流量对艾山—利津河段冲淤效率的影响

艾山—利津河段春灌期绝大多数情况下的引水比(y)在 0.4 以上，即引水量占到艾山水量的 40% 以上，故在分析流量对艾山—利津河段冲淤效率的影响时，只针对艾山—利津河段引水比在 0.4 以上的情况。

在该河段引水比大于 0.4 的情况中，河段淤积效率随进入下游流量的增大而增大，当流量小于 800 m^3/s 时，淤积效率增幅较小，接近线性增加，当流量超过 800 ~ 900 m^3/s 以后，淤积效率的增幅明显增大。小浪底水库拦沙运用以来，下游河段发生持续冲刷、河床粗化，到2005年粗化基本完成。因此，我们将小浪底水库拦沙运用以来，分成两个时段：

(1)在2005年下游河床显著粗化之前，由于前期淤积量多、床沙细，随进入下游流量的增大，“上冲下淤”的强度也较大。当进入下游流量分别为600 m^3/s、800 m^3/s、1 000 m^3/s时，艾山—利津河段的淤积效率分别为1.4 kg/m^3、2.1 kg/m^3和3.2 kg/m^3，800～1 000 m^3/s流量所相应的淤积效率的增幅(1.1 kg/m^3)明显大于600～800 m^3/s的增幅(0.7 kg/m^3)。同时受前期冲淤量和引水比例等复杂因素的影响，艾山—利津河段冲淤效率与进入下游流量的相关关系较为散乱，见图3-5。

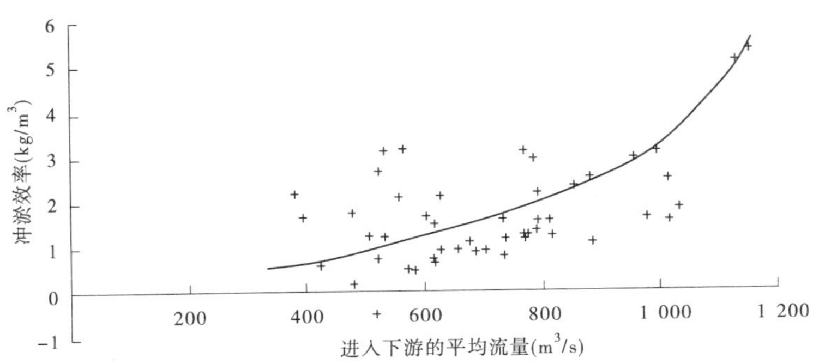

图3-5 艾山—利津河段冲淤效率与进入下游的平均流量的关系(2000～2005年，$y>0.4$)

(2)2006年床沙粗化基本完成后，“上冲下淤”的强度明显减弱，艾山—利津河段冲淤效率与进入下游流量的相关程度明显提高(见图3-6)。当进入下游流量分别为600 m^3/s、800 m^3/s、1 000 m^3/s时，艾山—利津河段的淤积效率分别为0.7 kg/m^3、1.1 kg/m^3和1.8 kg/m^3，为2005年前同流量级淤积效率的50%～56%(见表3-1)。

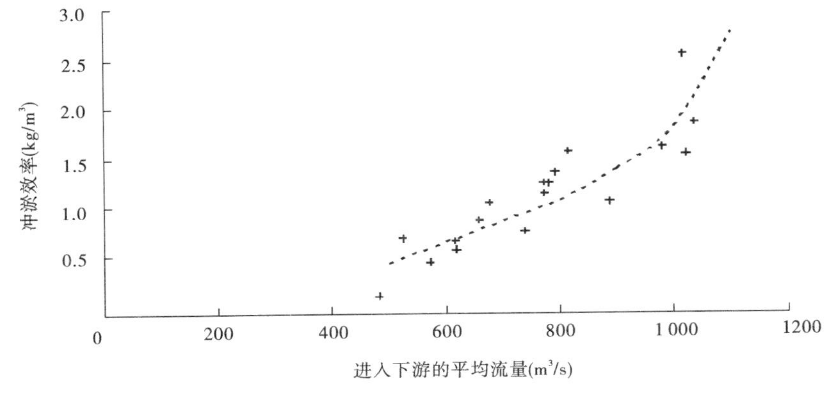

图3-6 艾山—利津河段冲淤效率与进入下游的平均流量的关系(2006～2010年，$y>0.4$)

可见，在流量大于900 m^3/s后，河道淤积效率增大较快，因此应避免下泄900～1 200 m^3/s的流量。

表 3-1 各流量级相应艾山—利津河段的冲(-)淤效率($\gamma > 0.4$)

进入下游流量(m^3/s)		500	600	700	800	900	1 000	1 100
冲淤效率(kg/m^3)	2005 年前	1.1	1.4	1.7	2.1	2.6	3.2	4.3
	2006 年后	0.5	0.7	0.9	1.1	1.4	1.8	2.7

三、主要结论及建议

(一)主要结论

(1)艾山以下窄河段具有大水冲刷、小水淤积的特点。在小浪底水库下泄清水时期,较小流量条件下,高村以上游荡性河段冲刷,而艾山以下窄河段是淤积的,简称为"上冲下淤"。尤其在春灌期流量小于 1 500 ~ 1 800 m^3/s 时,小浪底水库下泄流量较大,艾山以下窄河段的淤积较为严重。

(2)春灌期上冲下淤强度随着进入下游流量的增大而增大,现状(持续冲刷)条件下仍然遵循一般规律,即花园口 800 m^3/s 以下流量级,艾山以下窄河段淤积效率随流量增大而增加的幅度较小;根据实测资料,春灌期流量在 800 ~ 1 200 m^3/s,淤积效率的增幅明显增大,且淤积效率随流量的增大而增大。

(3)春灌期艾山以下窄河段的淤积强度与河道前期冲淤情况也有密切的关系。前期大量淤积,春灌期"上冲下淤"的强度也较大;前期淤积较少,特别是持续冲刷条件下,春灌期"上冲下淤"的强度显著减弱。相同流量 800 m^3/s、1 100 m^3/s 时,2005 年以前相应淤积效率分别为 2.1 kg/m^3 和 4.3 kg/m^3,2006 年后分别降低为 1.1 kg/m^3 和 2.7 kg/m^3,分别为 2005 年前的 52% 和 63%。可见,现状(持续冲刷)条件下,适度放宽春灌期对小浪底水库下泄流量的限制,对艾山以下窄河段淤积的影响要明显小于小浪底水库运用初期。

(4)艾山以下窄河段的淤积效率与引水比有密切的关系,引水比大,则艾山—利津河段的淤积效率大。进入下游的流量同为 1 000 m^3/s,当引水比小于 0.2 时,河道淤积效率仅为约 0.3 kg/m^3;而在引水比大于 0.4 时,河道淤积效率约 1.5 kg/m^3,为前者的约 5 倍。当水库下泄流量为 1 500 m^3/s 时,若引水比为 0.15,艾山—利津河段可发生微冲或冲淤平衡。

(二)春灌期水库下泄流量的建议

(1)春灌期进入下游的流量越大,艾山—利津河段的淤积效率越大,当流量增加到 800 ~ 1 200 m^3/s 时,河道的淤积效率会显著增大。为减少春灌期艾山—利津河段的淤积,春灌期下泄的流量越小越好,尽量避免下泄 800 ~ 1 200 m^3/s 的流量过程。

(2)春灌期艾山以下窄河段的淤积效率与河道前期冲淤情况也有密切的关系,2000 ~ 2005 年,春灌期"上冲"和"下淤"的强度均较大,2006 ~ 2011 年,"上冲"和"下淤"的强度均显著减弱,在灌溉任务急迫的情况下,可适度放宽春灌期对小浪底水库下泄流量的限制。

(3)在目前的河道边界条件下,进入下游的流量为 1 500 ~ 1 800 m^3/s 的较大流量过程时,若引水比控制在 0.15 以下,可以维持艾山以下窄河段冲淤平衡或微冲。

第四章　低含沙量不同峰型洪水冲刷效率分析

调水调沙进行了 11 a,使得下游河道的排洪输沙能力显著提高。相同水量、相同平滩流量条件下,小浪底水库塑造不同的洪水过程,其相应的输沙效果及其对下游河道冲淤的影响也会有所不同。调水调沙一般易于塑造出接近平滩流量、总体变幅较小的"平头峰";部分学者基于对涨水阶段存在附加比降、流速相对较大、更易于河道冲刷的认识,建议塑造接近"自然洪峰"、或缓涨陡落的水沙过程,简称"自然峰"。究竟这两种峰型的洪水,哪种的冲刷效率最好,目前还没有得到解决。本次研究的目的就是针对非漫滩洪水,阐明低含沙量"平头峰"和"自然峰"洪水对下游河道冲淤的影响,通过理论分析和数学模型计算提出有利于下游河槽塑造的调水调沙水沙峰型。

一、设计洪水的概化

(一)洪水过程的概化原则

黄河下游洪水演进过程复杂,沙峰与洪峰不同步,多数沙峰滞后于洪峰,洪峰流量大小与含沙量高低关系并不密切,洪水期含沙量搭配非常复杂,本次暂不考虑含沙量变化对输沙的影响,即仅研究流量过程对输沙的影响。现有的洪水概化模式很多,如三角形(见图 4-1)、多边形(五点法)(见图 4-2)、P－Ⅲ曲线型、正弦曲线型、复合抛物线型,等等。这些概化模式要么过于简单、死板,难以反映洪水过程复杂多变的特性,要么参数太多,难以确定,达不到简化计算的目的。

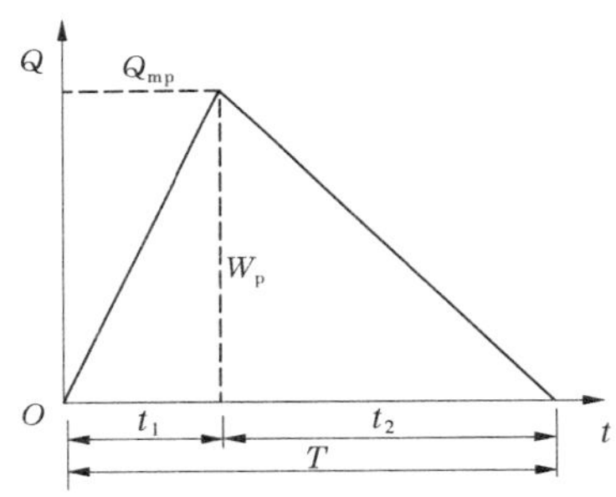

图 4-1　三角形概化洪水过程线

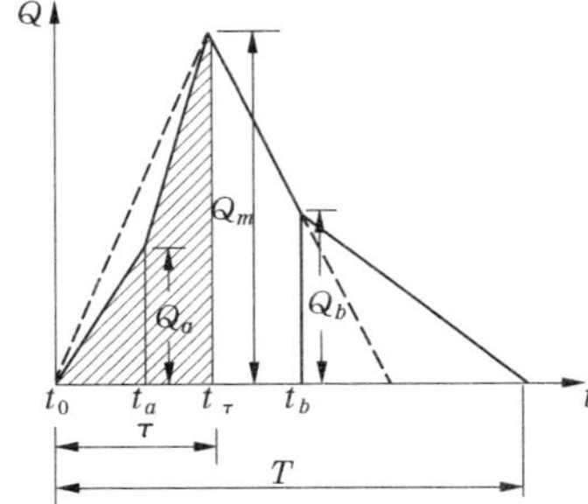

图 4-2　多边形(五点法)概化洪水过程线

这里提出正态曲线的模式概化一场洪水过程,如图 4-3 和图 4-4 所示 。一般的正态分布概率密度函数为$f(x)=\frac{1}{\sqrt{2\pi}\sigma}e^{-\frac{x-\mu}{2\sigma^2}}$,设计洪水的流量过程可用下式描述

$$Q(t)=f(t)\frac{Q_m}{\frac{1}{\sqrt{2\pi}\sigma}} \tag{4-1}$$

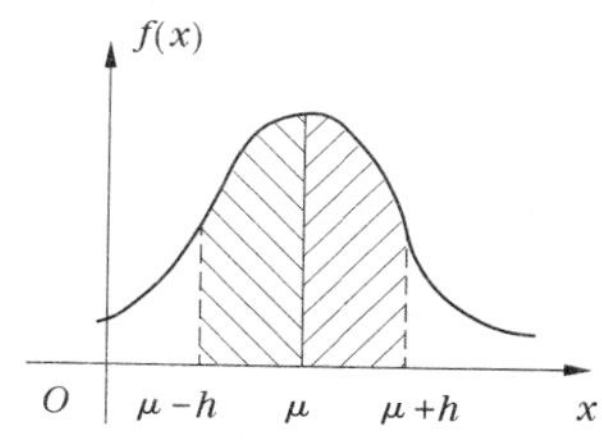

图 4-3　正态曲线函数

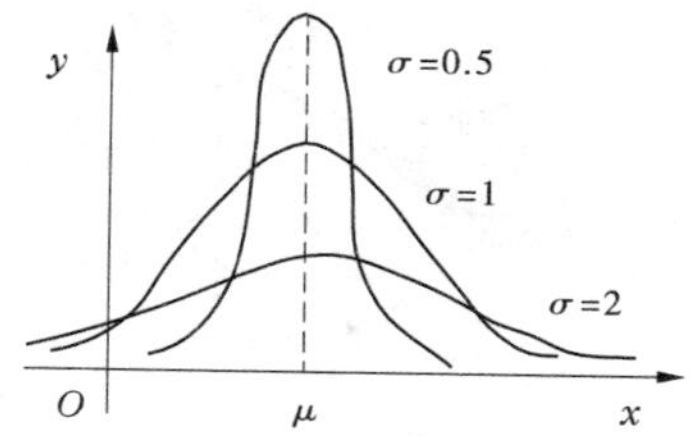

图 4-4　不同标准差的正态曲线差异

式中：$Q(t)$ 为不同时刻洪水的流量过程；Q_m 为最大洪峰流量，m^3/s；σ 为洪水流量过程的标准差，用来调整洪水过程的宽胖和尖瘦程度；T 为洪水总历时；$\mu = T/2$，π 为常数。

当以上各参数确定时，洪水期总水量 $W = \int_0^T Q(t)\mathrm{d}t$，即 $W = f(Q_m, \sigma, t)$。

（二）泥沙输移的原则

一般条件下，水流挟沙能力公式为：

$$S_* = K\left(\frac{V^3}{gh\omega}\right)^m \tag{4-2}$$

式中：g 为重力加速度，ω 为悬移质平均沉速，K 和 m 为系数和指数。

根据研究，在平衡条件下，对黄河下游河道，$m = 0.92$，$\frac{K}{g^{0.92}} = 0.015$。为了直接反映坡降、河型（河相系数）及糙率等的影响，宜对上式进行改造。引进曼宁公式 $V = \frac{1}{n}h^{2/3}J^{1/2}$，流量连续方程 $Q = VhB$，及河相系数 $\zeta = \frac{\sqrt{B}}{h}$，可将其改写为

$$S_* = \frac{K_1}{\omega^{0.92}} \frac{J^{1.255}Q^{0.251}}{n^{2.508}\zeta^{0.501}} \tag{4-3}$$

其中单位以 m、s、kg 计，$K_1 = \frac{K}{g^{0.92}} = 0.015$。上式从理论上反映了挟沙能力与水面比降（实际应为能坡）、河相系数、流量及糙率的关系。它避开了较难确定的流速和水深，而采用了更宏观的一些量，并且能更直接地反映挟沙能力的机制，用于对挟沙能力做宏观分析是很有用的。

这样结合上述对洪水流量过程的概化，不同类型洪水的输沙能力可表示为

$$W_S = \int_0^T Q(t)S_*\mathrm{d}t \tag{4-4}$$

二、不同类型洪水输沙规律研究

（一）限制流量小于等于 4 000 m^3/s 不漫滩

1. 同洪峰同水量

调水调沙期总水量约为 40 亿 m^3，因此在水量均为 40 亿 m^3，限制不漫滩（$Q_{max} \leq 4\ 000\ m^3/s$）的情况下，可将洪水概化为 $Q_{max} = 4\ 000\ m^3/s$，持续时间分别为 11.57 d、13 d、15 d 和 18 d 的洪水过程，如图 4-5 所示。

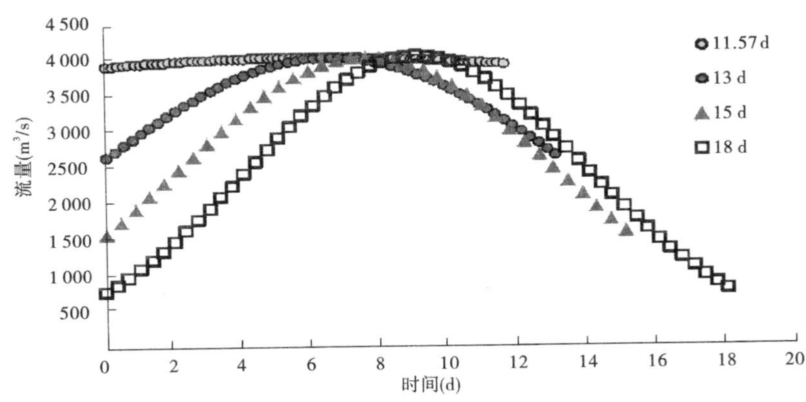

图 4-5　正态曲线概化同水量同洪峰流量洪水过程

依据前面所述概化洪水输沙能力的计算方法，计算全下游不同峰型洪水的输沙能力。令挟沙能力公式(4-3)中的 $K_1 = 0.029$，$J = 1.5‱$ 为下游河段平均纵比降，$\omega = 0.003$ m/s 为 2000 年至 2009 年调水调沙期间悬沙浑水沉速平均值，$n = 0.01$ 为糙率，$\zeta = 13$ 为下游河段平均宽深比，计算得到不同类型洪水的输沙结果，见表 4-1。理论分析表明，平头峰的输沙能力大于自然峰，随着自然洪峰历时的增长，输沙能力进一步降低。平衡输沙条件下，历时 11.57 d 的平头峰(4 000 m^3/s)可携带的平衡含沙量为 12.8 kg/m^3，相应输沙量为 0.513 亿 t，而历时 13 d、15 d 和 18 d 的自然洪峰过程携带的平衡含沙量分别为 12.3 kg/m^3、11.9 kg/m^3、11.7 kg/m^3，相应输沙量分别为 0.490 亿 t、0.477 亿 t、0.469 亿 t，分别为平头峰的 96%、93% 和 91%。

表 4-1　同水量同洪峰流量洪水输沙量计算结果(理论公式)

洪水类型	时间 (d)	Q_{max} (m^3/s)	$Q_{平}$ (m^3/s)	$Q_{max}/Q_{平}$	W_S (亿 t)	平均含沙量 (kg/m^3)
单峰自然峰	13	4 000	3 561	1.12	0.490	12.3
	15	4 000	3 086	1.30	0.477	11.9
	18	4 000	2 572	1.56	0.469	11.7
平头峰	11.57	4 000	4 000	1.00	0.513	12.8

同时利用数学模型对不同类型洪水条件下黄河下游的冲淤情况进行了计算，见表 4-2，2011 年汛后、河道持续冲刷条件下，历时 11.57 d 的平头峰(4 000 m^3/s)在黄河下游河道冲刷效率可以达到 8.0 kg/m^3，相应冲刷量为 0.319 亿 t，其中艾山—利津河段冲刷量为 0.083 亿 t。3 种自然洪峰下游河道冲刷效率分别为 7.6 kg/m^3、7.2 kg/m^3 和 6.7 kg/m^3，相应冲刷量分别为 0.303 亿 t、0.288 亿 t、0.269 亿 t，分别为平头峰的 95%、90% 和 84%。其中艾山—利津河段相应冲刷量分别为 0.079 亿 t、0.074 亿 t、0.067 亿 t，分别为平头峰的 95%、89% 和 81%。艾山—利津河段自然峰的冲刷效率减少更明显，表明洪峰平均流量的影响较其上游河段更加明显，历时较长的自然洪峰冲刷效率降低了约 19%。

表 4-2　同水量同洪峰流量洪水输沙量计算结果(数学模型)　(单位:亿 t)

河段	自然峰			平头峰
	13 d	15 d	18 d	11.57 d
小浪底—花园口	-0.059	-0.057	-0.054	-0.062
花园口—夹河滩	-0.030	-0.027	-0.024	-0.035
夹河滩—高村	-0.022	-0.019	-0.016	-0.024
高村—孙口	-0.055	-0.053	-0.049	-0.057
孙口—艾山	-0.058	-0.059	-0.059	-0.059
艾山—泺口	-0.042	-0.040	-0.038	-0.045
泺口—利津	-0.037	-0.034	-0.029	-0.038
全下游	-0.303	-0.288	-0.269	-0.319
平均含沙量(kg/m³)	-7.6	-7.2	-6.7	-8.0

2. 同历时同水量

水量仍为 40 亿 m³,在同水量、等历时的情况下,流量概化见图 4-6,分别计算了持续时间为 12 d、13 d、15 d、16 d、17 d、18 d 和 20 d 的平头峰和自然峰的输沙能力,见表 4-3、图 4-6。可以看出,当总水量为 40 亿 m³时,洪水历时分别为 12～16 d 的平头峰洪水,即平头峰流量大于 2 900 m³/s 时,其输沙能力均大于自然峰洪水;当洪水历时大于 16 d,即平头峰的流量小于 2 900 m³/s 时,自然峰洪水的输沙能力则大于平头峰。

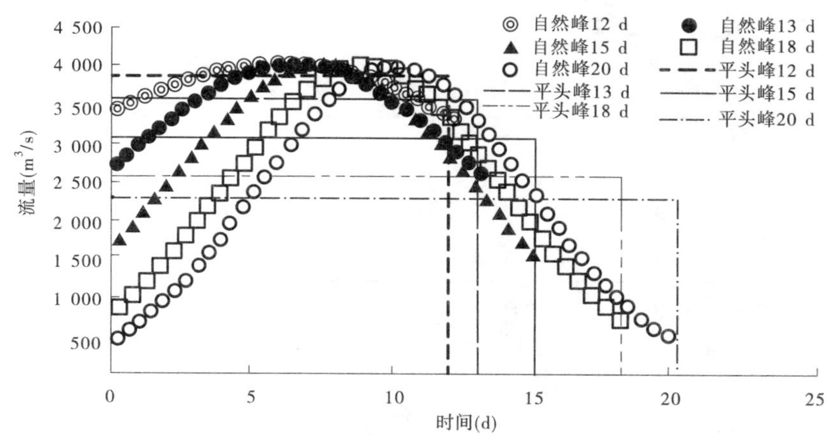

图 4-6　正态曲线概化同水量、等历时洪水

(二)假定均不漫滩

1. 不同洪峰不同历时同水量

在假定不漫滩情况下,概化不同洪峰流量过程,见图 4-7 和表 4-4,洪峰流量分别为

4 000 m³/s、4 500 m³/s、5 000 m³/s、5 500 m³/s 和 6 000 m³/s，历时分别为 13 d、14 d、15 d、16 d 和 17 d。可以看出，洪峰流量越小，持续时间越长，平均流量越小，峰型系数越小，洪水越宽胖，其输沙能力越小，反之，则输沙能力越大。

表 4-3 同水量、等历时自然峰和平头峰输沙能力对比

持续时间(d)	自然峰				平头峰		
	洪峰流量 Q_{max} (m³/s)	$\frac{Q_{max}}{Q_{平}}$	输沙量 W_S (亿 t)	平均含沙量 (kg/m³)	流量 Q (m³/s)	输沙量 W_S (亿 t)	平均含沙量 (kg/m³)
12	4 000	1. 04	0. 497	12. 43	3 858	0. 508	12. 71
13	4 000	1. 12	0. 490	12. 25	3 561	0. 498	12. 46
15	4 000	1. 30	0. 477	11. 92	3 086	0. 481	12. 02
16	4 000	1. 38	0. 475	11. 88	2 894	0. 473	11. 82
17	4 000	1. 47	0. 471	11. 78	2 723	0. 466	11. 65
18	4 000	1. 56	0. 469	11. 74	2 572	0. 459	11. 48
20	4 000	1. 73	0. 467	11. 67	2 315	0. 447	11. 18

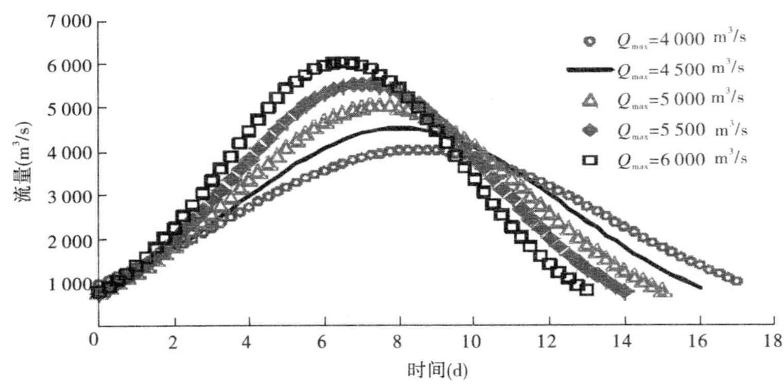

图 4-7 不同洪峰不同历时同水量洪水过程概化

表 4-4 不同洪峰不同历时同水量洪水输沙能力对比

持续时间 (d)	洪峰流量 Q_{max} (m³/s)	平均流量 $Q_{平}$ (m³/s)	$Q_{max}/Q_{平}$	输沙量 W_S (亿 t)	平均含沙量 (kg/m³)
13	6 000	3 561	1. 68	0. 516	12. 89
14	5 500	3 307	1. 66	0. 505	12. 62
15	5 000	3 086	1. 62	0. 494	12. 36
16	4 500	2 894	1. 56	0. 483	12. 08
17	4 000	2 723	1. 47	0. 472	11. 81

2. 不同洪峰同历时同水量

在假定不漫滩情况下，概化不同洪峰流量过程，见图 4-8 和表 4-5，洪峰流量分别为 4 000 m^3/s、4 500 m^3/s、5 000 m^3/s、5 500 m^3/s 和 6 000 m^3/s，历时均为 13 d，所以平均流量均等于 3 561 m^3/s，但峰型系数逐渐减小。可以看出，在平均流量相同时，洪峰流量越大，其输沙能力越大，但其差值较小。

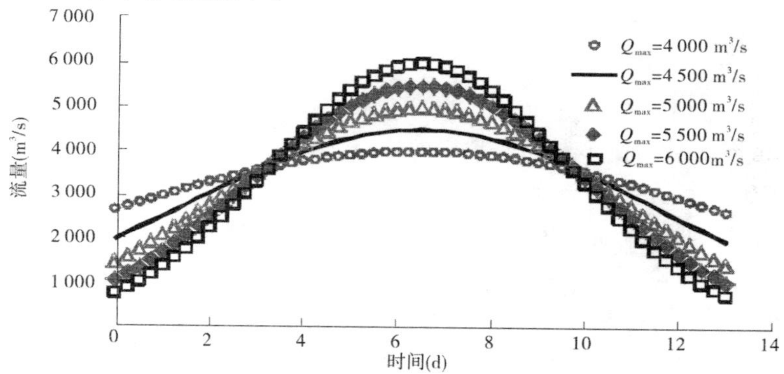

图 4-8　不同洪峰同历时同水量洪水过程概化

表 4-5　不同洪峰同历时同水量洪水输沙能力对比

洪峰流量 Q_{max} (m^3/s)	平均流量 $Q_{平}$ (m^3/s)	$Q_{max}/Q_{平}$	输沙量 W_S (亿 t)	平均含沙量 (kg/m^3)
6 000	3 561	1.68	0.516	12.89
5 500		1.54	0.509	12.71
5 000		1.40	0.501	12.53
4 500		1.26	0.496	12.39
4 000		1.12	0.491	12.27

三、结论

（1）限制不漫滩，且洪峰流量均等于 4 000 m^3/s 的条件下，平头峰的输沙能力最大。单峰自然峰洪水持续时间越短，大流量占的比例越大，越接近平头峰的输沙能力越大。

（2）限制不漫滩，在等历时等水量的自然峰与平头峰对比中，当洪水历时分别为 12～16 d 时，平头峰洪水（流量大于 2 900 m^3/s 时）输沙能力均大于自然峰洪水；当洪水历时大于 16 d（即平头峰流量小于 2 900 m^3/s 时），自然峰洪水的输沙能力大于平头峰。

（3）假定均不漫滩情况下，总水量均为 40 亿 m^3，若洪水越宽胖，洪峰流量越小，则洪水持续时间越长，同时洪水平均流量也越小，则其输沙能力越小，反之，则输沙能力越大；历时和平均流量均相等的情况下，洪峰流量越大，其输沙能力越大，但其差值较小。

因此，在小浪底水库调水调沙期间，若限制不漫滩则尽量调成大流量占比例较大的平头峰。若水量为 40 亿 m^3，则 4 000 m^3/s 流量持续 12 d 左右，这样输沙效率最高，也易操作。

第五章　认识与建议

一、主要认识

(1)2011 年黄河下游河道冲刷 1.344 亿 m^3(断面法),两场洪水共冲刷 0.459 亿 t(沙量平衡法);黄河下游河道主河槽最小平滩流量由调水调沙前的 4 000 m^3/s 增大到 4 100 m^3/s。截至 2012 年汛前,黄河下游畸形河湾多发、工程出险情况严重。河南河段出现畸形河湾 2 处,山东河段出现 3 处。需要重点防守和已出现险情的河道工程共 26 个。

(2)多方面分析论证表明,平滩流量 4 000 m^3/s 是黄河下游高效排洪输沙的底限指标。目前,黄河下游河道最小平滩流量已达到排洪输沙的底限目标且得到一定程度的巩固。长期清水持续冲刷、床沙粗化,以 2005 年为转折点,之后冲刷效率强度显著降低。目前,水库淤积三角洲距大坝只有 18.35 km,具备了显著增大出库含沙量、增大排沙比(尤其细沙排沙比)、拦粗排细的条件,充分利用下游河道输沙潜力,排沙入海。

立足于充分利用下游河道输沙能力、减少小浪底库区细颗粒泥沙淤积,水库运用目标基本具备了由拦沙运用初期(以拦沙为主、冲刷下游河道、注重恢复下游河道排洪输沙能力——平滩流量)向拦沙运用后期(以排沙为主、充分发挥下游河道输沙能力、注重维持下游河道排洪输沙能力)过渡的条件。

(3)春灌期上冲下淤强度随着进入下游流量的增大而增大,现状(持续冲刷)条件下仍然遵循一般规律,即花园口 800 m^3/s 以下流量级,艾山以下窄河段淤积效率随流量增大而增加的幅度较小;春灌期流量大于 800 m^3/s,淤积效率的增幅明显增大。

若前期大量淤积,春灌期“上冲下淤”的强度也较大;若前期淤积较少、特别是持续冲刷条件下,春灌期“上冲下淤”的强度显著减弱。2006 年之后和之前相比,相同流量淤积强度显著降低。可见,现状(持续冲刷)条件下,适度放宽春灌期对小浪底水库下泄流量的限制,对艾山以下窄河段淤积的影响要明显小于小浪底水库运用初期。

引水比例大,则艾山—利津河段的淤积强度大。进入下游的流量同为 1 000 m^3/s,当引水比小于 0.2 时河道淤积强度仅为约 0.3 kg/m^3;而在引水比大于 0.4 时,河道淤积强度约 1.5 kg/m^3,为前者的约 5 倍。

(4)针对小浪底水库调水调沙期总水量均为 40 亿 m^3 的情况下,且限制不漫滩,通过分析计算可以得到以下初步认识:

①限制不漫滩,且洪峰流量均等于 4 000 m^3/s 的条件下,平头峰的洪水输沙能力最大。单峰自然峰洪水持续时间越短,大流量占的比例越大,越接近平头峰的输沙能力越大。

②限制不漫滩,在等历时等水量的自然峰与平头峰对比中,当洪水历时分别为 12 ~ 16 d 时,平头峰洪水(即平头峰流量大于 2 900 m^3/s 时)输沙能力均大于自然峰洪水;当洪水历时大于 16 d(即平头峰流量小于 2 900 m^3/s 时),自然峰洪水的输沙能力大于平

头峰。

二、建议

(1)考虑到目前黄河下游河道排洪输沙的底限目标初步实现,河槽的冲刷强度显著降低,并且小浪底水库具备增大排沙比的条件,为减缓因长期清水冲刷导致的不利河势的发生,建议小浪底水库相机多排沙,充分利用下游河道中水河槽的输沙能力排沙入海。

(2)为减少春灌期艾山—利津河段的淤积,春灌期下泄的流量越小越好,尽量避免下泄 800 ~1 200 m^3/s 的流量过程;尽量将水库下泄的流量过程调匀,能够显著减少艾山—利津河段的淤积;持续冲刷条件下,小水期“上冲下淤”强度减弱,可适度放宽春灌期对小浪底水库下泄流量的限制。

(3)在小浪底水库调水调沙期间,若水量为 40 亿 m^3,则控制 4 000 m^3/s 持续 12 d 左右,这样输沙效率最高,也易操作。

第八专题 渭河典型支流洪水期产流产沙特性研究

以渭河支流东川河、灞河为典型,利用数理统计、“水文分析法”(简称“水文法”)等方法,分析了两支流近10年来的水沙变化特征及其成因。东川河属渭河的泥沙来源支流,灞河为渭河的清水来源支流,两者的水沙变化特征及其成因是不同的。研究表明,近10年来,东川河的降雨量、降雨强度较多年平均值均有增加,而径流量、输沙量均有明显减少;灞河的降雨量、降雨强度是减少的,同时,径流量、输沙量也有明显减少。东川河、灞河的水沙突变年份不一致,分别是1995年、1970年。东川河流域在天然时期的临界产流雨强为9 mm/d,1995年以后为16 mm/d。东川河流域的水沙变化主要是人类活动引起的,其作用近乎100%;灞河的水沙变化是降雨、人类活动共同引起的,其贡献率分别占到13.76%和86.24%。另外,人类活动对两支流洪峰的影响程度要小于对洪量的影响程度。

第一章 绪 论

一、研究背景和目的

渭河是黄河第一大支流，流域面积 13.48 万 km^2，是黄河中游三大暴雨洪水来源区之一，也是黄河泥沙的主要来源区之一。

渭河流域面积广阔，下垫面情况复杂，暴雨产流产沙规律也较为复杂。渭河上游主要为黄土丘陵区，下游北部为陕北黄土高原；中部为经黄土沉积和渭河干支流冲积而成的河谷冲积平原区至关中盆地；南部为秦岭土石山区。其间北岸加入泾河和北洛河两大支流，泾河北部为黄土丘陵沟壑区，中部为黄土高塬沟壑区，东部子午岭为泾河、北洛河的分水岭，有茂密的次生天然林，西部和西南部为六盘山、关山地区，植被良好；北洛河上游为黄土丘陵沟壑区，中游两侧分水岭为子午岭林区和黄龙山林区，中部为黄土塬区，下游进入关中地区，为黄土阶地与冲积平原区。

渭河两岸支流众多，属不对称水系，南岸支流数量较多，但较大的支流集中在北岸，水系呈扇状分布。集水面积 1 000 km^2 以上的支流有 14 条，北岸有咸河、散渡河、葫芦河、牛头河、千河、漆水河、石川河、泾河、北洛河，南岸有榜沙河、耤河、黑河、沣河、灞河。北岸支流多发源于黄土丘陵和黄土高原，比降较小，含沙量大，是泥沙的主要来源区；南岸支流众多，均发源于秦岭山区，源短流急，谷狭坡陡，径流较丰，含沙量小，是主要的清水来源区。

近年来，由于降雨变化和人类活动的影响共同作用，渭河水沙量较历史有较大幅度的减少，洪水量级也大幅减小。以华县水文站实测径流量和年最大洪峰为例（见图 1-1、图 1-2），1950～2011 年，华县站年径流量均值为 68.0 亿 m^3；其中，1950～1970 年为 90.9 亿 m^3；1971～1990 年为 68.6 亿 m^3，与多年均值接近；1991～2000 年为 39.5 亿 m^3，较之前显著减小；2001～2010 年虽有所增加，为 47.5 亿 m^3，但仍然低于多年均值。渭河水沙主要由汛期暴雨洪水产生。1954～2011 年，华县站年最大洪峰流量均值为 3 100 m^3/s。其中，1954～1970 年为 4 200 m^3/s；1971～1990 年为 3 200 m^3/s，与多年均值接近；1991～2011 年为 2 100 m^3/s，较之前显著减小。但是，近期也发生了洪峰量级较大的洪水，包括 2005 年和 2011 年洪峰流量分别为 4 800 m^3/s 和 5 260 m^3/s 的洪水。以上分析说明，近年来渭河洪水总体上呈减小趋势，但在目前下垫面情况下，只要发生长历时的强降雨过程，发生大洪水的可能性依然存在。

为了了解渭河近期水沙变化规律，尤其是汛期产水产沙变化特性，选取了泥沙来源区的东川支流和清水来源区的灞河支流作为典型，分析降雨、洪水、径流、输沙的情势变化。

二、研究的主要内容

研究通过收集、整理渭河的两条典型支流灞河和东川的相关水文资料，建立洪水期降雨径流泥沙关系，对比过去和近期不同降雨条件对产水产沙的影响。具体内容包括：

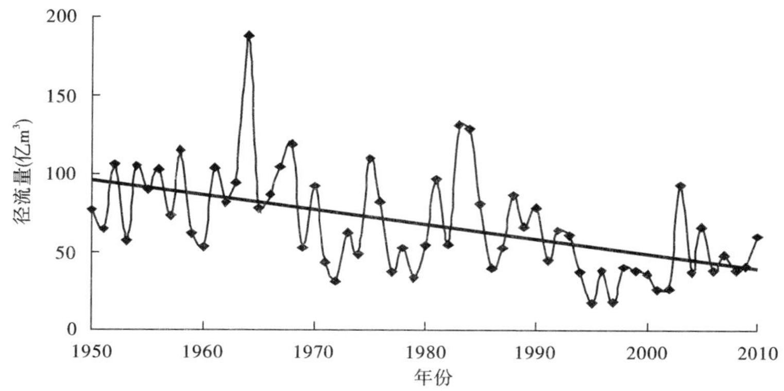

图 1-1　渭河华县水文站年径流量变化过程

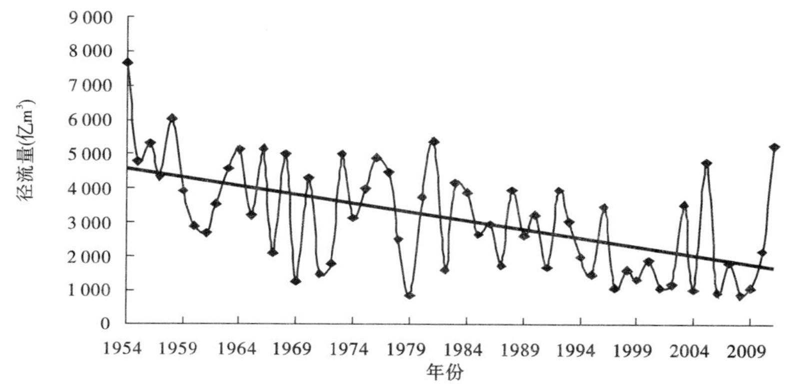

图 1-2　渭河华县水文站年最大洪峰变化过程

(1)支流年、汛期和主汛期径流泥沙变化分析。

(2)支流降雨量、雨强和量级变化分析。

(3)支流汛期降雨－径流、降雨－泥沙关系建立,并分析降雨变化和下垫面变化对径流泥沙的影响。

(4)支流场次暴雨洪水产流产沙关系变化分析,分析下垫面变化对产流产沙的影响。

三、支流概况

(一)东川流域

东川流域发源于环县黄土高原子午岭,自北向南,由庆阳汇入马莲河。入马莲河控制站为贾桥水文站,控制面积 2 988 km^2。

东川流域属于温带大陆性干旱半干旱气候,降雨较少,多年平均降雨量 489.5 mm。降雨主要集中在汛期 7～10 月,汛期降雨量占全年的 66.7%;主汛期 7～8 月更为集中,占全年的 44.7%。

流域水土流失严重,主要包括黄土高塬沟壑区和黄土丘陵沟壑区两种水土流失类型区,土壤类型包括黄土性土壤和风沙土两大类,土壤结构疏松,抗侵蚀能力弱,透水性好。

在汛期短历时、高强度、雨量集中的暴雨侵蚀下，极易发生突发性高含沙洪水。根据贾桥水文站1954～2010年系列统计，流域多年平均径流量8 609万m^3，多年平均输沙量2 014万t，产沙量大。径流、泥沙年内分布不均，汛期径流量占全年的65.2%，汛期泥沙量占全年的90.7%。最大洪峰流量3 690 m^3/s（1977年7月6日），最大含沙量1 100 kg/m^3（1970年7月16日）。

（二）灞河流域

灞河是渭河的一级支流，发源于秦岭北麓蓝田、渭南、华县交界处的蓝田县灞源乡箭峪岭南九道沟，由南向北流，于灞桥区三郎村汇入渭河。入渭河控制站为马渡王水文站，控制面积1 601 km^2。

灞河流域属暖温带半湿润大陆性季风气候，降雨较为丰沛，四季冷暖干湿分明，多年平均降雨量842 mm。降雨主要集中在5～10月，这6个月的降雨量占全年的78.4%，其中汛期7～10月更为集中，占全年的50%左右。

流域从源头到下游大致可以分为秦岭山地、横岭丘陵和川道平原等地貌类型区，流域面坡降较大，产流量大且汇流迅速，容易形成洪峰尖瘦、陡涨陡落的洪水过程。流域产水量大，产沙量小，根据1954～2009年系列资料，流域多年平均径流量4.73亿m^3，径流年内分布不均，汛期径流量占全年的55.6%，最大洪峰流量1 590 m^3/s（1962年8月14日）。

四、基础资料

东川流域为渭河的泥沙来源区，分析重点为流域的径流量和输沙量变化。为宏观分析支流水沙情势变化，选取东川支流控制站贾桥水文站的年径流量、年输沙量、汛期径流量、汛期输沙量资料，资料系列为1956～2010年，共55 a。

灞河流域为渭河的清水来源区，流域产沙很少，分析重点为流域径流量变化。为宏观分析支流径流变化情势，选取灞河支流控制站马渡王水文站的年径流量、汛期径流量资料，系列为1956～2010年，共55 a。

东川和灞河两支流均以汛期局地性暴雨洪水为主，在研究降雨与洪水的关系时应同时考虑降雨的量、强度及笼罩面积，因此以支流内雨量站的日雨量为基本降雨资料。日雨量资料既可以通过累计反映降雨的量值，又能够从日尺度上反映降雨强度的大小；通过雨量站的控制面积，可以确定降雨的笼罩面积，在本研究中为简化计算，采用算术平均法确定雨量站控制面积。同时，日雨量资料可以满足宏观雨洪规律分析的精度要求，并且在资料获取和统计计算上比较便捷，提高了分析效率。

根据两支流雨量站建站时间和资料收集情况（雨量站资料基本情况见表1-1），在东川支流雨洪关系分析时，选取流域内15个雨量站点，资料系列为1966～2010年，共45 a；灞河支流选取流域内11个雨量站点，资料系列为1956～2009年，共54 a。

表 1-1　东川、灞河流域雨量站资料基本情况

河名	序号	编码	站名	建站时间	已收集资料系列
东川	1	41229100	桥川	1977 年	1977～2010 年
	2	41229200	元城	1951 年	1966～2010 年
	3	41229250	陶老庄	1965 年	1966～2010 年
	4	41229300	五蛟	1977 年	1977～2010 年
	5	41229400	王沟脑	1978 年	1978～2010 年
	6	41229450	武家河	1980 年	1980～2010 年
	7	41229500	乔河	1980 年	1980～2010 年
	8	41229550	大刘沟	1980 年	1980～2010 年
	9	41229650	白家川	1980 年	1980～2010 年
	10	41229700	杨岔	1980 年	1980～2010 年
	11	41229750	柳湾	1980 年	1980～2010 年
	12	41229800	悦乐	1958 年	1966～2010 年
	13	41229850	新集	1978 年	1978～2010 年
	14	41229900	玄马	1977 年	1977～2010 年
	15	41229950	贾桥/东川庆阳	1980 年/1934 年	1966～2010 年
灞河	1	41135850	灞源	1953 年	1956～2009 年
	2	41135950	穆家堰	1953 年	1956～2009 年
	3	41136000	牧护关	1953 年	1956～2009 年
	4	41136050	蓝桥	1976 年	1977～2009 年
	5	41136100	罗李村	1956 年	1956～2009 年
	6	41136200	葛牌镇	1953 年	1956～2009 年
	7	41136250	龙王庙	1953 年	1956～2009 年
	8	41136300	玉川	1979 年	1979～2009 年
	9	41136350	辋川	1976 年	1976～2009 年
	10	41136600	蟠桃湾	1976 年	1976～2009 年
	11	41136650	马渡王	1952 年	1956～2009 年

第二章　水沙变化趋势分析

一、东川流域径流输沙变化

(一)径流量变化

东川支流径流量主要集中在汛期7～10月,特别是主汛期7～8月,其中汛期径流占全年的65.2%,主汛期径流占全年径流的51.1%(贾桥水文站多年平均月径流量占全年的比例,见图2-1)。

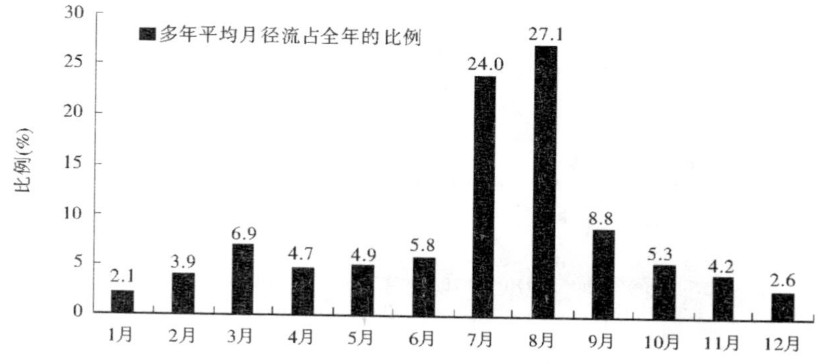

图2-1　东川贾桥水文站多年平均月径流量占全年的比例

贾桥水文站年、汛期和主汛期径流量变化见表2-1、图2-2～图2-4,年、汛期和主汛期径流量变化情况基本一致,均表现为1990年之前逐时段呈减小趋势,1991～2000年又有较大幅度的增加,2001年后又显著减小。其中,1956～1970年和20世纪90年代高于多年均值,80年代和2001年之后低于多年均值,70年代与多年均值接近。

近10年来的径流量在整个研究系列中最小,年均为0.71亿m^3,较多年均值减少17.4%;汛期平均为0.46亿m^3,较多年均值减少17.9%;主汛期平均为0.37亿m^3,较多年均值减少15.9%。

表2-1　东川流域径流量

项目	1956～1970年	1971～1980年	1981～1990年	1991～2000年	2001～2010年	1956～2010年
年径流量(亿m^3)	0.95	0.84	0.81	0.95	0.71	0.86
汛期径流量(亿m^3)	0.64	0.55	0.48	0.64	0.46	0.56
汛期占全年比例(%)	67.4	65.5	59.3	67.4	64.8	65.2
主汛期径流量(亿m^3)	0.50	0.42	0.35	0.54	0.37	0.44
主汛期占全年比例(%)	52.6	50.0	43.2	56.8	52.1	51.1

(二)输沙量变化

东川支流输沙量同样主要集中在汛期7～10月,特别是主汛期7～8月,且比径流的

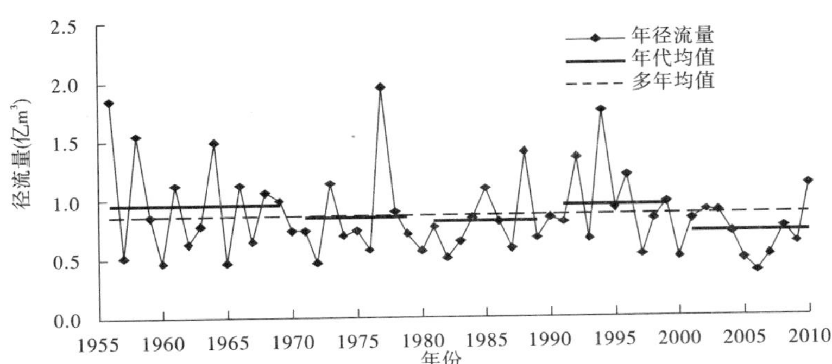

图 2-2　东川贾桥水文站年径流量变化过程

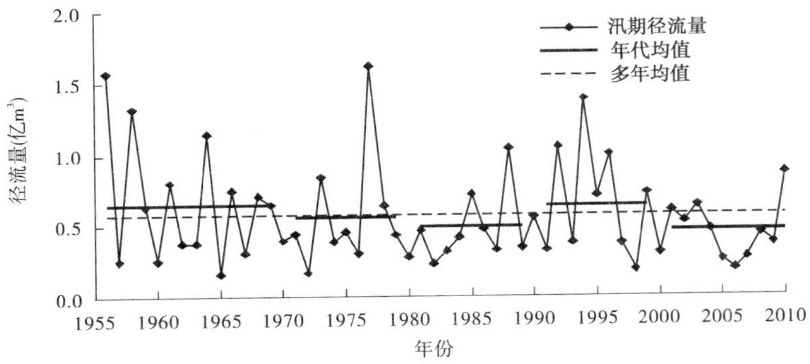

图 2-3　东川贾桥水文站汛期径流量变化过程

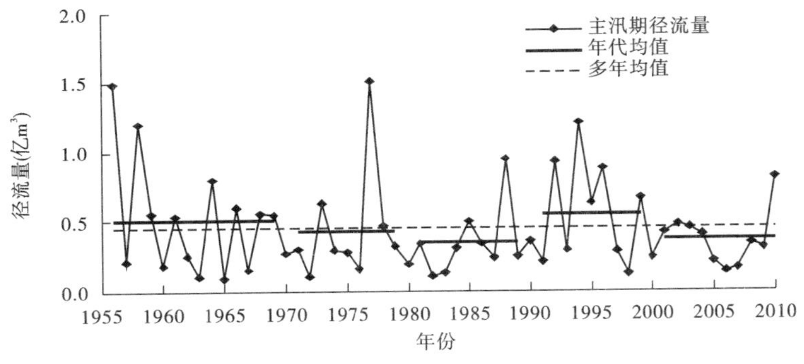

图 2-4　东川贾桥水文站主汛期径流量变化过程

集中程度更高。其中,汛期沙量占全年的 90.7%,主汛期沙量占全年的 85.7%(贾桥水文站多年平均月输沙量占全年的比例,见图 2-5)。

贾桥水文站年、汛期和主汛期输沙量变化见表 2-2、图 2-6 ~ 图 2-8,年汛期和主汛期输沙量变化情况基本一致,均表现为 1990 年之前呈减小趋势,1991 ~ 2000 年又有较大幅度的增加,2001 年后又显著减小。其中,1956 ~ 1970 年和 90 年代高于多年均值,80 年代和 2001 年之后低于多年均值,70 年代与多年均值接近。

近 10 年来输沙量明显减少,是这个系列中仅次于 80 年代的最小值,输沙量年均为 1 515万 t,较多年均值减少 24.8%;汛期平均为 1 396 万 t,较多年均值减少 23.5%;主汛

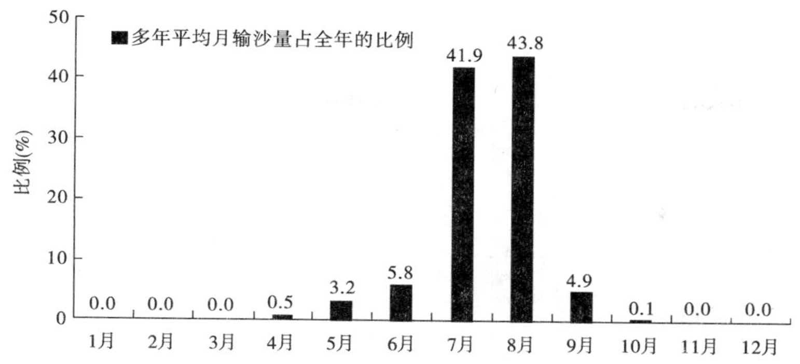

图 2-5 东川贾桥水文站多年平均月输沙量占全年的比例

期平均为 1 361 万 t,较多年均值减少 21.2%。

输沙量变化与径流量变化趋势基本相同,该流域径流泥沙关系密切。近 10 年来输沙量的减少程度高于径流减少程度。

表 2-2 东川流域输沙量

项目	1956 ~ 1970 年	1971 ~ 1980 年	1981 ~ 1990 年	1991 ~ 2000 年	2001 ~ 2010 年	1956 ~ 2010 年
年输沙量(万 t)	2 359	1 994	1 444	2 583	1 515	2 014
汛期输沙量(万 t)	2 156	1 941	1 197	2 267	1 396	1 825
汛期占全年比例(%)	91.4	97.3	82.9	87.8	92.1	90.7
主汛期输沙量(万 t)	2 023	1 805	1 084	2 220	1 361	1 728
主汛期占全年比例(%)	85.8	90.5	75.1	85.9	89.8	85.7

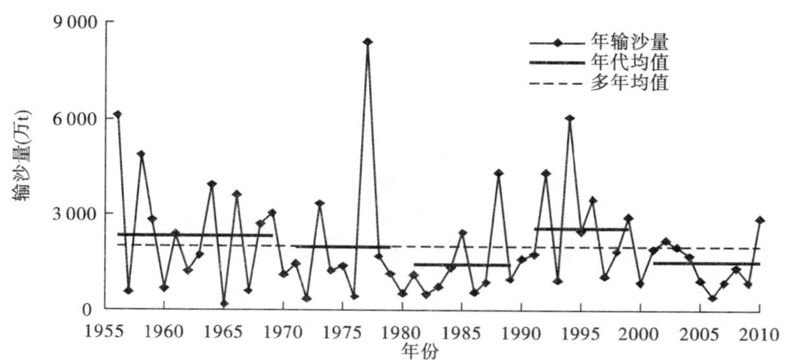

图 2-6 东川贾桥水文站年输沙量变化过程

二、灞河流域径流变化

灞河流域径流量主要集中在汛期 7 ~ 10 月,汛期径流占全年的 55.6%。在当地“华西秋雨”的特殊气候条件下,9、10 两个月的径流集中程度最高,占全年径流量的 31.1%(马渡王水文站多年平均月径流量占全年的比例,见图 2-9)。因此,研究以 9、10 两个月作为灞河流域的“主汛期”。

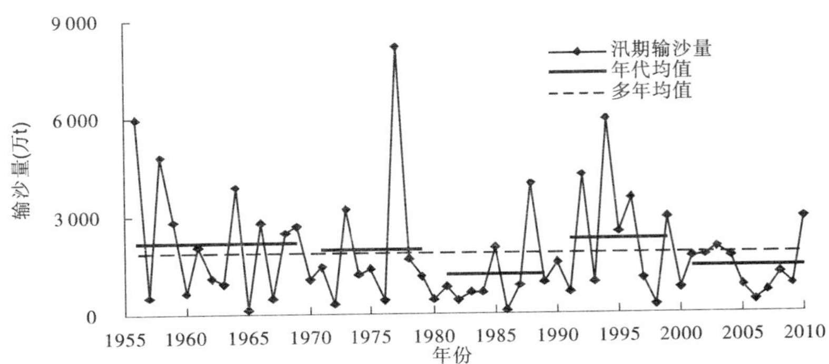

图 2-7　东川贾桥水文站汛期输沙量变化过程

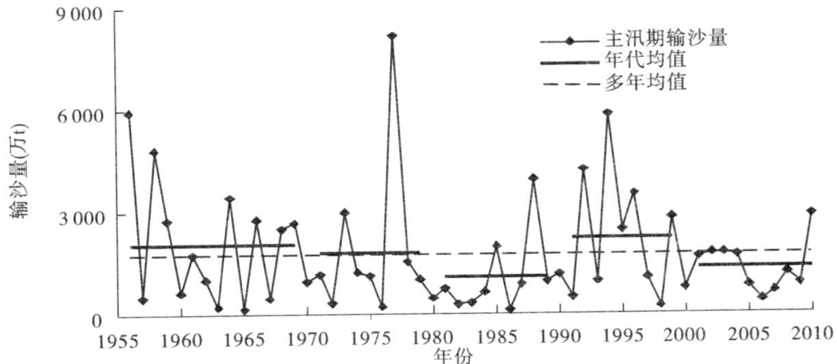

图 2-8　东川贾桥水文站主汛期输沙量变化过程

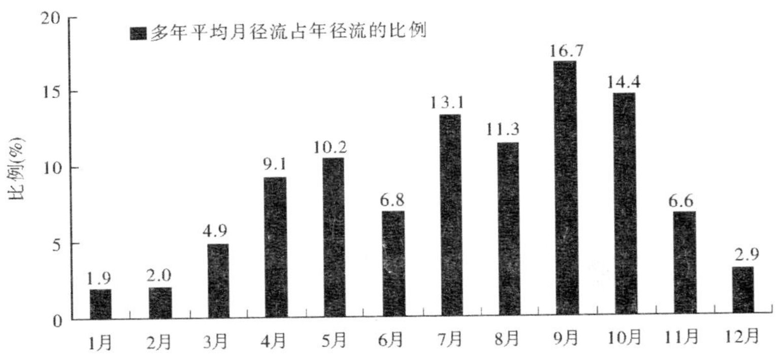

图 2-9　灞河马渡王水文站多年平均月径流量占全年的比例

马渡王水文站年、汛期和主汛期径流量变化见表 2-3、图 2-10 ~ 图 2-12，年、汛期和主汛期径流量变化情况基本一致，均表现为 1956 ~ 1970 年径流量较大，70 年代有所减小，80 年代最大，而 90 年代大幅减小，2001 年之后有所回升，但仍低于多年均值。

近 10 年来径流量是整个系列中仅次于 90 年代的最小值，径流量年均为 3. 74 亿 m^3，较多年均值减少 20. 9%；汛期平均为 2. 21 亿 m^3，较多年均值减少 16. 3%；主汛期平均为 1. 37 亿 m^3，较多年均值减少 6. 8%。主汛期径流减少程度小于汛期，而汛期减少程度小于全年，说明非汛期径流减少是全年径流减少的主要原因。

表 2-3　灞河流域径流量

项目	1956～1970 年	1971～1980 年	1981～1990 年	1991～2000 年	2001～2010 年	1956～2010 年
年径流量(亿 m^3)	5.89	4.29	6.28	2.94	3.74	4.73
汛期径流量(亿 m^3)	3.14	2.3	4.02	1.41	2.21	2.64
汛期占全年比例(%)	53.3	53.6	64.0	48.0	59.1	55.6
主汛期径流量(9、10 月)(亿 m^3)	1.73	1.46	2.05	0.7	1.37	1.47
主汛期占全年比例(%)	29.4	34.0	32.6	23.8	36.6	31.1

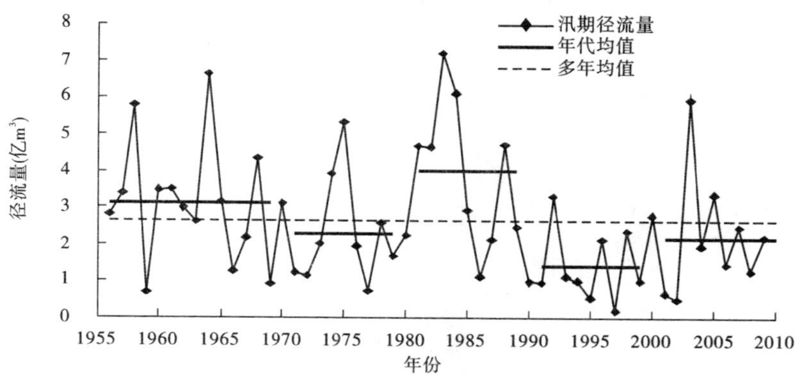

图 2-10　灞河马渡王水文站年径流量变化过程

图 2-11　灞河马渡王水文站汛期径流量变化过程

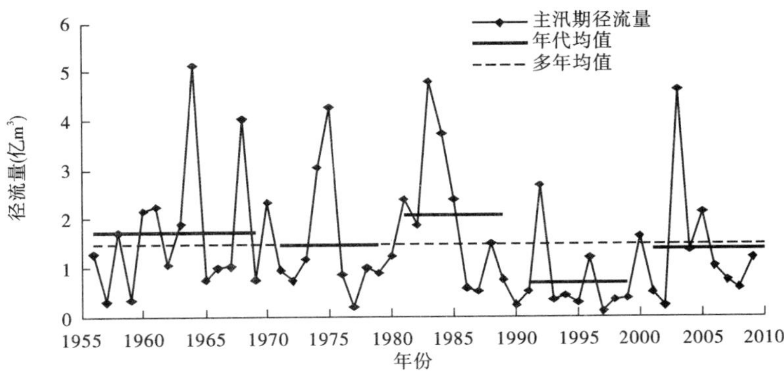

图 2-12　灞河马渡王水文站主汛期径流量变化过程

第三章　降雨变化

降雨变化是导致水沙变化的重要原因之一。东川和灞河两支流均以汛期暴雨为主要产流产沙方式，因此研究中以全年、汛期（7～10月）和主汛期（东川为7～8月，灞河为9～10月）的面平均降雨量作为雨量的特征要素，以最大日降雨量、不同量级以上降雨发生的平均天数，以及高于各量级标准以上的累积雨量作为反映雨强和有效产流产沙雨量的特征要素。降雨的量级标准按照气象学划分为日降雨大于10 mm（中雨以上）、大于25 mm（大雨以上）和大于50 mm（暴雨以上），可分别统计各雨量站大于各量级的降雨发生的天数和高于各量级标准以上的累积雨量，之后通过计算各雨量站算术平均值，得到整个流域平均天数和面平均累积雨量。

分析时段参考水沙变化分析中的时段划分，按照年代划分为1970年之前、1971～1980年、1981～1990年、1991～2000年和2001年之后，共五个时段供分析比较。

一、东川流域降雨变化

（一）降雨量变化

统计东川流域入选雨量站的单站年、汛期、主汛期降雨量，根据算术平均法计算，流域年、汛期和主汛期的面平均降雨量，分析其逐年变化过程和年代均值变化。东川流域历年年降雨量、汛期降雨量和主汛期降雨量的变化过程及各年代均值统计结果见表3-1、图3-1～图3-3。

20世纪60年代以来，东川流域的降雨量总体变化不大，各个年代的年、汛期、主汛期降雨量基本在多年均值上下小范围内变化。相对来说，1970年之前降雨量最大，80年代最小，而2001年之后接近多年均值。

近10年来，流域年降雨量和汛期降雨量均略高于多年均值，但主汛期降雨量略低于多年均值，说明近年来对产流产沙有较大影响的主汛期降雨有所减少，而其他对产流产沙贡献较小的降雨有所增加，降雨的年内分配变化能够对水沙的减少起到一定作用，但雨量的变化并非近年来东川流域水沙减少的主要原因。

表3-1　东川流域降雨量　（单位：mm）

项目	1966～1970年	1971～1980年	1981～1990年	1991～2000年	2001～2010年	1966～2010年
年降雨量	548.5	484.8	476.0	464.4	507.0	489.5
汛期降雨量	387.4	335.0	296.9	302.8	344.3	326.7
主汛期降雨量	246.3	225.9	196.7	226.9	210.5	218.8

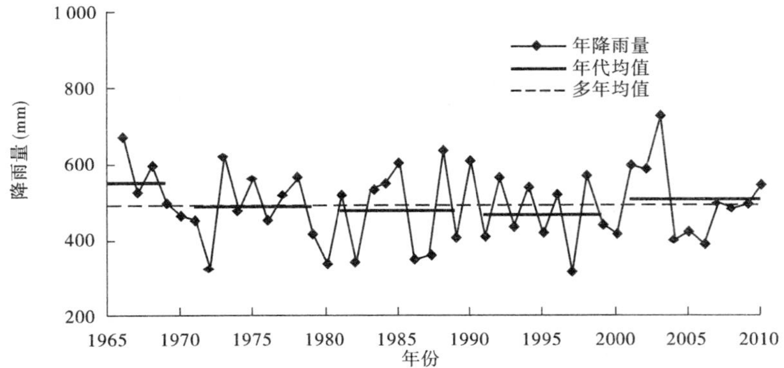

图 3-1　东川流域年降雨量变化过程

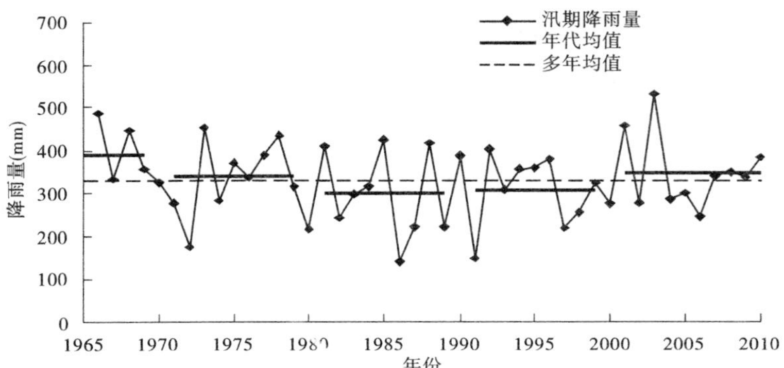

图 3-2　东川流域汛期降雨量变化过程

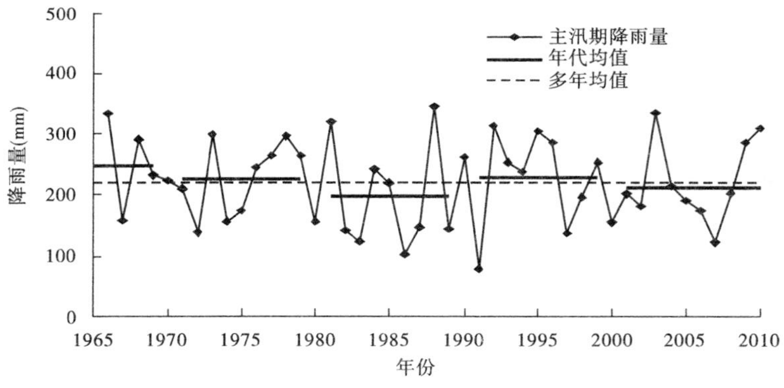

图 3-3　东川流域主汛期降雨量变化过程

(二)降雨强度变化

雨强是影响产流产沙的又一重要因素,最大一日降雨量能够部分反映流域雨强的变化。由东川流域历年单站最大一日降雨变化过程(见图 3-4)可以看出,最大一日降雨量呈明显增加趋势,2001 年之后最大,可以从一定程度上说明近 10 年来东川流域极端降雨的雨强有增大的趋势。

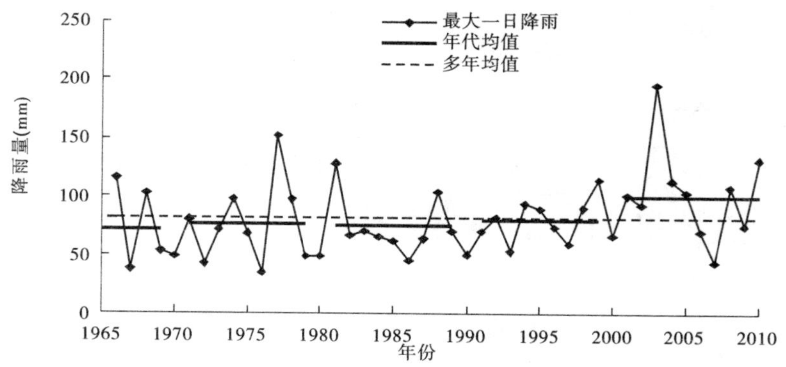

图 3-4　东川流域单站最大一日降雨量变化过程

(三)量级降雨发生天数变化

一定量级的降雨是流域产流产沙的主要原因,尤其在黄土高原超渗产流区,量级降雨的作用更加显著。以日降雨大于 10 mm、25 mm 和 50 mm 作为标准,统计东川流域各入选雨量站历年大于该量级降雨发生的天数,并将各雨量站进行算术平均,得到流域大于该量级降雨的面平均发生天数。东川流域历年大于 10 mm、25 mm 和 50 mm 降雨发生天数的变化过程及各年代均值统计结果见表 3-2、图 3-5 ~ 图 3-7。

表 3-2　东川流域不同量级降雨发生天数　　(单位:d)

项目	1966 ~ 1970 年	1971 ~ 1980 年	1981 ~ 1990 年	1991 ~ 2000 年	2001 ~ 2010 年	1966 ~ 2010 年
大于 10 mm	17.4	14.8	14.3	14.2	15.6	15.0
大于 25 mm	4.40	3.10	3.44	4.04	3.88	3.70
大于 50 mm	0.43	0.66	0.43	0.68	0.84	0.61

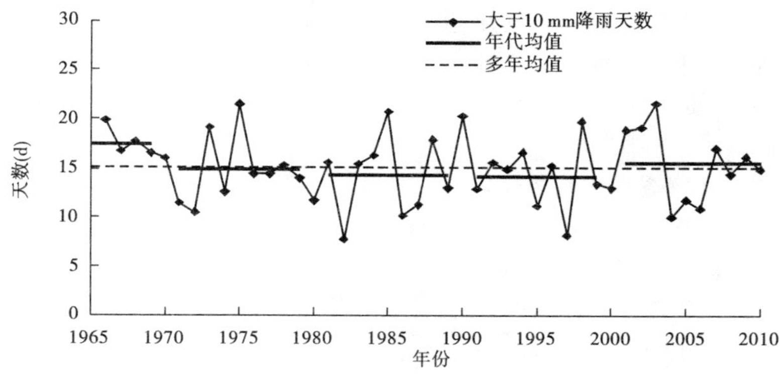

图 3-5　东川流域大于 10 mm 降雨天数变化过程

2000 年之前 10 mm 以上降雨发生天数呈减小趋势,2001 年之后又有所增加,多年平均为 15.0 d;1970 年之前最多,为 17.4 d;90 年代最少,为 14.2 d;2001 年后为 15.6 d,与

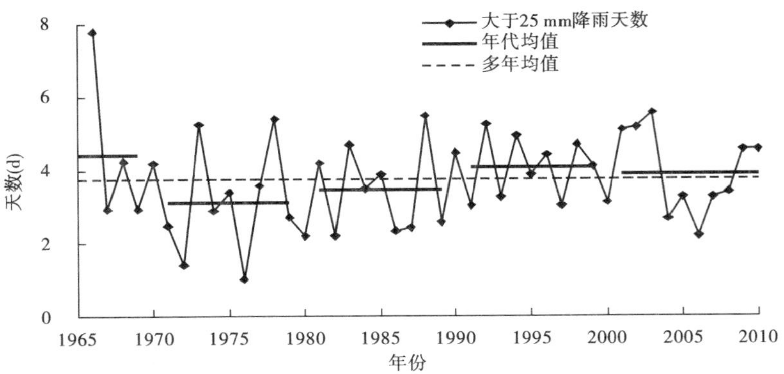

图 3-6　东川流域大于 25 mm 降雨天数变化过程

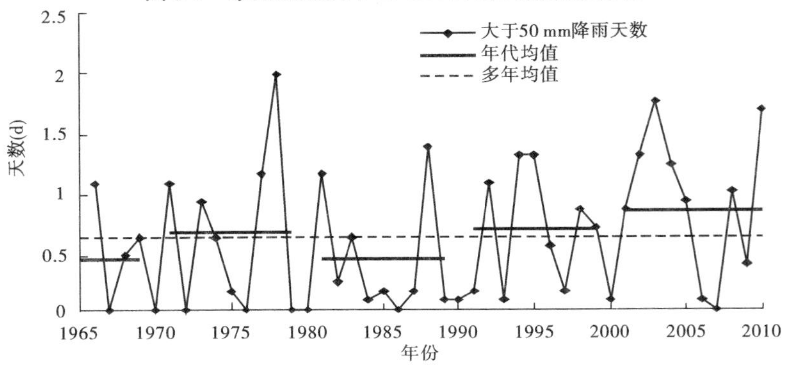

图 3-7　东川流域大于 50 mm 降雨天数变化过程

多年均值基本相当。

25 mm 以上降雨发生天数多年平均为 3.70 d;1970 年之前最多,为 4.40 d;70 年代显著最少,为 3.10 d;2001 年后为 3.88 d,略高于多年均值。

50 mm 以上降雨发生天数整体呈明显增加趋势,多年平均为 0.61 d;1970 年之前和 80 年代最少,均为 0.43 d;2001 年后最多,为 0.84 d。

量级降雨的发生天数代表了产流产沙降雨发生的频次,经以上分析可以看出,2001 年之后,流域中雨和大雨发生的频次均略高于多年均值,而暴雨发生的频次较历史明显增加。

(四)量级以上降雨累积雨量变化

量级以上降雨累积量由公式(3-1)计算,其反映了对产流产沙起主要作用的降雨量变化。分别取日降雨大于 10 mm、25 mm 和 50 mm 作为标准,统计东川流域各入选雨量站历年该量级以上的累积雨量,并将各雨量站进行算术平均计算,得到流域大于该量级降雨的面平均累积雨量。东川流域日降雨 10 mm、25 mm 和 50 mm 以上的累积雨量的变化过程及各年代均值统计结果见表 3-3、图 3-8 ~ 图 3-10。

$$P_{累积} = \sum_{i=1}^{365} (P_i - P_{标准}) \quad (P_i > P_{标准}) \tag{3-1}$$

式中:$P_{累积}$为日降雨超出标准以上的累积雨量,mm;$P_{标准}$为设定的日降雨量标准,mm。

表 3-3　东川流域不同量级以上累积降雨量　（单位:mm）

项目	1966～1970 年	1971～1980 年	1981～1990 年	1991～2000 年	2001～2010 年	1966～2010 年
大于 10 mm	180.6	159.5	155.9	171.6	182.2	168.7
大于 25 mm	47.2	52.4	42.3	54.2	61.5	51.3
大于 50 mm	6.29	14.6	8.1	10.0	16.4	11.5

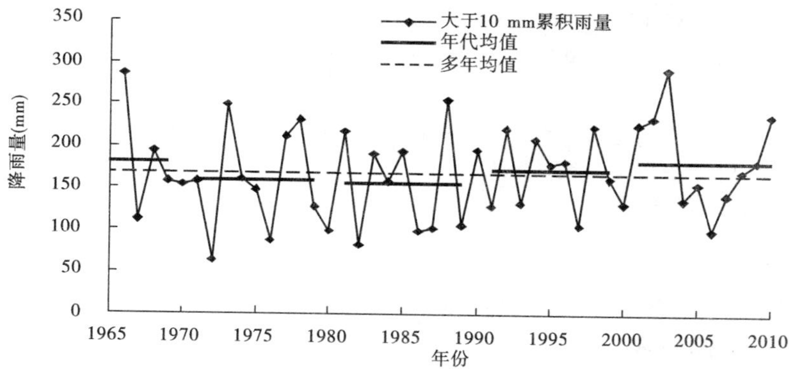

图 3-8　东川流域大于 10 mm 累积雨量变化过程

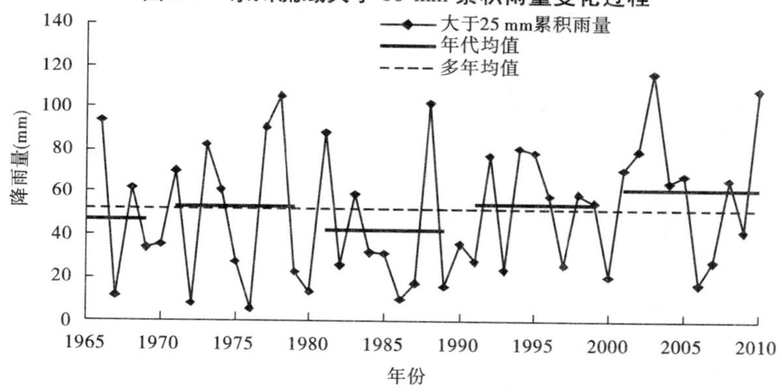

图 3-9　东川流域大于 25 mm 累积雨量变化过程

日降雨 10 mm 以上的累积雨量多年平均为 168.7 mm；80 年代最小，为 155.9 mm；2001 年后最大，为 182.2 mm，较多年均值增大 8.0%。

日降雨 25 mm 以上的累积雨量多年平均为 51.3 mm；80 年代最小，为 42.3 mm；2001 年后最大，为 61.5 mm，较多年均值增大 19.9%。

日降雨 50 mm 以上的累积雨量多年平均为 11.5 mm；1970 年前最小，为 6.29 mm；2001 年后最大，为 16.4 mm，较多年均值增大 42.6%。

综上分析，2010 年之后，东川流域日降雨在 10 mm、25 mm 和 50 mm 以上的累积雨量明显增大，说明近年来流域对产流产沙作用较大的降雨较历史明显增加。

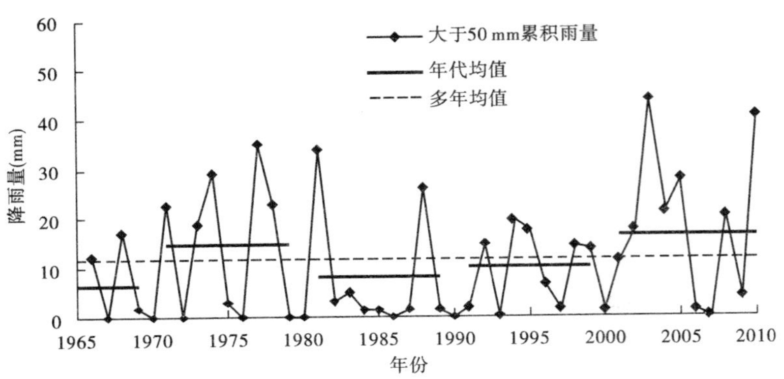

图 3-10　东川流域大于 50 mm 累积雨量变化过程

二、灞河流域降雨变化

(一)降雨量变化

灞河流域历年年降雨量、汛期降雨量和主汛期降雨量的变化过程及各年代均值统计结果见表 3-4、图 3-11 ~ 图 3-13。

表 3-4　灞河流域降雨量

(单位:mm)

项目	1956 ~ 1970 年	1971 ~ 1980 年	1981 ~ 1990 年	1991 ~ 2003 年	2004 ~ 2009 年	1956 ~ 2009 年
年降雨量	823. 7	792. 2	878. 0	缺少资料	749. 8	818. 5
汛期降雨量	466. 9	444. 5	526. 6		457. 5	474. 6
主汛期降雨量	202. 4	207. 0	215. 1		184. 9	204. 1

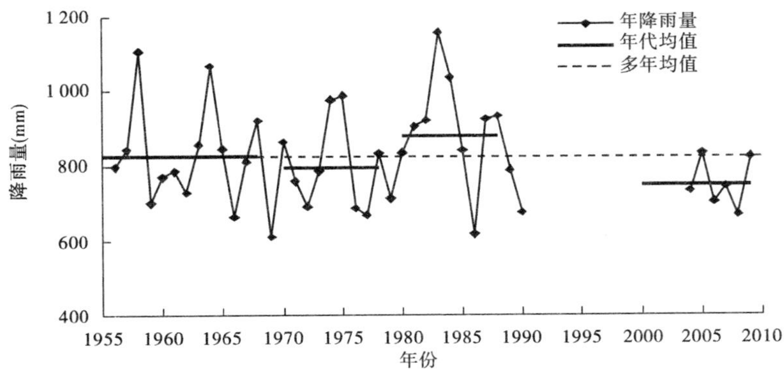

图 3-11　灞河流域年降雨量变化过程

年降雨量 1970 年前接近多年均值,70 年代略低于多年均值,80 年代降雨最为丰沛,而 2004 年之后大幅减少。年降雨量多年均值为 818. 5 mm,2004 年之后为 749. 8 mm,较多年均值偏小 8. 4% 。

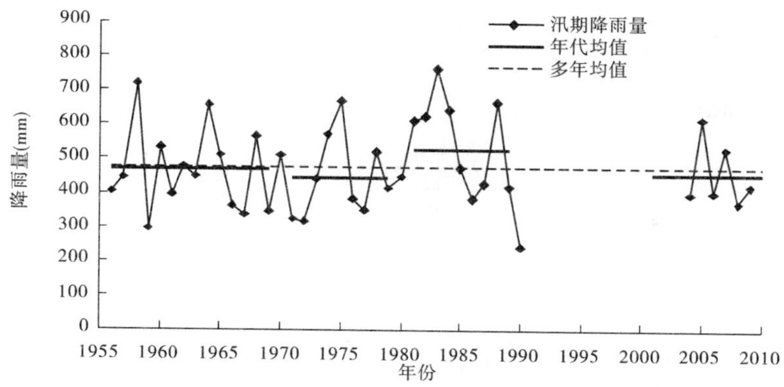

图 3-12　灞河流域汛期降雨量变化过程

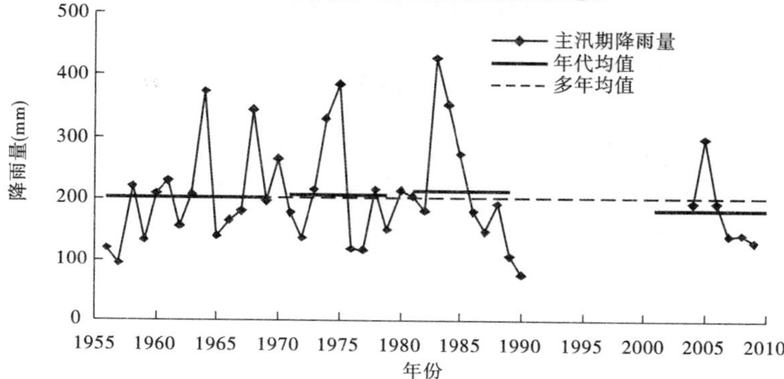

图 3-13　灞河流域主汛期降雨量变化过程

汛期降雨量变化过程与年降雨量基本相同,但 70 年代的汛期降雨量更少于 2004 年后。汛期降雨量多年均值为 474. 6 mm,2004 年后为 457. 5 mm,较多年均值偏小 3. 6%。

主汛期降雨量于 1980 年之前变化不大,接近多年均值,80 年代较为丰沛,2004 年后减少明显。主汛期降雨量多年均值为 204. 1 mm,2004 年后为 184. 9 mm,较多年均值偏小 9. 4%。

以上分析表明,灞河流域近期降雨量有明显的减小趋势。

(二)降雨强度变化

由灞河流域历年单站最大一日降雨变化过程(见图 3-14)可以看出,最大一日降雨量 1990 年之前呈明显增加趋势,1990 年之后与多年均值基本相同,可以部分说明近年来灞河流域极端降雨的雨强无显著变化。

(三)量级降雨发生天数变化

灞河流域历年大于 10 mm、25 mm 和 50 mm 降雨发生天数的变化过程及各年代均值统计结果见表 3-5、图 3-15 ~ 图 3-17。

大于 10 mm 降雨的发生天数于 1970 年前和 80 年代两个时段偏多,70 年代和 2004 年后偏少。多年平均天数为 26. 8 d,2004 年之后最少,为 25. 1 d。

大于 25 mm 降雨发生天数于 80 年代偏多,70 年代和 2004 年后偏少。多年平均天数为 7. 43 d,2004 年后为 7. 18 d,是仅次于 70 年代的最少时段。

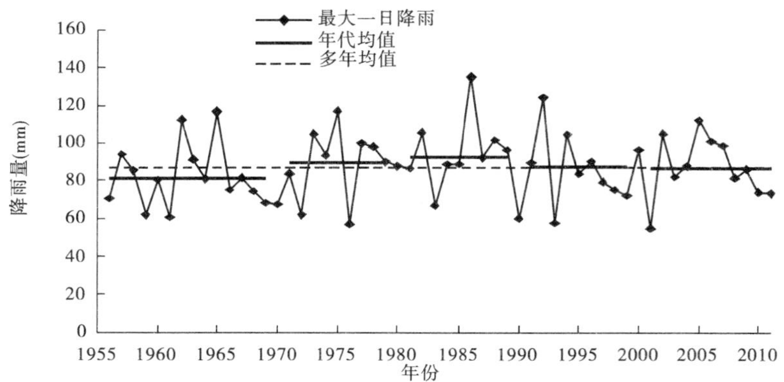

图 3-14　灞河流域历年最大一日降雨量变化过程

表 3-5　灞河流域不同量级降雨发生天数　　　　(单位:d)

项目	1956～1970 年	1971～1980 年	1981～1990 年	1991～2003 年	2004～2009 年	1956～2009 年
大于 10 mm	27. 8	25. 7	27. 6	缺少资料	25. 1	26. 8
大于 25mm	7. 30	7. 03	8. 17		7. 18	7. 43
大于 50 mm	0. 78	1. 04	1. 71		1. 12	1. 12

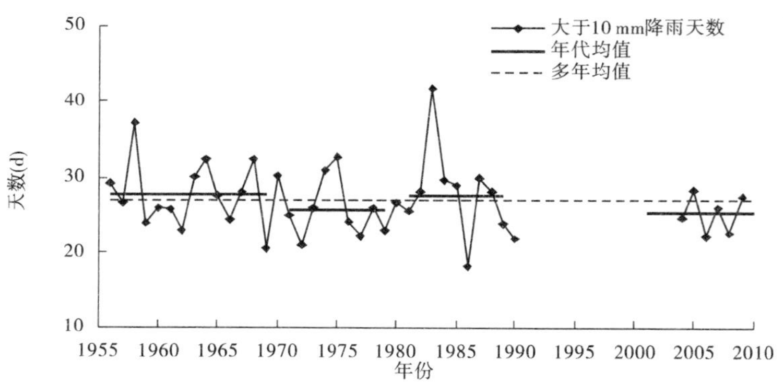

图 3-15　灞河流域大于 10 mm 降雨天数变化过程

大于 50 mm 降雨发生天数于 1990 年之前呈上升趋势,1970 年前最少,90 年代最多,2004 年后与多年均值持平,均为 1. 12 d。

经以上分析可以看出,2000 年后中雨和大雨的发生天数有所减少,说明流域发生中雨和大雨的频次减低,而暴雨的频次变化不大。

(四)量级以上降雨累积雨量变化

灞河流域日降雨 10 mm、25 mm 和 50 mm 以上的累积雨量的变化过程及各年代均值统计结果见表 3-6、图 3-18～图 3-20。

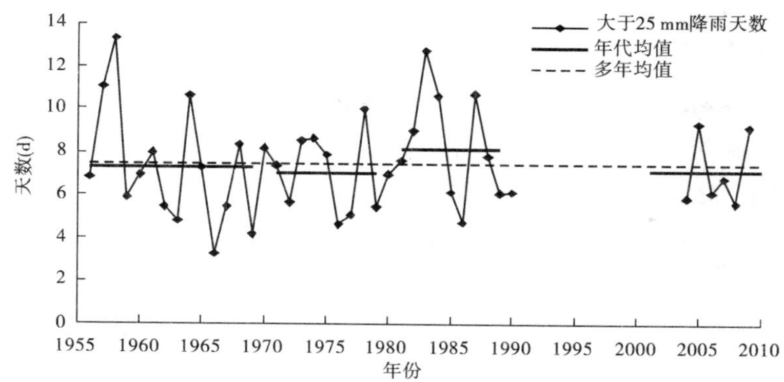

图 3-16　灞河流域大于 25 mm 降雨天数变化过程

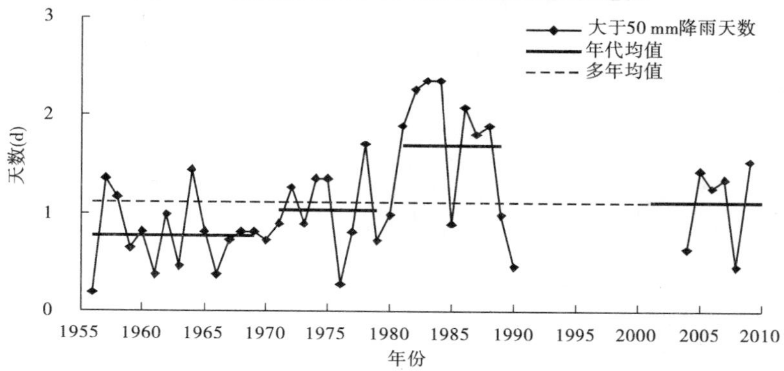

图 3-17　灞河流域大于 50 mm 降雨天数变化过程

表 3-6　灞河流域不同量级以上累积雨量　　（单位:mm）

项目	1956～1970 年	1971～1980 年	1981～1990 年	1991～2003 年	2004～2009 年	1956～2009 年
大于 10 mm	312. 3	306. 7	356. 5	资料缺少	300. 0	319. 9
大于 25 mm	84. 3	92. 8	121. 7		93. 0	96. 8
大于 50 mm	10. 5	15. 5	26. 9		13. 2	16. 1

日降雨 10 mm 以上的累积雨量 80 年代偏大，而 70 年代和 2004 年后偏小，其中 2004 年后是这个系列的最小时段。日降雨大于 10 mm 的累积雨量多年平均值为 319. 9 mm，2004 年后为 300. 0 mm，较多年均值偏小 6. 2%。

日降雨 25 mm 和 50 mm 以上的累积雨量变化趋势基本一致，均表现为 1970 年前最小，之后不断增大，80 年代达到系列最大值，2004 年之后又有所减小且低于多年均值。大于 25 mm 的累积雨量多年平均为 96. 8 mm，2004 年后为 93. 0 mm，较多年均值偏小 3. 9%；大于 50 mm 的累积雨量多年平均为 16. 1 mm，2004 年后为 13. 2 mm，较多年均值偏小 18. 0%。

经以上分析可以看出，2004 年之后，灞河流域具有一定量级的雨量减小，说明近年来流域对产流作用较大的降雨较历史有所减少。

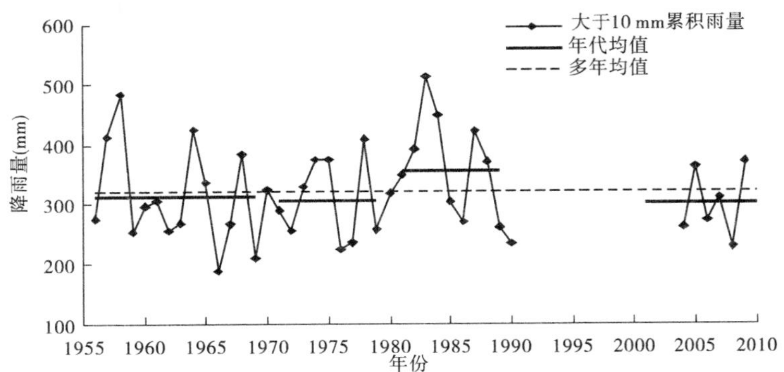

图 3-18 灞河流域大于 10 mm 累积雨量变化过程

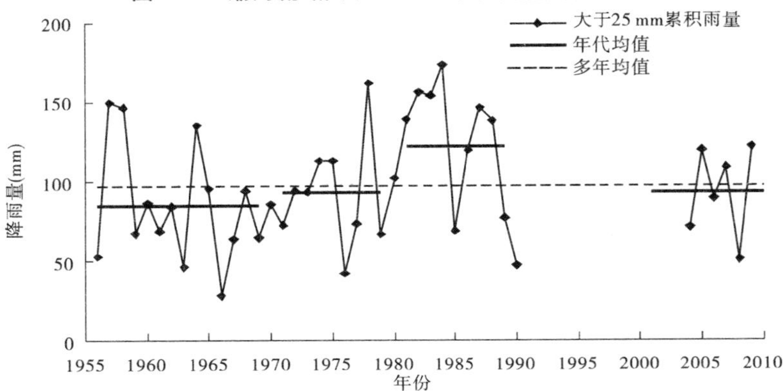

图 3-19 灞河流域大于 25 mm 累积雨量变化过程

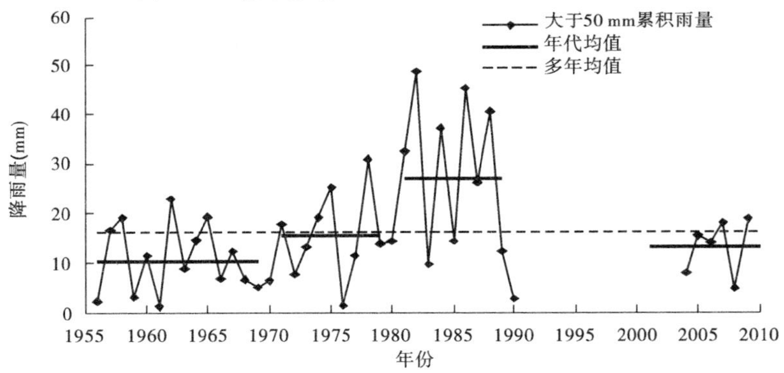

图 3-20 灞河流域大于 50 mm 累积雨量变化过程

三、水沙变化趋势综合分析

综合两支流降雨、径流和泥沙变化的分析成果，重点分析 2001 年后支流降雨、径流和泥沙特征值较历史均值的变化程度（见表 3-7）。

表 3-7　东川、灞河流域各年代径流、泥沙和降雨特征值较多年均值变化百分数

（%）

流域	时段	径流量			输沙量			降雨量			降雨天数			累积雨量		
		年	汛期	主汛期	年	汛期	主汛期	年	汛期	主汛期	>10 mm	>25 mm	>50 mm	>10 mm	>25 mm	>50 mm
东川	1970 年之前	10.5	14.3	13.6	17.1	18.1	17.1	12.1	18.6	12.6	16.0	18.9	-29.5	7.1	-8.0	-45.3
	1971～1980 年	-2.3	-1.8	-4.5	-1.0	6.4	4.5	-1.0	2.5	3.2	-1.3	-16.2	8.2	-5.5	2.1	27.0
	1981～1990 年	-5.8	-14.3	-20.5	-28.3	-34.4	-37.3	-2.8	-9.1	-10.1	-4.7	-7.0	-29.5	-7.6	-17.5	-29.6
	1991～2000 年	10.5	14.3	22.7	28.3	24.2	28.5	-5.1	-7.3	3.7	-5.3	9.2	11.5	1.7	5.7	-13.0
	2001～2010 年	-17.4	-17.9	-15.9	-24.8	-23.5	-21.2	3.6	5.4	-3.8	4.0	4.9	37.7	8.0	19.9	42.6
灞河	1970 年之前	24.5	18.9	17.7	—	—	—	0.6	-1.6	-0.8	3.7	-1.7	-30.4	-2.4	-12.9	-34.8
	1971～1980 年	-9.3	-12.9	-0.7	—	—	—	-3.2	-6.3	1.4	-4.1	-5.4	-7.1	-4.1	-4.1	-3.7
	1981～1990 年	32.8	52.3	39.5	—	—	—	7.3	11.0	5.4	3.0	10.0	52.7	11.4	25.7	67.1
	1991～2000 年	-37.8	-46.6	-52.4	—	—	—	—	—	—	—	—	—	—	—	—
	2001～2010 年	-20.9	-16.3	-6.8	—	—	—	-8.4	-3.6	-9.4	-6.3	-3.4	0.0	-6.2	-3.9	-18.0

（一）东川流域

东川流域2001年后的径流和泥沙特征值较多年均值大幅减小，其中径流减少超过15%，泥沙减少超过21%。但是，同期降雨量除主汛期稍有减少外，年降雨和汛期降雨均高于历史均值；对产流产沙意义重大的中雨、大雨，特别是暴雨发生的频次显著增加，各量级降雨的累积雨量也显著增大。这说明近年来东川流域的降雨从雨量、雨强、量级降雨频次、量级降雨量等各个方面均有增大的趋势。近年来的水沙减少应当主要是人类活动影响的结果，特别是90年代中期之后，东川流域开始大规模开展坡耕地梯田化建设，改变了流域的下垫面和产流产沙规律，对产流产沙的减少起到了关键性作用。

（二）灞河流域

灞河流域1990年之后的径流量较多年均值大幅减少，进入2001年后虽略有回升，但仍远远低于历史均值。同时，流域的降雨量、雨强、量级降雨发生频次和量级降雨累积雨量也有一定程度的减少。降雨变化是灞河流域径流锐减的主要原因之一。

然而，降雨变化的程度要小于径流变化的程度，这说明，除了降雨变化的影响外，流域人类活动所带来的下垫面改变也是径流减少的原因。两因素分别发挥的作用如何，尚需要进一步的分析。

第四章　产流产沙关系变化

一、水沙关系突变年份确定

（一）东川支流水沙关系突变年

利用双累积曲线统计水沙关系突变年。双累积曲线法的基本原理是利用累积降雨量与累积径流量（或与累积输沙量）曲线斜率分析水沙变化趋势，曲线斜率的变化表示单位降雨量所产生的径流量和输沙量的变化。如果斜率发生转折即认为人类活动改变了流域下垫面的产流产沙水平，从而判断水沙突变年份。

分别建立东川流域累积面平均年降雨量与贾桥水文站实测累积年径流量和累积年输沙量的双累积曲线，见图 4-1、图 4-2。由图可见，降雨－径流累积曲线所表现的突变关系较为明显，水沙关系突变于 1995 年、1996 年前后。降雨－输沙累积曲线所表现的突变关

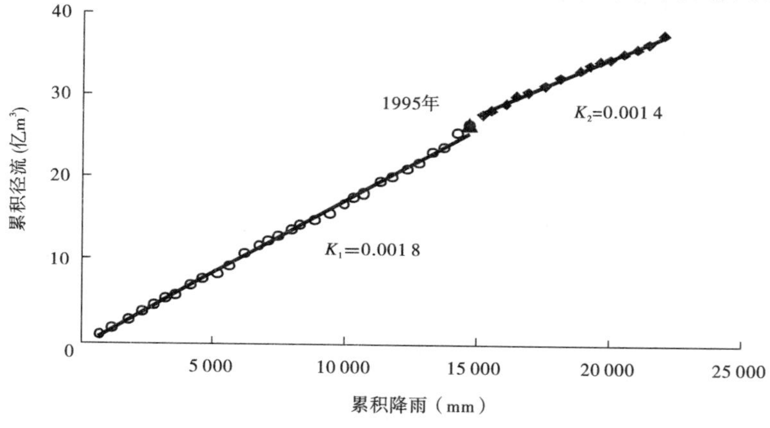

图 4-1　东川流域降雨－径流双累积曲线

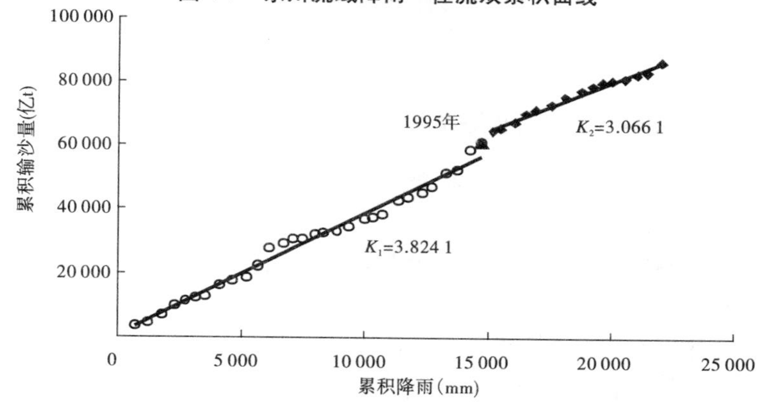

图 4-2　东川流域降雨－输沙双累积曲线

系较为复杂，出现了多个突变年份，这主要是因为降雨产沙关系更具不确定性。尽管如此，曲线仍表现出在 1995 年、1996 年前后存在降雨－输沙关系的突变。

在黄土高原，1970 年前后流域大兴水利水保工程，改变流域下垫面，从而使水沙关系在 70 年代、80 年代发生突变。经过调查，与陕北地区诸支流不同，东川流域并未大规模兴建淤地坝、骨干坝、水库等水利水保工程，因而这一历史时期流域下垫面并未发生巨大变化；90 年代中期之后，在国家和各级政府的扶持下，东川支流开展了大规模的坡耕地梯田化改造，客观上造成下垫面产流产沙规律的改变。

综合降雨－径流和降雨－输沙的双重判别结果，以及对实地调查的结论，研究确定东川流域的突变年份为 1995 年、1996 年前后。因此，在分析东川流域水沙关系变化时，可将系列划分为 1995 年之前和 1996 年之后两个时段，并以 1995 年之前作为"天然状态"的基准时段。

（二）灞河支流水沙关系突变年

建立灞河流域累积面平均年降雨量与马渡王站实测累积年径流量的双累积曲线，见图 4-3。由图可见，降雨－径流累积曲线所表现的突变关系较为明显，水沙关系突变于 1970 年前后。因此，在分析东川流域水沙关系变化时，可将系列划分为 1970 年之前、1971 年之后两个时段，并以 1970 年之前作为"天然状态"的基准时段。

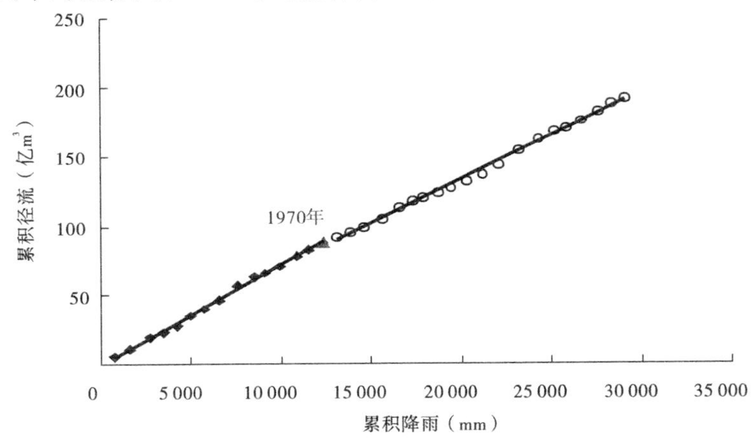

图 4-3　灞河流域降雨－径流双累积曲线

二、东川流域降雨产流产沙关系变化分析

（一）东川流域产流产沙临界雨强判定

1. 临界雨强判定原理

东川支流属黄土高原超渗产流区，洪水泥沙主要由汛期暴雨产生，因此雨量和雨强对区域水沙均有较大影响。在超渗产流的物理机制下，当雨强较小时，降雨将下渗并随蒸发消耗，对产流的作用很小，只有当雨强大于某一临界值时，降雨才会明显产流。本研究将这一雨强临界值定义为流域产流产沙的"临界雨强"。

从产流机制分析，"临界雨强"主要受流域下垫面下渗率的影响，而实际中下垫面常受到人类活动的影响而发生变化。当流域下垫面状况发生改变时，产流产沙的条件改变，

"临界雨强"将会发生变化:若流域下垫面植被破坏严重,降雨的侵蚀力增大,下渗率降低,产流产沙容易,则"临界雨强"减小;随着黄河中游水土保持治理工作的开展,下垫面植被良好,可以减低降雨侵蚀力,增大下渗率,不利于产流产沙,则"临界雨强"增大。

同时,当流域上的某次降雨的雨强高于"临界雨强"时,并非所有的雨量都对产流和产沙有贡献,这时可将次雨量分割为两个部分:对产流产沙有贡献的"有效降雨"和下渗后作为蒸发消耗的"无效降雨"。雨量分割方法见图 4-4,其中,"临界雨强"以上的部分为"有效降雨","临界雨强"以下的部分为"无效降雨"。若以日降雨计算,则"临界雨强"的量纲为 mm/d,与日雨量含义一致,因此全年或某一时段内的"有效降雨量"可以表示为:

$$P_{有效} = \sum_{i=1}^{n}(P_i - P_{临界}) \quad (P_i > P_{临界}, n \text{ 为时段天数}) \tag{4-1}$$

式中:$P_{有效}$为日雨量大于临界雨量的累积雨量,mm;P_i 为雨量,mm;$P_{临界}$为临界雨量,mm。

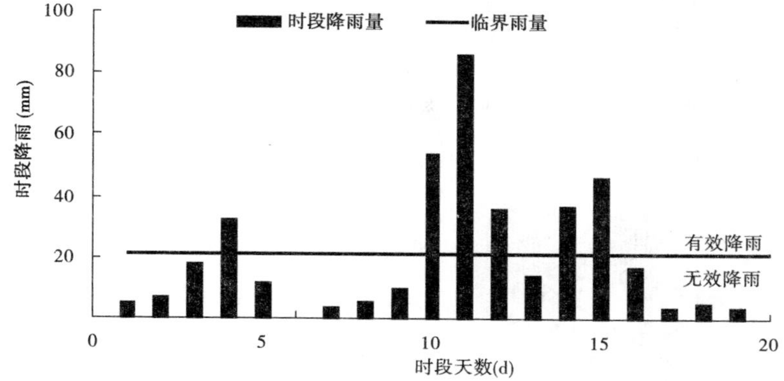

图 4-4 有效降雨与无效降雨分割示意图

当然,下渗的雨量除了蒸发消耗之外,也作为基流进入河道或作为前期影响雨量对下次降雨产流产生影响。但是,黄土高原气候条件干旱,蒸发量大,且黄土层厚度大,土壤的持水量及转化为基流的水量很小;同时,支流的径流和泥沙主要集中在汛期,下渗雨量的影响所占比重也很小。因此,在研究中将年内的研究时段确定为汛期,则可以忽略这部分影响,将小于"临界雨强"的雨量均概化为"无效雨量"。那么,流域的产流和产沙基本是由"有效降雨"产生的,因此只要确定流域产水产沙的"临界雨强",就可以剔除对产流产沙没有贡献的小雨的影响,分别建立人类活动影响较少时期和近期的"有效降雨量"和径流、泥沙的相关关系,从宏观上把握流域产流产沙规律的变化,反映水土保持措施引起下垫面变化对产流产沙的影响。

2. 临界雨强判定方法

(1)以 $\Delta P = 1 \sim 5$ mm 为步长,分别假设 0 ~ 35 mm/d(一般来说,流域面日雨量大于 30 mm/d 是一定会产流产沙的,因此以 35 mm/d 作为最高标准)的多组雨强为标准,按照公式(4-1)统计历年汛期各雨量站高于标准以上的累积雨量,并通过雨量站算术平均得到流域当年汛期的面平均累积雨量。

(2)建立支流天然状态系列的各组累积雨量与同期径流量、输沙量的相关关系,根据相关性分析优选出相关性最好的一组,所对应的雨强标准即为天然状态系列"临界雨强"

的判定结果。根据前文中对东川流域水沙关系突变年份的分析，确定以 1995 年前后划分天然状态和人类活动影响状态，因此天然状态系列为 1966～1995 年。

(3)同时，建立受人类活动影响系列的各组累积雨量与同期径流量、输沙量的相关关系，根据相关性分析优选出相关性最好的一组，所对应的雨强标准即为人类活动影响系列“临界雨强”的判定结果。人类活动影响系列为 1996～2010 年。

3. 临界雨强初步判别

首先以 $\Delta P = 5$ mm 为步长，分别设定 0 mm/d、5 mm/d、10 mm/d、15 mm/d、20 mm/d、25 mm/d、30 mm/d、35 mm/d 共 8 组雨强为标准进行“临界雨强”所在范围的初步判定。分天然状态和人类活动影响状态两个系列，分别进行各组雨强标准下的累积雨量与径流量和输沙量的相关分析，以相关系数作为“临界雨强”的判别指标。

以 5 mm 为步长的各组雨强标准下累积雨量与径流量和输沙量相关分析见图 4-5～图 4-8，将 5 mm 步长的各组雨强标准下的相关系数列表比较(见表 4-1)，从天然状态时段和人类活动影响状态时段中各优选出累积雨量与径流量及累积雨量与输沙量相关性最好的一组，其对应的雨强标准即为本时段“临界雨强”的初步判定结果。

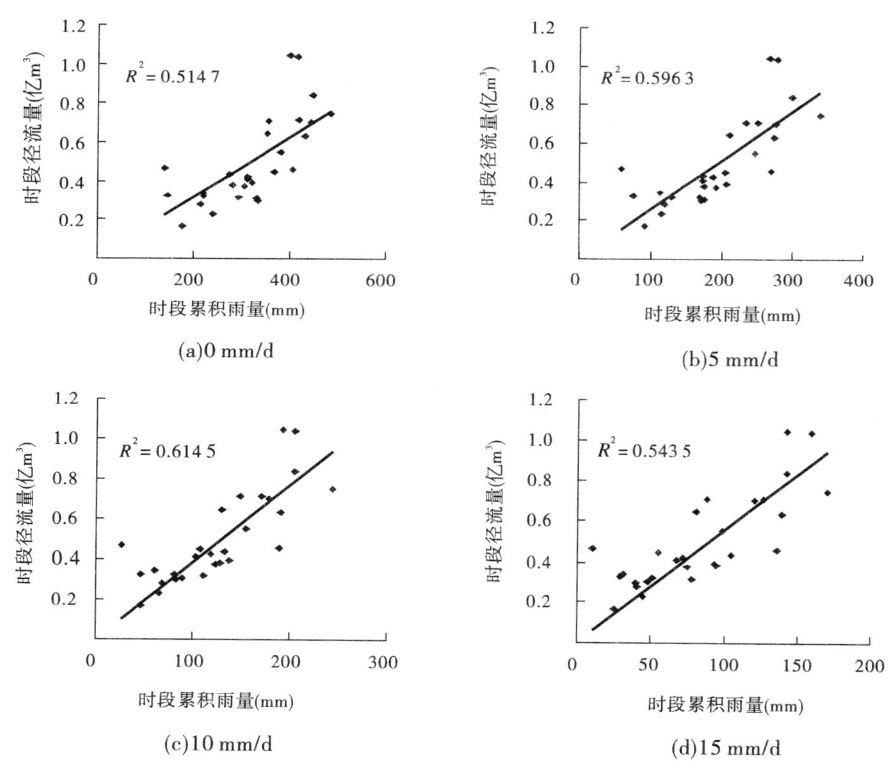

图 4-5　东川天然状态下 5 mm 步长累积雨量与径流量关系

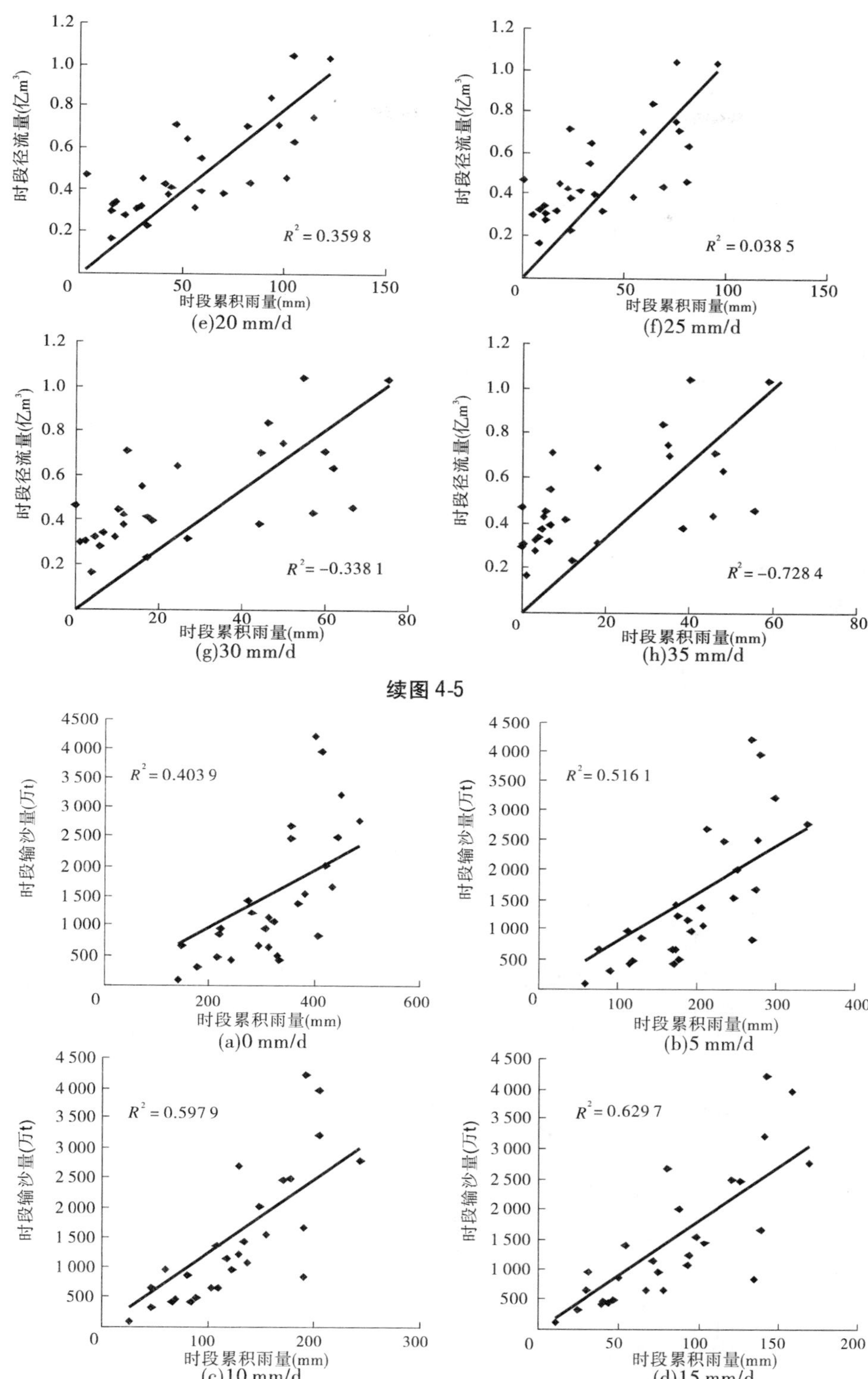

续图 4-5

图 4-6　东川天然状态下 5 mm 步长累积雨量与输沙量关系

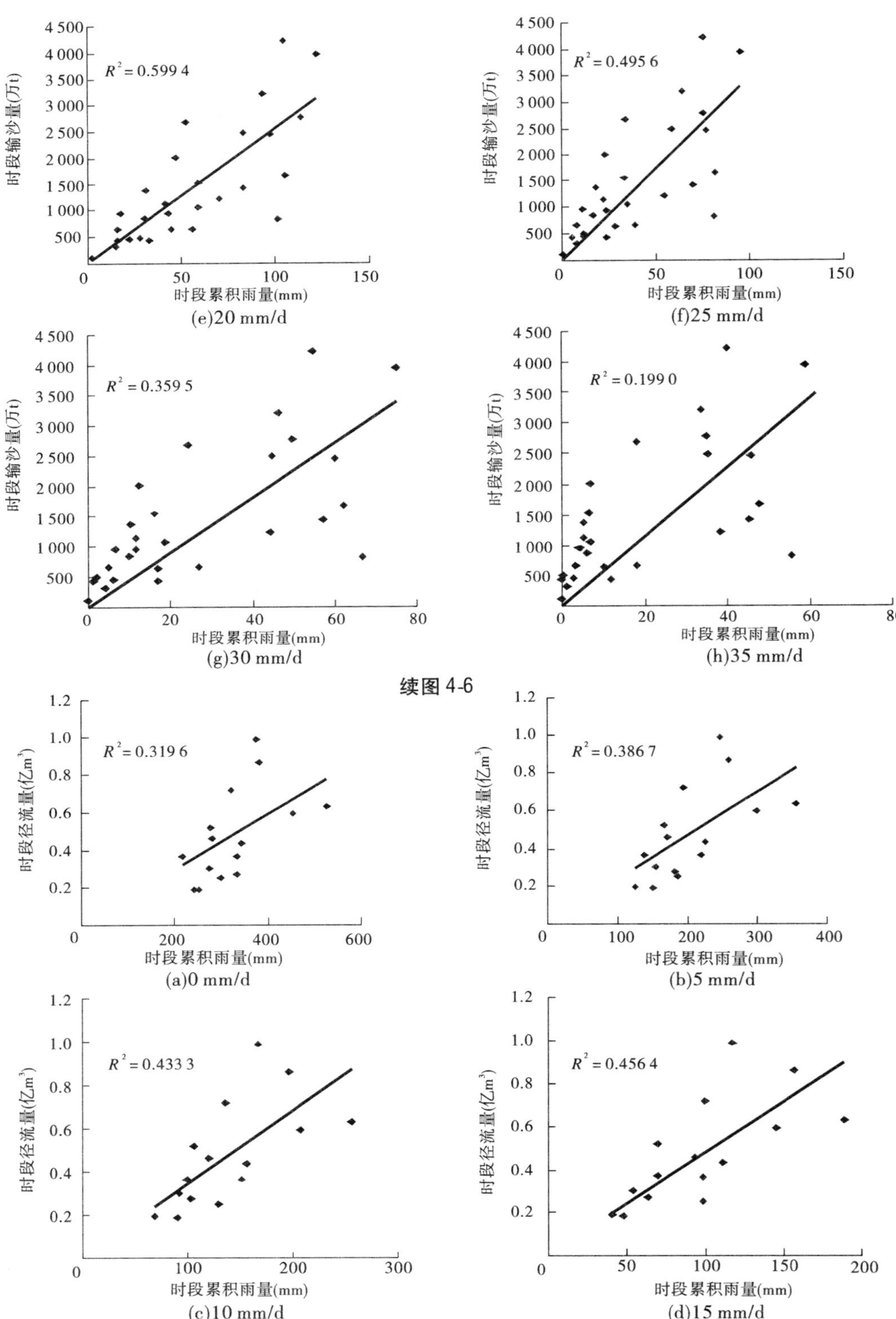

续图 4-6

图 4-7　东川人类活动影响下 5 mm 步长累积雨量与径流量关系

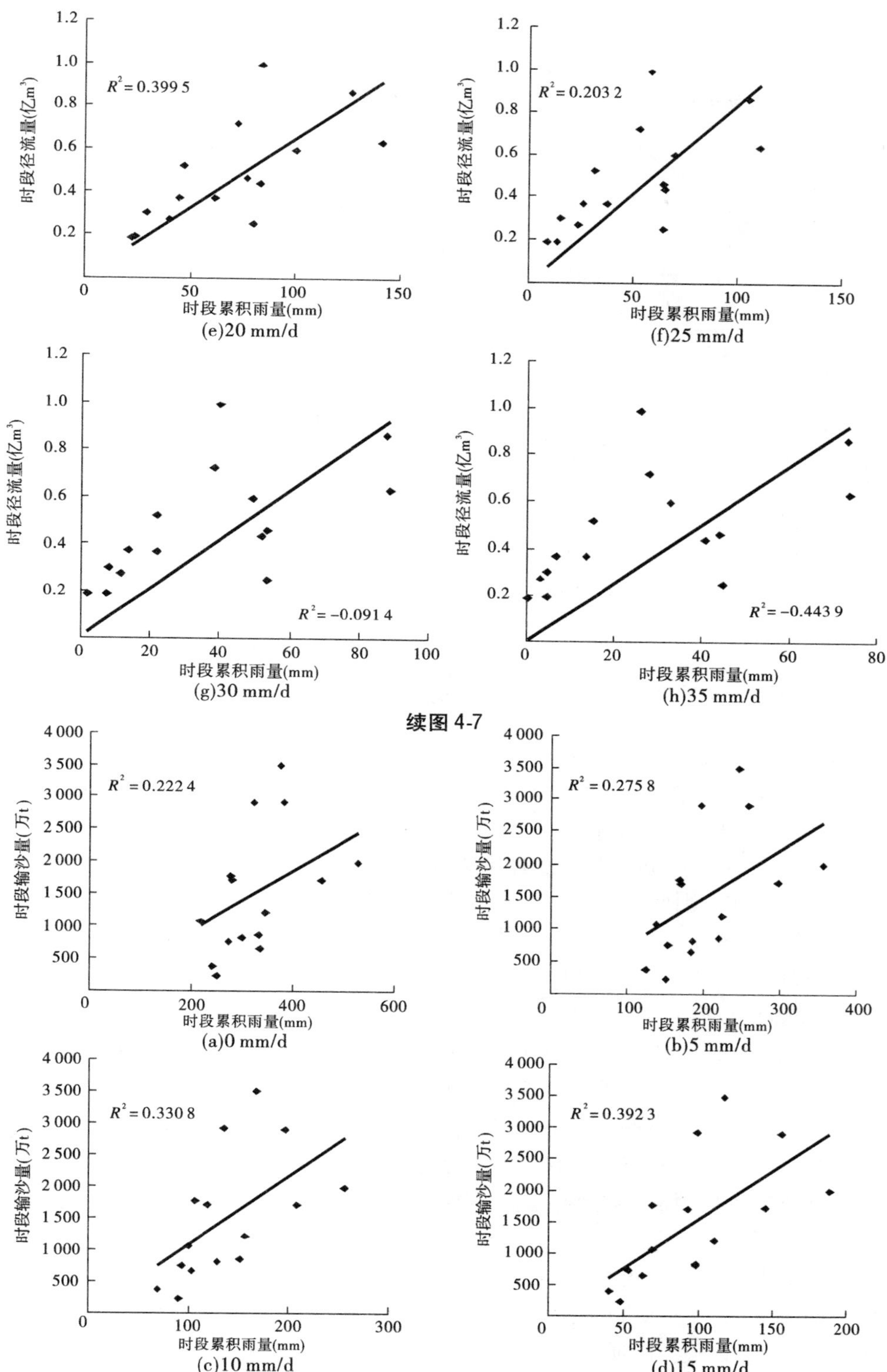

续图 4-7

图 4-8　东川人类活动影响下 5 mm 步长累积雨量与输沙量关系

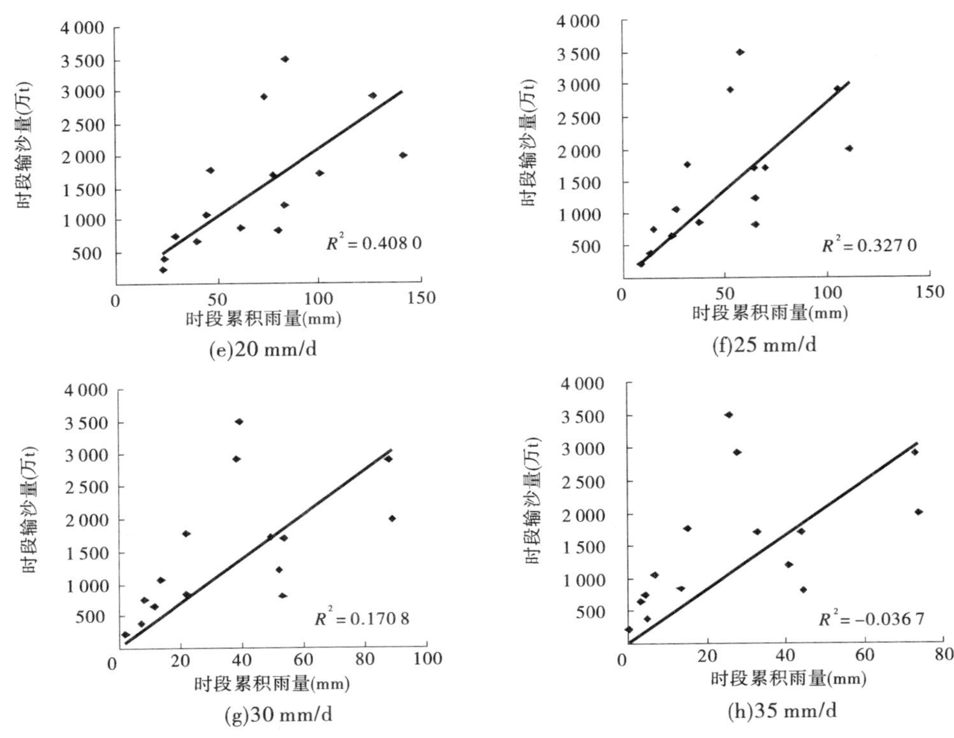

续图 4-8

根据对比分析,在天然状态下,当雨强标准为 10 mm/d 时,累积雨量与径流量的相关系数最高,R^2 为 0.614 5;当雨强标准为 15 mm/d 时,累积雨量与输沙量的相关系数最高,R^2 为 0.629 7。在人类活动影响状态下,当雨强标准为 15 mm/d 时,累积雨量与径流量的相关系数最高,R^2 为 0.456 4,当雨强标准为 20 mm/d 时,累积雨量与输沙量的相关系数最高,R^2 为 0.408 0。因此,可初步判定,天然状态下东川支流临界产水雨强在 10 mm/d 附近,临界产沙雨强在 15 mm/d 附近;人类活动影响状态下临界产水雨强在 15 mm/d 附近,临界产沙雨强在 20 mm/d 附近。

4. 临界雨强精确判别

在初步判定中,以日降雨 5 mm 为步长进行了两支流累积降雨 - 径流和累积降雨 - 泥沙的相关分析。在一日的降雨中,5 mm 范围内的误差是较大的,为了提高"临界雨强"的精度,研究中将步长精确到 1 mm,在初步判定所确定的雨强基础上,分别叠加 ±1 mm/d、±2 mm/d、±3 mm/d、±4 mm/d 作为雨强标准来进行精确判定。方法仍是进行不同雨强标准下的累积雨量 - 径流量、累积雨量 - 输沙量的相关分析,以相关系数的高低来判定。

东川支流 1 mm 步长的各组雨强标准下累积雨量与径流量和输沙量相关分析见图 4-9 ~ 图 4-12。将 1 mm 步长的各组雨强标准下的相关系数列表比较,见表 4-2,从中优选出相关性最好的一组,其对应的雨强标准即为"临界雨强"的精确判定结果。

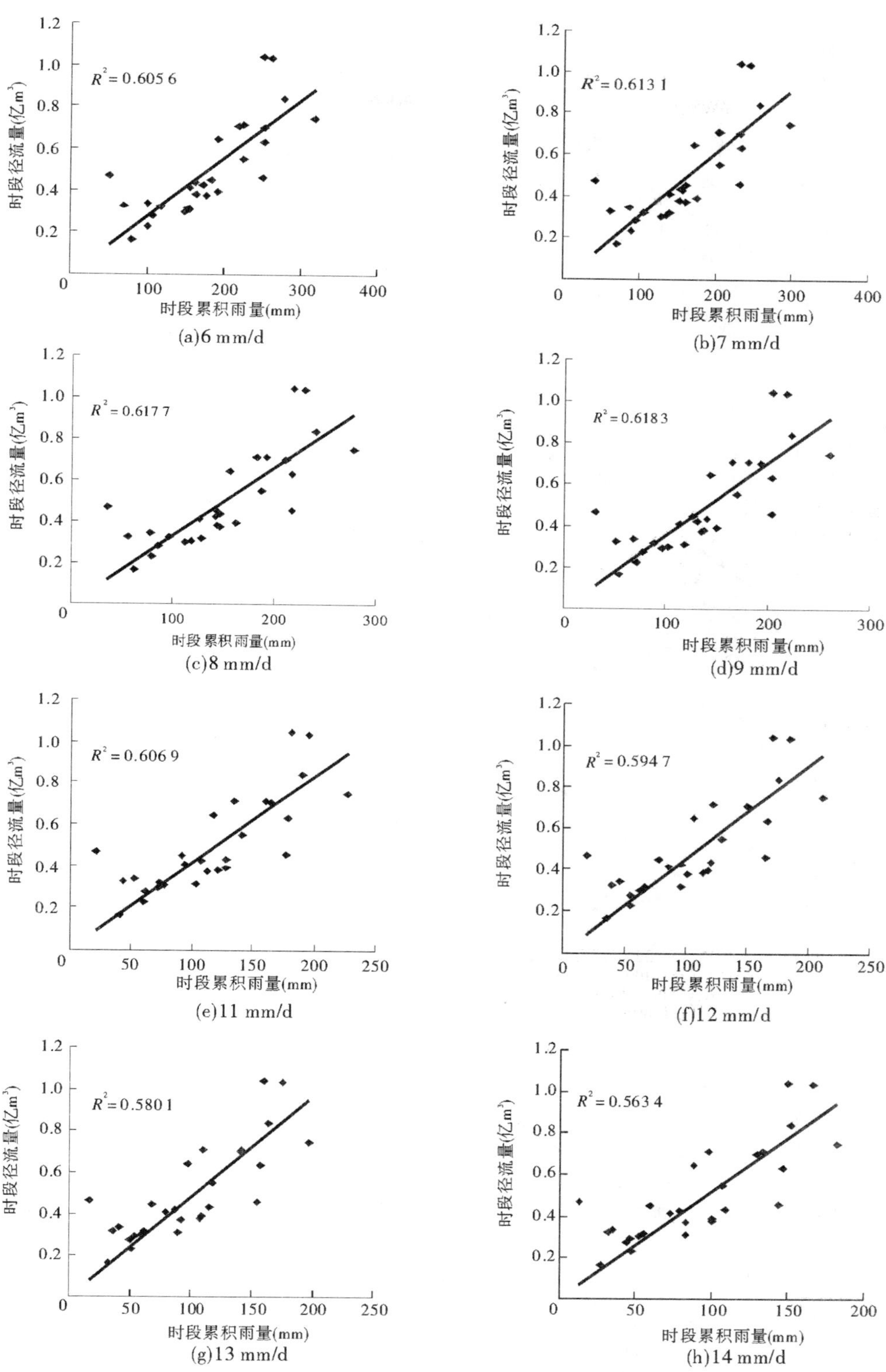

图 4-9　东川天然时期 1 mm 步长累积雨量与径流量关系（基准雨强为 10 mm/d）

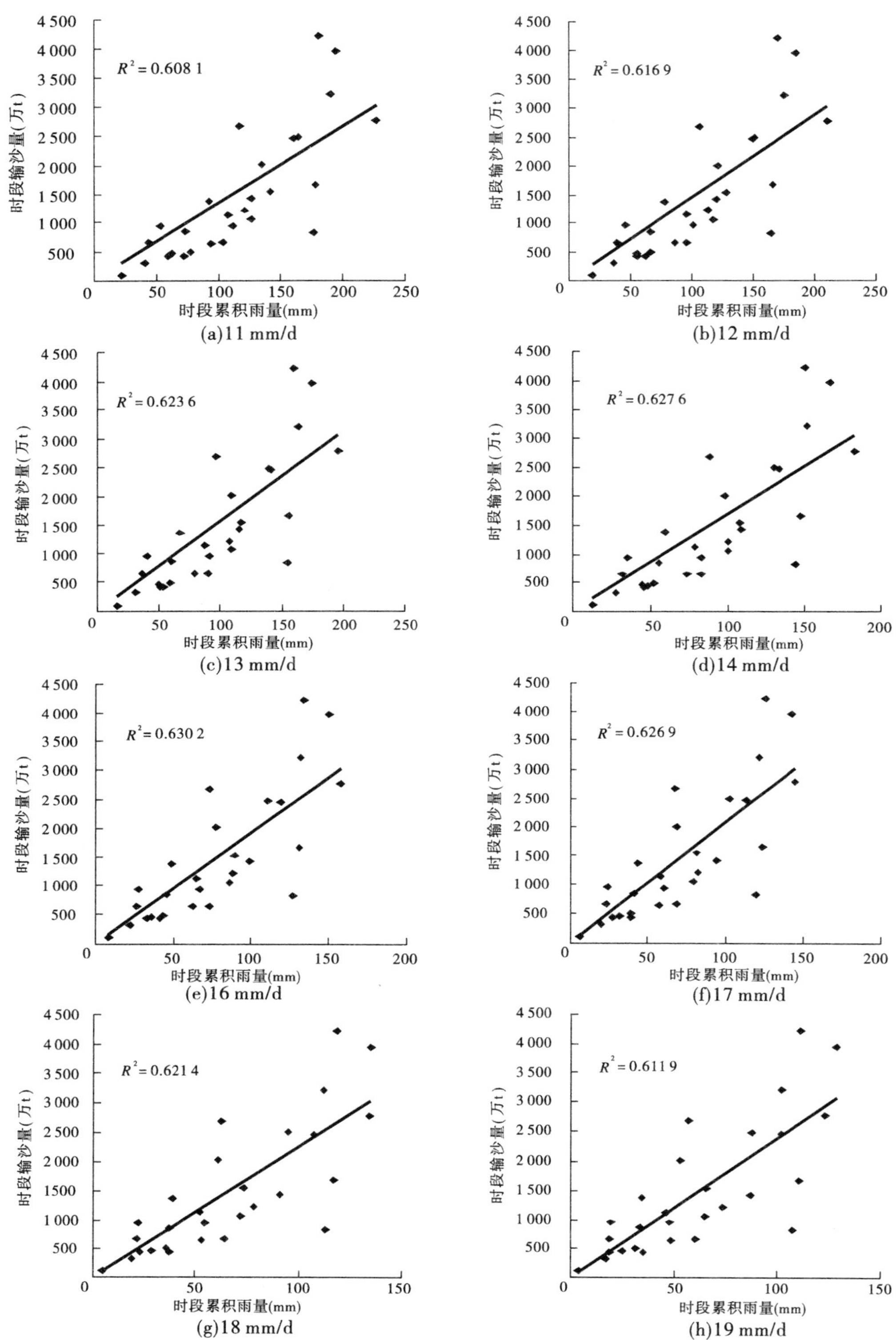

图 4-10　东川天然时期 1 mm 步长累积雨量与输沙量关系(基准雨强为 15 mm/d)

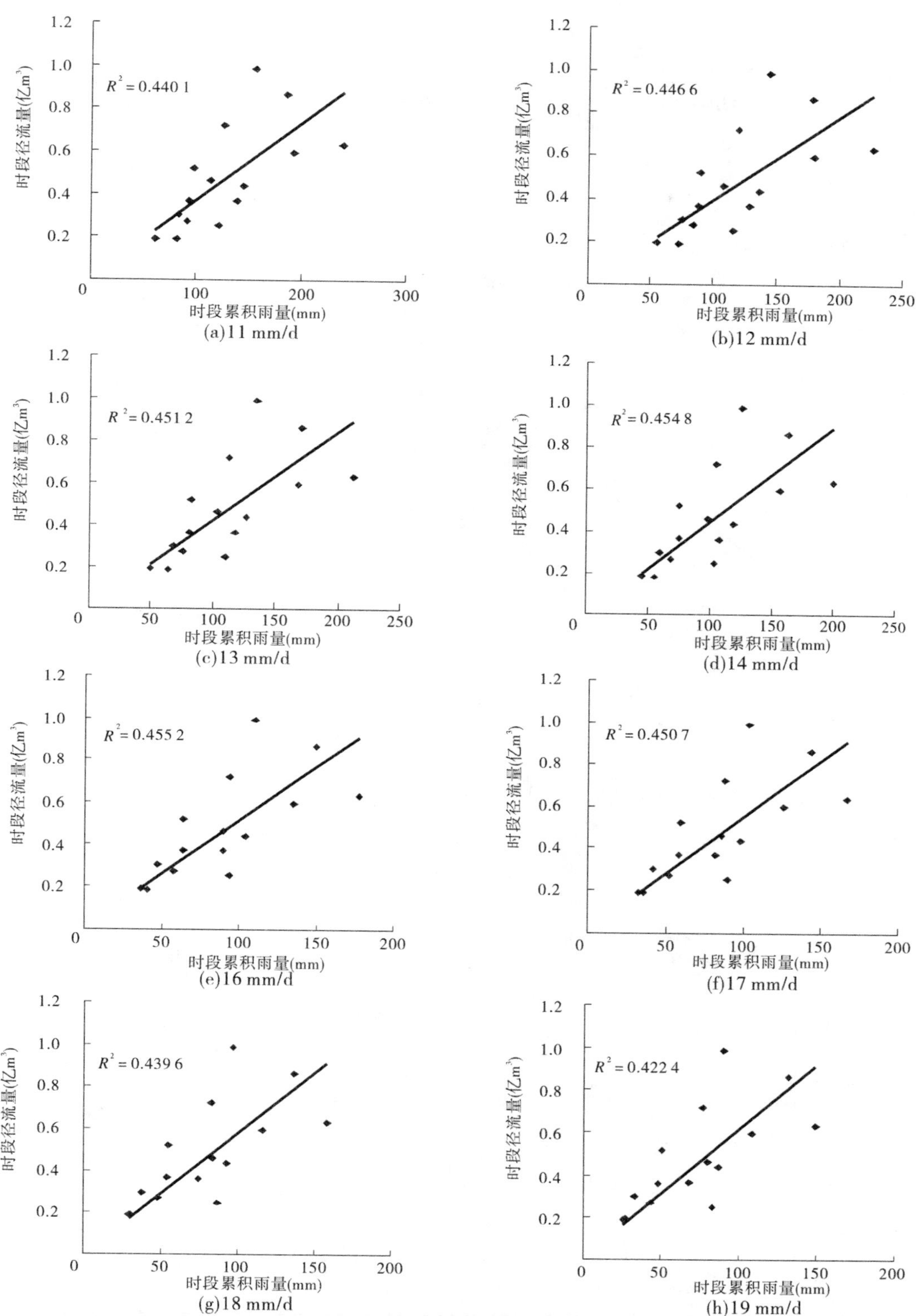

图 4-11 东川人类活动影响下 1 mm 步长累积雨量与径流量关系(基准雨强为 15 mm/d)

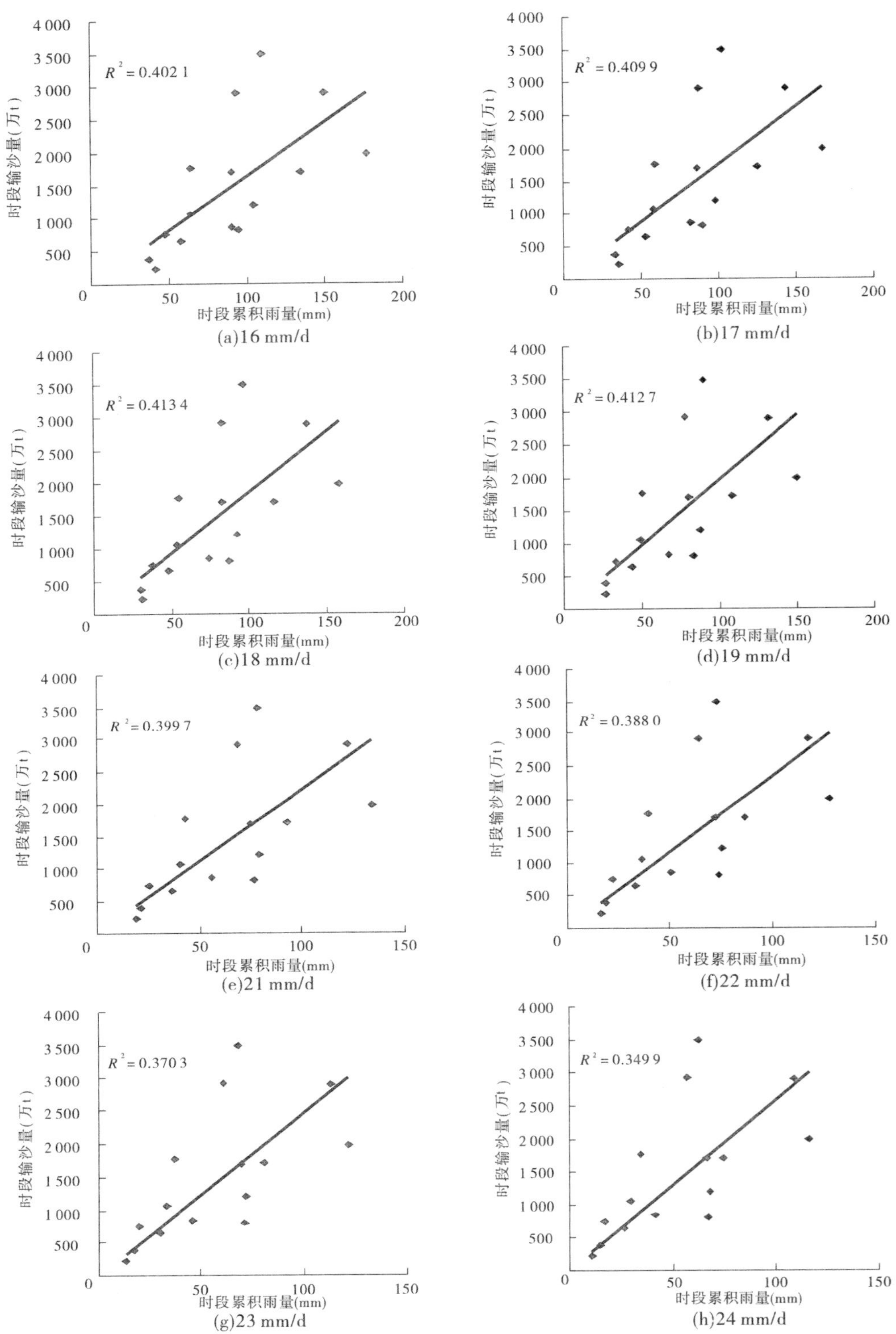

图 4-12　东川人类活动影响下 1 mm 步长累积雨量与输沙量关系(基准雨强为 20 mm/d)

表 4-1　5 mm 步长的不同雨强标准下两支流累积雨量与径流量、输沙量的相关系数

项目	时段	不同雨强(mm/d)标准下的相关系数 R^2							
		0	5	10	15	20	25	30	35
累积降雨－径流量	1966～1995 年	0.514 7	0.596 3	<u>0.614 5</u>	0.543 5	0.359 8	0.038 5	−0.338 1	−0.728 4
	1996～2010 年	0.319 6	0.386 7	0.433 3	<u>0.456 4</u>	0.399 5	0.203 2	−0.091 4	−0.443 9
累积降雨－输沙量	1966～1995 年	0.403 9	0.516 1	0.597 9	<u>0.629 7</u>	0.599 4	0.495 6	0.359 5	0.199 0
	1996～2010 年	0.222 4	0.275 8	0.330 8	0.392 3	<u>0.408 0</u>	0.327 0	0.170 8	−0.036 7

表 4-2　1 mm 步长的不同雨强标准下两支流累积雨量与径流量、输沙量的相关系数

项目	时段	基准雨强(mm/d)	不同雨强(mm/d)标准下的相关系数 R^2								
			−4	−3	−2	−1	+0	+1	+2	+3	+4
累积降雨－径流量	1966～1995 年	10	0.605 6	0.613 1	0.617 7	<u>0.618 3</u>	0.614 5	0.606 9	0.594 7	0.580 1	0.563 4
	1996～2010 年	15	0.440 1	0.446 6	0.451 2	0.454 8	<u>0.456 4</u>	0.455 2	0.450 7	0.439 6	0.422 4
累积降雨－输沙量	1966～1995 年	15	0.608 1	0.616 9	0.623 6	0.627 6	0.629 7	<u>0.630 2</u>	0.626 9	0.621 4	0.611 9
	1996～2010 年	20	0.402 1	0.409 9	<u>0.413 4</u>	0.412 7	0.408 0	0.399 7	0.388 0	0.370 3	0.349 9

根据精确判定，东川流域在天然状态下“临界产流雨强”为 9 mm/d，此时累积雨量与径流量的相关系数 R^2 为 0.618 3；“临界产沙雨强”为 16 mm/d，此时累积雨量与输沙量的相关系数 R^2 为 0.630 2。在人类活动影响状态下“临界产流雨强”为 15 mm/d，此时累积雨量与径流量的相关系数 R^2 为 0.456 4；“临界产沙雨强”为 18 mm/d，此时累积雨量与输沙量的相关系数 R^2 为 0.413 4。

（二）东川流域产流产沙关系变化分析

根据判定结果，东川支流在 1995 年之前的天然状态下，当流域一日面平均雨量达到 9 mm 以上时，流域开始大规模的产流；当一日面平均雨量达到 16 mm 以上时，流域开始大规模产沙。1996 年之后，随着水保措施的增多，支流“临界雨强”均开始增大，“临界产流雨强”增大到 15 mm/d，“临界产沙雨强”增大到 18 mm/d。说明在人类活动影响下，水土保持措施改变了流域下垫面的产流产沙条件，使下垫面产流产沙需要更大的雨强。

以天然状态下的“临界雨强”为标准，建立汛期“累积有效降雨 - 径流量”及“累积有效降雨 - 输沙量”的关系，见图 4-13、图 4-14。人类活动影响状态下的降雨 - 径流、降雨 - 输沙关系线明显处于天然状态下的关系线下方，说明近年来在同样的降雨条件下，流域产流产沙明显减少。

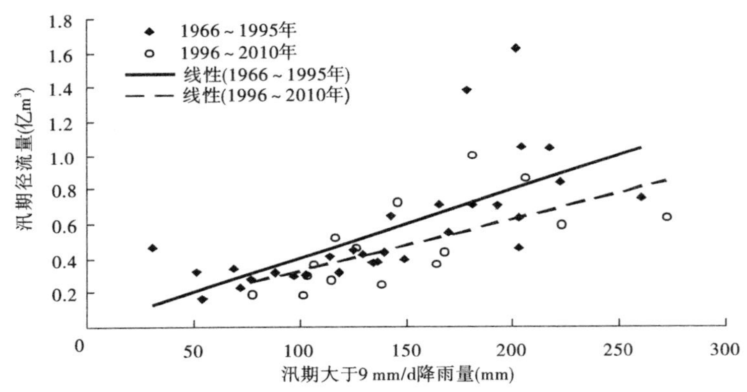

图 4-13　汛期大于 9 mm/d 累积雨量与径流量关系

（三）东川流域雨洪变化分析

流域径流泥沙主要由洪水产生，因此选取 1966～2010 年洪峰较大的若干场次洪水进行雨洪关系分析，共选取洪水 101 场，平均每年 2.24 场，洪水特征值统计见表 4-3，并建立降雨与洪峰流量、次洪洪量、次洪输沙量相关关系。由于降雨资料采用了日雨量，那么洪峰流量主要与暴雨中心雨强有关，即建立“洪峰流量 - 暴雨中心最大一日雨量”相关关系；次洪洪量和次洪输沙量则既与次洪降雨量有关，又与暴雨中心有关，即“次洪洪量/次洪输沙量 - 场次面平均雨量、暴雨中心最大一日雨量”相关。根据水沙突变年份的判定，以 1995 年前后分别建立关系，见图 4-15～图 4-17。

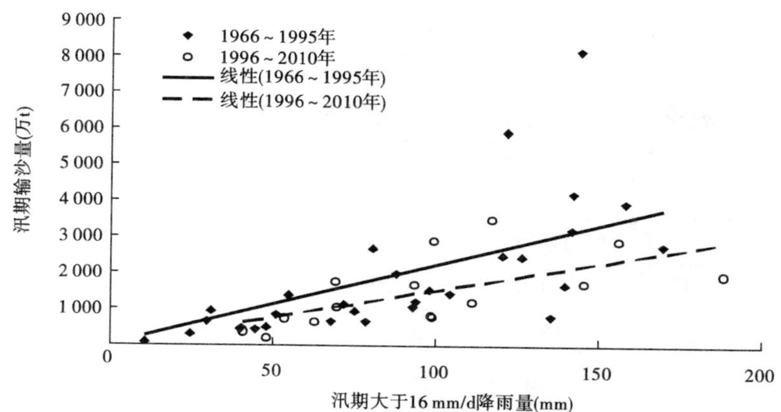

图 4-14　汛期大于 16 mm/d 累积雨量与输沙量关系

表 4-3　东川流域场次洪水选取及特征值统计

序号	洪峰出现时间（年-月-日 T 时:分）	起涨时间（月-日 T 时:分）	退水时间（月-日 T 时:分）	洪峰流量（m^3/s）	次洪洪量（万 m^3）	次洪输沙量（万 t）
1	1966-06-11T05:30	06-11T03:30	06-12T20:00	185	548	312.5
2	1966-06-27T11:00	06-27T10:24	06-28T00:00	593	664	518.3
3	1966-07-26T07:00	07-26T05:30	07-29T08:00	961	2 929	1 727.0
4	1966-08-16T02:00	08-15T21:30	08-16T20:00	354	691	407.2
5	1966-08-30T16:00	08-30T02:30	08-31T12:00	290	1 100	474.3
6	1967-08-29T14:24	08-29T13:54	08-30T00:00	124	185	148.4
7	1969-05-11T23:00	05-11T22:30	05-12T08:00	470	376	259.4
8	1969-07-23T09:00	07-23T04:00	07-24T00:00	120	313	150.0
9	1969-07-25T18:36	07-25T14:00	07-26T04:00	181	452	213.2
10	1969-07-29T07:12	07-29T04:00	07-30T00:00	1 580	2 890	1 897.1
11	1969-08-07T00:24	08-06T22:00	08-07T12:00	193	450	222.7
12	1970-08-02T05:30	08-02T00:30	08-02T20:00	238	448	317.6
13	1970-08-08T05:30	08-08T04:00	08-09T00:00	171	452	209.2
14	1970-09-16T02:00	09-16T00:00	09-17T00:00	145	381	140.2
15	1971-08-17T06:00	08-17T05:36	08-17T18:00	250	396	262.9
16	1971-08-20T18:00	08-20T12:48	08-21T08:00	325	818	323.0
17	1971-09-02T08:30	09-02T07:30	09-03T00:00	234	457	276.3
18	1972-07-26T01:36	07-26T01:00	07-26T12:00	112	174	128.3
19	1973-08-25T07:30	08-25T03:00	08-27T00:00	1 250	2 893	1 637.7

续表 4-3

序号	洪峰出现时间（年-月-日 T 时:分）	起涨时间（月-日 T 时:分）	退水时间（月-日 T 时:分）	洪峰流量（m^3/s）	次洪洪量（万 m^3）	次洪输沙量（万 t）
20	1974-07-27T07:00	07-26T22:00	07-27T13:00	343	867	564.2
21	1974-07-29T22:48	07-29T20:30	07-30T08:00	218	250	123.3
22	1975-07-28T17:00	07-28T15:24	07-29T08:00	688	1 413	852.0
23	1975-09-19T12:30	09-19T11:54	09-20T00:00	241	363	187.4
24	1977-06-26T17:18	06-26T16:54	06-27T05:00	236	214	105.5
25	1977-07-06T00:30	07-05T02:00	07-06T20:00	3 690	12 299	7 515.9
26	1978-07-11T10:54	07-11T06:00	07-11T20:00	1 330	1 744	857.1
27	1978-07-17T10:00	07-17T09:30	07-17T20:00	166	217	156.7
28	1979-07-29T05:48	07-29T02:00	07-29T19:24	244	586	372.3
29	1980-07-12T20:00	07-12T17:30	07-13T04:00	112	234	126.5
30	1981-06-20T16:00	06-20T13:18	06-21T04:00	184	374	230.3
31	1981-07-13T12:30	07-13T04:30	07-14T08:00	113	337	96.4
32	1981-08-14T23:00	08-14T21:30	08-16T00:00	254	865	308.6
33	1981-08-19T19:00	08-19T16:00	08-20T04:00	120	166	74.8
34	1982-09-05T04:12	09-05T00:00	09-05T20:00	122	202	124.2
35	1983-08-15T03:00	08-15T02:00	08-15T10:00	107	132	78.1
36	1983-09-07T07:54	09-07T06:06	09-08T00:00	443	780	390.5
37	1984-06-05T04:30	06-05T03:00	06-05T20:00	777	809	496.4
38	1984-07-25T07:48	07-25T05:00	07-26T00:00	156	376	141.3
39	1984-08-26T22:30	08-26T19:00	08-27T12:00	207	377	147.7
40	1985-05-11T23:46	05-11T16:00	05-12T14:00	311	506	336.7
41	1985-08-05T20:42	08-05T20:12	08-06T10:00	602	529	251.9
42	1985-08-15T00:46	08-14T23:30	08-15T20:00	1 350	1 757	963.1
43	1985-08-16T15:12	08-16T14:12	08-17T08:00	172	382	172.4
44	1985-08-29T00:00	08-28T23:00	08-29T16:00	213	555	278.2
45	1991-06-10T03:00	06-10T02:00	06-10T14:00	1 220	1 402	911.3
46	1991-08-17T19:00	08-17T18:00	08-18T08:00	423	467	181.9
47	1991-09-03T22:12	09-03T21:00	09-04T08:00	268	255	113.5
48	1992-08-10T05:48	08-09T05:30	08-13T14:00	1 440	6 275	3 260.7
49	1992-08-26T02:00	08-26T01:18	08-26T06:00	458	306	140.0

续表 4-3

序号	洪峰出现时间（年-月-日 T时:分）	起涨时间（月-日 T时:分）	退水时间（月-日 T时:分）	洪峰流量（m^3/s）	次洪洪量（万 m^3）	次洪输沙量（万 t）
50	1993-07-10T22:48	07-10T22:12	07-11T08:00	381	383	286.3
51	1994-07-07T05:00	07-07T03:54	07-08T08:00	2 130	3 288	2 015.0
52	1994-07-11T19:24	07-11T17:30	07-12T08:00	258	334	131.5
53	1994-08-06T02:00	08-05T21:30	08-06T12:00	698	1 039	410.3
54	1994-08-10T22:12	08-10T21:12	08-11T08:00	2 130	2 355	1 331.4
55	1994-08-31T07:54	08-31T07:12	08-31T18:00	1 200	1 400	1 065.9
56	1995-07-14T01:00	07-14T00:00	07-14T12:00	351	614	402.0
57	1995-07-25T05:48	07-25T05:12	07-25T14:00	417	360	178.0
58	1995-08-05T18:00	08-05T16:00	08-06T08:30	1 150	1 751	916.8
59	1995-08-16T07:00	08-16T06:00	08-16T20:00	669	709	372.6
60	1996-07-15T00:17	07-14T23:00	07-15T12:00	1 520	1 222	607.0
61	1996-07-21T18:24	07-21T16:48	07-22T04:00	252	286	102.5
62	1996-07-26T13:24	07-26T03:30	07-29T08:00	515	2 138	802.9
63	1996-08-09T19:18	08-09T18:00	08-10T14:00	1 040	1 528	919.1
64	1997-07-31T06:42	07-31T06:12	07-31T20:00	530	637	429.7
65	1997-08-06T09:48	08-06T05:00	08-07T08:00	250	661	260.1
66	1998-04-29T17:18	04-29T17:00	04-30T00:00	292	216	107.1
67	1998-05-21T02:00	05-20T14:42	5-21T20:00	1 390	2 226	1 219.1
68	1999-07-09T23:12	07-09T22:54	07-10T12:00	416	506	319.3
69	1999-07-12T02:54	07-12T02:00	07-12T14:12	627	713	506.0
70	1999-07-13T19:18	07-13T17:24	07-14T08:00	833	1 532	733.2
71	1999-07-19T02:30	07-19T01:48	07-19T16:00	220	343	174.0
72	1999-07-20T20:30	07-20T20:00	07-21T08:00	405	413	168.1
73	1999-08-01T13:18	08-01T12:54	08-01T20:00	635	560	250.4
74	1999-08-17T07:42	08-17T07:00	08-18T02:00	545	480	211.0
75	2000-07-14T15:54	07-14T14:42	07-15T04:00	296	511	254.9
76	2001-04-29T05:18	04-29T04:30	04-29T16:00	235	238	175.4
77	2001-08-02T19:48	08-02T18:48	08-03T08:00	412	344	153.4
78	2001-08-18T09:00	08-18T08:12	08-19T08:00	987	2 375	1 129.4
79	2002-06-08T21:12	06-08T16:30	06-09T14:00	340	483	293.4

续表 4-3

序号	洪峰出现时间（年-月-日 T 时:分）	起涨时间（月-日 T 时:分）	退水时间（月-日 T 时:分）	洪峰流量（m^3/s）	次洪洪量（万 m^3）	次洪输沙量（万 t）
80	2002-07-04T00:48	07-04T00:00	07-04T08:00	343	314	116.0
81	2002-07-25T22:42	07-25T22:06	07-26T08:00	247	276	160.8
82	2002-08-04T22:18	08-04T19:00	08-05T14:00	868	1 181	499.2
83	2002-08-13T22:18	08-13T22:00	08-14T08:00	345	558	247.2
84	2003-07-23T03:00	07-23T02:30	07-23T08:00	307	233	124.1
85	2003-08-24T03:42	08-24T02:00	08-24T16:00	980	1 052	522.1
86	2003-08-25T23:42	08-25T20:00	08-26T20:00	803	1 663	741.3
87	2003-09-17T07:30	09-17T05:30	09-17T20:00	316	440	205.5
88	2004-08-19T04:06	08-19T02:00	08-19T11:54	1 140	1 373	868.0
89	2005-07-02T03:12	07-01T20:00	07-02T20:00	344	704	312.5
90	2005-07-19T10:00	07-19T09:18	07-20T08:00	533	617	424.0
91	2006-06-26T19:12	06-26T18:54	06-26T21:24	342	111	47.6
92	2007-06-29T22:54	06-29T22:00	06-30T08:00	472	362	184.2
93	2007-07-26T23:18	07-26T22:00	07-27T12:00	197	406	216.2
94	2008-07-19T22:12	07-19T21:18	07-20T08:00	714	684	360.1
95	2008-07-21T06:00	07-21T05:21	07-21T20:00	642	654	313.2
96	2008-08-16T04:00	08-16T02:00	08-17T00:00	377	752	260.5
97	2009-07-08T02:30	07-08T01:42	07-09T00:00	246	365	135.4
98	2009-08-03T14:12	08-03T10:42	08-04T16:00	301	688	290.7
99	2010-08-09T04:54	08-07T23:12	08-09T19:30	2 320	4 565	2 242.8
100	2010-08-11T15:12	08-11T14:24	08-12T08:00	707	809	367.6
101	2010-08-18T17:30	08-18T14:00	08-19T14:00	177	382	74.5

由图可见，洪峰流量 1996 年之后关系线较 1995 年前有所降低；次洪洪量和次洪输沙量关系线趋势性较为明显，1996 年之后关系线较 1995 年前明显降低。说明在 1996 年之后人类活动的影响引起下垫面的改变，对洪峰、次洪洪量、次洪输沙量均有明显的削减作用。

三、灞河流域降雨产流关系变化分析

（一）灞河流域产流关系变化分析

由于灞河流域位于南山支流，其产流机制主要为蓄满产流，且河流流程较短，坡面坡度较陡，下渗的降雨中也有较大部分将以壤中流的形式汇入河道，因此在研究灞河流域产

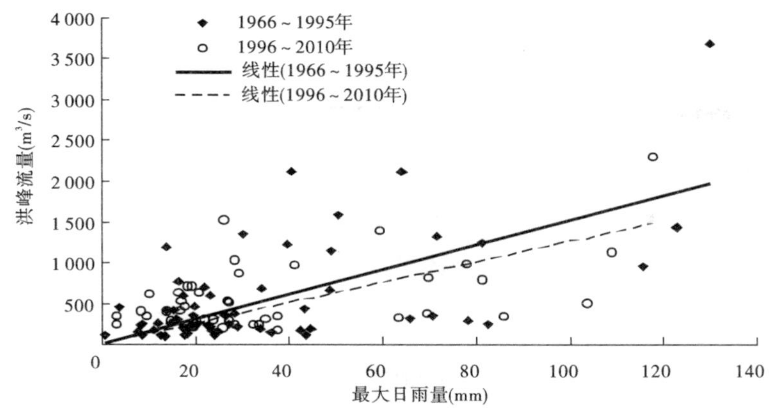

图 4-15　东川流域降雨与洪峰流量相关关系

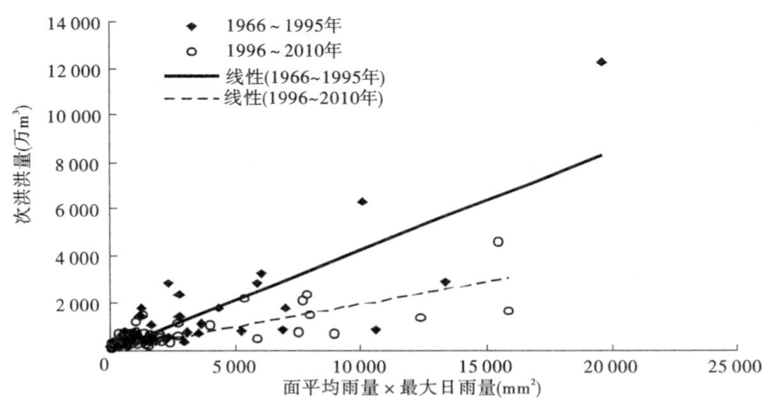

图 4-16　东川流域降雨与次洪洪量相关关系

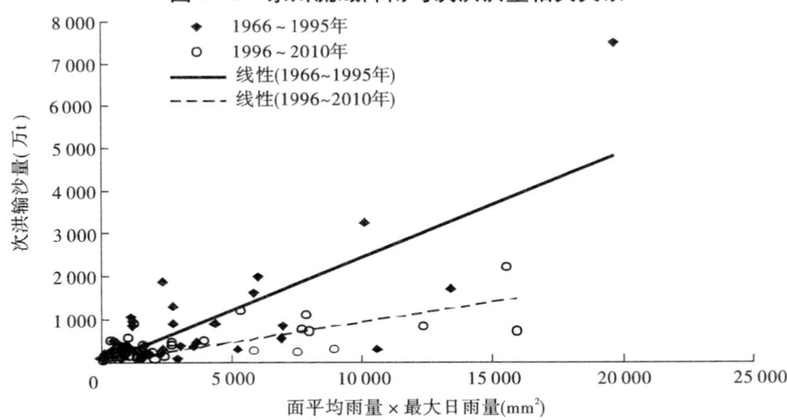

图 4-17　东川流域降雨与次洪输沙量相关关系

流关系时，直接以汛期降雨量－汛期径流量建立相关关系。根据水沙突变年份的判定，以1970 年前后分别建立汛期降雨－径流关系，但由于 1991～2003 年缺少资料，因此将这一时段划分为 1971～1990 年和 2004～2009 年两段，见图 4-18。

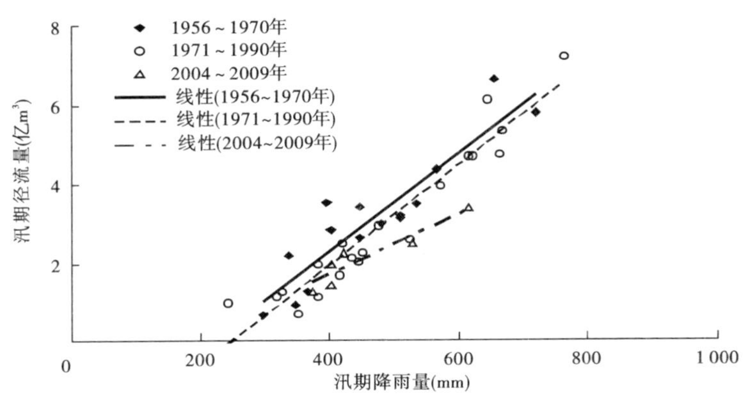

图 4-18 灞河流域汛期降雨 - 径流关系

1971 ~1990 年降雨 - 径流关系线处于 1956 ~1970 年关系线的下方,而 2004 年后的关系线更低。说明 1971 年之后,下垫面发生了变化,同样的降雨条件下产流减少;而近年来,流域下垫面产流关系变化更大,相同降雨条件下产流量更小。

(二)灞河流域雨洪变化分析

选取 1956 ~2011 年洪峰较大的若干场次洪水进行雨洪关系分析,共选取洪水 112 场,平均每年 2 场,洪水特征值统计见表 4-4,并建立降雨与洪峰流量、次洪洪量相关关系。仍然建立"洪峰流量 - 暴雨中心最大一日雨量"和"次洪洪量 - 场次面平均雨量、暴雨中心最大一日雨量"的相关关系。根据水沙突变年份的判定,以 1956 ~1970 年、1971 ~2000 年和 2000 ~2011 年分别建立关系,见图 4-19、图 4-20。

表 4-4 灞河流域场次洪水选取及特征值统计

序号	洪峰出现时间(年-月-日 T 时:分)	起涨时间(月-日 T 时:分)	退水时间(月-日 T 时:分)	洪峰流量(m^3/s)	次洪洪量(万 m^3)
1	1958-07-16T23:45	07-16T22:00	07-22T20:00	645	8 605
2	1958-08-02T13:00	08-02T00:00	08-03T12:00	492	2 489
3	1959-06-08T19:00	06-08T18:30	06-08T22:00	464	170
4	1960-08-21T14:30	08-20T06:00	08-24T08:00	377	4 183
5	1960-09-05T20:00	09-03T19:25	09-09T14:00	563	7 402
6	1961-04-25T08:00	04-24T11:00	04-27T20:00	380	4 834
7	1961-07-05T22:00	07-05T15:00	07-07T18:00	431	2 230
8	1961-10-17T18:15	10-16T20:00	10-23T00:00	534	8 895
9	1962-08-14T22:00	08-14T18:00	08-16T18:00	1 590	8 252
10	1963-05-13T23:00	05-13T14:00	05-16T08:00	545	3 823
11	1963-05-26T02:30	05-24T00:00	05-28T20:00	320	6 671
12	1963-08-30T13:30	08-30T00:00	09-04T08:00	388	4 571

续表 4-4

序号	洪峰出现时间 (年-月-日 T 时:分)	起涨时间 (月-日 T 时:分)	退水时间 (月-日 T 时:分)	洪峰流量 (m^3/s)	次洪洪量 (万 m^3)
13	1964-09-01T18:30	08-30T08:00	09-9T08:00	802	15 176
14	1964-10-04T10:24	10-02T08:00	10-07T08:00	754	8 065
15	1964-10-16T14:00	10-15T22:00	10-19T08:00	465	5 062
16	1965-07-12T20:30	07-11T00:00	07-16T00:00	429	7 672
17	1965-07-21T13:30	07-19T16:48	07-23T14:00	1 140	9 375
18	1966-09-14T18:06	09-14T11:00	09-16T08:00	229	1 266
19	1967-05-07T16:00	05-07T08:00	05-09T08:00	346	2 256
20	1967-06-30T11:00	06-30T04:00	07-02T08:00	467	4 092
21	1967-07-12T01:30	07-11T00:00	07-15T08:00	371	4 856
22	1968-07-28T21:48	07-28T20:48	07-29T00:00	396	208
23	1968-09-12T17:00	09-10T20:00	09-17T20:00	664	10 032
24	1968-10-09T11:00	10-08T20:00	10-14T08:00	777	13 237
25	1969-04-24T00:00	04-22T20:00	04-26T08:00	976	8 425
26	1970-04-30T18:00	04-30T12:00	05-03T08:00	457	4 100
27	1970-06-07T18:45	06-07T00:00	06-10T00:00	432	4 438
28	1970-07-02T11:00	07-02T02:00	07-03T20:00	411	2 023
29	1970-09-26T06:00	09-21T08:00	09-30T08:00	481	12 224
30	1971-05-03T03:00	05-02T20:00	05-04T20:00	574	3 738
31	1971-10-21T17:00	10-20T17:00	10-22T20:00	463	2 877
32	1972-05-29T13:00	05-29T02:00	05-31T06:00	521	3 134
33	1972-09-02T04:00	09-01T18:00	09-03T08:00	373	2 673
34	1973-07-01T18:30	07-01T08:00	07-02T22:30	431	2 467
35	1973-10-06T19:00	10-05T08:00	10-08T09:36	323	4 217
36	1974-08-09T12:48	08-09T02:00	08-11T08:00	554	2 933
37	1974-09-13T14:00	09-12T10:42	09-15T20:00	1 500	10 826
38	1975-07-09T21:00	07-08T18:00	07-11T20:24	425	3 955
39	1975-07-29T09:36	07-29T05:00	07-30T20:00	413	1 901
40	1975-09-29T19:00	09-26T21:30	10-06T02:00	563	21 821
41	1976-04-29T10:12	04-28T00:00	05-02T08:00	280	3 739

续表 4-4

序号	洪峰出现时间（年-月-日 T 时:分）	起涨时间（月-日 T 时:分）	退水时间（月-日 T 时:分）	洪峰流量（m^3/s）	次洪洪量（万 m^3）
42	1977-05-13T09:30	05-13T04:00	05-14T20:00	527	2 530
43	1978-07-04T12:30	07-04T04:00	07-06T20:00	786	6 655
44	1978-09-17T12:30	09-17T04:00	09-18T20:00	415	2 027
45	1979-07-12T01:15	07-11T21:30	07-13T02:00	740	2 614
46	1979-07-24T00:12	07-23T20:00	07-24T20:00	778	1 571
47	1980-05-25T06:18	05-24T23:00	05-26T20:00	360	1 936
48	1980-05-31T22:30	05-31T14:00	06-02T20:00	719	4 419
49	1981-07-15T04:00	07-13T20:00	07-18T08:00	601	6 494
50	1981-08-22T02:30	08-21T20:00	08-27T08:00	426	7 528
51	1981-09-07T20:00	08-03T18:00	09-11T17:00	476	16 931
52	1982-07-23T10:12	07-22T20:00	07-25T08:00	377	3 264
53	1982-08-01T05:48	07-30T08:12	08-04T00:00	1 480	13 475
54	1982-08-31T10:24	08-29T08:00	09-02T08:00	486	5 650
55	1983-06-24T07:00	06-22T04:00	06-28T08:00	440	6 823
56	1983-07-20T19:30	07-19T18:00	07-23T13:18	605	5 895
57	1983-07-31T16:24	07-30T00:00	08-03T20:00	606	7 463
58	1983-09-07T20:42	09-07T12:00	09-10T03:30	356	3 196
59	1983-10-05T09:00	10-04T02:00	10-11T08:00	563	14 493
60	1984-06-14T22:00	06-14T17:00	06-16T20:00	388	2 279
61	1984-07-06T14:00	07-05T14:00	07-09T20:00	576	8 594
62	1984-09-09T22:00	09-08T12:00	09-12T08:00	455	5 611
63	1984-09-22T11:00	09-21T22:00	09-30T08:00	429	14 885
64	1985-05-05T13:00	05-04T23:00	05-07T14:00	384	2 976
65	1985-10-15T22:00	10-13T20:00	10-20T20:00	400	8 119
66	1986-07-09T23:30	07-09T20:00	07-11T08:00	387	2 153
67	1987-05-25T14:30	05-25T02:00	05-30T20:00	385	5 389
68	1987-06-05T23:00	06-05T05:00	06-09T7:18	425	4 095
69	1987-08-06T14:30	08-06T05:00	08-07T20:00	651	3 066
70	1988-08-14T09:18	08-14T02:00	08-16T08:00	969	4 583
71	1988-08-18T10:00	08-18T03:00	08-23T08:00	522	7 586

续表 4-4

序号	洪峰出现时间（年-月-日 T 时:分）	起涨时间（月-日 T 时:分）	退水时间（月-日 T 时:分）	洪峰流量（m^3/s）	次洪洪量（万 m^3）
72	1989-07-10T16:00	07-10T11:00	07-13T08:00	420	4 009
73	1989-08-19T11:00	08-18T12:00	08-21T08:00	427	4 461
74	1990-05-02T23:42	05-02T14:00	05-05T08:00	325	2 638
75	1991-06-02T14:30	05-31T20:00	06-05T08:00	433	4 445
76	1991-06-14T07:00	06-13T21:00	06-17T18:30	254	2 937
77	1992-09-12T10:00	09-12T05:00	09-14T08:00	581	2 497
78	1992-09-20T00:00	09-19T08:00	09-25T20:00	446	11 726
79	1993-06-28T11:00	06-28T04:30	06-30T19:00	282	2 331
80	1994-06-24T23:54	06-24T19:00	06-26T20:00	253	1 450
81	1995-08-03T07:18	08-03T06:30	08-04T14:00	179	696
82	1996-08-01T13:00	08-01T05:00	08-07T08:00	422	5 478
83	1996-09-05T17:00	09-04T20:00	09-08T08:00	322	3 001
84	1996-11-01T03:00	10-31T08:00	11-05T08:00	342	4 012
85	1997-05-07T12:30	05-07T11:00	05-09T20:00	180	1 140
86	1998-05-10T07:00	05-09T22:00	05-12T18:30	352	2 879
87	1998-08-15T00:00	08-13T21:30	08-18T08:00	558	5 465
88	1999-07-05T19:00	07-05T00:00	07-10T08:00	200	3 222
89	2000-10-11T11:00	10-10T23:00	10-14T08:00	688	5 824
90	2001-04-24T08:00	04-21T08:00	04-30T08:00	94	2 187
91	2002-06-09T15:00	06-09T11:00	06-11T20:00	584	2 885
92	2003-09-01T11:00	08-29T05:00	09-03T14:00	441	10 372
93	2003-09-06T07:12	09-05T23:00	09-11T14:00	264	5 808
94	2003-09-20T03:00	09-17T23:06	09-22T20:00	652	9 263
95	2004-09-30T18:36	09-30T08:00	10-02T07:18	583	3 714
96	2005-10-01T20:30	09-29T11:30	10-05T08:00	832	14 720
97	2005-10-06T20:24	10-06T16:30	10-08T20:00	332	2 102
98	2006-09-27T23:12	09-27T08:00	10-03T08:00	322	4 556
99	2007-07-19T21:06	07-18T20:00	07-23T08:00	360	5 403
100	2007-07-29T21:30	07-29T08:00	08-01T08:00	330	3 013
101	2007-08-09T08:36	08-08T20:00	08-12T08:00	360	3 519

续表 4-4

序号	洪峰出现时间（年-月-日 T时:分）	起涨时间（月-日 T时:分）	退水时间（月-日 T时:分）	洪峰流量（m^3/s）	次洪洪量（万 m^3）
102	2008-07-22T03:48	07-21T08:00	07-24T08:00	321	2 463
103	2009-05-14T22:18	05-09T20:00	05-19T20:00	333	8 275
104	2009-05-28T20:00	05-27T20:00	05-31T19:45	260	2 518
105	2009-06-19T17:54	06-19T08:30	06-21T20:00	210	1 264
106	2009-08-29T08:30	08-29T06:00	08-31T10:00	595	3 493
107	2009-09-20T05:24	09-20T00:00	09-22T08:00	525	4 116
108	2010-08-24T10:24	08-21T14:00	08-29T20:00	525	7 287
109	2010-09-07T01:15	09-06T14:30	09-13T20:00	379	7 259
110	2011-09-06T12:20	09-06T05:44	09-08T16:00	618	6 909
111	2011-09-11T21:50	09-11T14:15	09-15T20:00	982	10 212
112	2011-09-18T18:00	09-17T09:15	09-23T02:00	623	11 303

1956～1970 年洪峰流量关系线最高，其次是 1971～2000 年关系线，2001～2011 年关系线最低，表明人类活动影响对洪峰的削减作用持续增强。次洪洪量关系线 1956～1970 年最高，而 1971～2000 年和 2001～2011 年关系线基本重合且明显低于 1970 年前，表明 1970 年后人类活动大幅削减了降雨的产流量，而近期降雨产流关系较 1971～2000 年系列没有大的变化。

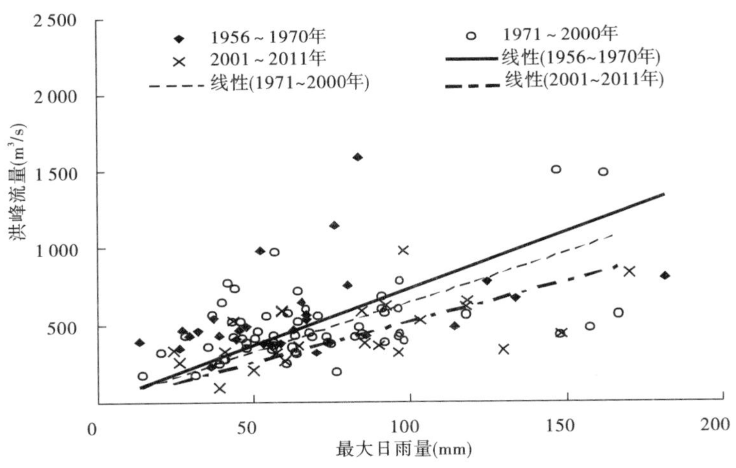

图 4-19　灞河流域降雨与洪峰流量相关关系

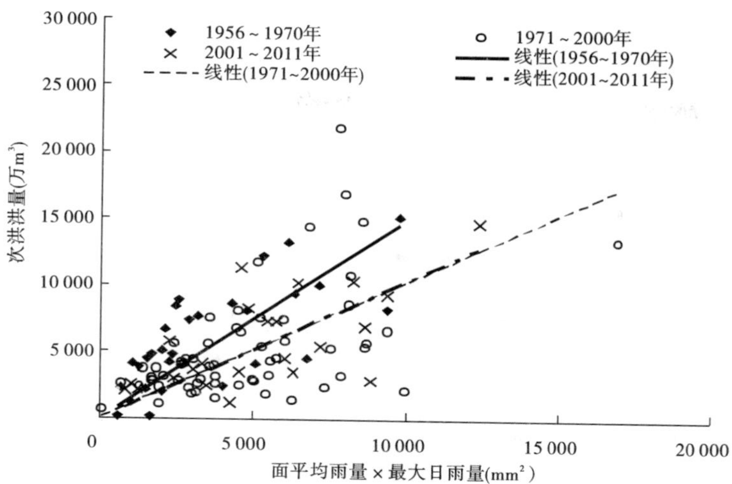

图 4-20　灞河流域降雨与次洪洪量相关关系

第五章　近10年来水沙变化成因

近10年来水沙减少的成因主要存在于降雨变化和人类活动两个方面，采用“水文法”分析2001～2010年降雨、人类活动分别起的作用。

一、天然状态下汛期降雨径流泥沙相关方程建立

（一）东川降雨径流泥沙关系

东川流域超渗产流区的产流产沙除了与“有效降雨”的雨量有关，还应与“有效降雨”的雨强相关，雨强大的降雨，其产流产沙的效率高，产流量和产沙量应高于雨强小的降雨。因此，在研究降雨－径流－泥沙关系时，应引入雨强因子，建立如下相关方程：

$$W = K_1 \cdot P_{有效}^{a1} \cdot I_{有效}^{b1} \tag{5-1}$$

$$W_S = K_2 \cdot P_{有效}^{a2} \cdot I_{有效}^{b2} \tag{5-2}$$

$$I_{有效} = \frac{P_{有效}}{T_{有效}} \tag{5-3}$$

式中：W 为汛期径流量，万 m^3；W_S 为汛期输沙量，万 t；$I_{有效}$ 为时段“有效降雨”的雨强，mm/d；$T_{有效}$ 为有效降雨量所对应的天数，d；K_1,K_2,a_1,a_2,b_1,b_2 为系数和指数。

将支流1995年前天然状态系列的汛期有效降雨量、雨强与实测汛期径流量、输沙量进行统计回归分析，建立天然状态系列“有效降雨－径流量”和“有效降雨－输沙量”的回归方程，见表5-1，同时点绘同时期径流泥沙实测值与回归方程计算值的相关线进行检验，见图5-1。由图表可见，各方程的相关系数均较高，R 均在0.75以上，相关性合格，且实测值与计算值的斜率近似为1。

表5-1　东川支流汛期产流产沙回归方程统计表

状态	项目	统计相关方程	R
天然系列	径流相关	$W = 0.0143 P_{有效,I>9\ mm/d}^{0.669} I_{有效,I>9\ mm/d}^{0.167}$	0.759 8
	输沙量相关	$W_S = 6.3505 P_{有效,I>16\ mm/d}^{1.277} I_{有效,I>16\ mm/d}^{0.004}$	0.796 7

（二）灞河降雨径流相关分析

灞河流域蓄满产流区的径流主要与降雨量有关，可建立如下相关方程：

$$W = K \cdot P + B \tag{5-4}$$

式中：W 为汛期径流量，万 m^3；P 为汛期降雨量，mm/d；K 和 B 为系数。

将支流1970年前天然状态系列的汛期降雨量与实测汛期径流量进行统计相关分析，见图5-2，建立天然状态系列“有效降雨－径流量”和“有效降雨－输沙量”的相关方程，相关系数均达0.9以上，相关性优于东川支流，说明灞河支流的水沙关系规律性更为明显。

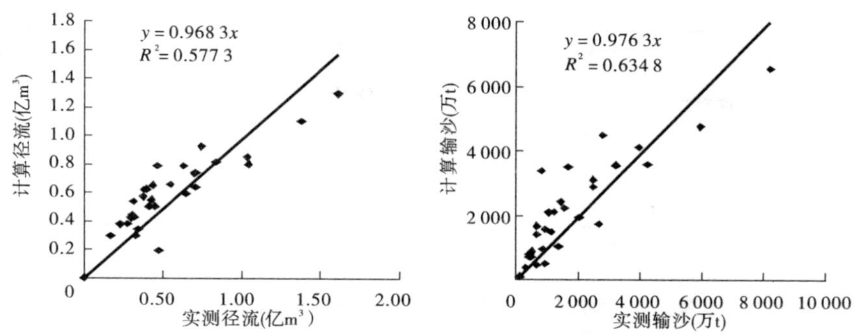

图 5-1　东川支流天然状态系列汛期产流产沙回归方程拟合检验

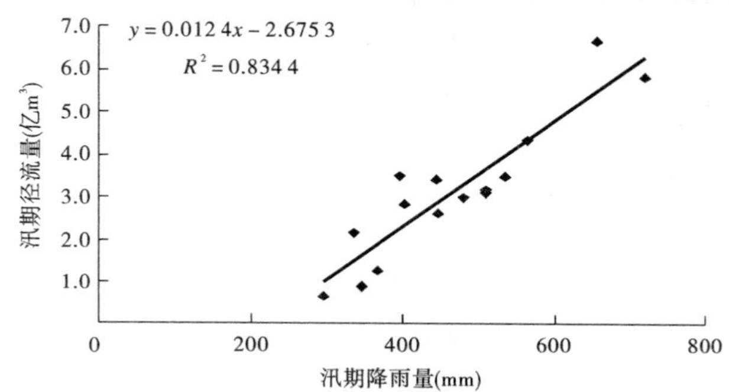

图 5-2　灞河支流汛期降雨径流相关分析

二、气候变化与人类活动减水减沙贡献计算

利用"水文法"计算人类活动的影响程度和降雨变化影响程度的公式为式(5-5)。计算和分析成果见表 5-2 ~ 表 5-4。

$$\begin{cases} \Delta W_{总} = \overline{W}_{实测70前} - \overline{W}_{实测70后}, & \Delta W_{S总} = \overline{W}_{S实测70前} - \overline{W}_{S实测70后} \\ \Delta W_{水保} = \overline{W}_{预测70后} - \overline{W}_{实测70后}, & \Delta W_{S水保} = \overline{W}_{S预测70后} - \overline{W}_{S实测70后} \\ \Delta W_{气候} = \Delta W_{总} - \Delta W_{水保}, & \Delta W_{S气候} = \Delta W_{S总} - \Delta W_{S水保} \end{cases} \tag{5-5}$$

经过分析,2001 ~ 2010 年两支流降雨的雨量和雨强并未减少,反而有所增加,导致实测径流量、输沙量减少的原因几乎全部是人类活动的影响。仅灞河流域在 2001 ~ 2010 年间,降雨变化对径流量减少起到一定的作用,其减水比率约为 13. 76%,而人类活动影响仍然是主要因素,其减水比率达到 86. 24%。

表 5-2　东川支流降雨变化和人类活动减水效果评价

时段	实测径流量(亿 m³/a)	预测径流量(亿 m³/a)	总减水量(亿 m³/a)	人类活动减水量(亿 m³/a)	气候减水量(亿 m³/a)	人类活动减水比率(%)	降雨变化减水比率(%)
1966 ~ 1995 年	0. 596	—	—	—	—	—	—
2001 ~ 2010 年	0. 469	0. 654	0. 127	0. 185	-0. 058	100. 0	0. 0

表 5-3　东川支流降雨变化和人类活动减沙效果评价

时段	实测输沙量（万 t/a）	预测输沙量（万 t/a）	总减沙量（万 t/a）	人类活动减沙量（万 t/a）	气候减沙量（万 t/a）	人类活动减沙比率（%）	降雨变化减沙比率（%）
1966 ~ 1995 年	1 949	—	—	—	—	—	—
2001 ~ 2010 年	1 396	2 563	553	1 167	-614	100.0	0.0

表 5-4　灞河支流降雨变化和人类活动减水效果评价

时段	实测径流量（亿 m^3/a）	预测径流量（亿 m^3/a）	总减水量（亿 m^3/a）	人类活动减水量（亿 m^3/a）	气候减水量（亿 m^3/a）	人类活动减水比率（%）	降雨变化减水比率（%）
1956 ~ 1970 年	3.137	—	—	—	—	—	—
2001 ~ 2010 年	2.127	2.998	1.010	0.871	0.139	86.24	13.76

三、人类活动对场次洪水影响程度分析

近 10 年来，东川和灞河两支流人类活动对场次洪水的洪峰、洪量和沙量的削减程度可通过对比天然时期和近 10 年来的雨洪相关线斜率来分析，见图 5-3 ~ 图 5-7，斜率的对比分析结果见表 5-5。

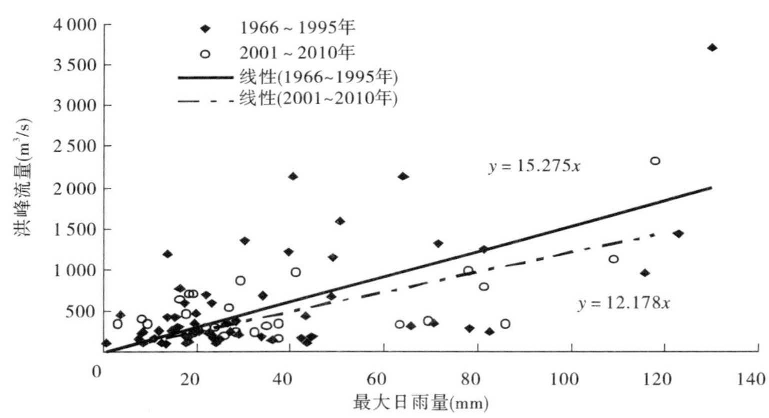

图 5-3　东川支流天然时期和近 10 年降雨 - 洪峰流量关系

东川支流 2001 ~ 2010 年间，人类活动对场次洪水的洪峰、洪量和输沙量的削减程度分别为 20.27%、58.59% 和 64.96%。人类活动对洪峰的削减程度最小，对输沙量的削减程度最大。

灞河支流 2001 ~ 2010 年间，人类活动对场次洪水的洪峰和洪量的削减程度分别为 29.88% 和 31.28%。人类活动对洪峰的削减程度小于对洪量的削减程度。

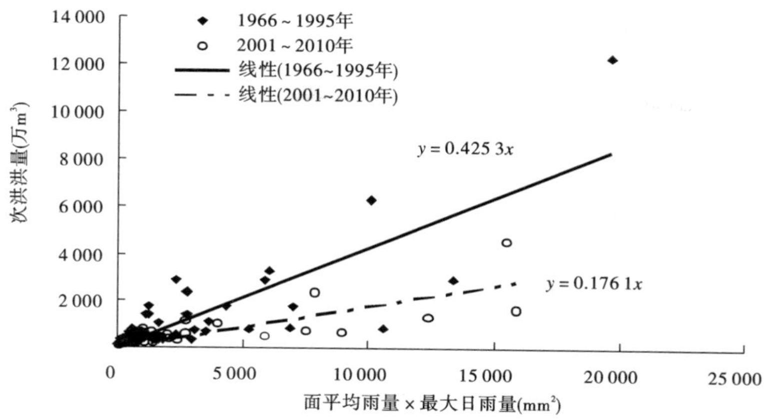

图 5-4　东川支流天然时期和近 10 年降雨－次洪洪量关系

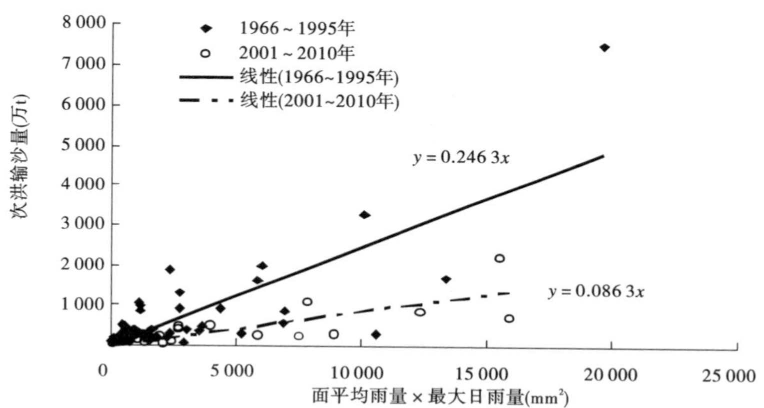

图 5-5　东川支流天然时期和近 10 年降雨－次洪输沙量关系

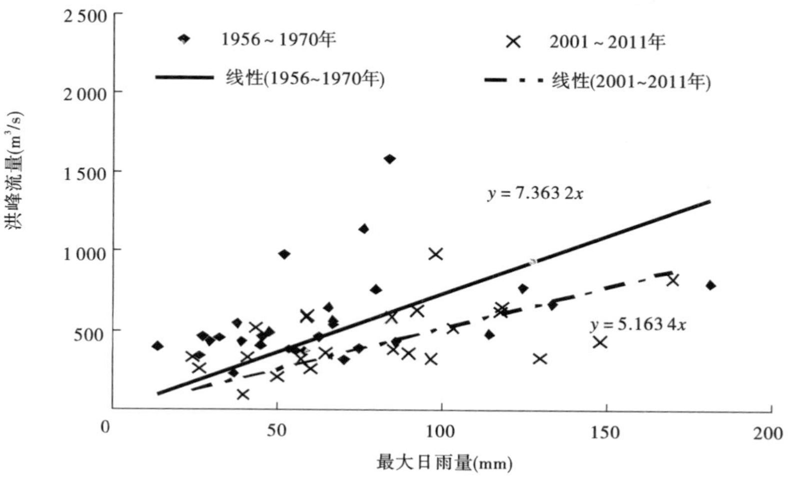

图 5-6　灞河支流天然时期和近 10 年降雨－洪峰流量关系

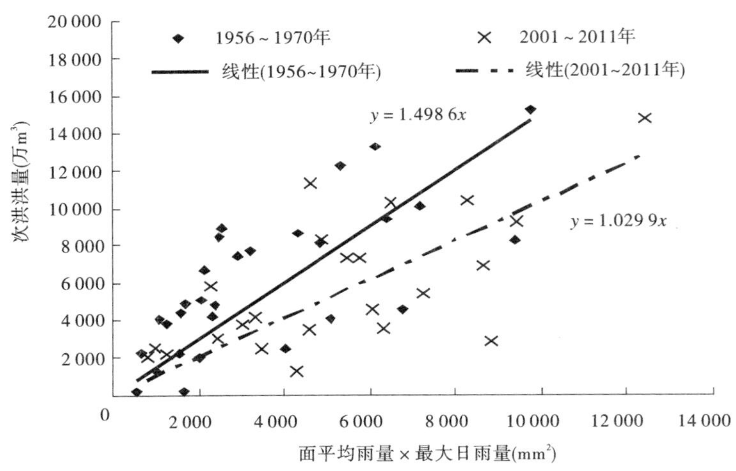

图 5-7　灞河支流天然时期和近 10 年降雨 – 次洪洪量关系

东川支流的人类活动影响程度大于灞河支流，这与汛期径流的分析结果相吻合，说明东川支流的坡耕地改梯田等建设作用较为显著。

从雨洪分析的相关程度上来看，灞河支流的雨洪相关程度也明显高于东川支流，与汛期降雨径流关系的相关分析结果相一致。

表 5-5　两支流降雨变化和人类活动减水效果评价计算表

支流	时段	洪峰流量		次洪洪量		次洪输沙量	
		雨洪相关斜率 K	人类活动削减程度（%）	雨洪相关斜率 K	人类活动削减程度（%）	雨洪相关斜率 K	人类活动削减程度（%）
东川	天然状态	15. 275	—	0. 425 3	—	0. 246 3	—
	近 10 年	12. 178	20. 27	0. 176 1	58. 59	0. 086 3	64. 96
灞河	天然状态	7. 363 2	—	1. 498 6	—	—	—
	近 10 年	5. 163 4	29. 88	1. 029 9	31. 28	—	—

第六章　结　论

一、近10年径流、泥沙变化

近10年来，东川和灞河两支流的径流量和输沙量均较多年平均明显减少。

其中，东川支流2001年后平均年径流量较多年均值减少17.4%，汛期径流量减少17.9%，主汛期径流量减少15.9%；年输沙量较多年均值减少24.8%，汛期输沙量减少23.5%，主汛期输沙量减少21.2%；输沙量减少程度大于径流量减少程度。主汛期减少程度最小，说明在产流产沙最为集中的时期水沙减少程度弱于全年平均减少程度。

灞河支流2001年后平均年径流量较多年均值减少20.9%，汛期径流量减少16.3%，主汛期径流量减少6.8%。主汛期径流减少程度小于汛期，而汛期减少程度小于全年，说明非汛期径流减少是径流减少的主要原因。

二、降雨变化

近10年来，东川支流的年降雨量和汛期降雨量，极端降雨雨强，中雨、大雨和暴雨的发生频次和累积雨量均较多年系列有明显的增大，说明流域降雨的变化向有利于产流产沙的趋势发展，支流的水沙减少并非降雨变化的影响；灞河支流的年降雨量和汛期降雨量，中雨、大雨和暴雨的发生频次和累积雨量均较多年系列有明显的减少，说明流域降雨的变化对径流减少起到了一定的影响。但是，降雨减少的程度要明显小于径流减少的程度。

三、水沙关系突变年份

采用长系列的汛期降雨径流和降雨输沙量双累积曲线方法，并结合支流典型人类活动的进程，分析了水沙关系的突变年份。20世纪50、60年代以来，东川支流的水沙关系于1995年前后发生突变，灞河支流的水沙关系于1970年前后发生突变，以1995年/1970年之前作为水沙变化分析的“天然状态”。

四、东川支流临界产流、产沙雨量判定

经过统计相关分析，判定东川支流1995年之前的天然状态下“临界产流雨强”为9 mm/d，“临界产沙雨强”为16 mm/d，即当流域面平均雨量达到一日9 mm/16 mm以上时，下垫面开始大规模地产流和产沙。1996年后，随着梯田建设等人类活动的影响，两支流“临界雨强”均开始增大，“临界产流雨强”增大到15 mm/d，“临界产沙雨强”增大到18 mm/d。说明在人类活动影响下，水土保持措施改变了流域下垫面的产流产沙条件，使下垫面产流产沙需要更大的雨强。

五、水沙减少成因

东川支流水沙变化几乎全部是人类活动引起的；灞河支流降雨变化的影响程度占13.76%，人类活动影响程度达86.24%。近年来渭河典型支流的水沙锐减主要是人类活动的作用。

六、人类活动对场次洪水影响程度

近10年来，人类活动对东川支流场次洪水的洪峰、洪量和输沙量的削减程度分别为20.27%、58.59%和64.96%。人类活动对洪峰的削减程度最小，对输沙量的削减程度最大。人类活动对灞河支流场次洪水的洪峰和洪量的削减程度分别为29.88%和31.28%。人类活动对洪峰的削减程度小于对洪量的削减程度。东川支流的人类活动影响程度大于灞河支流，这与汛期径流的分析结果相吻合，说明东川支流的坡耕地改梯田等建设作用较为显著。

参 考 文 献

[1] 黄河水利科学研究院. 2005 黄河河情咨询报告[M]. 郑州:黄河水利出版社,2009.

[2] 黄河水利科学研究院. 2003 黄河河情咨询报告[M]. 郑州:黄河水利出版社,2005.

[3] 林秀芝,姜乃迁,梁志勇,等. 渭河下游输沙用水量研究[M]. 郑州:黄河水利出版社,2005.

[4] 林秀芝,田勇,伊晓燕,等. 渭河下游平滩流量变化对来水来沙的响应[J]. 泥沙研究,2005(5):1-4.

[5] 侯素珍,林秀芝,等. 利用并优化桃汛洪水冲刷潼关高程原型试验分析[J]. 泥沙研究,2008(4):54-57.

[6] 林秀芝,等. 2009 年利用并优化桃汛洪水冲刷潼关高程原型试验效果分析[M]//陈五一,夏军,朱鉴远. 水文泥沙研究新进展. 北京:中国水利水电出版社,2010.

[7] 刘晓燕,等. 黄河环境流研究[M]. 郑州:黄河水利出版社,2009.

[8] 韩其为. 水库淤积[M]. 北京:科学出版社,2003.

[9] 韩其为. 黄河下游输沙及冲淤的若干规律[J]. 泥沙研究,2004(3):1-13.

[10] 刘月兰. 黄河悬沙非均匀不平衡输沙计算分析[C]// 中国水利学会泥沙专业委员会. 河床演变专题学术研讨会论文集,2010.